Handbuch
der
Differential-
und
Integral-Rechnung

von

S. F. Lacroix.

Nach der vierten verbesserten und vermehrten Original-Ausgabe (1828) aus dem Französischen übersetzt, und mit einigen Anmerkungen versehen

von

Dr. Fr. Baumann.

Erster Theil.

Differential-Rechnung.

Berlin, 1830.
gedruckt und verlegt bei G. Reimer.

Dem

Hochwohlgebornen Herrn

C. D. von Münchov,

Professor der Astronomie rc. an der Königl. Preuß.
Rhein-Universität

aus

Hochachtung und Dankbarkeit

gewidmet

vom Verfasser.

Vorrede des Uebersetzers.

Wie vortrefflich auch einige deutsche Lehrbücher über den höhern Calcül seyn mögen, unter denen man des Herrn Hofrath J. T. Mayer in Göttingen „vollständiger Lehrbegriff der höhern Analysis 1818. 2 8°.“ besonders auszeichnen darf: so wird man hoffentlich doch nicht in Abrede stellen, daß ein Handbuch, worin die Grenzen-Methode, die man jetzt allgemein als die wahre Grundlage der Differential-Rechnung anzuerkennen anfängt, und die auch viel leichter erfaßt werden kann, als die andern Hauptansichten, welche dadurch, daß man sie, nach jener, studirt, bedeutend erleichtert werden, mit vollständiger Consequenz durchgeführt ist, der wißbegierigen Jugend vor allen andern zuerst zu empfehlen seyn müsse. Ein solches Handbuch aber hat uns der um die verbreitete Cultur der mathematischen Wissenschaften so hochverdiente Lacroix geliefert; ein Handbuch, welches sich, außer seiner bei jeder neuen Ausgabe vermehrten Vervollkommnung und Reichhaltigkeit, auch noch besonders dadurch empfiehlt, daß es den bequemsten Schlüssel zu desselben Verfassers bewundernswerthen großen Werke darbietet, worin das ganze Gebäude der höhern Analyse bis zu seiner jetzigen Höhe mit Ordnung und Klarheit aufgeführt worden ist.

Die zweite, 1806 erschienene, Auflage des erwähnten Handbuches ist allein in einer deutschen Uebersetzung vorhanden; über deren Werth ich mich nur dahin erklären mag, daß ich, nach dem, was ich von meinen Schülern darüber vernommen, daran zweifeln muß, daß jemand, dem beide Sprachen gleich bekannt sind, lieber das Deutsche als das Französische zum Führer wählen werde. Denn hierdurch deute ich zugleich das Ziel an, auf welches mein Streben gerichtet war: möchte ich dieses Ziel so nahe erreichet haben, daß meine Uebersetzung, der von der zweiten um 85 Seiten und in mancher andern Beziehung sehr verschiedenen vierten Auflage, eben so leichten Eingang in Deutschland finden könne, als das Original schon längst in und außer Europa gefunden hat!

Geschrieben zu Münster in Westphalen den 7. Sept. 1829.

Inhalt

der Differential=Rechnung.

Vorbegriffe und Lehrsätze der Differentiation der Functionen von Einer veränderlichen Größe S. 1

Was unter dem Worte Function verstanden werde. — 1

Von der Grenze, die das Verhältniß der Zuwachse einer Function von einer veränderlichen Größe, zu denen dieser Veränderlichen zuläßt. . . . — 2

Definition der Differential=Rechnung. . . — 4

Von den Differentialen gleicher Functionen, und von den Größen, welche Grenzen derselben veränderlichen Größe sind. — 6

Bestimmung der Grenze des Products, und derjenigen des Quotienten, zweier Größen, die sich beide verändern. — 7

Regeln für das Differentiiren der algebraischen Functionen von Einer veränderlichen Größe. . . . — 10

Von den wiederholten Differentiationen. . — 18

Entwickelung einer beliebigen Function von einem Binom, oder der Taylorsche Lehrsatz. . . — 20

Der Stirlingsche Lehrsatz, Entwickelung der Functionen. — 23

Von der Differentiation der transcendenten Functionen. — 25

Von den Exponential=Functionen und ihrer Entwickelung. — 26

Von den logarithmischen Functionen und ihrer Entwickelung. — 29

Von den zusammengesetzten Exponential-Functionen. S. 35
Von den Kreis-Functionen. . . . — 36
Entwickelung der Kreis-Functionen. . . — 40

Von der Differentiation der Functionen von zwei oder noch mehr veränderlichen Größen. . — 43
Ausdehnung des Taylorschen Lehrsatzes auf die Functionen von zwei veränderlichen Größen. . . . — 45
Identität der Differential-Coefficienten, welche bei einer abgeänderten Ordnung im Differentiiren erhalten werden. — 47
Regeln für das Differentiiren der Functionen von zwei veränderlichen Größen. . . . . — 48
Unterscheidung zwischen den partiellen Differenzen und Differentialen. . . . . — 50
Betrachtung der Differential-Coefficienten der verschiedenen Ordnungen. . . . . . — 51
Bemerkungen über die verschiedenen Annahmen, unter welchen man die Differentiation der Functionen anzeigen kann, und über die darauf bezüglichen Bezeichnungen. — 52
Allgemeine Regel, um Functionen zu differentiiren. — 53
Von der Entwickelung in eine Reihe der Functionen von zwei veränderlichen Größen. . . . — 54

Von der Differentiation beliebiger Gleichungen mit zwei veränderlichen Größen. . . . — 55
Allgemeine Regel. . . . . — 56
Bildung der auf einander folgenden Differentiale einer gegebenen Gleichung. . . . . — 57
Von der Elimination der constanten Größen. . — 63
Von der Elimination der Functionen von veränderlichen Größen. . . . . . — 65
Anwendung auf die Entwickelung der Functionen. . — 65
Gebrauch der Differential-Rechnung, um die gleichen Wurzeln der algebraischen Gleichungen zu finden. . — 69

Anwendung der Differential-Rechnung auf die Theorie der krummen Linien. . . . S. 70
Betrachtungen über die Metaphysik der Differential-Rechnung. — 70
Die Linien, denen die Differentiale entsprechen. . — 72
Note über Leibnitzens Ansicht der Differential-Rechnung. — 73
Note über die verschiedenen Ordnungen der unendlich kleinen Größen. . . . . . . — 74
Wie man erkennt, nach welcher Seite hin eine krumme Linie hohl ist. . . . . . — 76
Grenze des Verhältnisses zwischen den Bogen einer krummen Linie und der ihm zugehörigen Sehne. . . — 76
Ausdruck des Differentials des Bogens einer beliebigen krummen Linie. . . . . . — 77
Ausdruck des Differentials des Flächeninhalts einer beliebigen krummen Linie. . . . . — 78
Ausdrücke der Subtangente, Tangente, Normale und Subnormale. . . . . . — 79
Gleichungen der Tangente und Normale. . . — 80
Von den Asymptoten der krummen Linie. . . — 84

Von den osculatorischen krummen Linien. . — 86
Von der osculatorischen Kreislinie und deren Bestimmung. — 86
Von den Osculationen und den verschiedenen Berührungen überhaupt. . . . . . . — 87
Eigenschaften der osculatorischen Kreislinie. . . — 90
Definition der Krümmung und des Krümmungshalbmessers. . . . . . . — 92
Eigenschaften der Abgewickelten. . . — 93
Anwendung der Theorie der Krümmungshalbmesser. — 95

Aufsuchen der besondern Punkte der krummen Linien, und Untersuchung der besondern Werthe, welche die Differential-Coefficienten in gewissen Fällen annehmen. — 98

Von dem Maximum und dem Minimum der Ordinaten und der Abscissen der krummen Linien. . . S. 98

Von der Beugung und Rückkehr. . . — 100

Von der Rückkehr der zweiten Art. . — 103

Von den vielfachen Punkten. . . — 103

Von den isolirten oder conjugirten Punkten. — 104

Was die Differential-Coefficienten bei den besondern Punkten werden. . . . . . . — 106

Wie die Taylorsche Reihe unbrauchbar wird. . — 107

Allgemeine Regel, um die besondern Punkte aufzufinden. — 111

Untersuchung der wahren Werthe der Ausdrücke, welche $\frac{0}{0}$ werden. . . . . . — 112

Allgemeine Regel für die entwickelten Functionen von einer einzigen veränderlichen Größe. . . . — 113

Allgemeine Regel für die Functionen, welche von einer Gleichung abhängen, worin die veränderlichen Größen verwickelt vorkommen. . . . . . — 118

Analytische Bestimmung der Maxima und Minima. — 120

Ein Beispiel der Analyse einer krummen Linie. . — 124

Von den transcendenten krummen Linien. . — 133

Von der logarithmischen Linie. . . . . — 133

Von der Cycloide. . . . . . — 135

Von den Spiralen. . . . . . — 140

Von den Polar-Coordinaten. . . . . — 141

Ausdrücke der Differentiale der Polar-Coordinaten, der Subtangenten, u. s. w. . . . . . — 143

Verwandlungen der rechtwinklichen in Polar-Coordinaten, und umgekehrt. . . . . . . — 145

Einführung der Polar-Coordinaten in den Ausdruck des Krümmungshalbmessers. . . . . . — 150

Von der Veränderung der unabhängigen veränderlichen Größe, oder wie man das als constant angenommene Differential in ein anderes verwandle, so jenes nicht mehr ist . . . . . . — 152

Formeln, um einen Differential-Ausdruck, worin Eins der Differentiale als constant angesehen wurde, in einen andern zu verwandeln, worin beide veränderlich seyn sollen. S. 152
Uebergang von dieser Verwandlung zu einer gegebenen Beziehung zu einander. . . . . — 154
Geometrische Erörterung dieser Verwandlungen. . — 156
Von der Differentiation der zugleich Statt findenden Gleichungen. — 156
Von der Elimination zwischen zwei Differential-Gleichungen. — 157

Von der Differentiation der Gleichungen, welche mehr als Eine unabhängige veränderliche Größe enthalten. — 158
Differentiation der Gleichungen mit drei veränderlichen Größen. — 158
Differentiation der Gleichungen mit mehr als drei veränderlichen Größen. . . . . — 161
Elimination der willkührlichen Functionen. . . — 163

Anwendung der Differential-Rechnung auf die Theorie der krummen Oberflächen . . . — 165
Von der Erzeugung der Oberflächen. . . — 165
Bedingung ihrer Stetigkeit, Differential-Gleichungen ihrer Schnitte. . . . . . . — 168
Von den Linien des stärksten Abfalls, den berührenden Ebenen und den Normalen. . . . . . — 170
Von der Krümmung der Oberflächen. . . — 171

Von den besondern Punkten der krummen Oberflächen, und von den Maximis und Minimis der Functionen von mehreren veränderlichen Größen. . . — 178
Analytisches Verfahren, um diese Maxima und Minima zu bestimmen. . . . . . . — 180

Von der Anwendung der Differential-Rechnung auf die Linien von doppelter Krümmung, und von den abwickelbaren Oberflächen. . . . — 185

Ihre Berührenden, Osculations-Ebenen, das Differential ihres Bogens. . . . . . S. 185

Von den abwickelbaren Oberflächen und den Normal-Ebenen der krummen Linien. . . . — 187

Von den verschiedenen Krümmungen oder Biegungen (Flexionen) der krummen Linien. . . . — 191

Note über die Methode der Grenzen. . . — 196

Vorbegriffe und Lehrsätze der Differentiation der Functionen von Einer veränderlichen Größe.

§. 1.

Zum Gegenstande desjenigen Zweiges der Analyse, welcher Differential-Rechnung genannt wird, dienen, die Annahme verschiedener Werthe von Seiten Einer oder mehrerer Größen, und die Aenderungen, welche dadurch bei andern Größen entspringen, deren Werth von dem der ersteren abhängt. *)

§. 2.

Um anzudeuten, daß eine Größe von Einer oder mehreren anderen Größen abhängt, man mag diese Abhängigkeit algebraisch darstellen können, oder nicht, wofern sie nur wegen sicherer Bedingungen völlig gegründet ist, nennt man die erstere eine Function der andern. Der Gebrauch dieses Wortes wird seine Bedeutung in helleres Licht setzen.

Man gebraucht oft einen Buchstaben als Zeichen oder Charakteristik des Wortes „Function;“ so dienen die Symbole

$$u = f(x),\ v = F(x),\ z = \varphi(x),$$

dazu, auszudrücken, daß u, v und z verschiedene Functionen von x sind.

§. 3.

Die Größe, welche ihren Werth zu ändern, oder ändern zu können, erachtet wird, wird eine veränderliche, und diejenige, welche denselben Werth im Verlaufe der Rechnung beibehalten soll, eine constante Größe genannt. Man ersieht hieraus, daß die Natur der vorliegenden Aufgabe immer bestimmen werde, welche Größen als veränderlich, und welche als constant anzusehen seyen.

---

*) Ordnung und Kürze schienen mir eine Trennung der rein analytischen Vorbegriffe von den geometrischen Anwendungen zu erheischen; allein derjenige Leser, welcher, um seine Ideen festzustellen, einige Anwendungen für nothwendig halten sollte, kann die am Ende des Buches befindliche Note (A) von der Methode der Grenzen zu Rathe ziehen.

§. 4.

Zur Erläuterung des Gesagten, mögen einige Beispiele dienen.

Es sey $u = ax$, wo a als constant angesehen wird; hier ist u eine Function von x, und zwar von der einfachsten Art, weil sie der veränderlichen proportional ist. Nimmt man an, daß aus x, $x + h$ werde, und bezeichnet den neuen Werth von u mit u', so wird man haben: $u' = ax + ah$, woraus . . . $u' - u = ah$, und durch Division der beiden Seiten durch h: $\frac{u' - u}{h} = a$ d. h. das Verhältniß zwischen dem Zuwachse der Function und dem der Veränderlichen ist von ihrem besondern Werthe unabhängig.

Ich gehe zu der etwas minder einfachen Function über: $u = ax^2$; setzt man hier $x + h$ statt x, so erhält man: . . $u' = a(x^2 + 2xh + h^2)$ und nach Abzug der ersten Gleichung: $u' - u = 2axh + ah^2$. Dividirt man auf beiden Seiten durch h, so erfolgt: $\frac{u' - u}{h} = 2ax + ah$. Hier besteht das Verhältniß, zwischen dem Zuwachse der Function und dem der Veränderlichen, aus zwei Theilen, wovon der eine von dem besondern Werthe der Zuwachse unabhängig, und der andere von h abhängig ist. Gedenkt man sich dieses h fortwährend kleiner werdend, so nähert sich unser Verhältniß fortwährend dem $2ax$, womit es erst dann zusammenfällt, wenn $h = o$. Folglich ist $2ax$ die **Grenze** des Verhältnisses $\frac{u' - u}{h}$, d. h. **der Werth, dem sich dieses Verhältniß desto mehr nähert, je kleiner h angenommen wird, und so nahe bringen läßt, als man will.**

Es ist leicht einzusehen, daß der Zuwachs $u' - u$ immer zugleich mit h verschwindet, weil nur durch die Veränderung der Veränderlichen eine Veränderung im Werthe der Function entstehen kann; indessen verschwindet darum ihr Verhältniß noch nicht, welches zu der Art von Größen gehört, die in N° 70. der Elemente der Algebra angedeutet wurde.

Macht man $u = ax^3$, so giebt die Substitution von $x + h$ statt x: $u' = a(x + h)^3 = ax^3 + 3ax^2h + 3axh^2 + ah^3$, woraus nach Abzug der ersten Gleichung:

$$u' - u = 3ax^2h + 3axh + ah^3,$$

und folglich das Verhältniß zwischen den Zuwachsen

$$\frac{u' - u}{h} = 3ax^2 + 3axh^2 + ah^2.$$

Auch hier ist Eins der Glieder des Verhältnisses zwischen den Zuwachsen von dem besondern Werthe dieser letzteren unabhängig, dem sich also das Verhältniß stets nähert, wenn h immerfort abnimmt; folglich hat auch dieses Verhältniß eine Grenze, nämlich jenes Glied $3ax^2$.

Endlich sey noch $u = \frac{a}{x}$. Hier wird man erhalten: . . . .

$u' = \frac{a}{x+h}$ und: $u' - u = \frac{a}{x+h} - \frac{a}{x} = -\frac{ah}{x^2+xh}$, nachdem die beiden Glieder der zweiten Seite auf einerlei Benennung gebracht worden; hierauf findet man das Verhältniß zwischen den Zuwachsen $\frac{u'-u}{h} = -\frac{a}{x^2+xh}$, welche letztere Größe nicht verschwindet, wenn $h = o$, sondern die Grenze $-\frac{a}{x^2}$ erreicht.

Dieses Beispiel unterscheidet sich von den vorhergehenden dadurch, daß sich die Grenze $-\frac{a}{x^2}$ des Verhältnisses der Zuwachse nicht als abgesonderter Theil des vollständigen Ausdruckes dieses Verhältnisses darbietet. Allein um diese Grenze zu isoliren, reicht es hin, der zweiten Seite der obigen Gleichung $-\frac{a}{x^2}$ additiv und subtractiv hinzuzufügen, wodurch letztere wird: $\frac{u'-u}{h} = -\frac{a}{x^2} + \frac{a}{x^2} - \frac{a}{x^2+xh}$, und nun die beiden letzten Glieder auf einerlei Benennung zu bringen; denn alsdann erhält man: $\frac{u'-u}{h} = -\frac{a}{x^2} + \frac{ah}{x^3+x^2h}$, ein vollständiger Ausdruck, dessen erstes Glied die Grenze ist, und dessen zweites verschwindet, wenn $h = o$. *)

Dieses Erste Glied, oder diese Grenze, ist nicht den bisher betrachteten Functionen besonders eigen; sondern die Darstellung der Verfahrungsweisen, durch welche man sie, für alle in den Elementen der Mathematik angewandten Functionen, erhält, und später die Betrachtung der krummen Linien, werden auf's deutlichste zeigen, daß das eine oder die andere bei jeder Function überhaupt vorkommt. Wenn also die respektiven Zuwachse einer Function und ihrer Veränderlichen verschwinden, so verschwindet ihr Verhältniß nicht, sondern es erreicht eine Grenze, der es sich stufen-

*) Die gewöhnliche Division von $-a$ durch $x^2 + xh$ würde die isolirte Grenze unmittelbar dargeboten haben. B.

weise genähert hat; und zwischen dieser Grenze und der Function, wovon sie herrührt, findet eine gegenseitige Abhängigkeit Statt, wodurch die eine dieser Größen aus der andern ermittelt wird.

§. 5.

Ich werde zuvörderst die Zeichen kennen lehren, womit man die neuen Beziehungen bezeichnet, welche durch die vorhergehenden Begriffe zwischen den Größen festgestellt werden. Um ihre Paßlichkeit zu zeigen, nehme ich wieder die in §. 4. schon betrachtete Function $u = a x^3$ vor.

Indem man $x + h$ statt x setzte, und die Gleichung $u = a x^3$ dann abzog, erhielt man in dem Ausdruck:

$$u' - u = 3 a x^2 h + 3 a x h^2 + a h^3$$

die Entwickelung der Differenz der beiden Zustände von u, geordnet nach den Potenzen des der Veränderlichen x gegebenen Zuwachses h; und die Grenze $3 a x^2$ des Verhältnisses, zwischen den Zuwachsen $u' - u$ und h, hing blos von dem Ersten Gliede $3 a x^2 h$ jener Differenz ab (§. 4.) Dieses Erste Glied, welches nur ein Theil der Differenz ist, wird Differential genannt, und durch du bezeichnet, indem man sich des Anfangsbuchstabens d dieses Namens als Kennzeichen bedient; man hat demnach in dem angezogenen Beispiele: $du = 3 a x^2 h$.

Um hieraus zur verlangten Grenze $3 a x^2$ überzugehen, hat man durch h zu dividiren, wodurch man erhält: $\frac{du}{h} = 3 a x^2$. Allein statt h kann man auch, der Gleichförmigkeit der Bezeichnung zu Gunsten, dx schreiben, weil bei der einfachen Function x von der Veränderlichen x, $x' = x + h$, $x' - x = h$ und folglich Differenz und Differential hier zusammenfallen. Man schreibt daher: $du = 3 a x^2 dx$, $\frac{du}{dx} = 3 a x^2$.

Der erste Ausdruck wird das Differential von u oder von $a x^3$ seyn, und der zweite, der der Grenze des Verhältnisses der gleichzeitigen Zuwachse der Function und ihrer Veränderlichen zukommt, wird mit dem Namen „Differential-Coefficient“ belegt werden, weil er der Multiplicator von dx in der Bestimmung des Differentials du ist. Es folgt hieraus, **daß man die Grenze des Verhältnisses der Zuwachse, oder den Differential-Coefficienten erhält, wenn man das Differential der Function durch jenes der Veränderlichen dividirt, so wie umgekehrt das Differential (der Function), wenn man die Grenze des Verhältnisses der Zuwachse, oder den Differential-Coefficienten mit dem Differential der Veränderlichen multiplicirt.**

Diese Bemerkung ist deshalb wichtig, weil es Functionen giebt, deren Differential-Coefficient sich leichter finden läßt, als ihr Differential. Denn um unmittelbar zu diesem letztern zu gelangen, muß man in der gegebenen Function $x+dx$ statt x schreiben, das Resultat nach Potenzen von dx entwickeln, indem man nicht über das Glied hinausgeht, worin die Erste Potenz vorkommt, und alsdann den ersten Ausdruck abziehen. Man sieht, daß diese Methode voraussetzt, daß man die gegebene Function zu entwickeln wisse, wozu fremde Mittel nöthig seyn können, deren uns die Betrachtung der Grenzen am öftersten überhebt.

Zufolge des Vorhergehenden kann man sagen, daß die **Differential-Rechnung die Bestimmung der Grenze sey, des Verhältnisses der gleichzeitigen Zuwachse einer Function und ihrer Veränderlichen.**

§. 6.

Man muß sich recht hüten, das Differential von u mit der Differenz $u'-u$ zu verwechseln. Denn in dem Beispiele $u=ax^3$ des §. 4. ist das erste $3ax^2h$, und die letztere

$$3ax^2h+3axh^2+ah^3;$$

allein man sieht, daß, wenn h sehr klein ist, das Differential $3ax^2h$ den bedeutendsten Theil der Differenz $u'-u$ ausmacht, und daß das Differential sich immer desto mehr der Differenz nähert, je kleiner h angenommen wird. **Im allgemeinen begeht man einen desto geringeren Fehler, wenn man das Differential für die Differenz gelten läßt, je kleiner der Zuwachs der Veränderlichen angenommen wird.**

Dieselbe Folgerung fließt auch aus der Betrachtung der Grenzen; denn, wenn das Verhältniß der gleichzeitigen Zuwachse $u'-u$ und h eine Function p zur Grenze hat, und man bei einem beliebigen Werthe von h hat: $\frac{u'-u}{h}=P$, welches einerlei ist mit: $\frac{u'-u}{h}=p+(P-p)$; so muß die Größe $P-p$ zugleich mit h abnehmen und verschwinden, wenn $h=o$: die Gleichung $\frac{u'-u}{h}=p$ wird demnach desto genauer seyn, je kleiner der Zuwachs h seyn wird; allein die letzte Gleichung bringt mit sich: $u'-u=ph$. *)

*) Auf diesen Satz gründete Leibnitz die Differential-Rechnung, indem er die Differentiale als unendlich kleine Differenzen ansah.

Hieraus ergiebt sich die Form der ersten Glieder der Entwickelung des zweiten Zustandes u′ der Function u. Denn, da die Größe P — p zugleich mit h verschwindet, so muß sie diesen Zuwachs h zu Einem ihrer Factoren haben. Man setze daher, in der allergrößten Allgemeinheit: $P - p = Q h^n$, wo n positiv, übrigens ganz beliebig ist, und Q nicht unendlich wird, wenn $h = 0$. Alsdann wird die Gleichung $\frac{u' - u}{h} = p + Q h^n$ geben: $u' = u + p h + Q h^{n+1}$.

§. 7.

Es ist leicht einzusehen, daß zwei gleiche Functionen gleiche Differentiale haben. Denn wenn zwei Functionen einander gleich sind, welches auch der Werth der Veränderlichen seyn mag, wovon sie beide abhängen, so müssen zuvörderst die beiderseitigen Aenderungen, die sie erleiden, wenn die gemeinschaftliche Veränderliche geändert wird, immer einander gleich seyn. Wenn z. B. u und v solche Functionen von x bedeuten, daß immer $u = v$, welches auch der Werth von x seyn mag, und die Aenderung von x in $x + dx$, die Aenderung von u in u′ und von v in v′ nach sich zieht, so wird auch statt finden: $u' = v'$ und, nach Abzug der vorigen Gleichung: $u' - u = v' - v$.

Dividirt man jetzt durch dx, so erhält man:

$$\frac{u' - u}{dx} = \frac{v' - v}{dx},$$

welches auch x und dx seyn mögen. Wenn man also die Grenzen der Verhältnisse $\frac{u' - u}{dx}$, $\frac{v' - v}{dx}$ respektive mit p und q bezeichnet, weshalb deren vollständige Werthe, nach dem Früheren, durch $p + \alpha$, $q + \beta$ bedeutet werden können, wo p und q nicht mehr von x abhängen und α, β mit dx zugleich abnehmen und verschwinden; so wird man erhalten:

$$p + \alpha = q + \beta, \text{ woraus: } p - q = \beta - \alpha.$$

Hieraus wird nun folgen, daß $p = q$; denn könnte ... $p - q = D$ seyn, so könnte die Größe $\beta - \alpha$ nicht kleiner als D seyn, da sie doch verschwinden muß; folglich ist $D = 0$ *) und $p = q$. Folglich ist auch $p\,dx = q\,dx$ oder $du = dv$, weil nach §. 5. p dx und q dx die respektiven Differentiale der Functionen u und v sind.

*) Hierdurch ist bewiesen, daß zwei Größen, deren jede die Grenze derselben veränderlichen Größe ist, einander gleich sind.

Die Umdrehung dieses Satzes ist nicht allgemein zulässig, und man würde mit Unrecht behaupten, daß zu zwei gleichen Differentialen zwei gleiche Functionen gehören. Denn hätte man die Function $a + bx$, so gäbe die Substitution von $x + dx$ für x, $a + bx + bdx$ und der nun folgende Abzug von ... $a + bx$, bdx, ein Resultat, in welchem von der constanten Größe a keine Spur mehr vorhanden ist. Das Differential bdx kommt daher, nicht nur der Function $a + bx$, sondern auch der bx und allen denjenigen verschiedenen Functionen von x zu, die sich nur, durch den verschiedenen Werth der constanten Größe a, von einander unterscheiden. Hieraus ist leicht abzunehmen, daß, wenn man eine beliebige Function differentiirt, die von der Veränderlichen durch die Zeichen + oder — getrennten constanten Größen verschwinden, während die übrigen im Differential vorhanden bleiben.

§. 8.

Ehe wir zum Aufsuchen der Differentiale vermittelst der Grenzen übergehen, muß noch bemerkt werden:

1. Daß die Grenze des Produkts zweier zugleich veränderlicher Größen, das Produkt ihrer entsprechenden Grenzen ist.

2. Daß die Grenze des Quotienten jener Größen, auch der Quotient ihrer Grenzen ist.

Denn wenn P und Q jene gegebenen Größen und p und q ihre entsprechenden Grenzen sind, so können die ersteren in ihrem allgemeinen Zustand durch $p + \alpha$, $q + \beta$ angedeutet werden, indem man durch α und β Größen bezeichnet, die zugleich verschwinden können, nachdem sie alle Stufen des Kleinerwerdens durchlaufen haben (§. 4.); man wird also ganz allgemein haben:

$$PQ = (p + \alpha)(q + \beta) = pq + p\beta + q\alpha + \alpha\beta.$$

Die zweite Seite dieser Gleichung wird aber pq, wenn man, um zu den Grenzen überzugehen, $\alpha = o$ und $\beta = o$ setzt. Uebrigens sieht man, daß, wenn man den Größen α und β passende Werthe giebt, der Unterschied

$$PQ - pq = p\beta + q\alpha + \alpha\beta$$

so weit verringert werden kann, als man will.

Macht man nun $PQ = R$ und $pq = r$, so ist r die Grenze von R; allein weil $Q = \frac{R}{P}$ und $q = \frac{r}{p}$ seyn wird, so folgt auch, daß die Grenze des Quotienten, der Quotient der Grenzen seyn wird.

§. 9.

Die vorhergehenden Betrachtungen setzen uns in den Stand, den Differential-Coefficienten einer Function zu finden, die auf eine veränderliche Größe bezogen wird, wovon sie nicht unmittelbar abhängt. Es seyen nemlich die drei Größen v, u, x von der Beschaffenheit, daß die erste eine Function von der zweiten, und die zweite eine Function von der dritten ist, so daß man hat:

$$v = f(u),\ u = F(x);$$

hier scheint es Anfangs, man müsse, durch die Elimination der u, für v einen unmittelbaren Ausdruck in x suchen; allein wir werden bald sehen, daß dieses nicht nothwendig ist. Denn, wenn diese Größen zu gleicher Zeit in einen neuen Zustand übergehen, der respektive durch u', v', x' bezeichnet werden soll, oder die respektiven Zuwachse v'—v, u'—u, x'—x annehmen, so wird man haben:

$$\frac{v'-v}{x'-x} = \frac{v'-v}{u'-u} \times \frac{u'-u}{x'-x};$$

und da die Grenzen der drei Verhältnisse

$$\frac{v'-v}{x'-x},\ \frac{v'-v}{u'-u},\ \frac{u'-u}{x'-x}$$

durch

$$\frac{dv}{dx},\ \frac{dv}{du},\ \frac{du}{dx}$$

bezeichnet werden, so schließt man aus der Bemerkung 1. des vorhergehenden §., daß „$\frac{dv}{dx} = \frac{dv}{du} \times \frac{du}{dx}$." *)

Den Sinn dieses Ausdrucks recht deutlich zu machen, diene das Beispiel: $v = bu^3,\ u = ax^2$.

Zuerst findet man durch die §§. 4 und 5.

$$\frac{dv}{du} = 3bu^2,\ \frac{du}{dx} = 2ax.$$

worauf unsere Formel gibt:

$$\frac{dv}{dx} = 6abu^2x,$$

*) Man könnte Anfangs glauben, daß dieses Resultat von selbst einleuchtend ist, wenn man den Unterschied übersähe, welcher zwischen dem Divisor du und dem Dividendus du Statt findet. Das erste du ist ein einfacher, vollständiger Zuwachs, unabhängig von dem zweiten du, welches nur derjenige Theil des Zuwachses der u ist, der vom Zuwachse der x herrührt. (§. 5.) Man kann sie nur dann für gleich bedeutend halten, wenn man sie beide als unendlich klein ansieht. (§. 6.)

in welchem Resultat man für u^2 seinen Werth $a^2 x^4$ setzen kann, wodurch es wird: $\frac{dv}{dx} = 6 a^3 b x^5$.

Also hat man bei dieser Art zu rechnen die Elimination der u auf die Differentiation folgen lassen.

Zeigt man diese Elimination durch die allgemeinen Kennzeichen an, die wir im Anfange dieses §. aufnahmen, so hat man:

$$v = f\,[F(x)],$$

welches bedeuten soll, daß v eine Function von einer andern Function von x ist, und nach dem Vorhergehenden wird man also den Differential-Coefficienten, einer Function von einer Function, erhalten, wenn man die Differential-Coefficienten dieser beiden Functionen, eine jede bezogen auf ihre unmittelbare Veränderliche, mit einander multiplicirt.

Wenn zwei Größen u und x in gegenseitiger Abhängigkeit stehen, so hat man die Wahl, zu sagen: u ist Function von x, oder: x ist Function von u, je nachdem man u als bestimmt durch x, oder x als bestimmt durch u ansehen will. Auch läßt sich der Differential-Coefficient unter beiden Gesichtspunkten betrachten, und da

$$\frac{x' - x}{u' - u} = \frac{1}{\frac{u' - u}{x' - x}},$$

so folgt aus der Bemerkung 2. des vorhergehenden §., daß

$$„\frac{dx}{du} = \frac{1}{\frac{du}{dx}}“,$$

weil die Einheit, als constante Größe, ihre eigene Grenze ist.

Es sey z. B. $u = x^3$, woraus: $x = \sqrt[3]{u} = u^{\frac{1}{3}}$, so wird man haben: $\frac{du}{dx} = 3 x^2$ und $\frac{dx}{du} = \frac{1}{3 x^2}$,

welcher letztere Werth $= \frac{1}{3 u^{\frac{2}{3}}} = \frac{1}{3 \sqrt[3]{u^2}}$

Oder noch allgemeiner, wenn $v = f(u)$ und $x = F(u)$ d. h. wenn zwei veränderliche Größen durch eine dritte ausgedrückt sind, so hat man:

$$\frac{v'-v}{x'-x}=\frac{\frac{v'-v}{u'-u}}{\frac{x'-x}{u'-u}},$$

und folglich in der Grenze: $\frac{dv}{dx}=\frac{\frac{dv}{du}}{\frac{dx}{du}}$.*)

§. 10.

Ich werde nun das Vorhergehende benutzen, um die Differentiale derjenigen Functionen aufzufinden, welche in den Elementen der Algebra zur Sprache kommen, d. i. der Summen, der Unterschiede, der Produkte, der Quotienten, der Potenzen und der Wurzeln.

Erstens seyen mehrere von x abhängige Größen, die man einzeln zu differentiiren weiß, mittelst Addition und Subtraktion mit einander verbunden, wie in $u+v-w$. Wenn die Substitution von $x+dx$ für x, u in $u+\alpha$, v in $v+\beta$ und w in $w+\gamma$ verwandelt, so wird der Ausdruck $u+v-w$ werden:

$$u+v-w+\alpha+\beta-\gamma.$$

Das Verhältniß der Aenderung jenes Ausdrucks d. i. der Größe $\alpha+\beta-\gamma$ und des Zuwachses dx der Veränderlichen x, wird demnach seyn: $\frac{\alpha}{dx}+\frac{\beta}{dx}-\frac{\gamma}{dx}$,

eine Größe, deren Grenze $p+q-r$ seyn wird, wenn wir durch p, q, r die respektiven Grenzen der einzelnen Verhältnisse . . . $\frac{\alpha}{dx}$, $\frac{\beta}{dx}$, $\frac{\gamma}{dx}$, bezeichnen, und wenn man die Größe $p+q-r$ mit dx multiplicirt, so wird $p\,dx+q\,dx-r\,dx$ das Differential der gegebenen Function $u+v-w$ seyn; allein $p\,dx$, $q\,dx$, $r\,dx$ sind die eigenen Differentiale der Functionen u, v, w, und man bezeichnet sie durch du, dv, dw; folglich hat man:

„$d(u+v-w)=du+dv-dw$“,

d. h. man erhält das Differential einer Function von x, die aus mehreren Gliedern besteht, wenn man die Differentiale sämmtlicher Glieder nimmt, und die Vorzeichen der Glieder auch den respektiven Differentialen vorsetzt.

---

*) Setzt man in diesem letzten Resultate $u=v$, so hat man sogleich das vorhergehende. B.

§. 11.

Zweitens, wenn in dem Produkte zweier Functionen u und v, u in $u+\alpha$ und v in $v+\beta$ verwandelt wird, so geht dasselbe über in

$$uv+u\beta+v\alpha+\alpha\beta,$$

und das Verhältniß seines Zuwachses $u\beta+v\alpha+\alpha\beta$ und des Zuwachses dx wird:

$$u.\frac{\beta}{dx}+v.\frac{\alpha}{dx}+\frac{\alpha}{dx}\beta.$$

Bezeichnet man, wie oben, durch p und q, die respektiven Grenzen der Verhältnisse $\frac{\alpha}{dx}$, $\frac{\beta}{dx}$, und bemerkt sodann, daß der Zuwachs β zugleich mit dx verschwindet, wovon die Größen u und v übrigens unabhängig sind, so sieht man nach §. 8. ein, daß die Grenze des Gliedes $\frac{\alpha}{dx}\beta$, $p.o=o$, und die der beiden andern, $uq+vp$, ist. Man schließt hieraus (§. 5.):

$$d.uv=uqdx+vpdx;$$

allein qdx und pdx werden durch dv und du dargestellt; folglich: „$d.uv=u.dv+vdu.$" *)

Diese Formel lehrt, daß man das Differential eines Produktes zweier Functionen erhält, wenn man eine jede von ihnen mit dem Differential der andern multiplicirt, und die beiden Resultate addirt.

Wenn Einer der beiden Factoren constant ist, z. B. u, so hat man $du=o$ und folglich $d.uv=udv$.

Um diese letzte Formel unmittelbar zu erhalten, so hat man nur v in $v+\beta$ zu verwandeln, woraus der Zuwachs $u\beta$ ent-

---

*) Befindet sich ein Punkt hinter dem Kennzeichen d, so bedeutet dieses, daß dieses letztere sich auf alles bezieht, was unmittelbar nach ihm folgt; so ist d.uv einerlei mit d(uv), und $d.x^n$ einerlei mit $d(x^n)$.

L.

Obiger Beweis scheint mir durch folgende Darstellung noch etwas an Deutlichkeit zu gewinnen.

$$(u+u'-u)(v+v'-v)=u.v+v.(u'-u)+u(v'-v)+(u'-u)(v'-v)$$

$$\frac{v(u'-u)+u(v'-v)+(u'-u)(v'-v)}{dx}=v.\frac{u'-u}{dx}+u.\frac{v'-v}{dx}+(u'-u)\frac{(v'-v)}{dx}$$

$$\frac{d.uv}{dx}=v.\frac{du}{dx}+u.\frac{dv}{dx}$$ oder „$d.uv.=v.du+u.dv$",

B.

steht, so wie das Verhältniß $\frac{u\beta}{dx}$, dessen Grenze $uq = u\frac{dv}{dx}$, und folglich ist $d.uv = udv$.

Wenn man die beiden Seiten der Gleichung

$$d.uv = u.dv + v.du$$

durch die ursprüngliche Function uv dividirt, so erhält man:

$$\frac{d.uv}{uv} = \frac{du}{u} + \frac{dv}{v},$$

wodurch man leicht zu dem Ausdrucke des Differentials eines Produktes von einer beliebigen Anzahl Factoren gelangen kann. Denn, macht man $v = ts$, so erhält man:

$$\frac{dv}{v} = \frac{d.ts}{ts} = \frac{dt}{t} + \frac{ds}{s}, \text{ und folglich:}$$

$$\frac{d.uts}{uts} = \frac{du}{u} + \frac{dt}{t} + \frac{ds}{s}; \text{ eben so wird man finden:}$$

$$\frac{d.utsr\ldots \text{rc.}}{utsr\ldots \text{rc.}} = \frac{du}{u} + \frac{dt}{t} + \frac{ds}{s} + \frac{dr}{r} + \text{rc.}$$

Schafft man die Nenner aus der Gleichung

$$\frac{d.uts}{uts} = \frac{du}{u} + \frac{dt}{t} + \frac{ds}{s}$$

weg, so erhält man die Formel:

$$\text{„}d.uts = ts.du + us.dt + ut.ds\text{“},$$

woraus leicht folgt, daß, welches auch die Anzahl der Factoren seyn möge, das Differential ihres Produktes immer erhalten wird, wenn man das Differential eines jeden von ihnen mit dem Produkte der übrigen Factoren multiplicirt, und die Resultate addirt.

§. 12.

Man erhält das Differential von $\frac{u}{v}$, wenn man setzt $\frac{u}{v} = t$; denn alsdann ist $u = vt$ und man erhält, nach dem Vorhergehenden: $du = v.dt + t.dv$;

nimmt man hieraus den Werth von dt, und substituirt für t, den ihm gleichen Bruch $\frac{u}{v}$, so erhält man:

$$\text{„}d.\frac{u}{v} = \frac{du}{v} - \frac{udv}{v^2}\text{“}$$

oder, nach der Reduktion auf einerlei Nenner der zwei Glieder der zweiten Seite:

$$„d.\frac{u}{v}=\frac{v.du-u.dv}{v^2},“$$

woraus folgt: daß man das Differential eines Bruches erhält, wenn man den Nenner mit dem Differential des Zählers, und den Zähler mit dem Differential des Nenners multiplicirt, und, nach Abzug des letzteren Produktes vom ersteren, durch das Hundert des Nenners dividirt.

Wenn der Zähler u des gegebenen Bruches $\frac{u}{v}$, constant ist, so hat u, welches nicht von x abhängt, kein Differential, d. h. es ist $du=o$; folglich hat man bloß:

$$„d.\frac{u}{v}=-\frac{udv}{v^2}.“$$

§. 13.

Da die Function u^n, wenn n eine ganze positive Zahl ist, ein Produkt von n Factoren bedeutet, deren jeder gleich u ist, so folgert man aus dem §. 11.:

$$\frac{du^n}{u^n}=\frac{d.uuuu\ldots}{uuuu\ldots}=\frac{du}{u}+\frac{du}{u}+\frac{du}{u}+\frac{du}{u}+\ldots,$$

wo die letzte Seite so viele $\frac{du}{u}$ enthalten wird, als Factoren in u^n vorkommen, d. h. n; folglich hat man:

$$\frac{du^n}{u^n}=\frac{ndu}{u}, \text{ woraus man schließen wird:}$$

$$„d.u^n=nu^{n-1}du.“$$

Wenn die Zahl n eine Bruchgröße ist, so stelle man sie durch $\frac{r}{s}$ dar, und mache $u^{\frac{r}{s}}=v$, woraus folgt, $u^r=v^s$. Da alsdann die Zahlen r und s nach der Voraussetzung ganze Zahlen sind, so hat man, nach dem Vorhergehenden:

$$ru^{r-1}du=sv^{s-1}dv; \text{ woraus man findet:}$$

$$dv=\frac{ru^{r-1}du}{sv^{s-1}}, \text{ oder}$$

$$„d.u^{\frac{r}{s}}=\frac{ru^{r-1}du}{su^{\frac{r}{s}(s-1)}}=\frac{r}{s}u^{\frac{r}{s}-1}du,“$$

welches mit $d.u^n = n u^{n-1} du$ zusammenfällt, wenn $n = \frac{r}{s}$.

Endlich sey n negativ, so hat man: $u^{-n} = \frac{1}{u^n}$, woraus man, nach §. 12., schließt:

$$du^{-n} = d\frac{1}{u^n} = \frac{-d.u^n}{u^{2n}};$$

allein wenn n positiv ist, so hat man immer:

$$d.u^n = n u^{n-1} du; \text{ folglich hat man auch:}$$

$$du^{-n} = \frac{-n.u^{n-1}du}{u^{2n}}, \text{ oder } „du^{-n} = -nu^{-n-1}du."$$

Diese aufgezählten Fälle berechtigen uns zu dem Schluß, daß man das Differential einer beliebigen Potenz einer Function erhält, wenn man die in ihrem Exponenten um 1 verminderte Potenz, mit dem unveränderten Exponenten, und dieses Resultat noch mit dem Differential der bloßen Function multiplicirt. *)

§. 14.

Durch die in den §§. 10. 11. 12. und 13. ausgesprochenen Regeln lassen sich alle Functionen differentiiren, deren veränderliche nur den Operationen der Addition, Subtraktion, Multiplication, Division und Erhebung zu ganzen oder gebrochenen, positiven oder negativen Potenzen unterworfen ist. — Diese auf algebraischen Operationen beruhenden Functionen heißen deßhalb algebraische Functionen. — Es bedarf blos der Erinnerung, daß das Differential der einfachen veränderlichen Größe x, dx ist (§. 5.).

Es sey zuerst die Einnamige Function

$$u = ax^n$$

gegeben, worin a eine constante Größe bedeutet; hier gibt zuvörderst die Regel der Produkte des §. 11.:

$$du = a dx^n;$$

*) Das Differential von x^n hätte sich unmittelbar aus der Entwickelung des Binoms $(x + dx)^n$ ableiten lassen, weil diese Entwickelung $x^n + nx^{n-1}dx +$ ꝛc., nach Abzug des x^n, zum Ersten Gliede der Differenz, nx^{n-1} darbietet; allein ich wollte den Beweis der Binomial-Formel deßhalb nicht voraussetzen, weil die Differential-Rechnung einen sehr allgemeinen und sehr einfachen an die Hand giebt.

hierauf führt die Regel der Potenzen des §. 13. zu

$$du = nax^{n-1}dx.$$

Nun gehen wir zu den vielnamigen Functionen über. Es sey 1)

$$u = a + b\sqrt{x} - \frac{c}{x}.$$

Nimmt man das Differential eines jeden dieser Glieder, so giebt das Erste Glied, a, keines, weil es constant ist (§. 7.); das zweite, $b\sqrt{x}$, unter die Form, $bx^{\frac{1}{2}}$, gebracht, gibt, nach Anwendung der Regel des §. 13., $\frac{1}{2}bx^{\frac{1}{2}-1}dx$, oder $\frac{b\,dx}{2\sqrt{x}}$, und das dritte, $-\frac{c}{x}$, führt auf $+\frac{c\,dx}{x^2}$ (§. 12.). Vereinigt man diese Resultate (§. 10.), so findet man:

$$du = \left(\frac{b}{2\sqrt{x}} + \frac{c}{x^2}\right)dx, \quad \text{oder}$$

$$\frac{du}{dx} = \frac{b}{2\sqrt{x}} + \frac{c}{x^2}.$$

Es sey 2)

$$u = a + \frac{b}{\sqrt[3]{x^2}} - \frac{c}{\sqrt[3]{x}} + \frac{e}{x^2}.$$

Schreibt man diese Function auf folgende Art:

$$u = a + bx^{-\frac{2}{3}} - cx^{-\frac{1}{3}} + ex^{-2},$$

so wird die Anwendung der Regel des §. 13. geben:

$$du = -\frac{2}{3}\frac{b\,dx}{x^{\frac{5}{3}}} + \frac{4}{3}\frac{c\,dx}{x^{\frac{7}{3}}} - \frac{2e\,dx}{x^3},$$

oder was einerlei ist,

$$du = -\frac{2b\,dx}{3x\sqrt[3]{x^2}} + \frac{4c\,dx}{3x^2\sqrt[3]{x}} - \frac{2e\,dx}{x^3}.$$

Es sey 3)

$$u = (a + bx^m)^n.$$

Diese Function kann, ohne eine vorläufige Entwickelung, nicht in Einnamige Glieder zerlegt werden. Allein, um sie zu differentiiren, ist dieses nicht nothwendig; denn setzt man

$$a + bx^m = z,$$

so nimmt sie die Einnamige Form an, $u = z^n$, und die angewandte Regel der Potenzen (§. 13.) gibt:

$$du = nz^{n-1}dz = n(a+bx^m)^{n-1}d(a+bx^m)$$
$$= n(a+bx^m)^{n-1}.mbx^{m-1}dx$$
$$= mnbx^{m-1}dx(a+bx^m)^{n-1}.\ ^{*})$$

§. 15.

Da man oft Quadratwurzeln zu differentiiren nöthig hat, so hat man für diese Functionen eine besondere Regel gebildet, die aus folgender Rechnung hervorgeht.

Es sey $v = \sqrt{u}$,

woraus: $v = u^{\frac{1}{2}}$, so erhält man

$$dv = \tfrac{1}{2}u^{\frac{1-2}{2}}du = \tfrac{1}{2}u^{-\frac{1}{2}}du, \text{ oder}$$

$$„d\sqrt{u} = \frac{du}{2\sqrt{u}}“.$$

Folglich erhält man das Differential der Quadratwurzel aus einer Größe, wenn man das Differential dieser Größe, durch die doppelte Quadratwurzel, dividirt.

§. 16.

Wendet man auf die Function

$$u = x(a^2+x^2)\sqrt{a^2-x^2}$$

die Regel der Produkte des §. 11. an, so erhält man:

$$du = dx(a^2+x^2)\sqrt{a^2-x^2} + x\sqrt{a^2-x^2}.d(a^2+x^2)$$
$$+ x(a^2+x^2)\,d.\sqrt{a^2-x^2}.$$

Die beiden letzten Glieder dieses Ausdrucks enthalten Operationen, die blos angezeigt sind, sich aber nach einander vollziehen lassen, wenn man bemerkt, daß

$$d(a^2+x^2) = dx^2 = 2xdx, \text{ und}$$

$$d\sqrt{a^2-x^2} = \frac{d(-x^2)}{2\sqrt{a^2-x^2}} = \frac{-xdx}{\sqrt{a^2-x^2}};$$ hierauf er-

---

*) Nach der 1sten Regel des §. 9. hätte man unmittelbar erhalten $\frac{du}{dx} = n(a+bx^m)^{n-1} \times mbx^{m-1}$, woraus sogleich folgte: $du = mnbx^{m-1}dx(a+bx^m)^{n-1}$. B.

hält man: $du = \left\{(a^2+x^2)\sqrt{a^2-x^2}+2x^2\sqrt{a^2-x^2} - \frac{x^2(a^2+x^2)}{\sqrt{a^2-x^2}}\right\}dx;$

oder nachdem man die Glieder der zweiten Seite auf einerlei Benennung gebracht,

$$du = \frac{(a^4+a^2x^2-4x^4)dx}{\sqrt{a^2-x^2}}.$$

Wendet man auf die Function

$$u = \frac{a^2-x^2}{a^4+a^2x^2+x^4}$$

die Regel der Differentiation der Brüche an, so erhält man sogleich,

$$du = \frac{(a^4+a^2x^2+x^4)d(a^2-x^2)-(a^2-x^2)d(a^4+a^2x^2+x^4)}{(a^4+a^2x^2+x^4)^2},$$

woraus folgt:

$$du = \frac{-2x(2a^4+2a^2x^2-x^4)dx}{(a^4+a^2x^2+x^4)^2}.$$

Den Beschluß dieser Beispiele mache die Function

$$u = \sqrt[4]{\left(a-\frac{b}{\sqrt{x}}+\sqrt[3]{(c^2-x^2)^2}\right)^3},$$

welche mehrere nacheinander zu vollziehende Operationen in sich faßt. Um ihre Differentiation zu erleichtern, kann man setzen:

$$\frac{b}{\sqrt{x}} = y, \quad \sqrt[3]{(c^2-x^2)^2} = z,$$

wodurch sie übergeht in

$$u = \sqrt[4]{(a-y+z)^3} = (a-y+z)^{\frac{3}{4}};$$

alsdann giebt die Regel des §. 13.

$$du = \tfrac{3}{4}(a-y+z)^{\frac{3}{4}-1}d(a-y+z)$$

$$= \tfrac{3}{4}(a-y+z)^{-\frac{1}{4}}(-dy+dz)$$

$$= \frac{-3dy+3dz}{4\sqrt[4]{a-y+z}}.$$ Da aber

$$dy = d.\frac{b}{\sqrt{x}} = -b\frac{d.\sqrt{x}}{x} = \frac{-bdx}{2x\sqrt{x}}$$ und

$$dz = d(c^2 - x^2)^{\frac{2}{3}} = \tfrac{2}{3}(c^2 - x^2)^{\frac{2}{3}-1} d(c^2 - x^2)$$

$$= \tfrac{2}{3}(c^2 - x^2)^{-\frac{1}{3}} \times -2x\,dx$$

$$= \frac{-4x\,dx}{3\sqrt[3]{c^2 - x^2}};$$ so giebt die Substitution dieser

Werthe von dy und dz, so wie deren von y und z selbst, in dem letzten Ausdrucke von du, folgendes Resultat:

$$du = \left\{ \frac{\dfrac{3b}{2x\sqrt{x}} - \dfrac{4x}{\sqrt[3]{c^2 - x^2}}}{4\sqrt[4]{a - \dfrac{b}{\sqrt{x}} + \sqrt[3]{(c^2 - x^2)^2}}} \right\} dx.$$

Von den wiederholten Differentiationen.

§. 17.

Da ein Differential-Coefficient eine neue Function von x ist, so kann er der Differentiation unterzogen werden, und, in der Grenze des Verhältnisses zwischen seinem Zuwachse und dem der Veränderlichen (x), seinen eigenen Differential-Coefficienten liefern, welcher ebenfalls eine Function von x seyn wird. Läßt man so mehrere Differentiationen auf einander folgen, so leitet man, aus der gegebenen Function, eine Folge von Grenzen oder Differential-Coefficienten, ab, die man dadurch von einander unterscheidet, daß man einen jeden, von der so vielten Ordnung nennt, als Differentiationen nöthig waren, um ihn zu erhalten.

Macht man z. B. $\frac{du}{dx} = p$, $\frac{dp}{dx} = q$, $\frac{dq}{dx} = r$, rc.,

so stellt p den Differential-Coefficienten der Ersten Ordnung der gegebenen Function, q denselben der Function p, oder den der zweiten Ordnung der gegebenen Function, r den der ersten Ordnung der Function q, oder den der dritten Ordnung der gegebenen Function vor, u. s. w.

Man hat zunächst zu bemerken, daß die Differential-Coefficienten q, r, rc. sich aus den aufeinander folgenden Differentialen von u herleiten lassen, bei welchen der Zuwachs dx als constant angesehen wurde.

Denn die Gleichungen

$$\frac{du}{dx}=p,\ \frac{dp}{dx}=q,\ \frac{dq}{dx}=r,\ \text{ꝛc.}$$

werden geben,

$$du=p\,dx,\ dp=q\,dx,\ dq=r\,dx,\ \text{ꝛc.};$$

allein, wenn man $p\,dx$ differentiirt, ohne dx sich ändern zu lassen, so erhält man $dp\,dx$, woraus $q\,dx^2$ *) wird, nachdem man für dp seinen Werth $q\,dx$ gesetzt, welcher Ausdruck nur durch dx^2 dividirt zu werden braucht, um q zu geben. Es seyen demnach

$$d(du)=ddu=d^2u,\ d(d^2u)=d^3u,\ \text{ꝛc.},$$

die Symbole der auf einander folgenden Differentiale des du, bei denen dx als constant angesehen wurde, und vergessen wir nicht, daß der dem Kennzeichen d beigegebene Exponent nur eine wiederholte Operation, und keine Potenz des Buchstabens d andeutet, der nie für eine Größe, sondern nur für ein Zeichen gilt; so werden wir, durch die obigen Werthe von dp, dq, ꝛc., auf die obigen Gleichungen geführt werden,

$$du=p\,dx,\ d^2u=dp\,dx=q\,dx^2,$$
$$d^3u=dq\,dx^2=r\,dx^3,\ \text{ꝛc.},$$

woraus wir ableiten werden:

$$p=\frac{du}{dx},\ q=\frac{d^2u}{dx^2},\ r=\frac{d^3u}{dx^3},\ \text{ꝛc.}$$

§. 18.

Es sey z. B. die Function

ax^n gegeben,

so findet man nach §. 11.

$d.ax^n=nax^{n-1}dx$; betrachtet man, in diesem Ersten Differential, die Factoren na und dx als constant, so braucht man, um das zweite zu erhalten, nur x^{n-1} zu differentiiren und das Resultat mit $na\,dx$ zu multipliciren; allein $dx^{n-1}=(n-1)x^{n-2}dx$; folglich erhält man:

$$d^2.ax^n=n(n-1)ax^{n-2}dx^2.$$

Auf eine ganz ähnliche Weise wird man finden:

$$d^3.ax^n=n(n-1)(n-2)ax^{n-3}dx^3,$$
$$d^4.ax^n=n(n-1)(n-2)n-3)ax^{n-4}dx^4,$$
ꝛc.,

*) Man muß sich hüten zu übersehen, daß die Ausdrücke dx^2, dx^3... einerlei sind mit $(dx)^2$, $(dx)^3$.... und nicht mit $d.x^2$, $d.x^3$....

und die Differential-Coefficienten werden folgende Werthe haben:

$$\frac{d. a x^n}{dx} = n a x^{n-1},$$

$$\frac{d^2. a x^n}{dx^2} = n(n-1) a x^{n-2},$$

$$\frac{d^3. a x^n}{dx^3} = n(n-1)(n-2) a x^{n-3},$$

$$\frac{d^4. a x^n}{dx^4} = n(n-1)(n-2) n-3) a x^{n-4},$$

ꝛc.

Man wird leicht einsehen, daß, wenn der Exponent n eine ganze positive Zahl ist, die Function $a x^n$ nur eine begrenzte Anzahl von Differentialen haben wird, deren höchstes ist:

$$d^n. a x^n = n(n-1(n-2) \ldots . 2 . 1 . a d x^n.$$

Dieser Ausdruck läßt nämlich keine Differentiation mehr zu, weil er keine veränderliche Größe mehr enthält; man wird also alsdann zum letzten Differential-Coefficienten haben

$$„\frac{d^n. a x^n}{d x^n} = n(n-1)(n-2) \ldots . . 2 . 1 . a“,$$

d. i. eine constante Größe.

§. 19.

Das Differentiiren der Functionen führt zu Eigenschaften derselben, die ihre Entwickelung sehr erleichtern. Nichts ist leichter, als, aus dem Vorhergehenden, die Entwickelung des Ausdruckes $(x+y)^m$ abzuleiten; allein anstatt bei diesem besondern Falle zu verweilen, wollen wir uns mit einer beliebigen Function desselben Binoms, $x+y$, beschäftigen. Zuerst bemerken wir, daß eine beliebige Function des Binoms, $x+y$, denselben Differential-Coefficienten geben werde, welche der beiden Größen x und y man auch zur Veränderlichen gewählt haben mag. Ist diese Function z. B. $(x+y)^n$, so findet man, in jedem der beiden Fälle, denselben Differential-Coefficienten $n(x+y)^{n-1}$. Und setzt man im Allgemeinen, bei einer beliebigen Function $f(x+y)$, $x+y=x'$, so wird diese Function, $f(x')$, und man hat

$df(x') = p' dx'$, wo der

Differential-Coefficient p' eine Function von x' seyn wird, die kein dx' enthält, und deßhalb auch unverändert dieselbe bleiben wird, mag man $dx' = dx$ haben, wenn man x als die Veränderliche ansieht, oder $dx' = dy$, wenn y die Veränderliche ist. *)

Dieses vorausgesetzt, setze man:

$$f(x+y) = L + My^{\alpha} + Ny^{\beta} + Py^{\gamma} + \text{rc.}$$

wo L, M, N, P, rc. unbekannte Functionen von x sind, die kein y enthalten, und α, β, γ, rc. unbestimmte Exponenten vorstellen. Es ist hier zuvörderst klar, daß keiner der Exponenten negativ seyn kann; denn da ein Glied von der Form $My^{-\alpha} = \frac{M}{y^{\alpha}}$ z. B., unendlich groß würde, wenn $y = o$, so würde es die zweite Seite der obigen Gleichung unendlich groß machen, während die erste Seite nur $f(x)$ würde. Allein, wenn alle Exponenten positiv sind, so wird man bald finden,

$L = f(x)$; bildet man hierauf den Differential-Coefficienten der obigen Entwickelung von $f(x+y)$, einmal, indem man x, und ein anderes Mal, indem man y als die Veränderliche ansieht, so erhält man die zwei folgenden Resultate,

$$\frac{dL}{dx} + \frac{dM}{dx} y^{\alpha} + \frac{dN}{dx} y^{\beta} + \frac{dP}{dx} y^{\gamma} + \text{rc.},$$

$$\alpha M y^{\alpha-1} + \beta N y^{\beta-1} + \gamma P y^{\gamma-1} + \text{rc.},$$

welche nach obigem Beweis identisch seyn müssen, welches auch der Werth von y seyn mag. Dieses kann aber nur dann statt finden, wenn in beiden Ausdrücken gleiche Exponenten und Coefficienten der y vorkommen. Allein, wenn die Exponenten in dem ersten Ausdrucke steigend geordnet sind, so sind sie dieß auch in dem zweiten: man hat daher

$$\alpha - 1 = o, \quad \beta - 1 = \alpha, \quad \gamma - 1 = \beta, \text{ rc.},$$

woraus folgt,

$$\alpha = 1, \qquad \beta = 2, \qquad \gamma = 3, \text{ rc.};$$

---

*) Ich möchte folgenden Beweis nicht unerwähnt lassen.

Nach §. 9. ist: $\frac{d.f(x+y)}{dx} = \frac{df(x+y)}{d(x+y)} \times \frac{d(x+y)}{dx} = \frac{d.f(x+y)}{d(x+y)} \times 1,$

und $\frac{df(x+y)}{dy} = \frac{df(x+y)}{d(x+y)} \times \frac{d(x+y)}{dy} = \frac{d.f(x+y)}{d(x+y)} \times 1;$

folglich offenbar: $\frac{df(x+y)}{dx} = \frac{df(x+y)}{dy}$.

B.

und die Vergleichung der Coefficienten gibt alsdann die Gleichungen,

$$M=\frac{dL}{dx},\ N=\frac{1}{2}\frac{dM}{dx},\ P=\frac{1}{3}\frac{dN}{dx},\ \text{ꝛc.}.$$

Setzt man jetzt

$$f(x)=u \text{ und } f(x+y)=u',$$

so erhält man sogleich

$$L=u,\ M=\frac{1}{1}\frac{du}{dx},\ N=\frac{1}{1.2}\frac{d^2u}{dx^2},\ P=\frac{1}{1.2.3}\frac{d^3u}{dx^3},\ \text{ꝛc.}.$$

und endlich,

$$„u'=u+\frac{du}{dx}\frac{y}{1}+\frac{d^2u}{dx^2}\frac{y^2}{1.2}+\frac{d^3u}{dx^3}\frac{y^3}{1.2.3}+\text{ꝛc.}“$$

Diese Formel nennt man den Taylorschen Lehrsatz, weil der Engländer Taylor sie zuerst erfand. *)

§. 21.

Dieser Lehrsatz führt sogleich zur Entwickelung von $(x+y)^n$; denn in diesem Falle

ist $u=x^n,\ \frac{du}{dx}=nx^{n-1},\ \frac{d^2u}{dx^2}=n(n-1)x^{n-2}$, ꝛc.,

woraus man schließt

$$„(x+y)^n=x^n+\frac{n}{1}x^{n-1}y+\frac{n(n-1)}{1.2}x^{n-2}y^2 +\frac{n(n-1)(n-2)}{1.2.3}x^{n-3}y^3+\text{ꝛc.}“$$

Da die früher aufgestellten Regeln der Differentiation, die Entwickelung der nten Potenz des Binoms, keineswegs voraussetzen, so kann man dieselbe jetzt als erwiesen ansehen, für alle Fälle, worin der Exponent n ganz oder gebrochen, positiv oder negativ ist.

---

*) Der obige Beweis ist im Grunde derselbe, den Lagrange in den Memoiren der Berliner Akademie, Jahrgang 1772, S. 187, und seitdem, in der Theorie der analytischen Functionen, gab; allein die Anwendung der Zeichen der Differential-Rechnung verkürzt und vereinfacht ihn sehr.

Da der Taylorsche Lehrsatz die Grundlage der Anwendung der Differential-Rechnung geworden ist, so hat man viele Beweise desselben geliefert; ich habe deren mehrere in meinem „Traité du Calcul différentiel et du Calcul integral, in 4o.“ mitgetheilt. Siehe die 2te Aufl. Band I. S. 160 und 277, und Band III. S. 60, 396 und die Note von 399.

Bringt man z. B., die Ausdrücke

$$\left.\begin{array}{l} \sqrt{a^2+x^2} \\ \sqrt[3]{(a^2-x^2)^2} \\ \dfrac{1}{a+x} \\ \dfrac{1}{\sqrt[4]{a^4+x^4}} \end{array}\right\} \text{ unter die Form: } \left\{\begin{array}{l} a\left(1+\dfrac{x^2}{a^2}\right)^{\frac{1}{2}} \\ a^{\frac{4}{3}}\left(1-\dfrac{x^2}{a^2}\right)^{\frac{2}{3}} \\ a^{-1}\left(1+\dfrac{x}{a}\right)^{-1} \\ a^{-1}\left(1+\dfrac{x^4}{a^4}\right)^{-\frac{1}{4}} \end{array}\right.$$

so erhält man deren Entwickelung, nach dem im §. 144. der „Elémens d'Algèbre" angezeigten Verfahren; allein da die Formel nun nicht schließen kann, so gelangt man zu unendlichen Reihen, wie wir deren schon Eine im §. 236. des gedachten Buches bemerkbar gemacht haben.

§. 22.

Macht man im Taylorschen Lehrsatze $x=0$, und bezeichnet die dieser Annahme entsprechenden Werthe von

$$\left.\begin{array}{c} u \\ \dfrac{du}{dx} \\ \dfrac{d^2u}{dx^2} \\ \dfrac{d^3u}{dx^3} \\ \text{u.} \end{array}\right\} \text{ mit } \left\{\begin{array}{l} U \\ U' \\ U'' \\ U''' \\ \text{u.} \end{array}\right.$$

so geht derselbe über in:

$$f(y)=U+U'\frac{y}{1}+U''\frac{y^2}{1.2}+U'''\frac{y^3}{1.2.3} \text{ u.};$$

allein da diese Gleichung für jeden beliebigen Werth von y Statt findet, so kann man in ihr auch überall x statt y schreiben, und weil dadurch die Größen U, U', U'', U''' u., die kein y enthalten, nicht geändert werden, so wird man alsdann die Formel haben:

$$„f(x) \text{ oder } u=U+U'\frac{x}{1}+U''\frac{x^2}{1.2}+U'''\frac{x^3}{1.2.3}+\text{ u.}"$$

welche die Entwickelung von f(x) nach **steigenden Potenzen** von x ausdrückt.

Macht man $u=(a+x)^n$, woraus zunächst folgt:

$$\frac{du}{dx}=n(a+x)^{n-1},\ \frac{d^2u}{dx^2}=n(n-1)(a+x)^{n-1},\ \text{rc.},$$

die (u mitgerechnet), wenn $x=o$, übergehen in:

$$U=a^n,\ U'=na^{n-1},\ U''^2=n(n-1)a^{n-2}\ \text{rc.},$$

so erhält man wiederum:

$$„(a+x)^n=a^n+\frac{n}{1}a^{n-1}x+\frac{n}{1.}\frac{(n-1)}{2}a^{n-2}x^2+\text{rc.“}\ ^{*})$$

§. 23.

Der Taylorsche Lehrsatz gibt auch die Entwickelung des neuen Zustandes u' einer beliebigen Function $u=f(x)$, wenn in derselben x in $x+h$ übergeht. Denn verwandelt man (in §. 20.) y in h, so erhält man:

---

*) H. Peacock hat die Bemerkung gemacht, daß die obige Entwickelung von f(x) irriger Weise dem Englischen Geometer Mac-Laurin zugeschrieben werde, da sie schon 1717 von seinem Landsmann Stirling (S. dessen „lineae tertii ordinis Newtonianae“, Prop. III.) gefunden worden. Der von Stirling selbst gegebene Beweis weicht von dem Folgenden nur in der Bezeichnung ab. Es sey

$$u=A+Bx+Cx^2+Dx^3+Ex^4+\text{rc.},$$

wo A, B, C, D, E rc. constante und unbestimmte Coefficienten sind; geht man zu den Differential-Coefficienten über,

$$\frac{du}{dx}=B+2Cx+3Dx^2+4Ex^3+\text{rc.},$$

$$\frac{d^2u}{dx^2}=\quad 2C+2.3Dx+3.4Ex^2+\text{rc.},$$

$$\frac{d^3u}{dx^3}=\quad 1.2.3D+2.3.4Ex+\text{rc.},$$

rc., und macht in ihnen, so wie in u, $x=o$, indem man die Werthe, welche die Function und ihre Differential-Coefficienten, in ihrer nicht entwickelten Form, alsdann annehmen, mit U, U', U'', U''' rc. bezeichnet, so erhält man

$$A=U,\ B=\frac{1}{1}U',\ C=\frac{1}{1.2}U'',\ D=\frac{1}{1.2.3}U'''\ \text{rc.},$$

und folglich:

$$„u=U+U'\frac{x}{1}+U''\frac{x^2}{1.2}+U'''\frac{x^3}{1.2.3}+\text{rc.“}$$

$$„u' = u + \frac{du}{dx}\frac{h}{1} + \frac{d^2u}{dx^2}\frac{h^2}{1.2} + \frac{d^3u}{dx^3}\frac{h^3}{1.2.3} + \text{rc.}“$$

Es folgt hieraus, daß die verschiedenen Differential-Coefficienten auch die merkwürdige Eigenschaft besitzen, nach respectiver Division durch die Produkte

$$1,\ 1.2,\ 1.2.3,\ \text{rc.}$$

just die Multiplicatoren der Potenzen des Zuwachses h zu werden, die im entwickelten vollständigen Zuwachse der Function

$$u' - u = \frac{du}{dx}\frac{h}{1} + \frac{d^2u}{dx^2}\frac{h^2}{1.2} + \frac{d^3u}{dx^3}\frac{h^3}{1.2.3} + \text{rc.},$$

enthalten sind. *)

Verwandelt man in der Entwickelung von u' — u, h in dx, so wird dieselbe, nach §. 17., zur folgenden

$$„u' - u = \frac{du}{1} + \frac{d^2u}{dx^2} + \frac{d^3u}{1.2.3} + \text{rc.},“$$

eine sehr einfache Formel, um die vollständige Differenz einer Function, die einem beliebigen Zuwachse dx entspricht, durch die verschiedenen Differentiale dieser Function, die sich auf denselben Zuwachs von x beziehen, auszudrücken.

Von der Differentiation der transcendenten Functionen.

§. 24.

Die Functionen, welche sich nicht unter den im §. 11. aufgezählten befinden, heißen transcendente.

*) Man bemerkt in dem letzten Ausdrucke zwei verschiedene Symbole, dx und h, welche beide Zuwachse von x bedeuten. Allein man erinnere sich, daß der erstere Zuwachs, welcher nur in die Rechnung eingeführt wurde, um die Differentiale zu bilden, und welcher durch die angezeigte Division verschwindet, wenn man zu den Differential-Coefficienten übergeht, demnach immer unbestimmt bleibt. Der zweite Zuwachs hingegen kann bestimmt angegeben werden, wenn man für eine bestimmte Aenderung der x, die entsprechende Aenderung der Function u wirklich berechnen will.

Indessen darf man immerhin dx an die Stelle von h schreiben; allein alsdann gehen die Differential-Coefficienten in die Differentiale über, wie man weiterhin sehen wird.

Die Exponential-Function $u = a^x$
ist die einfachste dieser Gattung von Functionen. Substituirt man in ihr, $x + dx$, für x, so findet man das Verhältniß der Zuwachse,

$$\frac{a^{x+dx} - a^x}{dx} = \frac{a^x(a^{dx} - 1)}{dx};$$

um dasselbe nach Potenzen von dx zu entwickeln, mache man

$a = 1 + b$, so ist

$$a^{dx} = (1+b)^{dx} = 1 + \frac{dx}{1} b + \frac{dx(dx-1)}{1.2} b^2$$
$$+ \frac{dx(dx-1)(dx-2)}{1.2.3} b^3 + \text{rc.},$$

und sodann

$$\frac{a^{dx} - 1}{dx} = b + \frac{(dx-1)}{1.2} b^2 + \frac{dx(dx-1)(dx-2)}{1.2.3} b^3 + \text{rc.}$$

Macht man nun $dx = o$, auf der zweiten Seite, so erhält man daselbst, in der Grenze,

$$\left(\frac{b}{1} - \frac{b^2}{2} + \frac{b^3}{3} - \text{rc.}\right),$$

und setzt man für b seinen Werth $a - 1$, so erfolgt nach §. 5.

$$\frac{d.a^x}{dx} = a^x\left(\frac{a-1}{1} - \frac{(a-1)^2}{2} + \frac{(a-1)^3}{3} - \text{rc.}\right);$$

nimmt man also

$$k = \frac{a-1}{1} - \frac{(a-1)^2}{2} + \frac{(a-1)^3}{3} - \text{rc.},$$

so erhält man $d.a^x = k a^x dx$, zum Differential der gegebenen Function; allein für die constante Zahl k werden wir bald einen andern Ausdruck finden.

§. 25.

Es leuchtet bald ein, daß

$$d^2.a^x = k\,dx\,d.a^x = k^2 a^x dx^2,$$
$$d^3.a^x = \qquad = k^3 a^x dx^3,$$
$$\ldots\ldots\ldots\ldots\ldots\ldots$$
$$d^n.a^x \qquad = k^n a^x dx^n,$$

woraus folgt

$$\frac{du}{dx} = k a^x, \quad \frac{d^2u}{dx^2} = k^2 a^x, \quad \frac{d^3u}{dx^3} = k^3 a^x, \text{ rc.}$$

Macht man $x = o$, so gehen u und ihre Differential-Coefficienten über in

$$U = 1,\ U' = k,\ U'' = k^2,\ U''' = k^3,\ \text{etc.};$$

folglich erhält man nach §. 22.

$$a^x = 1 + \frac{kx}{1} + \frac{k^2x^2}{1.2} + \frac{k^3x^3}{1.2.3} + \text{etc.}$$

§. 26.

Die eben gefundene Entwickelung von a^x wird uns zur Kenntniß derjenigen Größe führen, wovon die durch k vorgestellte Reihe die Entwickelung ist.

Macht man nämlich $x = \frac{1}{k}$, so erhält man

$$a^{\frac{1}{k}} = 1 + \frac{1}{1} + \frac{1}{1.2} + \frac{1}{1.2.3} + \text{etc.},$$

und bezeichnet man den Zahlwerth der zweiten Seite mit e, wo demnach, wenn man bei dem 12ten Gliede stehen bleibt,

$$e = 2,7182818,$$

so erhält man die Gleichung

$$a^{\frac{1}{k}} = e, \quad \text{woraus folgt}$$

$$a = e^k; \quad \text{nimmt man nun von jeder Seite}$$

den Logarithmen, so erhält man

$$k\,l\,e = l\,a, \quad \text{oder endlich}$$

$$k = \frac{l\,a}{l\,e}.$$

Folglich hat man nun auch (§. 24.)

$$\text{„}d.a^x = \frac{l\,a}{l\,e} a^x dx\text{“ *)}.$$

---

*) Obschon das obige, von Lagrange angegebene, Verfahren, um zu diesem Resultate zu gelangen, zierlich und einfach ist; so hat es dennoch einigen Geometern deßhalb mangelhaft geschienen, weil die zuerst für k angegebene Reihe (§. 24.) nur dann convergent ist, wenn a sich wenig von der Einheit unterscheidet. Allein abgesehen davon, daß diese erste Entwickelung nur dazu dient, die Form des gesuchten Differentials zu erhalten, kann man immerhin von einer Exponentialgröße ausgehn, deren Basis der Einheit sehr nahe ist. Man braucht deßhalb nur

$$a^x \text{ in } a^{\frac{1}{m}mx} = (\sqrt[m]{a})^{mx} = a'^{x'}$$

§. 27.

Die Zahl e kommt bei analytischen Untersuchungen häufig vor; man wählt sie zur Basis eines Logarithmen-Systems, welches ich „das Neper'sche“ genannt habe, weil der Erfinder der Logarithmen Neper hieß, und die besondere Bezeichnung dieser Logarithmen mag seyn „l'“ *); man hat also alsdann

$$l'e = 1, \text{ und daher}$$

$$„d.a^x = a^x dx . l'a“$$

$$„a^x = 1 + \frac{x(l'a)}{1} + \frac{x^2(l'a)^2}{1.2} + \frac{x^3(l'a)^3}{1.2.3} + \text{ꝛc.}“ \text{ (§. 25.)}$$

Machte man $a = e$, so erhielte man,

$$e^x = 1 + \frac{x}{1} + \frac{x^2}{1.2} + \frac{x^3}{1.2.3} + \text{ꝛc.},$$

ein Ausdruck, worin kein Logarithme mehr vorkommt.

Wählt man a zur Basis eines Logarithmen-Systems, so hat man $la = 1$, und $x = lu$, folglich

$$„u = 1 + \frac{1}{1}\frac{lu}{le} + \frac{1}{1.2}\left(\frac{lu}{le}\right)^2 + \frac{1}{1.2.3}\left(\frac{lu}{le}\right)^3 + \text{ꝛc.}“,$$

eine Reihe, die die Zahl u durch ihren Logarithmen ausdrückt, und zuletzt immer convergent wird. Denn setzt man, der Abkürzung wegen, $\frac{lu}{le} = M$, so werden zwei aufeinanderfolgende, an einer beliebigen Stelle ausgehobene, Glieder, die durch

$$\frac{M^n}{1.2.3\ldots n}, \quad \frac{M^{n+1}}{1.2.3\ldots n(n+1)},$$

---

zu verwandeln. Denn gibt man dem m einen hinreichend großen Werth, so wird $\sqrt[m]{a}$ oder a' sich der Einheit so viel nähern als man will, und man wird haben

$$da^x = da'^{x'} = \frac{la'}{le} a'^{x'} dx'; \text{ allein}$$

$$la' = \frac{la}{m} \text{ und } dx' = m\,dx; \text{ folglich ist}$$

$$da^x = \frac{la}{le} a^x dx, \text{ was auch } a \text{ seyn mag.}$$

*) Diese Logarithmen werden sehr unpassend natürliche oder hyperbolische genannt. L.

Die letzte Benennung ist noch immer sehr gebräuchlich. B.

dargestellt werden, in dem Verhältniß von 1 zu $\frac{M}{n+1}$ stehen; weil aber die Zahl n mit der Anzahl der Glieder der Reihe wächst, so muß sie später die unveränderliche M übertreffen: folglich werden die Glieder der Reihe zuletzt abnehmend.

§. 28.

Jetzt kann man, mit Hülfe des zweiten Satzes des §. 9., das Differential der logarithmischen Function erhalten. Denn, nachdem man gefunden, $\frac{du}{dx}=\frac{la}{le}a^x$, indem man in der Gleichung $u=a^x$, u als Function von x ansah, so folgt hieraus

$\frac{dx}{du}=\frac{le}{la}\cdot\frac{1}{a^x}$, wenn man x als Function von u ansieht, welches der Gleichung, $x=\frac{lu}{la}$, entspricht; allein ist nun a die Basis des Systems, so ist

$la=1$, und

$x=lu$, woraus folgt

$\frac{dlu}{du}=\frac{le}{u}$, oder endlich

$$„d.lu=le\frac{du}{u}."$$

Um von dem Systeme, dessen Basis e, zu demjenigen, dessen Basis a ist, überzugehen, hat man (Algèbre §. 250.), wenn l′ und l sich respektive auf diese Systeme beziehen,

$$lu=le.l'u;$$

und da man alle Logarithmen-Systeme mit Neperschen vergleicht, so nennt man die Zahl le, womit man den Neperschen Logarithmen einer Zahl multipliciren muß, um den Logarithmen eben dieser Zahl nach einem andern Systeme zu erhalten, den Modulus *) dieses letzteren Systems. Dieserhalb lautet die letzte Regel folgendermaßen:

*) Lagrange's Modulus hat den reciproken Werth des obigen Modulus; denn bei Lagrange ist

$$\frac{da^x}{dx}=Ma^x, \text{ und } \frac{dlx}{dx}=\frac{1}{Mx},$$

wenn M den Modulus bedeutet. (Leçons sur le Calcul des fonctions, Leçon 4me). B.

Man erhält das Differential des Logarithmen einer Größe, oder das logarithmische Differential dieser Größe, wenn man den Modulus des Logarithmen-Systems, und den Quotienten des Differentials der Größe dividirt durch die Größe selbst, miteinander multiplicirt.

§. 29.

Wollte man nun x durch u, oder den Logarithmen durch die Potenzen der Zahl, ausdrücken, so würde man finden, daß die Größen x, $\frac{dx}{du}$, $\frac{d^2x}{du^2}$, 2c., bei der Annahme $u=o$, unendlich groß werden würden, und daraus schließen, daß sich der Logarithme nicht in der Form entwickeln läßt:

$$x=A+Bu+Cu^2+Du^3+\text{2c.}$$

Dasselbe läßt sich auch a priori einsehen, wenn man bemerkt, daß die Function x unendlich groß wird, wenn $u=o$ (Algèbre §. 251.), und dieses aus obiger Reihe nicht hervorgeht, da dieselbe $x=A$ giebt.

Anders verhielte sich die Sache, wenn man u in $1+u$ verwandelte; denn alsdann würde man erhalten

$$x=l(1+u),\ \frac{dx}{du}=\frac{le}{1+u}=le(1+u)^{-1},$$

$$\frac{d^2x}{du^2}=-le(1+u)^{-2},\ \frac{d^3x}{du^3}=2le(1+u)^{-3}\ \text{2c.};$$

und machte man nun $u=o$ und $le=M$, so erfolgte die Formel:

$$„l(1+u)=M\left\{u-\frac{u^2}{2}+\frac{u^3}{3}-\frac{u^4}{4}+\frac{u^5}{5}-\text{2c.}\right\}“\ ^*).$$

*) Man wird ohne Zweifel bemerkt haben, daß die Gleichung $k=\frac{la}{le}$ des §. 26., in Verbindung gebracht mit dem Ausdruck des §. 24.,

$$k=\frac{a-1}{1}-\frac{(a-1)^2}{2}+\frac{(a-1)^3}{3}-\frac{(a-1)^4}{4}+\text{2c.},$$

zu dem Resultate führt,

$$la=le\left\{\frac{(a-1)}{1}-\frac{(a-1)^2}{2}+\frac{(a-1)^3}{3}-\text{2c.}\right\}.$$

Macht man hier $a=1+u$, so findet man wiederum die obige Entwickelung.

Lagrange zeigte, wie man diese Reihe convergent machen könne, indem man nur bemerke, daß $la=m\,l\sqrt[m]{a}$, wodurch

§. 30.

Die Reihe der zweiten Seite der letzten Gleichung ist nur dann convergent genug, um zur Logarithmen-Berechnung dienen zu können, wenn u ein Bruch ist; allein man hat Mittel gefunden, dieselbe in andere zu verwandeln, die auf die besondern Fälle mehr oder minder anwendbar sind. Zuerst hat man bemerkt, daß die Verwandlung von $+u$ in $-u$ gibt:

$$l(1-u)\,M\left\{-u-\frac{u^2}{2}-\frac{u^3}{3}-\frac{u^4}{4}-\frac{u^5}{5}-\text{rc.}\right\}.$$

Zieht man diese Gleichung von der vorhergehenden ab, so erhält man

$$l(1+u)-l(1-u)=l\frac{1+u}{1-u}=2M\left\{\frac{u}{1}+\frac{u^3}{3}+\frac{u^5}{5}+\text{rc.}\right\};$$

setzt man nachher $\frac{1+u}{1-u}=1+\frac{z}{n}$, welches gibt $u=\frac{z}{2n+z}$, und bemerkt, daß $l\left(1+\frac{z}{n}\right)=l\left(\frac{n+z}{n}\right)=l(n+z)-l\,n$, so erfolgt daraus:

$$l(n+z)-ln=2M\left\{\frac{z}{2n+z}+\frac{1}{3}\left(\frac{z}{2n+z}\right)^3+\frac{1}{5}\left(\frac{z}{2n+z}\right)^5+\text{rc.}\right\};$$

woraus man schließt

$$„\,l(n+z)=ln+2M\left\{\frac{z}{2n+z}+\frac{1}{3}\left(\frac{z}{2n+z}\right)^3+\frac{1}{5}\left(\frac{z}{2n+z}\right)^5+\text{rc.}\right\}.“$$

Diese Reihe, welche den Logarithmen von $n+z$ kennen lehrt, sobald man den von n kennt, gibt unter der Voraussetzung von $n=1$ und $z=1$,

$$l\,2=2\,M\left\{\frac{1}{3}+\frac{1}{3.3^3}+\frac{1}{5.3^5}+\text{rc.}\right\},$$

weil $l\,1=0$. Sie ist schon sehr convergent, und wird es noch

---

$$l\,a=m\,l\,e\left\{\frac{\sqrt[m]{a}-1}{1}-\frac{(\sqrt[m]{a}-1)^2}{2}+\frac{(\sqrt[m]{a}-1)^3}{3}-\text{rc.}\right\};$$

denn $\sqrt[m]{a}-1$ nimmt schneller ab, als m zunimmt. Es folgt hieraus, daß je größer m genommen wird, desto größer die Genauigkeit der Gleichung

$$l\,a=m\,l\,e(\sqrt[m]{a}-1),$$

seyn wird.

mehr, für eine größere Zahl. Machte man $M=1$, so erhielte man $l'2=0{,}693147180$.

Man erhält den Modulus M eines Systems, wenn man den Logarithmen einer beliebigen Zahl, sowohl in diesem Systeme, als in dem Neperschen, nimmt, und das Verhältniß beider Resultate sucht (§. 28). Man erhält ziemlich schnell den Modulus der gewöhnlichen Logarithmen, wenn man zuerst den Neperschen Logarithmen von 5, aus dem von 4, ableitet, der selbst aus dem von 2 abzuleiten ist, weil $l4=2l2$; kennt man alsdann $l'5$ und $l'2$, so hat man $l'10=l'5+l'2$. Man findet auf diese Weise $l'10=2{,}302585093$; dividirt man durch diesen letzten Logarithmen, die Einheit, welche der gewöhnliche Logarithme von 10 ist, so erhält man den gesuchten Modulus:

$$„M=0{,}434294482.“$$

Mit dieser Zahl muß man also Npersche Logarithmen von Zahlen multipliciren, um dieser Letzteren gewöhnliche (oder Briggische) Logarithmen zu erhalten.

Und umgekehrt, um von gewöhnlichen Logarithmen zu Neperschen überzugehen, muß man die Ersteren durch jene Zahl dividiren, oder statt dessen multipliciren mit

$$\frac{1}{0{,}434294482}=2{,}302585093.$$

§. 31.

Ich werde einige Beispiele der Anwendung der Regeln der Differentiation der Logarithmischen Function geben, allein, um der größern Einfachheit willen, werde ich in Zukunft voraussetzen, daß die Logarithmen Npersche seyen, wofern nicht das Gegentheil ausdrücklich bemerkt wird.

Es sey 1) $u=l\left(\frac{x}{\sqrt{a^2+x^2}}\right)$; macht man

$\frac{x}{\sqrt{a^2+x^2}}=z$, so erhält man (§. 9.).

$\frac{du}{dx}=\frac{du}{dz}\cdot\frac{dz}{du}$. Allein

$du=\frac{dz}{z}$ und

$$dz=\frac{dx\sqrt{a^2+x^2}-\frac{x^2dx}{\sqrt{a^2+x^2}}}{a^2+x^2}=\frac{a^2dx}{(a^2+x^2)^{\frac{3}{2}}},\text{ oder}$$

$$\frac{du}{dz}=\frac{1}{z} \text{ und } \frac{dz}{dx}=\frac{a^2}{(a^2+x^2)^{\frac{3}{2}}}; \text{ folglich}$$

$$du=\frac{a^2 dx}{x(a^2+x^2)}.$$

Es sey 2) $u=l\left\{\frac{\sqrt{1+x}+\sqrt{1-x}}{\sqrt{1+x}-\sqrt{1-x}}\right\}$; man mache

$$\sqrt{1+x}+\sqrt{1-x}=y,\quad \sqrt{1+x}-\sqrt{1-x}=z,$$

so erhält man

$$u=l\left(\frac{y}{z}\right)=ly-lz,\quad du=\frac{dy}{y}-\frac{dz}{z};$$

allein man hat

$$dy=\frac{dx}{2\sqrt{1+x}}-\frac{dx}{2\sqrt{1-x}}=\frac{-dx}{2\sqrt{1-x^2}}\{\sqrt{1+x}-\sqrt{1-x}\}=$$

$$=-\frac{z\,dx}{2\sqrt{1-x^2}}, \text{ und}$$

$$dz=\frac{dx}{2\sqrt{1+x}}+\frac{dx}{2\sqrt{1-x}}=\frac{dx}{2\sqrt{1-x^2}}\{\sqrt{1+x}+\sqrt{1-x}\}=$$

$$=\frac{y\,dx}{2\sqrt{1-x^2}}; \text{ hieraus schließt man}$$

$$\frac{dy}{y}-\frac{dz}{z}=-\frac{z\,dx}{2y\sqrt{1-x^2}}-\frac{y\,dx}{2z\sqrt{1-x^2}}$$

$$=\frac{-(y^2+z^2)\,dx}{2yz\sqrt{1-x^2}},$$

und bemerkt man, daß

$y^2+z^2=4$, und $yz=2x$, so findet man endlich

$$du=-\frac{dx}{x\sqrt{1-x^2}}.$$

Dieses Beispiel ist merkwürdig wegen der vielen Reductionen, die das Differential zuließ, und wodurch es eine einfachere Form erhielt, als man gemäß der der Function hätte erwarten sollen. Es wird nun leicht seyn, die folgenden Beispiele durchzuführen, wovon ich nur die Endresultate angeben will.

3) $u=l\{x+\sqrt{1+x^2}\}$ $\qquad du=\frac{dx}{\sqrt{1+x^2}}.$

4) $u=\frac{1}{\sqrt{-1}}\,l\left\{x\sqrt{-1}+\sqrt{1-x^2}\right\}$, $du=\frac{dx}{\sqrt{1-x^2}}$.

5) $u=l\left\{\frac{\sqrt{1+x^2}+x}{\sqrt{1+x^2}-x}\right\}^{\frac{1}{2}}$, $du=\frac{dx}{\sqrt{1+x^2}}$.

6) Hätte man $u=(lx)^n$, so fände man, wenn man $lx=z$ macht, $u=z^n$, $du=nz^{n-1}dz$; setzt man in diesem letzterem Ausdrucke für z und dz ihre Werthe, so erhält man

$$du=n(lx)^{n-1}\frac{dx}{x}.$$

7) Endlich sey $u=l.lx$, d. h. der Logarithme des Logarithmen von x; setzt man hier, wie zuvor, $lx=z$, so findet man zunächst

$$u=lz,\quad du=\frac{dz}{z},\quad dz=d.lx=\frac{dx}{x},$$

woraus man bald ableiten wird,

$$du=\frac{dx}{x\,lx}.\ ^{*)}$$

---

*) Ich würde es vorziehen, aus der Formel „$dlu=\frac{du}{u}$" (wo l den Nep. Log. bedeutet), vermittelst §. 9., die allgemeinere abzuleiten

$$„dl\varphi(u)=\frac{d.\varphi(u)}{\varphi(u)}“$$

und alsdann die Beispiele 1 und 2 aufzulösen, wie folgt:

$$d.l\frac{x}{\sqrt{a^2+x^2}}=d\left(\frac{x}{\sqrt{a^2+x^2}}\right)\times\frac{\sqrt{a^2+x^2}}{x}=\frac{\sqrt{a^2+x^2}\,dx-\frac{x^2\,dx}{\sqrt{a^2+x^2}}}{a^2+x^2}$$

$$\times\frac{\sqrt{a^2+x^2}}{x}=\frac{a^2\,dx}{x(a^2+x^2)}.$$

$$d.l\frac{\sqrt{1+x}+\sqrt{1-x}}{\sqrt{1+x}-\sqrt{1-x}}=d\left(\frac{\sqrt{1+x}+\sqrt{1-x}}{\sqrt{1+x}-\sqrt{1-x}}\right)\times\frac{\sqrt{1+x}-\sqrt{1-x}}{\sqrt{1+x}+\sqrt{1-x}}=$$

$$=\frac{(\sqrt{1+x}-\sqrt{1-x})d(\sqrt{1+x}+\sqrt{1-x})-(\sqrt{1+x}+\sqrt{1-x})d(\sqrt{1+x}-\sqrt{1-x})}{(\sqrt{1+x}-\sqrt{1-x})^2}$$

$$\times\frac{\sqrt{1+x}-\sqrt{1-x}}{\sqrt{1+x}+\sqrt{1-x}}=$$

§. 32.

Die Anwendung der Logarithmen erleichtert sehr die Differentiation zusammengesetzter Exponential-Ausdrücke.

Es sey z. B. 1) $u = z^y$,

wo z und y, jede, eine beliebige Function von x seyn sollen, nimmt man den Logarithmen jeder Seite, so erhält man

$l u = y l z$, und nimmt man hierauf die Differentiale beider Seiten, so erfolgt

$$\frac{du}{u} = dy\, lz + y . d . lz \text{ (11, 28), oder}$$

$$= dy\, lz + y \frac{dz}{z}, \text{ und hieraus folgt}$$

$$du = u\left(dy\, lz + y\frac{dz}{z}\right), \text{ oder endlich}$$

$$dz^y = z^y\left(dy\, lz + y\frac{dz}{z}\right).$$

Es sey 2) $u = a^{b^x}$

Man mache $b^x = y$, so erhält man

$u = a^y$, und $du = a^y dy\, la$ (§. 27.);

allein $dy = d . b^x = b^x dx\, lb$: folglich

$$d a^{b^x} = a^{b^x} b^x dx\, la\, lb.$$

Es sey 3) $u = z^{t^s}$,

wo z, t und s Functionen von x sind; man mache $t^s = y$, so erhält man

---

$$= \frac{-2\sqrt{1-x}\, d\sqrt{1+x} + 2\sqrt{1+x}\, d\sqrt{1-x}}{2x} = \frac{\frac{-\sqrt{1-x}\,dx}{2\sqrt{1+x}} - \frac{\sqrt{1+x}\,dx}{2\sqrt{1-x}}}{2x}$$

$$= \frac{-dx}{x\sqrt{1-x^2}}.$$

Aehnlich verfahre man bei 3), 4) und 5).

Bemerkt man bei No. 6), daß nicht bloß „$d . x^n = n x^{n-1} dx$", sondern, nach §. 9., auch allgemeiner

„$d\,\overline{\varphi(x)}^{\,n} = n\,\overline{\varphi(x)}^{\,n-1} d\varphi(x)$", so hat man alsbald

$$d(lx)^n = n(lx)^{n-1} d\,lx = n(lx)^{n-1}\frac{dx}{x}.$$

No. 7) aufgelößt wie 1) und 2), gibt sogleich

$$d . l . lx = \frac{d\,lx}{lx} = \frac{dx}{x\,lx}.$$

$$u = z^y,\ du = z^y\left(dylz + y\frac{dz}{z}\right),$$

$$dy = t^s\left(dslt + \frac{sdt}{t}\right),$$ und folglich

$$dz^{t^s} = z^{t^s} t^s\left(dsltlz + \frac{sdtlz}{t} + \frac{dz}{z}\right).$$

Mittelst dieser Formeln kann man leicht das Differential einer beliebigen Exponential-Function erhalten.

§. 33.

Die Sinus, Cosinus, Tangenten, und die andern trigonometrischen Linien, bezogen auf den Kreisbogen, wovon sie abhängen, sind auch transcendente Functionen: man nennt sie sehr gewöhnlich **Kreisfunctionen.**

Suchen wir zuerst das Differential von sin x; zu diesem Zweck betrachten wir die Gleichungen

$$\sin(a+b) = \frac{\sin a \cos b + \sin b \cos a}{R},$$

$$\sin(a-b) = \frac{\sin a \cos b - \sin b \cos a}{R},$$ (Trig. §. 11.),

und ziehen die zweite von der ersten ab, um

$$\sin(a+b) - \sin(a-b) = \frac{2 \sin b \cos a}{R}$$

zu erhalten, welche leicht gibt,

$$\sin(x+dx) - \sin x = \frac{2 \sin \tfrac{1}{2} dx \cos(x + \tfrac{1}{2} dx)}{R},$$

wenn man

$$a + b = x + dx \quad \text{und} \quad a - b = x$$

macht. Bestimmen wir dann das Verhältniß der gleichzeitigen Zuwachse der x und des sin x, so erhalten wir

$$\frac{\sin(x+dx) - \sin x}{dx} = \frac{2 \sin \tfrac{1}{2} dx \cos(x + \tfrac{1}{2} dx)}{R\,dx}$$

oder, indem Zähler und Nenner durch 2 dividirt werden,

$$= \frac{\sin \tfrac{1}{2} dx}{\tfrac{1}{2} dx} \cdot \frac{\cos(x + \tfrac{1}{2} dx)}{R}.$$

Um zur Grenze überzugehen, müssen wir untersuchen, was aus jedem der Factoren wird, wenn der Zuwachs dx verschwindet, (§. 8.). Der zweite wird dann sogleich $\frac{\cos x}{R}$, und die Grenze des ersten, $\frac{\sin \frac{1}{2} dx}{\frac{1}{2} dx}$, wird die Einheit seyn. Denn aus $\tang a = \frac{R \sin a}{\cos a}$ folgt $\frac{\sin a}{\tang a} = \frac{\cos a}{R}$, und weil $\cos a = R$, wenn $a = o$, so hat das Verhältniß zwischen dem Sinus und dem Cosinus die Einheit zur Grenze, wenn $a = o$ wird; allein, weil ein Bogen immer kleiner als seine Tangente und größer als sein Sinus ist, so fällt das Verhältniß $\frac{\sin a}{a}$ immer zwischen die Größen $\frac{\sin a}{\tang a}$ und 1, und hat also auch die Einheit zur Grenze.

Hieraus folgt demnach $\frac{d . \sin x}{dx} = \frac{\cos x}{R}$, oder

$$„ d . \sin x = \frac{dx \cos x}{R} “.$$

§. 34.

Aus dem so eben gefundenen Differential lassen sich leicht die andern herleiten. Denn

1) ist $\cos x = \sin (1^q - x)$, $d . \cos x = d . \sin (1^q - x)$; allein, wegen des Vorhergehenden, ist

$$d . \sin (1^q - x) = \frac{1}{R} d (1^q - x) \cos (1^q - x)$$

$$= - \frac{1}{R} dx \cos (1^q - x);$$

und hier ist $\cos (1^q - x) = \sin x$; folglich ist

$$„ d . \cos x = - \frac{dx \sin x}{R} “.$$

2) ist $\sin. vers. x = R - \cos x$, folglich

$$d . \sin. vers. x = - d . \cos x, \text{ woraus folgt}$$

$$d . \sin. vers x = \frac{dx \sin x}{R}.$$

3) ist $\tang x = \frac{R \sin x}{\cos x}$, folglich

$$d . \tang x = \frac{R \cos x \, d . \sin x - R \sin x \, d . \cos x}{\cos x^2} \quad (§. 12.)$$

$$= \frac{(\cos x^2 + \sin x^2) dx}{\cos x^2}; \text{ allein}$$

$$\cos x^2 + \sin x^2 = R^2: \text{ folglich ergibt sich}$$

$$d . \tang x = \frac{R^2 dx}{\cos x^2}.$$

4) ist $\cot x = \frac{R^2}{\tang x}$, folglich

$$d.\cot x = -\frac{R^2 d.\tang x}{\tang x^2} = -\frac{R^4 dx}{\tang x^2 \cos x^2},$$

oder endlich, wenn man für $\tang x$ seinen Werth substituirt

$$d.\cot x = -\frac{R^2 dx}{\sin x^2}.$$

5) ist $\sec x = \frac{R^2}{\cos x^2}$, folglich

$$d.\sec x = -\frac{R^2 d.\cos x}{\cos x^2} = \frac{R\, dx \sin x}{\cos x^2}, \text{ oder weil}$$

$$\frac{R \sin x}{\cos x} = \tang x \text{ und } \frac{R^2}{\cos x} = \sec x,$$

$$d.\sec x = \frac{dx \tang x \sec x}{R^2}.$$

Nimmt man, wie gewöhnlich geschieht, den Halbmesser $R = 1$, so werden obige Formeln einfacher, und man erhält:

$$„d.\sin x = dx \cos x“ \quad „d.\cos x = -dx \sin x“$$

$$„d.\tang x = \frac{dx}{\cos x^2}“ \quad „d.\cot x = -\frac{dx}{\sin x^2}“.$$

§. 35.

Mit diesen Formeln kann man das Differential eines jeden Ausdruckes finden, welcher Sinus, Cosinus, Tangenten ꝛc. enthält; man braucht deshalb nur so zu differentiiren, als seyen diese Größen besondere Functionen, und alsdann statt ihrer Differentiale die obigen Resultate zu setzen. Ich will hierüber nur Ein Beispiel geben, nämlich $u = \cos x^{\sin x}$.

Man mache $\cos x = z$, $\sin x = y$, so erhält man

$$u = z^y, \text{ und}$$

$$du = d.z^y = z^y \left(dy\, l z + \frac{y\, dz}{z}\right) \ (\S.\ 32.)$$

$$= dx \cos x^{\sin x} \left(\cos x\, l.\cos x - \frac{\sin x^2}{\cos x}\right).$$

§. 36.

Nachdem wir die Sinus, Cosinus ꝛc. als Functionen des Bogens betrachtet haben, so mögen wir auch den Bogen nach und nach als Function seines Sinus, seines Cosinus ꝛc., betrachten, und sein Differential, in diesen verschiedenen Gesichtspunkten, bestimmen. Es sey deshalb x die gegebene Function, und u die Veränderliche, wovon diese Function abhängt.

1) gibt die die Gleichung $d \sin x = \frac{dx \cos x}{R}$, wegen

$$\sin x = u \text{ und } \cos x = \sqrt{R^2 - u^2},$$

$$du = \frac{dx\sqrt{R^2 - u^2}}{R}, \text{ und folglich nach §. 9.}$$

$$dx = \frac{R\,du}{\sqrt{R^2 - u^2}}.$$

Dieses ist das Differential des Bogens, ausgedrückt durch seinen Sinus und dessen Differential.

Wollte man das Differential des Bogens durch seinen Cosinus ausdrücken, so müßte man von der Gleichung ausgehen

$d.\cos x = -\frac{dx \sin x}{R}$, welche, wenn man $\cos x = u$ macht, geben wird

$$du = -\frac{dx\sqrt{R^2 - u^2}}{R}, \text{ oder auch}$$

$$dx = -\frac{R\,du}{\sqrt{R^2 - u^2}}.$$

Um von hier zum Sinusversus überzugehen, mache man $u = R - y$, weil $\cos x = R - \text{sin.vers.}\,x$, wodurch man erhält

$du = -dy$, und hieraus

$$dx = \frac{R\,dy}{\sqrt{2Ry - y^2}}.$$

2) sey $\tan x = u$; hier wird die Gleichung

$$d.\tan x = \frac{R^2 dx}{\cos x^2}$$

geben

$$du = \frac{R^2 dx}{\cos x^2}, \text{ woraus folgt}$$

$dx = \frac{du \cos x^2}{R^2}$; allein da $\sec x = \frac{R^2}{\cos x}$, so hat man

$\cos x^2 = \frac{R^4}{\sec x^2}$, und folglich

$dx = \frac{R^2 du}{\sec x^2}$; und weil $\sec x^2 = R^2 + \tan x^2 =$ $= R^2 + u^2$, so erfolgt endlich

$$dx = \frac{R^2 du}{R^2 + u^2}.$$

Macht man $R = 1$, so gehen die drei obigen, in du ausgedrückte, Differentiale von x, über in

$$„dx = \frac{du}{\sqrt{1-u^2}}“, \quad „dx = -\frac{du}{\sqrt{1-u^2}}“, \quad „dx = \frac{du}{1+u^2}“.$$

Den Schluß dieses Artikels mache folgendes Beispiel.

Es sey x ein Bogen, der zum Sinus die Function $2u\sqrt{1-u^2}$ habe; man mache

$$2u\sqrt{1-u^2} = z, \text{ so hat man}$$

$$dx = \frac{dz}{\sqrt{1-z^2}}; \text{ allein}$$

$$dz = \frac{2du(1-2u^2)}{\sqrt{1-u^2}}, \text{ und}$$

$$\sqrt{1-z^2} = 1 - 2u^2: \text{ folglich}$$

$$dx = \frac{2du}{\sqrt{1-u^2}}.$$

§. 37.

Vermittelst der vorher gefundenen Differential-Ausdrücke kann man zu den Entwickelungen der vornehmsten Kreis-Functionen gelangen.

1) Beim $\sin x$ hat man

$$\frac{du}{dx} = \cos x, \quad \frac{d^2u}{dx^2} = -\sin x, \quad \frac{d^3u}{dx^3} = -\cos x,$$

$$\frac{d^4u}{dx^4} = \cos x, \text{ 2c.};$$

macht man nun $x = o$, so erhält man, gemäß §. 22., $U = o$ und $U' = 1$, $U'' = o$, $U''' = -1$, $U'''' = o$, 2c., woraus sich folgern läßt:

$$„\sin x = \frac{x}{1} - \frac{x^3}{1.2.3} + \frac{x^5}{1.2.3.4.5} - \text{ 2c.}“$$

2) Beim $\cos x$ findet man

$$\frac{du}{dx} = -\sin x, \quad \frac{d^2u}{dx^2} = -\cos x, \quad \frac{d^3u}{dx^3}\sin x,$$

$$\frac{d^4u}{dx^4} = \cos x, \text{ 2c.};$$

macht man $x=0$, so erfolgt $U=1$ und

$$U'=0,\ U''=-1,\ U'''=0,\ U''''=1,\ \text{etc.},$$

welches geben wird

$$„\cos x = 1 - \frac{x^2}{1.2} + \frac{x^4}{1.2.3.4} - \text{etc.}“$$

Diese beiden Formeln, deren Gesetz sehr klar und sehr einfach ist, bieten eine der genauesten und kürzesten Methoden dar, den, einem gegebenen Bogen, entsprechenden Sinus oder Cosinus zu berechnen, besonders wenn der Bogen nicht sehr groß ist. Es lassen sich analoge Formeln für die Tangente und die übrigen trigonometrischen Linien auffinden; allein das Gesetz dieser letzteren Formeln ist minder einfach, als dasjenige jener obigen, und ihre Anwendung gewährt weit weniger Bequemlichkeiten, als die Relationen, welche die Tangente, Secante etc., vermittelst des Sinus und Cosinus, bestimmen. Ich will daher nicht bei ihnen verweilen, und nur noch bemerken, daß die ersteren, welche späterhin immer convergent werden müssen (§. 27.), sich auch auf Bogen beziehen lassen, welche den Umkreis übertreffen.

§. 38.

Man könnte auf demselben Wege, wie oben, die Entwickelung des Bogens durch seinen Sinus oder durch seine Tangente, erhalten; allein da sich hier die Ausdrücke der aufeinander folgenden Differential-Coefficienten immer mehr verwickeln, weßhalb ihr Zusammenhang schwer sichtbar ist, so wollen wir folgendes Verfahren anwenden, welches von diesem Uebelstande frei ist.

Da der Differential-Coefficient des Bogens, wenn man den Letzteren als Function seines Sinus ansieht, folgender ist

$$\frac{dx}{du} = \frac{1}{\sqrt{1-u^2}} = (1-u^2)^{-\frac{1}{2}} \ (\text{§. } 36.),$$

so kann man ihn nach der Formel des Binoms (§. 21.) in eine Reihe entwickeln; und nimmt man mit den Zahl-Coefficienten keine Reductionen vor, so findet man

$$\frac{dx}{du} = 1 + \frac{1}{2}u^2 + \frac{1.3}{2.4}u^4 + \frac{1.3.5}{2.4.6}u^6 + \text{etc.}$$

Da diese Entwickelung nur gerade Potenzen von u enthält, so folgt daraus, daß diejenige von x nur ungerade enthalten kann, und daß man folglich annehmen müsse

$$x = Au + Bu^3 + Cu^5 + Du^7 + \text{etc.},$$

wo deßhalb kein von u unabhängiges Glied vorkommt, damit der Bogen x verschwinde, wenn $u=0$. Differentiirt man jetzt, so erhält man

$$\frac{dx}{du}=A+3Bu^2+5Cu^4+7Du^6+ \text{etc.},$$

und vergleicht man dieses Resultat mit der ersten Reihe, so findet man

$$A=1,\ 3B=\frac{1}{2},\ 5C=\frac{1.3}{2.4},\ 7D=\frac{1.3.5}{2.4.6},\ \text{etc.},$$

woraus folgt

$$„x=\frac{u}{1}+\frac{1}{2}\frac{u^3}{3}+\frac{1}{2}\cdot\frac{3}{4}\frac{u^5}{5}+\frac{1}{2}\cdot\frac{3}{4}\cdot\frac{5}{6}\frac{u^7}{7}+\text{etc.}"$$

Da man nicht annehmen darf $u>1$, so sieht man, daß diese Reihe keinen den Viertelkreis übertreffenden Werth von x geben könne; weßhalb dieser Ausdruck des Bogens durch seinen Sinus minder allgemein ist, als es die obigen Ausdrücke des Sinus und des Cosinus durch den zugehörigen Bogen sind.

Um einen Bogen durch seine Tangente auszudrücken, entwickele man zuerst

$$\frac{dx}{du}=\frac{1}{1+u^2}=(1+u^2)^{-1}\ (\text{§. 36.}),$$

welches gibt

$$\frac{dx}{du}=1-u^2+u^4-u^6+\text{etc.};$$

und nimmt man an, es sey

$$x=Au+Bu^3+Cu^5+Du^7+\text{etc.},$$

woraus hervorgeht

$$\frac{dx}{du}=A+3Bu^2+5Cu^4+7Du^6+\text{etc.},$$

so erfolgt

$$„x=\frac{u}{1}-\frac{u^3}{3}+\frac{u^5}{5}-\frac{u^7}{7}+\text{etc.}"$$

Diese letzte Entwickelung gibt einen merkwürdigen Ausdruck für den Bogen $o^q,5$ (ein halber Quadrant), dessen Tangente bekanntlich der Einheit gleich ist; denn setzt man $u=1$, so erfolgt

$$„o^q,5=1-\tfrac{1}{3}+\tfrac{1}{5}-\tfrac{1}{7}+\tfrac{1}{9}-\text{etc.}"$$

Diese Reihe ist zu wenig convergent, um bei der Berechnung angewandt zu werden. Allein man kann denselben Bogen in mehrere Theile zerlegen, deren jeder eine Tangente hat, die kleiner ist als 1, und sich demnach durch eine sehr convergente Reihe wird ausdrücken lassen. Der Englische Geometer Machin fand, daß der Bogen $o^q,5$ gleich ist, dem Vierfachen des Bogens, welcher $\frac{1}{5}$ zur Tangente hat, vermindert um denjenigen Bogen, welcher

$\frac{1}{239}$ zur Tangente hat. Man überzeugt sich hievon auf folgende Art: setzt man

tang $a = \frac{1}{5}$, so erfolgt (nach §. 27. der Trig.)

$$\text{tang}\, 2a = \frac{2\,\text{tang}\, a}{1 - \text{tang}\, a^2} = \frac{5}{12},$$

$$\text{tang}\, 4a = \frac{2\,\text{tang}\, 2a}{1 - (\text{tang}\, 2a)^2} = \frac{120}{119}.$$

Da diese letzte Zahl etwas größer ist als 1, Tangente von $o^q, 5$, so hat man offenbar

$4a > o^q, 5$: macht man also

$4a = A$ und $o^q, 5 = B$, so hat man für den Unterschied $4a - o^q, 5$ oder $A - B$,

$$\text{tang}\,(A - B) = \frac{\text{tang}\, A - \text{tang}\, B}{1 + \text{tang}\, A\, \text{tang}\, B} = \frac{1}{239};$$

und setzt man $A - B = b$, so gelangt man endlich zu der obigen Behauptung

$$o^q, 5 = 4a - b.$$

Nimmt man nun nach und nach $u = \frac{1}{5}$ und $u = \frac{1}{239}$, so findet man die Werthe von a und b, und hierauf

$$o^q, 5 = \left\{ \begin{array}{l} 4\left(\frac{1}{5} - \frac{1}{3.5^3} + \frac{1}{5.5^5} - \frac{1}{7.5^7} + \text{ꝛc.}\right) \\ -\left(\frac{1}{239} - \frac{1}{3(239)^3} + \frac{1}{5(239)^5} - \text{ꝛc.}\right) \end{array} \right\};$$

woraus man bald ableiten wird, daß

„der halbe Umkreis $= 3,141592653\ldots$."

Von der Differentiation der Functionen von zwei oder noch mehr veränderlichen Größen.

§. 39.

Es sey $f(x, y)$ eine beliebige Function von x und y; nimmt man zuerst an, die Veränderliche x ändere sich allein, und werde $x + h$, so wird man y als constant betrachten und die gegebene Function wie Eine von x behandeln müssen: man hat also nach dem Lehrsatz des §. 23., indem man zur Abkürzung $f(x, y) = u$ setzt,

$$f(x+h, y) = u + \frac{du}{dx}\frac{h}{1} + \frac{d^2u}{dx^2}\frac{h^2}{1.2} + \frac{d^3u}{dx^3}\frac{h^3}{1.2.3} + \text{etc.}$$

Um zu finden, wozu die gegebene Function wird, wenn y allein einen Zuwachs, k, bekommt, so hat man x als constant und f(x, y) oder u als eine Function von y anzusehen, wodurch man erhält

$$f(x, y+k) = u + \frac{du}{dy}\frac{k}{1} + \frac{d^2u}{dy^2}\frac{k^2}{1.2} + \frac{d^3u}{dy^3}\frac{k^3}{1.2.3} + \text{etc.}$$

Wenn sich die Größen x und y beide zugleich ändern und x+h und y+k werden, so wird es unmöglich seyn in der Function f(x, y), zu gleicher Zeit die angezeigten Substitutionen vorzunehmen, weil man dieser Function keine besondere Form ertheilt hat. Allein es ist leicht einzusehen, daß man dasselbe Resultat dadurch erlangen kann, daß man zuerst x in x+h verwandelt und hierauf in der dadurch erhaltenen Entwickelung, y in y+k verwandelt.

Man hat schon

$$f(x+h, y) = u + \frac{du}{dx}\frac{h}{1} + \frac{d^2u}{dx^2}\frac{h^2}{1.2} + \frac{d^3u}{dx^3}\frac{h^3}{1.2.3} + \text{etc.}$$

wo u die Function f(x, y) vorstellt. Um die Coefficienten der verschiedenen Glieder dieser Reihe, mit Rücksicht auf die Aenderung von y, zu entwickeln, so bemerke ich zuerst, daß in jedem derselben x als constant angesehen werden muß, und daß sie demnach als Functionen von der einzigen Veränderlichen y behandelt werden müssen. Diesem gemäß wird f(x, y) oder u werden,

$$u + \frac{du}{dy}\frac{k}{1} + \frac{d^2u}{dy^2}\frac{k^2}{1.2} + \frac{d^3u}{dy^3}\frac{k^3}{1.2.3} + \text{etc.}$$

Wenn man in dieser Entwickelung $\frac{du}{dx}$ an die Stelle von u setzt, so erhält man zum Resultat, was aus der Function $\frac{du}{dx}$ von y wird, wenn in ihr y in y+k übergeht, nämlich

$$\frac{du}{dx} + \frac{d\left(\frac{du}{dx}\right)}{dy}\frac{k}{1} + \frac{d^2\left(\frac{du}{dx}\right)}{dy^2}\frac{k^2}{1.2} + \frac{d^3\left(\frac{du}{dx}\right)}{dy^3}\frac{k^3}{1.2.3} + \text{etc.}$$

Allein da, wenn man von der Function u ausgeht, der Ausdruck $\frac{d\left(\frac{du}{dx}\right)}{dy}$ zwei nach einander zu vollziehende Differentiationen andeutet, wovon die erste sich blos auf die Aenderung der x, und die zweite sich blos auf die Aenderung der y bezieht, so gibt man diesem Ausdrucke eine einfachere Form, wenn man ihn so schreibt: $\frac{d^2 u}{dy\, dx}$. Eben so schreibt man, statt $\frac{d^2\left(\frac{du}{dx}\right)}{dy^2}$, $\frac{d^3 u}{dy^2\, dx}$; und allgemein versteht man nun unter dem Ausdrucke $\frac{d^{n+m} u}{dy^n\, dx^m}$ den Differential-Coefficienten, der $n$ten Ordnung, der Function $\frac{d^m u}{dx^u}$, in welcher nur y als veränderlich angesehen wurde, während diese Function selbst schon der Differential-Coefficient, der $m$ten Ordnung, der gegebenen Function u ist, in welcher nur x als veränderlich angesehen wurde.

Dieses vorausgesetzt, wird, durch die Verwandlung von y in $y+k$,

$$\frac{du}{dx} \text{ in } \frac{du}{dx}+\frac{d^2u}{dy\,dx}\,\frac{k}{1}+\frac{d^3u}{dy^2\,dx}\,\frac{k^2}{1.2}+\frac{d^4u}{dy^3\,dx}\,\frac{k^3}{1.2.3}+ \text{ic.},$$

$$\frac{d^2u}{dx^2} \text{ in } \frac{d^2u}{dx^2}+\frac{d^3u}{dy\,dx^2}\,\frac{k}{1}+\frac{d^4u}{dy^2dx^2}\,\frac{k^2}{1.2}+\frac{d^5u}{dy^3dx^2}\,\frac{k^3}{1.2.3}+ \text{ic.},$$

$$\frac{d^3u}{dx^3} \text{ in } \frac{d^3u}{dx^3}+\frac{d^4u}{dy\,dx^3}\,\frac{k}{1}+\frac{d^5u}{dy^2dx^3}\,\frac{k^2}{1.2}+\frac{d^6u}{dy^3dx^3}\,\frac{k^3}{1.2.3}+ \text{ic.},$$

ic.

übergehen.

Substituirt man diese Werthe in der Entwickelung von $f(x+h,\ y)$, und ordnet die Glieder so, daß diejenigen, in welchen die Exponenten von x und y, zusammen genommen, dieselbe Summe ausmachen, in dieselbe Colonne zu stehen kommen, so erhält man

$$„f(x+h,\ y+k)=u+\left.\begin{array}{l} \frac{du}{dy}\frac{k}{1}+\frac{d^2u}{dy^2}\frac{k^2}{1.2}+\frac{d^3u}{dy^3}\frac{k^3}{1.2.3}+\text{ic.}\\ +\frac{du}{dx}\frac{h}{1}+\frac{d^2u}{dy\,dx}\frac{k\,h}{1.1}+\frac{d^3u}{dy^2dx}\frac{k^2}{1.2}\frac{h}{1}+\text{ic.}\\ \quad +\frac{d^2u}{dx^2}\frac{h^2}{1.2}+\frac{d^3u}{dy\,dx^2}\frac{k}{1}\frac{h^2}{1.2}+\text{ic.}\\ \quad\quad +\frac{d^3u}{dx^3}\frac{h^3}{1.2.3}+\text{ic.}\\ \quad\quad\quad +\text{ic.}\end{array}\right\}“$$

Um recht zu verstehen, was diese Formel bedeutet, braucht man nur $u=x^m y^n$ zu machen, und daraus die Entwickelung von $(x+h)^m(y+k)^n$ abzuleiten, die man leicht a priori bilden

§. 40.

Man hat die vorhergehende Entwickelung auf dem Wege erhalten, daß man zuerst x in $x+h$ und hierauf y in $y+k$ verwandelte; allein man hätte den umgekehrten Weg einschlagen und mit der auf y bezüglichen Substitution beginnen können; alsdann wäre $f(x, y)$ übergegangen in

$$f(x, y+k) \text{ oder in}$$

$$u+\frac{du}{dy}\frac{k}{1}+\frac{d^2u}{dy^2}\frac{k^2}{1.2}+\frac{d^3u}{dy^3}\frac{k^3}{1.2.3}+ \text{ꝛc.}$$

Die Substitution von $x+h$, statt h, in dieser Reihe, würde u in

$$u+\frac{du}{dx}\frac{h}{1}+\frac{d^2u}{dx^2}\frac{h^2}{1.2}+\frac{d^3u}{dx^3}\frac{h^3}{1.2.3}+ \text{ꝛc.}$$

und hiernach

$$\frac{du}{dy} \text{ in } \frac{du}{dy}+\frac{d^2u}{dxdy}\frac{h}{1}+\frac{d^3u}{dx^2dy}\frac{h^2}{1.2}+\frac{d^4u}{dx^3dy}\frac{h^3}{1.2.3}+ \text{ꝛc.,}$$

$$\frac{d^2u}{dy^2} \text{ in } \frac{d^2u}{dy^2}+\frac{d^3u}{dxdy^2}\frac{h}{1}+\frac{d^4u}{dx^2dy^2}\frac{h^2}{1.2}+\frac{d^5u}{dx^3dy^2}\frac{h^3}{1.2.3}+ \text{ꝛc.,}$$

$$\frac{d^3u}{dy^3} \text{ in } \frac{d^3u}{dy^3}+\frac{du^4}{dxdy^3}\frac{h}{1}+\frac{d^5u}{dx^2dy^3}\frac{h^2}{1.2}+\frac{d^6u}{dx^3dy^3}\frac{h^3}{1.2.3}+ \text{ꝛc.,}$$

ꝛc.

verwandelt haben; folglich würde man erhalten haben,

$$\left.\begin{aligned} f(x+h, y+k)=u &+\frac{du}{dx}\frac{h}{1}+\frac{d^2u}{dx^2}\frac{h^2}{1.2}+\frac{d^3u}{dx^3}\frac{h^3}{1.2.3}+ \text{ꝛc.} \\ &+\frac{du}{dy}\frac{k}{1}+\frac{d^2u}{dxdy}\frac{h}{1}\frac{k}{1}+\frac{d^3u}{dx^2dy}\frac{h^2}{1.2}\frac{k}{1}+ \text{ꝛc.} \\ &+\frac{d^2u}{dy^2}\frac{k^2}{1.2}+\frac{d^3u}{dxdy^2}\frac{h}{1}\frac{k^2}{1.2}+ \text{ꝛc.} \\ &+\frac{d^3u}{dy^3}\frac{k^3}{1.2.3}+ \text{ꝛc.} \\ &+ \text{ꝛc.} \end{aligned}\right\}$$

Es ist einleuchtend, daß diese zweite Entwickelung mit der ersten identisch seyn muß, da es ja gleichgültig ist, ob man zuerst x in $x+h$ und nachher y in $y+k$ verwandelt, oder ob man diese Substitutionen im umgekehrten Sinne vornimmt, weil man das eine wie das andere Mal dasselbe Resultat, nämlich $f(x+h, y+k)$ erhält.

Vergleicht man, in diesen beiden Entwickelungen, die Glieder, welche dieselben Potenzen sowohl von h als von k enthalten, so findet man nachstehende Folge von Gleichungen:

$$\frac{d^2 u}{dy\,dx} = \frac{d^2 u}{dx\,dy},$$

$$\frac{d^3 u}{dy\,dx^2} = \frac{d^3 u}{dx^2\,dy},$$

$$\frac{d^3 u}{dy^2\,dx} = \frac{d^3 u}{dx\,dy^2},$$

$$\cdots\cdots\cdots\cdots\cdots\cdots$$

$$\frac{d^{n+m} u}{dy^n\,dx^m} = \frac{d^{m+n} u}{dx^m\,dy^n},$$

$$\text{ꝛc.} \qquad \text{ꝛc.}$$

Aus der ersten geht hervor, daß jeder Differential-Coefficient, der 2ten Ordnung, einer Function von zwei Veränderlichen, der dadurch entstand, daß man zuerst in Bezug auf die eine und hierauf in Bezug auf die andere Veränderliche differentiirte, dem auf ähnliche Weise bei umgekehrter Ordnung entstandenen gleich ist.

Es sey z. B.

$$u = x^m y^n;$$

differentiirt man zuerst, indem man x als die einzige Veränderliche ansieht, so hat man

$$\frac{du}{dx} = m x^{m-1} y^n;$$

differentiirt man hierauf dieses Resultat, indem man y als die einzige Veränderliche ansieht, so erhält man

$$\frac{d^2 u}{dy\,dx} = m n x^{m-1} y^{n-1}:$$

verfährt man aber in umgekehrter Ordnung, so findet man

$$\frac{du}{dy} = n x^m y^{n-1} \text{ und}$$

$$\frac{d^2 u}{dx\,dy} = m n x^{m-1} y^{n-1};$$ und man sieht, daß

das Endresultat in beiden Fällen dasselbe ist. Die andern oben angeführten Gleichungen sind nur Folgen der ersten.

§. 41.

Zieht man $f(x, y)$ oder u von $f(x+h, y+k)$ ab, indem man die Glieder jeder Colonne in einerlei Linie und zugleich auf einerlei Benennung bringt, so findet man

$$\left.\begin{aligned} f(x+h, y+k)-f(x, y) &= \frac{1}{1}\left(\frac{du}{dx}h+\frac{du}{dy}k\right) \\ &+\frac{1}{1.2}\left(\frac{d^2u}{dx^2}h^2+2\frac{d^2u}{dxdy}hk+\frac{d^2u}{dy^2}k^2\right) \\ &+ \text{ꝛc.} \end{aligned}\right\}.$$

Dehnt man die Definition, welche ich (§. 5.) vom Differential einer Function gegeben habe, auf die Functionen von zwei Veränderlichen aus, so wird man sehen, daß das Differential von $f(x, y)$ oder von u, in den zwei Gliedern besteht, welche die erste Linie der vorhergehenden Entwickelung ausmachen; und verwandelt man h in dx und k in dy, so wird man haben:

$$\text{„}\, df(x, y) = du = \frac{du}{dx}dx + \frac{du}{dy}dy. \text{“}$$

Es folgt hieraus, daß das vollständige Differential einer Function von zwei Veränderlichen, zwei Theile enthalte, nämlich $\frac{du}{dx}dx$ oder das Differential, welches sich auf die bloße Veränderliche x bezieht, und $\frac{du}{dy}dy$ oder das Differential, welches sich die bloße Veränderliche y bezieht.

Man kann demnach die in den §§. 10. u. f. gegebenen Regeln, um Functionen von einer einzigen Veränderlichen zu differentiiren, auf die Functionen von zwei Veränderlichen anwenden. Man differentiirt nämlich die gegebene Function einmal in Bezug auf die eine und ein anderes Mal in Bezug auf die andere Veränderliche, so ist die Summe dieser beiden Resultate das gesuchte vollständige Differential.

§. 42.

Ich glaube nicht, daß man in Betreff der Differentiation der Functionen von zwei Veränderlichen, viele Beispiele aufzuführen nöthig hat, weil jene Differentiation auf die Functionen von einer einzigen Veränderlichen zurückgeht. Ich werde mich daher auf die Folgenden beschränken.

Man sieht sogleich aus obiger Regel, daß

$$d(x+y) = dx + dy,$$

$$d.xy = y\,dx + x\,dy,$$

$$d.\frac{x}{y} = \frac{dx}{y} - \frac{x\,dy}{y^2} = \frac{y\,dx - x\,dy}{y^2}.$$

Ferner sey 1) $u = x^m y^n$, so hat man

$$\frac{du}{dx}dx = m x^{m-1} y^n dx, \text{ und}$$

$$\frac{du}{dy}dy = n x^m y^{n-1} dy; \text{ folglich ist}$$

$$du = m x^{m-1} y^n dx + n x^m y^{n-1} dy = x^{m-1} y^{n-1}(my\,dx + nx\,dy)$$

Es sey 2) $u = \dfrac{ay}{\sqrt{x^2+y^2}} = ay(x^2+y^2)^{-\frac{1}{2}}$

so hat man

$$\frac{du}{dx}dx = -\frac{ayx\,dx}{(x^2+y^2)^{\frac{3}{2}}}, \text{ und}$$

$$\frac{du}{dy}dy = \frac{a\,dy}{(x^2+y^2)^{\frac{1}{2}}} - \frac{ay^2\,dy}{(x^2+y^2)^{\frac{3}{2}}};$$

folglich ist

$$du = -\frac{ayx\,dx}{(x^2+y^2)^{\frac{3}{2}}} + \frac{a\,dy}{(x^2+y^2)^{\frac{1}{2}}} - \frac{ay^2\,dy}{(x^2+y^2)^{\frac{3}{2}}}$$

oder, nach vollzogener Reduction,

$$du = \frac{-axy\,dx + ax^2\,dy}{(x^2+y^2)^{\frac{3}{2}}}.$$

Es sey 3) $u = \operatorname{arc}\left(\operatorname{tang} = \dfrac{x}{y}\right)$, der Ausdruck eines Kreisbogens, dessen zugehöriger Halbmesser 1, und dessen Tangente $\frac{x}{y}$ ist; um ihn zu differentiiren, mache man $\frac{x}{y} = z$, woraus erfolgt

$$u = \operatorname{arc}(\operatorname{tang} = z), \text{ und}$$

$$du = \frac{dz}{1+z^2} \text{ (§. 36.); setzt man hierauf fur } z$$

und dz ihren Werth, so findet man

$$du = \frac{\dfrac{y\,dx - x\,dy}{y^2}}{1 + \dfrac{x^2}{y^2}} = \frac{y\,dx - x\,dy}{x^2+y^2}.$$

§. 43.

Die Art, wie man die Differentiale der Functionen von mehreren Veränderlichen schreibt, gibt zu wichtigen Bemerkungen Anlaß. Man darf nämlich alsdann nicht $\frac{du}{dx}dx$ mit du verwechseln, (wie dies erlaubt ist, wenn u blos die einzige Veränderliche x enthält), weil das du des Ausdrucks $\frac{du}{dx}$ nun nicht das vollständige Differential der Function u, sondern blos den Theil desselben bezeichnet, der von der Veränderlichkeit der x herrührt (§. 41.); und da der Divisor dx diese Beschränkung andeutet (§. 39.), so muß man denselben beibehalten, um $\frac{du}{dx}dx$ von dem vollständigen Differentiale zu unterscheiden, welches schlechtweg durch du dargestellt wird: ganz eben so verhält es sich mit $\frac{du}{dy}dy$, in Bezug auf y (§. 41.).

Die Größen $\frac{du}{dx}, \frac{du}{dy} \dots \frac{d^{m+n}u}{dx^m dy^n}$ werden oft partielle Differenzen genannt; allein diese Benennung ist ungenau, weil jene Größen keine Differenz ausdrücken.

Die wahren partiellen Differenzen von u sind:

$$f(x+h, y) - f(x, y),$$

$$f(x, y+k) - f(x, y),$$ wovon die erste sich auf die bloße Veränderlichkeit der x, und die zweite auf die der y bezieht. Die Ausdrücke

$$\frac{du}{dx}h, \frac{du}{dx}k \text{ oder } \frac{du}{dx}dx, \frac{du}{dy}dy,$$

welche die ersten Glieder der Entwickelungen jener Differenzen sind, müssen partielle Differentiale (§. 5.) genannt werden, und die Ausdrücke $\frac{du}{dx}, \frac{du}{dy}$ werden immer die Differential-Coefficienten, der ersten Ordnung, der gegebenen Function bleiben, und allgemein wird $\frac{d^{m+n}u}{dx^m dy^n}$ ein Differential-Coefficient, der $m+n$ten Ordnung, seyn, der von $m$maligem Differentiiren in Bezug auf x, und von $n$maligem Differentiiren in Bezug auf y herrührt; allein man hat zu bemerken, daß eine Function von Einer Veränderlichen, in jeder Ordnung, nur Einen Differential-Coefficienten hat (§. 17.), während eine Function von zwei Veränderlichen, zwei Differential-Coefficienten in der Ersten Ordnung, drei in der zweiten, vier in der dritten u. s. w. hat.

§. 44.

Wenn man von den zwei Ersten Coefficienten ausgeht, so lassen sich die andern auf folgende Art finden.

Zuvörderst hat man

$$du = \frac{du}{dx}dx + \frac{du}{dy}dy;$$ nimmt man hierauf das Differential der Functionen $\frac{du}{dx}$ und $\frac{du}{dy}$, welche als Functionen von zwei Veränderlichen behandelt werden müssen, so erhält man

$$d\frac{du}{dx} = \frac{d^2u}{dx^2}dx + \frac{d^2u}{dydx}dy,$$

$$d\frac{du}{dy} = \frac{d^2u}{dxdy}dx + \frac{d^2u}{dy^2}dy;$$

und weil das zweite Differential nichts anders ist, als das Differential des Ersten, so wird man finden,

$$„d^2u = \frac{d^2u}{dx^2}dx^2 + 2\frac{d^2u}{dxdy}dxdy + \frac{d^2u}{dy^2}dy^2,“$$

wenn man dx und dy als constant ansah und auf die Identität (§. 40.) der Differential-Coefficienten Rücksicht nahm, deren Nenner die verschiedenen Permutationen desselben Produktes aus dx und dy enthalten.

Differentiirt man die Differential-Coefficienten, die im vorhergehenden Resultate vorfindlich sind, so erhält man

$$d\frac{d^2u}{dx^2} = \frac{d^3u}{dx^3}dx^3 + \frac{d^3u}{dydx^2}dy,$$

$$d\frac{d^2u}{dy^2} = \frac{d^3u}{dx^2dy}dx + \frac{d^3u}{dydxdy}dy,$$

$$d\frac{d^2u}{dy^2} = \frac{d^3u}{dxdy^2}dx + \frac{d^3u}{dy^3}dy,$$

uud folglich findet man:

$$„d^3u = \frac{d^3u}{dx^3}dx^3 + 3\frac{d^3u}{dx^2dy}dx^2dy + 3\frac{d^3u}{dxdy^2}dxdy^2 + \frac{d^3u}{dy^3}dy^3“.$$

Man wird diese Ableitung leicht fortsetzen, und ohne Zweifel die Analogie der Resultate mit den Potenzen des Binoms wahrnehmen.

Man muß bemerken, daß, dem Vorhergehenden zu Folge, die Reihe des §. 41. mit der des §. 23. zusammenfällt, wenn man für h, dx und für k, dy substituirt; so daß, wenn man $f(x+dx, y+dy)$ mit u' bezeichnet, ebenfalls Statt findet:

$$„u'-u=\frac{du}{1}+\frac{d^2u}{1.2}+\frac{d^3u}{1.2.3}+ \text{etc.},“$$

eine Formel, die eben so allgemein ist, wie die des §. **41**, weil die Zuwachse dx und dy ebenfalls willkührlich sind.

§. 45.

Es ist leicht, diese Betrachtungen auf Functionen von einer beliebigen Anzahl von Veränderlichen auszudehnen, und sich zu überzeugen, daß, wenn man hat

$$u=f(t, x, y, z),$$

daraus hervorgehe,

$$f(t+g, x+h, y+k, z+l)-f(t, x, y, z)$$
$$+\frac{du}{dt}g+\frac{du}{dx}h+\frac{du}{dy}k+\frac{du}{dz}l+\text{etc.},$$

woraus man schließen wird

$$du=\frac{du}{dt}dt+\frac{du}{dx}dx+\frac{du}{dy}dy+\frac{du}{dz}dz,$$

wenn man mit $\frac{du}{dt}, \frac{du}{dx}, \frac{du}{dy}, \frac{du}{dz}$ die Differential-Coefficienten der Function u bezeichnet, in so fern respektive nur t, x, y oder z als veränderlich angesehen wird.

Diese von Fontaine herrührende Bezeichnung ist die einfachste und ausdruckvollste unter denen, die man vorgeschlagen hat. Euler, welcher befürchtete, man möchte z. B. den Differential-Coefficienten $\frac{du}{dt}$, mit dem Verhältniß zwischen dem vollständigen Differential du und dem Differential dt, welches Verhältniß gleichbedeutend ist mit

$$\frac{\frac{du}{dt}dt+\frac{du}{dx}dx+\frac{du}{dy}dy+\frac{du}{dz}dz}{dt},$$

verwechseln, bezeichnet dieses letztere mit $\frac{du}{dt}$, und drückt den Differential-Coefficienten aus durch $\left(\frac{du}{dt}\right)$. Allein im Vortrage selbst erscheint diese Unterscheidung fast immer überflüssig; übrigens hatte Fontaine auch für den Fall gesorgt, wo sie durchaus nothwendig war, indem er vorgeschlagen, jenes letzte Verhältniß durch „$\frac{1}{dt}du$“ anzudeuten: und weil dieses Verhältniß seltener vorkommt, als der Differential-Coefficient, so hatte er für diesen letzteren das einfachste Zeichen gewählt, welches einer Theorie der Bezeichnungen völlig angemessen ist — während Euler gerade umgekehrt verfuhr.

§. 46.

Da die Resultate der Differential-Rechnung von den Zuwachsen der Veränderlichen unabhängig seyn müssen, so kann das Verhältniß $\frac{1}{dt}du$ nur in so fern einen bestimmten Sinn haben, als die Veränderlichen x, y, z, wenigstens implicite, Functionen von t sind, und alsdann drückt du das Differential einer, aus einer beliebigen Anzahl von Functionen von derselben Veränderlichen, zusammengesetzten Function aus. Denn nimmt man an, daß die Veränderlichen x, y, z von der Veränderlichen t abhängen, und substituirt für die Zuwachse g, h, k, l, Ausdrücke von der Form

$$dt,\ pdt,\ qdt,\ rdt,$$

so wird das Aggregat der Glieder, welche dt nur in der ersten Potenz enthalten werden, aus denjenigen bestehen, worin die Zuwachse g, h, k, l diese Potenz nicht überschreiten und nicht miteinander multiplicirt sind: man wird also wie in §. 41. haben

$$du=\frac{du}{dt}dt+\frac{du}{dt}pdt+\frac{du}{dy}qdt+\frac{du}{dz}rdt, \text{ oder}$$

$$du=\frac{du}{dt}dt+\frac{du}{dx}dx+\frac{du}{dy}dy+\frac{du}{dz}dz,$$

wenn man für pdt, qdt, rdt die Differentiale dx, dy, dz substituirt, welche durch jene Größen dargestellt werden.

Also ist das Differential einer, aus einer beliebigen Anzahl von Functionen von derselben Veränderlichen, zusammengesetzten Function, gleich der Summe ihrer partiellen Differentiale, bezogen auf jene Functionen.

Die Regel des §. 11. ist nur ein besonderer Fall des oben ausgesprochenen Satzes; denn nimmt man $u=txyz$, so wird derselbe geben

$$du=xyzdt+tyzdx+txzdy+txydz.$$

Eben so erhält man, wenn $u=z^y$,

$$du=yz^{y-1}dz+x^ydylz,$$

weil

$$\frac{du}{dz}dz = yz^{y-1}dz \text{ (§. 13.), und } \frac{du}{dy}dy = z^y dy\, lz \text{ (§. 27.).}$$

§. 47.

Ich werde hier sehr wenig über die Art sagen, wie man Functionen von zwei Veränderlichen in Reihen entwickelt, indem es am häufigsten vorkommt, daß man dieselben nur in Bezug auf Eine der beiden Veränderlichen entwickelt, indem man die andere als constant ansieht, in welchem Falle sie gerade wie Functionen von einer einzigen Veränderlichen zu behandeln sind. Es wird dennoch vielleicht nützlich seyn zu zeigen, daß die Formel des §. 39. eben so zur Entwickelung der Functionen von zwei Veränderlichen angewandt werden kann, wie die des §. 21. zur Entwickelung der Functionen von Einer Veränderlichen angewandt würde (§. 22.).

Macht man $x = o$, $y = o$ in der Formel des §. 39., oder in der des §. 41., d. h. in u und in jedem ihrer Differential-Coefficienten, so wird man die, nach den Potenzen der Größen h und k, geordnete Entwickelung von $f(h, k)$ erhalten; allein man darf auch x statt h und y statt k schreiben, wodurch hervorgeht:

$$„f(x, y) = u + \frac{1}{1}\left\{\frac{du}{dx}x + \frac{du}{dy}dy\right\}$$
$$+ \frac{1}{1.2}\left\{\frac{d^2u}{dx^2}x^2 + 2\frac{d^2u}{dxdy}xy + \frac{d^2u}{dy^2}y^2\right\}$$
$$+ \text{etc.},$$

„wofern man sowohl in u als in ihren sämmtlichen Differential-„Coefficienten x und y gleich Null macht.“ *)

---

*) Man kann auch zur Entwickelung von $f(x, y)$ durchs Differentiiren gelangen, wie man in der Note der Seite 24. zu der von $f(x)$ gelangte; denn nimmt man an,

$$u = A + Bx + Cy^2 + Dx^2 + Exy + Fy^2 + \text{etc.},$$

wo die Buchstaben A, B, C, von x und y unabhängige Größen vorstellen, und differentiirt diese Gleichung mehrere Malen nach einander, sowohl in Bezug auf x, als in Bezug auf y, um die Ausdrücke der Differential-Coefficienten

$$\frac{du}{dx}, \frac{du}{dy}, \frac{d^2u}{dx^2}, \frac{d^2u}{dxdy}, \frac{d^2u}{dy^2}, \text{etc.}$$

zu gewinnen, so erhält man, wenn man nach den vollzogenen Differentiationen x und y gleich Null macht,

Von der Differentiation beliebiger Gleichungen von zwei Veränderlichen.

§. 48.

Bisher habe ich nur gesonderte Gleichungen differentiirt, d. h. nur solche, worin sich die Veränderliche auf der einen, und die Function auf der andern Seite, allein befand, wie z. B. Gleichungen von der Form $Y = X$, wenn Y eine Function von y, und X eine von x ist. Allein die meisten Gleichungen, worauf analytische Untersuchungen führen, bieten sich nicht unter dieser Gestalt dar; sondern die Veränderliche und die Function von derselben sind untereinander vermischt oder verknüpft.

Wenn man zwischen x und y eine beliebige Gleichung $f(x, y) = o$ hat, so bezweckt dieselbe x durch y oder y durch x zu bestimmen, so daß die eine dieser Größen eine Function der andern ist; und verwandelt man x in $x+h$ und y in $y+k$, so muß man auch noch haben

$$f(x+h, y+k) = o, \text{ mithin auch die Gleichung}$$

$$f(x+h, y+k) - f(x, y) = o,$$ welche sich nach §. 41., wenn man $f(x, y)$ durch u vorstellt, in folgender Form entwickeln läßt:

$$\left.\begin{aligned} &\frac{1}{1}\left(\frac{du}{dx}h + \frac{du}{dy}k\right) \\ &+ \frac{1}{1.2}\left(\frac{d^2u}{dx^2}h^2 + 2\frac{d^2u}{dx\,dy}hk + \frac{d^2u}{dy^2}k^2\right) \\ &+ \text{rc.} \end{aligned}\right\} = o.$$

Dieses vorausgeschickt, besteht das Aufsuchen des Differential-Coefficienten von y, in dem der Grenze des Verhältnisses $\frac{k}{h}$; allein wenn man in der letzten Gleichung $k = \pi h$ macht, so werden ihre sämmtlichen Glieder durch h theilbar, und nimmt man hierauf $h = o$ an, um zur verlangten Grenze zu gelangen, so geht sie in folgende über

---

$\frac{du}{dx} = B \qquad \frac{du}{dy} = C$

$\frac{d^2u}{dx^2} = 1.2D, \ \frac{d^2u}{dx.dy} = 1.1, E, \ \frac{d^2u}{dy^2} = 1.2.F$ rc., und der Werth von A folgt aus dem von u, wenn sowohl x als y in dieser Function selbst gleich Null gesetzt werden.

$\frac{du}{dx} + \frac{du}{dy}\pi = o$, worin noch statt π dessen Grenze $\frac{dy}{dx}$ (§. 5.) gesetzt werden muß: man wird demnach haben

$$\frac{du}{dx} + \frac{du}{dy}\frac{dy}{dx} = o, \text{ oder}$$

$$„\frac{du}{dx}dx + \frac{du}{dy}dy = o."$$

Da das letzte Resultat mit dem Ersten Differential der Function u zusammenfällt (§. 41.), so zeigt es, daß man, um den Ersten Differential-Coefficienten einer Function y zu finden, die durch eine Gleichung $u = o$ zwischen den beiden Veränderlichen x und y gegeben ist, die erste Seite dieser Gleichung so differentiiren, als wären die beiden Veränderlichen von einander unabhängig, hierauf das Resultat gleich Null setzen, und daraus den Werth von $\frac{dy}{dx}$ entnehmen müsse.

Bemerkt man hierauf, daß der Werth von $\frac{dy}{dx}$, den ich durch p darstellen will, indem er nur x und y enthält, wegen der Gleichung $u = o$, als Function von der einzigen Veränderlichen x anzusehen ist, so wird man hieraus schließen, daß sich p ändert, wenn sich x ändert, und demnach einen Zuwachs annehmen muß, den ich mit l bezeichnen will; allein alsdann läßt sich die Erste Seite der Gleichung

$$\frac{du}{dx} + \frac{du}{dy}p = o,$$

als eine Function von x, y und p betrachten, die, weil die zweite Seite Null ist, immer gleich Null bleiben muß; und bezeichnet man sie mit u', so wird man, vermittelst der Formel des §. 45., haben

$$\left.\begin{array}{l}\frac{du'}{dx}h + \frac{du'}{dy}k + \frac{du'}{dp}l \\ + \text{ꝛc.}\end{array}\right\} = o.$$

Allein alle Glieder dieses Ausdrucks werden durch h theilbar werden, wenn man in ihm $k = \pi h$ und $l = \varrho h$ macht; und da die nicht hingeschriebenen Glieder die Größen h, k und l in höhern Potenzen als in der Ersten, enthalten, so werden sie sämmtlich verschwinden, wenn $h=o$ angenommen wird, um zur Grenze überzugehen, wo alsdann

$$\pi \text{ durch } \frac{dy}{dx} \text{ und } \rho \text{ durch } \frac{dp}{dx}$$

ersetzt werden muß; man wird demnach zuletzt erhalten

$$\frac{du'}{dx}+\frac{du'}{dy}\frac{dy}{dx}+\frac{du'}{dp}\frac{dp}{dx}=o,$$

oder, was einerlei ist

$$,,\frac{du'}{dx}dx+\frac{du'}{dy}dy+\frac{du'}{dp}dp=o,``$$

welches Resultat mit dem vollständigen Differentiale der Function u' zusammenfällt. Folglich, um die Gleichung zu bilden, welche die Relation zwischen dem Ersten und zweiten Differential-Coefficienten ausdrückt, muß man die Gleichung, welche den Ersten enthält, differentiiren, indem man diesen Ersten als eine neue Veränderliche ansieht, und hierauf das Resultat durch dx dividiren.

Bezeichnet man hierauf $\frac{dp}{dx}$ mit q, so kann die oben erhaltene Gleichung als eine, der Null gleich gesetzte, Function u'' von x, y, p und q angesehen werden, und wird zu einer Gleichung führen, die einerlei ist mit: $du''=o$, wodurch der Differential-Coefficient r der Function q, d. h. der Dritte Differential-Coefficient der Function y, durch die vorhergehenden bestimmt wird.

Man sieht hieraus, daß die Gleichungen, welche die Relationen zwischen den Differential-Coefficienten einer durch eine Gleichung zwischen zwei Veränderlichen gegebenen Function ausdrücken, durch wiederholte Differentiationen von einander abgeleitet werden, wofern man jeden Differential-Coefficienten als eine neue Veränderliche ansieht.

§. 49.

Das folgende Beispiel wird alles Vorhergehende aufhellen. Es sey die Gleichung gegeben:

$y^2-2mxy+x^2-a^2=o$; hier ist die Function u, $y^2-2mxy+x^2-a^2$: differentiirt man dieselbe, indem man x und y als Veränderliche ansieht, und setzt das Resultat gleich Null, so wird man finden

$$2ydy - 2mxdy - 2mydx + 2xdx = o,$$

oder, indem man den gemeinsamen Theiler 2 weg läßt,

$$ydy - mxdy - mydx + xdx = o \quad . \quad . \quad . \quad (1)$$

und man zieht daraus

$$\frac{dy}{dx} = \frac{my - x}{y - mx}.$$

Um $\frac{dy}{dx}$, in x allein ausgedrückt, zu erhalten, muß man, in dem letzten Ausdrucke, für y dessen Werth substituiren, den die gegebene Gleichung darbietet, nämlich

$mx \pm \sqrt{a^2 - x^2 + m^2x^2}$, wodurch man erhält

$$\frac{dy}{dx} = \frac{-x + m^2x \pm m\sqrt{a^2 - x^2 + m^2x^2}}{\pm\sqrt{a^2 - x^2 + m^2x^2}}$$

$$= m \pm \frac{-x + m^2x}{\sqrt{a^2 - x^2 + m^2x^2}},$$

welches Resultat mit demjenigen übereinkommt, das aus dem, durch Auflösung der gegebenen Gleichung, entstandenen Ausdrucke

$$y = mx \pm \sqrt{a^2 - x^2 + m^2x^2},$$

unmittelbar abgeleitet werden könnte.

Macht man jetzt $\frac{dy}{dx} = p$, woraus folgt: $dy = pdx$, so verwandelt sich die Gleichung (1) in

$$(y - mx)p - my + x = o;$$

und differentiirt man sie nun von Neuem, indem man bemerkt, daß y und p Functionen von x sind, so gelangt man zur Gleichung

$$(y - mx)dp + (dy - mdx)p - mdy + dx = o;$$

schreibt man hierauf pdx für dy und qdx für dp, so erhält man, nach geschehener Reduction,

$$(y - mx)q + p^2 - 2mp + 1 = o,$$

welche Gleichung die Relation ausdrückt, die zwischen dem zweiten Differential-Coefficienten q oder $\frac{d^2y}{dx^2}$ (§. 17.) und dem Ersten p oder $\frac{dy}{dx}$ und den Veränderlichen x und y Statt finden muß.

Führe man so fort zu differentiiren, so erhielte man die Gleichung, wovon der dritte Differential-Coefficient abhängt, u. s. w.

§. 50.

Berücksichtigt man, daß $q = \frac{d^2y}{dx^2}$, und daß $d^2y = d(dy)$, so wird man sich überzeugen, daß die Gleichung

$$(y - mx)q + p^2 - 2mp + 1 = 0$$

sich unmittelbar aus der Gleichung

$$ydy - mxdy - mydx + xdx = 0 \quad . \quad . \quad . \quad (1)$$

ableiten läßt, wenn man die letztere differentiirt, indem man dy, als Function von x, als veränderlich ansieht, und nachher durch dx^2 dividirt. Denn zuvörderst hat man

$$dy^2 + yd^2y - 2mdxdy - mxd^2y + dx^2 = 0 \quad . \quad . \quad (2),$$

und hierauf

$$\frac{dy^2}{dx^2} - 2m\frac{dy}{dx} + 1 + (y - mx)\frac{d^2y}{dx^2} = 0,$$

welche Gleichung, wenn man in ihr $\frac{dy}{dx}$ in p und $\frac{d^2y}{dx^2}$ in q verwandelt, zu derjenigen wird, die man oben erhielt, um q zu bestimmen.

Im Allgemeinen läuft die Behandlung obiger p, q, rc. als veränderlicher Größen, weil sie Functionen von x sind, darauf hinaus, die Differentiale der gleichbedeutenden Ausdrücke $\frac{dy}{dx}$, $\frac{d^2y}{dx^2}$, rc. zu nehmen, welche durch $\frac{d^2y}{dx}$, $\frac{d^3y}{dx^2}$, rc., dargestellt werden, oder endlich die Größen dy, d^2y, rc. als Functionen von x anzusehen.

Die Gleichung (1) ist das Erste Differential der gegebenen, die Gleichung (2), das Zweite derselben u. s. w., und zu Folge der obigen Bemerkung lassen sich die Differentiale einer gegebenen Grundgleichung durch wiederholte Differentiationen von einander ableiten, wofern man y, dy, d^2y, rc. als Functionen von x ansieht.

Man geht zu den Gleichungen über, welche die Differential-Coefficienten geben, wenn man bemerkt, daß diese Letzteren durch

$$\frac{dy}{dx}, \ \frac{d^2y}{dx^2}, \ \text{rc.}$$

dargestellt werden, oder wenn man

$$dy = pdx, \ d^2y = qdx^2 \ \text{rc. macht.}$$

Durch diese letzteren Substitutionen verschwinden die Differentiale, und es bleiben in den Resultaten nur die Functionen p, q ꝛc. zurück, welche von dem Werthe des Zuwachses dx durchaus unabhängig sind.

§. 51.

Die gegebene Gleichung

$$y^2 - 2mxy + x^2 - a^2 = 0$$

liefert, weil sie vom 2ten Grade ist, für y zwei Werthe, vermittelst welcher die Gleichung

$$(y - mx)dy - (my - x)dx = 0, \quad . \quad . \quad . \quad (1)$$

woraus man ableitet

$$\frac{dy}{dx} = \frac{my - x}{y - mx},$$

für den Differential-Coefficienten $\frac{dy}{dx}$ ebenfalls zwei Werthe darbietet, die denen der y entsprechen.

Hätte man, anstatt die gegebene Gleichung aufzulösen, um den Werth der y daraus zu ziehen, diese Veränderliche zwischen der gegebenen Gleichung und ihrem Differential (1) eliminirt, so hätte man zunächst, vermöge der Letzteren, erhalten:

$y = \frac{x(mdy - dx)}{dy - mdx}$; hierauf hätte die Substitution in der ersten, nach den Reductionen, gegeben:

$$(x^2 - a^2 - m^2x^2)dy^2 - (2mx^2 - 2ma^2 - 2m^3x^2)dxdy$$
$$+ (x^2 - m^2x^2 - a^2m^2)dx^2 = 0.$$

Löste man diese letztere Gleichung in Bezug auf dy auf, so gäbe sie dieselben Resultate, die man erhält, wenn man die Werthe der y (§. 49.) differentiirt; oder dividirte man sie durch dx^2, so ließen sich aus ihr unmittelbar die Werthe des Differential-Coefficienten ableiten. Denn man hätte alsdann

$$(x^2 - a^2 - m^2x^2)\frac{dy^2}{dx^2} - (2mx^2 - 2ma^2 - 2m^3x^2)\frac{dy}{dx}$$
$$+ x^2 - m^2x^2 - a^2m^2 = 0,$$

oder, nach der Befreiung der $\frac{dy^2}{dx^2}$ von ihrem Multiplicator,

$$\frac{dy^2}{dx^2} - 2m\frac{dy}{dx} + \frac{x^2 - m^2x^2 - a^2m^2}{x^2 - a^2 - m^2x^2} = 0.$$

§. 52.

Es ist leicht, das Vorhergehende auf Beispiele anzuwenden, die zusammengesetzter sind, oder in denen die Veränderlichen in einem noch höhern Grade vorkommen. Es sey noch folgende Gleichung gegeben

$$y^3 - 3axy + x^3 = o;$$

hier gibt die Differentiation

$$3y^2dy - 3axdy - 3aydx + 3x^2dx = o,$$

oder, nach Weglassung des gemeinschaftlichen Theilers 3,

$$y^2dy - axdy - aydx + x^2dx = o \quad . \; . \; . \quad (1)$$

woraus folgt

$$\frac{dy}{dx} = \frac{ay - x^2}{y^2 - ax}.$$

Da die Function y, in diesem Beispiel, durch eine Gleichung vom dritten Grade gegeben ist, so muß sie drei Werthe haben, und substituirt man dieselben nacheinander in dem Ausdrucke von $\frac{dy}{dx}$, so wird man eben so viele Werthe für den Differential-Coefficienten erhalten. Man sieht allgemein, daß dieser Coefficient immer eben so viele Werthe haben wird, als deren die Function y vermöge der gegebenen Gleichung zuläßt: ganz eben so verhält es sich mit dem Differential.

Eliminirte man y zwischen den beiden Gleichungen

$$y^3 - 3axy + x^3 = o,$$

$$y^2dy - axdy - aydx + x^2dx = o \quad . \; . \; . \quad (1),$$

so erhielte man zum Resultat eine Gleichung vom dritten Grad in Bezug auf dy, welche die drei Werthe in sich faßte, die diesem Differentiale zukommen können. *)

---

*) Zu Gunsten einiger Leser mögen die drei vorzüglichsten Eliminations-Methoden auf obiges Beispiel hier angewendet werden.

$$y^3 - 3ax \,.\, y + x^3 = o$$

$$y^2 - a\frac{dx}{dy} \,.\, y + x^2\frac{dx}{dy} - ax = o.$$

$$y^3 + Qy + R = o, \quad Q = -3ax, \quad R = x^3.$$

$$y^2 + P'y + Q' = o, \quad P' = -a\frac{dx}{dy}, \quad Q' = x^2\frac{dx}{dy} - ax.$$

Methode der Symmetrischen Functionen.

Es seyen α, β die Wurzeln von $y^2 + P'y + Q' = o$, und $S_1 = \alpha + \beta$, $S_2 = \alpha^2 + \beta^2$ ꝛc.

Nachdem man den Ausdruck von dy oder von $\frac{dy}{dx}$ gefunden, so gelangt man zu dem von d^2y und von $\frac{d^2y}{dx^2}$, wenn man die Gleichung (1), welche das Erste Differential der gegebenen ist, nach der Regel des §. 50., in Bezug auf dy, y und x differentiirt. Verfährt man so und reducirt, so findet man

---

$$\begin{array}{c} \alpha^3 + Q\alpha + R \quad\; o \\ \underline{\beta^3 + Q\beta + R = o} \end{array}$$

$$\alpha^3\beta^3 + Q(\alpha\beta^3 + \alpha^3\beta) + R(\alpha^3 + \beta^3) + Q^2\alpha\beta + QR(\alpha + \beta) + R^2 = o,$$

$$Q'^3 + QQ'S_2 + RS_3 + Q^2Q' - QRP' + R^2 = o,$$

$$Q'^3 + QQ'(P'^2 - 2Q') + R(3P'Q' - P'^3) + Q^2Q' - QRP' + R^2 = o,$$

$$Q'^3 + QP'^2Q' - 2QQ'^2 + 3RP'Q' - RP'^3 + Q^2Q' - QRP' + R^2 = o,$$

Methode des größten gemeinschaftlichen Theilers.

$$y^3 + Qy + R \left| \frac{y^2 + P'y + Q'}{y - P'} \right., \quad y^2 + P'y + Q' \left| \frac{(P'^2 + Q - Q')y + P'Q' + R}{y + P'^3 + QP' - 2P'Q' - R} \right.,$$

$$Q'(P'^2 + Q - Q')^2 - (P'^3 + QP' - 2P'Q' - R)(P'Q' + R) = o,$$

$$Q'Q^2 + Q'^3 + QP'^2Q' - 2QQ'^2 - RP'^3 - QRP' + 3RP'Q' + R^2 = o.$$

Methode von Euler.

$$y^3 + Qy + R = (y - \alpha)(y^2 + py + q)$$

$$y^2 + P'y + Q' = (y - \alpha)(y + p');$$

$$\frac{y^3 + Qy + R}{y^2 + py + q} = \frac{y^2 + P'y + Q'}{y + p'},$$

$$y^4 + p'y^3 + Qy^2 + \begin{array}{l|}R\\+Qp'\end{array}\, y + Rp' = y^4 + \begin{array}{l|}P'\\+p\end{array}\, y^3 + \begin{array}{l|}Q'\\+P'p\\+q\end{array}\, y^2 + \begin{array}{l|}Q'p\\+P'q\end{array}\, y + Q'q;$$

$$p' = P' + p,\; Q = Q' + P'p + q,\; R + Qp' = Q'p + P'q,\; Rq' = Q'q.$$

$$Q = Q' + P'p + q,\; R + QP' + Qp = Q'p + P'p,\; RP' + Rp = Q'q.$$

$$R + QP' + (Q - Q')p = QP' - P'Q' - P'^2p,\; RP' + Rp = QQ' - Q'^2 - P'Q'p.$$

$$\frac{R + P'Q'}{Q' - Q - P'^2} = \frac{RP' - QQ' + Q'^2}{-P'Q' - R},\; -3RP'Q' - R^2 + 2QQ'^2 - Q'^3 + QRP'$$

$$-Q^2Q' + RP'^3 - QP'^2Q' = o.$$

Substituirt man in den drei gleichen Resultaten für Q, R, P' und Q' ihre obigen Werthe, so erhält man bald die verlangte Gleichung:

$$\frac{dy^3}{dx^3} + \frac{3a^4}{x(x^3 - 4a^3)} \cdot \frac{dy}{dx} + 1 = o.$$

B.

$$y^2 d^2y - axd^2y + 2ydy^2 - adydx - adxdy + 2xdx^2 = o,$$ oder

$$(y^2 - ax) d^2y + 2ydy^2 - 2adxdy + 2xdx^2 = o \qquad (2).$$

Dieses ist das zweite Differential der gegebenen Gleichung; verbindet man es mit dem Ersten, so kann man dy eliminiren und das Resultat gibt den Ausdruck von d^2y in x, dx und y. Wenn man will, so kann man die Function y, vermittelst der gegebenen Gleichung, wegschaffen.

Dividirt man die Gleichung (2) durch dx^2, so nimmt sie die Form an:

$$(y^2 - ax)\frac{d^2y}{dx^2} + 2y\frac{dy^2}{dx^2} - 2a\frac{dy}{dx} + 2x = o,$$

und enthält blos die Differential-Coefficienten $\frac{d^2y}{dx^2}$ und $\frac{dy}{dx}$. Substituirt man für $\frac{dy}{dx}$ seinen Werth $\frac{ay - x^2}{y^2 - ax}$, der sich aus der Gleichung (1) hervorziehen ließ, so erhält man

$$(y^2 - ax)\frac{d^2y}{dx^2} + 2y\left(\frac{ay - x^2}{y^2 - ax}\right)^2 - 2a\left(\frac{ay - x^2}{y^2 - ax}\right) + 2x = o,$$

und nach der Reduction auf einerlei Benennung

$$(y^2 - ax)^3\frac{d^2y}{dx^2} + 2xy^4 - 6ax^2y^2 + 2x^4y + 2a^3xy = o;$$

allein die Größe $2xy^4 - 6ax^2y^2 + 2x^4y$ ist einerlei mit $2xy(y^3 - 3axy + x^3)$ und deßhalb gleich Null, vermöge der gegebenen Gleichung; folglich hat man

$$(y^2 - ax)^3\frac{d^2y}{dx^2} + 2a^3xy = o,$$ oder

$$\frac{d^2y}{dx^2} = \frac{-2a^3xy}{(y^2 - ax)^3}.$$

Differentiirt man die Gleichung (2) in Bezug auf d^2y, dy, y und x, so erhält man das dritte Differential der gegebenen Gleichung, und man zieht hieraus den Werth von d^3y, wenn man zuvor d^2y und dy vermittelst der Gleichungen (1) und (2) eliminirt hat; dividirt man das Resultat durch dx^3, so erhält man den Ausdruck des dritten Differential-Coefficienten $\frac{d^3y}{dx^3}$. Verfolgt man diesen Weg weiter, so gelangt man zu den höhern Differentialen.

§. 53.

Die Bemerkung des §. 7. über die Constanten, welche bei der Differentiation der Functionen verschwinden, gilt ebenfalls für die Gleichungen. Wenn man z. B. hätte

$y^2 = ax + b$, so würde das Differential
$2y\,dy = a\,dx$, welches von b unabhängig ist, zu allen besondern Gleichungen gehören, die aus der ersten hervorgehen, wenn b alle möglichen Werthe annimmt.

Allein man kann in dem gegenwärtigen Falle auch zu einer von a unabhängigen Gleichung gelangen, obschon diese Constante beim Differentiiren nicht verschwand: man braucht deßhalb nur a zwischen den beiden Gleichungen

$$y^2 = ax + b$$
$$2y\,dy = a\,dx,$$ zu eliminiren, wodurch man findet

$$y^2\,dx = 2xy\,dy + b\,dx.$$

Obschon diese letztere Gleichung nicht das unmittelbare Differential der gegebenen ist, so entspringt sie dennoch in so weit aus ihr, daß sie, nachdem vorher durch dx dividirt worden, die Relation ausdrückt, welche zwischen der Veränderlichen x, der Function y und dem Coefficienten $\frac{dy}{dx}$, bei jedem beliebigen Werthe von a, Statt findet.

Wenn die Constante, welche man eliminirt, nicht vom Ersten Grad in der gegebenen Gleichung ist, so wird das erhaltene Resultat Potenzen von dy und dx enthalten, welche die Erste übersteigen. *) Es sey z. B.

$$y^2 - 2ay + x^2 = a^2$$

Differentiirt man, so findet man:

$$y\,dy - a\,dy + x\,dx = 0,$$ woraus:

$$a = \frac{y\,dy + x\,dx}{dy},$$

und substituirt man in der gegebenen Gleichung, so erhält man, wenn man nach dy geordnet und durch dx^2 dividirt hat,

$$(x^2 - 2y^2)\frac{dy^2}{dx^2} - 4xy\frac{dy}{dx} - x^2 = 0:$$

dieses ist die Relation, welche zwischen der Veränderlichen x, der

*) Dieser Satz ist, wo nicht irrig, doch wenigstens ungenau, wovon man sich etwa durch die Gleichungen $y^2 - 2a^2y + x^2 = 0$, $y^2 - 2a^2y + x^2 = a^2$, $y^2 - 2a^3y + x^2 = 0$, $y^2 - 2a^3y + x^2 = a^3$ rc. überzeugen kann, bei denen die Resultate der Elimination dy und dx nur in der Ersten Potenz enthalten werden. Man möge daher den Vordersatz mit folgendem vertauschen: „Wenn die zu eliminirende „Constante in verschiedenen Graden in der gegebenen Gleichung vor„kommt.“ B.

Function y und ihrem Differential-Coefficienten $\frac{dy}{dx}$, unabhängig von einem besondern Werthe der Constante a, Statt finden muß.

Löste man die Gleichung

$$y^2 - 2ay + x^2 = a^2$$

in Bezug auf a auf, so zöge man daraus

$$a = -y \pm \sqrt{2y^2 + x^2};$$

und das von den Veränderlichen x und y befreite a würde durch die bloße Differentiation verschwinden; man fände nämlich

$$-dy \pm \frac{2y\,dy + x\,dx}{\sqrt{2y^2 + x^2}} = 0,$$

und nach Wegschaffung des Wurzelzeichens kann man sich überzeugen, daß diese Gleichung einerlei mit derjenigen ist, welche aus der Elimination hervorgeht.

§. 54.

Man kann so viele Constanten wegschaffen als man will, wofern man eine der Anzahl dieser Constanten gleiche Anzahl von Differentiationen vornimmt. Es sey die Gleichung

$y^2 = m(a^2 - x)^2$ gegeben; zuerst hat man

$y\,dy = -mx\,dx$, und differentiirt man von Neuem, so findet man

$y\,d^2y + dy^2 = -m\,dx^2$: substituirt man für m seinen aus der vorhergehenden Gleichung entnommenen Werth $\frac{-y\,dy}{x\,dx}$, und dividirt durch dx^2, so erhält man

$$y\frac{dy}{dx} - x\frac{dy^2}{dx^2} - xy\frac{d^2y}{dx^2} = 0,$$

ein von den Constanten a und m unabhängiges Resultat.

§. 55.

Die Differentiation bietet, in ihrer Verbindung mit der Elimination, ein Mittel dar, die Exponenten wegzuschaffen. Es sey z. B. die Gleichung gegeben

$$P^n = Q,$$

wo P und Q beliebige Functionen von x und y sind; nimmt man das Differential dieser Gleichung, so erfolgt

$$nP^{n-1}dP = dQ,$$

oder wenn man beide Seiten mit P multiplicirt,

$$nP^n dP = P\,dQ;$$

und substituirt man für P^n dessen Werth, so erhält man

$$nQdP = PdQ,$$

eine Gleichung, worin P von obigem Exponenten befreit ist.

Man gelangt zu demselben Resultat, wenn man den Logarithmus einer jeden Seite der gegebenen Gleichung nimmt; man hat nämlich nach und nach

$$nlP = lQ,$$

$$\frac{ndP}{P} = \frac{dQ}{Q} \text{ (§. 28), und folglich}$$

$$nQdP = PdQ.$$

Diese Bemerkung dient dazu, die Function

$$(a + bx + cx^2 + dx^3 + ex^4 + \text{ꝛc.})^n,$$

wo n ganz beliebig ist, nach den Potenzen von x zu entwickeln. Man nimmt zu diesem Behuf an, es sey

$$\begin{aligned}&(a + bx + cx^2 + dx^3 + ex^4 + \text{ꝛc.})^n,\\ = &A + Bx + Cx^2 + Dx^3 + Ex^4 + \text{ꝛc.};\end{aligned}$$

geht man zu den Logarithmen über, so erfolgt

$$\begin{aligned}&nl(a + bx + cx^2 + dx^3 + c^4 + \text{ꝛc.})\\ = &l(A + Bx + Cx^2 + Dx^3 + Ex^4 + \text{ꝛc.});\end{aligned}$$

differentiirt man hierauf, so erhält man

$$\begin{aligned}&\frac{n(b + 2cx + 3dx^2 + 4ex^3 + \text{ꝛc.})dx}{a + bx + cx^2 + dx^3 + ex^4 + \text{ꝛc.}}\\ = &\frac{(B + 2Cx + 3Dx^2 + 4Ex^3 + \text{ꝛc.})dx}{A + Bx + Cx^2 + Dx^3 + Ex^4 + \text{ꝛc.}}.\end{aligned}$$

läßt man den gemeinschaftlichen Theiler dx weg, schafft die Nenner fort, entwickelt und ordnet nach den Potenzen von x, so gewinnt man die Gleichung

$$\left.\begin{array}{llll} nbA + 2ncAx & + 3ndAx^2 & + 4neAx^3 & + \text{ꝛc.}\\ \quad + nbBx & + 2ncBx^2 & + 3ndBx^3 & + \text{ꝛc.}\\ & + nbCx^2 & + 2ncCx^3 & + \text{ꝛc.}\\ & & + nbDx^3 & + \text{ꝛc.} \end{array}\right\} =$$

$$\left.\begin{array}{llll} aB + 2aCx & + 3aDx^2 & + 4aEx^3 & + \text{ꝛc.}\\ \quad + bBx & + 2bCx^2 & + 3bDx^3 & + \text{ꝛc.}\\ & + cBx^2 & + 2cCx^3 & + \text{ꝛc.}\\ & & + dBx^3 & + \text{ꝛc.} \end{array}\right\},$$

welche identisch seyn muß, welchen Werth auch x haben mag: es müssen demnach die Coefficienten einer jeden Potenz dieser Größe in beiden Seiten einander gleich seyn, wodurch die Gleichungen zum Vorschein kommen:

$$nbA = aB,$$
$$2ncA + nbB = 2aC + bB,$$
$$3ndA + 2ncB + nbC = 3aD + 2bC + cB,$$
$$\text{rc.},$$

aus denen sich die Werthe der Coefficienten B, C, D rc. ergeben.

Der Coefficient A scheint unbestimmt zu bleiben, allein man findet dessen Werth, wenn man $x = o$ in der Gleichung

$$(a + bx + \text{rc.})^n = A + Bx + \text{rc.}$$

macht, die durch diese Annahme in

$$a^n = A \text{ übergeht.}$$

Substituirt man diesen Ausdruck in den vorhergehenden Gleichungen, so schließt man daraus

$$B = \frac{n}{1} a^{n-1} b,$$

$$C = n a^{n-1} c + \frac{n(n-1)}{1.2} a^{n-2} b^2,$$

$$D = n a^{n-1} d + \frac{n(n-1)}{1.1.} a^{n-2} bc + \frac{n(n-1)(n-2)}{1.2.3} a^{n-3} b^3,$$

rc., weßhalb endlich

$$(a + bx + cx^2 + dx^3 + ex^4 + \text{rc.})^n =$$

$$a^n + \frac{n}{1} a^{n-1} bx + \left\{ n a^{n-1} c + \frac{n(n-1)}{1.2} a^{n-2} b^2 \right\} x^2$$

$$+ \left\{ n a^{n-1} d + \frac{n(n-1)}{1.1} a^{n-2} bc + \frac{n(n-1)(n-2)}{1.2.3} a^{n-3} b^3 \right\} x^3$$

$$+ \text{rc.}$$

§. 56.

Man kann auch die transcendenten Functionen aus einer Gleichung wegschaffen, wenn man die letztere mit ihren Differentialen verbindet.

Eine der einfachsten jener Functionen ist folgende:

$$l(a + bx + cx^2 + dx^3 + \text{rc.})$$

stellt man ihre Entwickelung durch

$$A + Bx + Cx^2 + Dx^3 + \text{rc.}$$

dar, und nimmt das Differential der Gleichung

$$l(a + bx + cx^2 + dx^3 + \text{rc.}) = A + Bx + Cx^2 + Dx^3 + \text{rc.},$$

so wird man finden

$$\frac{b + 2cx + 3dx^2 + \text{rc.}}{a + bx + cx^2 + dx^3 + \text{rc.}} = B + 2Cx + 3Dx^2 + \text{rc.}$$

wornach man die Coefficienten A, B, C, D ꝛc. wie gewöhnlich bestimmen kann.

Es sey noch folgendes Beispiel aufgestellt:

$$\sin(a + bx + cx^2 + dx^3 + \text{ꝛc.})$$
$$= A + Bx + Cx^2 + Dx^3 + Ex^4 + \text{ꝛc.};$$

macht man zur Abkürzung

$$a + bx + cx^3 + dx^3 + \text{ꝛc.} = u,$$
$$A + Bx + Cx^2 + Dx^3 + \text{ꝛc.} = y,$$

so erfolgt daraus $y = \sin u$, und wenn man differentiirt, so erhält man $dy = du \cos u$.

Man könnte vermittelst der Gleichung $\cos u = \sqrt{1 - \sin. u^2}$, welche gibt $\cos u = \sqrt{1 - y^2}$, $\cos u$ eliminiren, wodurch man erhielte $dy = du \sqrt{1 - y^2}$; allein man müßte in dieser Gleichung noch das Wurzelzeichen wegschaffen. Um diesem Uebelstande auszuweichen, differentiirt man von Neuem die Gleichung $dy = du \cos u$, indem man bemerkt, daß u, nicht weniger als y, eine Function von x ist; man erhält dadurch

$$d^2y = d^2u \cos u - du^2 \sin u,$$

und setzt man für $\sin u$ und $\cos u$ ihre Werthe, so erfolgt

$$d^2y = \frac{dy}{du} d^2u - y\,du^2, \text{ oder}$$

$$du\,d^2y - dy\,d^2u + y\,du^3 = 0.$$

Man hat nun nur noch für y, dy, d^2y, du, d^2u und du^3 ihre Werthe zu substituiren; allein

$$y = A + Bx + Cx^2 + Dx^3 + \text{ꝛc. gibt:}$$
$$dy = (B + 2Cx + 3Dx^2 + \text{ꝛc.})\,dx,$$
$$d^2y = (2C + 2.3Dx + \text{ꝛc.})\,dx^2;$$

und um mich nicht in zu weitläufige Rechnungen einzulassen, will ich die Function auf $\sin(a + bx + cx^2)$ beschränken, indem ich d, e, ꝛc. gleich Null annehme: in diesem besondern Falle ist

$$du = (b + 2cx)\,dx$$
$$d^2u = 2c\,dx^2$$
$$du^3 = (b^3 + 6b^2cx + 125c^2x^2 + 8c^3x^3)\,dx^3.$$

Vermittelst dieser Werthe, wird die Gleichung

$$du\,d^2y - dy\,d^2u + y\,du^3 = 0$$

durch dx^3 theilbar, und wenn man sie in Bezug auf x ordnet, so nimmt sie folgende Gestaltan:

$$\left.\begin{array}{rcrcrl} 2bC & + & 6bDx & + & 12bEx^2 & + \text{ꝛc.} \\ & + & 4cCx & + & 12cDx^2 & + \text{ꝛc.} \\ +b^3A & + & 6b^2cAx & + & 12bc^2Ax^2 & + \text{ꝛc.} \\ & + & b^3Bx & + & 6b^2cBx^2 & + \text{ꝛc.} \\ & & & + & b^3Cx^2 & + \text{ꝛc.} \\ -2cB & - & 4cCx & + & 6cDx^2 & - \text{ꝛc.} \end{array}\right\} = o.$$

Setzt man die Coefficienten einer jeden Potenz von x gleich Null, so erhält man die Gleichungen, welche C, D, E ꝛc. bestimmen; allein in Betreff der A und B muß man zu den Gleichungen

$$y = \sin u, \text{ und } \frac{dy}{du} = \cos u,$$

zurückkehren. Da, in dem Falle, daß $x = o$,

$$u = a, \ y = A, \ du = b\,dx, \text{ und } dy = B\,dx,$$

so geben jene Gleichungen

$$A = \sin a, \text{ und } B = b \cos a.$$

§. 57.

Die Differential-Rechnung, welche wir bisher blos für die Entwickelung der Functionen benutzt haben, kann auch bei der Auflösung der algebraischen Gleichungen von Nutzen seyn; allein wir werden uns hier darauf beschränken, zu zeigen, wie die Bemerkung des §. 18. zur Bestimmung der gleichen Wurzeln führt.

Es sey $V = o$, eine Gleichung, die n Wurzeln, gleich a hat; so wird ihre Erste Seite nothwendig die Form haben

$$V = X(x-a)^n,$$

wo X die ungleichen Factoren enthält; und differentiirt man, indem man bei dem Factor $(x-a)^n$ anhebt, so findet man

$$\frac{dV}{dx} = nX(x-a)^{n-1} + \frac{dX}{dx}(x-a)^n,$$

$$\frac{d^2V}{dx^2} = n(n-1)X(x-a)^{n-2} + 2n\frac{dX}{dx}(x-a)^{n-1} + \frac{d^2X}{dx^2}(x-a)^n,$$

ꝛc.,

welches hinreicht um darzuthun, daß der Factor $x-a$ allen Gliedern der Differential-Coefficienten von V, deren Ordnung kleiner als die nte ist, gemeinschaftlich bleiben wird. Diese Coefficienten werden demnach, wenn man $x = a$ macht, bis zur nten Ordnung ausschließlich, verschwinden, und die Gleichungen

$$V = o, \ \frac{dV}{dx} = o, \ \frac{d^2V}{dx^2} = o, \ \ldots\ldots\ \frac{d^{n-1}V}{dx^{n-1}} = o$$

werden, vermittelst eines gemeinschaftlichen Theilers, zugleich

Statt finden: für die Erste und zweite Gleichung wird dieser Theiler, $(x-a)^{n-1}$ seyn.

Man wird bald einsehen können, daß die Gleichungen $\frac{dV}{dx}=o$, $\frac{d^2V}{dx^2}=o$, ꝛc. just dieselben sind, die man in dem §. 205. der „Elémens d'Algèbre“ mit $A=o$, $B=o$, ꝛc. bezeichnet hat.

Diese Betrachtungen lassen sich leicht auf den Fall übertragen, wo die gegebene Gleichung mehrere Arten von gleichen Wurzeln hat, das ist, die Form hat

$$X(x-a)^n(x-b)^p=o;$$

denn differentiirt man die Erste Seite nach der Regel des §. 11., so findet man

$$\left.\begin{array}{l} nX(x-a)^{n-1}(x-b)^p+pX(x-a)^n(x-b)^{p-1} \\ +\frac{dX}{dx}(x-a)^n(x-b)^p \end{array}\right\},$$

welche Größe ebenfalls verschwindet, wenn man $x=a$ oder $x=b$ macht, und deren gemeinschaftlicher Theiler mit der Ersten Seite der gegebenen Gleichung, offenbar ist

$$(x-a)^{n-1}(x-b)^{p-1}.$$

Man kann eben so verfahren, welches auch die Anzahl der Factoren $(x-a)^n$, $(x-b)^p$, $(x-c)^q$, ꝛc. seyn mag, und man wird immerhin finden, daß der, den Functionen V und $\frac{dV}{dx}$ gemeinschaftliche, Theiler alle gleiche Wurzel-Factoren der Gleichung $V=o$, in einer um eine Einheit niedrigern Potenz enthält, als sie in der Gleichung selbst enthalten sind.

Anwendung der Differential-Rechnung auf die Theorie der krummen Linien.

Die geometrischen Betrachtungen beweisen sehr einleuchtend, daß das Verhältniß, zwischen den Zuwachsen einer Function und denen ihrer Veränderlichen, im Allgemeinen eine Grenze zuläßt.

Jede Function einer einzigen Veränderlichen kann durch die Ordinate einer krummen Linie dargestellt werden, deren Abscisse jene Veränderliche ist (Trigon. et Application de l'Algèbre à la Géométrie §. 86.); und das Verhältniß der Ordinate zur Subtangente entspricht dem Differential-

Coefficienten der Function. Denn zieht man, bei einer beliebigen krummen Linie CD, Fig. 1., durch 2 Punkte M und M', eine Secante MM', die man verlängert, bis sie die Axe der Abscissen AB in S erreicht, und durch den ersten Punkt eine Tangente MT, so wie ferner die beiden Ordinaten PM, P'M', und die mit AB parallele Linie MQ, so werden die ähnlichen Dreiecke M'QM und MPS zeigen, daß die Verhältnisse $\frac{M'Q}{MQ}$ und $\frac{PM}{PS}$ immer gleich sind. Allein gedenkt man den Punkt M' dem Punkt M stets näher gerückt, so nähert sich auch der Punkt S dem Punkt T; die Linie PS strebt also darnach, der Subtangente PT gleich zu werden: das Verhältniß $\frac{PM}{PS}$ wird sich eben so dem Verhältniß $\frac{PM}{PT}$ nähern, welches letztere demnach die Grenze des ersteren oder auch desjenigen Verhältnisses seyn wird, welches zwischen den Zuwachsen MQ und M'Q Statt findet, so die Abscisse AP und die Ordinate PM gleichzeitig annehmen. Fig. 1.

Es folgt hieraus, daß wenn der Ausdruck des Verhältnisses $\frac{PM}{PT}$ bekannt ist, derselbe den Differential-Coefficienten der der Ordinate entsprechenden Function darbietet (§. 7.), und daß umgekehrt, wenn diese Function bekannt ist, ihr Differential-Coefficient die Subtangente vermittelst der Ordinate bestimmen wird, weil man, wenn PM mit y und der PM Differential-Coefficient mit p bezeichnet, wird, $p = \frac{y}{PT}$ haben wird, woraus hervorgeht: $PT = \frac{y}{p}$, vermittelst welchen Werthes sich die Tangente am Punkte M ziehen läßt.

§. 59.

Man sieht also, daß die Differential-Rechnung, vermöge ihres Grund-Princips, das Problem der Tangenten direct auflöst, wenn der fraglichen krummen Linien Gleichung gegeben ist. Auch war es die gesuchte Auflösung dieses Problems, welche die Geometer zur Differential-Rechnung führte, die man seitdem unter sehr verschiedenen Gesichtspunkten dargestellt hat; allein welchen Ursprung man ihr auch zuerkennen möge, so wird sie dennoch immerhin auf einer analytischen Thatsache beruhen, die jeder Hypothese vorhergeht, wie der Fall der schweren Körper gegen die Oberfläche der Erde, den verschiedenen Erklärungen, die darüber versucht worden; und diese Thatsache ist just die allen Functionen zukommende Eigenschaft, für das Verhältniß zwischen ihren Zuwachsen und den gleichzeitigen der Veränderlichen, wovon sie abhangen, eine Grenze zuzulassen. Diese, bei jeder Function verschiedene, und von den absoluten Werthen der Zuwachse immer unabhängige Grenze, charakterisirt auf eine ihr eigene Weise den Gang der Function durch die verschiedenen Werthe, die sie erlangen kann. Denn je kleiner die Zuwachse der Veränderlichen sind, desto zusammengedrängter sind die aufeinander folgenden Werthe der Function, oder desto weniger fehlt daran, daß die Function in ihren Aenderungen das Gesetz der Stetigkeit befolge, und desto weniger weicht das Verhältniß zwischen den gleichzeitigen Zuwachsen der Function und ihrer Veränderlichen, von der durch die Rechnung dargebotenen Grenze ab. Unter dem Gesetz der Stetigkeit muß man dasjenige verstehen, welches bei der Beschreibung der Linien durch Bewegung wahrgenommen wird, und gemäß welchem die aufeinander folgenden Punkte keinen Zwischenraum zwischen sich lassen. Die Art, die Größen in der Rechnung zu betrachten, scheint zunächst dieses Gesetz nicht zuzulassen, weil man, zwischen den zwei aufeinander folgenden Werthen derselben Größe, immer einen Zwischenraum voraussetzt; allein, wenn man ihn verschwinden läßt, um zur Grenze überzugehen, so drückt man dadurch aus, daß Stetigkeit vorhanden ist.

Es scheint mir jetzt sehr einleuchtend, daß die vorhergehende Metaphysik, die philosophische Erörterung der Eigenschaften der Differential- und Integral-Rechnung, sowohl in Hinsicht auf die Untersuchungen über die krummen Linien, als in Betreff deren, welche die Bewegung zum Gegenstande haben, enthalte. Bei den einen und den andern liegt die Schwierigkeit nur darin, daß bei den Aenderungen der Linien und der Geschwindigkeiten Stetigkeit Statt findet: und die Betrachtung der Grenzen (oder jede andere gleichbedeutende) bietet das Mittel dar, diese Stetigkeit in die Rechnnng einzuführen. *)

§. 60.

Wenn man der Abscisse aufeinander folgende Werthe gibt, so bestimmen die diesen Werthen entsprechenden Ordinaten, Punkte der krummen Linie, welche man als Scheitel der Winkel eines in die krumme Linie eingeschriebenen Polygons ansehen kann.

Nimmt man z. B. auf der Axe der Abscissen die Punkte
Fig. 2. P, P′, P″, Fig. 2., die um dieselbe Größe h von einander abstehen, so hat man

*) Diejenigen, welche diese allgemeinen Betrachtungen mehr entwickelt zu sehen wünschten, können die Note A zu Rathe ziehen, welche sich am Ende des Buches befindet.

$$AP = x,\ AP' = x + h,\ AP'' = x + 2h,\ \text{ꝛc.};$$

erreicht man die entsprechenden Ordinaten PM, P'M, P''M'' ꝛc., und verbindet die Punkte M, M', M'' ꝛc. durch Chorden, so bildet man das Polygon MM'M'' ꝛc., welches sich um so weniger von der gegebenen krummen Linie unterscheiden wird, je mehr sich die Punkte M, M', M'' ꝛc. einander nähern; allein zu gleicher Zeit wird die Anzahl seiner Seiten stets zunehmen, weil der Abstand PP' immer eine größere Anzahl Malen in der bestimmten Abscisse AB enthalten seyn wird. Die krumme Linie CD wird offenbar die Grenze aller dieser Polygone seyn, und folglich werden die dieser Grenze zukommenden Eigenschaften auch der krummen Linie zukommen. *)

Dieses vorausgesetzt, ziehe man MQ und M'Q' parallel mit der Axe AB, so wird M'Q der Unterschied der beiden aufeinander folgenden Ordinaten PM und P'M', so wie M''Q' der der beiden P'M' und P''M'', seyn. Verlängert man die Gerade MM' bis nach N'', so bildet man die gleichen Dreiecke MM'Q und M'N''Q', welche geben werden: $M'Q = N''Q'$; und hieraus wird folgen

$$M''N'' = N''Q' - M''Q' \text{ oder } M''N'' = M''Q' - N''Q',$$

und folglich

$$M''Q' - M'Q = \mp M''N'',$$

je nachdem die krumme Linie hohl oder erhaben gegen die Axe der Abscissen ist: M''N'' wird also der Unterschied der Linien M'Q und M''Q' seyn.

Die Differential-Rechnung gibt den Ausdruck einer jeden dieser verschiedenen Geraden, denn man hat nach und nach (§. 23.)

---

*) Leibnitz hat die Differential-Rechnung immer, unter einem beinahe ähnlichen Gesichtspunkte, betrachtet.

„Sentio autem et hanc et alias (methodos) hactenus adhibitas omnes deduci posse ex generali quodam meo dimetiendorum curvilineorum principio, quod figura curvilinea censenda sit aequipollere polygono infinitorum laterum; unde sequitur, quicquid de tali polygono demonstrari potest, sive ità, ut nullus habeatur ad numerum laterum respectus, sive ità, ut tantò magis verificetur, quantò major sumitur laterum numerus, ità, ut error tandem fiat quovis dato minor; id de curvâ posse pronuntiari.“ (Acta Eruditorum, anno 1684, pag. 585.)

Es ist klar, daß diese Metaphysik auch sehr lichtvoll ist, und sich, von der oben vorgetragenen, nur dadurch unterscheidet, daß hier die Grenze durch ein Polygon von einer unendlichen Anzahl unendlich kleiner Seiten bezeichnet wird.

$$PM = y,$$

$$P'M' = y + \frac{dy}{dx}\frac{h}{1} + \frac{d^2y}{dx^2}\frac{h^2}{1.2} + \text{rc.},$$

$$P''M'' = y + \frac{dy}{dx}\frac{2h}{1} + \frac{d^2y}{dx^2}\frac{4h^2}{1.2} + \text{rc.},$$

$$P'M' - PM = M'Q = \frac{dy}{dx}\,h + \frac{d^2y}{dx^2}\frac{h^2}{2} + \text{rc.},$$

$$P''M'' - P'M' = M''Q' = \frac{dy}{dx}\,h + \frac{d^2y}{dx^2}\frac{3h^2}{2} + \text{rc.},$$

$$M''Q' - M'Q = \mp M''N'' = \frac{d^2y}{dx^2}\,h^2 + \text{rc.};$$

Woraus folgt, daß wenn man h in dx verwandelt, der Werth von M′Q sich desto mehr dem Ersten Differential dy, und der von M″N″ dem zweiten d^2y, nähert, je kleiner man dx annehmen wird. Betrachtete man noch einen vierten Punkt des Polygons, so würde man eben so die dem dritten Differential entsprechende Gerade finden.

§. 61.

Die Linien PM, M′Q, M″N″ haben, in Rücksicht auf die Berechnung der Grenzen, eine Untergeordnetheit, die durch den Exponenten bestimmt wird, womit der Zuwachs h in ihrem Ersten Gliede versehen ist, welcher Exponent auch die Ordnung derjenigen Differentiale angibt, die ihnen entsprechen. Man sieht nämlich, daß das Verhältniß von M′Q zu PM stets abnimmt, und zuletzt verschwindet, wenn h = o wird, daß es dieselbe Bewandtniß mit dem Verhältniß von M″N″ zu M′Q hat, allein daß, wenn man die erste dieser Letzteren mit dem Quadrate der andern vergliche, und zuvörderst den den beiden Gliedern des Verhältnisses gemeinsamen Factor h^2 auslöschte, dieses Verhältniß eine angebbare Grenze haben würde, die das Verhältniß von $\frac{d^2y}{dx^2}$ zu $\frac{dy^2}{dx^2}$ seyn würde. *)

*) Dieses gewährt eine sehr einfache Erklärung der verschiedenen Ordnungen von unendlich kleinen Größen, welche Leibnitz aufnahm. Derselbe betrachtete das Erste Differential als unendlich klein in Bezug auf die Ordinate, das zweite Differential als unendlich klein in Bezug auf das Erste, und so fort. Gemäß diesem Princip, vernachlässigte er die einen gegen die andern; was man in der That thun muß, wenn man zu den Grenzen übergehen will. Denn in dem Ausdrucke der Grenze des Verhältnisses zweier obiger Reihen, können nur diejenigen

Man ersieht zugleich aus dem Vorhergehenden, daß der Differential-Coefficient der Ersten Ordnung, $\frac{dy}{dx}$, welcher das Verhältniß $\frac{PM}{PT}$ Fig. 1. ausdrückt, die trigonometrische Tangente des Winkels MTP darbietet, den die die krumme Linie am Punkte M berührende Linie mit der Axe der Abscissen AB bildet, und den Lauf der krummen Linie in der Nähe des Punktes M charakterisirt; denn wenn AB die positive Seite der Axe der Abscissen vorstellt, so werden der Winkel MTP und seine Tangente positiv seyn, wenn die Ordinaten im Zunehmen begriffen sind, wie in der Fig. 1., und negativ, im entgegengesetzten Falle. Fig. 1.

Dieses läßt sich auch aus dem Ausdruck des Unterschieds M′Q der aufeinander folgenden Ordinaten PM und P′M′ erschließen, wenn man bemerkt, daß es immer möglich ist, den Zuwachs h so klein anzunehmen, daß das Erste Glied $\frac{dy}{dx}h$ die Summe aller übrigen übertrifft, und alsdann das Zeichen des Ergebnisses der Reihe bestimmt; denn ein Ausdruck von der Form

$$Ah^{\alpha} + Bh^{\beta} + Ch^{\gamma} + \text{rc.},$$

worin die Exponenten α, β, γ rc. alle positiv und steigend sind, kann unter die folgende gebracht werden:

$$h^{\alpha}(A + Bh^{\beta-\alpha} + Ch^{\gamma-\alpha} + \text{rc.}),$$

woraus man sieht, daß der Theil $Bh^{\beta-\alpha} + Ch^{\gamma-\alpha} +$ rc. des zweiten Factors, da er bis zur Null hin abnimmt, wenn h abnimmt bis es verschwindet, bevor er jene Grenze erreicht, kleiner als die von h unabhängige Größe A werden muß. *) In diesem letztern Stand der Dinge, bestimmt das Zeichen von A dasjenige des ganzen Ausdrucks, welcher demnach positiv seyn wird, wenn A positiv ist, und negativ, im entgegengesetzten Falle.

Es folgt hieraus, daß die Function y steigend oder fallend seyn wird, je nachdem $\frac{dy}{dx}$ positiv oder negativ seyn wird.

Glieder übrig bleiben, worin h vom geringsten Grade ist, und das Differential einer beliebigen, z. B. mten, Ordnung ist nothwendig von der Form $d^m y = t\,dx^m$ (§. 17.) und nur mit homogenen Differential-Ausdrücken d. i. mit solchen, die in Bezug auf den Zuwachs dx von demselben Grade sind, vergleichbar.

*) Man wird später ein Verfahren finden, um den Werth von h anzugeben, welche in der Taylorschen Reihe diese Bedingung erfüllen.

Beachtet man ferner, daß wenn die Ordinate positiv ist, der
Fig. 2. Unterschied $M''Q' - M'Q$ Fig. 2. entweder positiv oder negativ ist, je nachdem die krumme Linie hohl oder erhaben gegen die Axe der Abscissen ist, und daß dieser Umstand Statt finden muß, wie nahe man auch die Punkte P, P', P'' bei einander befindlich annehme, oder wie klein h seyn mag, so wird man hieraus schließen, daß das Glied $\frac{d^2y}{dx^2}h^2$, womit die Entwickelung von $M''Q' - M'Q$ anhebt, und welches zum stärksten gemacht werden kann, das nämliche Zeichen führen muß, wie der Unterschied $M''Q' - M'Q$; allein da h^2 nothwendig positiv ist, so folgt aus dem Vorhergehenden, daß $\frac{d^2y}{dx^2}$ negativ ist, wenn die krumme Linie gegen ihre Axe der Abscissen hohl ist, und positiv, in dem entgegengesetzten Falle.

Die Anschauung der krummen Linien cm, welche sich unterhalb der Axe der Abscissen befinden, zeigt, daß die Zeichen von $\frac{d^2y}{dx^2}$ im umgekehrten Sinne zu nehmen sind, wenn die Ordinate negativ ist, und daß folglich *eine krumme Linie hohl oder erhaben gegen die Axe der Abscissen ist, je nachdem die Ordinate und ihr Differential-Coefficient der zweiten Ordnung, gleiche oder verschiedene Vorzeichen haben.*

§. 63.

Man setzt gewöhnlich als eine an sich klare Sache voraus, daß *ein kleiner Bogen einer krummen Linie, seiner Chorde gleich, angenommen werden könne, d. h. daß das Verhältniß zwischen einem Bogen und seiner Chorde die Einheit zur Grenze habe*; dieser sehr wichtige Satz muß jedoch bewiesen werden, wie es auf folgende Weise geschehen kann.

Fig. 3. Das rechtwinklige Dreieck $MM'Q$, Fig. 3., gibt

$$MM' = \sqrt{\overline{MQ}^2 + \overline{M'Q}^2};$$

man hat ferner (§. 60.)

$$MQ = h, \quad M'Q = \frac{dy}{dx}\frac{h}{1} + \frac{d^2y}{dx^2}\frac{h^2}{1.2} + \text{rc.},$$

welche letztere Entwickelung man unter die Form

$$(p + Ph)h$$

bringen kann, wenn man

$\frac{dy}{dx} = p$, und $\frac{d^2y}{dx^2}\frac{h^2}{1.2} + \frac{d^3y}{dx^3}\frac{h^3}{1.2.3} + \text{etc.} = Ph^2$ macht; man erhält demnach

$$MM' = \sqrt{h^2 + (p+Ph)^2 h^2} = h\sqrt{1 + (p+Ph)}.$$

Zieht man hierauf die Berührende MN, so wird man finden:

$$NQ = MQ \tang NMQ = \frac{dy}{dx}h = ph \text{ (§. 62.)},$$

$$MN = \sqrt{h^2 + p^2h^2} = h\sqrt{1+p^2},$$

$$M'N = NQ - M'Q = -\frac{d^2y}{dx^2}\frac{h^2}{1.2} - \text{etc.} = -Ph^2;$$

und hieraus wird man schließen,

$$\frac{MN + M'N}{MM'} = \frac{h\sqrt{1+p^2} - Ph^2}{h\sqrt{1+(p+Ph)^2}} = \frac{\sqrt{1+p^2} - Ph}{\sqrt{1+(p+Ph)^2}},$$

welches letztere Verhältniß zur Grenze hat

$$\frac{\sqrt{1+p^2}}{\sqrt{1+p^2}} = 1.$$

Allein der Bogen MOM' ist, in Bezug auf seine Länge, stets zwischen seiner Chorde und der gebrochenen Linie MN+M'N begriffen, folglich hat, um so viel mehr, das Verhältniß $\frac{MOM'}{MM'}$ die Einheit zur Grenze.

§. 64.

Es ist klar, daß der Bogen einer krummen Linie eine Function der Abscisse ist; und um den Differential-Coefficienten dieser Function zu erhalten, muß man die Grenze des Verhältnisses $\frac{MOM'}{PP'}$ suchen; allein man hat

$$\frac{MOM'}{PP'} = \frac{MM'}{PP'} \times \frac{MOM'}{MM'}.$$

Substituirt man für $\frac{MM'}{PP'}$ seinen Werth, und macht nachher $h = o$, um zur Grenze überzugehen, so wird das Erste Verhältniß der zweiten Seite, $\sqrt{1+p^2}$, und das zweite die Einheit. Man hat demnach nach §. 8., wenn man den Bogen CM, z nennt,

$$\frac{dz}{dx} = \sqrt{1+p^2} = \sqrt{1 + \frac{dy^2}{dx^2}}, \text{ oder}$$

$$„dz = \sqrt{dx^2 + dy^2}.“$$

Da der Kreis, dessen Gleichung ist

$$x^2+y^2=a^2,$$

$$x\,dx+y\,dy=o, \text{ oder } dy=-\frac{x\,dx}{y},$$

gibt, so findet man hier

$$dz=\sqrt{dx^2+\frac{x^2\,dx^2}{y^2}}=\frac{dx}{y}\sqrt{x^2+y^2}=\frac{a\,dx}{y}=\frac{a\,dx}{\sqrt{a^2-x^2}},$$

welches Resultat mit dem des §. 36. zusammenfällt, wenn man $a=R$ annimmt.

§. 65.

Das Differential des Inhalts des Segments ACMP,
Fig. 4. Fig. 4. einer krummen Linie wird erhalten, wenn man bemerkt, daß das Verhältniß zwischen den Rechtecken PP'QM und PP'M'N, welche einerlei Grundlinie haben, gleich ist $\frac{P'M'}{PM}$, und daß demnach seine Grenze, die Einheit ist. Allein da das krummlinige Trapez PP'MM', welches den Zuwachs darstellt, den das Segment ACMP erhält, wenn die Abscisse um PP' zunimmt, immer zwischen den vorerwähnten Rechtecken begriffen ist, so hat sein Verhältniß zu einem dieser Rechtecke auch die Einheit zur Grenze. Dieses vorausgesetzt, ist es sichtbar, daß

$$\frac{PP'M'M}{PP'}=\frac{PP'QM}{PP'}\cdot\frac{PP'M'M}{PP'QM}=PM.\frac{PP'M'M}{PP'QM};$$

und nach dem eben Gesagten, ist die Grenze des letzten Ausdrucks $PM\times 1$ oder PM. Nennt man demnach die dem Flächeninhalt ACMP entsprechende Function von x, s, so hat man, für die Grenze, (§. 6.)

$$\frac{ds}{dx}=y, \text{ woraus folgt}$$

$$„ds=y\,dx."$$

In dem Kreise ist

$$ds=dx\sqrt{a^2-x^2};$$

obschon man also den algebraischen Ausdruck für das Kreis-Segment nicht anzugeben vermag, so gelangt man dennoch zu dem seines Differentials durch die Betrachtung der Grenzen, weßhalb man demnach die Entwickelung des Segments in eine Reihe, vermöge des Lehrsatzes des §. 22., oder durch ein ähnliches Verfahren wie in §. 38., ermitteln kann.

§. 66.

Kennt man, vermittelst des Differential-Coefficienten $\frac{dy}{dx}$, den Winkel MTP, so ist nichts leichter, als die Berührende MT zu construiren; allein man bedient sich gewöhnlicher der Subtangente PT, deren Werth sich ergibt, wenn man bemerkt, daß aus Fig. 1.

$$\frac{PM}{PT}=\frac{dy}{dx},$$

folgt

$$PT=\frac{PM.dx}{dy}, \text{ oder } „\text{Subtg.}=y\frac{dx}{dy}“. ^{*)}$$

Das in P rechtwinklige Dreieck PMT gibt die Tangente

$$MT=\sqrt{\overline{PM}^2+\overline{PT}^2}, \text{ oder}$$

$$„\text{Tang.}=y\sqrt{1+\frac{dx^2}{dy^2}}“.$$

Die Betrachtung der ähnlichen Dreiecke PMT und PMR (Trig. ꝛc. §. 161.), gibt die Subnormale

$$PR=PM\frac{PM}{PT}, \text{ oder}$$

$$„\text{Subnorm.}=y\frac{dy}{dx}“.$$

Das in P rechtwinklige Dreieck PMR, gibt die Normale

$$MR=\sqrt{\overline{PM}^2+\overline{PR}^2}, \text{ oder}$$

$$„\text{Norm.}=y\sqrt{1+\frac{dy^2}{dx^2}}“.$$

§. 67.

Hier folgen einige Anwendungen der vorhergehenden Formeln. Da die allgemeine Gleichung der Linien der zweiten Ordnung folgende ist

$$y^2=mx+nx^2 \text{ (Trig. ꝛc. §. 157.)},$$

so hat man

$$\frac{dy}{dx}=\frac{m+2nx}{2y}=\frac{m+2nx}{2\sqrt{mx+nx^2}},$$

*) Man sieht hier von dem Zeichen ab, welches die Linie PT in Bezug auf die Abscisse AP, wie man später sehen wird, haben muß.

und hieraus zieht man:

$$PT = \frac{y\,dx}{dy} = \frac{2(mx+nx^2)}{m+2nx}$$

$$MT = y\sqrt{1+\frac{dx^2}{dy^2}} = \sqrt{mx+nx^2+4\left(\frac{mx+nx^2}{m+2nx}\right)^2},$$

$$PR = \frac{y\,dy}{dx} = \frac{m+2nx}{2},$$

$$MR = y\sqrt{1+\frac{dy^2}{dx^2}} = \sqrt{mx+nx^2+\tfrac{1}{4}(m+2nx)^2}.$$

In dem Falle, daß $n = o$, wird die krumme Linie zur Parabel (Trig. ꝛc. §. 160.), und man hat alsdann nur noch

$$PT = 2x, \quad MT = \sqrt{mx+4x^2},$$

$$PR = \frac{m}{2}, \quad MR = \sqrt{mx+\tfrac{1}{4}m^2}.$$

Aus diesen Werthen ließen sich die in der Analytischen Geometrie für die Linien der zweiten Ordnung angegebenen Resultate und Constructionen ableiten.

In der krummen Linie, die durch die Gleichung

$$x^3 - 3axy + y^3 = o,$$

dargestellt wird, hat man

$$\frac{dy}{dx} = \frac{ay - x^2}{y^2 - ax};$$

man findet daher

$$PT = \frac{y^3 - axy}{ay - x^2} = \frac{2axy - x^3}{ay - x^2},$$

welcher Werth sich leicht construiren läßt, wenn man den von x angegeben, und darnach den von y bestimmt hat (Trig. ꝛc. §. 68.).

§. 68.

Es ist oft bequemer und besonders zierlicher, die Tangente und Normale durch ihre Gleichung (Trig. ꝛc. §. 157.) zu bestimmen. Um die Gleichung der Tangente zu erhalten, will ich zuerst im Allgemeinen die Relationen aufsuchen, die Statt finden müssen, damit zwei Linien einander berühren. Betrachtet man diese Linien zuvörderst, als hätten sie zwei Punkte M und M', Fig. 1., miteinander gemein, so ist klar, daß ihre Gleichungen, für die Ordinate PM und den Unterschied M'Q, die der Abscisse AP und ihrem Zuwachs PP' entsprechen, dieselben Werthe liefern müssen. Bezeichnet man demnach mit x und y die Coordinaten, welche dem Punkt M der gegebenen krummen Linie insbesondere zukommen,

Fig. 1.

und mit x' und y' diejenigen der beliebigen Punkte der Linie, welche die gegebene in M und M' schneidet, so wird man für diese beiden Punkte haben

$$y' - y, \quad \frac{dy'}{dx'}h + \text{rc.} = \frac{dy}{dx}h + \text{rc.} \; (\S. 60.)$$

Die zweite Gleichung ist durch h theilbar, und geht man zur Grenze über, indem man h = o macht, so wird sie zur folgenden

$$\frac{dy'}{dx'} = \frac{dy}{dx};$$

allein bei dieser Annahme vereinigen sich die beiden Durchschnittspunkte in einem einzigen, welcher ein Berührungspunkt für die beiden Linien wird, weil sie nur noch jenen gemein haben. Es folgt hieraus, daß wenn sich zwei Linien berühren, man für den Berührungspunkt habe

$$„y' = y, \quad \frac{dy'}{dx'} = \frac{dy}{dx}“.$$

Ist von einer geraden Linie die Rede, deren Gleichung die Form hat

$$y' = Ax' + B \text{ (Trig. rc. §. 87.) und}$$

$$\frac{dy'}{dx'} = A$$ gibt, so sind die Bedingungen der Berührung dieser Geraden mit der gegebenen krummen Linie:

$$y = Ax + B, \quad A = \frac{dy}{dx}, \text{ woraus man schließt}$$

$$B = y - x\frac{dy}{dx} \text{ und } y' = \frac{dy}{dx}x' + y - x\frac{dy}{dx}, \text{ oder}$$

$$„y' - y = \frac{dy}{dx}(x' - x)“.$$

Gemäß dieser Gleichung, wird die der Normale, die auf der Tangente senkrecht steht, und durch den Punkt M geht, seyn (nach §. 90. der Trig. rc.)

$$„y' - y = -\frac{dx}{dy}(x' - x)“.$$

Macht man in diesen Gleichungen y' = o, um den Durchschnittspunkt der Geraden mit der Axe der x zu bestimmen, so zieht man daraus

$$x' - x = -y\frac{dx}{dy} \text{ und } x' - x = y\frac{dy}{dx}.$$

Da der erste dieser Werthe, *) AT — AP entspricht, so ist es

*) Muß wohl — AT heißen. B.

der der Subtangente, negativ genommen, weil der Punkt T rückwärts vom Punkt P liegt; und da der andere Werth der von AR — AP ist, so gibt er die Subnormale PR, positiv genommen, weil der Punkt R vorwärts von P liegt.

§. 69.

Für den Kreis, dessen Gleichung ist,

$$y^2 + x^2 = a^2, \text{ findet man}$$

$$\frac{dy}{dx} = -\frac{x}{y};$$

die Gleichung seiner Tangente wird folglich seyn

$$y' - y = -\frac{x}{y}(x' - x), \text{ oder } yy' - x^2 = -xx' + x^2,$$

oder endlich

$$yy' + xx' = a^2, \text{ weil } y^2 + x^2 = a^2.$$

Die Gleichung der Normale wird hier

$$y' - y = \frac{y}{x}(x' - x), \text{ und geht über in}$$

$$y' = \frac{y}{x}x';$$

woraus man sieht, daß die Normalen des Kreises durch dessen Mittelpunkt gehen, der hier der Anfangspunkt der Coordinaten ist (Trig. ꝛc. §. 83.), was sich so verhalten muß, weil die Normalen eines Kreises ja nichts anders sind als seine Halbmesser.

Gehen wir zu der, durch die Gleichung,

$$x^3 - 3axy + y^3 = 0,$$

gegebenen krummen Linie über; die Gleichung ihrer Tangente wird seyn

$$y' - y = \frac{ay - x^2}{y^2 - ax}(x' - x), \text{ oder}$$

$$y^2y' - axy' - y^3 + axy = ayx' - x^2x' - axy + x^3.$$

Substituirt man für y^3 ihren Werth, und reducirt, so erhält man

$$(y^2 - ax)y' + (x^2 - ay)x' = axy.$$

§. 70.

Will man durch einen außerhalb einer krummen Linie befindlichen Punkt, dessen Abscisse α und Ordinate β seyn mag, an jene krumme Linie eine Tangente ziehen, so ist es einleuchtend, daß man statt x', α und statt y', β in der Gleichung der Tangente zu substituiren habe, die dadurch wird,

$$\beta - y = \frac{dy}{dx}(\alpha - x),$$

und in Verbindung mit der Gleichung der gegebenen Linie zur Bestimmung der Coordinaten x und y des Berührungspunktes führt.

Als Erstes Beispiel diene der Kreis; da die Gleichung seiner Tangente nach dem vorhergehenden §

$$yy' + xx' = a^2$$ ist, so hat man

$$\beta y + \alpha x = a^2.$$

Diese mit der des Kreises verbundene Gleichung, wird die Coordinaten x und y der Berührungspunkte bestimmen, oder was auf dasselbe hinausläuft, diese Punkte werden dem Umkreise und der durch die Gleichung

$$\beta y + \alpha x = a^2$$

ausgedrückten Linie gemein seyn (Trig. ꝛc. §. 105.).

Bei einer krummen Linie, die der Gleichung

$$x^3 - 3axy + y^3 = o$$

entspricht, findet man den Berührungspunkt, wenn man den Durchschnittspunkt dieser Linie mit der Linie der zweiten Ordnung aufsucht, die der Gleichung

$$\beta(y^2 - ax) + \alpha(x^2 - ay) = ayx$$ entspricht.

§. 71.

Um an eine gegebene krumme Linie eine Tangente zu ziehen, die zugleich mit einer der Lage nach gegebenen Linie parallel sey, oder die mit der Axe der Abscissen einen Winkel mache, dessen trigonometrische Tangente durch a dargestellt werde, reicht es bloß hin, aufzustellen

$$\frac{dy}{dx} = a \text{ (Trig. ꝛc. §. 89.)};$$

verbindet man diese Gleichung mit der der gegebenen krummen Linie, so lassen sich die Werthe von x und y bestimmen, die dem gesuchten Berührungspunkte zukommen.

Wäre die gegebene krumme Linie die gemeine Parabel, so hätte man

$$y^2 = mx, \quad \frac{dy}{dx} = \frac{m}{2y} = a, \text{ welches gäbe}$$

$$y = \frac{m}{2a} \text{ und } x - \frac{m}{4a}.$$

§. 72.

In dem Vorhergehenden sind die Coordinaten rechtwinklig vorausgesetzt worden; allein es ist leicht wahrzunehmen, daß wenn sie auch schiefwinklig wären, das Verhältniß von M'Q zu MQ, noch immer das von PM zu PT zur Grenze haben, und die Gleichung der Tangente ihre Form nicht ändern würde. Die Dreiecke

MPT und MPR würden nicht mehr rechtwinklig seyn, allein man würde in dem ersten die Seiten MP, PT und den eingeschlossenen Winkel MPT, und in dem andern die Seite MP nebst den Winkeln MPR und PMR, Complement von TMP, kennen.

§. 73.

Untersucht man die Lagen, welche die Tangente einer gegebenen krummen Linie annimmt, wenn der Berührungspunkt sich immer mehr von dem Anfangspunkt der Coordinaten entfernt, so läßt sich, beurtheilen, ob jene krumme Linie, wie die Hyperbel, gerade Linien zu Asymptoten hat (Trig. 2c. §. 163.), so wie deren Lage bestimmen.

Man sieht nämlich, daß je mehr sich ein Punkt M in einer
Fig. 5. krummen Linie MX Fig. 5., die eine Asymptote RS hat, von dem Anfangspunkte der Coordinaten entfernt, desto mehr sich die Tangente MT der Asymptote nähert, und die Punkte T und D rücken respektive nach denen R und E hin, so daß AR und AE Grenzen sind, die die Werthe von AT und AD nicht überschreiten, ja selbst nicht erreichen können, obschon sie so nahe kommen können, als man will. Es folgt hieraus, daß man, um zu erfahren, ob eine krumme Linie Asymptoten hat, zu untersuchen habe, ob die auf diese Linie bezüglichen Ausdrücke von AT und AD, Grenzen zulassen; findet dieses Letztere Satt, so geben die construirten Grenzen zwei Punkte R und E, durch die man nur die Gerade RS zu ziehen nöthig hat, um die verlangte Asymptote zu erhalten.

Die Ausdrücke von AT und AD lassen sich aus dem von PT ableiten, der erste indem man bemerkt, daß $AT = AP - PT$, und der andere vermittelst der ähnlichen Dreiecke ADT und MPT; *) man leitet sie auch aus der Gleichung der Tangente (§. 68.) ab, wenn man nach und nach $y' = o$ und $x' = o$ macht (Trig. 2c. §. 87.). Man findet alsdann

$$AT = x - y\frac{dx}{dy}, \qquad AD = y - x\frac{dy}{dx}.$$

Wenn die eine der Größen AR und AE unendlich groß wird, während die andere endlich bleibt, so ist klar, daß die Asymptote mit derjenigen Axe parallel wird, worauf sich die erste befindet.

Um keine der Asymptoten der krummen Linie zu übergehen, muß man nach und nach x und y unendlich groß machen, und jedes der verschiedenen Resultate, welches die beiden Hypothesen geben, in den Ausdrücken von AT und AD substituiren. Wenn AT und AD zugleich unendlich groß ausfallen, so hat, wie sich leicht schließen läßt, die gegebene Linie gar keine Asymptote.

*) Man hat zu bemerken, daß in unserer Figur, die Linie AT negativ ist.

Wenn man beachtet, daß $AD = -AT\frac{dy}{dx}$, so wird man einsehen, daß diese beiden Linien zu gleicher Zeit Null seyn können, wenn man den Fall ausnimmt, wo $\frac{dy}{dx}$ Null oder unendlich groß ist. Wenn sie verschwinden, so geht die Asymptote durch den Anfangspunkt der Coordinaten, allein da dieses erst Ein Punkt der Asymptote ist, so muß man, um ihre Richtung zu erhalten, die Grenze des Ausdrucks $\frac{dy}{dx}$ suchen, welcher für einen beliebigen Punkt der krummen Linie die Tangente des Winkels MTP darstellet (§. 62.), wodurch man die Tangente des Winkels SRB erhält.

§. 74.

Wendet man das Vorhergehende auf die Gleichung

$$y^2 = mx + nx^2$$

an, so erhält man

$$AT = x - \frac{2y^2}{m + 2nx} = \frac{-mx}{m + 2nx},$$

$$AD = y - \frac{mx + 2nx^2}{2y} = \frac{mx}{2\sqrt{mx + nx^2}}.$$

Da die letzten Seiten dieser Gleichungen unter die folgenden Formen gebracht werden können

$$-\frac{m}{\frac{m}{x} + 2n}, \quad \frac{m}{2\sqrt{\frac{m}{x} + n}},$$

so sind ihre respektiven Grenzen, in dem Falle, daß man x unendlich groß annimmt,

$$-\frac{m}{2n} = AR, \text{ und } \frac{m}{2\sqrt{n}} = AE.$$

Wäre n Null, so würden die Ausdrücke von AT und AD zugleich mit x unendlich groß werden, und die gegebene krumme Linie hätte keine Asymptoten; sie wird deren auch keine haben, wenn n negativ seyn wird, weil alsdann ihre Gleichung keinen unendlich großen Werth für x zulassen wird.

Bei der durch die Gleichung

$$x^3 - 3axy + y^3 = 0$$

dargestellten krummen Linie, hat man

$$AT = \frac{axy}{x^2 - ay}, \quad AD = \frac{axy}{y^2 - ax};$$

und um die Grenze zu finden, der sich diese Ausdrücke desto mehr nähern, je mehr y zunimmt, müßte man diese Letztere durch ihre Grenze ersetzen, und folglich ihren Werth in x ausgedrückt kennen; allein man kann diesem Werthe in gegenwärtigem Beispiel durch einen sehr leichten Kunstgriff genügen. Macht man nämlich $y=tx$, so wird die gegebene Gleichung durch x^2 theilbar, woraus man herleitet

$$x=\frac{3at}{1+t^3};$$ und es ist leicht zu sehen, daß die Annahme $t=-1$, x unendlich groß und $y=-x$ geben wird. Verwandelt man demnach y in $-x$ in den Ausdrücken von AT und AD, und nimmt hierauf die Grenzen, so wird man erhalten

$$AR=-a=AE;$$

und zieht man durch die mit diesen Werthen construirten Punkte
Fig. 6. R und E, die Gerade RE, Fig. 6., so wird dieselbe die Asymptote der Zweige AY und AZ seyn.

Von den osculatorischen krummen Linien.

§. 75.

Da die Tangente einer krummen Linie die Grenze aller Geraden ist, welche jene Linie in zwei Punkten schneiden, so kann man, analogisch verfahrend, im Allgemeinen unter allen Linien von einer gegebenen Gattung, die Grenze derjenigen suchen, welche eine gegebene krumme Linie in einer gegebenen Anzahl von Punkten schneiden. Man weiß z. B., daß drei Punkte erforderlich sind, um einen Kreis zu beschreiben; man kann annehmen, daß diese drei Punkte auf der gegebenen krummen Linie befindlich seyen, und den besondern Kreis zu bestimmen suchen, der zum Vorschein kommt, wenn die drei Punkte zusammenfallen. Dieser Kreis, welcher der osculatorische Kreis genannt wird, würde die Grenze aller andern seyn, wie die Tangente die aller Secanten ist; allein da das ihm angewiesene Kennzeichen, obschon hinreichend um ihn zu bestimmen, dem Auge nichts Sichtbares darbietet, so will ich statt seiner folgende Betrachtungen aufstellen. *)

---

*) Man kann in dem „Traité du Calcul différentiel et du Calcul intégral in 4°.“ t. I., n° 229. und t. III., n° 229., a, Seite 638, die auf diese Vereinigung der Durchschnittspunkte gegründete Rechnung nachsehen, die als eine merkwürdige Thatsache der Grenzen-Theorie bemerkt zu werden verdient.

Man hat in den Elementen der Geometrie gesehen, daß zwischen einer Kreislinie und ihrer Tangente, keine andere gerade Linie, wohl aber unendlich viele Kreislinien hindurchgehen können. Eben so kann man zwischen einer beliebigen krummen Linie und ihrer Tangente, keine andere Gerade, aber unendlich viele Kreislinien von verschiedenen Halbmessern durchziehen, die mit der krummen Linie eine gemeinschaftliche Tangente haben, und unter welchen sich Eine befinden muß, welche sich in der Umgebung des Berührungspunktes, der krummen Linie mehr nähert, als alle andere.

Um diese Sätze analytisch auszudrücken, seyen x und y, x' und y', x'' und y'', die Coordinaten dreier verschiedener krummen Linien, die Einen gemeinschaftlichen Punkt haben, bei dem nämlich

$$x = x' = x'' \text{ und } y = y' = y''.$$

Nimmt man zuvörderst den Unterschied der Reihen

$$y + \frac{dy}{dx}\frac{h}{1} + \frac{d^2y}{dx^2}\frac{h^2}{1.2} + \frac{d^3y}{dx^3}\frac{h^3}{1.2.3} + \text{rc.},$$

$$y' + \frac{dy'}{dx'}\frac{h}{1} + \frac{d^2y'}{dx'^2}\frac{h^2}{1.2} + \frac{d^3y'}{dx'^3}\frac{h^3}{1.2.3} + \text{rc.},$$

welche die Ordinaten der in den zwei ersten krummen Linien der Abscisse $x+h$ entsprechenden Punkte ausdrücken, so findet man im Allgemeinen

$$\left(\frac{dy}{dx} - \frac{dy'}{dx'}\right)\frac{h}{1} + \left(\frac{d^2y}{dx^2} - \frac{d^2y'}{dx'^2}\right)\frac{h^2}{1.2}$$
$$+ \left(\frac{d^3y}{dx^3} - \frac{d^3y'}{dx'^3}\right)\frac{h^3}{1.2.3} + \text{rc.}$$

zum Ausdrucke des Abstandes NN', Fig. 7., dieser krummen Linien im Sinne der Ordinaten; und vertauscht man y' und deren Differential-Coefficienten mit y'' und deren Differential-Coefficienten, so erhält man den Ausdruck des Abstandes $N''N$ zwischen der ersten und dritten krummen Linie. Es seyen δ' und δ'' diese beiden Abstände; ihre Ausdrücke haben demnach folgende Form Fig. 7.

$$\delta' = A'\frac{h}{1} + B'\frac{h^2}{1.2} + C'\frac{h^3}{1.2.3} + \text{rc.},$$

$$\delta'' = A''\frac{h}{1} + B''\frac{h^2}{1.2} + C''\frac{h^3}{1.2.3} + \text{rc.}$$

Vergleicht man nun die beiden vorhergehenden Reihen, so kann man den allen ihren Gliedern gemeinschaftlichen Factor h wegstreichen, und damit $\delta' < \delta''$ werde, d. h. damit sich die zweite krumme Linie der ersten mehr nähere als die dritte, muß Statt finden

$$A' + B'\frac{h}{2} + C'\frac{h^2}{2.3} + \text{ꝛc.} < A'' + B''\frac{h}{2} + C''\frac{h^2}{2.3} + \text{ꝛc.}$$

Da diese Bedingung vorhanden seyn muß, wie klein auch h seyn mag, so muß sie von den relativen Werthen der ersten Glieder A' und A'' abhängen (nach §. 62.); allein setzte man $A' = o$, so würde sie:

$$B'\frac{h}{2} + C'\frac{h^2}{2.3} + \text{ꝛc.} < A'' + B''\frac{h}{2} + C''\frac{h^2}{2.3} + \text{ꝛc.},$$

und da hier die erste Seite verschwände, wenn $h = o$ wäre, was bei der andern alsdann nicht der Fall seyn würde, so würde die erste nothwendig immer kleiner seyn als die andere, wofern A'' nicht Null ist, wenigstens für ein sehr kleines h; folglich näherte sich die zweite krumme Linie der ersten immer mehr als die dritte.

Allein wenn man zugleich $A'' = o$ hätte, so würde die zu der angegebenen respektiven Lage der drei krummen Linien erforderliche Bedingung folgende seyn

$$B'\frac{h}{2} + C'\frac{h^2}{2.3} + \text{ꝛc.} < B''\frac{h}{2} + C''\frac{h^2}{2.3} + \text{ꝛc.};$$

läßt man daraus den gemeinschaftlichen Theiler $\frac{h}{2}$ weg, so geht sie über in:

$$B' + C'\frac{h}{3} + \text{ꝛc.} < B'' + C''\frac{h}{3} + \text{ꝛc.},$$

und setzte man $B' = o$, so fände sie wirklich Statt, so lange B'' nicht Null ist.

Diese Untersuchung, welche man, so weit man will, fortsetzen kann, führt uns zu der Ueberzeugung, daß man, wenn der Ausdruck von δ' mit einem Gliede anfängt, worin der Exponent von h größer ist, als derjenige, womit dieser Buchstabe im Ausdrucke von δ'' behaftet ist, immer haben wird, $\delta' < \delta''$.

Wenn die zweite krumme Linie so beschaffen ist, daß man beim Punkte M die n Gleichungen hat:

$$y' = y, \; \frac{dy'}{dx'} = \frac{dy}{dx}, \; \frac{d^2y'}{dx'^2} = \frac{d^2y}{dx^2}, \; \ldots \; \frac{d^{n-1}y'}{dx'^{n-1}} = \frac{d^{n-1}y}{dx^{n-1}},$$

so verschwinden die $n - 1$ ersten Glieder des Ausdrucks von δ', und derselbe fängt an mit dem h^n enthaltenden Gliede; wenn demnach die dritte krumme Linie die Gleichheit der y'' und y und ihrer Differential-Coefficienten nur bis zur $n - 2$ten Ordnung einschließlich darböte, so würde der Ausdruck von δ'' mit dem h^{n-1} enthaltenden Gliede anfangen; man hätte also $\delta' < \delta''$: folglich näherte sich die zweite krumme Linie der ersten mehr, als die dritte.

§. 76.

Nehmen wir jetzt an, die zweite krumme Linie sey blos ihrer Gattung nach gegeben, d. h. die in ihrer Gleichung vorkommenden Constanten seyen unbestimmt; so wird man, vermittelst dieser Constanten, eben so vielen der obigen Gleichungen Genüge leisten können, und die dadurch bestimmte krumme Linie wird von der Beschaffenheit seyn, daß keine unter den krummen Linien, die nicht eben so viele Bedingungen erfüllen, zwischen ihr und der ersten hindurchgehen könne.

Es diene als erstes Beispiel, die allgemeine Gleichung der geraden Linie

$y' = \alpha x' + \beta$, welche gibt

$\frac{dy'}{dx'} = \alpha$; verwandelt man x' in x, so gehen die Gleichungen

$y' = y$, $\frac{dy'}{dx'} = \frac{dy}{dx}$ über in

$y = \alpha x + \beta$, $\frac{dy}{dx} = \alpha$, woraus sich die Werthe von α und β ableiten lassen, und man wird zur Gleichung der Tangente erhalten

$y' - y = \frac{dy}{dx}(x' - x)$, wie in §. 68.

Ist die krumme Linie MN' die Kreislinie, dargestellt durch die Gleichung

$(x' - \alpha)^2 + (y' - \beta)^2 = \gamma^2$ (Trig. ɛc. §. 94.), so erfolgt nach zweimaliger Differentiation

$(x' - \alpha)\,dx' + (y' - \beta)\,dy' = 0$,

$dx'^2 + dy'^2 + (y' - \beta)\,d^2y' = 0$; wenn man in diesen Gleichungen x' in x verwandelt, so müssen sie geben

$$y' = y,\ \frac{dy'}{dx'} = \frac{dy}{dx},\ \text{und}\ \frac{d^2y'}{dx'^2} = \frac{dy^2}{dx^2},$$

oder, was dasselbe ist, sie müssen durch die auf den Punkt **M** der ersten krummen Linie bezüglichen Werthe von x, y, dy, d^2y befriedigt werden: man wird demnach haben

$(x - \alpha)^2 + (y - \beta)^2 = \gamma^2$,

$(x - \alpha)\,dx + (y - \beta)\,dy = 0$

$dx^2 + dy^2 + (y - \beta)\,d^2y = 0$:

allein da die von der gegebenen krummen Linie abgeleiteten Größen bestimmt sind, weil sie einem besondern Punkte **M** angehören, so müssen die Größen α, β, γ Werthe erhalten, welche geeignet sind, den drei letzten Gleichungen zu genügen.

Bestimmt man vermittelst der beiden letzten Gleichungen die Werthe von $y-\beta$, und $x-\alpha$, um dieselben in der ersten zu substituiren, so wird man finden

$$y-\beta=-\frac{dx^2+dy^2}{d^2y},$$

$$x-\alpha=\frac{dy}{dx}\left(\frac{dx^2+dy^2}{d^2y}\right),$$

$$\gamma=\pm\frac{(dx^2+dy^2)^{\frac{3}{2}}}{dx\,d^2y}.$$

§. 77.

Alle krummen Linien, welche einen gemeinschaftlichen Punkt haben, und deren Ordinaten an diesem Punkte denselben Differential-Coefficienten haben, haben auch ebendaselbst eine gemeinschaftliche Tangente, und berühren sich folglich einander; allein sie können sich von einander unterscheiden, wie sich der eben bestimmte Kreis von allen denen unterscheidet, die sich nicht so sehr der gegebenen krummen Linie nähern. Deßhalb theilt man die Berührungen in Ordnungen, in Gemäßheit der Anzahl der aufeinander folgenden Differential-Coefficienten, welche in jeder der beiden krummen Linien denselben Werth erhalten.

Die Berührung der höchsten Ordnung, die im Allgemeinen eine, blos der Gattung nach gegebene, krumme Linie mit einer andern gegebenen haben kann, wird Osculation genannt, und jene Ordnung richtet sich nach der, um die Einheit verminderten, Anzahl der unbestimmten Constanten. So ist die Tangente, welche mit einer gegebenen krummen Linie, im Allgemeinen, nur eine einfache Berührung oder eine der ersten Ordnung haben kann, eine osculatorische Linie der ersten Ordnung. Die Kreislinie, deren Gleichung drei Constanten enthält, kann entweder eine Berührung der ersten Ordnung oder eine der zweiten Ordnung haben; allein da diese letztere die höchste ist, so wird dieselbe eine Osculation genannt, und unterscheidet die osculatorische Kreislinie von allen schlechtweg berührenden Kreislinien.

Eine ziemlich merkwürdige Eigenschaft der osculatorischen Kreislinie D′MN′ ist es, daß dieselbe die gegebene krumme Linie zu gleicher Zeit berührt und durchschneidet. Dieses ersieht man aus der Form des Ausdrucks von δ', deren erstes die ungerade Potenz h^3 enthaltendes Glied, sein Zeichen zugleich mit h ändert, und demnach darthut, daß sich bei den Abscissen $x-h$ und $x+h$ die osculatorische Kreislinie in Bezug auf die gegebene krumme Linie und die Axe der Abscissen in verschiedener Lage befindet, nämlich unterhalb der gegebenen Linie auf der einen und oberhalb der gegebenen Linie auf der andern Seite des Berührungspunktes; welches bei der Tangente und den schlechtweg berührenden Kreislinien nicht Statt findet, weil der Ausdruck von δ'' mit dem h^2 enthaltenden Gliede anfängt.

Dieselbe Betrachtung läßt uns einsehen, daß wenn die Berührung zweier krummen Linien von einer geraden Ordnung ist, zu gleicher Zeit ein Durchschneiden Statt finden müsse.

§. 78.

Die Anzahl der schlechtweg berührenden Kreislinien ist für jeden Punkt einer beliebigen krummen Linie unendlich groß; denn wenn man an diesem Punkt eine Normale zieht, so haben alle Kreislinien, welche ihren Mittelpunkt auf dieser Normale haben, und durch den auf der gegebenen krummen Linie befindlichen Punkt gehen, dieselbe Tangente wie die letztere Linie und berühren dieselbe folglich; allein, was wohl zu bemerken ist, die einen berühren sie von innen, und die andern von außen d. h. umarmen sie, während die osculatorische Kreislinie die Ersteren von den Letzteren trennt.

Denn bezeichnet man die Coordinaten der schlechtweg berührenden Kreislinien mit x'', y'', so wird, weil sie blos die Bedingungen erfüllen

$$y''=y,\ \frac{dy''}{dx''}=\frac{dy}{dx};$$

der Ausdruck Statt finden:

$$\delta''=B''\frac{h^2}{1.2}+C''\frac{h^3}{1.2.3},$$

dessen Zeichen von dem des folgenden

$$B''=\frac{d^2y}{dx^2}-\frac{d^2y''}{dx''^2}$$

abhängt, so daß sich die berührende Kreislinie unterhalb der krummen Linie, in Bezug auf die Axe der x, befinden wird, wenn $\frac{d^2y''}{dx''^2}<\frac{d^2y}{dx^2}$, und oberhalb, in dem entgegengesetzten Falle; allein zwischen den Werthen von α, β und γ, die dem einen oder dem andern Falle entsprechen, befinden sich diejenigen, die dem Umstande

$$\frac{d^2y''}{dx''^2}=\frac{d^2y}{dx^2}$$

entsprechen, und welche, nach dem was in §. 76. vorkam, zur osculatorischen Kreislinie gehören.

Diese Art die osculatorische Kreislinie zu bestimmen, macht die Beziehung ihrer Krümmung zu der der gegebenen krummen Linie gleichsam mit Augen wahrnehmbar, weil die Krümmung dieser letzteren offenbar kleiner, als die der von innen, und größer als die der von außen berührenden Kreislinien ist. Auch nimmt man zum Maaß der Krümmung einer gegebenen krummen Linie, an einem beliebigen Punkt, die Krümmung der osculatorischen Kreislinie an eben demselben Punkte; und der Halbmesser derselben heißt deßhalb auch Krümmungs-Halbmesser.

Nun folge die Vergleichung von Kreislinien in Bezug auf ihre Krümmung.

§. 79.

Man drückt im Allgemeinen die Krümmung des Bogens
Fig. 8. AEB, Fig. 8., einer beliebigen krummen Linie durch den Winkel DCB aus, den die an den Endpunkten dieses Bogens gezogenen Tangenten miteinander bilden. In dem Kreise ist der Winkel DCB, gleich dem Winkel AOB, den die nach den Endpunkten des Bogens gezogenen Halbmesser AO und OB miteinander bilden, und, für alle auf demselben Kreisumfang gleich lang genommenen Bogen, derselbe. So hat man die Gleichförmigkeit der Krümmung der Kreislinie zu verstehen. Dieses vorausgesetzt, vergleiche man zwei Bogen von gleicher Länge in verschiedenen Kreislinien, nennt man diese Länge a, die Halbmesser der Kreise r und r', und das Verhältniß des Umfangs zum Durchmesser π, so hat man für die Anzahl der hunderttheiligen Grade des Bogens, dessen Länge in jedem dieser Kreise a ist, die Ausdrücke

$$\frac{400^\circ . a}{2\pi r}, \quad \frac{400^\circ . a}{2\pi r'},$$

welche sich zueinander verhalten wie $\frac{1}{r}$ zu $\frac{1}{r'}$, oder wie r' zu r, d. h. umgekehrt, wie die Halbmesser der Kreise, wozu der Bogen a gehört.

Was die verschiedenen Bogen desselben Kreises betrifft, so verhalte sich ihre Krümmungen offenbar wie ihre Längen, und wenn man zur Einheit der Krümmung die eines Bogens wählt, welcher in einem Kreise mit dem Halbmesser 1, diesem Halbmesser gleich ist, so wird die Krümmung eines Bogens a, in einem Kreise, dessen Halbmesser a, $\frac{a}{r}$ zum Maaß haben.

§. 80.

Da die Coordinaten α und β des Mittelpunktes des Osculations-Kreises so wie des Letzteren Halbmesser γ Functionen von x und y sind, so ändern sie sich bei jedem andern Punkte der gegebenen krummen Linie; der Inbegriff aller Lagen jenes Mittelpunktes
Fig. 9. bildet eine krumme Linie FZ, Fig. 9., deren Coordinaten α und β

sind, und welche mehrere merkwürdige Eigenschaften besitzt, die man leicht aus den in §. 76. gefundenen Gleichungen

$$(x-\alpha)^2 + (y-\beta)^2 = \gamma^2 \ldots\ldots\ldots (1)$$
$$(x-\alpha)dx + (y-\beta)dy = 0 \ldots\ldots\ldots (2)$$
$$dx^2 + dy^2 + (y-\beta)d^2y = 0 \ldots\ldots\ldots (3)$$

ableiten kann.

1) Die Beziehung zwischen α und β, oder die Gleichung der krummen Linie FZ, wird erhalten, wenn man x und y zwischen der Gleichung der gegebenen krummen Linie und den Gleichungen (2) und (3) eliminirt, nachdem man in den letzteren für dy und d^2y deren Werthe substituirt hat.

2) Da die zweite Gleichung gibt:

$$\beta - y = -\frac{dx}{dy}(\alpha - x),$$

so gehört sie der, von dem Punkte, dessen Coordinaten α und β (§. 68.), d. i. vom Punkte O der krummen Linie FZ, nach dem Punkte M der gegebenen krummen Linie, gezogenen Normale an.

3) Differentiirt man die beiden ersten Gleichungen nicht nur in Bezug auf x und y, sondern auch in Bezug auf die Größen α, β, und γ in sofern diese Letzteren Functionen von x sind, so erhält man

$$(x-\alpha)dx + (y-\beta)dy - (x-\alpha)d\alpha - (y-\beta)d\beta = \gamma d\gamma,$$
$$dx^2 + dy^2 + (y-\beta)d^2y - d\alpha dx - d\beta dy = 0,$$

welche Gleichungen, vermittelst derer (2) und (3), in folgende übergehen

$$-(x-\alpha)d\alpha - (y-\beta)d\beta = \gamma d\gamma \ldots\ldots (4),$$
$$-d\alpha dx - d\beta dy = 0 \ldots\ldots\ldots\ldots\ldots (5);$$

die letzte gibt $\frac{d\beta}{d\alpha} = -\frac{dx}{dy}$, welcher Ausdruck die Gleichung

$$\beta - y = -\frac{dx}{dy}(\alpha - x) \text{ in}$$

$$y - \beta = \frac{d\beta}{d\alpha}(x - \alpha) \text{ verwandelt,}$$

woraus man also sieht, daß die Normale MO, eine Tangente der krummen Linie ist, deren Coordinaten α und β sind (§§. 9. und 68.), d. i. der krummen Linie FZ.

4) Setzt man den letzten Werth von $y-\beta$ in die Gleichungen (1) und (4), und eliminirt hierauf $x-\alpha$, so erhält man

$$d\gamma^2 = d\alpha^2 + d\beta^2 \text{ oder } \frac{d\gamma}{d\alpha} = \sqrt{1 + \frac{d\beta^2}{d\alpha^2}},$$

welches den Differential-Coefficienten von γ in Bezug auf die

Veränderliche α gibt; aber dieser Ausdruck ist auch der des Differential-Coefficienten eines Bogens einer krummen Linie, deren Coordinaten α und β sind (§. 64.); und aus dieser Identität folgt, daß der Halbmesser des Osculations-Kreises sich um dieselben Unterschiede ändert, als der Bogen der krummen Linie FZ, welche Eigenschaft die größte Aufmerksamkeit verdient.

Denn da der Halbmesser MO des Osculations-Kreises am Punkte M eine Tangente der krummen Linie FZ ist, so hat er nothwendig dieselbe Richtung, welche ein um die Convexität dieser krummen Linie gewundener Faden bei seiner Abwickelung haben würde, wenn man bei derselben bis zum Punkte O gekommen wäre. Man wird bemerken, daß wenn man diese Abwickelung von O bis O′ forsetzte, der Faden sich um ein dem Bogen OO′ der krummen Linie FZ gleiches Stück verlängern würde; und da nach dem Vorhergehenden der Unterschied der Bogen OM und O′M′ ebenfalls demselben Bogen OO′ gleich ist, so folgt, daß das Ende M des Fadens sich noch in M′ auf der gegebenen krummen Linie befinden würde, die er während der von dem einen zum andern Punkte vorgenommenen Abwickelung nicht verlassen hätte: man kann demnach die krumme Linie DX als durch die Abwickelung der krummen Linie FZ erzeugt ansehen.

Disees Verfahren hat eine große Analogie mit der Beschreibung der Kreislinie; hier dient die krumme Linie FZ Statt des Mittelpunkts, und der Halbmesser MO, statt constant zu seyn, ändert sich bei jedem Punkte. Die krumme Linie FZ wird eine Abgewickelte, die DX eine Abwickelnde und der Halbmesser des Osculations-Kreises, ein Halbmesser der Abgewickelten genannt. *)

Es mag noch bemerkt werden, daß die Abgewickelte die Grenze aller Durchschnitte je zweier aufeinander folgender Normalen der gegebenen krummen Linie ist, weil der Punkt K, Durchschnittspunkt der beiden Halbmesser MO und M′O′, welche auf der krummen Linie DX in M und M′ senkrecht stehen, sich desto mehr der krummen Linie FZ nähert, je näher sich die Punkte M und M′ beisammen befinden.

Aus dieser letzten Betrachtung ließe sich auch die ganze vorhergehende Theorie ableiten.

---

*) Vermittelst dieser letzten Betrachtung hat Huygens die Osculatorische Kreislinie bestimmt, die er zuerst bemerkte; auch kann dieselbe zu den Formeln des §. 76. führen; allein da dieser Gesichtspunkt die Untersuchungen über die Osculatorische Kreislinie von der allgemeinen Theorie der Berührungen der krummen Linien trennt, wovon die ersteren einen Theil ausmachen müssen, so ist er für den gegenwärtigen Standpunkt der Wissenschaft zu beschränkt.

§. 81.

Ich werde mich nicht sehr über die Anwendung der Formeln

$$\gamma = \pm \frac{(dx^2 + dy^2)^{\frac{3}{2}}}{dx\,d^2y},$$

$$x - \alpha = \frac{dy\,(dx^2 + dy^2)}{dx\,d^2y},$$

$$y - \beta = -\frac{dx^2 + dy^2}{d^2y},$$

verbreiten, weil dieselbe keine Schwierigkeiten hat, wenn man den Mechanismus des Differentiirens wohl inne hat.

Da der Werth von γ das Doppelzeichen $\pm$ zuläßt, so kann man die Frage aufwerfen, welches von beiden Zeichen anzuwenden sey; denn es ist klar, daß im Allgemeinen, an jedem Punkte der krummen Linie, nur ein einziger Krümmungshalbmesser vorhanden seyn könne, und da dieser Halbmesser, ausgenommen in einigen besondern Punkten, weder in der Richtung der Ordinaten, noch in der der Abscissen liegt, so hat er, eigentlich zu reden, kein Vorzeichen in Bezug auf diese Linien. Die Bestimmung desjenigen Vorzeichens, womit man ihn gewöhnlich versieht, hängt von demjenigen ab, welches man der Normale in Bezug auf einen bestimmten Sinn, in welchem sich die Krümmung befindet, zuerkennen will. Will man z. B., daß in den krummen Linien, deren hohle Seite nach der Axe der Abscissen hingerichtet ist, die Normale positiv sey, so muß der Ausdruck von γ das Vorzeichen — führen, weil (nach §. 62.) der Werth von $\frac{d^2y}{dx^2}$ alsdann negativ ist; bei dieser Annahme wird der Krümmungshalbmesser negativ, wenn die hohle Seite der krummen Linie eine der vorigen entgegengesetzte Lage hat, weil er zugleich mit $\frac{d^2y}{dx^2}$ sein Vorzeichen ändert. Um uns dieser Uebereinkunft zu fügen, können wir für die Anwendungen aufstellen:

$$\gamma = -\frac{(dx^2 + dy^2)^{\frac{3}{2}}}{dx\,d^2y}.$$

Da die allgemeine Gleichung der Linien der zweiten Ordnung

$$y^2 = mx + nx^2$$

zu folgenden führt:

$$dy = \frac{(m + 2nx)\,dx}{2y}, \quad dx^2 + dy^2 = \frac{[4y^2 + (m + 2nx)^2]\,dx^2}{4y^2},$$

$$d^2y = \frac{2ny\,dx^2 - (m + 2nx)\,dx\,dy}{2y^2} = \frac{[4ny^2 - (m + 2nx)^2]\,dx^2}{4y^3},$$

so geht daraus hervor

$$\gamma = -\frac{[4y^2+(m+2nx)^2]^{\frac{3}{2}}}{2[4ny^2-(m+2nx)^2]}.$$

Substituirt man in diesem Ausdruck den Werth von y^2, so erhält man

$$\gamma = \frac{[4(mx+nx^2)+(m+2nx)^2]^{\frac{3}{2}}}{2m^2}.$$

Dieses ist der allgemeine Ausdruck des Krümmungshalbmessers aller Linien der zweiten Ordnung; man erhält den der verschiedenen Arten dieser Linien, wenn man für m und n deren Werthe in jedem besondern Falle substituirt. (Trig. rc. §. 157.).

Wenn $x = o$, so geht obiges Resultat über in

$\gamma = \frac{1}{2}m$; die Krümmung jener Linien ist also in ihrem Scheitel dieselbe, wie die einer, mit einem, dem halben Parameter gleichen; Halbmesser, beschriebenen Kreislinie (Trig. rc. §. 138.).

Vergleicht man den Werth von γ mit dem, in §. 66. gefundenen, der Normale, so sieht man, daß $\gamma = \frac{\overline{MR}^3}{\frac{1}{4}m^2}$, oder daß, **bei den Linien der zweiten Ordnung, der Krümmungshalbmesser dem, durch das Quadrat des halben Parameters dividirten, Cubus der Normale gleich ist.**

Bei der Parabel, für welche $n = o$, hat man blos

$$\gamma = \frac{(m^2+4mx)^{\frac{3}{2}}}{2m^2}.$$

Man könnte eben so die allgemeinen Ausdrücke für $x-\alpha$ und $y-\beta$ anwenden, und nachdem man für y ihren Werth gesetzt, hätte man zwei Gleichungen in x, α und β, wovon man, durch die Elimination von x, eine Gleichung in α und β ableiten könnte, die der Abgewickelten angehörte. Ich will diese Rechnung nur für die Parabel durchführen. Man hat in diesem Falle

$$dy = \frac{m\,dx}{2y},\quad d^2y = -\frac{m^2dx^2}{4y^3},$$

und es folgt daraus

$$y-\beta = \frac{4y^3}{m^2}\left(\frac{4y^2+m^2}{4y^2}\right) = \frac{4y^3}{m^2}+y,$$

$$x-\alpha = -\frac{m}{2y}\frac{4y^3}{m^2}\left(\frac{4y^2+m^2}{4y^2}\right) = -\frac{4y^2+m^2}{2m},$$

woraus man schließt

$$-\beta = \frac{4y^3}{m^2},\ x-\alpha = -\frac{2y^2}{m} - \frac{1}{2}m;$$

substituirt man in jeder dieser Gleichungen für y ihren Werth $m^{\frac{1}{2}}\,x^{\frac{1}{2}}$, so erhält man

$$-\beta = \frac{4x^{\frac{3}{2}}}{m^{\frac{1}{2}}},\ x-\alpha = -2x - \frac{1}{2}m;$$

zieht man aus der letzten Gleichung den Werth von x

$$x = \frac{1}{3}\left(\alpha - \frac{1}{2}m\right),$$

um denselben in der vorhergehenden statt x zu substituiren, so gelangt man zu der gesuchten Gleichung der Abgewickelten der Parabel:

$$\beta^2 = \frac{16}{27m}\left(\alpha - \frac{1}{2}m\right)^3.$$

Verwandelt man hierin $\alpha - \frac{1}{2}m$ in α', oder verlegt man den Anfangspunkt der Coordinaten nach D, Fig. 10., so wird man die sehr einfache Gleichung gewinnen Fig. 10.

$\beta^2 = \frac{16\alpha'^3}{27m}$, welche zeigt, daß die krumme Linie DF eine Parabel der dritten Ordnung ist,*) so aus den beiden Zweigen DF und Df besteht, wovon der erste durch seine Abwickelung den Zweig AX der gemeinen Parabel XAx, und der andere den Zweig Ax erzeugt.

§. 82.

Man hat zu bemerken, daß, zur Beschreibung der Parabel XAx durch die Abwickelung der krummen Linie FDf, der um den einen oder den andern der Zweige DF und Df gewundene Faden, beim Punkte D, in der Verlängerung der Tangente BD, eine, dem Krümmungshalbmesser in A, d. i. dem halben Parameter der Parabel, gleiche Länge haben muß; jeder auf diesem Faden anders genommene Endpunkt z. B. I, würde eine andere krumme Linie erzeugen. Wenn der Punkt I auf den Punkt D fiele, so würde der Krümmungshalbmesser der krummen Linie, welche alsdann beschrieben würde, in ihrem Anfang

*) Wenn die Gleichung $y^2 = mx$ verallgemeinert in folgende übergeht: $y^q = mx^p$, so stellt sie eine Familie von krummen Linien dar, wovon die gemeine Parabel nur ein besonderer Fall ist; man nennt dieselben ebenfalls **Parabeln**, **unterscheidet sie aber nach den Exponenten ihres Grades.**

Null seyn, und dieselbe folglich daselbst eine unendlich große Krümmung haben (§. 78.).

Man sieht auch, daß, weil die Länge des Bogens DF dem Unterschiede zwischen dem entsprechenden Krümmungshalbmesser MF und dem dem Anfangspunkte zugehörigen, AD, gleich ist, die krumme Linie FDf rectificirbar ist, das heißt, daß man gerade Linien angeben könne, die ihren Bogen gleich seyen.

Diese Bemerkung ist allgemein; denn weil man immer zum Ausdruck des Krümmungshalbmessers der algebraischen krummen Linien gelangen kann, so sind die Abgewickelten dieser Letzteren stets rectificirbar.

Aufsuchen der besondern Punkte der krummen Linien, und Untersuchung der besondern Werthe, welche die Differential-Coefficienten in gewissen Fällen annehmen.

§. 83.

Man nennt besondere Punkte einer krummen Linie, diejenigen, worin diese letztere irgend einen merkwürdigen Umstand darbietet. Da die meisten dieser Umstände in der Familie von krummen Linien vorfindlich sind, welche durch die sehr einfache Gleichung

$$y = b + c(x - a)^m$$

dargestellt wird, so wollen wir diese Gleichung besonders discutiren, indem wir immer geometrische und analytische Betrachtungen aneinander reihen, um die einen durch die andern aufzuhellen.

Die zuerst sich darbietende Aufgabe ist die Bestimmung der Aufeinanderfolge der Werthe der Ordinaten y, um zu wissen, ob sie unbestimmt zu- oder abnehmen, oder ob ihr Zunehmen aufhört, wenn sie eine gewisse Größe erreicht haben, und in ein Abnehmen übergeht, oder endlich ob ihr Abnehmen aufhört, wenn sie einen gewissen Grad von Kleinheit erreicht haben, und in ein Zunehmen übergeht. Da der Werth, welcher bei dem Uebergang von der Zunahme zur Abnahme Statt findet, größer ist als diejenigen, welche ihm unmittelbar vorangehen oder nachfolgen, so heißt er ein Maximum; das Minimum ist der Werth, welcher dem Punkt entspricht, wo die Abnahme in Zunahme übergeht; dieser ist also kleiner, als diejenigen, welche ihm unmittelbar vorangehen oder nachfolgen: ich sage unmittelbar, weil es krumme Linien gibt, bei denen diese Wechsel mehrere Malen Statt finden.

Man hat schon im §. 62. gesehen, daß die positiven Ordinaten so lange im Zunehmen begriffen sind, als $\frac{dy}{dx}$ einen positiven Werth hat, und im Abnehmen, im entgegengesetzten Fall. Es folgt hieraus, daß sowohl beim Maximum als beim Minimum der Differential-Coefficient $\frac{dy}{dx}$ sein Vorzeichen ändert: bei dem erstern geht der positive in einen negativen, und bei dem andern der negative in einen positiven über.

Die zum Beispiel gewählte Gleichung gibt im Allgemeinen

$$\frac{dy}{dx} = mc(x-a)^{m-1},$$

eine Größe, deren Vorzeichen, in Rücksicht auf die Beschaffenheit des Exponenten m, bald sich zugleich mit dem von x ändert, bald unverändert bleibt.

1) Wenn der Exponent m gerade ist, so wird $m-1$ ungerade seyn, und $(x-a)^{m-1}$ wird negativ seyn, wenn $x<a$, so wie positiv, wenn $x>a$; folglich wird ein Minimum vorhanden seyn, wenn $x=a$, welches sich auch unmittelbar an der Function y bestätigen läßt. Denn macht man in ihr $x=a-h$ sowohl, als $x=a+h$, so wird man in beiden Fällen finden, $y=b+ch^m$, welcher Werth $>b$, dem $x=a$ entspricht

Da dieser letzte Werth $\frac{dy}{dx}=o$ gibt, wenn $m-1$ positiv ist, so zeigt er, daß die Tangente der Axe der Abscissen parallel läuft, was die Figur am Punkte M darbietet, dessen Abscisse $AP=a$ und Ordinate $PM=b$. Fig. 11.

Wenn die Größe c negativ ist, welches $y=b-c(x-a)^m$, gibt, und alles übrige dasselbe bleibt, so ist der Punkt M Fig. 12. ein Maximum, und die Tangente bleibt immer parallel mit der Axe der Abscissen. Fig. 12.

2) Es wird weder ein Minimum im ersten Fall, noch ein Maximum im zweiten vorhanden seyn, wenn der Exponent m ungerade ist. Da $m-1$ alsdann gerade ist, so wird $(x-a)^{m-1}$ immer das Zeichen + behalten, welches auch dasjenige von $x-a$ seyn mag; und setzt man zum Beleg nach einander $x=a-h$, $x=a+h$, so findet man, wenn c positiv ist,

$$y=b-ch^m, \quad y=b+ch^m,$$

Werthe, deren einer kleiner und der andere größer ist, als das dem $x=a$ entsprechende b; indessen hat man noch immer $\frac{dy}{dx}=o$: folglich zeigt dieses Kennzeichen nicht nothwendig ein Maximum oder Minimum an.

Fig. 13. Beim Punkte M Fig. 13., wo $x = a$, ist die Tangente wohl noch parallel mit der Axe der Abscissen, allein die krumme Linie bietet überdies noch einen andern Umstand dar: ihre hohle Seite nimmt eine entgegengesetzte Lage an, was man aus der Aenderung des Vorzeichens des Differential-Coefficienten der zweiten Ordnung ersieht (§. 62.): denn man hat

$$\frac{d^2 y}{d x^2} = m(m-1)c(x-a)^{m-2},$$

und da $m - 2$ auch eine ungerade Zahl ist, so geht $(x-a)^{m-2}$ vom Negativen zam Positiven, wenn man von $x < a$ zu $x > a$ übergeht. Die Figur der krummen Linie in M heißt alsdann **Beugung** (**Inflexion**); die Tangente MT durchschneidet und berührt daselbst die krumme Linie zu gleicher Zeit.

3) Ist m ein Bruch, dessen Zähler gerade und Nenner ungerade ist, z. B. $m = \frac{2}{3}$, so wird erfolgen

$$\frac{dy}{dx} = \frac{2}{3}c(x-a)^{\frac{2}{3}-1} = \frac{2c}{2(x-a)^{\frac{1}{3}}},$$

welche Größe ihr Zeichen zugleich mit $x - a$ ändert, und in der That ist daselbst ein **Minimum**; denn ändere man x in $a - h$ oder in $a + h$, so wird man immerhin finden $y = b + c h^{\frac{2}{3}}$, ein Werth, der größer als b ist, allein der Werth $x = a$, anstatt $\frac{dy}{dx}$ gleich Null zu machen, macht dasselbe unendlich groß. Dieses rührt daher, daß, da eine ganze Größe ihr Vorzeichen nicht anders ändern kann, als wenn sie durch Null geht, eine Bruchgröße, die durch den Nenner ihr Vorzeichen ändert, auf diesem Wege unendlich groß werden muß. Der Ausdruck $\frac{\alpha}{x}$, z. B., gibt nach und nach

$$\frac{\alpha}{\beta}, \quad \frac{\alpha}{o}, \quad -\frac{\alpha}{\beta},$$

wenn man in ihm setzt $x = \beta$, $x = o$, $x = -\beta$.

Fig. 14. Betrachtet man dieses **Minimum** an der Figur 14., so findet man es von einer andern Gestalt, als dasjenige der Figur 11.; denn da $\frac{dy}{dx}$ unendlich groß wird, so ist die Tangente MT senkrecht auf die Axe der Abscissen. Man sieht übrigens an dem Ausdrucke

$$\frac{d^2 y}{d x^2} = -\frac{2}{3}\frac{1}{3}c(x-a)^{\frac{2}{3}-2} = -\frac{2c}{9(x-a)^{\frac{4}{3}}},$$

daß, weil dieser Differential-Coefficient einen negativen Werth hat, was auch x seyn mag, die krumme Linie ihre hohle Seite stets nach der Axe der Abscissen gerichtet, und deßhalb die in der Figur angedeutete Form hat.

Der Punkt M, wo die krumme Linie bei der Vereinigung der Theile DM und EM plötzlich endigt, heißt **Rückkehrpunkt**, und unterscheidet sich hinlänglich von dem Punkt M der Fig. 11., allein er muß dennoch zu der Gattung der **Minima** gezählt werden; denn wenn man eine Tabelle der numerischen Werthe der Ordinaten der krummen Linie DE verfertigte, so würde man in dieser Tabelle bei $x = a$ nur eine Zahl wahrnehmen, die kleiner als die vorhergehende und als die folgende wäre, was ja doch wohl ein wahres **Minimum** bildet.

Es gibt ein analoges **Maximum**; die Gleichung

$$y = b - c(x - a)^{\frac{2}{3}},$$

liefert ein Beispiel dazu, Fig. 15. Fig. 15.

Um also eine Regel anzugeben, welche ohne Ausnahme alle Punkte kennen lehre, in denen die Ordinaten einer krummen Linie von dem Zunehmen zum Abnehmen oder umgekehrt übergehen, so schreibe man vor, **den Ausdruck von $\frac{dy}{dx}$ gleich Null oder gleich dem unendlich Großen zu setzen: alsdann wird ein Maximum vorhanden seyn, wenn der Werth dieses Coefficienten vom Positiven zum Negativen übergeht, und ein Minimum, in dem entgegengesetzten Falle.** Es wird weder ein Maximum, noch ein Minimum vorhanden seyn, wenn keine Zeichen-Aenderung Statt findet, welches sich immer zutragen wird, so oft der im Zähler oder im Nenner verschwindende Factor eine gerade Zahl oder einen Bruch von geradem Zähler zum Exponenten haben wird.

§. 84.

Es ist wohl zu beachten, daß in den Beugungs- oder Rückkehrpunkten, die Tangente sich, in Bezug auf die Axe der Abscissen, in einer beliebigen Lage befinden kann; denn um diese Lage beliebig zu gestalten, hat man nur die Richtung der Coordinaten-Axen abzuändern, wodurch die Beschaffenheit und Form der krummen Linie nicht geändert wird; allein man wird diese Punkte immer ausfindig machen, wenn man diejenigen sucht, wobei der Differential-Coefficient der zweiten Ordnung sein Vorzeichen ändert, welches nur da geschehen kann, wo er entweder Null oder unendlich groß wird. Man wird also zuerst die Werthe bestimmen die ihn hierzu machen; allein man wird die Gattung des Punktes nur durch eine eigene Discussion der krummen Linie in dessen Nähe erkennen.

Während nämlich die Gleichung

$$y = b + c(x - a)^{\frac{2}{3}}$$

für den Werth $x = a$, welcher $\frac{dy}{dx}$ und $\frac{d^2y}{dx^2}$ unendlich groß macht, den Rückkehrpunkt M der Fig. 14. darbietet, gibt die Gleichung

$$y = b + c(x - a)^{\frac{3}{5}},$$

worin der Exponent von $x - a$ ein Bruch mit einem ungeraden Zähler und Nenner ist, bei demselben Werthe von x eine Beugung, weil

$$\frac{d^2y}{dx^2} = -\frac{3}{5} \cdot \frac{2}{5} c(x - a)^{\frac{3}{5} - 2} = -\frac{6c}{25(x - a)^{\frac{7}{5}}}$$

vom Positiven zum Negativen übergeht, wenn man von $x < a$ zu $x > a$ übergeht.

Da die Ordinate y in beiden Fällen einen reellen Werth beibehält, so zeigt sie, daß die krumme Linien sich zu beiden Seiten desjenigen Punktes erstreckt, wofür $x = a$, welches für die Gleichung

$$y = b + c(x - a)^{\frac{3}{4}}$$

nicht Statt finden würde, weil hier $(x - a)^{\frac{3}{4}}$ imaginär würde, sobald $x < a$: eben so wird es sich in allen Fällen verhalten, wo der Exponent von $x - a$ ein Bruch mit einem geraden Nenner seyn wird; allein man darf nicht übersehen, daß da $(x - a)^{\frac{3}{4}}$ alsdann eine Wurzelgröße mit einem geraden Exponenten ist, dieselbe das Doppelzeichen $\pm$ zuläßt, woraus hervorgeht, daß
Fig. 16. der Punkt M Fig. 16. der Vereinigungspunkt der beiden Zweige DM und EM ist.

Fig. 14. Bei dem in der Fig. 14. angedeuteten Rückkehrpunkte berühren sich die Zweige mit ihrer erhabenen Seite, allein zuweilen trägt es sich zu, daß der eine den andern umarmt, wozu die Gleichung

$$(y - x^2)^2 = x^5$$

ein Beispiel darbietet. Löst man dieselbe in Bezug auf y auf, so findet man

$$y = x^2 \pm x^{\frac{5}{2}}$$

und man sieht leicht ein, daß die beiden durch die Werthe der y bestimmten Zweige der krummen Linie sich in dem Punkte A
Fig. 17. Fig. 17. vereinigen, für den $x = o$ ist, und daß sie nicht in die Gegend der negativen Abscissen übergehen, weil das Glied $x^{\frac{5}{2}}$ alsdann imaginär wird; aber die Ausdrücke

$$\frac{dy}{dx} = 2x \pm \frac{5}{2} x^{\frac{3}{2}}, \quad \frac{d^2y}{dx^2} = 2 \pm \frac{5}{2} \cdot \frac{3}{2} x^{\frac{1}{2}}$$

zeigen, daß die beiden Zweige in A, die Axe der x zur gemeinschaftlichen Tangente haben, und daß sie beide dieser Axe ihre erhabene Seite zuwenden, weil, wenn man $x = o$ macht, der Differential-Coefficient der ersten Ordnung Null und derjenige der zweiten positiv wird. Dieser Punkt A wird ein Rückkehrpunkt der zweiten Art genannt, um ihn von den andern zu unterscheiden.

Man mag bemerken, daß der Differential-Coefficient der dritten Ordnung

$$\frac{d^3y}{dx^3} = \pm \frac{5}{2} \cdot \frac{3}{2} \cdot \frac{1}{2} x^{-\frac{1}{2}},$$

alsdann unendlich groß wird.

Es gibt auch krumme Linien, worin sich die einander berührenden Zweige auf beide Seiten des Berührungspunktes erstrecken, indem sie sich entweder ihre Erhabenheit gegenseitig zuwenden Fig. 18., oder umarmen Fig. 19. *) Fig. 18. Fig. 19.

§. 85.

Anstatt sich zu vereinigen, indem sie sich berühren, schneiden die krummen Linien zuweilen einander, und haben jede ihre besondere Tangente: hier folgt ein Beispiel.

Macht man $x = a$, in dem Ausdrucke

$$y = b \pm (x - a)\sqrt{x - c},$$

so werden dessen beide Werthe einander gleich; folglich ist dieser Punkt die Vereinigung der beiden Zweige der krummen Linie, der sie angehören; allein obschon nur noch Eine Ordinate y jetzt vorhanden ist, so ist dennoch der Ausdruck von

$$\frac{dy}{dx} = \pm\sqrt{x - c} \pm \frac{x - a}{2\sqrt{x - c}},$$

der sich auf $\pm\sqrt{a - c}$ reducirt, noch doppelt, der positive Werth entspricht dem oberen, und der negative dem unteren Zweige; beide werden reell seyn, wenn $a > c$, und werden die Figur 20. zum Vorschein bringen. Fig. 20.

Die Punkte, wo mehrere Zweige sich vereinigen und einander begegnen, werden vielfache Punkte genannt; der eben angedeutete ist ein doppelter, weil sich zwei Zweige dort vereinigen.

---

*) Siehe „Le Traité du Calcul différentiel et du Calcul intégral“ t. III. Seite 633. §. 202.

Bringt man den vorhergehenden Ausdruck von y unter die allgemeine Form

$$y = b + (x - a)\sqrt[m]{x - c},$$

so wird der dem $x = a$ entsprechende Punkt nur für die geraden Werthe des Exponenten m doppelt seyn, weil nur alsdann die Wurzelgröße das Doppelzeichen ± zuläßt. Diese Bemerkung, welche man Herrn Poisson verdankt, stimmt sehr gut zu dem, was in den vorhergehenden Artikeln vorgebracht wurde, um nachzuweisen, daß nur die Discussion oder genauere Untersuchung der krummen Linie in der nächsten Umgebung eines fraglichen besondern Punktes zur Kenntniß der Gattung dieses Letzteren führe.

Man muß noch bemerken, daß, wenn man in dem ersten Ausdrucke von y den Factor x — a unter das Wurzelzeichen brächte, zum Vorschein kommen würde

$$y = b + \sqrt{(x - a)^2 (x - c)}$$

$$\frac{dy}{dx} = \frac{2(x - a)(x - c) + (x - a)^2}{2\sqrt{(x - a)^2 (x - c)}},$$

und daß die Annahme von $x = a$, wegen des jetzt beiden Gliedern des Bruches gemeinschaftlichen Factors $x - a$, $\frac{dy}{dx} = \frac{0}{0}$ geben würde. Löscht man aber jenen gemeinschaftlichen Factor aus, so fände man wiederum

$$\frac{dy}{dx} = \frac{2(x - c) + x - a}{2\sqrt{x - c}} = \sqrt{x - c} + \frac{x - a}{2\sqrt{x - c}}.$$

§. 86.

Die krummen Linien sind zuweilen von isolirten Punkten begleitet, welche den Charakter der vielfachen Punkte haben; allein man unterscheidet dieselben von diesen Letzteren dadurch, daß sie von der Ersten Ordnung an oder erst später imaginäre Differential-Coefficienten haben, woraus nach §. 60. gefolgert wird, daß keine aufeinander folgenden Punkte vorhanden sind.

Es sey die Gleichung

$$ay^2 - x^3 + bx^2 = 0$$

gegeben, woraus man zieht

$$y = \sqrt{\frac{x^2 (x - b)}{a}},$$

$$\frac{dy}{dx} = \frac{x(3x - 2b)}{2\sqrt{ax^2 (x - b)}}.$$

Hier wird der Erste Differential-Coefficient $\frac{o}{o}$, wenn $x = o$ ist; allein man kann dessen wahren Werth erhalten, wenn man den Factor x auslöscht, der beiden Gliedern des Bruches gemeinschaftlich ist; denn man erhält alsdann

$$\frac{dy}{dx} = \frac{3x - 2b}{2\sqrt{a(x-b)}},$$

und nach der Substitution von o statt x

$$\frac{dy}{dx} = -\frac{2b}{2\sqrt{-ab}},$$

ein imaginärer Ausdruck.

Macht man dieselbe Annahme in der gegebenen Gleichung, so gibt diese Letztere $y = o$; aber diese Ordinate, welche imaginär ist, wenn x negativ ist, bleibt dieses auch noch so lange bis $x = b$; folglich ist der Punkt A der Fig. 21. von der krummen Linie gänzlich abgesondert, obschon er in deren Gleichung mit eingeschlossen ist. Fig. 21.

Punkte dieser Gattung werden conjugirte Punkte genannt; sie entstehen dadurch, daß ein geschlossener Theil der gegebenen krummen Linie zu Folge einer besondern Bestimmung irgend einer Constante ihrer Gleichung zum Verschwinden gebracht wird. Ein Beispiel dieser Aenderungen liefert uns die krumme Linie, der die Gleichung entspricht:

$$ay^2 - x^3 + (b-c)x^2 + bcx = o, \text{ oder}$$

$$y = +\sqrt{\frac{x(x-b)(x+c)}{a}}.$$

Zuerst entspricht unserer krummen Linie, die Figur 22, dann, Fig. 22. wenn man $c = o$ annimmt, wodurch der Theil AF auf den bloßen Punkt A reducirt wird, wie wir oben gesehen haben, die Figur 21., wenn man aber $b = o$ macht, ohne daß c verschwindet, die Figur 23. und endlich, wenn man zugleich $b = o$, $c = o$ hat, die Fig. 23. Figur 24. Fig. 24.

Die Function

$$y = (x-a)^m (x-b)^{\frac{2n+1}{2}}$$

worin m und n ganze positive Zahlen bezeichnen sollen, hat bei der Annahme $a < b$, für $x = a$, $m - 1$ Differential-Coefficienten, welche gleich Null sind, und die imaginären Ausdrücke erscheinen erst in der mten Ordnung.

Die krummen Linien haben auch bisweilen unsichtbare besondere Punkte; diese Letzteren entstehen bei einer geraden Anzahl Beugungen, die sich in eine einzige vereinigen. *)

§. 87.

Alle diese Gattungen von Punkten entstehen im Allgemeinen aus der Vereinigung mehrerer Zweige, welche Statt findet, wenn mehrere Werthe von y zur Gleichheit gelangen, wie dieses sich bei der Gleichung $y = b + c(x-a)^m$ zuträgt, wenn der Exponent m eine gebrochene Zahl ist; allein dieser Umstand führt unendlich große Differential-Coefficienten herbei, weil in dem Ausdruck

$$\frac{d^n y}{dx^n} = m(m-1)\ldots\ldots(m-n+1)\,c\,(x-a)^{m-n},$$

der Exponent $m-n$ negativ wird, sobald $n > m$, und die Annahme $x = a$, von dieser Ordnung an, alle Differential-Coefficienten unendlich groß macht.

Eben so verhält es sich, wenn di Relation zwischen y und x durch eine Gleichung gegeben ist, worin die veränderlichen Größen miteinander verbunden sind. Denn ist

$$u = o$$

eine beliebige Gleichung zwischen x und y, so hat man allgemein

$$\frac{du}{dx}dx + \frac{du}{dy}dy = o, \text{ woraus: } \frac{dy}{dx} = -\frac{\frac{du}{dx}}{\frac{du}{dy}}.$$

Aber wenn ein besonderer Werth $x = a$, mehrere Werthe von y gleich macht, so nimmt die Function u, welche alsdann nur noch die Größen y und a enthält, die Form $U(y-b)^m$ an, und führt zu

$$\frac{du}{dy} = \frac{dU}{dy}(y-b)^m + mU(y-b)^{m-1},$$

welcher Werth, da er Null wird, wenn $y = b$, den von $\frac{dy}{dx}$ unendlich groß macht, wenn $\frac{du}{dx}$ nicht verschwindet, und $\frac{o}{o}$ gibt, wenn $\frac{du}{dx}$ verschwindet, welches der Fall ist, wenn $x - a$ oder $y - b$ ein Factor desselben ist.

*) Siehe über diese, so wie über die Schlangen-Punkte, wovon sie herrühren, „Le Traité du Calcul différentiel et du Calcul intégral" t. III. Seite 632. §. 190.

Die Gleichungen

$$(y-b)^2-(x-a)=o,\ (y-b)^3-(x-a)^2=o,$$

woraus man ableitet

$$\frac{dy}{dx}=\frac{1}{2(y-b)},\ \frac{dy}{dx}=\frac{2(x-a)}{3(y-b)^2},$$

bieten Beispiele zu diesen Fällen dar, wenn man in ihnen $x=a$ macht, wodurch $y=b$ wird; allein, wenn man im zweiten Beispiel für y dessen Werth substituirt, und die den beiden Gliedern des Bruches gemeinschaftlichen Factoren auslöscht, so findet man $\frac{dy}{dx}$ unendlich groß, wenn $x=a$ ist.

§. 88.

Es ist einleuchtend, daß wenn die Differential-Coefficienten unendlich groß werden, die vermittelst derselben gebildete Taylorsche Reihe nicht mehr benutzt werden kann; allein es ist hier eben so wenig ein Paradoxon vorhanden, als in allen andern Umständen, wo sich Ausnahmen von in Formeln dargestellten Regeln offenbaren. Kehrt man zum Ursprung dieser Formeln zurück, so läßt sich einsehen, daß das Kennzeichen, welches die Ausnahme andeutet, zu gleicher Zeit darthut, warum diese Letztere Statt findet.

In der That, da die Taylorsche Reihe den veränderten Zustand einer Function u ausdrückt, deren Veränderliche x den Zuwachs h bekommen hat (§. 23.), so darf sie im Allgemeinen nur ganze Potenzen von h enthalten, so lange man x in ihr unbestimmt läßt (§. 20.); allein bei allen besondern Werthen von x verhält es sich nicht immer so. Wenn z. B. $x=a+h$ angenommen wird, so geht die Function

$$u=b+c(x-a)^{\frac{p}{q}}$$

über in

$$u'=b+c(a+h-a)^{\frac{p}{q}}=b+ch^{\frac{p}{q}},$$

und ähnlich wird u' ausfallen, so oft eine Größe verschwinden wird, die sich unter einem Wurzelzeichen befand; denn, wenn die Substitution von $x+h$ für x, im Allgemeinen $\sqrt[m]{P}$ in

$$\sqrt[m]{P+ph+qh^2+ \text{ꝛc.}}$$

verwandelt, und ein besonderer Werth von x, $P=o$ macht, so wird der vorhergehende Ausdruck:

$$\sqrt[m]{ph+qh^2+ \text{ꝛc.}}=h^{\frac{1}{m}}(p+qh+ \text{ꝛc.})^{\frac{1}{m}},$$

dessen Entwickelung nothwendig Bruchpotenzen des Zuwachses h enthalten wird.

Diese Aenderung der Form ist die nothwendige Folge der durch das Verschwinden des Wurzelzeichens für einen Augenblick verringerten Anzahl der Werthe der gegebenen Function. In dem allgemeinen Zustande der Function hat jeder Werth seinen besondern Zuwachs, der sein Fortbestehen sichert, so gibt die Taylorsche Reihe, für die Function

$$u = b \pm \sqrt{x - a},$$

die beiden Reihen

$$u' - u = \pm \frac{1}{2}(x - a)^{-\frac{1}{2}} h \mp \frac{1}{8}(x - a)^{-\frac{3}{2}} h^2 \pm \text{etc.},$$

indem das obere Zeichen dem einen, und das untere dem andern der beiden Werthe von u entspricht. Wenn die Function von einer Gleichung abhängt, worin die veränderlichen Größen miteinander verbunden sind, so erhält der Ausdruck der Differential=Coefficienten, welcher außer der unabhängigen Veränderlichen die Function selbst enthält, wegen dieser Letzteren ebenfalls so viele Werthe als dieselbe zuläßt (§. 51.), und die Anzahl der von der Taylorschen R ihe gelieferten Zuwachse bleibt derjenigen der Werthe der Function gleich.

Aber in den besondern Fällen, wo mehrere dieser letzteren Werthe sich in einen einzigen vereinigen, müssen diesem einzigen Werthe mehrere verschiedene Zuwachse entsprechen, damit die Function alle diejenigen Werthe wieder gewinnen könne, die sie im Allgemeinen haben muß. Allein dieses leisten die Bruchpotenzen von h, weil dieselben so viele Bestimmungen zulassen, als der Exponent der ihnen gleichen Wurzelgröße Einheiten enthält. So hat man in dem obigen Beispiele, wenn $x = a$,

$$u = b, \quad u' - u = \pm h^{\frac{1}{2}};$$

die beiden dem einzigen Functionenwerthe $u = b$ zugesellten Zuwachse $+h^{\frac{1}{2}}$, $-h^{\frac{1}{2}}$, bringen wiederum die beiden Werthe zum Vorschein, die die Function u hier im Allgemeinen erfordert.

§. 89.

Man sieht im letzten Beispiele leicht ein, daß der Differential=Coefficient der Function u, dessen Ausdruck

$$\frac{u' - u}{h} = \pm \frac{h^{\frac{1}{2}}}{h} = \pm \frac{1}{h^{\frac{1}{2}}}$$

ist, und h im Nenner beibehält, unendlich groß wird, wenn $h = 0$.

Wenn die Entwickelung $u' - u$ gebrochene Potenzen von h enthalten muß, so ist zwar nicht immer wie so eben schon der Erste Differential-Coefficient unendlich groß, allein von einer nähern oder entfernteren Ordnung an, werden es dennoch alle folgenden.

Beweis. Es sey im Allgemeinen

$$u' = u + P h^\alpha + Q h^\beta + \ldots\ldots + T h^\varepsilon + \text{etc.};$$

da u' eine Function des Binoms $x + h$ ist, so wird man die Gleichung

$$\frac{du'}{dh} = \frac{du'}{dx} \quad (\S.\ 19.)$$

erhalten, wovon jede Seite ebenfalls eine Function von $x + h$ ist. Differentiirt man nach und nach in Bezug auf h und auf x, so erhält man demnach

$$\frac{d^2u'}{dh^2} = \frac{d^2u'}{dx\,dh}, \quad \frac{d^2u'}{dx\,dh} = \frac{d^2u'}{dx^2}, \text{ mithin}$$

$$\frac{d^2u'}{dh^2} = \frac{d^2u'}{dx^2}, \text{ u. s. w.}$$

woraus hervorgeht, daß die Function u' in ihrer Beziehung auf h und in der auf x gleiche Differential-Coefficienten darbietet; worauf man zu den Differential-Coefficienten von u übergehen kann, wenn man in den einen oder in den andern $h = o$ macht. Dieses vorausgesetzt, bringt ein beliebiges Glied $T h^\varepsilon$ von u', wenn man den Ausdruck von $\frac{d^n u'}{dh^n}$ sucht, ein Glied von folgender Form hervor

$$\varepsilon(\varepsilon - 1)(\varepsilon - 2) \ldots\ldots (\varepsilon - n + 1) T h^{\varepsilon - n};$$

so lange $n < \varepsilon$, so lange ist $\varepsilon - n$ positiv und die Annahme von $h = o$ macht das letzte Glied gleich Null, und ist $n = \varepsilon$, so erhält man $\frac{d^n u}{dh^n} = \varepsilon(\varepsilon - 1) \ldots . 1\,T$. Allein ist ε eine gebrochene Zahl, so geht $\varepsilon - n$ vom Positiven zum Negativen über, ohne inzwischen Null zu werden. Ist $\varepsilon - n$ negativ geworden, welches sobald Statt findet, als $n > \varepsilon$, so wird, wenn man $h = o$ macht, obiges Glied unendlich groß; folglich wird dieses auch $\frac{d^n u}{dx^n}$, wovon jenes Glied einen Theil ausmacht.

Es ist klar, daß den Gliedern mit gebrochenen Exponenten andere mit ganzen Exponenten vorhergehen können, wozu die sehr einfache Function

$$u = b x^m + c (x - a)^{\frac{p}{q}}$$

ein Beispiel liefert, wenn $\frac{p}{q} > m$ und $x = a$ angenommen wird; ihre Differential-Coefficienten bleiben bis zur $m$ten Ordnung von endlicher Größe.

§. 90.

Man hat wohl zu bemerken, daß im Vorhergehenden die unter dem Wurzelzeichen befindliche Größe verschwand; denn es könnten die Wurzelgrößen auch dadurch verschwinden, daß sie mit einem Factor begleitet wären, den ein besonderer Werth von x auf Null brächte; aber dieser Fall bildet keine Ausnahme für die Taylorsche Reihe, weil die Wurzelgrößen, welche im Werthe der Function verschwanden, bei den Differential-Coefficienten wieder zum Vorschein kommen.

Es sey z. B.

$$u = b \pm (x - a)^m \sqrt{x - c};$$

hier läßt die Annahme von $x = a$, welche die beiden Werthe von u gleich werden läßt, die Differential-Coefficienten nur bis zur Ordnung m ausschließlich verschwinden, weil man, bei einem Verfahren ähnlich dem des §. 57., findet, daß alle Differential-Coefficienten von einer niedriegern Ordnung den Factor $x - a$ in allen Gliedern enthalten, daß aber

$$\frac{d^m u}{d x^m} = \pm m (m-1) \ldots . 1 \sqrt{x - c} + \text{ꝛc.}$$

Da dieser Differential-Coefficient und die ihm folgenden jeder zwei Werthe haben, so bilden sie zwei Reihen, welche die Werthe der gegebenen Function wieder hervorbringen.

§. 91.

Die geometrischen Betrachtungen bestätigen die vorigen Bemerkungen; man sieht nämlich, daß die krumme Linie Fig. 25., welche beim Punkt E, welcher der Abscisse AC entspricht, nur Eine Ordinate hat, deren bei der nächsten Abscisse Ac nur deßhalb zwei haben kann, weil die Ordinate CE zwei verschiedene Aenderungen qe und qe′ erleidet; allein die Ordinaten ce′ und ce werden jede nur eine einzige Aenderung erleiden, wenn man zu einer von Ac verschiedenen Abscisse übergehen wird.

Fig. 25.

Eben so verhält es sich bei dem vielfachen Punkte G, wo zwei Zweige der krummen Linie einander durchschneiden; die besondere Ordinate FG erleidet auch hier, bei einem einzigen Zuwachse der Abscisse Ff, die beiden Aenderungen rg und rg′.

§. 92.

Die Reihe, welche die Aenderung einer Function ausdrückt, muß nicht nur in gewissen besondern Fällen gebrochene Exponenten des Zuwachses der Veränderlichen enthalten, sondern es können auch negative vorkommen.

Hat man z. B.

$$u=\frac{P}{(x-a)^m},$$

wo P keinen Factor x—a enthalten soll, so wird die Aenderung von x in x+h geben

$$u'=\frac{P+ph+qh^2+\text{ꝛc.}}{h^m},$$

welcher Ausdruck negative Potenzen von h enthalten wird. Dasselbe trägt sich auch bei der Function lx zu, wenn x=o angenommen wird; es kann ja nämlich eine Function, die bei dem Werthe x=a unendlich groß wird, zu ihrem endlichen Werthe bei x=a+h, nur vermittelst eines unendlich großen Unterschiedes zurückkehren.

§. 93.

Da die verschiedenen besondern Fälle, welche wir bisher untersucht haben, sich nur auf besondere Werthe der unabhängigen Veränderlichen beziehen, so können sie die Schlüsse nicht entkräften, welche wir auf den allgemeinen Zustand der Function gebaut haben, und man kann sie bei der Discussion der krummen Linien umgehen, wenn man untersucht, was sich vor und nach dem Punkte darbietet, dessen Natur man erforschen will, so daß sich das Aufsuchen der besondern Punkte auf folgende eben so allgemeine als sichere Regel zurückführen läßt, die nur die Anwendung der Differential-Rechnung erfordert: man erhält allgemein die Angabe der Abscissen, denen ein besonderer Punkt entspricht, wenn man die Fälle aufsucht, in denen die Differential-Coefficienten, von irgend einer Ordnung an, entweder Null oder unendlich groß oder $\frac{0}{0}$ werden: die Gatttung des besondern Punktes läßt sich hierauf bestimmen, wenn man 1stens, die Anzahl der Zweige in diesem Punkte, mit Rücksicht darauf, ob sie sich diesseits und jenseits erstrecken oder nicht, 2tens, die Lage ihrer Tangenten, und 3tens, die Seite, nach welcher sie hohl sind, untersucht. *)

*) Indem ich diesen Gegenstand verlasse, will ich noch bemerken, daß der im Vorhergehenden befolgte Gang, um die besondern Punkte der

Untersuchung der wahren Werthe der Ausdrücke, welche $\frac{0}{0}$ werden.

§. 64.

Man hat im Vorhergehenden gesehen, daß die Differential-Coefficienten sich zuweilen unter der unbestimmt scheinenden Form $\frac{0}{0}$ darbieten; allein dieselben haben immer einen bestimmten Werth, den es nützlich seyn kann zu kennen. Die folgenden Lehren werden uns zu dieser Kenntniß führen.

Nehmen wir zuerst an, diese Coefficienten seyen unmittelbar durch die unabhängige Veränderliche gegeben. Sind sie unter der Form eines Bruches vorhanden, dessen Zähler und Nenner einen gemeinschaftlichen Factor haben, so wird derjenige Werth der unabhängigen Veränderlichen, welcher diesen Letzteren auf Null bringt, $\frac{0}{0}$ geben: indessen ist es einleuchtend, daß jeder Ausdruck von der Form

$$\frac{P(x-a)^m}{Q(x-a)^n},$$

der $\frac{0}{0}$ wird, wenn $x=a$, nichts destoweniger einen wahren Werth hat, der Null, endlich oder unendlich groß wird, je nachdem $m>n$, $m=n$ oder $m<n$, weil man nach Auslöschung der den beiden Gliedern gemeinschaftlichen Factoren entweder

$$\frac{P(x-a)^{m-n}}{Q} \text{ oder } \frac{P}{Q} \text{ oder } \frac{P}{Q(x-a)^{n-m}}$$

erhält.

Es wäre sehr leicht zu diesen Resultaten zu gelangen, wenn der Factor $x-a$ wie im Beispiele §. 85. klar vorläge; allein, vermittelst der Betrachtung der Aenderung der Functionen, kann man ihm auf folgende Weise immer dazu verhelfen.

Es sey $\frac{X}{X'}$ ein Bruch, dessen Zähler und Nenner beide gleich Null werden, wenn $x=a$; substituirt man $a+h$ für x, so entwickeln sich die Functionen X und X' in Reihen von der Form

$$Ah^{\alpha}+Bh^{\beta}+\text{etc.}, \quad A'h^{\alpha'}+B'h^{\beta'}+\text{etc.},$$

die aufsteigend sind (d. h. in denen die Exponenten α, β etc. positiv und im Steigen begriffen sind), weil sie bei der Annahme $h=0$, die der von $x=a$ entspricht, Null werden müssen: man hat also

---

krummen Linien zu bestimmen, sich schon im 1sten Bande des „Traité du Calcul différentiel et du Calcul intégral" 1ste Auflage vorfindet, so wie obige Regel in der 1sten Auflage dieses Auszugs.

$$\frac{A h^{\alpha} + B h^{\beta} + \text{rc.}}{A' h^{\alpha'} + B' h^{\beta'} + \text{rc.}},$$

in welchem Ausdrucke Zähler und Nenner einen gemeinschaftlichen Factor h haben, und die drei Fälle $\alpha > \alpha'$, $\alpha = \alpha'$, und $\alpha < \alpha'$ zu unterscheiden sind.

In den beiden ersten Fällen läßt sich unser Ausdruck verwandeln in

$$\frac{A h^{\alpha-\alpha'} + B h^{\beta-\alpha'} + \text{rc.}}{A' + B' h^{\beta'-\alpha'} + \text{rc.}},$$

und wenn man nun $h = o$ macht, um den Werth von $\frac{X}{X'}$, zu erhalten, der $x = a$ entspricht, so findet man zum Resultat, Null, so oft $\alpha > \alpha'$ und $\frac{A}{A'}$, so oft $\alpha = \alpha'$. In dem dritten Falle hingegen, wo $\alpha < \alpha'$, findet man

$$\frac{A + B h^{\beta-\alpha} + \text{rc.}}{A' h^{\alpha'-\alpha} + B' h^{\beta'-\alpha} + \text{rc.}},$$

welches durch die Annahme von $h = o$ unendlich groß wird. In allen Fällen hängt der wahre Werth von dem Ersten Gliede einer jeden unserer beiden Reihen ab.

Um also den wahren Werth der Functionen zu finden, welche sich unter der unbestimmten Form $\frac{0}{0}$ darbieten, suche man das Erste Glied der beiden aufsteigenden Reihen, die die Entwickelung des Zählers und des Nenners, nachdem man in ihnen $a + h$ für x substituirt hat, darbietet, vereinfache so viel als möglich den durch jene Ersten Glieder gebildeten Bruch, und mache hierauf $h = o$; das alsdann erhaltene Resultat wird der wahre Werth seyn, der dem gegebenen Bruche zukommt, wenn $x = a$.

§. 95.

Wenn sich der veränderte Zustand der Functionen X und X', der $x = a + h$ entspricht, durch die Taylorsche Reihe entwickeln läßt, so erhält man

$$\frac{X + \frac{dX}{dx}\frac{h}{1} + \frac{d^2X}{dx^2}\frac{h^2}{1.2} + \frac{d^3X}{dx^3}\frac{h^3}{1.2.3} + \text{rc.}}{X' + \frac{dX'}{dx}\frac{h}{1} + \frac{d^2X'}{dx^2}\frac{h^2}{1.2} + \frac{d^3X'}{dx^3}\frac{h^3}{1.2.3} + \text{rc.}};$$

und wenn die Annahme $x = a$, die Function X und ihre Differential-Coefficienten bis zur mten, und die Function X' und ihre Differential-Coefficienten bis zur nten Ordnung verschwinden läßt, so reducirt sich der gegebene Bruch auf

$$\frac{\frac{d^m X}{dx^m}\frac{h^m}{1.2.3\ldots m}+ \text{etc.}}{\frac{d^n X'}{dx^n}\frac{h^n}{1.2.3\ldots n}+\text{etc.}},$$

welche Größe Null seyn wird, wenn $m > n$, oder unendlich groß wird, wenn $m < n$, oder gleich seyn wird $\frac{d^m X}{d^m X'}$, wenn $m = n$.

Gehen wir zu Anwendungen über.

§. 96.

1) Die Formel $\frac{x^n - 1}{x - 1}$, welche die Summe der n ersten Glieder der geometrischen Progression $\div 1 : x : x^2 : x^3 :$ etc. ausdrückt, wird $\frac{0}{0}$, wenn $x = 1$; indessen hat diese Summe, bei der Progression $\div 1 : 1 : 1 : 1 :$ etc., zu welcher uns jene Annahme führt, einen bestimmten Werth, und ist gleich n; allein die vorige Regel wird uns auch dieses Resultat geben. Denn nachdem man Zähler und Nenner des Ausdrucks $\frac{x^n - 1}{x - 1}$ differentiirt hat, findet man $\frac{n x^{n-1} dx}{dx}$, und macht man nun $x = 1$, so erhält man gleichfalls n.

2) Der wahre Werth von $\frac{a x^2 - 2 a c x + a c^2}{b x^2 - 2 b c x + b c^2}$, wenn $x = c$, ergibt sich erst nach zwei Differentiationen; denn die erste gibt $\frac{a x - a c}{b x - b c}$, welches Resultat noch $\frac{0}{0}$ wird; allein differentiirt man nochmals, so findet man $\frac{a}{b}$.

3) Sucht man den Werth des Bruches

$$\frac{x^3 - a x^2 - a^2 x + a^3}{x^2 - a^2},$$

wenn $x = a$, so findet man nach Einmaliger Differentiation des Zählers und Nenners, daß nur der erste noch Null wird, wenn man a für x setzt; folglich ist der wahre Werth der gegebenen Function gleich Null. Das Gegentheil findet Statt bei der Function

$$\frac{a x - x^2}{a^4 - 2 a^3 x + 2 a x^3 - x^4}.$$

4) Wenn die transcendente Function

$$\frac{a^x - b^x}{x},$$

welche $\frac{0}{0}$ wird, wenn $x=o$, eben so behandelt wird, so gibt sie zuerst $a^x la - b^x lb$, und hierauf

$$la - lb.$$

Man erhält dieses Resultat sogleich, wenn man für die Functionen a^x und b^x ihre Entwickelungen (§. 27.) substituirt; denn man findet alsdann

$$\frac{a^x - b^x}{x} = la - lb + \{(la)^2 - (lb)^2\}\frac{x}{1.2} + \text{etc.},$$

und die Annahme von $x=o$ führt die zweite Seite dieser Gleichung auf ihre ersten Glieder zurück. Sieht man auf die Operation zurück, so wird man bemerken, daß ein Factor x durch die Division verschwand.

5) Die Function

$$\frac{1 - \sin x + \cos x}{\sin x + \cos x - 1}$$

wird zu $\frac{0}{0}$, wenn der Bogen $x = 1^q$; allein wendet man die Regel darauf an, so findet man, daß ihr wahrer Werth alsdann 1 ist.

6) Ich will noch die Functionen

$$\frac{a - x - a\,la + a\,lx}{a - \sqrt{2ax - x^2}} \text{ und } \frac{x^x - x}{1 - x + lx}$$

angeben, wo die erste $\frac{0}{0}$ wird, wenn $x=a$, und die andere, wenn $x=1$: ihre wahren Werthe sind alsdann respective -1 und -2.

§. 97.

Wenn die Factoren, welche in den beiden Gliedern des gegebenen Bruches verschwinden, zu Bruch-Potenzen erhoben sind, so lassen sich die Entwickelungen nicht mehr durch die Taylorsche Reihe erhalten (§. 88.), mithin gelingt das Verfahren des §. 95. nicht mehr.

Hat man z. B.

$$\frac{(x^2 - a^2)^{\frac{3}{2}}}{(x-a)^{\frac{3}{2}}},$$

so wird man, obschon der wahre Werth dieses Bruches, wenn $x=a$, $(2a)^{\frac{3}{2}}$ ist, dennoch nie zu diesem Werthe durchs Differentiiren gelangen; denn man findet hierdurch nach und nach

$$\frac{3x(x^2 - a^2)^{\frac{1}{2}}}{\frac{3}{2}(x-a)^{\frac{1}{2}}},$$

$$\frac{3(x^2-a^2)^{\frac{1}{2}}+3x^2(x^2-a^2)^{-\frac{1}{2}}}{\frac{1}{2}\cdot\frac{3}{2}(x-a)^{-\frac{1}{2}}}, \text{ꝛc.}$$

Das erste dieser Resultate wird wiederum $\frac{0}{0}$, wenn man $x=a$ macht, und alle folgenden Zähler und Nenner werden durch diese Annahme unendlich groß. Schafft man die negativen Nenner aus den Zählern in die Nenner, und umgekehrt, so werden wir wiederum überall haben $\frac{0}{0}$. Allein nimmt man zur unmittelbaren Entwickelung seine Zuflucht, wie der §. 94. anweist, so geht der Bruch

$$\frac{(x^2-a^2)^{\frac{3}{2}}}{(x-a)^{\frac{3}{2}}} \text{ über in}$$

$$\frac{(2ah+h^2)^{\frac{3}{2}}}{h^{\frac{3}{2}}}=(2a+h)^{\frac{3}{2}},$$

wenn man x in $a+h$ verwandelt; macht man nun noch $h=o$, so erhält man den gesuchten wahren Werth

$$(2a)^{\frac{3}{2}}.$$

Dieses selbige Verfahren wird zuweilen bequemer scheinen als das Differentiiren, wo dieses Letztere angewandt werden könnte. So läßt sich z. B. der wahre Werth des Bruches

$$\frac{x^3-4ax^2+7a^2x-2a^3-2a^2\sqrt{2ax-a^2}}{x^2-2ax-a^2+2a\sqrt{2ax-x^2}},$$

wenn $x=a$, erst nach 4maliger wiederholter Differentiation des Zählers und des Nenners finden.

Setzt man $a+h$ für x, wie es die Regel vorschreibt, so erhält man

$$\frac{2a^3+2a^2h-ah^2+h^3-2a^2\sqrt{a^2+2ah}}{-2a^2+h^2+2a\sqrt{a^2-h^2}};$$

entwickelt man hierauf die beiden Wurzelgrößen, so geben dieselben

$$\sqrt{a^2+2ah}=a+h-\frac{h^2}{2a}+\frac{h^3}{2a^2}-\frac{5h^4}{8a^3}+\text{ꝛc.},$$

$$\sqrt{a^2-h^2}=a-\frac{h^2}{2a}-\frac{h^4}{8a^3}-\text{ꝛc.};$$

und substituirt man nun diese beiden Reihen im vorigen Bruche, so erhält man den gesuchten wahren Werth $-5a$.

§. 98.

Eine Function kann sich auch noch unter mehreren andern unbestimmten Formen darbieten, welche, dem Anschein nach, von $\frac{0}{0}$

verschieden sind, im Grunde aber damit zusammenfallen, und welche es nützlich ist zu kennen.

1stens können Zähler und Nenner eines Bruches $\frac{X}{X'}$ zu gleicher Zeit unendlich groß werden; allein schreibt man diesen Bruch also: $\dfrac{\frac{1}{X'}}{\frac{1}{X}}$, so reducirt er sich auf $\frac{0}{0}$, wenn X und X' unendlich groß werden. *)

2tens kann ein Produkt vorkommen, welches aus zwei Factoren besteht, wovon der eine unendlich groß und der andere Null wird. Es sey PQ ein solches Produkt; wenn die Annahme von $x = a$, $P = o$ und $Q = \frac{b}{o}$ gibt, so läßt sich bemerken, daß $PQ = \dfrac{P}{\frac{1}{Q}}$ und $\frac{1}{Q} = o$; mithin nimmt das Produkt PQ auch die Form $\frac{0}{0}$ an.

Zum Beispiel diene die Function

$$(1 - x) \tang \tfrac{1}{2} \pi x,$$

wo π den halben Umkreis bedeutet. Macht man hier $x = 1$, so wird der erste Factor Null und der andere unendlich groß; allein da $\dfrac{1}{\tang \frac{1}{2} \pi x} = \cot \tfrac{1}{2} \pi x$, so erhält man

$$(1 - x) \tang \tfrac{1}{2} \pi x = \frac{1 - x}{\cot \frac{1}{2} \pi x},$$

eine Function, deren wahrer Werth, für $x = 1$, nach dem Verfahren des §. 95., gefunden wird:

$$\frac{2}{\pi}.$$

*) Andere Methode: man kann auch Zähler und Nenner differentiiren, ohne jene Formänderung erst vorzunehmen, wie Olivier in Crelle's Journal T. I. S. 308. und vor ihm Lacroix selbst in seinem Traité in 4°. T. I. S. 355. beweisen. Der Grund, warum sie Lacroix dennoch abweisen will, ist unbefriedigend, weil die Formänderung in dem angezogenen Beispiele nicht weniger wiederum auf $\frac{0}{0}$ führt, als die unmittelbare Differentiation auf $\frac{\infty}{\infty}$, wenn man in keinem von beiden Resultaten $x^2 - a^2$ in $(x - a) \times (x + a)$ verwandeln und reduciren will. B.

§. 99.

Verlangt man den wahren Werth der Function $\frac{lx}{x^n}$; wenn x unendlich groß wird, oder, was dasselbe ist, die Grenze dieser Function, so wird man, wegen der Unmöglichkeit lx in einer Reihe auszudrücken (§. 29.), durch keines der bisher gebrauchten Verfahren dazu gelangen. Man muß daher zu den besondern Betrachtungen seine Zuflucht nehmen, die die Function lx zuläßt.

Verwandelt man x in n und a in x, in der Entwickelung von a^x (§. 27.), so erhält man

$$x^n = 1 + \frac{n\,lx}{1} + \frac{n^2(lx)^2}{1.2} + \frac{n^3(lx)^3}{1.2.3} + \text{ꝛc.},$$

woraus man ableitet

$$\frac{lx}{x^n} = \frac{lx}{1 + \frac{n\,lx}{1} + \frac{n^2(lx)^2}{1.2} + \frac{n^3(lx)^3}{1.2.3} + \text{ꝛc.}}$$

$$= \frac{1}{\frac{1}{lx} + n + \frac{n^2\,lx}{1.2} + \frac{n^3(lx)^2}{1.2.3} + \text{ꝛc.}},$$

welche Größe sich desto mehr der Null nähert, je mehr x vergrößert wird, wenigstens so lange n nicht so klein ist, daß es mit $\frac{1}{lx}$ verglichen werden könnte (§. 98.).

Dieses führt zum Werthe des Produktes $x^n lx$, wenn $x = o$, denn macht man $x = \frac{1}{y}$, so findet man $x^n lx = -\frac{ly}{y^n}$, und da die zweite Seite Null wird, wenn y unendlich groß wird, so folgt daraus, daß $x^n lx = o$, wenn $x = o$.

§. 100.

Der wahre Werth der Differential-Coefficienten, welche durch eine Gleichung gegeben sind, worin die Veränderlichen miteinander verbunden sind, wird auf analoge Weise erhalten, wenn man zu den Gleichungen höherer Ordnung übergeht.

Denn wenn $\frac{du}{dx}$ und $\frac{du}{dy}$ in der Entwickelung von

$$f(x+h,\ y+k) - f(x,\ y) = o \quad (§.\ 48.)$$

verschwinden, so geht dieselbe über in

$$\left.\begin{matrix} \frac{d^2u}{dx^2}h^2 + 2\frac{d^2u}{dx\,dy}hk + \frac{d^2u}{dy^2}k^2 \\ + \text{ꝛc.} \end{matrix}\right\} = o;$$

macht man nun $k=\pi h$, so hat man, um die Grenze von π, d. i. um $\frac{dy}{dx}$ zu bestimmen, die Gleichung

$$\frac{d^2u}{dx^2}+2\frac{d^2u}{dx\,dy}\frac{dy}{dx}+\frac{d^2u}{dy^2}\left(\frac{dy}{dx}\right)^2=o,$$

welche in Bezug auf den gesuchten Differential-Coefficienten vom zweiten Grade ist, und folglich zwei Werthe, statt des einzigen liefert, den die Gleichung

$$\frac{du}{dx}+\frac{du}{dy}\frac{dy}{dx}=o \text{ (§. 48.)}$$

dargebracht haben würde, wenn sie nicht illusorisch geworden wäre.

Es ist leicht einzusehen, daß wenn die drei Functionen

$$\frac{d^2u}{dx^2},\quad \frac{d^2u}{dx\,dy},\quad \frac{d^2u}{dy^2}$$

Null würden, eine Gleichung vom dritten Grade würde gefunden werden u. s. w.

Diese höheren Gleichungen ergeben sich aus der wiederholten Differentiation der ersten, wenn man hierin dx und dy als constant ansieht: allein wir haben nicht nöthig uns in diese Betrachtung einzulassen, weil wir dieselben Gleichungen in der Folge der Differential-Gleichungen wiederfinden, die die gegebene Gleichung $u=o$ uns liefern kann; denn stellt man ihr erstes Differential

$$\frac{du}{dx}dx+\frac{du}{dy}dy=o,$$

zur Abkürzung, durch

$$M\,dx+N\,dy=o$$

dar, so hat das Differential dieses ersten Differentials, indem man nach der Regel des §. 50. y als Function von x behandelt, die Form

$$P\,dx^2+Q\,dx\,dy+R\,dy^2+N\,d^2y=o,$$

und wird, weil diese Letztere sich auf

$$P\,dx^2+Q\,dx\,dy+R\,dy^2=o$$

reducirt, wenn $N=o$, vom Ersten Grade: mithin gibt es, statt eines einzigen, zwei Werthe für dy und folglich auch für $\frac{dy}{dx}$.

Wenn die Coefficienten P, Q, R auch verschwänden, so müßte man zu der Differential-Gleichung der dritten Ordnung übergehen, welche von der Ersten werden würde. Da man bald (§. 108.) Anwendungen dieser Bemerkung finden wird, so will ich mich derselben jetzt enthalten.

§. 101.

Da die Bestimmung der **Maxima und Minima** zu den wichtigsten Gegenständen der Analyse gehört, so glaube ich sie hier, auf eine allgemeine und von der Betrachtung der krummen Linien unabhängige Art, nochmals abhandeln zu müssen.

Man hat schon im §. 83. gesehen, daß der **wesentliche Charakter des Maximum darin besteht, daß es zugleich die ihm unmittelbar vorangehenden und nachfolgenden Werthe übertrifft; das Gegentheil findet beim Minimum statt: dasselbe ist nämlich kleiner als die ihm unmittelbar vorangehenden und nachfolgenden Werthe.**

Betrachten wir die Entwickelung des veränderten Zustandes von $u = f(x)$, wenn man nämlich dem x den besondern Werth a gibt und hierauf a in $a + h$ verwandelt, unter ihrer allgemeinsten Form, und schreiben wir deßhalb:

$$u' = u + P h^{\alpha} + Q h^{\beta} + R h^{\gamma} + \text{etc.},$$

wo die Exponenten α, β, γ, etc. ganz oder gebrochen sind, allein, mit dem kleinsten anhebend, nach ihrer Größe fortschreiten. Dieses vorausgesetzt, wird sich der Zustand von u, welcher $a - h$ entspricht, aus u' ableiten lassen, wenn man hierin h in $-h$ verwandelt; und indem man ihn mit $u_{,}$ bezeichnet, wird man erhalten:

$$u_{,} = u + P(-h)^{\alpha} + Q(-h)^{\beta} + R(-h)^{\gamma} + \text{etc.},$$

woraus folgt, daß die Unterschiede, zwischen dem primitiven Zustand u und zwischen den vorhergehenden und nachfolgenden, folgende seyn werden:

$$u_{,} - u = P(-h)^{\alpha} + Q(-h)^{\beta} + R(-h)^{\gamma} + \text{etc.}$$
$$u' - u = P h^{\alpha} \quad + Q h^{\beta} \quad + R h^{\gamma} \quad + \text{etc.};$$

allein beide müssen negativ seyn, wenn u ein Maximum ist, und positiv, im entgegengesetzten Falle, und zwar wie klein auch der Zuwachs h seyn mag: es müssen also in beiden Fällen die ersten Glieder $P(-h)^{\alpha}$ und $P h^{\alpha}$ einerlei Zeichen haben. Da aber der Coefficient P eine unveränderliche Function vou a ist, so muß die Potenz von h, weil sie ihr Zeichen nicht ändern darf, entweder eine gerade Zahl zum Exponenten haben, oder einen solchen Bruch, der nach möglichster Vereinfachung einen geraden Zähler behält. Man wird also haben:

$$u_{,} - u = P h^{\alpha} + \text{etc.},$$
$$u' - u = P h^{\alpha} + \text{etc.};$$

hat nun P für sich das Zeichen +, so werden jene beiden Unterschiede positiv und u ein **Minimum** seyn; hat aber P das Zeichen —, so werden jene beiden Unterschiede negativ und u ein Maximum seyn.

§. 102.

Um die vorhergehende Bemerkung auf die Bestimmung anzuwenden, womit wir uns beschäftigen, müssen wir den Fall, wenn wenn α ganz ist, von demjenigen unterscheiden, wenn α eine gebrochene Zahl ist, wofern $x = a$ gemacht wird.

Im ersten Falle paßt die Taylorsche Reihe zur Entwickelung von u', wenigstens bis zum Gliede $P h^\alpha$ einschließlich (§. 89), so daß

$$P = \frac{1}{1.2\ldots.\alpha} \frac{d^\alpha u}{d x^\alpha};$$

und weil der Exponent α eine gerade Zahl seyn muß, wenn u ein Maximum oder Minimum ist, so muß zuerst die Annahme von $x = a$, den Differential-Coefficienten $\frac{du}{dx}$, welcher von einer ungeraden Ordnung ist, auf Null bringen: folglich ist a eine der Wurzeln der Gleichung $\frac{du}{dx} = 0$. Ueberdies muß dieser selbige Werth von x $\frac{d^2u}{dx^2}$ nicht auf Null bringen, oder, wenn dieß geschieht, alsdann auch $\frac{d^3u}{dx^3}$ und nicht auch $\frac{d^4u}{dx^4}$ oder es muß überhaupt derjenige Differential-Coefficient, welcher zuerst nicht auf Null gebracht wird, von einer geraden Ordnung seyn. Ist dieser letzte Coefficient negativ, so ist alsdann u ein Maximum, und im entgegengesetzten Falle ist u ein Minimum. So viel über den Fall, wenn α eine ganze Zahl ist.

Ist α eine gebrochene Zahl und > 1, so muß der Werth a von x, welcher der Entwickelung von u' die besondere Form gibt, die sie alsdann hat, alle Differential-Coefficienten auf Null bringen, deren Ordnungs-Exponent $< \alpha$ (§. 89.); die Gleichung $\frac{du}{dx} = 0$ wird also auch noch den Werth $x = a$ darbieten; allein um sich zu vergewissern, ob ein Maximum oder Minimum dabei erscheint, kann es nothwendig seyn, die Unterschiede $u, - u$ und $u' - u$, für ein sehr kleines h, a priori zu berechnen, um zu erfahren, ob ihre respectiven Ersten Glieder einerlei Zeichen haben, und welches dieses ist

Endlich wenn $\alpha < 1$, so wird $\frac{du}{dx}$ unendlich groß, mithin liefert alsdann die Gleichung $\frac{1}{\frac{du}{dx}}=o$ den Werth $x=a$, dessen Eigenschaften eben so erörtert werden, wie es so eben in dem Falle geschah, als $\alpha > 1$. Man sieht also auch hier ein, wie im §. 83., daß man, um die verschiedenen Fälle der Bestimmung derjenigen Werthe von x, welche die Function u zu einem Maximum oder Minimum machen können sämmtlich zu umfassen, alle diejenigen Werthe von x untersuchen muß, wodurch $\frac{du}{dx}$ Null oder unendlich groß wird; allein ich vermeine, daß die einfachste Art diese Untersuchung vorzunehmen, am allerößtersten darin bestehen wird, auszumitteln, ob in der nächsten Umgebung des für x aufgestellten Werthes $\frac{du}{dx}$ sein Zeichen ändere oder nicht (§. 83.).

Die Anwendung der vorhergehenden Regeln auf die Function $u=b+c(x-a)^m$, welche mir im §. 83. zum Beispiel diente, ist zu leicht, als daß ich mich dabei aufhalten möchte; ich gehe deßhalb zu den folgenden Aufgaben über.

§. 103.

Wie zerlegt man die Größe a in zwei solche Theile, daß das Produkt, der $m$ten Potenz des ersten, multiplicirt mit der $n$ten Potenz des zweiten, das größte unter allen ähnlichen Produkten wird?

Es sey der eine der unbekannten Theile von a, x, so ist der andere $a-x$, und wenn man das Produkt, dessen Maximum man sucht, mit u bezeichnet, so wird man erhalten:

$$u=x^m(a-x)^n,$$

woraus man zieht:

$$\frac{du}{dx}=m x^{m-1}(a-x)^n-n x^m(a-x)^{n-1}$$

$$=[ma-mx-nx]\,x^{m-1}(a-x)^{n-1};$$

und setzt man jeden der Factoren dieses Resultats gleich Null, so findet man:

$$x=\frac{ma}{m+n},\ x=o,\ x=a.$$

Der erste dieser Werthe entspricht einem Maximum; denn substituirt man ihn in dem allgemeinen Ausdrucke von $\frac{d^2u}{dx^2}$, so gibt er die negative Größe:

$$-\frac{m^{m-1}n^{n-1}a^{m+n-2}}{(m+n)^{m+n-3}}:$$

die beiden andern werden Minima geben, wenn m und n gerade seyn werden, wie man sich durch Untersuchung der zweiten Differential-Coefficienten oder noch einfacher dadurch überzeugen kann, daß man bei dem einen $x = \pm h$ und bei dem andern $x = a \pm h$ macht. Denn man findet alsdann in beiden Fällen immer ein positives Resultat, welches Zeichen man auch h geben mag, wodurch bewiesen ist, daß die gegebene Function, nachdem sie bis zum Verschwinden abgenommen hat, nicht zum Negativen übergeht, sondern wieder zuzunehmen beginnt.

§. 104.

Ich will noch die Function betrachten, bezeichnet durch y in der Gleichung

$$y^2 - 2mxy + x^2 - a^2 = o,$$

deren Differential ist:

$$(y - mx)dy - (my - x)dx = o \quad (\text{§. } 49.);$$

man erhält alsdann

$$\frac{dy}{dx} = \frac{my - x}{y - mx},$$

woraus man zieht

$$my - x = o.$$

Um den Werth von x zu erhalten, muß man diese letzte Gleichung mit der gegebenen verbinden; man findet demnach

$$y = \frac{x}{m}, \quad \frac{x^2}{m^2} - x^2 - a^2 = o,$$

woraus hervorgeht

$$x = \frac{ma}{\sqrt{1 - m^2}}, \quad y = \frac{a}{\sqrt{1 - m^2}}.$$

Man hat also noch zu untersuchen, was aus dem Differential-Coefficienten $\frac{d^2y}{dx^2}$ wird.

Unsere gegebene Gleichung gibt folgende zweite Differential-Gleichung:

$$(y - mx)\frac{d^2y}{dx^2} + \frac{dy^2}{dx^2} - 2m\frac{dy}{dx} + 1 = o,$$

die, durch die Annahme $\frac{dy}{dx} = o$, übergeht in:

$$(y - mx)\frac{d^2y}{dx^2} + 1 = o,$$

woraus man zieht, wenn für y deren Werth substituirt wird,

$$\frac{d^2 y}{d x^2} = \frac{-m}{x(1-m^2)}.$$

Substituirt man nun auch noch für x dessen Werth, so erhält man endlich,

$$\frac{d^2 y}{d x^2} = -\frac{1}{a\sqrt{1-m^2}}:$$

und da dieses Resultat negativ ist, so ist dadurch bewiesen, daß der oben angegebene Werth von y ein Maximum ist.

Ein Beispiel der Analyse einer krummen Linie.

§. 105.

Man theilt die Linien, nach dem Grad ihrer Gleichung, in verschiedene Ordnungen ein. Die gerade Linie macht die Erste Ordnung aus, weil sie der allgemeinen Gleichung des Ersten Grades mit zwei veränderlichen Größen entspricht. Die Linien der zweiten oder dritten Ordnung sind diejenigen, deren Gleichungen vom zweiten oder dritten Grade sind, u. s. f. Weil die Erste Ordnung nur gerade Linien umfaßt, und die krummen Linien erst bei der zweiten Ordnung zum Vorschein kommen, so theilte Neuton die krummen Linien in Geschlechter ein, und nannte krumme Linien des ersten Geschlechts die Linien der zweiten Ordnung, krumme Linien des zweiten Geschlechts die Linien der dritten Ordnung u. s. w.

Die Linien derselben Ordnung lassen sich durch die Betrachtung der wesentlich verschiedenen Umstände ihres Laufs in Arten eintheilen.

Wäre es möglich die Gleichungen aller Grade aufzulösen, so würde nichts leichter seyn, als dem Laufe einer krummen Linie zu folgen, welche einer beliebigen algebraischen Gleichung entspricht. Denn nehmen wir an, diese Gleichung sey in Bezug auf eine der veränderlichen Größen, die sie enthält, in Bezug auf y z. B., aufgelöset worden, und habe dadurch die Wurzeln X', X'', X''' rc. geliefert, welche nothwendiger Weise Functionen von x und von Constanten sind; so bleibt nur noch der Lauf aller derjenigen Linien zu untersuchen übrig, die den Gleichungen

$$y = X', \; y = X'', \; y = X''' \text{ rc.}$$

entsprechen, wenn man nämlich dem x alle sowohl positive als negative Werthe ertheilt, die die Functionen X', X'', X''' rc. zulassen können, so lange sie nicht aufhören reell zu bleiben. Diese

Linien werden eben so viele Zweige der krummen Linie seyn, welche der gegebenen Gleichung entspricht.

Die Ausdehnung jedes einzelnen Zweiges wird von den möglichen Auflösungen abhangen, die die ihm zukommende Gleichung zuläßt. Gibt es unter den Größen X′, X″, X‴ ꝛc. solche, die unendlich groß werden, oder in denen man x unendlich groß werden lassen kann, so werden dadurch Zweige entstehen, die von unendlicher Ausdehnung sind, weil dieselben sich von der einen oder von beiden Axen zugleich unbestimmt weit entfernen können werden.

Bei den algebraischen krummen Linien rückt ein Zweig nur da nicht weiter vor, wo die Ordinate anfängt imaginär zu werden: allein der Lauf der krummen Linie wird dadurch nicht unterbrochen, sondern es ereignet sich alsdann bloß, daß sich zwei Zweige vereinigen und gegenseitig fortsetzen. Man wird sich hievon überzeugen, wenn man bemerkt, daß die imaginären Werthe von y nothwendig in gerader Anzahl vorhanden sind, und daß diejenigen, die zu demselben Paare gehören, zuvor reell und gleich waren, ehe sie imaginär wurden. Denn da die gegebene Gleichung immer in reelle Factoren des Ersten und zweiten Grades zerlegt werden kann, so stelle $y^2 - 2Py + Q = 0$ einen der letzteren dar: man sieht alsdann bald, daß die beiden von demselben herrührenden Wurzeln $P \pm \sqrt{P^2 - Q}$ nur dann in imaginäre übergehen, wenn das früher kleinere Q jetzt größer wird als P^2, und daß es folglich einen Punkt geben muß, wo die durch P und Q dargestellten Functionen von x, solche Werthe erlangen, daß $P^2 = Q$, wodurch die Wurzelgröße verschwindet, und für y zwei gleiche Werthe zum Vorschein kommen.

Wenn mehrere Zweige sich in einem Punkte durchschneiden, so werden dort auch eben so viele Werthe von y einander gleich seyn.

§. 106.

Zum Beispiel diene die Gleichung

$$y^4 - 96a^2y^2 + 100a^2x^2 - x^4 = 0.$$

Diese Gleichung, die sich, sowohl in Bezug auf y als auf x, nach der Art derjenigen des zweiten Grades auflösen läßt, gibt:

$$y = \pm\sqrt{48a^2 \pm \sqrt{2304a^4 - 100a^2x^2 + x^4}};$$

und macht man zur Abkürzung

$$2304a^4 - 100a^2x^2 + x^4 = N,$$

so zieht man daraus die vier folgenden Werthe:

$$y = \sqrt{48a^2 + \sqrt{N}}\ (1),\quad y = \sqrt{48a^2 - \sqrt{N}}\ (2),$$

$$y = -\sqrt{48a^2 + \sqrt{N}}\ (3),\quad y = -\sqrt{48a^2 - \sqrt{N}}\ (4),$$

deren Gang man, nach dem Vorgehenden, zu untersuchen hat, um den Lauf der sie darstellenden Linien zu bestimmen.

Zuerst sieht man, daß da sich die Werthe (3) und (4) von (1) und (2) nur durch das Zeichen unterscheiden, aus den ersten eben solche Zweige, die aber unterhalb der Axe der x befindlich, entstehen werden, wie aus den letzten. Da ferner die Function N nur gerade Potenzen von x enthält, so bleibt sie unverändert, wenn x in $-x$ verwandelt wird; folglich muß die negative Seite der Axe der x nur solche Theile der krummen Linie darbieten, die den auf der positiven Seite befindlichen ähnlich sind: mithin wird diese krumme Linie durch die Axen der Coordinaten in vier gleiche und ähnlich liegende Theile getheilt, was man auch in der Gleichung selbst daraus entnehmen kann, daß sie sich nicht ändert, welches Zeichen man einer jeden der Veränderlichen x und y geben mag.

Untersuchen wir also die Werthe (1) und (2) insbesondere. Sie können nur in so ferne reell seyn, als der Werth von N positiv ist; allein da diese Function rational und ganz ist, so muß sie durch Null gehen, wenn sie ihr Zeichen ändern soll; mithin sind die Wurzeln der Gleichung

$$x^4 - 100a^2x^2 + 2304a^4 = o$$

die Grenzen der Werthe, die man x geben kann. Man wird finden, daß die Erste Seite dieser Gleichung in die Factoren

$$x - 6a, \ x + 6a, \ x - 8a, \ x + 8a$$

zerlegbar ist, und also negativ wird, wenn $x > 6a$ und $< 8a$, weil alsdann nur Einer jener Factoren sein Zeichen ändern wird; mithin dehnt sich die krumme Linie nicht über jenen Theil der Axe der Abscissen aus, der zwischen $x = 6a$ und $x = 8a$ liegt; allein, von $x = 8a$ an, wird N für immer positiv werden.

Hierauf wird man bemerken, daß in der Gleichung (1) den Werthen von x,

$$x = o, \ x = 6a, \ x = 8a,$$

folgende Werthe von y entsprechen,

$$y = \sqrt{96a^2}, \ y = \sqrt{48a^2}, \ y = \sqrt{48a^2}.$$

Fig. 26. Es liefert diese Gleichung also, 1stens, einen Theil DF Fig. 26., welcher sich, von dem in der Axe AC genommenen Punkte D, bis zum Punkte F erstreckt, dessen Abscisse $AE = 6a$, 2tens einen andern Theil HX, welcher sich, vom Punkte H ausgehend, dessen Abscisse $AG = 8a$, im Winkel BAC, worin die x und y positiv sind, unendlich weit ausdehnt.

Die Gleichung (2) wird, wie die Gleichung (1), zwischen $x = 6a$ und $x = 8a$ nur imaginäre Werthe für y geben; allein den Werthen von x,

$$x = o, \ x = 6a, \ x = 8a,$$

entsprechen die Werthe von y,

$$y=o,\ y=\sqrt{48a^2},\ y=\sqrt{48a^2},$$

aus denen hervorgeht: 1stens, daß die Gleichung (2) einen Theil A F gibt, welcher sich mit dem Theile D F in dem Punkte F vereinigt, wo die beiden Wurzeln (1) und (2) gleich werden: 2tens, daß vom Punkte H, auf dem von der Gleichung (1) gelieferten Theile H X, ein Theil H K ausläuft, der aus der Gleichung (2) entspringt, worin y bis auf Null abnimmt, wenn $48a^2=\sqrt{N}$, was den auf der Are der x gelegenen Punkt I andeutet: da jenseits jenes Punktes $\sqrt{N}>48a^2$ wird, so ist der Werth (2) für immer imaginär, und der Theil H I endigt sich bei seiner Verbindung mit dem correspondirenden unterhalb der Are der x befindlichen Theile. Die Abscisse A I wird offenbar durch die Gleichung,

$$(48a^2)^2=2304a^4-100a^2x^2+x^4,$$

bestimmt, welche einerlei ist mit,

$$x^4-100a^2x^2=o,$$

woraus man zieht:

$$x=o \text{ und } x=\pm 10a.$$

Da $x=o$ die Abscisse des schon angegebenen Punktes A ist, so gibt $x=10a$ den Punkt I, womit sich der Theil H I endigt.

Es verdient noch bemerkt zu werden, daß sich die Punkte A, D und I unmittelbar durch die gegebene Gleichung bestimmen ließen, wenn man diejenigen aufsuchte, in denen die krumme Linie den Coordinaten-Aren begegnet, und daß die vorhergehende Discussion, die analog ist derjenigen der allgemeinen Gleichung des zweiten Grades (Trig. ꝛc. §. 111.), hinreichend ist, um die Ausdehnung der verschiedenen Theile der krummen Linie kennen zu lehren, aber nicht, um deren genaue Form zu ermitteln. Dieses letztere hingegen leistet die Anwendung der Differential-Rechnung, welche überdieß das Aufsuchen der Grenzen der Zweige sehr abkürzt, und den Vorzug hat, zu zeigen, wie dieses Aufsuchen sich auch da noch mit Erfolg anwenden läßt, wo die Gleichung der gegebenen krummen Linie von einem zu hohen Grade ist, als daß sich die eine der Veränderlichen allgemein durch die andere ausdrücken ließe.

§. 107.

Ich werde diese neue Discussion mit der Untersuchung der unendlichen Zweige der gegebenen krummen Linie beginnen. Die Betrachtung der Werthe von y (§. 106.) hat uns schon einsehen lassen, daß diese krumme Linie in jedem Coordinaten-Winkel einen Zweig hat, bei welchem x und y zu gleicher Zeit unendlich groß werden; aber ohne auf die erwähnten Formeln zurückzublicken, mache man $y=tx$, so wird die Gleichung der krummen Linie genau theilbar durch x^2, und gibt

$$t^4 x^2 - 96 a^2 t^2 + 100 a^2 - x^2 = o,$$

woraus man zieht:

$$x^2 = \frac{100 a^2 - 96 a^2 t^2}{1 - t^4},$$

welches Resultat, $x = \pm$ unendlich groß, gibt, wenn $t = 1$, wo alsdann ist $y = x$.

Man hat hierauf (nach §. 73.)

$$x - y\frac{dx}{dy} = \frac{x^4 - 50 a^2 x^2 - y^4 + 48 a^2 y^2}{x^3 - 50 a^2 x},$$

$$y - x\frac{dy}{dx} = \frac{y^4 - 48 a^2 y^2 - x^4 + 50 a^2 x^2}{y^3 - 48 a^2 y},$$

welche Ausdrücke, wenn man für y^4 dessen Werth substituirt, in

$$\frac{50 a^2 x^2 - 48 a^2 y^2}{x^3 - 50 a^2 x}, \quad \frac{48 a^2 y^2 - 50 a^2 x^2}{y^3 - 48 a^2 y},$$

übergehend, stets abnehmen, wenn x und y zunehmen, und, wenn x und $y = \pm$ unendlich groß, Null zur Grenze haben. Man ersieht hieraus (§. 73.), daß die gegebene krumme Linie zwei durch den Anfangspunkt der Coordinaten gehende Asymptoten hat. Um diese Letzteren vollends zu bestimmen, hat man, bei derselben Annahme, die Grenze des Ausdrucks von $\frac{dy}{dx}$ zu nehmen, und bildet man alle Combinationen der Zeichen + und —, so findet man ± 1, woraus hervorgeht, daß die gesuchten Asymptoten mit der Axe der Abscissen die Winkel $\pm o^q$, 5 bilden (sie wurden nicht gezogen, um die Figur nicht zu sehr zu überladen).

§. 108.

Gehen wir nun zu den besondern Punkten der krummen Linie über, welche wir discutiren. Die Erste Differentialgleichung

$$(y^3 - 48 a^2 y)\, dy + (50 a^2 x - x^3)\, dx = o$$

gibt:

$$\frac{dy}{dx} = \frac{x^3 - 50 a^2 x}{y^3 - 48 a^2 y}.$$

Machen wir den Zähler dieses Differential-Coefficienten gleich Null, so finden wir

$$x = o, \text{ und } x^2 - 50 a^2 = o.$$

Substituirt man den ersten Werth von x in die gegebene Gleichung, so erhält man

$$y = o \text{ und } y = \pm\sqrt{96 a^2};$$

allein da die Annahme von $x=o$ und $y=o$ auf

$$\frac{dy}{dx}=\frac{0}{0}$$

führt, so muß man, nach dem Verfahren des §. 100., zu der zweiten Differentialgleichung übergehen, die durch obige Annahme folgende wird:

$$-48a^2dy^2+50a^2dx^2=o,$$

woraus:

$$\frac{dy}{dx}=\pm\sqrt{\frac{50}{48}}.$$

Aus diesen beiden Werthen von $\frac{dy}{dx}$ folgt endlich, daß die krumme Linie, im Punkte A, von zwei Geraden berührt wird, welche mit der Axe der Abscissen Winkel bilden, deren trigonometrische Tangenten folgende sind:

$$\sqrt{\tfrac{50}{48}}=\tfrac{5}{4}\sqrt{\tfrac{2}{3}},\ -\sqrt{\tfrac{50}{48}}=-\tfrac{5}{4}\sqrt{\tfrac{2}{3}},$$

und daß der Punkt A folglich ein vielfacher Punkt ist (§. 85).

Um die Form der krummen Linie bei diesem Punkte vollends kennen zu lernen, so muß man wissen, nach welcher Seite hin die Zweige hohl sind, und folglich das Zeichen der vorhergehenden und des nachfolgenden $\frac{d^2y}{dx^2}$ bestimmen, was aber langwierig werden kann, weil die beiden Veränderlichen zugleich in dessen Ausdrucke vorkommen. Man gelangt schneller zum Ziel, wenn man den Werth jenes Differential-Coefficienten, für jenen Punkt selbst, vermittelst der dritten Differentialgleichung sucht, welche letztere, durch die Annahme von $x=o$ und $y=o$, zur folgenden wird:

$$144a^2dyd^2y=o,$$

und woraus man nothwendig schließen muß:

$$\frac{d^2y}{dx^2}=o,$$

weil $\frac{dy}{dx}$ nicht gleich Null ist. Da der zweite Differential-Coefficient gleich Null ist, so gehen wir zum dritten über, welcher sich durch die vierte Differentialgleichung bestimmen läßt. Diese letztere wird nämlich, wenn man in ihr x, y und d^2y gleich Null macht,

$$-4.48a^2dy\,d^3y+6dy^4-6dx^4=o,$$

woraus man abletet:

$$-32a^2\frac{dy}{dx}\frac{d^3y}{dx^3}+\frac{dy^4}{dx^4}-1=o, \text{ oder}$$

$$\frac{d^3y}{dx^3}=\frac{(\frac{50}{48})^2-1}{\pm 32a^2\sqrt{\frac{50}{48}}},$$

wenn man für $\frac{dy}{dx}$ dessen Werth $\pm\sqrt{\frac{50}{48}}$ setzt. Hierdurch erhält man zum Ausdrucke des Abstandes zwischen der krummen Linie und ihrer Tangente, bei der Absciſſe $x+b$, (§. 76.),

$$\delta''=\pm\frac{(\frac{50}{48})^2-1}{32a\sqrt{\frac{50}{48}}}\frac{h^3}{1.2.3}+ \text{ꝛc.},$$

woraus hervorgeht, daß der von der Geraden AL, welche dem positiven Werthe von $\frac{dy}{dx}$ entspricht, berührte Zweig, auf der Seite der positiven Absciſſen, oberhalb, und auf der Seite der negativen Absciſſen, unterhalb jener Geraden befindlich ist, und daß das Gegentheil bei dem von der Geraden AL' berührten Zweige Statt findet; folglich erleidet jeder Zweig der krummen Linie im Punkte A eine Beugung.

§. 109.

Ich kehre zu den Werthen

$$y=\pm\sqrt{96a^2}=\pm 4a\sqrt{6}$$

zurück. Dieselben bringen den Ausdruck von $\frac{dy}{dx}$ wirklich auf Null, weil sie seinen Nenner nicht verschwinden lassen: folglich ist in den durch jene Werthe angedeuteten Punkten D und D' die Tangente parallel mit der Axe der Absciſſen.

Daß die Ordinate im Punkte D ein Maximum ist, ergibt sich, sowohl aus der Betrachtung des $\frac{d^2y}{dx^2}$ (§. 102.), als auch aus der Einsicht, daß sowohl die vorhergehende als die nachfolgende Ordinate kleiner ist. Hier gewähren beide Mittel dieselbe Leichtigkeit; zuerst das zweite, weil man die Werthe von y schon hat (§. 106.), unter denen es jetzt auf diejenigen ankommt, wo das zweite Wurzelzeichen das Zeichen $+$ hat. Was das erste Mittel betrifft, so gibt die zweite Differentialgleichung, wenn man in ihr $x=o$, $y=\pm\sqrt{96a^2}$ und $\frac{dy}{dx}=o$ macht, einen negativen Werth von $\frac{d^2y}{dx^2}$ beim Punkte D, was ja das Maximum begründet, und einen positiven beim Punkte D', wo man ein Mini=

mum anerkennen muß, weil jede Zunahme in negativem Sinne, in Bezug auf positive Größen, als eine Abnahme gelten muß.

Es bleiben nun noch die Wurzeln der Gleichung

$$x^2 - 50a^2 = o, \text{ nämlich}$$

$$x = \pm 5a\sqrt{2}$$

zu untersuchen übrig. Wenn man dieselben in der gegebenen Gleichung substituirt, so machen sie die Ausdrücke von y imaginär, folglich gehören sie nicht zur krummen Linie.

§. 110.

Suchen wir jetzt diejenigen Werthe von x und y, welche den Werth von $\frac{dy}{dx}$ unendlich groß werden lassen. Setzen wir deshalb des Letzteren Nenner gleich Null, so erhalten wir die Gleichung,

$$y^3 - 48a^2y = o,$$

woraus hervorgeht:

$$y = o \text{ und } y = \pm\sqrt{48a^2}.$$

Substituirt man den ersten Werth in die Gleichung der krummen Linie, so erhält man,

$$100a^2x^2 - x^4 = o,$$

woraus man ableitet:

$$x = o, \text{ und } x = \pm 10a.$$

Die Wurzel $x = o$ deutet nochmals auf den im Anfangspunkte der Coordinaten befindlichen vielfachen Punkt A; die beiden andern entsprechen den Punkten I und I', wo die krumme Linie nochmals der Axe der Abscissen, aber auf solche Art begegnet, daß ihre Tangente auf jener Axe senkrecht steht, weil die Werthe $x = \pm 10a$ den Zähler von $\frac{dy}{dx}$ nicht verschwinden lassen.

Man sieht, daß dieses die Punkte sind, von denen an, diejenigen Werthe von y, deren zweites Wurzelzeichen das Vorzeichen — hat, für immer imaginär werden. Man könnte sie als Maxima, in Bezug auf die Veränderliche x und die Axe AC, ansehen, die man durch die Untersuchung der entsprechenden Werthe von $\frac{d^2x}{dy^2}$ bestätigen würde, welches $\frac{d^2x}{dy^2}$ man dadurch erhielte, daß man in den Differentiationen statt y als Function von x anzusehen, x als Function von y ansähe.

Die beiden andern Werthe von y,

$$y = \pm\sqrt{48a^2} = \pm 4a\sqrt{3},$$

führen zu

$x = \pm 6a$ und $x = \pm 8a$.

Das eine dieser Resultate gibt den Punkt F und seine analogen, und das andere den Punkt H und seine analogen zu erkennen. In allen diesen Punkten steht die Tangente senkrecht auf der Axe der Abscissen; und da die krumme Linie zwischen $x = 6a$ und $x = 8a$ keine reellen Ordinaten hat, so reicht dieser Umstand hin, um zu bestimmen, wie sie bei den Punkten F und H gegen die Tangente gerichtet seyn muß.

§. 111.

Nachdem wir die Natnr aller derjenigen besondern Punkte bestimmt haben, die uns durch den Ersten Differential-Coefficienten angedeutet wurden, müssen wir noch ferner untersuchen, ob die höhern Differential-Coefficienten auf keine neuen hinweisen. Betrachten wir deßhalb zuerst den Differential-Coefficienten der zweiten Ordnung; sein allgemeiner Ausdruck ist:

$$\frac{d^2 y}{d x^2} = \frac{3x^2 - 50a^2 - (3y^2 - 48a^2)\frac{dy^2}{dx^2}}{y^3 - 48a^2 y},$$

welcher $\frac{0}{0}$ wird, wenn x und y gleich Null sind; allein wir brauchen bei diesen Werthen nicht zu verweilen, weil der Punkt A, dem dieselben angehören, hinlänglich discutirt wurde (§. 108.)

Die Annahme von $y^2 - 48a^2 = 0$, wodurch der Nenner verschwindet, darf uns auch nicht aufhalten, weil wir wissen, daß sie den Punkten F und H entspricht (§. 110). Wird aber der Zähler gleich Null gesetzt, so erhalten wir eine Gleichung, welche Werthe andeuten kann, die von den vorhergehenden verschieden sind. Diese Gleichung ist folgende.

$$3x^2 - 50a^2 - (3y^2 - 48a^2)\frac{dy^2}{dx^2} = 0;$$

man substituire für $\frac{dy}{dx}$ dessen allgemeinen Werth, und schaffe die Nenner fort, so erhält man:

$$(3x^2 - 50a^2)(y^3 - 48a^2 y)^2 - (3y^2 - 48a^2)(x^3 - 50a^2 x)^2 = 0,$$

welchem Resultate man folgende Form geben kann:

$$y^2(y^2 - 48a^2)^2(3x^2 - 50a^2) - x^2(x^2 - 50a^2)^2(3y^2 - 48a^2) = 0.$$

Bemerkt man nun, daß die gegebene Gleichung mit der folgenden:

$$(y^2 - 48a^2)^2 - (x^2 - 50a^2)^2 + 196a^4 = 0,$$

einerlei ist, und sucht aus dieser Gleichung den Werth von $(y^2 - 48a^2)^2$, um denselben in der vorhergehenden zu substituiren, so findet man durch die zu vollziehenden Reductionen:

$$(x^2 - 50a^2)^2(25y^2 - 24x^2) + 98a^2y^2(3x^2 - 50a^2) = 0.$$

Entnimmt man aus dieser letzten Gleichung den Werth von y^2, um ihn in der gegebenen zu substituiren, so erhält man eine Endgleichung, die nur noch x enthält, und deren Wurzeln eben so discutirt werden müßten, wie es in den vorigen §§. geschah; allein da der Lauf der Zweige der krummen Linie das Daseyn der, zwischen den Punkten H und I zu suchenden, Beugungspunkte K hinlänglich andeutet, so könnte man sich auf die Auflösung der oben erwähnten Endgleichung beschränken, um den genauen Werth der Abscisse der Punkte K ausfindig zu machen; welches aber auch noch sehr schwierig seyn möchte, weil die Gleichung von einem hohen Grade ist. Es wird also oft nöthig seyn, besondere Hülfsmittel anzuwenden, wenn man die sämmtlichen besondern Punkte der krummen Linie bestimmen will. Die Entwickelung der Ordinate in einer Reihe ist Eins dieser Hülfsmittel; allein wir können dasselbe nicht in ein elementares Handbuch aufnehmen. *).

Von den transcendenten krummen Linien.

§. 112.

Ich habe bisher nur algebraische krumme Linien betrachtet; ich will nun auch einige der merkwürdigsten transcendenten krummen Linien kennen lehren, wie man diejenigen nennt, deren Gleichung, in algebraischen Ausdrücken nicht angebbar ist. Zuerst werde ich mich mit der logarithmischen Linie beschäftigen, d. i. mit derjenigen krummen Linie, in welcher die Ordinaten Logarithmen der Abscissen sind. Die einfachste Art, dieselbe durch Punkte zu construiren, um sich einen Begriff von ihr zu machen, besteht darin, die Axe der Abscissen in gleiche Theile zu theilen, durch welche man die Zahlen vorstellt, und in den Tafeln die zugehörigen Logarithmen aufzusuchen, welche man auf die Ordinaten aufträgt.

Diesem Verfahren gemäß, ist die Gleichung der logarithmischen Linie:

$$y = l\,x;$$

macht man $x = 1$, so erhält man $y = o$, woraus hervorgeht, daß sie der Axe AB Fig. 27. im Punkte E begegnet, wo die Abscisse Fig. 27.
AE der Einheit gleich ist. Der Zweig EX, welcher den die Einheit übertreffenden positiven Abscissen entspricht, ist unendlich, weil die Logarithmen dieser Abscissen stets wachsen. In dem Theile AE, wo die Abscissen Brüche sind, sind die Ordinaten

*) Die Lehren hierüber finden sich im Ersten Bande des „Traité etc.“ in 4to.

negativ, und nehmen zu, so wie diese Brüche abnehmen, so daß der Zweig $E x$ den negativen Theil $A c$ der Ordinaten-Axe zur Asymptote hat: endlich dehnt sich die logarithmische Linie nicht nach der Seite der negativen Abscissen aus, weil deren Logarithmen imaginär sind. *)

Läßt man die Figur eine Viertel-Umdrehung machen, so werden die Abscissen zu Ordinaten, und man hat $x = l\,y$; bedeutet nun a die Basis des Logarithmen-Systems, so folgt hieraus die Gleichung $y = a^x$, wo die Logarithmen die Abscissen sind. Man kann alsdann vermittelst mittlerer Proportionallinien, wozu uns der Kreis verhilft, so viele Punkte der logarithmischen Linie erhalten, als man will, weil den Abscissen

$$x = \tfrac{1}{2},\ x = \tfrac{3}{2},\ \text{ꝛc.},\ x = \tfrac{1}{4},\ \text{ꝛc.},$$

die Ordinaten

$$y = \sqrt{a.1},\ y = \frac{a.\sqrt{a.1}}{1},\ \text{ꝛc.},\ y = \sqrt{1.\sqrt{a.1}},\ \text{ꝛc.},$$

entsprechen. Vereinigt man mit diesen Werthen von y diejenigen, welche sich von selbst darbieten, wenn x eine ganze Zahl ist, so wird man ein sehr einfaches graphisches Verfahren haben, um ohne die Hülfe der Tafeln eine logarithmische Linie zu verzeichnen. **)

Es ist sichtbar, daß sich die logarithmischen Linien nur hinsichtlich der Basis oder des Modulus des logarithmischen Systems unterscheiden, welches zum Grunde gelegt wird.

§. 113.

Differentiirt man die Gleichung $y = l\,x$, so erhält man

$$\frac{dy}{dx} = \frac{M}{x}\ (\S.\ 28.);$$

man ersieht hieraus, daß die Tangente der logarithmischen Linie auf der Axe der Abscissen senkrecht steht, wenn $x = o$, und nur

---

*) Siehe den Ersten Band des „Traité etc.“ in 4to, so wie die Note B. (Diese Note wird am passendsten am Ende des zweiten Bandes der Uebersetzung anzubringen seyn. B.)

**) Wozu dieses Herumdrehen und nachheriges Umtauschen der x und y unter einander? Könnte es nicht einfacher heißen, wie folgt:

Man nehme $A O = \tfrac{1}{2} = \tfrac{3}{2}$ ꝛc. $= \tfrac{1}{4}$ ꝛc.; so ist

$$OM = \sqrt{a.1} = \frac{a.\sqrt{a.1}}{1}\ \text{ꝛc.} = \sqrt{1.\sqrt{a.1}}\ \text{ꝛc.},$$

wie aus $y = l\,x$ oder $a^y = x$ folgt, und folglich die Lage vieler Punkte M gefunden, ohne jene zu rechnen, die aus a^2, a^3 ꝛc. folgen. B.

dann mit ihr parallel läuft, wenn sie unendlich groß wird (§. 83.) Der allgemeine Ausdruck der Subtangente gibt

$$PT = \frac{xy}{M};$$

allein, wenn man y wegschafft, so wird der Logarithmus von x eingeführt, und jener Ausdruck demnach transcendent. Nimmt man aber die Subtangente O'D auf der Axe AC, so erhält man

$$OD = \frac{x\,dy}{dx} = M,$$

ein sehr merkwürdiges Resultat, weil es zeigt, daß die Subtangente OD bei allen Punkten der krummen Linie constant und dem Modulus gleich ist. Man würde eben so finden, daß die Tangente, die Subnormale und die Normale, wenn man sie in Bezug auf die Axe AB nimmt, transcendent sind, weil die Ordinate y in ihrem Ausdrucke vorkommt, wenn man sie aber in Bezug auf die Axe AC nimmt, algebraisch werden.

Ich gehe zur Aufsuchung des Krümmungshalbmessers über. Man hat hier:

$$1 + \frac{dy^2}{dx^2} = \frac{x^2 + M^2}{x^2}, \quad \frac{d^2y}{dx^2} = -\frac{M}{x^2},$$

weßhalb (§. 81.)

$$\gamma = \frac{(x^2 + M^2)^{\frac{3}{2}}}{Mx},$$

$$y - \beta = \frac{x^2 + M^2}{M},$$

$$x - \alpha = -\frac{x^2 + M^2}{x}.$$

Ich will nicht bei der Betrachtung der Abgewickelten verweilen, die nothwendig transcendent seyn würde, sondern nur kurz bemerken, daß man die Differentialgleichung dieser krummen Linie unmittelbar erhalten würde, wenn man aus der Gleichung, $dy = M\frac{dx}{x}$, x, dx und dy, vermittelst der Werthe von $y - \beta$, $x - \alpha$ und von ihren Differentialen, eliminirte.

§. 114.

Die Cycloide (Radlinie) oder von einem bestimmten Punkte eines Umkreises beschriebene krumme Linie, während der Kreis über einer der Lage nach gegebenen geraden Linie hinrollt, ist ebenfalls eine transcendente krumme Linie. Die Relation zwischen ihren Ordinaten und Abscissen hangt von Bogen des erzeugenden Kreises ab: man kann sie auf folgende Art ausdrücken.

Da der Anfang der Bewegung des Kreises willkührlich ist, so
Fig. 28. nehme ich denselben im Punkte A der Fig. 28. an, wo der beschreibende Punkt M sich in der Linie AB befand, über die der erzeugende Kreis QMG hinrollt. Weil dieser Kreis, bei seiner Bewegung, nach und nach alle Punkte seines Umfangs die Gerade AB berühren läßt, so ist klar, daß, wenn er in eine beliebige Lage QMG gelangt ist, die Distanz AQ alsdann dem Bogen MQ gleich ist, welcher sich zwischen dem Punkte M, der die Gerade AB in A berührte, und dem dieselbe in der gegenwärtigen Lage des Erzeugungs-Kreises berührenden Punkte Q befindet.

Errichtet man im Punkte Q, auf die Gerade AB, die Senkrechte QO, welche durch den Mittelpunkt des Erzeugungs-Kreises hindurchgehen wird, und zieht MN parallel mit AB, so wird MN der Sinus, nnd NQ der Sinus versus, des Bogens MQ seyn (Trig. 2c. §. 5.)

Setzt man also:

$$QO = a,\ AP = x,\ PM = QN = y,$$

so erhält man:

$$x = AQ - PQ = \text{Bogen}\,MQ - \sin.MQ,$$
$$y = \sin.\,\text{vers}.\,MQ,$$
$$\sin.\,MQ = MN = \sqrt{2ay - y^2};$$

mithin, wenn wir von der S. 49 angewandten Bezeichnung Gebrauch machen:

$$„x = \text{arc.}\,(\sin.\,\text{vers.} = y) - \sqrt{2ay - y^2}“,$$

die ursprüngliche Gleichung der Cycloide. *)

---

*) Wollte man die Cycloide durch Punkte verzeichnen, so würde es bequem seyn die trigonometrischen Tabellen anzuwenden; da dieselben aber für den Halbmesser = 1 berechnet sind, so muß ein Bogen t genommen werden, welcher eben so viele Grade enthält, als der Bogen MQ; man hat demnach

Bogen $MQ = a.t$, $\sin.\ MQ = a.\sin.\ t$, $\sin.\ \text{vers}.\ MQ = a.\sin.\ \text{vers}.\ t$, und folglich

$y = a\,(t - \sin.\,t)$, $y = a\,\sin.\,\text{vers}.\,t$, oder, was dasselbe ist:

$$x = \text{arc.}\left(\sin.\,\text{vers.} = \frac{y}{a}\right) - \sqrt{2ay - y^2}.\ †)$$

†) Die letzte Linie muß heißen: $x = a \times \text{arc.}\left(\sin.\,\text{vers.} = \frac{y}{a}\right) - \sqrt{2ay - y^2}$. Uebrigens scheint mir die einfache Bemerkung, daß sich die trigon. Linien desselben Winkels, in verschiedenen Kreisen, wie die Halbmesser verhalten, unmittelbar zum letzten Resultate zu führen.

B.

Der Bogen MQ kann auch durch seinen Cosinus, d. i. durch $a - y$ ausgedrückt werden: läßt man ihn hierauf durch die Differentiation verschwinden, indem man sich der Formel des §. 36. bedient, worin man R in a, u in $a - y$ und x in MQ verwandelt, so findet man:

$$d.\ arc.\ MQ = \frac{a\,dy}{\sqrt{2ay - y^2}};$$

worauf man erhält:

$$dx = \frac{a\,dy}{\sqrt{2ay - y^2}} - \frac{a\,dy - y\,dy}{\sqrt{2ay - y^2}},\ \text{oder,}$$

$$„dx = \frac{y\,dy}{\sqrt{2ay - y^2}}“,$$

die Differentialgleichung der Cycloide.

Wenn der Berührungspunkt I vom Punkte A um den halben Umfang des Erzeugungs-Kreises entfernt ist, so befindet sich der beschreibende Punkt in K, und dessen Erhebung über AB ist dem Durchmesser jenes Kreises gleich; hierauf steigt derselbe hinunter, bis zum Punkte L, wo der Berührungspunkt sich nun um einen ganzen Umkreis von A entfernt hat.

Die Cycloide erreicht nicht in jenem Punkte L ihr Ende, denn nichts begränzt die Dauer der Bewegung des Erzeugungs-Kreises. Man hat bei der Beschreibung der krummen Linien wohl zu achten, daß die verschiedenen Theile, welche aus einer und derselben Construction oder Bewegung entspringen, sämmtlich zu derselben krummen Linie gehören. So beschreibt der Kreis QMG, indem er, jenseits des Punktes L, sich über der Geraden AB fortwälzt, eine Reihe von Theilen, welche AKL ähnlich sind; und man kann derselben eine gleiche Anzahl auf der linken Seite von A gedenken, weil der Erzeugungskreis dann erst dort ankommen mochte, als er schon während einer unendlich großen Zeit in Bewegung gewesen war. Die Gleichung der krummen Linie führt uns zu diesen Bemerkungen; denn hier hindert nichts, den Bogen QM um so viele Umkreise, als man will, zu- oder abnehmen zu lassen. Uebrigens sieht man auch ein, daß y nie 2a zu übertreffen vermögen wird. Woraus folgt, daß die in ihrer ganzen Ausdehnung gedachte Cycloide, durch eine und dieselbe gerade Linie, in unendlich vielen Punkten durchschnitten werden kann.

§. 115.

Nun ist nichts leichter, als die Ausdrücke der Subtangente, Tangente, Subnormale und Normale der Cycloide zu finden. Gemäß den allgemeinen Formeln des §. 66. findet man:

$$PT = \frac{y^2}{\sqrt{2ay - y^2}},\ MT = \frac{y\sqrt{2ay}}{\sqrt{2ay - y^2}},$$

$$PR = \sqrt{2ay - y^2},\ MR = \sqrt{2ay}.$$

Man kann diese Werthe auf eine sehr leichte Art construiren; denn es ist leicht zu bemerken, daß, wenn PM oder y in dem Erzeugungskreise QMG als die Abscissen QN angesehen wird, der obige Werth von PR, just derjenige der Ordinate MN jenes Kreises ist, und daß folglich die Normale mit der Chorde des Bogens MQ zusammenfällt, wie sich auch aus dem Ausdruck von MR ersehen läßt. Es folgt hieraus, daß die Tangente MT die Verlängerung der Chorde MG ist. Beschreibt man nun, über IK als Durchmesser, einen Kreis, welcher dem erzeugenden Kreise gleich seyn wird, und verlängert die Gerade MN bis in n, so ist es sichtbar, daß die Chorden mI und mK gleich und parallel sind den Chorden MG uud MQ. Um an einem gegebenen Punkte M eine Tangente und Normale zu ziehen, reicht es also hin, jenen Punkt auf den festen Kreis ImK zu beziehen, indem man Mm parallel mit AB zieht, und nachher MT mit mK und MQ mit mI parallel zu ziehen. *)

§. 116.

Ich gehe zur Aufsuchung des Krümmungshalbmessers über. Differentiirt man die Gleichung

$$dx = \frac{ydy}{\sqrt{2ay - y^2}},$$

so erhält man, weil dx constant ist,

$$o = (yd^2y + dy^2)\sqrt{2ay - y^2} - \frac{ydy(ady - ydy)}{\sqrt{2ay - y^2}};$$

reducirt man und dividirt durch y, so erfolgt

$$o = (2ay - y^2)d^2y - ady^2,$$

woraus sich ergibt

$$d^2y = -\frac{ady^2}{2ay - y^2}:$$

*) Bringt man den Anfangspunkt der Coordinaten nach I, so hat man PI = Mn = Mm + mn; allein in dem Parallelogramm MQIm ist Mm = IQ und überdieß IQ = AI − AQ = QMG − Bogen QM = Bogen GM = Bogen Km: folglich ist Mn = Bogen Km + sin. Km, was die Construction durch Punkte sehr erleichtert, wenn man dem Km verschiedene Werthe beilegt.

substituirt man diesen Werth, so wie denjenigen von dy, in dem Ausdrucke des Krümmungshalbmessers (§. 81.), so findet man endlich, nach gehöriger Reduction:

$$\gamma = 2^{\frac{3}{2}} (ay)^{\frac{1}{2}} = 2\sqrt{2ay}.$$

Dieses Resultat zeigt, daß der Krümmungshalbmesser MM' doppelt so groß ist als die Normale MQ, und daß er folglich nicht größer werden kann, als das Doppelte des Durchmessers des Erzeugungskreises, welcher Durchmesser bei dem der Abscisse AI entsprechenden Punkte der Cycloide, K, zu gleicher Zeit Ordinate und Normale ist.

Die Ausdrücke von $x - \alpha$ und von $y - \beta$ geben hierauf:

$$y - \beta = 2y, \; x - \alpha = -2\sqrt{2ay - y^2},$$

woraus man schließt:

$$y = -\beta, \; x = \alpha - 2\sqrt{-2\alpha\beta - \beta^2}.$$

Substituirt man diese Werthe in der ursprünglichen Gleichung der Cycloide, und reducirt, so erhält man:

$$\alpha = \text{arc.}(\text{sin. vers.} = -\beta) + \sqrt{-2\alpha\beta - \beta^2},$$

welches Resultat mit jener Gleichung viel Analogie hat. Die Wurzelgröße $\sqrt{-2\alpha\beta - \beta^2}$ wird $\sqrt{2ay - y^2}$ ähnlich, wenn man

$$\beta = -2a + \beta'$$

macht, was darauf hinausläuft, statt der stets negativen Ordinate EM', die auf eine, in der Distanz A'I = 2a, unterhalb der AB, befindliche Axe A'B', bezogene Ordinate P'M' einzuführen. Durch diese Transformation erhält man

$$\alpha = \text{arc.}(\text{sin. vers.} = 2a - \beta' + \sqrt{2a\beta' - \beta'^2};$$

bemerkt man hierauf, daß zwei Bogen, deren vereinigte Sinus versus den Durchmesser ausmachen, Supplemente von einander sind, und bezeichnet den halben Umkreis durch π, so darf man schreiben

$$\alpha = \pi - \text{arc.}(\text{sin. vers.} = \beta') + \sqrt{2a\beta' - \beta'^2}.$$

Macht man endlich $\alpha = \pi - \alpha'$, d. h. führt man statt der Abscisse AE, die Abscisse A'P' = AI — AE ein, so erfolgt

$$\alpha' = \text{arc.}(\text{sin. vers.} = \beta') - \sqrt{2a\beta' - \beta'^2},$$

welches die Gleichung einer neuen Cycloide ist, die zum Anfangspunkt den Punkt A' hat, und über der Axe A'B', mit demselben Erzeugungskreise wie die erste, allein in einer der AB entgegengesetzten Richtung A'B', gebildet ist.

Dieselbe Folgerung, in Bezug auf die Abgewickelte, läßt sich unmittelbar aus der Bestimmung des Krümmungshalbmessers herleiten. Verlängert man die Gerade GQ, bis sie der A'B' in Q' begegnet, und zieht Q'M', so bildet man die Dreiecke GMQ und QM'Q', welche einander gleich seyn werden; mithin ist der Winkel QM'Q' ein rechter; und wenn man über QQ', als Durchmesser, einen Kreis beschreibt, so wird derselbe durch M' gehen und dem Erzeugungskreise gleich seyn. Dieses vorausgesetzt, wird man, weil der Bogen M'Q' das Supplement des Bogens M'Q = MQ ist, haben:

$$\text{Bogen } M'Q' = QMG - \text{Bogen } MQ$$
$$= AI - AQ = QI = A'Q'$$

woraus sehr klar hervorgeht, daß die Abgewickelte A'M'A eine Cycloide ist, welche von dem sich über A'B', von A' nach B', fortwälzenden Kreise QM'Q' beschrieben wird.

Aus dem Vorhergehenden folgt auch noch, daß die Cycloide rectificirbar ist, weil sie ihre eigene Abgewickelte ist, und einen algebraischen Ausdruck für ihren Krümmungshalbmesser darbietet. Man kann hieraus das merkwürdige Resultat ableiten, daß die Länge des Bogens A'M'A, oder des demselben gleichen AMK, welcher die Hälfte eines durch eine ganze Umdrehung des Erzeugungskreises beschriebenen Zweiges ausmacht, genau derjenigen, der Geraden A'K d. i. des verdoppelten Durchmessers jenes Kreises, gleich ist.

Auch muß noch bemerkt werden, daß, weil

$$\frac{d^2 y}{d x^2} = -\frac{a}{y^2},$$

der Differential-Coefficient der zweiten Ordnung immer negativ ist, und, so wie $\frac{dy}{dx}$, unendlich groß wird, wenn $y = o$, welches dann geschieht, wenn der Bogen MQ entweder Null oder einem beliebigen Vielfachen des Umkreises gleich ist. Die Cycloide ist demnach hohl gegen ihre Axe, und die Punkte A, L, ꝛc., wo sich ihre verschiedenen Zweige einander berühren, sind Rückkehrpunkte der Ersten Art, in denen die Tangente senkrecht auf der Axe der Abscissen steht. (§. 83.)

§. 117.

Die Spiralen bilden auch eine Gattung von transcendenten krummen Linien, welche wegen ihrer Form und wegen ihrer Eigenschaften merkwürdig sind. Zuerst betrachten wir die Entstehung derjenigen, welche Conon von Syracus ersann, und deren Haupt-Eigenschaften Archimedes entdeckte.

Fig. 29. Während der Halbmesser AO Fig. 29. sich um den Mittelpunkt A des Kreises OGO gleichförmig herumbewegt, durchläuft ein beweglicher Punkt, der vom Mittelpunkte ausgeht, die

Linie AO ebenfalls gleichförmig und mit solcher Geschwindigkeit, daß er gerade dann in O anlangt, wenn AO ihre Umdrehung vollendet. Es folgt hieraus, daß bei einem beliebigen Punkte M der Spirale AMOM'X, das Verhältniß von AM zu AN demjenigen des Bogens OGN zum Umkreise OGO gleich ist; allein da nichts den beschreibenden Punkt hindert, seine Bewegung, jenseits des Punktes O, auf dem verlängerten Halbmesser, fortzusetzen, und da jener Halbmesser selbst eine unendliche Anzahl von Umdrehungen machen kann, so wird die krumme Linie AMO sich ausdehnen können, indem sie sich um den Mittelpunkt A herumwindet, daß das Verhältniß zwischen der Entfernung eines jeden ihrer Punkte von A und dem Halbmesser des Kreises, demjenigen zwischen dem vom Punkte O, seit dem Anfang der Bewegung, durchlaufenen Bogen und einem ganzen Umkreise immer gleich ist. So wird man z. B. im Punkte M', wo der Halbmesser AN einen ganzen Umkreis nebst dem Bogen ON durchlaufen haben wird, haben:

$$\frac{AM'}{AN} = \frac{OGO + OGN}{OGO}.$$

Macht man also

$$OGN = t, \quad AM = u,$$

und bezeichnet den Umkreis OGO durch 2π, nachdem man den Halbmesser AN zur Einheit angenommen, so erhält man die ursprüngliche Gleichung der Spirale,

$$„u = \frac{t}{2\pi}“.$$

Die Veränderlichen dieser Gleichung werden von den Geometern Polar-Coordinaten genannt. Der Mittelpunkt A des Kreises OGO, heißt der Pol; die Linie AM, welche immer durch den letzteren Punkt gehen muß, heißt der Radius vector, und dient zur Ordinate der krummen Linie, während der von AM durchlaufene und vom Bogen ON gemessene Winkel die Abscisse ersetzt.

Um auf die Zeichen dieser Coordinaten Rücksicht zu nehmen, muß man zuerst diejenigen Bogen für negativ halten, welche in einer Richtung genommen werden, die der bei den positiven Bogen gewählten entgegengesetzt ist. Ist die letzte Richtung z. B. OGO, so ist die andere OG'O. Dann müssen auch die negativen Werthe des Radius vector, in Bezug auf den Pol, auf einer andern Seite liegen, als die positiven Werthe. In der Figur 30. habe ich die negativen Radii vectores nicht auf den Theil, der durch das Ende des Bogens OG'N' geht, sondern auf dessen Verlängerung An aufgetragen; so fällt die trigonometrische Secante, wenn sie negativ ist (Trig. Note des §. 77.) Fig. 30.

Verfährt man auf diese Weise bei der vorigen krummen Linie, so findet man einen zweiten Zweig Amx, der die in der Figur verzeichnete Form hat.

Die oben betrachtete Spirale, welche die Archimedische Spirale genannt wird, ist nur ein besonderer Fall derjenigen krummen Linien, welche durch die Gleichung

$$u = a t^n$$

dargestellt werden, wo n einen beliebigen Exponenten bedeutet.

So lange n eine positive Zahl ist, nehmen die durch die Gleichung $u = a t^n$ gegebenen Spiralen ihren Anfang im Punkte A; allein wenn n negativ ist, so nimmt u, welches zuerst unendlich groß ist, wenn der Bogen $t = 0$, in dem Maaße ab, als jener Bogen zunimmt, und bei jeder neuen Umdrehung nähert sich der beschreibende Punkt immer mehr dem Punkte A, ohne diesen letzteren je erreichen zu können.

Wenn $n = -1$, so hat die krumme Linie, deren Gleichung alsdann:

$$u = a t^{-1}, \text{ oder } u t = a$$

ist, und welche die hyperbolische Spirale heißt, überdieß eine gerade Asymptote. Denn nimmt man nach und nach an:

$$t = 1, = \tfrac{1}{2}, = \tfrac{1}{3}, = \tfrac{1}{4}, \text{ etc.},$$

so zeigen die entsprechenden Werthe

$$u = a, = 2a, = 3a, = 4a, \text{ etc.},$$

daß die vom Punkte A sich immer mehr entfernende Spirale, Fig. 31. sich zu gleicher Zeit immer mehr einer Geraden DE, Fig. 31., nähert, welche in dem Abstande $AD = a$, parallel mit der Axe AO läuft; denn da die auf AB senkrecht stehende PM

$$u \sin MAP = u \sin t$$

$$= a \frac{\sin t}{t}, \text{ wenn man für } u, \; a t^{-1}$$

substituirt, zum Ausdruck hat, so hat sie offenbar a zur Gränze, wenn $t = 0$; mithin hat auch die hyperbolische Spirale die Gerade DE zur Gränze.

Die negativen Werthe von t erzeugen einen zweiten Zweig, welcher sich über der Verlängerung AB′ des Halbmessers AO befindet, und die Verlängerung DE′ von DE zur Asymptote hat. Wenn man endlich der Constante a das Zeichen — gäbe, so würde man unterhalb BB′ die krumme Linie zu wiederholen haben, die ich so eben oberhalb angegeben habe.

Wenn man, anstatt des Abstandes AM Fig. 29., den Theil MN des Radius vector, welcher sich dem Punkte M und dem Umfange des Kreises OGO befindet, für u nimmt, so ist die Gleichung

$$u^2 = at$$

die der parabolischen Spirale d. i. derjenigen krummen Linie, welche zum Vorschein kommt, wenn man die Axe einer Parabel sich um den Umkreis O G O herumbiegen läßt: die Ordinaten stehen alsdann senkrecht auf dem Umkreise und fallen mit den Halbmessern zusammen.

§. 118.

Bezieht man die krummen Linien auf Polar-Coordinaten, so erhält man zur Aenderung des Radius vector A M, Fig. 32., den Theil Q M' des nächsten Radius vector, der von diesem letzteren durch den aus dem Punkte A als Mittelpunkt mit dem Halbmesser A M beschriebenen Bogen M Q abgeschnitten wird, und die Aenderung des Winkels M A O wird von dem mit dem Halbmesser A N = 1 beschriebenen Kreisbogen N N' gemessen. So wie im §. 60., sieht man, daß das Erste Differential von A M das Erste Glied des nach Potenzen von N N' entwickelten M'Q ist, und geht man zu den Gränzen über, so betrachtet man den kleinen Bogen M Q als eine gerade Linie (§. 74.) und das Dreieck M Q M' als ein rechtwinckliges geradliniges Dreieck, welches

$MM' = \sqrt{\overline{QM}^2 + \overline{QM'}^2}$ gibt. Da alsdann $QM' = du$, und $NN' = dt$, so erhält man $QM = u\,dt$ und hierauf

$$„MM' = d.DM = \sqrt{du^2 + u^2 dt^2}“,$$

zum Differential des Bogens.

§. 119.

Zieht man A T parallel mit der Chorde des kleinen Bogens Q M, und verlängert die Seite M M' des in die krumme Linie eingeschriebenen Polygons, bis sie jene Gerade trifft, so hat man, wegen der Aehnlichkeit der Dreiecke M' Q M und M' A T

$$\frac{QM'}{QM} = \frac{AM'}{AT}.$$

Geht man zu den Gränzen über, so kann die Chorde Q M für den Bogen genommen werden; und da der Winkel M' Q M einem Rechten so nahe gebracht werden kann, als man immer will, so nähert sich das Dreieck M' A T eben so dem in A rechtwinkligen Dreiecke M A T', worin A T' die Gränze von A T ist, und welches gibt

$$\frac{du}{u\,dt} = \frac{u}{AT'},$$ woraus man schließt:

$$„\text{Subtang. } AT' = \frac{u^2 dt}{du}“.$$

Um die Tangente zu construiren, ziehe man, im Punkte A, auf den Radius vector AM, eine Senkrechte, worauf man den Werth von AT′ trägt, die obige Formel gibt.

Wendet man dieselbe Formel auf die Gleichung

$$u = a\,t^n$$

an, so findet man

$$AT' = \frac{u^2}{n\,a\,t^{n-1}} = \frac{a}{n}\,t^{n+1}.$$

In der Archimedischen Spirale ist

$$n = 1 \text{ und } a = \frac{1}{2\pi}; \text{ folglich}$$

$$AT' = \frac{t^2}{2\pi},$$

aus welchem Ausdrucke folgt, daß man $t = 2\pi$, d. i. nach Einer Umdrehung des beschreibenden Punktes, die Subtangente dem rectificirten Umkreise OGO gleich wird. Nach m Umdrehungen ist, wie Archimedes fand:

$$AT = 2\,m^2\,\pi$$

$= m$ mal dem Umkreise, dessen Halbmesser $= m \,.\, AO$, und der jene m Umdrehungen umschließt.

Wenn $n = -1$, was der Fall der hyperbolischen Spirale ist, so ist

$$AT' = -a,$$

d. h. die Subtangente jener krummen Linie ist constant.

Ich verweile nicht bei dem Aufsuchen der Subnormale und der Normale, weil man dieselben leicht erhält, sobald die Subtangente bekannt ist.

Ich will nur noch bemerken, daß $\frac{AT'}{AM} = \frac{u\,dt}{du}$ die Tangente des Winkels ausdrückt, den die krumme Linie in M berührende Gerade T′M mit dem Radius vector bildet, und daß man hat

$$TM = \sqrt{\overline{AM}^2 + \overline{AT}^2}, \text{ oder}$$

$$\text{„Tang.} = u\sqrt{1 + \frac{u^2\,dt^2}{du^2}}\text{“.}$$

§. 120.

Fig. 32. Das Differential des Inhalts ADM Fig. 32., in Bezug auf Polar-Coordinaten, ist kein Trapez, wie bei parallelen Ordinaten, sondern ein Kreisausschnitt AMM′. Die Gränze des Verhältnisses dieses Ausschnittes zum Bogen NN′, wird dieselbe seyn, wie diejenige der Verhältnisse der Ausschnitte AMQ, AM'R, zwischen denen jener inne liegt, und welche gleich zu werden streben, zu demselben Bogen NN'. Man wird hieraus schließen, daß, wenn der Flächeninhalt ADM durch s dargestellt wird, sein Differential-Coefficient

$$\frac{ds}{dt} = \frac{AM \times MQ}{2NN'} = \frac{u^2}{2}$$

seyn muß, oder daß man hat:

$$\text{„} ds = \frac{u^2 dt}{2} \text{“}.$$

§. 121.

Das zweite Differential $d^2 u$, wird das Erste Glied des nach Potenzen von NN' entwickelten Unterschiedes M''Q' — M'Q seyn (§. 60.); und man muß bemerken, daß, wenn man den Bogen NN' als constant annimmt, oder den Winkel t sich immer um dieselbe Größe ändern läßt, die Bogen QM, Q'M' darum noch nicht einander gleich sind; denn sie haben verschiedene Halbmesser.

Man könnte hieraus die, auf den Mittelpunkt der Krümmung, so wie auf die Abgewickelte, bezüglichen Ausdrücke herleiten; allein ich ziehe es vor, die in Bezug auf rechtwinklige Coordinaten gefundenen Ausdrücke, auf die durch Polar-Coordinaten bestimmten krummen Linien, anzuwenden, weil dieses Verfahren uns Gelegenheit darbietet, die Coordinaten des einen Systems in die des andern zu verwandeln. Es wird dieses um so nützlicher seyn, weil man zuweilen algebraische krumme Linien auf Polar-Coordinaten bezieht, wie dieses besonders bei den Linien der zweiten Ordnung der Fall ist, indem man ihren Brennpunkt zum Pole wählt.

§. 122.

Der größern Einfachheit wegen, will ich den Punkt A zum Anfangspunkt der rechtwinklichen Coordinaten Fig. 33.

$$AP = x, \quad PM = y,$$

annehmen, und, um die Lage der Abscissen-Axe AB festzustellen, will ich den zwischen jener Axe, und dem Anfangspunkte O des Bogens t, begriffenen Bogen QO mit m bezeichnen. Zieht man PM senkrecht auf AB, und bemerkt, daß der Winkel MAP vom Bogen NQ = t — m gemessen wird, so findet man

$$\overline{AM}^2 = \overline{AP}^2 + \overline{PM}^2,$$

$$AP = AM \cos NQ,$$

$$PM = AM \sin NQ, \text{ oder}$$

$$u = \sqrt{x^2 + y^2} \ldots (a)$$

$$x = u \cos(t - m) \,..\, (b)$$
$$y = u \sin(t - m) \,..\, (c)$$

Vermittelst der beiden letzten Werthe, läßt sich jede algebraische Gleichung zwischen x und y, in eine andere verwandeln, die nur den Sinus und den Cosinus des Bogens t nebst dem Radius vector u enthalten wird. Man leitet auch daraus ab:

$$\cos(t - m) = \frac{x}{u}$$

$$\sin(t - m) = \frac{y}{u},$$

woraus sich die Werthe von cos. t und sin. t in x, y, u sin m und cos m ausgedrückt bestimmen lassen, die, in einer beliebigen Gleichung zwischen u, sin t und cos t, substituirt, zu einem Resultate führen, welches nur noch x und y enthält, weil man u durch $\sqrt{x^2 + y^2}$ ersetzen kann.

Es ist gut zu bemerken, daß $\tan(t - m) = \frac{y}{x}$ und folglich

$$t - m = \text{arc.}\left(\tan = \frac{y}{x}\right).$$

Nimmt man der Abkürzung halber, an, daß die Linie AB mit der Linie AO zusammenfällt, so hat man bloß:

$$\cos t = \frac{x}{u},\ \sin t = \frac{y}{u},\ \text{und mithin } \tan t = \frac{y}{x}.$$

Wenn die Gleichung zwischen u und t, die man verwandeln möchte, den Bogen t selbst enthält, so ist es nicht mehr möglich, eine algebraische Relation zwischen x und y zu erhalten, weil man keine solche zwischen dem Bogen t und seinem Sinus oder Cosinus hat; allein man kann, wie wir gleich sehen werden, zu einer Differentialgleichung gelangen, welche nur x, y, dx und dy enthält.

Die mit der Gleichung der krummen Linie verbundenen Gleichungen (b) und (c) bringen unter die vier Veränderlichen x, y, u und t einen solchen Zusammenhang, daß drei derselben Functionen der vierten sind; man kann also die Gleichungen (a), (b) und (c) so differentiiren, daß man in ihnen t, u und y als Functionen von x ansieht (§. 46.), wodurch man erhält

$$du = d\sqrt{x^2 + y^2}$$
$$dx = du \cos(t - m) - u\,dt \sin(t - m)$$
$$dy = du \sin(t - m) + u\,dt \cos(t - m).$$

Eliminirt man u aus den beiden letzten Gleichungen, so erfolgt:

$$dt = \frac{dy\cos(t-m) - dx\sin(t-m)}{u},$$ und setzt man nun für $\cos(t-m)$, $\sin(t-m)$ und u ihre Werthe, so findet man

$$dt = \frac{x\,dy - y\,dx}{x^2 + y^2}.\ ^{*})$$

Man kann demnach, aus der Gleichung in u und t, und aus deren Differential, die Größen u, cos t, sin t, du und dt wegschaffen; und da beide Resultate alsdann nur noch t enthalten, so läßt sich dieses letztere durch die Elimination entfernen.

Man habe z. B. die Gleichung

$$u = a\,t^n,$$

welche gibt:

$$u^{\frac{1}{n}} = a^{\frac{1}{n}}\,t,$$

$$\frac{1}{n}\,u^{\frac{1}{n}-1}\,du = a^{\frac{1}{n}}\,dt;$$

da die Ausdrücke von u, du und von dt vom Winkel m unabhängig sind, so erhält man, wenn man dieselben substituirt und Alles auf denselben Nenner bringt,

$$\frac{1}{n}(x^2+y^2)^{\frac{1}{2n}}(x\,dx+y\,dy) = a^{\frac{1}{n}}(x\,dy - y\,dx).$$

Mit dieser Gleichung könnte man die Subtangenten, Tangenten rc. der Spiralen bestimmen, wenn man die Formeln des §. 66. benutzte. Allein da die Gleichungen jener krummen Linien zuerst in u und t ausgedrückt sind, so ist es einfacher und zugleich allgemeiner, die erwähnten Formeln, in Bezug auf eben jene Veränderlichen, umzuwandeln, welches wir nun vornehmen wollen.

§. 123.

Um jene Formeln zu erhalten, betrachtete man in der gegebenen Gleichung zwischen x und y, die Veränderliche y als unmittelbar von der Veränderlichen x abhangend; allein da die krumme Linie gegenwärtig durch eine Gleichung zwischen den Polar-Coordinaten u und t gegeben ist, so ist die eine dieser letzten Veränder-

---

*) Man findet den Ausschnitt ds (§. 120.) oft in rechtwinkligen Coordinaten ausgedrückt; es ist daher nützlich, diesen Ausdruck zu kennen. Man findet denselben, wenn man für dt und u² deren oben gefundene Werthe substituirt, wodurch man erhält:

$$„ds = \frac{x\,dy - y\,dx}{2}“.$$

lichen unabhängig, deren Zuwachs auch als constant angenommen werden muß. Es sey demnach $u = f(t)$; unter diesem Gesichtspunkt werden x und y, durch die Gleichungen

$$x = u \cos(t - m), \quad y = u \sin(t - m) \quad (\S.\ 122.)$$

bestimmte Functionen von t seyn, und man kann leicht, vermittelst der letzten Bemerkung im §. 9., die auf x bezogenen Differential-Coefficienten von y, durch andere von u ausdrücken, welche sich auf t beziehen. Um dieses zu vollführen, machen wir zuerst die ersteren dadurch sichtbar, daß wir annehmen:

$$dy = p\,dx, \quad d^2y = q\,dx^2;$$

betrachtet man alsdann x, y und p als Functionen von t, so erhält man, durch den erwähnten §.,

$$p = \frac{dy}{dx} = \frac{\frac{dy}{dt}}{\frac{dx}{dt}}, \quad q = \frac{dp}{dx} = \frac{\frac{dp}{dt}}{\frac{dx}{dt}},$$

was mit

$$p = \frac{dy}{dx}, \quad q = \frac{dp}{dx},$$

zusammenfällt, wofern man jetzt unter dx, dy und dp, Differentiale versteht, welche sich auf die unabhängige Veränderliche t beziehen. *)

Nimmt man unter dieser Annahme die Differentiation von p vor, so erhält man

$$q = \frac{dp}{dx} = \frac{dx\,d^2y - dy\,d^2x}{dx^3}.$$

Mit diesen Formeln kann man jetzt die Ausdrücke der Subtangente, der Tangente rc., so wie diejenigen, welche sich auf den Mittelpunkt des Krümmungs-Kreises beziehen, umwandeln, woferne man in ihnen, statt dy und d^2y, die Differential-Coefficienten p und q, eingeführt hat, für welche letzteren man obige Werthe substituirt.

---

*) Man kann auch zu demselben Resultate gelangen, wenn man y als Function wie x, und x als Function von t ansieht; denn unter diesem letzteren Gesichtspunkte hat man (nach §. 9.)

$$\frac{dy}{dt} = \frac{dy}{dx} \times \frac{dx}{dt}, \text{ und folglich}$$

$$p = \frac{dy}{dx} = \frac{\frac{dy}{dt}}{\frac{dx}{dt}}.$$

§. 124.

Man sieht zuerst aus dem Werthe von p, daß sich der Ausdruck der Subtangente, so wie jeder andere, worin nur Differentiale der Ersten Ordnung vorkommen, nicht ändert, und daß

$$PT = \frac{y}{p} \quad (§. 66.)$$

den Ausdruck $y\frac{dx}{dy}$ oder $-y\frac{dx}{dy}$, wenn man auf das Zeichen Rücksicht nimmt (§. 68.) beibehält.

Setzt man für y, dx und dy deren Werthe (§. 122.), so findet man

$$PT = -u \sin(t-m) \frac{du \cos(t-m) - u\,dt \sin(t-m)}{du \sin(t-m) + u\,dt \cos(t-m)}.$$

Dieses Resultat läßt sich sehr vereinfachen, wenn man bemerkt, daß die Lage der Abscissen-Axe, worauf die Distanz PT fällt, willkührlich ist, und daß man folglich m immer so annehmen kann, daß der Bogen QN einem Quadranten gleich wird. In diesem Falle fällt die Ordinate PM mit dem Radius unter AM zusammen, es wird $\cos(t-m) = o$, und $\sin(t-m) = 1$; mithin verwandelt sich PT in

$$AT' = \frac{u^2 dt}{du} \quad (§. 119.)$$

§. 125.

Wenn man in dem Differential

$$dz = \sqrt{dx^2 + dy^2} \quad (§. 64.)$$

eines Bogens einer beliebigen krummen Linie, die auf rechtwinklige Coordinaten bezogen wurde, für dx und dy, deren Werthe in Polar-Coordinaten, substituirt, so findet man

$$dz = \sqrt{du^2 + u^2 dt^2},$$

wie wir im §. 118. für MM′ fanden.

§. 126.

Ich gehe zur Aufsuchung des Krümmungshalbmessers über.

Wenn man die noch auf x bezüglichen Differentiale dy, d^2y durch pdx und $q\,dx^2$ ersetzt, so geht die Formel

$$\gamma = -\frac{(dx^2 + dy^2)^{\frac{3}{2}}}{dx\,d^2y}$$

in

$$\gamma = -\frac{(1+p^2)^{\frac{3}{2}}}{q},$$

über; setzt man hierauf für p und q, deren Werthe in solchen Differentialen, die sich auf die unabhängige Veränderliche t beziehen, so erhält man:

$$\gamma = -\frac{(dx^2+dy^2)^{\frac{3}{2}}}{dx\,d^2y - dy\,d^2x}.$$

Läßt man nun die, in den Werthen von dx und dy im §. 122., befindlichen, dx, dy und du, als Functionen von t, variiren, so findet man

$$d^2x = d^2u\cos(t-m) - 2du\,dt\sin(t-m) - u\,dt^2\cos(t-m),$$
$$d^2y = d^2u\sin(t-m) + 2du\,dt\cos(t-m) - u\,dt^2\sin(t-m);$$

und nimmt man nun auch, wie im §. 124., und aus dem dort angegebenen Grunde, $t-m=90$, an, so erfolgt

$$dx = -u\,dt, \quad dy = du$$
$$d^2x = -2du\,dt, \quad d^2y = d^2u - u\,dt^2,$$

mit welchen Werthen man bald finden wird:

$$„\gamma = \frac{(du^2+u^2dt^2)^{\frac{3}{2}}}{u\,dt\,d^2u - u^2dt^3 - 2du^2dt}“.$$

§. 127.

Wenn man die Polar-Coordinaten gebraucht, so pflegt man die Lage des Mittelpunktes des Osculations-Kreises durch diejenige der Normale und des Abstandes ME zu bestimmen, der sich zwischen dem Punkte M und dem Fuße des aus dem Mittelpunkte F des Osculations-Kreises auf die Gerade AM gefällten Perpendikels befindet, welches der Construction des Krümmungshalbmessers zuweilen Eleganz verschafft.

Wählt man die Linie AM zur Axe der Ordinaten y, so stellt der Theil AE die Ordinate β der Abgewickelten dar (§. 81.), und folglich ist.

$$ME = AM - AE = y - \beta = -\frac{dx^2+dy^2}{d^2y},$$

welcher Ausdruck in folgenden übergeht

$$ME = -\frac{1+p^2}{q},$$

wenn man die auf die Veränderliche x bezüglichen Differentiale dy und d^2y durch p dx und q dx^2 ersetzt; substituirt man hierauf für p und q, deren Werthe in solchen Differentialen, die sich auf die unabhängige Veränderliche t beziehen, so findet man

$$ME = -\frac{dx(dx^2 + dy^2)}{dx\,d^2y - dy\,d^2x},$$

oder endlich, wenn man, für dx, dy, d^2x und d^2y, deren im vorhergehenden §. erhaltene Werthe substituirt:

$$ME = -\frac{u(du^2 + u^2dt^2)}{u\,d^2u - u^2dt^2 - 2du^2}.$$

§. 128.

Zur Anwendung dieser Formeln diene uns die logarithmische Spirale, deren Gleichung

$$t = l\,u$$

ist. *) Differentiirt man, so erfolgt

$$dt = M\frac{du}{u} \text{ (§. 28.), oder}$$

$$\frac{u\,dt}{du} = M,$$

woraus hervorgeht (§. 119.), daß die Tangente, in allen Punkten dieser krummen Linie, denselben Winkel mit dem Radius vector macht.

Differentiirt man von Neuem die Gleichung $dt = M\frac{du}{u}$, indem man dt constant annimmt, so erhält man

$$u\,d^2u - du^2 = o, \text{ weßhalb}$$

$$d^2u = \frac{du^2}{u};$$

substituirt man diesen Werth von d^2u, so wie den obigen von dt, in den Ausdrücken von γ oder MF und von ME, so findet man

$$MF = -\frac{u\sqrt{1+M^2}}{M},\ ME = u = AM.$$

Hieraus folgt, daß die auf den Radius vector AM senkrecht gezogene Gerade AF (Fig. 35.), der Normale MF, im Mittel- Fig. 35.

---

*) Wenn man in dieser Gleichung $t = o$ macht, so erfolgt $u = 1$; mithin geht die krumme Linie durch den Punkt O Fig. 34.; hierauf zei- Fig. 34. gen die, zugleich mit t, wachsenden Werthe von u, daß die krumme Linie außerhalb des Kreises ONG, eine unendliche Anzahl von Umdrehungen macht. Die innern Umdrehungen werden durch die negativen Werthe der t hervorgebracht, welche für die u immer kleinere Werthe geben; es nähert sich demnach die krumme Linie immer mehr dem Pole A, ohne denselben je zu erreichen.

punkte des Osculations-Kreises, oder in dem entsprechenden Punkte der Abgewickelten FZ, begegnen wird.

Diese Abgewickelte wird eine der gegebenen ähnliche Spirale seyn; denn da der Winkel AFM dem Winkel TMA gleich ist, so wird er für alle Punkte der krummen Linie FZ, wie für alle der krummen Linie AX, derselbe seyn.

Man erhält die Gleichung der Abgewickelten, wenn man bemerkt, daß $AF = \sqrt{\overline{MI}^2 - \overline{ME}^2} = \frac{u}{M}$; denn macht man $\frac{u}{M} = u'$, woraus: $u = Mu'$, so erhält man $lu = lM + lu'$, folglich $t = lM + lu'$, welches einerlei ist mit: $t' = lu'$, wenn man $t - lM = t'$, annimmt; allein man muß bemerken, daß $t = ON = ONP - \iota^4$.

Von der Veränderung der unabhängigen veränderlichen Größe, oder wie man das als constant angenommene Differential in ein anderes verwandle, so jenes nicht mehr ist.

§. 129.

Da die, in den §§. 123. und 126., zur Bestimmung des Osculations-Kreises der krummen Linie mit Polar-Coordinaten, angewandte Transformation — welche darin besteht, einen Differential-Ausdruck, der gebildet wurde, indem man y als Function von x ansah, in einen andern zu verwandeln, worin x und y beide als Functionen einer beliebigen dritten Veränderlichen t, die man für unabhängig hält, anzusehen seyen — oft nützlich ist, so wird es zweckmäßig seyn, dieselbe nochmals vorzunehmen, um sie auf beliebige Differential-Ausdrücke auszudehnen.

Der Coefficient $p = \frac{dy}{dx}$ geht alsdann über in

$$p = \frac{\frac{dy}{dt}}{\frac{dx}{dy}} = \frac{dy}{dx} \quad (§. 123.),$$

in welchem letzten Ausdrucke man auch dy und dx als Functionen von t ansehen muß. Beachtet man dieses, so gibt eine neue Differentiation

$$dp = d\left(\frac{dy}{dx}\right) = \frac{dx\,d^2y - dy\,d^2x}{dx^2}:$$

macht man hierauf $dp = q\,dx$, so findet man:

$$q = \frac{1}{dx}\,d\left(\frac{dy}{dx}\right) = \frac{dx\,d^2y - dy\,d^2x}{dx^3}.$$

Verfolgt man diesen Weg weiter, so findet man,

$$dq = d\left[\frac{1}{dx}\,d\left(\frac{dy}{dx}\right)\right] = d\left(\frac{dx\,d^2y - dy\,d^2x}{dx^3}\right)$$

$$= \frac{dx^2\,d^3y - 3\,dx\,d^2x\,d^2y + 3\,dy\,d^2x^2 - dx\,dy\,d^3x}{dx^4},$$

und, nachdem man $dq = r\,dx$ gemacht hat,

$$r = \frac{dx^2\,d^3y - 3\,dx\,d^2x\,d^2y + 3\,dy\,d^2x^2 - dx\,dy\,d^3x}{dx^5}.$$

So lassen sich die Größen p, q, r rc., welche implicite Functionen von x sind, vermittelst der als Functionen von t angesehenen Größen dx, dy, d^2x, rc., ausdrücken; und substituirt man diese Werthe, in irgend einer beliebigen Formel, die so eingerichtet wurde, daß sie bloß die Differential-Coefficienten p, q, r, rc. enthält, so wird jene Formel unter den verlangten allgemeinen Gesichtspunkt gebracht.

§. 130.

Die Ausdrücke von q, r, rc. sind unbestimmt, so lange man zwischen den Veränderlichen x, y und t keine Relation aufstellt; allein aus dem Daseyn einer solchen Relation folgt eine Abhängigkeit zwischen d^2x und d^2y. Denn, da t auch als Function von x und von y angesehen werden kann, so ist dt auch eine Function von jenen Veränderlichen und von deren Differentialen, und die Annahme, daß dt constant ist, zieht die Gleichung $d^2t = o$ nach sich.

Um diese letztere Gleichung zu erhalten, ist es selbst nicht nothwendig, die ursprüngliche Gleichung zwischen x, y und der als unabhängig angesehenen Veränderlichen t zu kennen; es reicht hin, den Ausdruck von dt zu haben.

Wählte man z. B. zu dieser Veränderlichen den Bogen der gegebenen krummen Linie, so hätte man (§. 64.)

$$dt = \sqrt{dx^2 + dy^2};$$

differentiirte man alsdann dx und dy als Functionen von t, so würde die Gleichung, $d^2t = o$, auf

$$dx\,d^2x + dy\,d^2y = o$$

führen, woraus

$$d^2 x = -\frac{dy\, d^2 y}{dx}$$

erfolgte; schaffte man, mit Hülfe dieser Gleichung und ihrer Differentiale, die Differentiale $d^2 x$, $d^3 x$, rc., aus den Ausdrücken von q, r rc., fort, so gelangte man zu der Form dieser letzteren Differential-Coefficienten, wenn x und y, in Folge der Aenderung des Bogens t, variiren, oder wenn man diesen letzten Bogen als die unabhängige Veränderliche ansieht, oder endlich wenn man das Differential desselben als constant ansieht.

Zum Beispiel diene der Ausdruck

$$\gamma = -\frac{(dx^2 + dy^2)^{\frac{3}{2}}}{dx\, d^2 y - dy\, d^2 x} \quad (§. 126.);$$

setzt man, für $d^2 x$, dessen Werth, so erhält man

$$\gamma = -\frac{dx\,(dx^2 + dy^2)^{\frac{1}{2}}}{d^2 y} = -\frac{dx\, dt}{d^2 y},$$

welches Resultat nur noch die Veränderlichen y und t enthalten wird, wenn man dx durch seinen Werth $\sqrt{dt^2 - dy^2}$ ersetzt.

Man kann auch, nach Belieben,

$$dt = dx \text{ oder } dt = dy$$

machen, woraus hervorgeht

$$d^2 x = 0 \text{ oder } d^2 y = 0;$$

mit Hülfe dieser Annahmen macht man abwechselnd x oder y zur unabhängigen Veränderlichen, d. h. betrachtet man y als Function von x, oder x als Function von y. Im ersten Falle ist

$$q = \frac{d^2 y}{dx^2}, \text{ und im zweiten ist } q = -\frac{dy\, d^2 x}{dx^3}.$$

Substituirt man diesen letzten Werth in dem Ausdrucke,

$$\gamma = -\frac{(1 + p^2)^{\frac{3}{2}}}{q} \quad (126.)$$

so verwandelt man denselben unmittelbar in denjenigen, welcher dem Falle entspricht, wo x als Function von y angesehen wird, und welcher folgender ist:

$$\gamma = \frac{(dx^2 + dy^2)^{\frac{3}{2}}}{dy\, d^2 x}.$$

§. 131.

Man kann auch die Differentiale von y, welche gebildet wurden, indem man eine in x und y gegebene Function t zur unabhängigen Veränderlichen annahm, dahin zurückführen, daß sie unmittelbar von x abhangen. Um diesen Zweck zu erreichen, braucht man nur zu bemerken, daß man, wenn man x und y, so wie die Differential-Coefficienten p, q, ꝛc., als Functionen von t ansieht, wie im §. 123, die Gleichungen

$$dy = p\,dx,\quad dp = q\,dx,\quad dq = r\,dx, \text{ꝛc.}$$

hat; und, unter diesem Gesichtspunkt, führt die Gleichung

$$dy = p\,dx,$$

durch die Differentation, auf die folgenden

$$\begin{aligned} d^2y &= dp\,dx + p\,d^2x \\ &= q\,dx^2 + p\,d^2x, \\ d^3y &= dq\,dx^2 + 2q\,dx\,d^2x + dp\,d^2x + p\,d^3x \\ &= r\,dx^3 + 3q\,dx\,d^2x + p\,d^3x, \end{aligned}$$

ꝛc.;

vereinigt man hiemit die Gleichungen

$$d^2t = o,\quad d^3t = o, \text{ꝛc.},$$

welche die Relationen zwischen d^2x, d^3x, ꝛc. und d^2y, d^3y, ꝛc. geben werden, so wird man alles haben, was nothwendig ist, um die einen und die andern aus dem gegebenen Differential-Ausdrucke fortzuschaffen, so daß nur noch die Differential-Coefficienten p, q, r, ꝛc übrig bleiben werden, worin y als unmittelbare Function von x angesehen wird.

Nimmt man, wie oben, an:

$$dt = \sqrt{dx^2 + dy^2},$$

woraus folgt

$$dx\,d^2x + dy\,d^2y = o,$$

so erhält man

$$d^2x = -\frac{dy\,d^2y}{dx} = -p\,d^2y;\quad d^2y = q\,dx^2 - p^2d^2y,$$

und folglich

$$d^2y = \frac{q\,dx^2}{1+p^2},\quad d^2x = -\frac{pq\,dx^2}{1+p^2}.$$

Setzt man den ersten dieser Ausdrücke in

$$\gamma = -\frac{dx\,dt}{d^2y} = -\frac{dx\sqrt{dx^2+dy^2}}{d^2y} = -\frac{dx^2\sqrt{1+p^2}}{d^2y}.$$

so gibt er den Ausdruck

$$\gamma = -\frac{(1+p^2)^{\frac{3}{2}}}{q}$$

wieder, von dem wir im §. 126. ausgiengen.

§. 132.

Die Aenderung der unabhängigen Veränderlichen kann auch geometrisch erklärt werden. Denn es ist klar, daß man, um das in eine beliebige krumme Linie CM einzuschreibende Polygon MM′M″ rc. Fig. 2. näher zu bestimmen, über die Aufeinanderfolge der Winkel dieses Polygons ein bestimmtes Gesetz aufstellen müsse. Ich habe zuerst die Abscissen-Unterschiede PP′, P′P″ rc. gleich angenommen; allein man kann dieses Gesetz durch jedes andere ersetzen, man kann z. B. annehmen, daß die Seiten MM′, M′M″, rc. gleich seyen.

Fig. 2.

Diese verschiedenen Annahmen betreffen im Grunde nur die Darstellung, und führen nur zu besondern Arten, die Differential-Coefficienten zu veranschaulichen; denn ob sich y wegen der Aenderung ändere, die x von freien Stücken erleidet, oder wegen derjenigen, die eine andere Veränderliche t erleidet, wovon x abhängt; darauf kommt es bei den Grenzen, die von den Werthen der Zuwachse unabhängig sind, keinesweges an; auch kann man, wenn man eine Gleichung zwischen x und y differentiirt, indem man zu gleicher Zeit dx und dy variiren läßt, alsdann die Resultate vermittelst der Formeln des §. 129. in Differential-Coefficienten verwandeln, weil, wenn man die Werthe der Differentiale der einen der Veränderlichen einführt, alle diejenigen der andern von selbst verschwinden; man gelangt hierdurch zu demselben Endresultate, als wenn man das eine der ersten Differentiale als constant angenommen hätte; allein die erhaltenen Formeln sind eleganter, weil die beiden Veränderlichen symmetrisch behandelt werden. *)

§. 133.

Nach dem Vorhergehenden kann man immer das System zweier Gleichungen differentiiren, welche drei Veränderliche enthalten, aus welchem System hervorgeht, daß man je zwei dieser Veränderlichen als bestimmte Functionen der dritten ansehen kann. Wenn

$$U = o, \text{ und } V = o$$

zwei Gleichungen zwischen x, y und z bezeichnen, so nimmt man deren aufeinander folgende Differentiale, indem man zu gleicher Zeit die Differentiale derjenigen beiden Veränderlichen variiren läßt, welche man als Functionen der dritten ansieht.

---

*) Man wird über diesen Gegenstand im Ersten Kapitel des „Traité du Calcul différentiel et du Calcul intégral“ ziemlich wichtige Details finden, welche, so viel ich weiß, vor der Bekanntmachung jenes Werks, nirgendwo mitgetheilt sind.

Hätte man die drei Gleichungen

$$U = o, \quad V = o \text{ und } W = o$$

zwischen den vier Veränderlichen t, x, y und z, so würden drei dieser Veränderlichen, weil sie durch die vierte nothwendig bestimmt würden, Functionen dieser vierten seyn, und ihre Differentiale müßten variiren.

Im Allgemeinen muß eine Anzahl m von Gleichungen zwischen $m+1$ Veränderlichen, wodurch m dieser Veränderlichen vermittelst der Einen übrigbleibenden bestimmt werden, so angesehen werden, als enthalte sie nur Functionen dieser letzten Veränderlichen; man muß also bei den wiederholten Differentiationen dieser Gleichungen die Differentiale derjenigen Veränderlichen variiren lassen, welche Functionen der als unabhängig betrachteten Veränderlichen sind, welcher letzteren Differential man als constant annimmt.

§. 134.

Hat man Gleichungen von dieser Art, so kann man daraus immer eine einzige Resultante, zwischen irgend zwei der Veränderlichen, durch ein Verfahren ableiten, welches ich auf zwei Gleichungen mit drei Veränderlichen anwenden will, indem es hierauf leicht seyn wird, dasselbe so weit man will auszudehnen.

Es seyen

$$U = o, \quad V = o$$

diese Gleichungen, die eine von der mten, und die andere von der nten Ordnung, zwischen den Veränderlichen x, y, t und deren Differentialen, woraus man t eliminiren will; die erste kann, außer t, die Differentiale $dt, d^2t, \ldots d^mt$, und die zweite $dt, d^2t, \ldots d^nt$ enthalten. Da man weder die ursprünglichen Gleichungen, noch alle Differentialgleichungen hat, die von einem tieferen Grade sind, als die vorgegebenen, so muß man sich nothwendig neue Gleichungen verschaffen, wenn man die unbekannten Größen dt, d^2t 2c. fortschaffen will; man differentiirt deßhalb n mal die Gleichung $U = o$, und m mal die Gleichung $V = o$. Hierdurch erhält man $m+n$ neue Gleichungen, und zählt man die beiden gegebenen mit, so hat man nun im Ganzen $m+n+2$ Gleichungen: da die zu eliminirenden unbekannten Größen, nämlich $t, dt, d^2t, \ldots d^mt, \ldots d^{m+n}t$ in der Anzahl $m+n+1$ vorhanden sind, so bleibt demnach Eine Endgleichung zwischen x, y und deren Differentialen übrig.

Ist dt constant, so scheint es, als könne man, durch eine Einmalige Differentation der einen der gegebenen Gleichungen, t und dt eliminiren, weil man alsdann drei Gleichungen hätte; allein man muß bemerken, daß die Differentiale d^2x, d^2y, implicite t enthalten, weil man alsdann x und y als Functionen von jener Veränderlichen ansieht, (§. 133); man muß also das Differential einer der beizubehaltenden Veränderlichen als constant annehmen.

Von der Differentation der Gleichungen, welche mehr als Eine unabhängige veränderliche Größe enthalten.

§. 135.

Wenn man nur Eine Gleichung zwischen drei veränderlichen Größen hat, so muß man zuerst nach Belieben die Werthe von zwei dieser Veränderlichen festsetzen, wenn man den Werth der dritten bestimmen will, welche dritte Veränderliche demnach eine Function der beiden Ersten ist. Hat man z. B. die Gleichung

$$x^2 + y^2 + z^2 = a^2$$

so kann man nicht den Werth von z daraus erhalten, wenn man nicht früher der x und der y bestimmte Werthe beigelegt hat; allein es ist wohl zu bemerken, daß, da die Größen x und y durch keine Relation miteinander verbunden sind, die zweite variiren kann, obschon die Erste unverändert bleibt, und umgekehrt.

Es folgt hieraus, daß z auf verschiedene Arten variiren kann, 1) in Folge einer Aenderung, die bloß x, oder bloß y erlitten hat, 2) in Folge dieser vereinigten Umstände. Im ersten Falle, wo die Größe y, oder die Größe x als constant angesehen wird, wird die gegebene Gleichung eigentlich wieder eine Gleichung mit zwei Veränderlichen; so hat man, wenn x allein variirt,

$$x\,dx + z\,dz = o, \text{ oder } x + z\frac{dz}{dx} = o,$$

und wenn y allein variirt,

$$y\,dy + z\,dz = o, \text{ oder } y + z\frac{dz}{dy} = o.$$

Man hat also nach und nach:

$$dz = -\frac{x\,dx}{z},\ dz = -\frac{y\,dy}{z};$$

allein man muß bemerken, daß das erste dieser Differentiale auf die besondere Variabilität der x, und das zweite auf diejenige der y bezogen ist; man drückt dieses dadurch aus, daß man sagt, das eine ist das partielle Differential von z in

Bezug auf x, und das andere ist das partielle Differential von z in Bezug auf y (§. 43.)

Der Sinn der Aufgabe reicht hin, die Verwechselung dieser partiellen Differentiale zu verhindern; übrigens lassen sich dieselben auch dadurch hinlänglich unterscheiden, daß man beachtet, welcher unabhängigen Veränderlichen Differential im Ausdrucke vorkommt.

Die analogen Differential=Coefficienten sind:

$$\frac{dz}{dx} = -\frac{x}{z}, \quad \frac{dz}{dy} = -\frac{y}{z}.$$

§. 136.

Es sey im Allgemeinen

$$u = o$$

eine Gleichung, welche x, y und z enthält; betrachtet man x und y als die beiden unabhängigen Veränderlichen, so wird z eine Function von beiden seyn, und wenn x einen beliebigen Zuwachs bekommen wird, indem y als constant angenommen wird, so wird z eine Veränderung erleiden, die der von x entspricht. In dieser Hypothese muß u = o als eine Gleichung zwischen den beiden Veränderlichen x und z betrachtet werden, und man hat deßhalb (§. 48.)

$$\frac{du}{dx} + \frac{du}{dz}\,\frac{dz}{dx} = o,$$

woraus man denjenigen Differential=Coefficienten von z ableitet, welcher sich auf die Variabilität der x bezieht. Man muß sich hier erinnern, daß gemäß der im §. 135. gemachten Unterscheidung, dz in dem Ausdrucke $\frac{dz}{dx}$, nur das partielle Differential von z in Bezug auf x bedeutet.

Es ist klar, daß, wenn man y variiren läßt, die Differentiation der gegebenen Gleichung, als einer solchen, die nur die beiden Veränderlichen y und z enthält,

$$\frac{du}{dy} + \frac{du}{dz}\,\frac{dz}{dy} = o$$

geben wird.

Multiplicirt man die erste der oben gefundenen Gleichungen mit dx, und die zweite mit dy, und addirt sie alsdann, so erhält man

$$\frac{du}{dx}\,dx + \frac{du}{dy}\,dy + \frac{du}{dz}\left(\frac{dz}{dx}\,dx + \frac{dz}{dy}\,dy\right) = o,$$

allein $\frac{dz}{dx}dx + \frac{dz}{dy}dy$ ist nichts anders, als das vollständige Differential von z (§. 41.): mithin hat man

$$\frac{du}{dx}dx + \frac{du}{dy}dy + \frac{du}{dz}dz = o$$

d. h. man kann das in Bezug auf die drei Veränderlichen x, y, und z genommene Differential der Gleichung u = o gleich Null setzen. Man muß aber wohl festhalten, daß diese Differentialgleichung mit zwei Gleichungen gleichbedeutend ist; denn setzt man in ihr, statt dz, dessen Werth $\frac{dz}{dx}dx + \frac{dz}{dy}dy$, so müssen, wegen der gegenseitigen Unabhängigkeit der Zuwachse dx und dy, die beiden Größen, welche diese letzteren multipliciren, jede für sich gleich Null seyn.

§. 137.

Man gelangt zu den Gleichungen, welche die Differential-Coefficienten der höhern Ordnungen geben, wenn man die Gleichungen

$$\frac{du}{dx} + \frac{du}{dz}\,\frac{dz}{dx} = o\ (X),$$

$$\frac{du}{dy} + \frac{du}{dz}\,\frac{dz}{dy} = o\ (Y),$$

differentiirt. Nimmt man zuerst bloß auf die Aenderung der x Rücksicht, so wird nicht nur z variiren, sondern es wird auch der Differential-Coefficient der Ersten Ordnung $\frac{dz}{dx}$, den der zweiten $\frac{d^2z}{dx^2}$ erzeugen. Differentiirt man also die Gleichung (X) in Bezug auf x und z, so erhält man, wie bei den Gleichungen zwischen zwei Veränderlichen,

$$\frac{d^2u}{dx^2} + 2\frac{d^2u}{dx\,dz}\,\frac{dz}{dx} + \frac{d^2u}{dz^2}\,\frac{dz^2}{dx^2} + \frac{du}{dz}\,\frac{d^2z}{dx^2} = o.\ (XX).$$

Differentiirt man (X) in Bezug auf y und z, oder (Y) in Bezug auf x und z, indem man bemerkt, daß im ersten Falle $\frac{dz}{dx}$, $\frac{d^2z}{dydx}$, und im zweiten Falle $\frac{dz}{dy}$, $\frac{d^2z}{dxdy} = \frac{d^2z}{dydx}$ gibt, so wird man dasselbe Resultat erhalten, nämlich

$$\frac{d^2u}{dxdy} + \frac{d^2u}{dzdy}\,\frac{dz}{dx} + \frac{d^2u}{dzdx}\,\frac{dz}{dy} + \frac{du}{dz}\,\frac{d^2z}{dxdy} + \frac{d^2u}{dz^2}\,\frac{dz}{dx}\,\frac{dz}{dy} = o.\ (XY).$$

Endlich gibt die Gleichung (Y), wenn man sie differentiirt, indem man y und z als die einzigen Veränderlichen ansieht,

$$\frac{d^2u}{dy^2}+2\frac{d^2u}{dydz}\frac{dz}{dy}+\frac{d^2u}{dz^2}\frac{dz^2}{dy^2}+\frac{du}{dz}\frac{d^2z}{dy^2}=o \text{ (YY).}$$

Da der Differential=Coefficienten der Function z, in der zweiten Ordnung, nur drei vorhanden sind, so werden sich dieselben durch die drei Gleichungen bestimmen lassen, welche wir zuletzt erhalten haben:

Man muß bemerken, daß, wenn man die Gleichung (XX) mit dx^2, die Gleichung (XY) mit $dxdy$, *) und die Gleichung (YY) mit dy^2 multiplicirt, und die Produkte addirt, indem man das Aggregat

$$\frac{dz}{dx}dx+\frac{dz}{dy}dy \text{ durch } dz \text{ (§. 41.) und}$$

$$\frac{d^2z}{dx^2}dx^2+2\frac{d^2z}{dxdy}dxdy+\frac{d^2z}{dy^2}dy^2 \text{ durch } d^2z \text{ (§. 44.)}$$

ersetzt, dieselbe Endformel zum Vorschein kommt, als wenn man die Gleichung

$$\frac{du}{dx}dx+\frac{du}{dy}dy+\frac{du}{dz}dz=o$$

differentiirt, indem man in ihr zugleich die Größen x, y, z und dz variiren läßt, und dx nebst dy als constant ansieht, wodurch das zweite vollständige Differential von u, unter der Annahme, daß z Function von x und von y ist, erhalten wird.

§. 138.

Man kann diese Betrachtungen leicht auf jede beliebige Ordnung der Differentiation, oder auf jede beliebige Anzahl von Veränderlichen ausdehnen; denn es kommt immer nur darauf an, zu bestimmen, welche Veränderlichen unabhängig seyn sollen, was nur aus der Natur der Aufgabe zu ersehen ist, die zu der gegebenen Gleichung oder zu den gegebenen Gleichungen geführt hat; hierauf differentiirt man in Bezug auf jede dieser letzten Veränderlichen insbesondere, indem man die übrigen als Functionen derselben behandelt.

---

*) Statt $dxdy$ muß es heißen $2\,dxdy$; denn nur alsdann ergibt sich das gemeinschaftliche Resultat:

$$\frac{d^2u}{dx^2}dx^2+\frac{d^2u}{dy^2}dy^2+\frac{d^2u}{dz^2}dz^2+\frac{du}{dz}d^2z+2\frac{d^2u}{dxdy}dxdy$$
$$+2\frac{d^2u}{dxdz}dxdz+2\frac{du^2}{dydz}dydz=o.$$

Hat man z. B. die beiden Gleichungen

$$u = o, \quad v = o,$$

zwischen den fünf Veränderlichen s, t, x, y und z, so sieht man, daß drei dieser Veränderlichen unabhängig sind. Nehmen wir also an, y und z seyen die beiden abhängigen Veränderlichen, oder sie seyen Functionen von s, von t, und von x, die durch die gegebenen Gleichungen bestimmt sind, so differentiirt man, nach und nach, u und v, in Bezug auf s, auf t, und auf x, wodurch man erhält:

$$\frac{du}{ds} + \frac{du}{dy}\frac{dy}{ds} + \frac{du}{dz}\frac{dz}{ds} = o.$$

$$\frac{du}{dt} + \frac{du}{dy}\frac{dy}{dt} + \frac{du}{dz}\frac{dz}{dt} = o,$$

$$\frac{du}{dx} + \frac{du}{dy}\frac{dy}{dx} + \frac{du}{dz}\frac{dz}{dx} = o.$$

Multiplicirt man diese Gleichungen respective mit ds, dt und dx, addirt sie hierauf, und setzt dy, an die Stelle von

$$\frac{dy}{ds}ds + \frac{dy}{dt}dt + \frac{dy}{dx}dx,$$

und dz, an die Stelle von

$$\frac{dz}{ds}ds + \frac{dz}{dt}dt + \frac{dz}{dx}dx,$$

so erfolgt

$$\frac{du}{ds}ds + \frac{du}{dt}dt + \frac{du}{dx}dx + \frac{du}{dy}dy + \frac{du}{dz}dz = du = o.$$

Ein ähnliches Resultat leitet man aus der Gleichung $v = o$ ab; und es folgt hieraus, daß, wenn man die Gleichungen $u = o$ und $v = o$ in Bezug auf alle Veränderlichen s, t, u, x, y und z differentiirt, und hierauf, an die Stelle von dy und von dz, die Ausdrücke dieser als zu Functionen, von drei Veränderlichen (§. 45.), gehörigen Differentiale substituirt, die Coefficienten der Differentiale der unabhängigen Veränderlichen, jeder insbesondere, gleich Null zu setzen sind.

Betrachtet man die Differential-Coefficienten selbst als neue Functionen der unabhängigen Veränderlichen, so kann das Aufsuchen der höhern Differentiale keine ferneren Schwierigkeiten darbieten; ich werde demnach, mit einigen Bemerkungen über die Elimination von Constanten und Functionen, die Lehre von der Bildung der Differential-Gleichungen beschließen.

§. 139.

Da die Gleichung $u = o$, zwischen x, y und z, zwei Erste Differentiale hat, so ist es klar, daß man aus diesen drei Gleichungen zwei Constanten eliminiren kann, und daß das Resultat eine Relation zwischen den Veränderlichen x, y und z, und zwischen den Differential-Coefficienten $\frac{dz}{dx}$ und $\frac{dz}{dy}$ ausdrücken wird, die von den eliminirten Größen unabhängig ist.

Fügt man zu den vorhergehenden Gleichungen noch die drei der zweiten Ordnung, so wird man sechs Gleichungen haben, woraus sich fünf Größen eliminiren lassen, und so weiter.

§. 140.

Dieses führt zu der wichtigen Bemerkung, daß man, aus einer Gleichung mit drei oder mit noch mehr Veränderlichen, Functionen eliminiren kann, deren Form durchaus unbekannt ist. Man habe z. B. die Gleichung

$$z = f(ax + by),$$

worin das Kennzeichen f eine Function bedeutet, deren Form durchaus unbekannt ist; ich werde hieraus eine Gleichung ableiten, zwischen $\frac{dz}{dx}$ und $\frac{dz}{dy}$, die von jener Function ganz unabhängig ist, und also, sowohl für

$$z = ax + by, \text{ als für}$$
$$z = \sqrt{ax + by}, \text{ als für}$$
$$z = \sin(\sqrt{ax + by}), \text{ und überhaupt für}$$

alle Functionen der Größe $ax + by$ Geltung haben wird, von welcher Form jene auch seyn mögen. Man mache zu diesem Zweck

$$ax + by = t,$$

wodurch die gegebene Gleichung,

$$z = f(t),$$

wird; mithin hat man

$$dz = f'(t)\,dt, \text{ wenn man } \frac{df(t)}{dt} \text{ mit } f'(t)\ ^{*)}$$

bezeichnet; allein:

$$dz = \frac{dz}{dx}dx + \frac{dz}{dy}dy, \text{ und}$$

$$dt = \frac{dt}{dx}dx + \frac{dt}{dy}dy: \text{ mithin ist}$$

---

*) Dieses ist Lagrange's Weise, die Differential-Coefficienten zu bezeichnen, welche bei ihm die derivirten Functionen heißen.

B.

$$\frac{dz}{dx}=f'(t)\frac{dt}{dx} \text{ und } \frac{dz}{dy}=f'(t)\frac{dt}{dy}.$$

Setzt man nun, für $\frac{dt}{dx}$ und $\frac{dt}{dy}$, deren Werthe a und b, und eliminirt hierauf $f'(t)$, so erhält man:

$$b\frac{dz}{dx}-a\frac{dz}{dy}=o.$$

Diese Gleichung bietet ein Kennzeichen dar, um auszumitteln, ob eine gegebene Größe eine Function von $ax+by$ ist, oder nicht. Denn, zufolge ihrer Entstehung, muß sie befriedigt oder identisch werden, so oft man in ihr, für $\frac{dz}{dx}$ und $\frac{dz}{dy}$, deren Werthe substituirt, welche aus der Differentiation irgend einer Function von $ax+by$ entspringen. Ich nehme z. B. an, man kenne den Ursprung des Polynoms,

$$a^2x^2+2axby+b^2y^2,$$

nicht; setzt man dasselbe gleich z, und differentiirt, so findet man

$\frac{dz}{dx}=2a^2x+2aby$, $\frac{dz}{dy}=2abx+2b^2y$; diese in die Gleichung,

$$b\frac{dz}{dx}-a\frac{dz}{dy}=o,$$

gesetzten Werthe von $\frac{dz}{dx}$ und von $\frac{dz}{dy}$ machen dieselbe identisch; folglich schließt man hieraus, daß das durch z bezeichnete Polynom, eine Function von $ax+by$ ist, was übrigens dadurch bewährt wird, daß

$$a^2x^2+2abxy+b^2y^2=(ax+by)^2.$$

Man sieht im Allgemeinen, daß, wenn $u=o$ eine Gleichung zwischen x, y, z und zwischen einer beliebigen durch $f(t)$ bezeichneten Function ist, in welcher letzteren man nur den Bestand von t aus x, aus y und aus z kennt, vermittelst jener Gleichung und ihrer auf x und auf y bezüglichen Diffenrentiale, die Größen $f(t)$ und $f'(t)$ immer eliminirt werden können. *)

*) Wenn $b=a$, so wird $f(ax+by)$ zu $f[a(x+y)]$, mithin zu einer Function des Binoms $x+y$, und die Gleichung $b\frac{dz}{dx}-a\frac{dz}{dy}=o$ verwandelt sich in $\frac{dz}{dx}-\frac{dz}{dy}=o$, welches der Ausdruck der charakteristischen Eigenschaft ist, die im §. 19. benutzt wurde, $f(x+y)$ zu entwickeln. Man findet in dem „Traité etc." in 4to T. I. Kap. II. noch andere Beispiele der Anwendung der partiellen Differential-Gleichun-

Geht man zu der zweiten Ordnung über, so wird die Anzahl der Gleichungen größer, und es ist in vielen Fällen möglich, zwei unbestimmte Functionen zu eliminiren; allein ich werde weder Dieses umständlich, noch Etwas über die Gleichungen mit mehr als drei Veränderlichen vortragen.

Anwendung der Differential-Rechnung auf die Theorie der krummen Oberflächen.

§. 141.

Da jede Gleichung zwischen drei Veränderlichen eine Oberfläche vorstellt, so wählt man, zur Ordinate der Oberfläche, diejenige Veränderliche, welche als durch die beiden andern bestimmt angesehen werden soll. Bezeichnen wir mit x, y und z diese drei Veränderlichen, von denen wir in allem Folgenden voraussetzen, daß sie auf drei aufeinander senkrecht stehende Axen bezogen werden, so wollen wir z zur Ordinate und x nebst y zu Abscissen eines beliebigen Punktes der Oberfläche annehmen, so daß z eine Function von x und y seyn wird.

So wie die Linien durch die Bewegung eines Punktes, so werden die Oberflächen durch die Bewegung von Linien erzeugt. So sind z. B. die Cylinder und Kegel, womit man sich in der Elementar-Geometrie beschäftigt, nur besondere Arten der beiden Familien von Oberflächen, welche durch die Bewegung einer geraden Linie erzeugt werden, die sich immer parallel bleibt, oder durch einen gegebenen Punkt stets hindurchgeht. Um die Bewegung dieser Geraden zu lenken, können wir uns, statt der Kreislinie, die zu den Cylindern und Kegeln führt, eben so wohl einer jeden andern beliebigen und im Raume beliebig gelegenen krummen Linie bedienen; allein es ist sehr merkwürdig, daß man, vermittelst der partiellen Differential-Gleichungen, von der Form jener krummen Linie ganz absehen, und den gemeinschaftlichen Charakter aller Oberflächen, die zu derselben Familie gehören, allgemein ausdrücken kann.

Denn nehmen wir zuerst an, daß alle erzeugenden Geraden unter einander parallel seyn sollen, so müssen in ihre Gleichungen

$$y = ax + \alpha,\quad y = bx + \beta \quad \text{(Trig. ꝛc. §. 181.)},$$

---

gen auf die Entwickelung von Functionen, und namentlich die Formel, welche das Theorem von Lagrange heißt.

die Coefficienten a und b constant seyn, und die Größen α und β zugleich variiren, so daß die eine von ihnen eine Function der andern ist; denn, wenn die erste von ihnen (α) gegeben ist, so ist die projicirende Ebene der ereugenden geraden Linie, die sich auf die Ebene xy bezieht, auch gegeben; allein der Durchschnitt jener projicirenden Ebene durch die krumme Linie, welche die Bewegung der erzeugenden geraden Linie leitet, bestimmt diese Letztere vollends, mithin auch β. *) Man hat demnach

$$y = ax + \alpha, \quad z = bx + \varphi(\alpha),$$

wo φ eine Function ist, deren Form von den Gleichungen der leitenden krummen Linie abhangt; allein, da die erste dieser Gleichungen,

$$\alpha = y - ax,$$

gibt, so erfolgt daraus,

$$z - bx = \varphi(y - ax).$$

Macht man hier $b = 0$, so erhält man

$$z = \varphi(y - ax),$$

welche Gleichung mit derjenigen des §. 140. zusammenfällt.

Eliminirt man in dem allgemeinen Falle φ, nachdem man,

$$dz = pdx + qdy,$$

gemacht hat, so erhält man:

$$„p + aq = b“.$$

§. 142.

Wenn die erzeugenden Geraden alle durch denselben Punkt gehen müssen, dessen Coordinaten α, β, γ seyn sollen, so werden ihre Gleichungen jetzt folgende seyn:

$$y - \beta = a(x - \alpha), \quad z - \gamma = b(x - \alpha),$$

und nun variiren zugleich die beiden Coefficienten a, und b, so bald die erzeugende Gerade ihre Lage ändert; man muß deßhalb $b = \varphi(a)$ setzen, welches gibt:

$$a = \frac{y - \beta}{x - \alpha}, \text{ und } \frac{z - \gamma}{x - \alpha} = \varphi\left(\frac{y - \beta}{x - \alpha}\right),$$

worauf die Elimination der Function zu folgendem Resultate führt:

$$„z - \gamma = p(x - \alpha) + q(y - \beta)“.$$

---

*) Oder auch auf folgende Art. Es seyen $y' = \psi(x')$, und $z' = \pi(x')$ die Gleichungen der leitenden krummen Linie; setzt man $x = x'$, so muß auch $y = y'$, $z = z'$ und folglich $ax' + \alpha = \psi(x')$ und $bx' + \beta = \pi(x')$ seyn; mithin führt die Elimination von x', aus den beiden letzten Gleichungen, auf eine Gleichung zwischen α und β.

§. 143.

Man sieht auch noch bald ein, daß wenn sich eine beliebige ebene krumme Linie um die Axe der z dreht, ein jeder ihrer Punkte einen Kreis beschreiben wird, der seinen Mittelpunkt in jener Axe, und zum Halbmesser, die auf dieselbe Axe bezogene Ordinate der erzeugenden krummen Linie, hat, so wie, daß der Halbmesser jenes Kreises, mit der Distanz dieses Letzteren von der Ebene xy, d. i. mit z, zugleich variirt. Stellt man demnach die Gleichung des Kreises auf:

$$x^2 + y^2 = a^2,$$

so muß a als eine Function von z angesehen werden, und umgekehrt, woraus folgt:

$$x^2 + y^2 = \varphi(z), \text{ oder}$$

$$z = \psi(x^2 + y^2),$$

wenn ψ eine der φ entgegengesetzte Function bedeutet. Eliminirt man nun noch ψ, so findet man die Gleichung:

$$„py - qx = o“,$$

welche den Charakter der auf die oben erwähnte Art erzeugten Oberflächen ausdrückt, wenn die Kugelfläche nur ein besonderer Fall ist, und welche Umdrehungs-Flächen genannt werden. Um dieselben unter dem allgemeinsten Gesichtspunkte zu betrachten, müßte man der Axe, um welche sich die erzeugende krumme Linie herumdreht, eine ganz beliebige Lage zukommen lassen.

Wir haben in dem Ausdrucke der Familien von Oberflächen, die wir bisher betrachteten, nur eine einzige willkührliche Function einzuführen nöthig gehabt; wir würden deren mehr brauchen, wenn bei der Bewegung, oder bei der verlangten Beschaffenheit der erzeugenden Linien, mehr Bedingungen zu erfüllen wären; allein wir können diesen Gegenstand hier nur andeuten. Indessen werden wir dennoch bald Gelegenheit haben, noch eine Klasse von merkwürdigen Oberflächen kennen zu lernen, von jenen nämlich, welche sich, wie die Cylinder und Kegel, ohne zu zerreißen, und ohne Falten zu werfen, auf eine Ebene ausdehnen lassen, und deßhalb abwickelbare Oberflächen genannt werden (§. 161).

Endlich wäre auch das Verfahren zu zeigen, wie man in Folge einer gegebenen Bedingung die Form der willkührlichen Functionen modificiren könne, welche in den ursprünglichen Gleichungen von Familien von Oberflächen enthalten sind; allein, da der vorzüglichste Gebrauch jenes Verfahrens der Integral-Rechnung eigen ist, so werde ich dasselbe nach der Lehre der Integration der partiellen Differential-Gleichungen vortragen.

§. 144.

Betrachten wir jetzt die verschiedenen Arten von einem Punkte einer beliebigen Oberfläche zu einem andern überzugehen.

Wenn x allein variirt und x + h wird, so geht man vom Fig. 36. Punkte M Fig. 36. zum Punkte m über, der sich in dem Durchschnitte QMm befindet, den eine, durch den Punkt M, mit xz parallel geführte Ebene bildete, und die Ordinate m'm dieses Durchschnittes hat zur Entwickelung die Reihe

$$z + \frac{dz}{dx}\frac{h}{1} + \frac{d^2z}{dx^2}\frac{h^2}{1.2} + \frac{d^3z}{dx^3}\frac{h^3}{1.2.3} + \text{rc.}$$

Verwandelt sich y in y + k, und x bleibt constant, so geht man zum Punkte n über, der sich in dem Durchschnitte PMn befindet, den eine, ebenfalls durch den Punkt M, mit yz parallel geführte Ebene bildete, und die Ordinate n'n dieses Durchschnittes hat zur Entwickelung die Reihe

$$z + \frac{dz}{dy}\frac{k}{1} + \frac{d^2z}{dy^2}\frac{k^2}{1.2} + \frac{d^3z}{dy^3}\frac{k^3}{1.2.3} + \text{rc.}$$

Läßt man x und y zu gleicher Zeit variiren, so geht man vom Punkte M zu einem beliebigen Punkte N über, und zwar auf zwei verschiedene Arten, nämlich, indem man, statt y, y + k in der ersten, oder indem man, statt x, x + h in der zweiten obigen Entwickelung substituirt. Vermöge der einen Operation geht man, von der Ordinate m'm, zu der Ordinate N'N im Durchschnitte pmN, und, vermöge der andern, von der Ordinate n'n, zu der Ordinate N'N in dem Durchschnitte qnN über. Es ist einleuchtend, daß sich diese beiden Durchschnitte im Punkte M treffen müssen, weil die gegebene Oberfläche sonst nicht stetig seyn würde; es müssen demnach die in §§. 39. und 40 aufgeführten Resultate identisch seyn: die Gleichung

$$\frac{d^2z}{dx\,dy} = \frac{d^2z}{dy\,dx},$$

welche allein jene Identität bewirkt, ist also nur der Ausdruck des Gesetzes der Stetigkeit.

Da wir die Reihe

$$z + \frac{dz}{dx}h + \frac{dz}{dy}k$$
$$+ \tfrac{1}{2}\left(\frac{d^2z}{dx^2}h^2 + 2\frac{d^2z}{dx\,dy}hk + \frac{d^2z}{dy^2}k^2\right)$$
$$+ \text{rc.},$$

welche die Entwickelung desjenigen Werthes von z enthält, welcher x + h nebst y + k entspricht, besonders zu betrachten haben, so wollen wir dieselbe, der Abkürzung halber, durch

$$z + ph + qk + \tfrac{1}{2}(rh^2 + 2shk + tk^2) + \text{x.}$$

vorstellen, indem wir annehmen:

$$p = \frac{dz}{dx},\ q = \frac{dz}{dy},\ r = \frac{d^2z}{dx^2},\ s = \frac{d^2z}{dx\,dy},\ \text{und}\ t = \frac{d^2z}{dy^2};$$

dann bemerken wir, daß das Verhältniß

$$\frac{k}{h} = \frac{N'm'}{M'm'} = \text{tang}\ N'M'm',$$

welches die Richtung der M′N′ in Bezug auf die Axen der x und der y bestimmt, demnach diejenige der Ebene M′MNN′ kennen lehrt, welche auf der Ebene ABC senkrecht steht, und die gegebene Oberfläche gemäß MN durchschneidet.

§. 145.

Es folgt aus den vorhergehenden Betrachtungen und aus demjenigen, was in §. 136. gesagt wurde, daß, wenn

$$u = 0,$$

die Gleichung einer krummen Oberfläche vorstellt, die Differential-Gleichungen

$$\frac{du}{dx} + \frac{du}{dz}\frac{dz}{dx} = 0 \ \text{und}\ \frac{du}{dy} + \frac{du}{dz}\frac{dz}{dy} = 0$$

respective den beiden Durchschnitten QMm und PMn zugehören werden; die Coordinate y wird in der ersten nur als eine Constante vorkommen, welche die Lage der durchschneidenden Ebene bestimmt: eben so wird es sich in der zweiten mit der Coordinate x verhalten. Man muß nicht das dz der einen dieser beiden Gleichungen, mit demjenigen der andern verwechseln, weil beide dz nur partielle Differentiale sind (§. 135.).

Da das vollständige Differential, oder der Inbegriff der Glieder der Ersten Ordnung, folgenden Ausdruck hat

$$dz = \frac{dz}{dx}dx + \frac{dz}{dy}dy = p\,dx + q\,dy,$$

so ist $dz = p\,dx$ das Differential der Ordinate in dem Durchschnitte, welcher mit der Ebene xz parallel ist, und ähnlicherweise ist $dz = q\,dy$ das Differential der Ordinate in demjenigen Durchschnitte, welcher mit der Ebene yz parallel ist.

Verlangt man das Differential der Ordinate in demjenigen Durchschnitte, welcher durch eine beliebige, auf der Ebene xy senkrechte, schneidende Ebene M′MNN′ gebildet wird, so wird die Gleichung dieser letzten Ebene, die zugleich die des gemeinsamen Durchschnittes M′N′ ist, weil sie die Form

$$y = \alpha x + \beta$$

hat (Trig. &c. §. 176.), eine Abhängigkeit unter die Coordinaten x und y bringen; man darf alsdann nicht mehr die eine ohne die andere variiren lassen, und z kann nur auf Eine Art variiren: man muß nämlich alsdann das vollständige Differential $dz = p\,dx + q\,dy$ gebrauchen, indem man bemerkt, daß die Gleichung der schneidenden Ebene,

$$dy = \alpha\,dx,$$

gibt, wodurch man also erhält:

$$dz = (p + \alpha q)\,dx.$$

Dieses Beispiel bietet die geometrische Erklärung desjenigen dar, welches man in §. 46., rücksichtlich des Gebrauches der vollständigen Differentiale, liest. Nimmt man nämlich eine Abhängigkeit zwischen den beiden Veränderlichen x und y an, so stellt man die Richtung fest, in welcher man von einem Punkte der gegebenen Oberfläche zu einem andern übergeht; denn wäre der Durchschnitt MN nicht durch eine auf xy senkrechte Ebene gebildet worden, und hätte also eine krumme Linie zu seiner Projection auf xy, so würde M′N′ die Projection auf xy derjenigen Geraden seyn, welche den Durchschnitt MN in M berührte.

§. 146.

Die erste Bemerkung, die sich hier darbietet, besteht darin, daß die Grenze des Verhältnisses

$$\frac{NN' - MM'}{M'N'},$$

welche die trigonometrische Tangente desjenigen Winkels gibt, den die, den durch die Ebene M′MNN′ gebildeten Durchschnitt, im Punkte M, berührende Gerade mit ihrer Projection M′N′ bildet (§. 58.), die Neigung jenes Durchschnittes gegen die Ebene xy mißt, und folglich den Abfall der Oberfläche in der Richtung MN anzeigt. Um aber jene Grenze zu erhalten, müssen wir

$$NN' - MM' \text{ und } M'N' = \sqrt{\overline{M'm'}^2 + \overline{N'm'}^2}$$

durch die entsprechenden Differentiale

$$dz = dx(p + \alpha q) \text{ und } \sqrt{dx^2 + dy^2}$$

ersetzen, wodurch die gesuchte Grenze folgende wird:

$$\frac{p + \alpha q}{\sqrt{1 + \alpha^2}},$$

Dieses vorausgesetzt, kann gefragt werden, welches die Lage der schneidenden Ebene M′MNN′ seyn müsse, damit obiger

Ausdruck, welcher zugleich mit dem Winkel N'M'm', dessen Tangente $= \alpha$, variirt, ein Maximum werde. Um diese Aufgabe zu lösen, muß man jenen Ausdruck, in Bezug auf α, differentiiren, und das Resultat gleich Null setzen (§. 101.); man findet alsdann:

$$\frac{q - p\alpha}{(1 + \alpha^2)^{\frac{3}{2}}} = o, \; q - p\alpha = o, \; \alpha = \frac{q}{p},$$

und setzt man, für α, dessen Werth $\frac{dy}{dx}$, so entsteht die Differentialgleichnng

$$\text{„}q\,dx - p\,dy = o\text{“},$$

welche in Verbindung mit derjenigen der Oberfläche,

$$dz = p\,dx + q\,dy,$$

die Richtung bestimmen wird, in welcher die Punkte auf einander folgen müssen, wenn man vom Punkte M aus durch die am meisten gegen die Ebene xy geneigten Bogen nach dieser letzten Ebene hinuntersteigen will, — oder welche die Linie des größten Abfalls vom Punkte M nach der Ebene xy kennen lehrt. Diese Linie, welche im Allgemeinen krumm seyn wird, kommt oft in den Bau-Künsten vor.

§. 147.

Kommen wir nun zu den Osculationen der Oberflächen. Es mögen zwei dieser Letzteren durch einen und denselben Punkt gehen, dessen Coordinaten x, y, z seyen, und wenn sich x in $x + h$ so wie y in $y + k$ verwandelt, so möge die Gleichung der ersten Oberfläche,

$$z + ph + qk + \tfrac{1}{2}(rh^2 + 2shk + tk^2) + \text{etc.},$$

und diejenige der zweiten,

$$z + Ph + Qk + \tfrac{1}{2}(Rh^2 + 2Shk + Tk^2) + \text{etc.},$$

geben. Alsdann wird der Abstand der beiden Oberflächen, im Sinne der Ordinate z, beim zweiten betrachteten Punkte, folgender seyn:

$$(p - P)h + (q - Q)k$$
$$+ \tfrac{1}{2}\left\{(r - R)h^2 + 2(s - S)hk + (t - T)k^2\right\}$$
$$+ \text{etc.},$$

welche Reihe man convergent machen kann, wenn h und k sehr klein sind, und deren Werth stets abnehmen wird, wenn sie nach und nach die Glieder der ersten, der zweiten etc. Linie verlieren soll.

Stellt man hier ähnliche Betrachtungen an, wie in §. 75. über die krummen Linien, so überzeugt man sich bald, daß eine dritte Oberfläche, bei welcher jene Glieder nicht verschwänden, in der nächsten Umgebung ihres gemeinschaftlichen Punktes, außerhalb jener beiden andern Oberflächen fallen würde.

Hat man

$$p - P = o, \quad q - Q = o,$$

so berühren sich die beiden ersten Oberflächen, und ihre Berührung ist von der Ersten Ordnung. Die Berührung ist von der zweiten Ordnung, wenn man zu gleicher Zeit,

$$r - R = o, \quad s - S = o, \quad t - T = o,$$

hat, ꝛc.

§. 148.

Nimmt man nun an, die zweite Oberfläche enthalte eine gewisse Anzahl von unbestimmten Constanten, so kann man diese Letzteren dazu gebrauchen, die ersten Glieder des Abstandes der beiden Oberflächen verschwinden zu machen, und also die Berührung derselben von der höchsten möglichen Ordnung d. i. eine Osculation zu Wege zu bringen.

Bezeichnet man die Coordinaten der zweiten Oberfläche mit x', y', z', so ist die Erste aufzustellende Bedingung diejenige, daß, nach der Verwandlung von x' in x, und von y' in y, in der Gleichung jener Oberfläche, die durch $V' = o$ dargestellt werden soll, hieraus,

$$z' = z,$$

hervorgehe, damit beide Oberflächen einen gemeinschaftlichen Punkt haben können.

Vertauscht man hierauf die Buchstaben

$$p, q, r, s, t, ꝛc., P, Q, R, S, T, ꝛc.,$$

mit den Differential-Coefficienten, die sie darstellen, so werden die im vorhergehenden § aufgestellten Bedingungen werden:

$$\frac{dz'}{dx'} = \frac{dz}{dx}, \quad \frac{dz'}{dy'} = \frac{dz}{dy},$$

wenn eine Berührung von der Ersten Ordnung Statt finden soll, und überdieß noch:

$$\frac{d^2 z'}{dx'^2} = \frac{d^2 z}{dx^2}, \quad \frac{d^2 z'}{dx' dy'} = \frac{d^2 z}{dx dy}, \quad \frac{d^2 z'}{dy'^2} = \frac{d^2 z}{dy^2},$$

wenn eine Berührung von der zweiten Ordnung Statt finden soll, ꝛc. wodurch also verlangt wird, daß die partiellen Differentiale der Gleichung $V' = o$, der Ersten, dann der zweiten ꝛc. Ordnung, befriedigt werden, wenn man x', y', z' und deren Differentiale, in x, y, z und deren Differentiale verwandelt.

§. 149.

Wenden wir das Vorhergehende zunächst auf die Ebene an indem wir, für $V' = o$, die Gleichung

$$z' = Ax' + By' + D \text{ (Trig. ꝛc. §. 176.)}$$

annehmen; da hier nur drei Constanten vorkommen, so kann man nur die drei Bedingungen einer Berührung von der Ersten Ordnung erfüllen. Die erste von ihnen gibt:

$$z' = z = Ax + By + D,$$

und die beiden andern geben:

$$\frac{dz'}{dx'} = A = \frac{dz}{dx}, \quad \frac{dz'}{dy'} = B = \frac{dz}{dy}.$$

Hieraus folgt zuerst

$$z = \frac{dz}{dx} x + \frac{dz}{dy} y + D,$$

und zieht man diese Gleichung von derjenigen der Ebene ab, so erhält man:

$$z' - z = \frac{dz}{dx}(x' - x) + \frac{dz}{dy}(y' - y),$$

oder:

$$\text{„}z' - z = p(x' - x) + q(y' - y)\text{“},$$

die Gleichung der die erste Oberfläche in dem Punkte (x, y, z) berührenden Ebene.

Man kann diese Ebene auch noch aus der Bedingung ableiten, daß sie alle Tangenten aller, in dem Punkte M, zu bildenden Durchschnitte enthalten muß; denn für diese Tangenten hat man,

$$dz = (p + \alpha q)\, dx \text{ (§. 145.)},$$

und macht man $dy = \alpha dx$, so gibt die Gleichung der Ebene,

$$dz' = A dx' + B dy' = dx(A + \alpha B),$$

welches Resultat mit obigem, für jedes beliebige α, identisch ist, wofern

$$A = p, \text{ und } B = q.$$

§. 150.

Die auf der berührenden Ebene, in dem Punkte, wo sie die Oberfläche berührt, senkrechte Gerade, heißt Normale. Die Gleichungen der Normale sind, zufolge derjenigen der berührenden Ebene, (nach Trig. ꝛc. §. 182.), folgende:

$$\text{„}x' - x + p(z' - z) = 0\text{“}$$

$$\text{„}y' - y + q(z' - z) = 0\text{“}.$$

Der Abstand, des auf der Oberfläche betrachteten Punktes, von einem beliebigen Punkt auf der Normale, ist, nach den obigen Gleichungen:

$$\sqrt{(x'-x)^2 + (y'-y)^2 + (z'-z)^2} = z' - z\sqrt{1 + p^2 + q^2}.$$

Macht man hier $z' = o$, so gibt das Resultat,

$$- z \sqrt{1 + p^2 + q^2},$$

die Länge desjenigen Theils der Normale, welcher zwischen der gegebenen Oberfläche und der Ebene $x y$ befindlich ist.

§. 151.

Da, der Bedingungen einer Berührung von der zweiten Ordnung, sechs sind (§. 148.), so können dieselben nicht immer durch die Kugel befriedigt werden, weil die allgemeine Gleichung dieser Letzteren nur vier Constanten enthält, nämlich den Halbmesser und die drei Coordinaten des Mittelpunktes (Trig. ꝛc. §. 184.): es kann die Kugel demnach nicht in jedem Sinne dieselbe Krümmung haben, wie die gegebene Oberfläche. Um diese Krümmung zu messen, muß man zwei verschiedene Krümmungs-Kreise anwenden, die Euler zuerst bestimmt hat, und zu denen später Monge durch sehr elegante Betrachtungen gelangt ist, die ich jetzt vortragen will.

Man hat im §. 80. gesehen, daß die Punkte der Abgewickelten, oder die Mittelpunkte der Krümmungs-Kreise einer krummen Linie, die Grenzen der Durchschnitte der Normalen sind; dehnen wir diese Definition auf die Oberflächen aus, indem wir die Grenzen der Durchschnitte ihrer aufeinander folgenden Normalen suchen, und nehmen wir daher wiederum die im vorhergehenden § gefundenen Gleichungen

$$x' - x + p(z' - z) = o \quad (a)$$
$$y' - y + q(z' - z) = o \quad (b)$$

auf. Die Größen x, y, z, p und q, welche sich auf den Punkt der Oberfläche beziehen, welchen wir betrachten, sind für dieselbe Normale constant, allein sie ändern ihren Werth, wenn man zu einer zweiten Normale übergeht; weil dieser Uebergang aber in unendlich vielen Richtungen vor sich gehen kann, nämlich vom gegebenen Punkte aus nach allen Punkten, die ihn umgeben, so muß man zu gleicher Zeit x, y und z variiren lassen, und da man nur den Durchschnittspunkt den ersten und der zweiten Normale sucht, so betrachtet man die diesem letzteren Punkte zugehörigen Coordinaten x', y', z' als constant.

Differentiirt man demnach die Gleichungen (a) und (b), und setzt

$dp = r dx + s dy$, und $dq = s dx + t dy$ (§§. 144. u. 45.), so findet man,

$$- dx - p^2 dx - pq dy + (z' - z)(r dx + s dy) = o \ldots (c)$$
$$- dy - q^2 dy - pq dx + (z' - z)(s dx + t dy) = o \ldots (d)$$

Allein da die Gleichungen (a) und (b) die Werthe von $x'-x$ und $y'-y$ geben, wenn derjenige von $z'-z$ bekannt ist, so müssen auch die Gleichungen (c) und (d), in der Bestimmung dieses Letzteren, übereinstimmen, wenn die gegebene Aufgabe eine Auflösung zulassen soll, d. h. man muß haben:

$$\frac{dx+p^2dx+pqdy}{rdx+sdy}=\frac{dy+q^2dy+pqdx}{sdx+tdy},$$

woraus eine Relation zwischen dx und dy, so wie dieses hervorgeht, daß die zweite Normale nur dann der ersten begegnen kann, wenn der Punkt, worauf sich die zweite bezieht, in einer Richtung liegt, die durch denjenigen Werth von $\frac{dy}{dx}$ festgestellt wird, welcher aus letzterer Gleichung entspringt. Macht man aber in dieser Gleichung

$$dy=mdx,$$

und ordnet nach m, so geht dieselbe über in:

$$[(1+q^2)s-pqt]m^2+[(1+q^2)r-(1+p^2)t]m-$$
$$[(1+p^2)s-pqr]=0\ldots.(e),$$

welche Gleichung für m zwei Werthe gibt; es finden sich also im Allgemeinen, bei jedem Punkte einer Oberfläche, nur zwei Richtungen, in denen sich zwei aufeinander folgende Normalen schneiden, und deshalb in derselben Ebene befinden.

Eine einfache Coordinaten-Verwandlung reicht hin, den zwischen jenen beiden Richtungen auf der Oberfläche Statt findenden Zusammenhang klar an den Tag zu legen. Es ist nämlich einleuchtend, daß man die Ebene xy mit derjenigen Ebene zusammenfallen lassen kann, welche die Oberfläche an dem gegebenen Punkte berührt, ohne daß dadurch die gegenseitige Lage der Oberfläche und ihrer Normalen geändert würde; aber alsdann ist:

$$x=0,\ y=0,\ \text{und}\ z=0,$$

und in der Gleichung der berührenden Ebene muß

$$z'=0$$

seyn, was auch x' und y' seyn mögen, weshalb

$$p=0\ \text{und}\ q=0$$

seyn muß. Hierdurch wird die Gleichung (e) zur folgenden:

$$sm^2+(r-t)m-s=0,\ \text{oder}\ m^2+\frac{(r-t)}{s}m-1=0.$$

Nennt man die Wurzeln der letztern Gleichung m' und m'', so hat man

$$m'm''=-1;$$

und da gegenwärtig alle Geraden, welche die gegebene Oberfläche im Punkte M Fig. 37. berühren, mit ihrer Projection, auf die

Ebene xy, zusammenfallen, so stellen m' und m'' die Tangenten derjenigen Winkel dar, die die Geraden, welche die Richtungen angeben, auf denen man die einander schneidenden Normalen findet, mit der Axe der x bilden, folglich sind jene Richtungen aufeinander senkrecht. *)

§. 152.

Man sieht auch, daß wenn man, durch die Axe der z, welche gegenwärtig mit der Normale MG zusammenfällt, und durch jede der den Werthen m' und m'' entsprechenden Tangenten MN' und Mn', Ebenen hindurchlegt, dieselben die gegebene Oberfläche gemäß zwei krummen Linien durchschneiden werden, deren Osculations-Kreise auch diejenigen der Oberfläche seyn werden, weil sie zwei Normalen mit der Letzteren gemein haben, während alle andere krumme Linien nur Eine solche gemeinschaftliche Normale haben.

Mit den Halbmessern dieser Kreise werden die Krümmungen der gegebenen Oberfläche gemessen; ihr Ausdruck ist aber offenbar derjenige des Abstandes,

$$\sqrt{(x'-x)^2+(y'-y)^2+(z'-z)^2},$$

des fraglichen Punktes der Oberfläche von dem Durchschnittspunkte der Normalen. Substituirt man die aus den Gleichungen (a) und (b) gezogenen Werthe von $x'-x$ und $y'-y$, so findet man

$$(z'-z)\sqrt{1+p^2+q^2},$$

worin man nur noch, für $z'-z$, dessen aus einer der Gleichungen (c) und (d) gezogenen Werth zu substituiren hat. Allein man gelangt zu einem von m unabhängigen Ausdrucke, wenn man zuerst $\frac{dy}{dx}$ aus jenen beiden Gleichungen eliminirt, wodurch man erhält:

$$\frac{-(1+p^2)+(z'-z)r}{pq-(z'-z)s}=\frac{pq-(z'-z)s}{-(1+q^2)+(z'-z)t},$$

dann

$$(z'-z)\sqrt{1+p^2+q^2}=\delta$$

setzt, weßhalb

$$z'-z=\frac{\delta}{\sqrt{1+p^2+q^2}},$$

---

*) Es würde m unbestimmt bleiben, wenn man überdieß, $s=o$, und $r-t=o$, hätte, welches bei der Kugel Statt findet, deren sämmtliche Normalen durch ihren Mittelpunkt gehen, den man hier in der Axe der z annimmt.

und hierauf diesen Werth von $z'-z$ substituirt. Denn schafft man alsdann die Nenner fort, und ordnet nach δ, so erhält man die Gleichung:

$$„(rt-s^2)\delta^2-[(1+p^2)t-2pqs+(1+q^2)r]\delta\sqrt{1+p^2+q^2}+(1+p^2+q^2)^2=0“ \quad (f),$$

deren Wurzeln die Halbmesser der beiden Osculations-Kreise sind.

Da die in Function der Coordinaten x, y und z gegebenen Werthe von m, bei jedem Punkt der gegebenen Oberfläche, zugleich mit jenen Coordinaten variiren, so erfolgen daraus die beiden Differential-Gleichungen,

$$dy=m'dx, \quad dy=m''dx,$$

welche auf der Ebene xy zwei krumme Linien bestimmen, die durch den Punkt M' Fig. 31. gehen, und die Projectionen derjenigen sind, die man auf der Oberfläche verfolgen muß, um einander schneidende Normalen zu finden.

Jeder Punkt M der gegebenen Oberfläche befindet sich auf zwei solchen krummen Linien; diejenige von diesen Letzteren, welche dem kleinsten der Werthe von δ entspricht, heißt die Linie der größten Krümmung, und die andere die Linie der kleinsten Krümmung.

Wenn die Werthe von δ dasselbe Zeichen haben, so sind jene beiden krummen Linien in demselben Sinne gekrümmt, so wie in entgegengesetztem, wenn die Zeichen der δ verschieden sind.

Endlich, wenn man x, y, z und m, zwischen der Gleichung der gegebenen Oberfläche, und zwischen den Gleichungen (b), (c), (d) und (e) (§. 151.), eliminirt, so erhält man, durch die Coordinaten x', y' und z', die Gleichung derjenigen Oberfläche, welche der Ort aller Mittelpunkte der Krümmungs-Kreise der gegebenen Oberfläche ist, und welche im Allgemeinen aus zwei Theilen bestehen wird, wovon der eine alle Mittelpunkte der größten Krümmung, und der andere alle Mittelpunkte der kleinsten Krümmung enthalten wird. *)

---

*) Man wird im B. I. des „Traité etc.“ in 4to S. 580. die Formel finden, welche dazu dient, vermittelst jener Krümmungen, diejenige eines durch eine beliebige Ebene gebildeten Durchschnittes der Oberfläche zu finden.

Von den besondern Punkten der krummen Oberflächen, und von den Maximis und Minimis der Functionen von mehreren Veränderlichen.

§. 153.

Die krummen Oberflächen bieten in ihrem Laufe nicht nur, in begrenzter Anzahl vorhandene, und genau von einander unterschiedene, besondere Punkte dar, sondern diese Punkte bilden hier zuweilen stetige Folgen, die man besondere Linien nennen könnte. Die einen wie die andern Punkte entsprechen besondern Werthen der Differential-Coefficienten der Ordinate der Oberfläche, die denjenigen analog sind, die uns zur Bestimmung der besondern Punkte der krummen Linien geführt haben. Allein um einen Begriff von der Form einer Oberfläche zu gewinnen, reicht es nicht hin, einzelne Punkte derselben zu suchen; sondern man muß, wie bei ihrer Construction, einen Inbegriff von solchen Durchschnitten auffassen, die durch Ebenen oder Flächen gebildet werden, welche einem festen und bestimmten Gesetze unterworfen sind.

So läßt sich erkennen, in welchem Punkte einer Oberfläche, ihre Ordinate ein Maximum oder ein Minimum d. h. größer oder kleiner ist, als alle diejenigen, welche, in jeder beliebigen Richtung genommen, sie unmittelbar umgeben. Denn es muß alsdann, in allen Durchschnitten, welche die verschiedenen durch jene Ordinate gehenden Ebenen auf der gegebenen Oberfläche bilden, ein Maximum oder Minimum vorhanden seyn. Nimmt man aber, für einen dieser Durchschnitte, die Gleichung

$$dy = \alpha dx$$

an, so wird der Ausdruck des Differential-Coefficienten der, als Ordinate dieses Durchschnittes betrachteten z, folgender seyn:

$$\frac{dz}{\sqrt{dx^2+dy^2}} = \frac{p+\alpha q}{\sqrt{1+\alpha^2}} \quad (\S.\ 146.),$$

der demnach, ohne Rücksicht auf die möglichen Werthe von α, Null oder unendlich groß werden muß (§. 101.), wenn bei jeder beliebigen Lage der durchschneidenden Ebene ein Maximum oder Minimum vorhanden seyn soll.

Die Bedingungen des Ersten Falles werden also seyn:

$$p = o, \quad q = o, \text{ oder}$$

$$„\frac{dz}{dx} = o, \ \frac{dz}{dy} = o“,$$

welche die Kenntniß der Abscissen des gesuchten Punktes vermitteln werden; allein, da man bei den krummen Linien, aus diesen Bedingungen allein, noch nicht auf das Maximum oder Minimum schließen darf, so besteht die nothwendige Folgerung nur darin, daß die berührende Ebene, weil ihre Gleichung sich alsdann auf $z' - z = o$ (§. 149.) reducirt, mit der Ebene xy parallel ist.

Wenn die gegebene Oberfläche die durch die Gleichung,

$$x^2 + y^2 + z^2 = \alpha^2,$$

dargestellte Kugelfläche ist, so wird man haben:

$$p = -\frac{x}{z}, \quad q = -\frac{y}{z},$$

weßhalb

$$x = o, \quad y = o;$$

und aus dem Ausdruck,

$$z = \sqrt{a^2 - x^2 - y^2},$$

ersieht man, daß alle Werthe von z, die Abscissen entsprechen, welche von Null verschieden sind, kleiner sind als a.

§. 154.

Nimmt man nur auf den Gang der Werthe der Ordinate z Rücksicht, so findet man auch Maxima und Minima, welche die Differential-Coefficienten p und q unendlich groß werden lassen, wie folgendes Beispiel zeigt.

Macht man in der Gleichung

$$z = b + (x^2 + y^2)^{\frac{1}{3}}$$

x und y gleich Null, so erhält man $z = b$, und sobald man x und y einen von Null verschiedenen Werth beilegt, so macht man $z > b$. Dieser Werh ist also gewiß ein Minimum; allein wenn man in den Ausdrücken

$$p = \frac{2x}{3(x^2 + y^2)^{\frac{2}{3}}}, \quad q = \frac{2y}{3(x^2 + y^2)^{\frac{2}{3}}},$$

auch x und y gleich Null macht, so findet man $\frac{o}{o}$. Um aber ihren wahren Werth zu finden, mache man zuerst $y = mx$, wodurch folgende Ausdrücke zum Vorschein kommen:

$$p = \frac{2}{3x^{\frac{1}{3}}(1 + m^2)^{\frac{2}{3}}}, \quad q = \frac{2m}{3x^{\frac{1}{3}}(1 + m^2)^{\frac{2}{3}}},$$

woraus klar hervorgeht, daß sie wirklich unendlich groß werden, wenn $x = o$, und m angebbar ist, woraus auch folgt $y = o$.

In der That, untersucht man die Form dieses Theils der Oberfläche, so wird man leicht einsehen, daß der $x=0$ und $y=0$ entsprechende Punkt eine Art von Schnabel oder Rückkehrpunkt ist, über den hinaus sich die Oberfläche nicht ausdehnt, Fig. 14. und daß er demjenigen ähnlich ist, den die um die Linie PM sich herumbewegende krumme Linie EM erzeugen würde. Man wird auch einsehen, daß p und q sich deßhalb unter der Form $\frac{0}{0}$ darbieten, weil die Lage der berührenden Ebene an diesem Punkt unbestimmt ist, indem jede durch die Axe der z gehende Ebene die Oberfläche zugleich berührt und durchschneidet.

Es gibt auch, bei den krummen Oberflächen, Folgen von Punkten, oder Linien, in denen jene in sich zurückkehren; diese Linien werden Rückkehr-Kanten genannt, und wir werden bald ein Beispiel von ihnen zu behandeln haben. Andere Linien ändern den Sinn ihrer Krümmung, und werden Beugungs-Linien genannt; man erkennt dieselben an der Zeichen-Aenderung der Krümmungs-Halbmesser. Allein da die umständliche Erörterung dieser Linien außerhalb der Grenzen liegt, die ich für mich festsetzen mußte, so gehe ich nun zu der rein analytischen Aufsuchung, der Maxima und Minima der Functionen von zwei Veränderlichen, über.

§. 155.

Es ist einleuchtend, daß der Unterschied,

$$u'-u=f(x+h,\ y+k)-f(x,\ y),$$

zwischen zwei aufeinander folgenden Werthen einer Function u von x und von y, bei sehr kleinen übrigens ganz beliebigen Zuwachsen der Veränderlichen, stets positiv bleiben muß, wenn der erste Werth von u ein Minimum werden soll, oder stets negativ, in dem entgegengesetzten Falle.

Um die Folgen dieser Bedingung zu untersuchen, muß man im Allgemeinen den oben angedeuteten Unterschied, nach den steigenden Potenzen der Größen h und k, entwickeln; allein, wenn wir uns hier auf den Fall einschränken, wo die Differential-Coefficienten nicht unendlich groß werden, so können wir die Reihe des §. 41. benutzen; und bezeichnen wir, zur Abkürzung, die Function

$$\frac{du}{dx},\ \frac{du}{dy},\ \frac{d^2u}{dx^2},\ \frac{d^2u}{dx\,dy},\ \frac{d^2u}{dy^2},\ \text{rc.}$$

durch

$$B,\ C,\ D,\ E,\ F,\ \text{rc.},$$

und setzen hierauf:

$$k=\alpha h,$$

so erhalten wir:

$$u' - u = \frac{h}{1}(B + C\alpha)$$
$$+ \frac{h^2}{1.2}(D + 2E\alpha + F\alpha^2)$$
$$+ \text{ꝛc.},$$

in welcher Reihe das die Erste Potenz von h enthaltende Glied größer werden kann, als die Summe aller übrigen; und da dasselbe zugleich mit h sein Zeichen ändert, so muß es bei einem Maximum oder Minimum verschwinden, wodurch die Gleichung

$$B + C\alpha = 0$$

dargeboten wird, welche sich, da sie bei jeder Relation zwischen k und h bestehen muß, unabhängig von α, bewähren muß: man wird folglich haben müssen:

$$B = 0, \quad C = 0, \text{ oder}$$
$$\frac{du}{dx} = 0, \quad \frac{du}{dy} = 0,$$

dasselbe Resultat, welches wir in §. 153. aus geometrischen Betrachtungen ableiten.*)

Wenn diese Bedingungen durch die, ihnen gemäß, bestimmte Werthe von x und von y erfüllet worden, so dürfen nicht zugleich die Coefficienten D, E, F verschwinden, und überdieß muß das Zeichen der die zweite Linie der obigen Entwickelung bildenden Größe von den Werthen von α unabhängig seyn. Gibt man jener Linie die Form

$$\frac{Fh^2}{1.2}\left(\frac{D}{F} + \frac{2E}{F}\alpha + \alpha^2\right) \ldots\ldots (a),$$

so sieht man, daß ihr Zeichen unverändert bleibt, wenn das Polynom

*) Sucht man das Verhältniß der beiden Veränderlichen, deren Function ein Maximum oder Minimum werden soll, so gelangt man zu demselben am leichtesten durch folgende Methode, die ich der gütigen Mittheilung meines hochverehrten Lehrers, des Herrn Hofraths Gauß in Göttingen, verdanke, und die aus folgendem Beispiele leicht zu entnehmen ist.

Beisp. Wie muß sich r zu h verhalten, damit $\pi r^2 + 2\pi r h$ ein Maximum oder Minimum werde, wenn $\pi r^2 h$ constant seyn soll?

$$d\,\pi r^2 h \quad = \quad 2\pi r h\,dr \quad + \pi r^2\,dh = 0$$
$$d(\pi r^2 + 2\pi r h) = (2\pi r + 2\pi h)\,dr + 2\pi r\,dh = 0$$
$$\frac{2\pi r h}{2\pi r + 2\pi h} = \frac{\pi r^2}{2\pi r}$$
$$r = h. \text{ (cf. §. 156. u. 157.)}$$

B.

$$\frac{D}{F} + \frac{2E}{F}\alpha + \alpha^2$$

bei jedem Werthe von α dasselbe Zeichen beibehält; dieses Letztere wird Statt finden, wenn das Polynom, nachdem es gleich Null gesetzt worden, nur imaginäre oder gleiche Werthe für α zuläßt: allein da diese Werthe im Allgemeinen durch

$$\alpha = \frac{-E \pm \sqrt{E^2 - FD}}{F}$$

ausgedrückt werden, so werden sie imaginär seyn, wenn $E^2 < FD$, und gleich, wenn $E^2 = FD$.

Ohne jene Bedingungen wird weder ein Maximum noch ein Minimum vorhanden seyn; und da dieselben zunächst erfordern, daß F und D dasselbe Zeichen haben, so wird, wenn sie erfüllet werden, das Zeichen der Größe (a) bloß von demjenigen des Coefficienten F abhangen; man wird also ein Minimum haben, wenn das Zeichen von F positiv, und ein Maximum, wenn es negativ ist.

Euler gibt in seinen „Institutiones Calculi differentialis" nur eine einzige Bedingung an, nämlich, daß D und F dasselbe Zeichen haben sollten; Lagrange zeigte zuerst, daß diese Bedingung allein nicht hinreicht, und lieferte über diesen Gegenstand eine Theorie, an deren Vollständigkeit nur noch die Untersuchung des Falles: $E^2 = FD$ fehlte, den seitdem H. Français erörtert hat. *)

Wenn die Coefficienten der zweiten Ordnung, zugleich mit denen der Ersten, verschwinden, so wird nur dann ein Maximum oder ein Minimum vorhanden seyn, wenn die Coefficienten der dritten Ordnung auch verschwinden, und die Glieder der vierten eine Größe bilden, deren Zeichen keineswegs von α abhangt, d. h. wenn das Polynom in α, welches alsdann den vierten Grad erreichen würde, als eine Gleichung dieses Grades betrachtet, nur imaginäre oder gleiche Wurzeln enthält.

§. 156.

Als analytisches Beispiel habe ich folgendes gewählt, welches dem des §. 103. analog ist. Die Größe a in 3 solche Theile x, y, a — x — y zu theilen, daß deren Product $x^m y^n (a - x - y)^p$ ein Maximum wird.

Man hat alsdann:

---

*) Siehe S. 31. der B. III. des „Traité etc." in 4to.

$$u = x^m y^n (a - x - y)^p$$

$$\frac{du}{dx} = x^{m-1} y^n (a - x - y)^{p-1} \{ma - mx - my - px\} = 0,$$

$$\frac{du}{dy} = x^m y^{n-1} (a - x - y)^{p-1} \{na - nx - ny - py\} = 0;$$

setzt man die Factoren $ma - mx - my - px$ und $na - nx - ny - py$ gleich Null, so liefern sie die Gleichungen,

$$m(a - x - y) - px = 0, \quad n(a - x - y) - py = 0,$$

die, durch die Elimination von $a - x - y$, zur Gleichung,

$$mpy - npx = 0,$$

führen, aus der hervorgeht:

$$y = \frac{nx}{m};$$

worauf man alsdann findet:

$$x = \frac{ma}{m+n+p}, \quad y = \frac{na}{m+n+p}, \quad a - x - y = \frac{pa}{m+n+p}. \text{ *)}$$

Um zu erfahren, ob diese Werthe in der That einem Maximum zugehören, so substituire man sie in den allgemeinen Ausdrücken von

$$\frac{d^2u}{dx^2}, \quad \frac{d^2u}{dx\,dy}, \quad \frac{d^2u}{dy^2};$$

macht man, zur Abkürzung, $m + n + p = q$, so findet man,

$$D = -(m+p) \left(\frac{ma}{q}\right)^{m-1} \left(\frac{na}{q}\right)^n \left(\frac{pa}{q}\right)^{p-1},$$

$$E = -\frac{mna}{q} \left(\frac{ma}{q}\right)^{m-1} \left(\frac{na}{q}\right)^{n-1} \left(\frac{pa}{q}\right)^{p-1},$$

$$F = -(n+p) \left(\frac{ma}{q}\right)^m \left(\frac{na}{q}\right)^{n-1} \left(\frac{pa}{q}\right)^{p-1}.$$

---

*) Ich erhalte diese Resultate weit schneller durch obige Gaußische Methode:

$$x + y + z = a, \quad x^m . y^n . z^p = \text{Max.}$$

$$d(x+y+z) = \ldots\ldots dx + dy + dz = 0$$

$$d\,x^m y^n z^p = \ldots m x^{m-1} y^n z^p dx + n y^{n-1} x^m z^p dy + p z^{p-1} x^m y^n dz = 0$$

$$\frac{m x^{m-1} y^n z^p}{1} = \frac{n y^{n-1} x^m z^p}{1} = \frac{p z^{p-1} x^m y^n}{1}$$

$$\frac{m}{x} = \frac{n}{y} = \frac{p}{z} \quad \text{oder:} \quad x : y : z = m : n : p.$$

Die Größen D und F sind beide negativ, und man kann sich leicht überzeugen, daß sie die Bedingung $E^2 < DF$ erfüllen, wenn die Exponenten m, n und p positiv sind: folglich hat man das verlangte Maximum erhalten.

§. 157.

Zur Anwendung auf die Geometrie, diene die Bestimmung des kürzesten Abstandes zwischen einer gegebenen Ebene, und zwischen einem gegebenen Punkte.

Es seyen x, y, z die unbekannten Coordinaten der Ebene, und x', y', z' die bekannten des Punktes; so wird der Abstand des Punktes von der Ebene durch

$$u = \sqrt{(x'-x)^2 + (y'-y)^2 + (z'-z)^2}$$

ausgedrückt werden, welcher Ausdruck, wegen der, durch die Gleichung der Ebene, zwischen der Ordinate z und den Abscissen x und y gestifteten Abhängigkeit, als eine Function der beiden letzten Veränderlichen angesehen werden muß. Ist die Gleichung der Ebene

$$z = Ax + By + D,$$

so geht daraus hervor,

$$dz = Adx + Bdy;$$

und, nach Weglassung der Nenner in den Werthen von

$$\frac{du}{dx} \text{ und von } \frac{du}{dy},$$

findet man alsdann die beiden Gleichungen:

$$x' - x + (z' - z)A = 0, \quad y' - y + (z' - z)B = 0, \text{ *)}$$

welches genau diejenigen der auf der Ebene senkrechten Geraden sind.

Wenn die Ebene, im Punkte (x, y, z), eine krumme Oberfläche berührt, für welche,

$$dz = pdx + qdy,$$

Statt findet, so werden obige Gleichungen, weil alsdann

$$A = p, \quad B = q,$$

in diejenigen der Normale jener Oberfläche übergehen (§. 150.)

---

*) Nach der Gaußischen Methode finde ich diese Resultate schneller auf folgendem Wege:

$$\begin{array}{l} -A\,dx - B\,dy + dz = 0 \\ 2(x'-x)dx + 2(y'-y)dy + 2(z'-z)dz = 0 \\ \hline \dfrac{2(x'-x)}{-A} = \dfrac{2(y'-y)}{-B} = \dfrac{2(z'-z)}{1} \\ \hline x'-x = -A(z'-z), \quad y'-y = -B(z'-z). \end{array}$$

B.

Von der Anwendung der Differential-Rechnung auf Linien von doppelter Krümmung, und von den abwickelbaren Oberflächen.

§. 158.

Man weiß (Trig. ꝛc. §. 193.), daß sich zwei Gleichungen zwischen drei Veränderlichen, durch eine Linie im Raume, darstellen lassen, während eine einzige Gleichung zwischen drei Veränderlichen einer Oberfläche angehört. Will man die Differential-Rechnung auf die krummen Linien von doppelter Krümmung anwenden, so muß man diese Letzteren als Grenzen solcher Polygone ansehen, worin keine drei aufeinander folgende Seiten in derselben Ebene liegen können. Die Verlängerung einer dieser Seiten gibt die Tangente, so wie es bei den ebenen krummen Linien der Fall ist.

So ist die Tangente MT, der krummen Linie XM, Fig. 38., Fig. 38.
diejenige Gerade, welche durch die Punkte (x, y, z) und (x + dx, y + dy, z + dz) geht, und die Gleichungen ihrer Projectionen auf die Ebenen xy und xz werden folgende seyn:

$$y' - y = \frac{dy}{dx}(x' - x),\quad z' - z = \frac{dz}{dx}(x' - x)$$ (Trig. ꝛc. §. 179.),

welche offenbar den Linien M′T′ und M″T″ angehören, die die Projectionen M′X′ und M″X″ der gegebenen krummen Linie berühren (§. 68.) Nun hat man nur noch in jenen Gleichungen, für y, z und deren Differentiale, die Werthe derselben, wie sie aus den Gleichungen der Projectionen der gegebenen krummen Linie hervorgehen, zu substituiren.

§. 159.

Zwei aufeinander folgende Tangenten TM und tm bestimmen die Ebene, welche durch zwei aufeinander folgende Seiten geht, d. i. die Osculations- oder Krümmungs-Ebene. Man kann die Gleichung dieser Letzteren dadurch finden, daß man dieselbe durch drei aufeinander folgende Punkte der gegebenen krummen Linie bestimmen läßt. Es sey nämlich ihre Gleichung von der Form:

$$z' = Ax' + By' + D,$$

so muß man zunächst haben:

$$z = Ax + By + D,$$

weil sie den Punkt (x, y, z) enthalten muß; und, damit sie

die beiden folgenden Punkte auch enthalte, so müssen ferner das Erste und das zweite Differential ihrer Gleichung mit den entsprechenden der Gleichungen der gegebenen krummen Linie übereinstimmen.

Man könnte Eins der Differentiale dx, dy, oder dz als constant annehmen (§. 133.); allein das Resultat wird symmetrischer seyn, wenn man alle zugleich als Veränderliche behandelt. Man erhält alsdann,

$$dz = A\,dx + B\,dy,\quad d^2z = A\,d^2x + B\,d^2y,$$

woraus man zieht:

$$A = \frac{-dy\,d^2z + dz\,d^2y}{dx\,d^2y - dy\,d^2x},\quad B = \frac{-dz\,d^2x + dx\,d^2z}{dx\,d^2y - dy\,d^2x};$$

subtrahirt man hierauf die Gleichungen

$$z = Ax + By + D,$$
$$z' = Ax' + By' + D,$$

von einander, setzt für A und B die oben gefundenen Werthe, schafft die Nenner weg, und bringt alle Glieder auf dieselbe Seite, so erhält man folgende, ihrer Form wegen merkwürdige, Gleichung der Krümmungs-Ebene:

$$„(x'-x)(dy\,d^2z - dz\,d^2y) + (y'-y)(dz\,d^2x - dx\,d^2z)$$
$$+ (z'-z)(dx\,d^2y - dy\,d^2x) = 0“.$$

Substituirt man hierin, für zwei der Coordinaten x, y, z, deren Werthe, wie sie aus den Gleichungen der gegebenen krummen Linie hervorgehen, so erhält man die, von der bloßen dritten Coordinate abhängige, Gleichung der Krümmungs-Ebene.

Hier bietet sich eine Gelegenheit dar, dasjenige zu bestätigen, was man am Ende des §. 132. liest; denn, wenn man zuerst y und z als Functionen von x ansieht, dann

$$dy = p\,dx,\quad d^2y = q\,dx^2,\quad dz = p'\,dx,\quad d^2z = q'\,dx^2$$

macht, und hierauf die drei Veränderlichen als Functionen einer vierten t ansieht, so hat man, nach dem §. 131.,

$$d^2y = q\,dx^2 + p\,d^2x,\quad d^2z = q'\,dx^2 + p'\,d^2x,$$

welche Werthe in der Gleichung der Krümmungs-Ebene substituirt, d^2x verschwinden machen, und zu demselben Resultate führen, als hätte man dx constant angenommen.

§. 160.

Man bemerke nebenbei, daß das Differential des Bogens unserer krummen Linie durch

$$„\sqrt{dx^2 + dy^2 + dz^2}“$$

ausgedrückt wird, weil dieses der Ausdruck des Abstandes der Punkte M und m ist, deren respective Coordinaten

$$x,\ y,\ z \text{ und } x+dx,\ y+dy,\ z+dz$$

sind.

§. 161.

Eine fortgesetzte Reihe, von Tangenten einer Linie von doppelter Krümmung, oder, was auf Eins hinausläuft, von Krümmungs-Ebenen derselben, wenn sie durch wenig von einander entfernte Punkte geführt worden, bildet ein Polyeder, welches aus Winkel-Ebenen zusammengesetzt, unter denen je zwei auf einander folgende eine gemeinsame Seite haben, und welche sämmtlich in dieselbe Ebene gebracht werden können, d. h. sich abwickeln lassen, wenn man die nöthigen Drehungen um jene gemeinschaftlichen Seiten vornimmt: eine Darstellung hiervon liefert die Figur 39. Fig. 39. Betrachtet man zuerst, um der Einfachheit willen, nur die ganz ausgezogenen Linien, so läßt sich leicht einsehen, wie die in demselben Sinne verlängerten Seiten des Polygons $MM_1\ M_2\ M_3$ ꝛc. die Winkel

$$TM_1T_1,\ T_1M_2T_2,\ T_2M_3T_3,\ T_3M_4T_4,\ \text{ꝛc.}$$

bilden, welche zuerst in verschiedenen Ebenen liegen, allein in eine und dieselbe Ebene gebracht werden können, wenn sie um die Linien

$$M_1T_1,\ M_2T_2,\ M_3T_3,\ \text{ꝛc}$$

herumbewegt werden.

Betrachtet man hierauf ihre Verlängerungen in dem entgegengesetzten Sinne, die nur punktirt sind und die Richtungen der andern Theile durchkreuzen, indem sie bald oberhalb bald unterhalb derselben hindurchgehen, so sieht man hierdurch einen zweiten Theil des Polyeders entstehen, welcher den ersten gemäß den Seiten des Polygons durchschneidet, welches Letztere demnach zu einer Rückkehr-Kante jenes Polyeders wird.

Es ist dienlich zu bemerken, daß jede Seite jenes Polygons als der Durchschnitt zweier an einander liegenden Flächen, und jeder Winkel desselben als der Durchschnitt dreier auf einander folgenden Flächen des Polyeders, angesehen werden kann.

Dieses vorausgesetzt, nehme man an, die auf der krummen Linie gewählten Punkte, um das Polygon zu bilden, würden einander immer näher gerückt, so wird sich das Polyeder immer mehr einem steten Körper nähern, der dessen Grenze auf ähnliche Art seyn wird, wie die Cylinder und Kegel diejenigen der Prismen und Pyramiden sind. Bei dieser Grenze verwandelt sich die Rückkehr-Kante des Polyeders in die gegebene krumme Linie, welche daher auch die Rückkehr-Kante der durch ihre Tangenten gebildeten Oberfläche genannt wird. Dieses ist der einfachste Ursprung der im §. 143. angedeuteten abwickelbaren Oberflächen.

Hat man die Gleichungen der gegebenen krummen Linie, so läßt sich die Gleichung der durch ihre Tangenten gebildeten Oberfläche leicht erhalten; denn, wenn man in den Gleichungen der Tangente,

$$y' - y = \frac{dy}{dx}(x' - x)$$

$$z' - z = \frac{dz}{dx}(x' - x) \quad (§. 158.),$$

x, y, z in α, β, γ verwandelt, um die den allgemeinen Coordinaten dieser Geraden beigegebenen Accente weglassen zu können, und die Gleichungen der Projectionen der gegebenen krummen Linie und ihre Differentiale durch

$$\beta = \varphi(\alpha), \; \frac{d\beta}{d\alpha} = \varphi'(\alpha), \; \gamma = \psi(\alpha), \; \frac{d\gamma}{d\alpha} = \psi'(\alpha),$$

darstellt, so daß die Gleichungen der Tangente nun folgende werden:

$$y - \varphi(\alpha) = \varphi'(\alpha)(x - \alpha) \quad \ldots \quad (a),$$

$$z - \psi(\alpha) = \psi'(\alpha)(x - \alpha) \quad \ldots \quad (b);$$

so hangt die besondere Lage der Tangente nur noch von dem besondern Werthe der α ab. Eliminirt man also α, was immer möglich ist, wenn die Functionen φ und ψ bekannt sind, so wird die End-Gleichung zwischen x, y und z den Inbegriff aller Tangenten der gegebenen krummen Linie angehören, und wird folglich die Gleichung der von den Tangenten gebildeten Oberfläche seyn.

Es ist einleuchtend, daß man vermittelst dieser Gleichung erkennen kann, ob eine gegebene krumme Linie eben oder von doppelter Krümmung ist. Denn, in dem ersten Falle, muß die erwähnte Oberfläche, eben, und in dem andern, krumm seyn.

Wenn die Formen der Functionen φ und ψ nicht gegeben sind, so kann die Elimination nur durch die Differentiation bewirkt werden, und man gelangt alsdann zum allgemeinen Kennzeichen der abwickelbaren Oberflächen. Man muß zuerst bemerken, daß aus der Gleichung (a), die eine Relation zwischen x, y und α enthält, hervorgeht, daß die letzte jener Größen eine Function der beiden andern ist. Ich differentiire demnach unter diesem Gesichtspunkte die Gleichungen (a) und (b) nach und nach in Bezug auf x und auf y; der Abkürzung wegen, setze ich

$$dz = p\,dx + q\,dy, \; \frac{d\alpha}{dx} = \alpha', \; \frac{d\alpha}{dy} = \alpha'';$$

so erfolgt, nach der Reduction:

$$\begin{aligned} o &= \varphi'(\alpha) + (x - \alpha)\,\alpha'\,\varphi''(\alpha) \\ 1 &= \qquad\quad (x - \alpha)\,\alpha''\,\varphi''(\alpha) \\ p &= \psi'(\alpha) + (x - \alpha)\,\alpha'\,\psi''(\alpha) \\ q &= \qquad\quad (x - \alpha)\,\alpha''\,\psi''(\alpha); \end{aligned}$$

setzt man alsdann in den Werthen von p und von q diejenigen von $(x - \alpha)\,\alpha'$ und von $(x - \alpha)\,\alpha''$, wie selbige aus den beiden ersten Gleichungen hervorgehen, so werden p und q bloß in α ausgedrückt seyn, vermittelst willkührlicher Functionen dieser Größe: man wird also haben

$$p = \pi(q),$$

wo π eine von φ und von ψ abhängige Function bedeutet, die nicht minder willkührlich ist als diese Letzteren.

Macht man jetzt, wie im §. 151.,

$$dp = r\,dx + s\,dy, \quad dq = s\,dx + t\,dy,$$

und differentiirt die Gleichung $p = \pi(q)$ nach und nach in Bezug auf x und auf y, so erhält man:

$$r = \pi'(q)\,s, \quad s = \pi'(q)\,t;$$

und eliminirt man die Function π', so erhält man endlich die partielle Differential-Gleichung der zweiten Ordnung

$$rt - s^2 = o, \text{ oder}$$

$$„\frac{d^2 z}{dx^2}\,\frac{d^2 z}{dy^2} - \left(\frac{d^2 z}{dx\,dy}\right)^2 = o“$$

welche das von Euler entdeckte allgemeine Kennzeichen der abwickelbaren Oberflächen enthält.

Man muß zunächst bemerken, daß die Gleichung (f) des §. 152. auf den Ersten Grad heruntergeht, wenn man in ihr $rt - s^2 = o$ macht, woraus hervorgeht, daß die abwickelbaren Oberflächen nur eine einzige Krümmung haben, und daß, genau genommen, einer der beiden Werthe von δ in diesem Falle unendlich groß wird. Die Krümmuns-Linie, welche sich auf diesen Werth bezieht, ist just eine der erzeugenden Tangenten, diejenige nämlich, welche durch den fraglichen Punkt geht.

Die berührende Ebene, in diesem Punkte, geht durch eben jene Gerade hindurch, auf deren sämmtliche Punkte sich die Berührung zwischen der Ebene und der gegebenen Oberfläche erstreckt, welches leicht daraus zu ersehen ist, daß jene Ebene nichts anders ist, als die Grenze der durch zwei aufeinander folgende Tangenten gelegten Ebenen.

Diese besondere Eigenschaft der abwickelbaren Oberflächen, welche daraus folgt, daß sie aus geraden Linien bestehen, welche sich, je zwei, einander schneiden, unterscheidet dieselben von allen andern Oberflächen, bei denen die Berührung mit einer Ebene, im Allgemeinen nur in Einem Punkte Statt findet.

§. 162.

Eine Normale, auf eine krumme Linie im Raume, zu ziehen, ist eine unbestimmte Aufgabe; denn es gibt eine unendliche Anzahl von Geraden, welche durch den gegebenen Punkt gehen, und zugleich auf der Tangente senkrecht sind: der Inbegriff aller dieser Geraden bildet eine auf die Tangente senkrechte Ebene, welche Normal-Ebene genannt wird. Gibt man den Gleichungen der Tangente (§. 158.) die Form:

$$x' - x = \frac{dx}{dz}(z' - z), \quad y' - y = \frac{dy}{dz}(z' - z),$$

so sieht man, daß die Gleichung der Normal-Ebene folgende ist:

$$(x' - x)\frac{dx}{dz} + (y' - y)\frac{dy}{dz} + z' - z = 0 \text{ (Trig. rc. §. 182.), oder:}$$

$$,,(x' - x)\,dx + (y' - y)\,dy + (z' - z)\,dz = 0\text{''} \quad \ldots\ldots (1).$$

Betrachten wir nun die Normal-Ebene für den folgenden Punkt der krummen Linie im Raume; es ist klar, daß dieselbe die so eben betrachtete schneiden wird, und daß auf diesem Durchschnitte die Coordinaten x', y', z' nicht variirt haben werden, obschon x zu $x + dx$ geworden ist; man wird also alsdann haben:

$$(x' - x)\,d^2x + (y' - y)\,d^2y + (z' - z)\,d^2z - ds^2 = 0 \ldots\ldots (2),$$

wenn man zur Abkürzung,

$$dx^2 + dy^2 + dz^2 = ds^2,$$

setzt, und das System der Gleichungen (1) und (2) drückt den erwähnten Durchschnitt aus. Verbindet man dieses System mit den Gleichungen der gegebenen krummen Linie, um x, y und z zu eliminiren, so erhält man eine Gleichung, die derjenigen Oberfläche angehört, welche auf ähnliche Art die Grenze der aufeinander folgenden Durchschnitte der Normal-Ebenen ist, wie die Abgewickelte der ebenen krummen Linien die Grenze der aufeinander folgenden Durchschnitte ihrer Normalen ist (§. 80.).

Diese Oberfläche ist offenbar abwickelbar; denn sie ist, so wie die durch die Tangenten gebildete Oberfläche, aus geraden Linien zusammengesetzt, welche sich, je zwei, einander schneiden, weil, wenn man der gegebenen krummen Linie ein Polygon substituirt, der Durchschnitt der Ersten Normal-Ebene und der zweiten, so wie der zweiten und der dritten, beide in der zweiten seyn werden, und so nacheinander.

Die Analyse beweiset dieses ebenfalls; denn verwandelt man x in α, wie in dem vorhergehenden §., nimmt $d\alpha$ als constant an, und läßt die Accente weg, so werden die Gleichungen (1) und (2) folgende werden:

$$x - \alpha + [y - \varphi(\alpha)]\varphi'(\alpha) + [z - \psi(\alpha)]\psi'(\alpha) = 0 \ldots (1'),$$

$$\left.\begin{array}{l}[y - \varphi(\alpha)]\varphi''(\alpha) + [z - \psi(\alpha)]\psi''(\alpha)\\ - 1 - \varphi'(\alpha)^2 - \psi'(\alpha)^2\end{array}\right\} = 0 \ldots (2');$$

da die zweite das Differential der ersten in Bezug auf α ist, so geht daraus hervor, daß man die erste in Bezug auf x und y differentiiren kann, ohne α variiren zu lassen, weil die aus dieser Function entstehenden Glieder vermöge der zweiten Gleichung verschwinden würden. Die erste wird also bloß geben:

$$1 + p\psi'(\alpha) = 0,\quad \varphi'(\alpha) + q\psi'(\alpha) = 0,$$

woraus, wie im angezogenen §., geschlossen werden muß:

$$p = \pi(q).\,^{*)}$$

§. 163.

Wir sind gegenwärtig im Stande, die Krümmungen oder Flexionen einer Linie von doppelter Krümmung zu bestimmen.

---

*) Verwandelt man, in der Gleichung (1′), x in z, y in x, z in y, und macht

$$\alpha + \varphi(\alpha)\varphi'(\alpha) + \psi(\alpha)\psi'(\alpha) = m,$$

so kann man setzen:

$$\varphi'(\alpha) = -\Phi(m),\quad \psi'(\alpha) = -\Psi(m),$$

und es erfolgt:

$$z - m = x\Phi(m) + y\Psi(m) \quad \ldots\ldots \quad (1''),$$

$$-1 = x\Phi'(m) + y\Psi'(m) \quad \ldots\ldots \quad (2'').$$

Diese Gleichungen, welche von derjenigen der Ebene, $z = Ax + By + m$, herrühren, in welcher man zwei der Constanten zu Functionen der dritten gemacht hat, gehören der Folge von Durchschnitten einer Ebene an, welche einer Bewegung im Raume von beliebiger Art unterworfen ist; dieses ist der kürzeste Ausdruck der Bildung der abwickelbaren Oberflächen.

Fügt man zu den Gleichungen (1″) und (2″) das Differential der zweiten, welches bloß in Bezug auf m genommen wird, um zu dem, zweien auf einander folgenden Durchschnitten der erzeugenden Ebenen, gemeinschaftlichen Punkte überzugehen, so erhält man für diesen Punkt,

$$0 = x\Phi''(m) + y\Psi''(m) \quad \ldots\ldots \quad (3'');$$

und wenn man m zwischen den Gleichungen (1″), (2″) und (3″) eliminirt, so erhält man die Rückkehr-Kante der abwickelbaren Oberfläche (§. 161).

Die Familie der abwickelbaren Oberflächen enthält nicht alle Oberflächen, welche durch die Bewegung einer Geraden erzeugt werden; es gibt überdieß die windschiefen Oberflächen; siehe hierüber das „Traité etc.) in 4to. B. I. S. 606. und B. III. S. 666

Die Erste, welche noch fort bestehen würde, wenn man die Oberfläche ihrer Tangenten oder ihrer Krümmungs-Ebenen in eine Ebene entwickelte, ist die demjenigen Kreise zukommende, welcher die Grenze, aller durch drei aufeinander folgende Punkte jener krummen Linie gehender Kreise, und folglich in der Krümmungs-Ebene enthalten ist. Der Mittelpunkt jenes Kreises, welcher offenbar der Durchschnitt der letzten Ebene mit den beiden aufeinander folgenden Normal-Ebenen ist, wird erhalten werden, wenn man die Gleichung des §. 159. zu dem System der Gleichungen (1) und (2) des vorhergehenden §. hinzugefügt.

Vermittelst dieser Gleichungen bestimmt man die Werthe von

$$x' - x, \; y' - y \text{ und } z' - z$$

um sie in dem Ausdruck

$$\sqrt{(x' - x)^2 + (y' - y)^2 + (z' - z)^2}$$

zu substituiren, welcher derjenige des gesuchten Halbmessers, den ich mit u bezeichnen will, seyn wird.

Setzt man zuerst, zur Abkürzung,

$$dx d^2y - dy d^2x = Z,$$
$$dz d^2x - dx d^2z = Y,$$
$$dy d^2z - dz d^2y = X,$$

indem man jeden dieser Ausdrücke durch denjenigen Buchstaben andeutet, welcher nicht in ihm vorfindlich ist, so wird die Gleichung der Krümmungs-Ebene zur folgenden:

$$X(x' - x) + Y(y - y) + Z(z' - z) = o;$$

und verbindet man dieselbe mit derjenigen der Ersten Normal-Ebene, (s. den vorhergehenden §.), so zieht man daraus zuerst die Werthe von $x' - x$, und von $y' - y$ in $z' - z$, welche man in die Gleichung der zweiten Normal-Ebene einführt, die geben wird:

$$z' - z = \frac{Xdy - Ydx}{D} ds^2,$$

wenn

$$D = (Ydz - Zdy)\,d^2x + (Zdx - Xdz)\,d^2y + (Xdy - Ydx)\,d^2z,$$

und dann

$$x' - x = \frac{(Ydz - Zdy)\,ds^2}{D},$$

$$y' - y = \frac{(Zdx - Xdz)\,ds^2}{D};$$

und substituirt man diese Werthe in dem Ausdrücke von u^2, so findet man:

$$u^2 = \frac{[(Xdy - Ydx)^2 + (Zdx - Xdz)^2 + (Ydz - Zdy)]\,ds^4}{D^2}$$

Hierauf überzeugt man sich bald, daß

$$X dx + Y dy + Z dz = o,$$

und wenn man das Quadrat dieses Ausdrucks dem Ersten Factor des Zählers von u^2 hinzugefügt, so wird man erhalten:

$$u^2 = \frac{(X^2 + Y^2 + Z^2) ds^6}{D^2}.$$

Entwickelt man den Werth von D, so findet man, daß derselbe sich auf $X^2 + Y^2 + Z^2$ zurückführen läßt: man erhält demnach zum End-Resultat:

$$„u^2 = \frac{ds^6}{X^2 + Y^2 + Z^2}."$$

Da der Durchschnitt der beiden aufeinander folgenden Normal-Ebenen auf der Ebene desjenigen Kreises, der durch drei aufeinander folgende Punkte der krummen Linie geht, senkrecht steht, so ist er die Axe dieser Kreis-Ebene, und jeder seiner Punkte kann dazu dienen jenen Kreis zu beschreiben, indem man die Distanz jedes Punktes von denen des Kreisumfangs zum Halbmesser wählt; allein unter allen diesen Halbmessern zeichnet man denjenigen, welcher in der Kreis-Ebene selbst liegt, und welchen wir oben gefunden haben, dadurch aus, daß man ihn den absoluten Krümmungs-Halbmesser nennt.

Die Werthe von x', y' und z' werden die Lage des Krümmungs-Mittelpunktes bestimmen; und eliminirt man x, y und z, so erhält man die Gleichung der von allen solchen Mittelpunkten gebildeten krummen Linie; allein diese letztere krumme Linie ist nicht die Abgewickelte der gegebenen, wenn diese gegebene nicht eben ist.*)

Da die vorhergehende Formel, in einem besondern Falle, die Krümmung des Durchschnittes einer Oberfläche und einer beliebigen Ebene darbietet, so schließt sie sich an dasjenige an, was §. 151. über die Krümmung der Oberflächen vorgebracht wurde. Ich will mich aber hier auf den Fall beschränken, wo die schneidende Ebene durch die Normale der gegebenen Oberfläche hindurchgeht; zur Ebene xy wähle ich die berührende Ebene, und zum Anfangspunkt der Coordinaten den Punkt, wo die Krümmung gesucht wird. Durch diese Annahme wird, $dz = o$, und auch $d^2y = o$, weil wegen des Senkrechtstehens der schneidenden auf der berührenden Ebene, der Durchschnitt der ersten und der Oberfläche sich in gerader Linie auf der zweiten projicirt. Macht man hierauf dx constant, so erfolgt daraus,

*) Siehe B. I. S. 625. und 630. des „Traité etc." in 4to

$Z = o,\ Y = -dx d^2 z,\ X = dy d^2 z,\ ds^2 = dx^2 + dy^2$

$$u^2 = \frac{(dx^2 + dy^2)^3}{d^2 z^2};$$

allein wenn man allgemein annimmt,

$$dz = p dx + q dy,$$

so folgt daraus, bei der gegenwärtigen Annahme,

$$d^2 z = d(p dx + q dy) = dp dx + dq dy,$$

oder, nach der Bezeichnung des §. 151, wo $dy = m dx$,

$$d^2 z = (r + 2sm + tm^2)\, dx^2;$$

und hieraus ergiebt sich:

$$u = \pm \frac{1 + m^2}{r + 2sm + tm^2}.$$

Dieser von m abhängige Ausdruck ändert seinen Werth, zugleich mit der Richtung der schneidenden Ebene, und kann demnach eines Maximum oder Minimum fähig seyn. Setzt man sein auf m bezogenes Differential gleich Null, so findet man

$$(r + 2sm + tm^2)\, m - (1 + m^2)(s + tm) = o,$$

welches sich auf,

$$sm^2 + (r - t)\, m - s = o,$$

zurückführen läßt; folglich sind die Werthe von m hier dieselben wie im §. 151. Ueberdieß würde die Elimination von m zu derselben Gleichung zwischen x, u, r, s und t führen, die die Gleichung (f) des §. 152. darböte, wenn man in ihr $p = o$, $q = o$ und $\delta = u$ machte, weshalb also die beiden Werthe von δ den durchschneidenden Normal-Ebenen der größten und der kleinsten Krümmung angehören.

§. 164.

Die zweite Krümmung, oder die zweite Flexion der nicht ebenen krummen Linien, ist die Krümmung der von ihren Tangenten gebildeten abwickelbaren Oberflächen, die durch die zwischen den Krümmungs-Ebenen befindlichen Winkel eben so angedeutet wird, wie die Erste Flexion durch die zwischen den Tangenten befindlichen Winkel. Da aber die Geraden, welche die Durchschnitte der Normal-Ebenen sind, auf den Krümmungs-Ebenen senkrecht stehen, so bilden sie denselben Winkel miteinander, wie diese Letzteren; überdieß sind sie auch, weil sie durch ihr Zusammentreffen die Rückkehr-Kante der Oberfläche der Normal-Ebenen bilden, die Tangenten dieser Kante, welche demnach dieselben Winkel miteinander bilden, wie die entsprechenden Krümmungs-Ebenen; folglich ist die zweite Flexion der gegebenen krummen Linie gleich der Ersten Flexion der

Rückkehr-Kante der Oberfläche ihrer Normal-Ebenen. Diese von H. Fourrier bemerkte Relation hat gegenseitige Geltung bei den erwähnten beiden krummen Linien, weil die Tangenten der gegebenen offenbar dieselben Winkel einschließen, wie ihre Normal-Ebenen, welche die Krümmungs-Kreise der Rückkehr-Kante der von ihnen gebildeten abwickelbaren Oberfläche sind.

Es wäre auch hier der passende Ort, von den besondern Punkten zu sprechen, welche die Linien von doppelter Krümmung darbieten können; allein diese Erörterung würde mich zu weit führen. Ich werde mich daher begnügen, zu bemerken, daß jene Linien eine doppelte Art von Beugungen zulassen, wovon sich die eine auf ihre Erste Krümmung bezieht, und sich, wie bei den ebenen krummen Linien, durch die Zeichen-Aenderung ihres absoluten Krümmungs-Halbmessers kund gibt, so wie die andere, durch diejenige des Krümmungs-Halbmessers, der von ihren Tangenten gebildeten Oberfläche, oder der Rückkehr-Kante der von ihren Normal-Ebenen gebildeten Oberfläche.

Ende der Differential-Rechnung.

Note (A) über die Grenzen-Methode.

In Rücksicht auf die einzelnen Methoden, welche zusammen genommen die Differential-Rechnung ausmachen, ist diese Letztere leichter als die höhern Theile der Algebra; ihre Schwierigkeit besteht höchstens nur darin, Anfangs wohl einzusehen, welches ihr Zweck ist; und den Sinn einiger deshalb nothwendig einzuführender neuen Ausdrücke genau aufzufassen.

So wie ein geometrisches Problem (dasjenige von Pappus), welches von den Alten nur für einige besondere Fälle aufgelöst worden war, Descartes veranlaßte, die analytische Geometrie, d. i. die Anwendung der Algebra auf die Darstellung der krummen Linien zu erfinden; eben so veranlaßte ein anderes Problem (dasjenige der Tangenten) die Erfindung der Differential-Rechnung.

Seit den Zeiten Euclids konnte man bemerken, daß die Eigenschaften der Secanten auch den Tangenten zukommen, wofern sie so modificirt werden, wie es die Vereinigung der beiden Durchschnittspunkte in einen einzigen, der alsdann zum Berührungspunkte wird, erfordert. (Siehe meine „Elémens de Géométrie" §. 128). Auf diesem Principe beruhen applicite oder implicite alle auf Rechnung gegründete Methoden, Tangenten an krumme Linien zu ziehen. Unter diesen Methoden wählte ich die von Barrow hervor, welche noch nicht Differential-Rechnung ist, derselben aber am nächsten kommt.

Man habe z. B. eine durch die Gleichung $y^2 = px$ dargestellte gemeine Fig. 1. Parabel. Nimmt man auf dieser krummen Linie Fig. 1. die beiden Punkte M und M', um durch sie eine Secante zu ziehen, setzt

$$AP = x,\ PP' = h,\ A'P' = x + h,$$
$$PM = y,\ M'Q = k,\ P'M' = y + k,$$

und vergleicht die Dreiecke M'QM und MPS, welche ähnlich seyn werden, so erhält man,

$$M'Q : MQ = PM : PS,$$

woraus hervorgeht:

$$PS = y\frac{h}{k}.$$

Da der Punkt M' auch der krummen Linie angehört, so hat man auch,

$$(y + k)^2 = p(x + h);$$

entwickelt man diese Gleichung, und zieht hierauf die Gleichung $y^2 = px$ von ihr ab, so erfolgt,

$$2yk + k^2 = ph, \text{ welches einerlei ist mit: }$$

$$\frac{2y + k}{p} = \frac{h}{k}.$$

Man hat also jetzt:

$$PS = y \cdot \frac{2y + k}{p}$$

Allein läßt man den Punkt M′ mit dem Punkt M zusammen fallen, so verschwinden h und k, und PS wird zu PT und erhält nun den Werth

$$\frac{2y^2}{p} = \frac{2px}{p} = 2x.$$

Hier läßt sich zuerst die Bemerkung machen, daß, wenn gleich die Größen h und k verschwinden, der ihr Verhältniß ausdrückende Bruch darum doch nicht aufhört zu existiren d. i. einen angebbaren Werth zu haben, weil er alsdann $\frac{2y}{p}$ wird, welchem Werthe, die Größe $\frac{2y + k}{p}$, immer näher kommt, wenn k immer kleiner angenommen wird, und auch so nahe gebracht werden kann, als man will, wofern man nur k klein genug annimmt.

Dieser Bruch $\frac{2y}{p}$ ist also die Grenze des Bruches $\frac{2y + k}{p}$, oder diejenige des Verhältnisses $\frac{MQ}{M'Q'}$, so wie $\frac{PT}{PM}$ die Grenze von $\frac{PS}{PM}$ ist.

Um sich zu überzeugen, daß $\frac{PS}{PM}$ dem $\frac{PT}{PM}$ so nahe kommen könne, als man will, braucht man nur zu erwähnen, daß wenn der Punkt M′ unterhalb M angenommen würde, der Punkt S alsdann auf die andere Seite des Punktes T fallen würde.

II. Zu diesem aus der Geometrie entlehnten Beispiele fügen wir ein anderes hinzu, welches wir aus der Mechanik entlehnen.

Die Körper fallen nach der Erde hin, vermöge einer Kraft, welche beständig auf sie wirkt, und wegen welcher ihre Bewegung stets beschleunigt wird, d. h. die Körper durchfallen in derselben Zeitdauer desto größere Räume, je später jene Zeitdauer, vom Anfang der Bewegung gerechnet, betrachtet wird.

So wird man, wenn der während der Ersten Secunde durchfallene Raum mit 1 bezeichnet wird, für den der zweiten Secunde entsprechenden Fallraum 3, für den Fallraum während der dritten Secunde 5, u. s. w. erhalten: dieses sind empirische Data, welche Galilei zur Entdeckung führten, daß die fragliche Kraft, oder die Schwerkraft, constant ist, d. h. daß sie in derselben Zeit immer dieselbe Geschwindigkeit zuwege bringt. Unter Geschwindigkeit ist der Raum zu verstehen, den ein Körper in einer Zeit-Einheit durchfallen würde, wenn die Kraft beim Anfange dieser Zeit-Einheit zu wirken aufhörte. Dieses vorausgeschickt, wollen wir untersuchen, wie die Wirkungen einer solchen Kraft zu berechnen sind.

Anstatt anzunehmen, daß sie beständig wirkt, wollen wir uns vorstellen, ihre immer gleichen Einwirkungen wären augenblicklich, wie die eines Stoßes, und wiederholten sich stets, nach Verlauf von $\frac{1}{m}$ Einer als die Zeit-Einheit angenommenen Secunde. Es wird demnach ein Körper, während Einer Zeit-Einheit, eine Anzahl m jener Einwirkungen erleiden, deren vereinigte Wirkungen ihm eine Gesammt-Geschwindigkeit ertheilen werden, die ich mit p bezeichnen will. Die Geschwindigkeit, welche von einer einzigen Einwirkung herrührte, würde also $\frac{p}{m}$ seyn, in Bezug auf die gewählte Zeit-Einheit. Mithin würde der Körper in der Zeit $\frac{1}{m}$ nur den Raum $\frac{p}{m^2}$ durchfallen. Betrachtet man die oben angedeuteten auf einander folgenden Zwischenräume,

$$o, \frac{1}{m}, \frac{2}{m}, \frac{3}{m}, \ldots\ldots \frac{n-1}{m}, \frac{n}{m},$$

so erhält man: 1) für die von den Einwirkungen der Kraft herrührenden Geschwindigkeiten, bei dem Anfange eines jeden der obigen Zwischenräume,

$$\frac{p}{m}, \frac{2p}{m}, \frac{3p}{m}, \frac{4p}{m}, \ldots\ldots \frac{np}{m}.$$

2) für die, am Ende derselben Zwischenräume, während ihnen durchfallenen Räume

$$\frac{p}{m^2}, \frac{2p}{m^2}, \frac{3p}{m^2}, \frac{4p}{m^2}, \ldots\ldots \frac{np}{m^2};$$

die Summe aller dieser Räume, deren Anzahl n ist, wird nach der Formel der arithmetischen Progression (Elémens d'Alg. §. 229.) folgende seyn:

$$\left(\frac{p}{m^2}+\frac{np}{m^2}\right)\frac{n}{2}=\frac{p}{2}\left(\frac{n}{m^2}+\frac{n^2}{m^2}\right).$$

Beachtet man jetzt, daß eine beliebige durch t bezeichnete Anzahl von Secunden eine Anzahl mt von Zwischenräumen enthält, die $\frac{1''}{m}$ gleich sind, und macht $n=mt$, so geht der vorhergehende Ausdruck über in:

$$\frac{p}{2}\left(\frac{mt}{m^2}+\frac{m^2t^2}{m^2}\right)=\frac{pt}{2}\left(\frac{1}{m}+t\right).$$

Allein man sieht, daß, je mehr sich die Zahl m vergrößert, desto näher die Einwirkungen der Kraft auf einander folgen, und desto weniger sich die Größe $\frac{1}{m}+t$ von t unterscheidet, ja dieselbe Größe $\frac{1}{m}+t$ noch dann fortbesteht, wenn der Bruch $\frac{1}{m}$ gleich Null genommen wird, wodurch der anfänglich zwischen den auf einander folgenden Einwirkungen angenommene Zwischenraum aufgehoben wird. Dieser letzte Stand der Dinge ist die Grenze, der sich die Aufeinanderfolge der oben betrachteten Bewegungen stets nähert. Folglich ist, bei stetiger Einwirkung der Schwerkraft, der in t Secunden durchfallene Raum

$$\tfrac{1}{2}pt^2.$$

Substituirt man den Werth von n, in dem Ausdruck $\frac{np}{m}$ der nach den n ersten Einwirkungen erlangten Geschwindigkeit; so erfolgt $\frac{mtp}{m} = pt$, welche Größe von m unabhängig ist, und folglich dieselbe ist, wie klein auch der Zwischenraum $\frac{1}{m}$ seyn mag.

Macht man nun nach und nach $t = o, = 1, = 2$, rc., so erhält man die Fallräume

$$o, (\tfrac{1}{2}p), 4(\tfrac{1}{2}p), 9(\tfrac{1}{2}p), \text{rc.}$$

deren Unterschiede folgende sind:

$$(\tfrac{1}{2}p), 3(\tfrac{1}{2}p), 5(\tfrac{1}{2}p), \text{rc.}$$

d. h. das 1, 3, 5, rc., fache des Fallraums während der Ersten Secunde.

In dem Beispiele aus der reinen Geometrie, hat man zuerst von einander getrennte Punkte, nämlich zwei Durchschnitts-Punkte, statt eines Berührungspunktes angenommen; allein indem man zur Grenze überging, fielen jene Punkte zusammen, und das Durchschneiden ging in eine Berührung über.

In dem Beispiele aus der Mechanik hat man, statt der stetig beschleunigten Bewegung, zuerst eine fortgesetzte Folge von gleichförmigen, d. i. während einem bestimmten Zeitraum gleichen, Bewegungen angenommen, deren Schnelligkeit sich nur bei jedem Uebergang zum folgenden immer gleichen Zeitraume vermehrte; allein indem man zur Grenze überging, hob man die zwischen den Einwirkungen der Schwerkraft angenommenen Zwischenräume wieder auf, und verwandelte die Folge isolirter Einwirkungen in eine stetige Einwirkung, wodurch der Inbegriff der angenommenen gleichförmigen Bewegungen, in die gleichförmig beschleunigte Bewegung überging, die in der Natur wirklich Statt findet.

Diese beiden Beispiele reichen hin, um zu zeigen, wie wichtig es ist, die auf einander folgenden Zustände veränderlicher Größen, wie der Ordinaten der krummen Linie, oder der, in Folge einwirkender veränderlicher Kräfte, durchlaufenen Räume, zu betrachten, um — nicht ihre wirklichen Aenderungen — sondern die Grenzen, der Verhältnisse dieser Aenderungen zu denen der entsprechenden unabhängigen veränderlichen Größen, aufzusuchen.

III. Diese Ansicht, welche heute zu Tage die beste Grundlage der Differential-Rechnung ist, findet sich implicite in der Elementar-Geometrie wieder, wenn man krumme mit geraden Linien, Kreise mit Polygonen, und die runden Körper mit Polyedern vergleicht; denn man vermag unmittelbar nur gerade Linien, Polygone und Polyeder zu messen.

In der That, bezeichnet man den Winkel AOH Fig. 65., welcher die Hälfte des Centriwinkels des Polygons ABC ist, so dem Kreise, dessen Halbmesser $OH = r$, umschrieben werden, mit ω, und nimmt den Halbmesser der trigonometrischen Tafeln zur Einheit, so erhält man Fig. 65.

$$1 : \tan\omega = r : AH,$$

weshalb

$$AH = r \tan \omega, \text{ und}$$
$$AB = 2r \tan \omega.$$

Allein die Seite AB ist so oft in dem Umfange des regulären Polygons enthalten, als der den Winkel AOB messende Bogen in dem Kreisumfange: es sey demnach 2π der dem Halbmesser 1 entsprechende Kreisumfang, auf den sich auch der Bogen ω bezieht; mithin wird die Anzahl der Seiten des Polygons $\frac{2\pi}{2\omega}$, und folglich desselben Umfang,

$$\frac{2\pi}{2\omega} \cdot 2r \tan \omega = 2\pi r \cdot \frac{\tan \omega}{\omega},$$

seyn. Je größer aber die Anzahl der Seiten des Polygons wird, desto kleiner wird der Winkel ω, und desto mehr nähert sich das Verhältniß $\frac{\tan \omega}{\omega}$ seiner Grenze, welche die Einheit ist (S. 37). Geht man zu dieser Grenze über, so verwandelt sich das Polygon in einen Kreis, und sein Anfang wird:

$$2\pi r,$$

wie ihn die Elementar-Geometrie gibt.

Nun ist es auch sehr leicht, den Flächeninhalt des Kreises zu finden. Da nämlich derjenige des Polygons ABC dem Umfange dieses Letzteren, $2\pi r \frac{\tan \omega}{\omega}$, multiplicirt mit $\frac{1}{2}OH = \frac{1}{2}r$, gleich ist, so wird er zu

$$\pi r^2 \frac{\tan \omega}{\omega};$$

und geht man zur Grenze über, so erhält man:

$$\pi r^2,$$

wie in der Elementar-Geometrie.

Man könnte diese Rechnungsart leicht auf die runden Körper anwenden; allein wir wollen dabei nicht verweilen, und uns auf die Bemerkung beschränken, daß sich die Grenze hier nicht als eine willkührlich gewählte Darstellungsart, sondern als dem Gegenstande selbst nothwendig inhärirend kund gibt.

Die Beobachtung der Grenzen ist auch nicht der Elementar-Algebra fremd. Ich habe ein Beispiel hierüber bei dem Bruche $\frac{a(a^2-b^2)}{b(a-b)}$ gegeben, dessen beide Glieder verschwinden, wenn $a=b$, und dessen Werth alsdann $2a$ ist; ich erläuterte hierdurch einen besondern Fall in der Aufgabe von den beiden Lichtern („Elémens d'Algèbre" §§. 70 et 120.)

In der That muß man immer zu dieser Betrachtung seine Zuflucht nehmen, um die Schwierigkeiten zu lösen, die aus der Hinweisung auf unendlich große oder kleine Größen entstehen können, deren wirkliche Existenz die Mathematik nicht anzunehmen braucht, und die auch übrigens vom Verstande nicht erfaßt werden können. Man darf sich daher nicht verwundern, daß man, bei einer genauen Zergliederung der verschiedenen zur Feststellung einer Grundlage der Differential-Rechnung vorgeschlagenen Theorien, die Begriffe von Grenzen immer darin wiederfindet.

IV. Man brauchte bisweilen fehlerhafte Redensarten: so bezeichnete man die Methode der Grenzen eine lange Zeit hindurch mit dem Ausdrucke: Methode der Ersten und letzten Verhältnisse; allein diese Redensart ist nicht hinreichend genau. Wenn wir weiter oben das Verhältniß $\frac{2y+k}{p}$ der Linien $\frac{MQ}{M'Q}$ (S. 197) betrachteten, so dürften wir nicht sagen, die Grenze $\frac{2y}{p}$ sey das letzte Verhältniß jener Linien; denn wenn sich $\frac{2y+k}{p}$ durch das Verschwinden des k in $\frac{2y}{p}$ verwandelt, so fallen die beiden Punkte M' und M zusammen, und die nicht mehr existirenden Linien M'Q und MQ haben kein Verhältniß mehr zu einander. Man muß demnach $\frac{2y}{p}$ als für sich bestehend d. i. als ens sui generis betrachten, und die Verbindung dieses Bruches mit den Größen h und k oder MQ und M'Q besteht bloß darin, daß man ihn von denselben in so fern herrühren läßt, als er, nicht ihr Verhältniß, sondern dessen Grenze ausdrückt. Neuton selbst sprach sich hierüber in folgender Stelle seines Buches der Principien, ganz klar, dem Vorhergehenden gemäß, aus:

„Jene letzten Verhältnisse, wo die Größen verschwinden, sind, wahr zu „reden, nicht die Verhältnisse der verschwundenen Größen, sondern die „Grenzen, denen sich die Verhältnisse der unbegrenzt abnehmenden Größen „stets nähern, und dieses so weit als man will.“ *)

Nähme man an, der mit dem Punkte M Anfangs vereinigte Punkt M' entfernte sich von demselben, so würden die Linien MQ und M'Q alsdann entstehen, anstatt zu verschwinden, und in diesem Sinne nannte man $\frac{2y}{p}$ ihr Erstes Verhältniß.

V. Es scheint mir, zur klaren Einsicht der Entstehung der Grenzen beim Uebergang von den geraden Linien zu den krummen, die Bemerkung auszureichen, daß der charakteristische Unterschied, zwischen einer krummen Linie und einem Polygon, darin besteht, daß man in der ersten Winkel einschreiben kann, die zwei Rechten so nahe kommen als man will, in dem letzten aber dasselbe nicht thun kann, da hier der Umfangswinkel der größte unter allen Winkeln ist, die sich zwischen zwei auf einander folgenden Seiten befinden können.

---

*) Ultimae rationes illae quibuscum quantitates evanescunt, revera non sunt rationes quantitatum ultimarum, sed limites ad quos quantitatum sine limite decrescentium rationes semper appropinquant; et quas propius assequi possunt quam pro data quavis differentia. (Philosophiae naturalis principia mathematica, lib. I, sect. 1, lem. XI, scholium.)

Aus dieser Bedingung folgt unmittelbar, daß, bei einer beliebigen krummen Linie, die Grenze des Verhältnisses des Bogens zu seiner Chorde die Einheit ist; denn nimmt
Fig. 66. man zu beiden Seiten des Punktes A Fig. 66. immer kleinere Chorden $AB = AC$, $AB' = AC'$, 2c., zieht die Geraden BC, $B'C'$, 2c., und fällt auf diese Geraden die Perpendikel AD, AD', 2c., so geben die rechtwinkligen Dreiecke BAD, $B'AD'$, 2c.

$$\frac{BC}{AB+AC} = \frac{BD}{AB} = \sin\tfrac{1}{2}BAC, \quad \frac{B'C'}{AB'+AC'} = \frac{B'D'}{AB'} = \sin\tfrac{1}{2}B'AC', \text{ 2c;}$$

allein da die Winkel $\frac{1}{2}BAC$, $\frac{1}{2}B'AC'$, 2c. sich immer mehr einem Rechten nähern, so nähern sich ihre Sinus immer mehr der Einheit. Es hat also dieselbe Bewandtniß mit den Verhältnissen der gebrochenen Linien zu den Geraden, welche ihre Endpunkte verbinden, welche verglichenen Linien sich immer mehr einem Bogen und seiner Chorde nähern.

Es ist wohl zu merken, daß, bei der Abnahme eines Bogens und seiner Chorde, deren Verhältniß, nicht bloß deshalb sich der Einheit nähert, weil ihr Unterschied alsdann immer geringer wird. So ändern z. B. die Seiten eines geradliniigten Dreiecks ihr Verhältniß zu einander gar nicht, wie sehr man sie auch abnehmen lasse, wofern die neuen Dreiecke dem Ersten ähnlich bleiben; und gleichwohl nehmen die Unterschiede der Seiten in demselben Verhältnisse ab, wie die Seiten selbst. Anders verhält es sich bei den Bogen; sie werden mehr abgeplattet, weil der eingeschriebene Winkel sich desto mehr öffnet, je mehr sie abnehmen, und ihr Ueberschuß über ihre Chorden nimmt in schnellerem Maße ab, als diese Letzteren. Vergleicht man nämlich zwei Größen A und a, welche unbestimmt abnehmen, und setzt $A = a + \delta$, so sieht man bald, daß das Verhältniß $\frac{A}{a} = \frac{a+\delta}{a} = 1 + \frac{\delta}{a}$ sich nur in so fern ohne Unterlaß der Einheit nähern kann, als δ in schnellerem Maße abnimmt als a.

An die vorhergehenden Betrachtungen über die in die Abschnitte der krummen Linien eingeschriebenen Winkel, läßt sich die dem Verhältnisse der Ordinate zur Subtangente zukommende Eigenschaft anknüpfen, daß es die Grenze des Verhältnisses des Zuwachses der Ordinate zu dem der Ab-
Fig. 67. scisse ist. Denn drei Punkte M_1, M, M', Fig. 67., auf einer beliebigen krummen Linie, bestimmen die beiden Verhältnisse $\frac{MQ_1}{M_1Q_1}$ und $\frac{M'Q}{MQ_1}$, welche respective den Tangenten der von den Chorden M_1M und MM' mit der Axe der Abscissen P, P' gebildeten Winkel MM_1Q, und $M'MQ$ gleich sind; und bezeichnet man diese Winkel mit A und B, so erhält man

$$\frac{MQ_1}{M_1Q_1} - \frac{M'Q}{MQ} \; \text{tang}\,A - \text{tang}\,B.$$

Dieses vorausgesetzt, weiß man, daß

$$\text{tang}\,(A - B) = \frac{\text{tang}\,A - \text{tang}\,B}{1 + \text{tang}\,A\,\text{tang}\,B} \text{ (Trig. 2c. §. 27.),}$$

woraus folgt:

$$\text{tang}\,A - \text{tang}\,B = (1 + \text{tang}\,A\,\text{tang}\,B)(\text{tang}\,A - \text{tang}\,B):$$

und verlängert man $M_{,}M$ jenseits des Punktes M, so bildet man den Winkel $P M M$, welcher der Unterschied der Winkel $M M_{,} Q$, und $M' M Q$, oder $A - B$ und zugleich das Supplement des Winkels $M_{,} M M'$ seyn wird. Je mehr sich dieser letzte zwei Rechten nähert, desto mehr nimmt der erste, und mit ihm der Unterschied $\tang A - \tang B$ der Verhältnisse $\frac{M Q_{,}}{M_{,} Q_{,}}$, und $\frac{M' Q}{M Q}$, ab; allein da das eine dieser Verhältnisse kleiner, und das andere größer ist, als $\frac{P M}{P T}$, so werden sie sich dieser Zwischengrößen um desto mehr nähern, je weniger sie von einander verschieden sind; es ist dieselbe folglich ihre gemeinschaftliche Grenze.

Ende der Note A.

Handbuch
der
Differential-
und
Integral-Rechnung

von

S. F. Lacroix.

Nach der vierten verbesserten und vermehrten Original-Ausgabe (1828) aus dem Französischen übersetzt, und mit einigen Anmerkungen versehen

von

Dr. Fr. Baumann.

Zweiter Theil.

Integral-Rechnung.

Berlin, 1831.
gedruckt und verlegt bei G. Reimer.

Inhalt

der Integral-Rechnung

Von der Integration der rationalen Functionen von einer einzigen Veränderlichen. . . . S. 1

Definition der Integral-Rechnung. . . . — 1

Note über den Ursprung des Zeichens $\int$ und über die die Integral-Rechnung betreffenden Ideen von Leibnitz . — 2

Constanten, die man unter dem Zeichen $\int$ wegbringen kann. — 2

Integration der einnamigen Functionen. . . — 3

Integration des logarithmischen Differentials. . . — 4

Integration der gebrochenen Functionen . . — 5

Zerfällung der zu integrirenden Brüche in partielle Brüche und Integration dieser letzteren. . . . — 6

Abgekürzte Verfahren, um jene Zerfällung zu vollziehen. — 12

Mittel, die imaginären Größen zu vermeiden. . . — 13

Beispiel. . . . . — 18

Von der Integration der irrationalen Functionen. . — 22

Von den Functionen, welche die Wurzelgröße $\sqrt{A + Bx + Cx}$ enthalten. . . . . . — 23

Ausdrücke der Sinusse und Cosinusse durch imaginäre Exponential-Größen. . . . . . — 28

Aufsuchen der Factoren der Function $x^n \mp a^n$ . . — 29

Aufsuchen der Factoren der Function $x^{2n} \mp 2px^n + q$ — 33

Von der Integration der binomischen Differentiale. — 34

In welchen Fällen dieselben rational zu machen sind. — 35

Was ist Integration durch Theile. . . S. 36

Verfahren, um die binomischen Differentiale auf andere zurückzuführen, welche in Bezug auf die Exponenten einfacher sind. — 38

Von der Integration der Reihen. . . — 45

Ausdruck des Logarithmen. . . . . — 45

Ausdruck des Kreisbogens durch seine Tangente. . — 46

Unterscheidung der steigenden und fallenden Reihen. — 47

Ausdruck des Kreisbogens durch seinen Sinus. . — 49

Von der Integration der logarithmischen und Exponential-Functionen. . . . . . — 52

Von den logarithmischen Functionen. . . . — 53

Von den Exponential-Functionen. . . . — 55

Von der Integration der Kreis-Functionen. . — 59

Verwandlung der Potenzen des Cosinus und Sinus eines Bogens in Cosinusse und Sinusse der Vielfachen desselben. — 60

Note über die der vorhergehenden entgegengesetzte Verwandlung. — 65

Unmittelbare Integration der Differentiale von der Form $dz \sin z^m \cos z^n$. . . . . — 67

Allgemeine Methode, um genäherte Werthe der Integrale zu erhalten. . . . . — 72

Von der Natur der Integrale und der hinzuzufügenden Constanten. . . . . . — 72

Was man unter den Grenzen eines Integrals versteht. — 73

Was sind unbestimmte und bestimmte Integrale. — 80

Reihen, um ein beliebiges Integral näherungsweise zu berechnen. — 81

In wie fern ein Integral eine Summe ist. . . — 81

Grenzen seines Werthes. . . . . . — 82

Bestätigung des Vorhergehenden durch geometrische Betrachtungen. — 83

Anwendung der obigen Methode. . . . — 86

Entwickelung der Integrale durch die Bernoullische Reihe. — 87

Von der Integration der Differential-Functionen von der zweiten und von noch höhern Ordnungen. . . — 88

Anwendung der Integral-Rechnung auf die Quadratur und Rectification der krummen Linien, auf die Berechnung des körperlichen Inhalts der von krummen Oberflächen begrenzten Körper, so wie auf die Quadratur dieser Oberflächen.

Von der Quadratur der krummen Linien. . S. 90

Von der Quadratur der Parabeln. . . . — 91

Von der Quadratur der Hyperbeln und ihrer asymptotischen Räume. . . . . . . — 93

Wie die letzteren der gemeinen Hyperbel den Logarithmen entsprechen. . . . . . . — 95

Von dem Kreise, der Ellipse und der Hyperbel. . — 97

Von ihren Ausschnitten. . . . . — 98

Von der Logarithmischen Linie. . . . — 99

Von der krummen Linie, deren Gleichung $y = \frac{a^x}{x}$ ist . — 100

Von der Cycloide. . . . . — 101

Von den Spiralen. . . . . — 102

Von der Rectification der krummen Linien. . — 104

Von der Rectification der Parabeln. . . — 105

Von dem Kreise, der Ellipse und der Hyperbel. . — 106

Von der Cycloide. . . . . — 106

Von den Spiralen. . . . . — 107

Von der Kubatur der von krummen Oberflächen begrenzten Körper, so wie von der Quadratur dieser Oberflächen, und von der Integration der partiellen Differentiale. — 108

Von den Umdrehungs-Oberflächen. . . . — 108

Von den im Allgemeinen durch krumme Oberflächen begrenzten Körpern. . . . . . — 109

Von der Integration der partiellen Differentiale, oder von den doppelten Integralen. . . . . — 110

Note über die bestimmten Integrale von dieser Gattung. — 112

Anwendung auf die Kugel. . . . . — 114

Von den als Summen betrachteten doppelten Integralen. S. 116
Vom Flächeninhalt der im Allgemeinen krummen Oberflächen. — 116
Anwendung auf die Kugelfläche. . . . — 118
Von den dreifachen Integralen. . . . — 119

Von der Integration der vollständigen Differentiale, welche mehre unabhängigen Veränderlichen enthalten. — 121
Differentiale mit zwei Veränderlichen. . . — 121
Differentiale mit mehr als zwei Veränderlichen. . — 125
Wie man unter dem Zeichen ∫ differentiiren könne. . — 127

Von der Integration der Differential-Gleichungen mit zwei Veränderlichen.

Von der Trennung der Veränderlichen in den Differential-Gleichungen der ersten Ordnung. . . S. 128
Von den gleichartigen Gleichungen. . . — 128
Von der Gleichung des ersten Grades und von der ersten Ordnung. — 130
Von der Rinatischen Gleichung. . . . — 135

Aufsuchung eines Factors, welcher geeignet ist, eine Differential-Gleichung von der ersten Ordnung integrirbar zu machen. . . . . . — 140
Gleichung, wovon dieser Factor abhängt. . . — 142
Lehrsatz der gleichartigen Functionen. . . — 144

Von den Gleichungen der ersten Ordnung, worin die Differentiale den ersten Grad übersteigen. . — 147
Gleichungen, welche, wenn sie differentiirt werden, leichter integrirt werden können. . . . — 147
Beispiel einer besondern Auflösung. . — 148

Von der Integration der Differential-Gleichungen von der zweiten und von einer noch höhern Ordnung. . — 153
Entwickelung des Integrals einer Differential-Gleichung mit zwei Veränderlichen von einer beliebigen Ordnung; Anzahl der willkürlichen Constanten, die es enthält. . — 153
Von der Vielfältigkeit der Integrale dieser Gleichungen. . — 156

Integration einiger Gleichungen, welche die ursprünglichen Veränderlichen nicht enthalten. . . . . — 160

Integration einiger Gleichungen, welche nur eine ursprüngliche Veränderliche enthalten. . . . . — 161

Von den Gleichungen des ersten Grades von einer beliebigen Ordnung. . . . . . . — 161

Von den zugleich Statt findenden Gleichungen des ersten Grades. — 162

Von der Elimination zwischen den zugleich Statt findenden Gleichungen von der ersten Ordnung. . . — 163

Von den besondern Auflösungen der Differential-Gleichungen von der ersten Ordnung. . . . — 182

Ihr Zusammenhang mit dem vollständigen Integrale. — 182

Wie man sie aus der Differential-Gleichung herleitet. — 187

Methoden, um die Differential-Gleichungen von der ersten und zweiten Ordnung näherungsweise aufzulösen. — 194

Auflösung einiger geometrischen Aufgaben, welche von Differential-Gleichungen abhangen. . . — 197

Aufgaben von Trajectorien. . . . . — 199

Von der geometrischen Construction der Differential-Gleichungen. — 202

Geometrische Deutung der besondern Auflösungen. . — 203

Von der Integration der Differential-Gleichungen, welche drei oder mehr Veränderlichen enthalten.

Von den vollständigen Differential-Gleichungen. . S. 206

Nöthige Bedingungen, damit eine Gleichung mit drei Veränderlichen, worin die Differentiale nicht über den ersten Grad hinausgehen, eine einzige ursprüngliche Gleichung zum Integral haben könne. . . . . . — 207

Neue Bedingung, wenn die Differentiale mit höhern Exponenten versehen sind. . . . . . . — 209

Von den vollständigen Differential-Gleichungen, welche den Bedingungen der Integrirbarkeit nicht genügen. — 211

Integration der partiellen Differential-Gleichungen von der ersten Ordnung. . . . . . — 214

Note über die Betrachtungen, durch welche Monge die Integration der partiellen Differential-Gleichungen mit der Erzeugung der Oberflächen in Verbindung brachte. S. 220

Von der Intrgration der partiellen Differential-Gleichungen von einer höhern Ordnung als der ersten. — 221

Beispiel von Integralen in Reihen. . . — 227

Von der Bestimmung der willkürlichen Functionen in den Integralen der partiellen Differential-Gleichungen. . — 230

Note (B) über die imaginären Logarithmen. . — 234

Note (C) über die doppelten und bestimmten Integrale, deren Differential-Coefficient zwischen gegebenen Grenzen unendlich groß wird, und von den Integralen, welche singuläre genannt werden. . . — 238

Integral-Rechnung.

Von der Integration der rationalen Functionen von einer einzigen Veränderlichen.

§. 165.

Die Integral-Rechnung ist das Umgekehrte der Differential-Rechnung; sie hat zum Zweck, von den Differential-Coefficienten zu den Functionen zurückzukehren, wovon die ersteren abgeleitet waren. Der Vortrag der Lehren dieser Rechnung bietet Eintheilungen dar, die den von der Differential-Rechnung dargebotenen analog sind. Die Differential-Coefficienten der gesuchten Function sind entweder unmittelbar durch die unabhängigen Veränderlichen ausgedrückt, oder man hat bloß eine Gleichung zwischen einigen jener Coefficienten und einer oder mehren der Veränderlichen. Da der erstere Fall der einfachste ist, so ist er füglich zuerst abzuhandeln.

Ist der Differential-Coefficient von der ersten Ordnung einer Function von x, in x gegeben, so hat man:

$$\frac{dy}{dx} = X, \text{ oder } dy = X dx;$$

die gesuchte Function ist also diejenige, deren Differential $X dx$ ist; man zeigt dies auf folgende Art an:

$$y = \int X dx,$$

wo das Kennzeichen $\int$ das Umgekehrte des Kennzeichens d ist. *)

---

*) Diejenigen, welche zuerst über die Integral-Rechnung schrieben, bedienten sich des Buchstabens $\int$ als des Anfangsbuchstabens des Wortes Summa. Denn da, nach der Ansicht von Leibnitz, die Differentiale unendlich kleine Zuwachse der Veränderlichen vorstellen (§. 6.), so ist, diesem zu Folge, eine beliebige Veränderliche, die Summe der unendlich großen Anzahl von Zuwachsen, die sie von ihrem Ursprung bis zu dem Punkte erhalten hat, wo man sie betrachtet: deßhalb belegte

Dieses vorausgesetzt, lassen sich die verschiedenen Formen, die die gegebene Function X haben kann, auf folgende Weise classificiren: rationale Functionen,

$$A x^m + B x^n + C x^p + \ldots = U,$$

$$\frac{A x^m + B x^n + C x^p + \ldots}{A' x^{m'} + B' x^{n'} + C' x^{p'} + \ldots} = \frac{U}{V};$$

irrationale Functionen,

$$U . V^{\frac{m}{n}};$$

transcendente Functionen,

$$f(U, lV),\ f(U, \sin V), \text{ꝛc.}$$

§. 166.

Man sieht zunächst, daß man, um die Integration zu bewerkstelligen, die Regeln der Differentiation umzukehren habe. Nach der ersten dieser Regeln hat man:

$$d(u + v - w) = du + dv - dw \text{ (§. 10.)},$$

und wenn man die erste Seite dieser Gleichung dadurch integrirt, daß man das Zeichen d auslöscht, so findet man:

$$u + v - w = \int (du + dv - dw),$$

was einerlei ist mit:

$$\int du + \int dv - \int dw = \int (du + dv - dw),$$

woraus folgt, daß

„$\int (P dx + Q dx - R dx) = \int P dx + \int Q dx - \int R dx$,“

d. h. daß das Integral der Summe mehrer Differential-Functionen gleich ist der Integrale einer jeden dieser Functionen.

Eben so giebt, $d . au = a du$ (§. 11.); $au = \int a du$, mithin $\int a du = a \int du$, woraus folgt:

„$\int a X dx = a \int X dx$“:

man darf also die unter dem Zeichen $\int$ befindliche Constante a außerhalb desselben versetzen.

§. 167.

Da das Differential von $A x^m + B$, $m A x^{m-1} dx$ ist, so schließt man hieraus, daß

---

man das, was ich ursprüngliche Function nannte, mit dem Namen: Integral, weil es das Aggregat aller Differentiale ist: wir werden später sehen, daß es, in aller Strenge, die Grenzen ihrer Summen ist. Sind diese Benennungen einmal richtig aufgefaßt, so kann man sich nach Willkühr der einen oder der andern bedienen.

$$„\int a x^n dx = \frac{a x^{n+1}}{n+1} + B“.$$

Denn vergleicht man $a x^n dx$ mit $m A x^{m-1} dx$, so erhält man:

$m - 1 = n$, und $m A = a$, oder $A = \frac{a}{m} = \frac{a}{n+1}$; woraus folgt, daß, wenn $dy = a x^n dx$, alsdann

$$y = \frac{a x^{n+1}}{n+1} + B \text{ ist,}$$

d. h. daß man, um ein einnamiges Differential zu integriren, den Exponenten der Veränderlichen um die Einheit zu vermehren, und hierauf durch diesen neuen Exponenten, so wie durch dx, zu dividiren habe.

Die Constante B blieb willkührlich, wie man es gemäß §. 7. erwarten mußte.

§. 168.

Ehe wir weiter gehen, finden wir es angemessen, den besondern Fall zu untersuchen, wenn obige Regel unbrauchbar wird. Dieser Fall tritt ein, wenn $n = -1$; denn alsdann erhält man:

$$y = \frac{a x^0}{0} + B = \frac{a}{0} + B.$$

Allein beachtet man, daß hier

$$dy = a x^{-1} dx = \frac{a dx}{x} = a d . l x \text{ (§. 29.)},$$

so wird man bald einsehen, daß

$$y = a l x + B,$$

und daß die Ausnahme, welche die vorige Regel hier erleidet, von der Unmöglichkeit herrührt, die Transcendente $l x$ in einer begrenzten Anzahl algebraischer Glieder auszudrücken.

Uebrigens reicht eine einfache Formänderung der Constante B dazu hin, diesen besondern Fall mit der allgemeinen Regel zu verknüpfen. Denn schreibt man, anstatt B, $-\frac{a}{n+1} + B$, was deßhalb gestattet ist, weil jene Constante willkührlich ist, so giebt die allgemeine Formel alsdann,

$$y = \frac{a x^{n+1} - a}{n+1} + B, \text{ und dieselbe giebt nun}$$

$$y = \frac{0}{0} + B, \text{ wenn } n = -1;$$ allein wendet man hier das Verfahren des §. 95. an, indem man n zur Veränderlichen

wählt, so erhält man für y denselben wahren Werth, wie oben, d. h.

$$„\int a x^{-1} dx = a l x + B.“$$

§. 169.

Der Ausdruck

$$dy = a x^m dx + b x^n dx - c x^p dx \ldots,$$

welcher ein rationales und ganzes, übrigens beliebiges Differential vorstellt, führt zu:

$$y = \frac{a x^{m+1}}{m+1} + \frac{b x^{n+1}}{n+1} - \frac{c x^{p+1}}{p+1} \ldots + B,$$

in Folge der Regeln der §§. 166. und 167.

Ich füge nur eine Constante hinzu, da es leicht einzusehen ist, daß wenn man für jedes einnamige Differential eine hinzufügte, dieselben zusammen genommen doch nur einer einzigen gleich kämen, die ihre Summe seyn würde.

§. 170.

Hätte man,

$$dy = (a x + b)^m dx,$$

so würde man die angedeutete Potenz entwickeln, und jedes aus dieser Operation entspringende einnamige Differential für sich integriren; allein es ist zweckmäßig zu bemerken, daß man zu demselben End-Resultat gelangen kann, ohne jene Entwickelung vorzunehmen. Man mache deßhalb nur $a x + b = z$, welches $x = \frac{z - b}{a}$ und $dx = \frac{dz}{a}$ giebt, und substituire in dem Ausdrucke von dy: so findet man $dy = \frac{z^m dz}{a}$, und folglich $y = \frac{z^{m+1}}{a(m+1)} + B$. Setzt man endlich, für z, dessen Werth, so erhält man:

$$„\text{Wenn } dy = (a x + b)^m dx, \text{ so ist } y = \frac{(a x + b)^{m+1}}{a(m+1)} + B.“$$

Bei

$$dy = (a x^n + b)^m x^{n-1} dx$$

kann man ebenfalls durch Transformation die Entwickelung der Potenz vermeiden; denn setzt man $a x^n + b = z$, so erfolgt, $n a x^{n-1} dx = dz$, weßhalb

$$x^{n-1} dx = \frac{dz}{na}, \quad dy = \frac{z^m dz}{na} \text{ und } y = \frac{z^{m+1}}{na(m+1)} + B.$$

Mithin:

„Wenn $dy = (ax^n + b)^m x^{n-1} dx$, so ist $y = \frac{(ax^n+b)^{m+1}}{na(m+1)} + B$“.*)

§. 171.

Ich gehe zu den gebrochenen Functionen über; und damit ich mit dem einfachsten Falle anfange, so nehme ich an, es sey

$$dy = \frac{Ax^m dx}{(ax+b)^n}.$$

Macht man $ax + b = z$, so findet man: $x = \frac{z-b}{a}$, $dx = \frac{dz}{a}$ und

$$dy = \frac{A(z-b)^m dz}{a^{m+1} z^n};$$

entwickelt man demnach die Potenz $(z-b)^m$, multiplizirt das Resultat mit dz und dividirt nachher durch z^n, so hat man nur eine Folge von einnamigen Differentialen zu integriren.

Es sey z. B. $m = 3$ und $n = 2$; alsdann erhält man,

$$dy = \frac{A(z-b)^3}{a^4 z^2} dz = \frac{A}{a^4}(zdz - 3bdz + 3b^2 z^{-1} dz - b^3 z^{-2} dz);$$

wendet man auf jedes dieser einnamigen Differentiale die Regel des §. 167. an, so erfolgt

$$y = \frac{A}{a^4}\left(\frac{z^2}{2} - 3bz + 3b^2 lz + b^3 z^{-1}\right) + B.$$

Sucht man hierauf, für z, dessen Werth, so erhält man endlich:

wenn $dy = \frac{Ax^3 dx}{(ax+b)^2}$, so ist

---

*) Man könnte die obigen Differentiale kürzer nach folgendem Satze des ersten Bandes integriren: „der Differential-Coefficient einer Function, von einer Function von x, ist gleich dem Producte der Differential-Coefficienten der beiden Functionen bezogen auf ihre unmittelbare Veränderliche,“ und zwar auf folgende Art:

$$\frac{dy}{dx} = (ax+b)^m = \frac{(ax+b)^m}{a} \times a;$$

$$y = \;.\;.\;.\;.\;.\; \frac{(ax+b)^{m+1}}{(m+1)a}.$$

$$\frac{dy}{dx} = (ax^n+b)^m x^{n-1} = \frac{(ax^n+b)^m}{na} \times nax^{n-1};$$

$$y = \;.\;.\;.\;.\;.\; \frac{(ax^n+b)^{m+1}}{(m+1)na}.$$

Hierdurch würde es auch einleuchtend, warum hier die Potenzirung vermieden werden könne. B.

$$y = \frac{A}{a^4}\left(\tfrac{1}{2}(ax+b)^2 - 3b(ax+b) + 3b^2 l(ax+b) + b^3(ax+b)^{-1}\right) + B.$$

Man könnte leicht die allgemeine Formel bilden, und hätte man,

$$dy = \frac{Ax^n dx + Bx^p dx + Cx^q dx \,.\,.\,.\,.\,.}{(ax+b)^m},$$

so würde man dieses auf folgende Art schreiben:

$$dy = \frac{Ax^n dx}{(ax+b)^m} + \frac{Bx^p dx}{(ax+b)^m} + \frac{Cx^q dx}{(ax+b)^m} \ldots,$$

und hierauf jedes einzelne Glied so behandeln, wie das erste so eben behandelt wurde.

§. 172.

Die gebrochenen und rationalen Functionen sind im Allgemeinen von der Form:

$$\frac{(Ax^m + Bx^n + Cx^p \ldots)dx}{A'x^{m'} + B'x^{n'} + C'x^{p'} \ldots},$$

die ich, der Kürze halber, durch $\frac{Udx}{V}$ darstellen will. Es muß zuvörderst bemerkt werden, daß der Exponent des x im Zähler kleiner als im Nenner vorausgesetzt werden könne; denn wäre dieses nicht der Fall, so erhielte man, durch die Division des U durch V, wenn man den Quotienten Q und den Rest R nennte, $\int\frac{Udx}{V} = \int Qdx + \int\frac{Rdx}{V}$; allein da Q eine rationale und ganze Function ist, so würde man $\int Qdx$ durch die unmittelbare Anwendung der Regel des §. 167. bestimmen, und es bliebe nur noch $\int\frac{Rdx}{V}$ zu finden übrig, worin die Function R, in Bezug auf x, von einem niedrigern Grade ist, als die Function V. Die allgemeinste Form, die der Bruch $\frac{Udx}{V}$ haben kann, wird demnach folgende seyn:

$$\frac{(Ax^{n-1} + Bx^{n-2} + Cx^{n-3} \ldots\ldots + T)dx}{x^n + A'x^{n-1} + B'x^{n-2} + C'x^{n-3} \ldots\ldots + T'}.$$

Die allgemeine Methode, Differentiale zu integriren, welche durch rationale Brüche ausgedrückt sind, besteht darin, diese letzteren in andere zu zerfällen, deren Nenner einfacher sind, und welche man **partielle Brüche** nennt, und auf folgende Art erhält.

Setzt man den Nenner des gegebenen Bruches gleich Null, so bildet man die Gleichung,

$$x^n + A'x^{n-1} + B'x^{n-2} \ldots + T' = 0,$$

deren aufgefundene und als einander ungleich angenommene Wurzeln

$$a, a', a'', a''', \text{ꝛc.}$$

heißen mögen, so daß die erste Seite der Gleichung unter die Form des Productes der n Factoren

$$x - a, x - a', x - a'', x - a''', \text{ꝛc.}$$

gebracht werden kann. Nachdem dieses geschehen, betrachtet man den gegebenen Bruch als die Summe der Brüche

$$\frac{N\,dx}{x-a}, \frac{N'\,dx}{x-a'}, \frac{N''\,dx}{x-a''}, \text{ꝛc.}$$

welche die Factoren des gegebenen Nenners zu Nennern und unbestimmte Constanten zu Zählern haben.

Um unsre Gedanken festzustellen, nehme ich an, das zu integrirende Differential sey,

$$\frac{(Ax^2 + Bx + C)\,dx}{x^3 + A'x^2 + B'x + C'},$$

und man habe gefunden:

$$x^3 + A'x^2 + B'x + C' = (x-a)(x-a')(x-a'').$$

Bringt man die Brüche

$$\frac{N\,dx}{x-a}, \frac{N'\,dx}{x-a'}, \frac{N''\,dx}{x-a''},$$

auf einerlei Benennung, und addirt sie, so erhält man zur Summe,

$$\frac{N(x-a')(x-a'') + N'(x-a)(x-a'') + (N''(x-a)(x-a')}{(x-a)(x-a')(x-a'')}\,dx;$$

der Nenner dieses Bruches wird dem des gegebenen gleich seyn, und der Zähler wird nothwendig eine Function seyn, die von einem niedrigern Grade, als der Nenner, d. i. vom zweiten, seyn wird. Denn nach vollzogener Entwicklung erhält man,

$$\{(N + N' + N'')x^2 - [N(a'+a'') + N''(a+a'') + N''(a+a')]\,x$$
$$+ N a'a'' + N' a a'' + N'' a a'\}\ dx.$$

Vergleicht man diese Function mit dem Zähler des gegebenen Bruches, so ergeben sich die drei folgenden Gleichungen,

$$N + N' + N'' = A,$$
$$-N(a'+a'') - N'(a+a'') - N''(a+a') = B,$$
$$N a'a'' + N' a a'' + N'' a a' = C,$$

welche, in Bezug auf die Unbestimmten N, N' und N'', nur vom ersten Grade sind.

Um diese Gleichungen aufzulösen, reicht es hin, die erste mit

a^2 und die zweite mit a zu multipliciren, und die Summe der Resultate zu der dritten zu addiren; denn hierdurch erhält man,

$$Aa^2 + Ba + C = N[a^2 - (a' + a'')a + a'a''],$$

oder, zufolge der Lehre von der Bildung einer Gleichung aus ihren Wurzel-Factoren *),

$$= N(a - a')(a - a''),$$

mithin:

$$N = \frac{Aa^2 + Ba + C}{(a - a')(a - a'')},$$

in welchem Bruche der Zähler, derjenige des gegebenen Bruches, nachdem x in a verwandelt worden, und der Nenner, das Product der Unterschiede zwischen der Wurzel a und allen andern, ist.

Gemäß diesem Gesetze hat man, ohne Rechnung,

$$N' = \frac{Aa'^2 + Ba' + C}{(a' - a)(a' - a'')},\quad N'' = \frac{Aa''^2 + Ba'' + C}{(a'' - a)(a'' - a')},$$

und es ist nicht schwer, sich zu überzeugen, daß dasselbe dem allgemeinen Falle genügt, allein wir gelangen hierzu bald auf einem noch leichteren Wege.

Dieses vorausgesetzt, mache man, weil

$$\frac{(Ax^2 + Bx + C)dx}{x^3 + A'x^2 + B'x + C'} = \frac{Ndx}{x - a} + \frac{N'dx}{x - a'} + \frac{N''dx}{x - a''},$$

zunächst, $x - a = z$, wodurch man erhält:

$$\int \frac{Ndx}{x - a} = \int \frac{Ndz}{z} = N\,l\,z = N\,l\,(x - a).$$

Eben so findet man:

$$\text{„}\int \frac{N'dx}{x - a'} = N'\,l\,(x - a') \text{ und } \int \frac{N'dx}{x - a''} = N''\,l\,(x - a'').$$

Folglich erhält man endlich:

$$\int \frac{Ax + Bx + C}{x^3 + A'x^2 + B'x + C'} = N\,l\,(x - a) + N'\,l\,(x - a')$$
$$+ N''\,l\,(x - a'') + \text{const.}, \text{ oder}$$

$$\text{„}\int \frac{Ax^2 + Bx + C}{x^3 + A'x^2 + B'x + C'} = l\left[(x-a)^{N}(x-a')^{N'}(x-a'')^{N''}\right]$$
$$+ \text{const.“}$$

*) wofür unsre Nachbarn den Kunstausdruck „la Composition des équations“ eingeführt haben.

§. 173.

Die Integration der rationalen Brüche hat also gar keine Schwierigkeit, wenn dieselben, wie man oben gesehen hat, in partielle Brüche zerfället worden sind, deren Nenner Binome vom ersten Grade sind; allein diese Form ist nur für die einfachen Factoren des Nenners des gegebenen Bruches möglich. Denn nimmt man, im Beispiel des vorhergehenden §., $a' = a$ an, so werden die Werthe von N und N' hierdurch unendlich groß, welches davon herrührt, daß gegenwärtig die Anzahl der Unbestimmten nicht hinreichend groß ist, weil, in dem Aggregate $\frac{N + N'}{x - a}$ der beiden partiellen Brüche $\frac{N}{x - a'}$, $\frac{N'}{x - a'}$, die Summe $N + N'$, der beiden Unbestimmten N, N', nur für eine einzige Unbestimmte gelten kann.

Man weicht diesem Uebelstande dadurch aus, daß man, anstatt jener beiden Brüche, die zusammen genommen nur einen ausmachen, den folgenden gebraucht:

$$\frac{(N x + N')\, d x}{(x - a)^2};$$

bringt man diesen auf einerlei Benennung mit dem letzten Bruche $\frac{N''\, d x}{x - a''}$, so erhält man wiederum eine der Anzahl der Unbestimmten gleiche Anzahl von Gleichungen.

Die Integration des neuen Bruches bietet übrigens gar keine Schwierigkeit dar; denn macht man $x - a = z$, so verfällt man auf einnamige Differentiale, wie bei dem letzten Beispiele des §. 171., wovon das gegenwärtige nur ein besonderer Fall ist.

Wenn, im Allgemeinen, der Nenner V des gegebenen Bruches den Factor $(x - a)^m$, enthielte, so müßte man in Bezug auf diesen Factor, einen partiellen Bruch von folgender Form:

$$\frac{(N x^{m-1} + N_1 x^{m-2} + N_2 x^{m-3} \ldots + N_{m-1})\, d x}{(x - a)^m}$$

annehmen, den man dadurch integrirte, daß man $x - a = z$ annähme, wodurch $x = a + z$ und $d x = d z$ würde. Allein das Resultat dieser Substitution, welches die Form:

$$\frac{(M + M_1 z + M_2 z^2 - \ldots + M_{m-1} z^{m-1})\, d z}{z^m}$$

hat, ist einerlei mit:

$$\frac{M\, d z}{z^m} + \frac{M_1\, d z}{z^{m-1}} + \frac{M_2\, d z}{z^{m-2}} \ldots + \frac{M_{m-1}\, d z}{z},$$

und zeigt, daß man, anstatt des ersten Bruches, die folgenden annehmen könne:

$$\frac{M\,dx}{(x-a)^m}+\frac{M_1\,dx}{(x-a)^{m-1}}+\frac{M_2\,dx}{(x-a)^{m-2}}\dots+\frac{M_{m-1}\,dx}{x-a},$$

deren Zähler Constanten sind, und welche sich ebenfalls nach dem Verfahren des §. 171. integriren lassen.

§. 174.

Jene letzte Form und diejenige, welche den ungleichen Factoren entspricht (§. 172.), sind die einfachsten, welche die partiellen Brüche annehmen können, worin sich die zu integrirenden Brüche zerfällen lassen, und veranlassen eine Hülfs-Operation, welche in zwei Theile eingetheilt werden kann. Der erste, welcher darin besteht, die Factoren des Nenners V zu bestimmen, hängt, wie wir schon gesagt haben, von der Auflösung der Gleichung $V=o$ ab (§. 172.): der zweite, welcher die Zähler der partiellen Brüche bestimmen soll, wird durch mehre Verfahren zu Stande gebracht, wovon das folgende am meisten elementar ist.

Nachdem man einen einfachen Factor, $x-a$, des Nenners besonders ausgehoben, setzt man:

$V=(x-a)\,Q$ und $\frac{U}{V}=\frac{N}{x-a}+\frac{P}{Q}$, wo P eine Function von x ist, die von der Reduction auf einerlei Nenner aller von $\frac{N}{x-a}$ verschiedenen Brüche herrührt, worin sich der gegebene Bruch zerfällen läßt; es wird mithin P eine ganze Function, in Bezug auf x, seyn. Allein, wenn man die beiden Seiten der letzten der obigen Gleichungen auf einerlei Benennung bringt, so erhält man:

$$U=NQ+(x-a)P,\ \text{weßhalb}\ P=\frac{U-NQ}{x-a};$$

und weil P eine ganze Function von x ist, so muß $U-NQ$ durch $x-a$ genau theilbar seyn, welches, vermöge des Hauptsatzes von der Composition der Gleichungen, nur dann Statt finden kann, wenn das Polynom $U-NQ$ verschwindet, wofern man in ihm x in a verwandelt. Wenn man also dasjenige, wozu U und Q nach jener Verwandlung werden, die an N nichts ändert, weil N constant ist, mit u und q bezeichnet, so erhält man:

$$u-Nq=o,\ \text{und}\ N=\frac{u}{q},$$

welcher letzte Ausdruck immer einen endlichen Werth haben wird; denn weder Zähler noch Nenner können Null werden, weil, wegen der Annahme, daß der gegebene Bruch auf seinen einfachsten Ausdruck gebracht worden, der Factor $x-a$, nicht dem U, und wegen seines nur einmaligen Vorhandenseyns in V, derselbe Factor auch nicht dem Q angehören kann. Es wird also immer möglich seyn, den partiellen Bruch zu erhalten, der einem Factor von jener Gattung entspricht.

Setzt man, für U, dasjenige was es darstellt (§. 172.), und beachtet, daß

$$Q = (x - a')(x - a'')(x - a''') \text{ ꝛc.}$$

so erhält man:

$$N = \frac{u}{q} = \frac{A a^{n-1} + B a^{n-2} + C a^{n-3} \ldots + T}{(a - a')(a - a'')(a - a''') \text{ ꝛc.}},$$

welcher Ausdruck mit dem oben (§. 172.) angezeigten Gesetze übereinstimmt.

§. 175.

Betrachten wir jetzt, wie sich die Zähler derjenigen partiellen Brüche finden lassen, die den gleichen Factoren entsprechen. Es sey

$$V = Q(x - a)^m;$$

setzen wir:

$$\frac{U}{V} = \frac{N}{(x-a)^m} + \frac{N_1}{(x-a)^{m-1}} + \frac{N_2}{(x-a)^{m-2}} \ldots + \frac{N_{m-1}}{x-a} + \frac{P}{Q}$$

(§. 173.), welche Form durch die Bestimmung der Unbekannten bewährt werden wird. Bringt man beide Seiten auf einerlei Benennung, so erfolgt,

$$U = Q[N + N_1(x-a) + N_2(x-a)^2 \ldots + N_{m-1}(x-a)^{m-1}] + P(x-a)^m,$$

$$P = \frac{U - Q[N + N_1(x-a) + N_2(x-a)^2 \ldots + N_{m-1}(x-a)^{m-1}]}{(x-a)^m};$$

und da P eine ganze Function seyn muß, so muß der Zähler seines Ausdrucks mmal nach einander durch $x - a$ genau theilbar seyn: es wird dieser Zähler also verschwinden, wenn man in ihm x in a verwandelt. Man bemerkt zunächst, daß dieser Zähler in diesem Fall in $U - QN$ übergeht; allein, damit $U - QN$ durch $x - a$ genau getheilt werden könne, muß man, $u - qN = o$, oder $N = \frac{u}{q}$, haben, wenn man die Bezeichnungen des vorhergehenden §. beibehält.

Jener Werth von N verwandelt $U - QN$ in $U - \frac{u}{q}Q$, welcher Ausdruck, da er sich durch $x - a$ theilen läßt, die Form, $U_1(x - a)$, annimmt, wenn U_1 den Quotienten bezeichnet, und die Aufhebung, das den beiden Gliedern des Ausdrucks von P gemeinschaftlichen Factors $x - a$, giebt:

$$P = \frac{U_1 - Q[N_1 + N_2(x-a) \ldots + N_{m-1}(x-a)^{m-2}]}{(x-a)^{m-1}}.$$

Um nun N_1 zu erhalten, mache man $x - a = o$, und wenn man dasjenige, wozu U_1, nach der Verwandlung von x in a, wird, u_1 nennt, so erhält man $u_1 - q N_1 = o$, oder $N_1 = \frac{u_1}{q}$.

Setzt man hierauf, für N_1, dessen Werth, in $U_1 - Q N_1$, so erfolgt die Größe $U_1 - \frac{u_1}{q} Q$, die durch $x - a$ genau theilbar seyn wird, weil sie verschwinden muß, wenn $x - a = o$; mithin wird man erhalten:

$$P = \frac{U_2 - Q[N_2 + N_3(x-a) \ldots + N_{m-1}(x-a)^{m-3}]}{(x-a)^{m-2}},$$

wofern U_2 den Quotienten der Division von $U_1 - \frac{u_1}{q} Q$ durch $x - a$ bezeichnet. Fährt man in der obigen Bezeichnungsweise fort, so wird man jetzt finden $u_2 - q N_2 = o$, oder $N_2 = \frac{u_2}{q}$. Eben so werden sich die folgenden N finden lassen, ohne daß man auf unendliche große Werthe verfällt.

§. 176.

Die Differential-Rechnung erleichtert sehr die vorhergehenden Operationen. Denn differentiirt man die Gleichung,

$$U = Q[N + N_1(x-a) + N_2(x-a)^2 \ldots \ldots + N_{m-1}(x-a)^{m-1}] + P(x-a)^m,$$

$n - 1$ mal nach einander, und macht hierauf $x - a = o$ in dieser Gleichung und in ihren Differentialen, so erhält man:

$$U = N Q,$$
$$dU = N\,dQ + N_1 Q\,dx,$$
$$d^2U = N\,d^2Q + 2N_1\,dQ\,dx + 2N_2\,Q\,dx^2,$$
$$d^3U = N\,d^3Q + 3N_1\,d^2Q\,dx + 6N_2\,dQ\,dx^2 + 6N_3\,Q\,dx^3,$$

2c.

welche Gleichungen jede der Unbekannten N, N_1, N_2 2c. durch die ihr vorangehenden bestimmen; wobei nicht zu vergessen ist, daß, nach Vollziehung der Differentiationen, x in a verwandelt werden muß.

Das einfachste Mittel, hier Q zu finden, besteht darin, V durch $(x-a)^m$ zu dividiren; indessen kann man dasselbe auch durch die Differentiation erlangen; denn weil $V = Q(x-a)^m$, so findet man, wenn man jede der Seiten dieser Gleichung m mal differentiirt, und hierauf $x - a = o$ macht, $d^m V = m(m-1)\ldots 2.1.Q\,dx^m$ (§. 57.) und folglich $Q = \frac{d^m V}{1.2\ldots m\,dx^m}$.

Man gelangt zu den Ausdrücken der Differentiale von Q, bei der Annahme von $x - a = o$, wenn man nach und nach die Differentiale von der Ordnung $m + 1$, $m + 2$ ꝛc. der Gleichung $V = Q(x-a)^m$ nimmt; denn es ist nach der Bemerkung in §. 57., leicht zu sehen, daß in diesem Falle $d^{m+1} V = d^{m+1} Q (x-a)^m$ z. B., in $(m+1)m \ldots 2.1\,dQ\,dx^m$ *) übergeht. Es folgt hieraus, daß man die Uubestimmten N, N_1, N_2 ꝛc. vermittelst der Differentiale des Zählers U und des Nenners V des gegebenen Bruches ausdrücken könne. **)

§. 177.

Die vorige Rechnung bedarf keiner wesentlichen Abänderung, wenn auch einige der Wurzeln a, a', a'' ꝛc. nicht reell seyn sollten, da die imaginären Größen, die alsdann den Zählern der partiellen Brüche angehören würden, durch die Reduction auf einerlei Benennung verschwinden würden. Allein es mag einfacher seyn, diese Formen dadurch zu vermeiden, daß man den

---

*) Da sowohl die dritte als die vierte Originalausgabe hier dx^{m+1} haben, so scheint es nicht überflüssig zu seyn, daß die Richtigkeit des dx^m (welches sich auch in der 2ten Ausgabe befindet) hier bewiesen werde. — Da, nach des „Traité etc." Band I. §. 91.,

$$d^n.yz = y\,d^n z + \frac{n}{1} dy\,d^{n-1} z + \frac{n(n-1)}{1\;\;2} d^2 y\,d^{n-2} z + ꝛc.,$$

so ist auch,

$$d^{m+1} V = d^{m+1} Q(x-a)^m = Q \times d^{m+1} (x-a)^m + \frac{m+1}{1} dQ\,d^m (x-a)^m$$
$$+ \frac{(m+1)m}{1.2} d^2 Q\,d^{m-1} (x-a)^m + ꝛc.;\ \text{also, für } x = a,$$

$$d^{m+1}V = Q \times o + \frac{m+1}{1} dQ.m(m-1)\ldots 1.dx^m + \frac{(m+1)m}{1.2} d^2Q \times o + ꝛc.$$

oder

$$d^{m+1}V = (m+1)m.(m-1)\ldots 2.1\,dQ\,dx^m.$$

Uebrigens folgt es auch schon aus der Homogenität der Differential-Ausdrücke. B.

**) Siehe das „Traité etc." in 4to. B. II. S. 19.; siehe auch, wie Euler, in „Acta acad. Petrop. an. 1780. pars 1ma p. 32.", vermittelst einer Entwickelung, die der von u' in §. 92. analog ist, die Zähler der partiellen Brüche bestimmt, welche die Coefficienten der negativen Potenzen von h sind, wenn man P in $\frac{U}{Q}$ verwandelt.

Nenner V nur in reelle Factoren zerlegt, welches immerhin möglich ist, indem sich die imaginären Factoren eines beliebigen Polynoms, je zwei, zu reellen Factoren vom zweiten Grade gruppiren lassen. (Complément des élémens d'Algèbre).

Diese Factoren lassen sich im Allgemeinen durch

$$x^2 - 2\alpha x + \alpha^2 + \beta^2$$

darstellen, und um die entsprechenden partiellen Brüche zu erhalten, brauchen die Verfahren der §§. 174. und 175. nur sehr wenig modificirt zu werden.

Ist ein solcher Factor einfach vorhanden, so setzt man:

$$\frac{U}{V} = \frac{Mx + N}{x^2 - 2\alpha x + \alpha^2 + \beta^2} + \frac{Q}{P},$$

woraus man zieht:

$$U = Q(Mx + N) + P(x^2 - 2\alpha x + \alpha^2 + \beta^2),$$

$$P = \frac{U - Q(Mx + N)}{x^2 - 2\alpha x + \alpha^2 + \beta^2};$$

und zieht man ähnliche Schlüsse wie in §. 174., weil P immerfort eine ganze Function von x seyn muß, so muß die Größe $U - Q(Mx + N)$ durch $x^2 - 2\alpha x + \alpha^2 + \beta^2$ genau theilbar seyn: sie muß also unter ihren Factoren auch diejenigen der letzten Größe enthalten, und mit denselben zugleich verschwinden. Allein die Wurzeln von $x^2 - 2\alpha x + \alpha^2 + \beta^2$ sind:

$$x = \alpha + \beta\sqrt{-1}, \quad x = \alpha - \beta\sqrt{-1},$$

welche Werthe, nach und nach in der Größe $U - Q(Mx + N)$ substituirt, dieselbe zum Verschwinden bringen müssen. Es seyen demnach $u \pm u'\sqrt{-1}$ und $q \pm q'\sqrt{-1}$ dasjenige, wozu U und Q nach jener Substitution werden; hierdurch erhält man:

$$u \pm u'\sqrt{-1} - (q \pm q'\sqrt{-1})[M(\alpha \pm \beta\sqrt{-1}) + N] = 0\;^{*}),$$

welche Gleichung, wegen des Zeichens $\pm$, womit mehre ihrer Glieder versehen sind, eine doppelte und denjenigen beiden gleich bedeutend ist, die dadurch entstehen, daß man sowohl den reellen, als den imaginären Theil gleich Null setzt. Nach dieser Betrachtung hat man die beiden Gleichungen,

$$u - (q\alpha - q'\beta)M - qN = 0,$$

$$u' - (q'\alpha + q\beta)M - q'N = 0,$$

welche die Werthe von **M** und **N** geben werden.

---

*) Entwickelt man die Potenzen $(\alpha + \beta\sqrt{-1})^m$ und $(\alpha - \beta\sqrt{-1})^m$, so sieht man, daß Ausdrücke, wie $Ax^m + Bx^n - Cx^p +$:c., in der That die vorausgesetzte Form annehmen müssen.

§. 178.

Wenn sich der Factor $x^2 - 2\alpha x + \alpha^2 + \beta^2$, den ich, der Kürze halber, mit R bezeichnen will, mehrmal im Nenner V findet, und man

$$V = Q(x^2 - 2\alpha x + \alpha^2 + \beta^2)^m = Q R^m$$

hat, so wählt man in diesem Falle (§. 175.) die Form:

$$\frac{Mx + N}{R^m} + \frac{M_1 x + N_1}{R^{m-1}} + \frac{M_2 x + N_2}{R^{m-2}} \ldots\ldots + \frac{P}{Q}:$$

bringt man auf einerlei Benennung, und sucht den Werth von P, so erfolgt,

$$P = \frac{U - Q[Mx + N + (M_1 x + N_1)R + (M_2 x + N_2)R^2 + \ldots]}{R^{m-1}}.$$

Zieht man in diesem Falle ähnliche Schlüsse, wie bei den vorhergehenden, so muß der Nenner jenes Ausdrucks, bei der Annahme von $x = \alpha \pm \beta\sqrt{-1}$, die auch $R = 0$ macht, verschwinden; und behält man dieselben Bezeichnungen bei, wie oben, so erfolgt daraus:

$$u \pm u'\sqrt{-1} - (q \pm q'\sqrt{-1})[M(\alpha \pm \beta\sqrt{-1}) + N] = 0,$$

wodurch dieselben Gleichungen wie im vorhergehenden §. zum Vorschein kommen, um M und N zu bestimmen. Nachdem man dieser Größen Werthe gefunden, substituirt man dieselben in dem Zähler von P; und da die Glieder $U - Q(Mx + N)$ durch R d. i. durch $x^2 - 2\alpha x + \alpha^2 + \beta^2$ genau theilbar werden, so wird es auch der ganze Ausdruck. Nennt man demnach den Quotienten der Division von $U - Q(Mx + N)$ durch $x^2 - 2\alpha x + \alpha^2 + \beta^2$, U_1, so gelangt man zu:

$$P = \frac{U_1 - Q[M_1 x + N_1 + (M_2 x + N_2)R + \ldots]}{R^{m-1}}.$$

Setzt man, in diesem neuen Zähler, wiederum für x die Werthe $\alpha \pm \beta\sqrt{-1}$, und hierauf das Resultat gleich Null, so werden M_1 und N_1 auf ähnliche Art bestimmt werden, wie es oben M und N wurden. Auf dieselbe Weise lassen sich ferner M_2 N_2, $M_3 N_3$ rc. bestimmen.

§. 179.

Jener Fall ist dem in §. 172. behandelten vollkommen analog; es läßt sich deshalb die Differential-Rechnung nicht minder auf ihn anwenden, vermittelst der Gleichung

$$U = Q[Mx + N + (M_1 x + N_1)R + (M_2 x + N_2)R^2 + \ldots] + PR^m,$$

und ihrer Differentiale, in denen, bis zur Ordnung $m-1$ einschließlich, diejenigen des Gliedes PR^m verschwinden, wenn $R=0$ gemacht wird. Man erhält somit die Gleichungen

$$U=(Mx+N)Q,$$
$$dU=(Mx+N)dQ+MQdx+(M_1x+N_1)QdR,$$
ꝛc.,

deren jede doppelt werden wird, wenn man für x die ihm, vermöge der Gleichung $R=0$ d. i. $x^2-2\alpha x+\alpha^2+\beta^2=0$, zukommenden Werthe setzt. Setzt man sowohl den reellen als den imaginären Theil gleich Null, so erhält man eine zureichende Anzahl von Gleichungen, um M, N, M_1, N_1, ꝛc. zu bestimmen.

Man muß noch bemerken, daß aus

$$V=QR^m$$

abzuleiten ist:

$$d^mV=Q.d^m.R^m,\text{ weßhalb } Q=\frac{d^mV}{d^m.R^m},$$

wofern R oder $x^2-2\alpha x+\alpha^2+\beta^2=0$.
Man findet dQ, d^2Q, ꝛc. unter derselben Annahme, wenn man der Gleichung

$$V=QR^m$$

Differentiale von den Ordnungen $m+1$, $m+2$ ꝛc. nimmt, und hierauf diejenigen Glieder wegläßt, welche durch jene Annahme verschwinden.

§. 180.

Um den Bruch

$$\frac{(Mx+N)dx}{x^2-2\alpha x+\alpha^2+\beta^2}$$

integriren zu können, bemerke man, daß $x^2-2\alpha x+\alpha^2+\beta^2=(x-\alpha)^2+\beta^2$; macht man $x-\alpha=z$, so erfolgt:

$$\frac{(Mx+N)dx}{(x-\alpha)^2+\beta^2}=\frac{(Mz+M\alpha+N)dz}{z^2+\beta^2}=\frac{(Mz+N')dz}{z^2+\beta^2},$$

wofern man annimmt: $M\alpha+N=N'$. Allein

$$\frac{(Mz+N')dz}{z^2+\beta^2}=\frac{Mzdz}{z^2+\beta^2}+\frac{N'dz}{z^2+\beta^2}:$$

der erste Theil der zweiten Seite dieser Gleichung, ist leicht integrirbar; denn, macht man $z^2+\beta^2=u$, so hat man $zdz=\frac{du}{2}$, welches giebt:

$$\int\frac{Mzdz}{z^2+\beta^2}=\frac{M}{2}\int\frac{du}{u}=M.\tfrac{1}{2}lu=Ml\sqrt{z^2+\beta^2}.$$

Was den andern Theil betrifft, so mache man $z = \beta u$, wodurch derselbe in

$$\frac{N' dz}{z^2 + \beta^2} = \frac{N'}{\beta} \frac{du}{u^2 + 1}$$

übergeht; allein man hat in §. 36. gesehen, daß $\frac{du}{1 + u^2}$ das Differential desjenigen Bogens ist, dessen tang $= u$: folglich ist:

$$\int \frac{N'}{\beta} \frac{du}{u^2 + 1} = \frac{N'}{\beta} \text{arc.} (\text{tang} = u) + \text{const.}$$

$$= \frac{N'}{\beta} \text{arc.} \left(\text{tang} = \frac{z}{\beta}\right) + \text{const.}$$

Vereinigt man diese beiden Resultate, so erhält man:

$$\int \frac{(Mz + N') dz}{z^2 + \beta^2} = M l \sqrt{z^2 + \beta^2} + \frac{N'}{\beta} \text{arc.} \left(\text{tang} = \frac{z}{\beta}\right) + \text{const.}$$

Es ist nützlich zu bemerken, daß ein Bogen, dessen Tangente $\frac{z}{\beta}$ ist, $\frac{z}{\sqrt{z^2 + \beta^2}}$ zum Sinus und $\frac{\beta}{\sqrt{z^2 + \beta^2}}$ zum Cosinus hat (Trig. §. 29.); denn diese Betrachtung bietet ein Mittel dar, das fragliche Integral unter mehren Formen darzustellen, indem man den Bogen durch seinen Sinus oder durch seinen Cosinus bezeichnet.

Setzt man, für z, dessen Werth, so findet man:

$$\int \frac{(Mx + N) dx}{x^2 - 2\alpha x + \alpha^2 + \beta^2} =$$

$$= M l \sqrt{x^2 - 2\alpha x + \alpha^2 + \beta^2} + \frac{M\alpha + N}{\beta} \text{arc.} \left(\text{tang.} = \frac{x - \alpha}{\beta}\right) + \text{const.}$$

Gehen wir nun zum Differential

$$\frac{(Mx + N) dx}{(x^2 - 2\alpha x + \alpha^2 + \beta^2)^m}$$

über: man mache zuerst $x - \alpha = z$ und $M\alpha + N = N'$, vermöge dessen bloß folgendes Integral zu suchen seyn wird:

$$\int \frac{(Mz + N') dz}{(x^2 - 2\alpha x + \alpha^2 + \beta^2)^m},$$

welches folgendermaßen geschrieben werden kann:

$$M \int \frac{z\, dz}{(z^2 + \beta^2)^m} + N' \int \frac{dz}{(z^2 + \beta^2)^m}.$$

Der erste Theil läßt sich unmittelbar integriren; denn macht man $z^2 + \beta^2 = u$, so ist $z\, dz = \frac{du}{2}$, mithin

$$M\int\frac{z\,dz}{(z^2+\beta^2)^m}=\frac{M}{2}\int\frac{du}{u^m}=\frac{M\,u^{-m+1}}{2(1-m)}.$$

Was den andern Theil betrifft, so gehört derselbe zu einer Classe von Formeln, womit wir uns bald beschäftigen werden, vermittelst deren seine Integration von derjenigen der Formel $\frac{dz}{(z^2+\beta^2)^{m-1}}$, worin der Exponent des Nenners um eine Einheit kleiner ist, abhängig gemacht wird (§. 200.), und man auf ähnliche Weise fortfährt, bis man bei dem schon bekannten Integrale $\int\frac{dz}{z^2+\beta^2}$ anlangt.

Stellt man die vorigen Resultate zusammen, so wird man ohne Zweifel einsehen, daß sich diejenigen Differentiale, welche unter der Form rationaler Brüche vorkommen, immer entweder algebraisch oder vermittelst der Logarithmen oder Kreisbogen integriren lassen. *)

§. 181.

Zur Anwendung des Vorhergehenden diene der Bruch

---

*) Es möchte folgendes Schema, welches ich aus dem 11. Kapitel der „algebraischen Analyse" von Cauchy, hergeleitet habe, hier nicht am unrechten Orte stehen. (i ist die von Gauß eingeführte Bezeichnung für $\sqrt{-1}$, und die Striche an den f und F bedeuten deren Differential-Coefficienten, versehen mit den bekannten zugehörigen numerischen Divisoren).

$$\frac{f(x)}{F(x)}=\frac{A_0}{x-x_0}+\frac{A_1}{x-x_1}+\frac{A_2}{x-x_2}\ldots\ldots+\frac{A_{m-1}}{x-x_{m-1}}$$

$$A_0=\frac{f(x_0)}{F_1(x_0)};\quad A_1=\frac{f(x_1)}{F_1(x_1)}\ \text{ꝛc.}$$

$$\frac{A-Bi}{x-\alpha-\beta i}+\frac{A+Bi}{x-\alpha+\beta i}=\frac{2A(x-\alpha)+2B\beta}{(x-\alpha)^2+\beta^2}$$

$$A-Bi=\frac{f(\alpha+\beta i)}{F_1(\alpha+\beta i)},\quad A+Bi=\frac{f(\alpha-\beta i)}{F_1(\alpha-\beta i)}.$$

$$\frac{A}{(x-a)^{m'}}+\frac{A}{(x-a)^{m'-1}}\ldots\ldots+\frac{B}{(x-b)^{m''}}+\frac{B}{(x-b)^{m''-1}}+\text{ꝛc.}$$

$$f(a)=A\,F_1(a);\quad f_1(a)=A_1F_{m'}(a)+A\,F_{m'+1}(a);$$

$$f_2(a)=A_2F_{m'}(a)+A_1F_{m'+1}(a)+A\,F_{m'+2}(a)\ \text{ꝛc.}$$

$$\frac{u}{[(x-\alpha)^2+\beta^2]^{m'}}+\frac{u'}{[(x-\alpha)^2+\beta)^2]^{m'-1}}\ \text{ꝛc.}$$

$$u=\frac{1}{2\beta i}\left\{\frac{\frac{f(\alpha+\beta i)}{F_{m'}(\alpha+\beta i)}}{(2\beta i)^{m'}}(x-\alpha+\beta i)-\frac{\frac{f(\alpha-\beta i)}{(-1)^{m'}F_{m'}(\alpha-\beta i)}}{(2\beta i)^{m'}}(x-\alpha-\beta i)\right\}\ \text{ꝛc.}$$

$$\frac{dx}{x^8 + x^7 - x^4 - x^3}:$$

die Factoren seines Nenners sind leicht zu ermitteln; denn es ist der Letztere

$$= x^3(x^5 + x^4 - x - 1) = x^3(x+1)(x^4 - 1)$$
$$= x^3(x+1)(x^2-1)(x^2+1) = x^3(x+1)(x+1)(x-1)(x^2+1)$$
$$= x^3(x-1)(x+1)^2(x^2+1).$$

Es ist demnach der Bruch, nach den §§. 172, 173, auf folgende Weise zerfällbar:

$$\frac{A\,dx}{x-1} + \frac{B\,dx}{(x+1)^2} + \frac{C\,dx}{x+1} + \frac{D\,dx}{x^3} + \frac{E\,dx}{x^2} + \frac{F\,dx}{x}$$
$$+ \frac{(Gx+H)\,dx}{x^2+1}.$$

Brächte man alles auf einerlei Benennung, und vergliche das Resultat mit $\frac{dx}{x^8 + x^7 - x^4 - x^3}$, so ließen sich hierdurch die unbekannten Zähler finden; allein ich will die andern oben angedeuteten Verfahren zur Anwendung bringen.

Ich betrachte deßhalb die vier Factoren

$$x - 1,\ (x+1)^2,\ x^3 \text{ und } x^2+1,$$

aus denen der Nenner besteht, einen jeden in's Besondere.

Dem ersten Factor entspricht ein Bruch von der Form $\frac{N}{x-1}$. Da die Größen $U = 1$ und $Q = x^3(x+1)^2(x^2+1)$, bei der Annahme: $x = 1$, $u = 1$ und $q = 8$ geben, so hat man (nach §. 174.) $N = \frac{1}{8}$; mithin ist der erste partielle Bruch $\frac{1}{8}\frac{1}{x-1}$.

Man bemerke, daß man den Werth von q unmittelbar hätte finden können, wenn man den Nenner $x^8 + x^7 - x^4 - x^3$ differentiirt und hierauf $x = 1$ angenommen hätte (§. 176.).

Dem zweiten Factor entsprechen zwei partielle Brüche von der Form:

$$\frac{N}{(x+1)^2} + \frac{N_1}{x+1}\ (\text{§. } 175.);$$

da hier $Q = x^3(x-1)(x^2+1)$, bei der Annahme $x + 1 = 0$ oder $x = -1$, 4 wird, so ist $\frac{u}{q} = \frac{1}{4}$, mithin unser zweiter partieller Bruch $\frac{1}{4}\frac{1}{(x+1)^2}$.

Setze ich in $U - NQ$, für N, dessen Werth $\frac{1}{4}$, um den Ausdruck von U, (§. 175.) zu gewinnen, so erhalte ich:

$$U_1 = \frac{U - NQ}{x+1} = \frac{4 - x^6 + x^5 - x^4 + x^3}{4(x+1)}$$
$$= \frac{-x^5 + 2x^4 - 3x^3 + 4x^2 - 4x + 4}{4},$$

woraus erfolgt $\frac{u_1}{q} = \frac{18}{16} = \frac{9}{8}$; mithin ist unser dritter partieller Bruch $\frac{9}{8}\frac{1}{x+1}$.

Um hier die Differential-Rechnung anzuwenden, bilde man (nach §. 176.) die Gleichung,

$$1 = Q[N + N_1(x+1)] + P(x+1)^2,$$

die man nur einmal zu differentiiren braucht, worauf $x = -1$ zu nehmen ist; hierdurch wird man erhalten:

$$1 = NQ$$
$$0 = NdQ + N_1 Q dx;$$

und da Q, $x^6 - x^5 + x^4 - x^3$ ist, so wird die erste dieser Gleichungen, $N = \frac{1}{4}$, und die andere, $N_1 = \frac{9}{8}$, geben.

Dem dritten Factor, x^3, entsprechen die drei folgenden partiellen Brüche:

$$\frac{N}{x^3} + \frac{N_1}{x^2} + \frac{N_2}{x},$$

die man vermittelst der Gleichung,

$$1 = Q[N + N_1 x + N_2 x^2] + Px^3$$

und ihres ersten und zweiten Differentiales bestimmt. Bemerkt man, daß hier $Q = x^5 + x^4 - x - 1$ und macht in Q, dQ und d^2Q, $x = 0$, so findet man:

$$N = -1,\ N_1 = 1,\ N_2 = -1:$$

Mithin sind die drei gesuchten partiellen Brüche:

$$-\frac{1}{x^3},\ \frac{1}{x^2},\ -\frac{1}{x}.$$

Dem vierten Factor, $x^2 + 1$, endlich, entspricht ein partieller Bruch von der Form: $\frac{Mx + N}{x^2 + 1}$. Man könnte den Letztern erschließen, wenn man alle vorhergehenden von dem gegebenen Bruche abzöge; allein ich will ihn durch die Formeln des §. 177. direct zu erhalten suchen. Zuerst ist hier $Q = x^3(x-1)(x+1)^2 = x^6 + x^5 - x^4 - x^3$; dann giebt der gleich Null gesetzte Factor, $x^2 + 1$,

$$x = \pm\sqrt{-1},\ \text{mithin}\ \alpha = 0,\ \beta = 1;$$

woraus man ableitet:

$$q \pm q'\sqrt{-1} = -2 \pm 2\sqrt{-1}, \quad u = 1, \quad u' = 0.$$

Die Gleichungen, welche M und N bestimmen, werden also:

$$1 + 2M + 2N = 0, \quad 2M - 2N = 0,$$

wodurch man $M = N = -\frac{1}{4}$ findet.

Somit ist die Zerfällung des gegebenen Bruches in partielle Brüche vollendet: es ist nämlich

$$\frac{dx}{x^8 + x^7 - x^4 - x^3} = \frac{1}{8}\,\frac{dx}{x-1} + \frac{1}{4}\,\frac{dx}{(x+1)^2} + \frac{9}{8}\,\frac{dx}{x+1}$$
$$- \frac{dx}{x^3} + \frac{dx}{x^2} - \frac{dx}{x} - \frac{1}{4}\,\frac{(x+1)\,dx}{x^2+1}. \text{*)}$$

---

*) Methode von Dirksen:

$$x^8 + x^7 - x^4 - x^3 = (x-1)(x+1)^2 x^3 (x^2+1).$$

$(x-1)^1$. $\quad x - 1 = z,\ x = 1 + z,\ s = 1,\ s - 1 = 0$

$$(x+1)^2 x^3 (x^2+1) = x^7 + 2x^6 + 2x^5 + 2x^4 + x^3$$

1...

+2...

+2...

+2...

+1... $\qquad \{z^{s-1} = z^0\}$

1 | 8

$\frac{1}{8}$

$$\frac{1}{8z} = \frac{1}{8(x-1)}. \qquad \{z^s = z^1\}$$

$(x+1)^2$. $\quad x + 1 = z,\ x = -1 + z,\ s = 2,\ s - 1 = 1$

$$(x-1)x^3(x^2+1) = x^6 - x^5 + x^4 - x^3$$

1 − 6z... $\qquad \{z^{s-1} = z^1\}$

1 − 5z...

1 − 4z...

1 − 3z...

1 | 4 − 18z

$\frac{1}{4} + \frac{9}{8}z$

$$\frac{1}{4z^2} + \frac{9}{8z} = \frac{1}{4(x+1)^2} + \frac{9}{8(x+1)}. \qquad \{z^s = z^2\}$$

$(x-0)^3$. $\quad x - 0 = z,\ x = z,\ s = 3,\ s - 1 = 2,$

$$(x-1)(x+1)^2(x^2+1) = x^5 + x^4 - x - 1$$

−z

−1

1 | −1 − z

$-1 + z - z^2 \quad , \ . \ . \qquad \{z^{s-1} = z^2\}$

$$-\frac{1}{z^3} + \frac{1}{z^2} - \frac{1}{z} = -\frac{1}{x^3} + \frac{1}{x^2} - \frac{1}{x}. \qquad \{z^s = z^3\}$$

Die Integration eines jeden dieser partiellen Brüche bietet keine Schwierigkeit dar, und man wird zum Resultate erhalten:

$$\left.\begin{array}{l} \frac{1}{8}\,l(x-1)-\frac{1}{4}\,\frac{1}{x+1} \\ +\frac{9}{8}\,l(x+1)+\frac{1}{2x^2}-\frac{1}{x}-lx \\ -\frac{1}{8}\,l(x^2+1)-\frac{1}{4}\,\mathrm{arc}(\mathrm{tang}=x)+\mathrm{const.} \end{array}\right\}.$$

Die Vereinigung aller algebraischen Glieder erzeugt den Bruch $\frac{2-2x-5x^2}{4x^2(1+x)}$, und die der logarithmischen giebt:

$$\tfrac{1}{8}l(x-1)+\tfrac{1}{8}l(x+1)+l(x+1)-\tfrac{1}{8}l(x^2+1)-lx$$
$$=l\left(\frac{x^2-1}{x^2+1}\right)+l\left(\frac{x+1}{x}\right);$$

man wird demnach zu dem End-Resultate gelangen:

$$\int\frac{dx}{x^8+x^7-x^4-x^3}=\frac{2-2x-5x^2}{4x^2(1+x)}+\frac{1}{8}l\left(\frac{x^2-1}{x^2+1}\right)$$
$$+l\left(\frac{x+1}{x}\right)-\tfrac{1}{4}\,\mathrm{arc}\,(\mathrm{tang}=x)+\mathrm{const.}$$

Von der Integration der irrationalen Functionen.

§. 182.

Die irrationalen Functionen müssen als integrirt angesehen werden, sobald sie durch irgend eine Transformation rational gemacht worden, oder wenigstens wenn sie in einnamige irrationale Größen zerlegt worden; denn alsdann lassen sich die vorhergehenden Regeln auf sie anwenden.

Man habe z. B.

$$\frac{(1+\sqrt{x}-\sqrt[3]{x^2})\,dx}{1+\sqrt[3]{x}}:$$

Ob dieser neue, sehr bequeme Algorithmus des Herrn Professors Dr. Dirksen in Berlin (Crelle's Journal T. I. S. 53.), durch eine leichte Modification, auch auf die imaginären Factoren des Nenners anwendbar gemacht werden können, ist mir bis jetzt unbekannt geblieben.

B.

es ist einleuchtend, daß wenn man hier $x = z^6$ macht, alle angedeuteten Ausziehungen sich vollziehen lassen, wodurch man erhält:

$$\frac{6z^5 dz(1 + z^3 - z^4)}{1 + z^2};$$

und vollzieht man nun die Division, so erfolgt die Größe:

$$-6\left[z^7 dz - z^6 dz - z^5 dz + z^4 dz - z^2 dz + dz - \frac{dz}{1+z^2}\right],$$

deren Integral

$$-6\left[\frac{z^8}{8} - \frac{z^7}{7} - \frac{z^6}{6} + \frac{z^5}{5} - \frac{z^3}{3} + z - \text{arc.}(\text{tang} = z)\right] + \text{const.}$$

oder, wenn man wiederum den Werth von z einführt,

$$-\tfrac{6}{8}x\sqrt[6]{x^2} + \tfrac{6}{7}x\sqrt[6]{x} + x - \tfrac{6}{5}\sqrt[6]{x^5} + 2\sqrt[6]{x^3} - 6\sqrt[6]{x}$$
$$+ 6\,\text{arc}(\text{tang} = \sqrt[6]{x}) + \text{const.}$$

ist.

§. 183.

Die erste Gattung von irrationalen Functionen, womit ich mich nun beschäftigen will, ist diejenige, welche nur die Wurzelgröße $\sqrt{A + Bx + Cx^2}$ enthält, und deren Form nur entweder $Xdx\sqrt{A + Bx + Cx^2}$ oder $\frac{Xdx}{\sqrt{A + Bx + Cx^2}}$ seyn kann, wofern X eine rationale Function von x bedeutet. Es ist zunächst zu bemerken, daß diese beiden Formen in einander übergehen können; denn man kann die erstere auf folgende Weise schreiben:

$$Xdx\frac{\sqrt{A+Bx+Cx^2} \times \sqrt{A+Bx+Cx^2}}{\sqrt{A+Bx+Cx^2}}$$
$$= \frac{Xdx(A+Bx+Cx^2)}{\sqrt{A+Bx+Cx^2}},$$

wo der Zähler des Resultats eine rationale Function ist, wie bei der andern.

Ehe ich die Mittel angebe, den Ausdruck $\sqrt{A + Bx + Cx^2}$ in Bezug auf x *) rational zu machen; werde ich die Größe $A + Bx + Cx^2$ unter der Form:

*) Obschon x sowohl in allen Auflagen des kleinen, als auch in der zweiten Auflage des großen Werkes steht, so muß es dennoch heißen: „in Bezug auf eine neue Veränderliche," anstatt: in Bezug auf x.
B.

$$C\left(\frac{A}{C}+\frac{B}{C}x+x^2\right)$$

aufstellen, und macht man zur Abkürzung

$$C=\gamma^2,\ \frac{A}{C}=\alpha,\ \frac{A}{C}=\gamma,$$

so erfolgt daraus:

$$\sqrt{A+Bx+Cx^2}=\gamma\sqrt{\alpha+\beta x+x^2}.$$

Dieses vorausgesetzt, nehme man an:

$$\sqrt{\alpha+\beta x+x^2}=z-x;$$

erhebt man zum Quadrate, so erfolgt: $\alpha+\beta x=z^2-2zx$, welches $x=\frac{z^2-\alpha}{\beta+2z}$ giebt, weßhalb

$$\sqrt{A+Bx+Cx^2}=\gamma(z-x)=\gamma\left(\frac{\alpha+\beta z+z^2}{\beta+2z}\right), \text{ und}$$

$$dx=\frac{2(\alpha+\beta z+z^2)\,dz}{(\beta+2z)^2}.$$

Vermittelst dieser Werthe verwandelt man das Differential $\frac{X\,dx}{\sqrt{A+Bx+Cx^2}}$ in ein anderes von der Form $Z\,dz$, wo Z eine rationale Function von z bedeutet, die so lange reell ist als C positiv ist; allein wenn C negativ ist, so wird γ imaginär, und das transformirte Differential könnte dieses auch werden.

In dem letzteren Falle hätte man

$$\sqrt{A+Bx-Cx^2}, \text{ und}$$

macht man $C=\gamma^2$, $\frac{A}{C}=\alpha$ und $\frac{B}{C}=\beta$, so erfolgt

$$\gamma\sqrt{\alpha+\beta x-x^2}.$$

Die Größe $x^2-\beta x-\alpha$ läßt sich immer in zwei reelle Factoren vom ersten Grade zerlegen; stellt man dieselben durch $x-a$ und $x-a'$ dar, so ist es klar, daß

$$\alpha+\beta x-x^2=-(x^2-\beta x-\alpha)=(x-a)(a'-x).$$

Macht man hierauf $\sqrt{(x-a)(a'-x)}=(x-a)z$, und erhebt zum Quadrate, so erhält man nach der möglichen Division durch $x-a$, $a'-x=(x-a)z^2$, weßhalb

$$x=\frac{az^2+a'}{z^2+1},\ (x-a)z=\frac{(a'-a)z}{z^2+1} \text{ und } dx=\frac{2(a-a')z\,dz}{(z^2+1)^2},$$

welche Werthe das gegebene Differential ebenfalls rational machen werden.

§. 184.

Als erstes Beispiel diene das Differential

$$\frac{dx}{\sqrt{A+Bx+Cx^2}}:$$

die erste der obigen Umwandlungen wird $\frac{2dz}{\gamma(\beta+2z)}$ geben, dessen Integral $\frac{1}{\gamma}\,l(\beta+2z)+\text{const.}$ ist. Setzt man wiederum, für z, dessen Werth $x+\sqrt{\alpha+\beta x-x^2}$, und für α, β und γ, die Größen, welche durch sie vorgestellt wurden, so erfolgt:

$$\frac{1}{\sqrt{C}}\,l\left[\frac{2}{\sqrt{C}}\left(\frac{B}{2\sqrt{C}}+x\sqrt{C}+\sqrt{A+Bx+Cx^2}\right)\right]+\text{const.},$$

welchem Resultat man die Form

$$\frac{1}{\sqrt{C}}\,l\left[\frac{B}{2\sqrt{C}}+x\sqrt{C}+\sqrt{A+Bx+Cx^2}\right]+\frac{1}{\sqrt{C}}\,l\,\frac{2}{\sqrt{C}}$$
$$+\text{const.}$$

geben kann, um hierauf das beständige Glied $\frac{1}{\sqrt{C}}\,l\,\frac{2}{\sqrt{C}}$ mit der willkührlichen Constante zu vereinigen.

§. 185.

Als zweites Beispiel diene das Differential

$$\frac{dx}{\sqrt{A+Bx-Cx^2}};$$

bedient man sich hier der letzten Umwandlung des §. 183, so erhält man $\frac{-2dz}{\gamma(z^2+1)}$, dessen Integral $-\frac{2}{\gamma}\,\text{arc.}(\text{tang.}=z)+\text{const.}$ ist. Setzt man, für z, dessen aus der Gleichung $a'-x=(x-a)z^2$ entnommenen Werth $\frac{\sqrt{a'-x}}{\sqrt{x-a}}$, so wie für γ, $\sqrt{C}$, so erhält man:

$$\int\frac{dx}{\sqrt{A+Bx-Cx^2}}=-\frac{2}{\sqrt{C}}\,\text{arc.}\left(\text{tang.}=\frac{\sqrt{a'-x}}{\sqrt{x-a}}\right)$$
$$+\text{const.},$$

worin a und a' die Wurzeln der Gleichung

$$x^2-\frac{B}{C}x-\frac{A}{C}=0$$

bedeuten.

Ist $A = C = 1$ und $B = 0$, so wird das gegebene Differential, in diesem besondern Falle,

$$\frac{dx}{\sqrt{1-x^2}},$$

und die vorhergehende Formel giebt zu seinem Integrale:

$$-2\,\text{arc.}\left(\text{tang} = \frac{\sqrt{1-x}}{\sqrt{1+x}}\right) + \text{const.};$$

denn da a und a' alsdann die Wurzeln der Gleichung $x^2 - 1 = 0$ sind, so muß man $a = -1$ und $a' = 1$ nehmen, um den imaginären Größen auszuweichen.

Ich will nun zeigen, daß jenes Resultat dem Bogen gleich kommt, dessen Sinus $= x$, und dessen Differential, nach §. 36., $\frac{dx}{\sqrt{1-x^2}}$ ist. Zu diesem Behufe bringe ich in Erinnerung, daß

$$\text{tang}\,2A = \frac{2\,\text{tang}\,A}{1-\text{tang}\,A^2} \text{ (Trig. §. 27.)},$$

woraus hervorgeht, daß ein doppelt so großer Bogen wie derjenige, welcher in der obigen Formel angedeutet ist $\frac{\sqrt{1-x^2}}{x}$ zur Tangente hat, und folglich das Complement desjenigen Bogens ist, der $\frac{x}{\sqrt{1-x^2}}$ zur Tangente und x zum Sinus hat (Trig. §. 9.) Nennt man demnach diesen letzteren Bogen s, so erhält man:

$$\int\frac{dx}{\sqrt{1-x^2}} = s - \frac{\pi}{2} + \text{const.},$$

und schließt man den Bogen $-\frac{\pi}{2}$ mit in die willkührliche Constante ein, so erfolgt endlich:

$$\int\frac{dx}{\sqrt{1-x^2}} = s + \text{const.}$$

So kann im Allgemeinen, in allen Fällen, wo man dem Anscheine nach verschiedene Integrale zu demselben Differentiale findet, dieser Unterschied nur die willkührliche Constante betreffen. Denn sind zwei Functionen V und X von der Beschaffenheit, daß $dX = dV$, oder $dX - dV = d(X - V) = 0$, so muß man nothwendig haben: $X - V = \text{const.}$

§. 186.

Man kann das Differential

$$\frac{dx}{\sqrt{A + Bx - Cx^2}} = \frac{dx}{\gamma\sqrt{\alpha + \beta x - x^2}}$$

unmittelbar auf dasjenige eines Kreisbogens zurückführen; denn macht man zuerst $x - \frac{\beta}{2} = z$, so erhält man $\frac{dz}{\gamma\sqrt{\alpha + \frac{1}{4}\beta^2 - z^2}}$; setzt man hierauf: $\alpha + \frac{1}{4}\beta^2 = g^2$ und $z = gu$, so findet man $\frac{du}{\gamma\sqrt{1 - u^2}}$, dessen Integral $\frac{1}{\gamma} . \text{arc.}(\sin = u) + \text{const.}$ ist.

§. 187.

Die Integration der Formel

$$\frac{dx}{\sqrt{1 - x^2}}$$

kann auch vermittelst Logarithmen vollzogen werden, und führt alsdann zu einer merkwürdigen Relation, zwischen Bogen, Sinus und Cosinus, in imaginären Ausdrücken.

Vergleicht man jene Formel nämlich mit

$$\frac{dx}{\sqrt{A + Bx + Cx^2}},$$

so findet man $A = 1$, $B = 0$, $C = -1$, und die allgemeine Integral (§. 184.) wird:

$$\frac{1}{\sqrt{-1}} l(x\sqrt{-1} + \sqrt{1 - x^2}) + \text{const.}$$

Bezeichnet man den Bogen, dessen Differential $\frac{dx}{\sqrt{1 - x^2}}$ ist, mit z, so wird man also haben:

$$z = \frac{1}{\sqrt{-1}} l(x\sqrt{-1} + \sqrt{1 - x^2}) + \text{const.}$$

Allein verlangt man, daß jener Bogen zugleich mit x verschwinde, so muß die willkührliche Constante weggelassen werden; denn macht man $x = 0$, so geht die zweite Seite in diese Constante über, weil $l 1 = 0$. *)

*) Es mag nicht unnütz seyn zu zeigen, daß jenes Integral sich unmittelbar auffinden läßt. Wenn man

$$\sqrt{1 - x^2} = t - x\sqrt{-1}$$

setzt, woraus $1 = t^2 - 2tx\sqrt{-1}$ folgt, hierauf differentiirt und durch 2 dividirt, welches $0 = (t - x\sqrt{-1})dt - t\,dx\sqrt{-1}$ giebt: so schließt man aus dieser letzten Gleichung,

Dieses vorausgesetzt bemerke man, daß, da x der Sinus des Bogens z ist, $\sqrt{1-x^2}$ desselben Cosinus seyn wird, wodurch obige Gleichung zur folgenden wird:

$$z\sqrt{-1} = l(\cos z + \sqrt{-1}\,\sin z);$$

und nimmt man z negativ an, so hat man, weil $\sin(-z) = -\sin z$ und $\cos(-z) = \cos z$, auch noch:

$$-z\sqrt{-1} = l(\cos z - \sqrt{-1}\,\sin z),$$

so daß Statt findet:

$$\pm z\sqrt{-1} = l(\cos z \pm \sqrt{-1}\,\sin z).$$

Setzt man auf jeder Seite, anstatt der Logarithmen, deren entsprechende Zahlen, so erfolgt:

$$„e^{\pm z\sqrt{-1}} = \cos z \pm \sqrt{-1}\,\sin z“,$$

welche Gleichung sich dadurch bewähren läßt, daß man in ihr, an die Stelle der Exponential-Größe, des Sinus und des Cosinus, deren Entwickeluugen (§§. 27. 37.) einführt.

Betrachtet man insbesondere die Gleichungen,

$$e^{z\sqrt{-1}} = \cos z + \sqrt{-1}\,\sin z,$$
$$e^{-z\sqrt{-1}} = \cos z - \sqrt{-1}\,\sin z,$$

um sie zu addiren, so zieht man daraus:

$$„\cos z = \frac{e^{z\sqrt{-1}} + e^{-z\sqrt{-1}}}{2}“;$$

und zieht man die zweite von der ersten ab, so erfolgt:

$$„\sin z = \frac{e^{z\sqrt{-1}} - e^{-z\sqrt{-1}}}{2\sqrt{-1}}“.$$

Diese Ausdrücke sind im Grunde bloße algebraische Symbole, welche unter einer abgekürzten Form die Reihen der §. 37. vorstellen; allein, obschon man ihnen keinen Werth von endlicher Form zuweisen kann, so sind sie nichts destoweniger sehr leicht in der Rechnung zu gebrauchen, und führen zu allen Eigenschaften der durch sie ausgedrückten, trigonometrischen Linien.

$$\frac{dx}{t - x\sqrt{-1}} = \frac{dt}{t\sqrt{-1}}.$$

Folglich ist:

$$\int\frac{dx}{\sqrt{1-x^2}} = \int\frac{dx}{t - x\sqrt{-1}} = \int\frac{dt}{t\sqrt{-1}} = \frac{1}{\sqrt{-1}}\,lt + \text{const}$$
$$= \frac{1}{\sqrt{-1}}\,l(\sqrt{1-x^2} + x\sqrt{-1}) + \text{const}.$$

Setzt man, anstatt z, nz in der Gleichung,

$$e^{\pm z\sqrt{-1}} = \cos z \pm \sqrt{-1}\sin z,$$

so wird dieselbe:

$$e^{\pm nz\sqrt{-1}} = \cos nz \pm \sqrt{-1}\sin nz;$$

allein man hat auch

$$e^{\pm nz\sqrt{-1}} = (e^{\pm z\sqrt{-1}})^n = (\cos z \pm \sqrt{-1}\sin z)^n:$$

folglich erhält man:

$$„(\cos z \pm \sqrt{-1}\sin z)^n = \cos nz \pm \sqrt{-1}\sin nz“.$$

Diese Gleichungen führen zu sehr wichtigen Resultaten. *) Ich werde hier bloß bei dem davon zu machenden Gebrauche verweilen, um die Factoren der Function $x^n \mp a^n$ aufzufinden, weil wir dieser Factoren zur Integration der Formel $\frac{x^m dx}{x^n \mp a^n}$ bedürfen.

§. 188.

Die Function

$$x^n \mp a^n$$

verwandelt sich in $a^n(y^n \mp 1)$, wenn man $x = ay$ macht: um ihre Factoren kennen zu lernen, reicht es also hin, die Gleichung,

$$y^n \mp 1 = 0, \text{ oder,}$$

$$y^n = \pm 1,$$

aufzulösen. Der Ausdruck für y,

$$y = \cos z - \sqrt{-1}\sin z,$$

genügt der letzten Gleichung, vermittelst einer sehr einfachen Bestimmung der z. Denn man hat

$$y^n = (\cos z + \sqrt{-1}\sin)^n = \cos nz + \sqrt{-1}\sin nz;$$

und da, wenn π den halben Umkreis und m eine beliebige ganze Zahl bedeutet, $\sin m\pi = 0$ und $\cos m\pi = \pm 1$, je nachdem m gerade oder ungerade ist, so hat man bloß

$$nz = m\pi$$

anzunehmen, um $y^n = \pm 1$ zu erhalten.

Um die Fälle des geraden oder ungeraden m genauer zu unterscheiden, so schreibe man für m, im ersten Falle 2 m, und im andern $2m + 1$; man mache also, diesem gemäß, entweder

$$nz = 2m\pi, \text{ oder } nz = (2m + 1)\pi.$$

Aus der ersten Annahme folgt:

$$„\text{Wenn } y^n = +1, \text{ so ist } y = \cos\frac{2m\pi}{n} + \sqrt{-1}\sin\frac{2m\pi}{n}“,$$

*) Siehe die Note (B) am Ende.

und aus der andern:

„Wenn $y^n = -1$, so ist $y = \cos\frac{(2m+1)\pi}{n} + \sqrt{-1}\sin\frac{(2m+1)\pi}{n}$“.

§. 189.

Vermittelst der unbestimmten Zahl m erhält man aus den vorhergehenden Formeln für y, alle Werthe, deren y fähig ist; denn aus der ersten folgt:

$m = 0, \quad y = 1;$

$m = 1, \quad y = \cos\frac{2\pi}{n} + \sqrt{-1}\sin\frac{n\pi}{n};$

$m = 2, \quad y = \cos\frac{4\pi}{n} + \sqrt{-1}\sin\frac{4\pi}{n};$

....

$m = n-2, \quad y = \cos\frac{(2n-4)\pi}{n} + \sqrt{-1}\sin\frac{(2n-4)\pi}{n};$

$m = n-1, \quad y = \cos\frac{(2n-2)\pi}{n} + \sqrt{-1}\sin\frac{(2n-2)\pi}{n}.$

1) Für höhere Werthe von m findet man keine neuen Werthe für y, sondern bloß die vorigen in derselben Ordnung. Denn nimmt man an: $m = n$, so erfolgt bloß $y = \cos 2\pi = 1$, wo man also auf den ersten Werth von y verfallen ist, der so oft von neuem zum Vorschein kommen wird, als man für m ein neues Vielfaches von n aufstellen wird. Macht man hierauf $m = n + 1$, so wird der Bogen $\frac{(2n+2)\pi}{n} = 2\pi + \frac{2\pi}{n}$, dessen Sinus und Cosinus mit denen des Bogens $\frac{2\pi}{n}$ einerlei sind (Trig. §. 22.), wodurch man also auf den zweiten Werth von y zurückgeführt wird; und so mit den folgenden.

2) Die obige Tafel scheint nur einen einzigen reellen Werth für y, nämlich den ersten, darzubieten; allein man findet einen zweiten solchen, wenn n gerade ist, weil man alsdann auch $m = \frac{n}{2}$ mit aufzunehmen hat, welches, $y = \cos\pi + \sqrt{-1}\sin\pi = -1$, giebt.

3) Die imaginären Werthe von y in derselben Tafel lassen sich je zwei zusammen gruppiren, nämlich der letzte mit dem ersten, der vorletzte mit dem zweiten, und so ferner, weil

$$\frac{(2n-2)\pi}{n}=2\pi-\frac{2\pi}{n},\ \frac{(2n-4)\pi}{n}=2\pi-\frac{4\pi}{n},\ \text{rc.}$$

und im Allgemeinen

$\cos(2\pi-a)=\cos a$, $\sin(2\pi-a)=-\sin a$ (Trig. §. 29.) ist. So vereinigen sich, wenn n eine ungerade und mithin $n-1$ eine gerade Zahl ist, alle imaginären Werthe, von $m=1$ bis $m=n-1$, in $\frac{n-1}{2}$ Paare von der Form

$$y=\cos\frac{2m\pi}{n}\pm\sqrt{-1}\sin\frac{2m\pi}{n},$$

wo sich die Werthe von m nur bis $\frac{n-1}{2}$ zu erstrecken brauchen.

Ist n eine gerade Zahl, so bilden sich nur $\frac{n-2}{2}$ Paare, weil die $\frac{n}{2}$ entsprechende Wurzel, welche reell ist, die Mitte der imaginären einnimmt.

Man gelangt zu ähnlichen Folgerungen, bei der Gleichung $y^n+1=0$, für welche die Formel

$$y=\cos\frac{(2m+1)\pi}{n}+\sqrt{-1}\sin\frac{(2m+1)\pi}{n}$$

Statt findet, die zur folgenden Tafel führt:

$m=0,\qquad y=\cos\frac{\pi}{n}+\sqrt{-1}\sin\frac{\pi}{n};$

$m=1,\qquad y=\cos\frac{3\pi}{n}+\sqrt{-1}\sin\frac{3\pi}{n};$

. . . .

$m=n-2,\ y=\cos\frac{(2n-3)\pi}{n}+\sqrt{-1}\sin\frac{(2n-3)\pi}{n};$

$m=n-1,\ y=\cos\frac{(2n-1)\pi}{n}+\sqrt{-1}\sin\frac{(2n-1)\pi}{n}.$

Weiter hinaus findet man nur dieselben Werthe für y wieder, gerade wie im vorhergehenden Falle und aus dem dort angegebenen Grunde. Es kann nur dann ein reeller Werth zum Vorschein kommen, wenn n ungerade ist, und alsdann entspricht derselbe $m=\frac{n-1}{2}$, wofür man hat: $y=\cos\pi+\sqrt{-1}\sin\pi=-1$.

Da diese reelle Wurzel die Mitte der Tafel einnimmt, so vereinigen sich die imaginären, die gleich weit von ihr entfernt sind, in $\frac{n-1}{2}$ Paare von der Form

$$y = \cos\frac{(2m+1)\pi}{n} \pm \sqrt{-1}\sin\frac{(2m+1)\pi}{n},$$

wo sich die Werthe von m nur bis $\frac{n-1}{2}$ *) zu erstrecken brauchen. Ist n gerade, so muß man bis zu $m = \frac{n}{2}$ **) gehen, weil nur imaginäre Wurzeln alsdann vorhanden sind.

Sollte Jemand einige Schwierigkeit finden, diese Sätze zu begreifen, so kann er sich dieselben dadurch leicht einleuchtend machen, daß er für n besondere Werthe zur Anwendung wählt.

§. 190.

Aus dem Vorhergehenden ist es leicht, die reellen Factoren der Größen $y^n \mp 1$ abzuleiten.

Zuerst giebt die Formel $y = \cos\frac{2m\pi}{n} + \sqrt{-1}\sin\frac{2m\pi}{n}$, zu Factoren vom ersten Grade der Größe

$$y^n - 1,$$

die beiden imaginären Größen,

$$\left(y - \cos\frac{2m\pi}{n}\right) - \sqrt{-1}\sin\frac{2m\pi}{n},$$

$$\left(y - \cos\frac{2m\pi}{n}\right) + \sqrt{-1}\sin\frac{2m\pi}{n};$$

multiplicirt man hierauf diese letzteren mit einander, so erhält man den Ausdruck

$$y^2 - 2y\cos\frac{2m\pi}{n} + 1,$$

welcher alle reellen Factoren vom zweiten Grade in sich faßt.

Auf dieselbe Weise findet man, daß der Größe

$$y^n + 1$$

reelle Factoren vom zweiten Grade in dem Ausdrucke,

$$y^2 - 2y\cos\frac{(2m+1)\pi}{n} + 1,$$

enthalten sind.

---

*) Es muß entweder $\frac{n-1}{2}$ in $\frac{n-3}{2}$ umgeändert werden, oder es muß noch hinzugefügt werden: wenn man die eine reelle Wurzel mit erhalten will. B.

**) $\frac{n}{2}$ muß nothwendig in $\frac{n-2}{2}$ umgeändert werden. B.

Man muß bemerken, daß diese Formeln für die reellen Factoren vom zweiten Grade auch diejenigen vom ersten enthalten, die aber verdoppelt vorkommen; denn macht man in der ersten Formel $m = o$, so wird sie

$$y^2 - 2y + 1 = (y-1)^2,$$

und ist n gerade, so findet man bei der Annahme $m = \frac{n}{2}$

$$y^2 + 2y + 1 = (y+1)^2,$$

welches Resultat auch die zweite Formel giebt, wenn n ungerade ist, und $m = \frac{n-1}{2}$ gemacht wird.

§. 191.

Die Functionen von der Form

$$x^{2n} - 2px^n + q$$

lassen sich eben so behandeln, wie diejenigen mit zwei Gliedern. Löst man sie eben so auf, wie die Gleichungen vom zweiten Grade, so erhält man die Wurzel-Factoren

$$x^n - (p \pm \sqrt{p^2 - q}),$$

welche so lange reell seyn werden, als p^2, q übertreffen wird, und denen man die Form

$$x^n \mp a^n$$

ertheilen kann, wenn man für a^n nach und nach die Werthe der Größen $p + \sqrt{p^2 - q}$, $p - \sqrt{p^2 - q}$, abgesehen von deren Zeichen, setzt: dieser Fall kommt also auf die früheren zurück.

Hat man $p^2 < q$, so mache man $p = \alpha^n$, $q = \beta^{2n}$ und $x = \beta y$, wodurch man erhält: $\beta^{2n}y^{2n} - 2\alpha^n\beta^n y^n + \beta^{2n} = \beta^{2n}\left(y^{2n} - \frac{2\alpha^n}{\beta^n}y^n + 1\right)$; allein da die Bedingung $p^2 < q$ oder $\alpha^n < \beta^{2n}$, $\alpha^n < \beta^n$ giebt, so wird $\frac{\alpha^n}{\beta^n}$ ein Bruch seyn, und kann deßhalb als ein Cosinus angesehen werden Es sey demnach δ der entsprechende Bogen, so wird die gegebene Function,

$$\beta^{2n}(y^{2n} - 2y^n \cos\delta + 1),$$

werden, so daß es nur darauf ankommen wird, die Gleichung

$$y^{2n} - 2y^n \cos\delta + 1 = o$$

aufzulösen. Man zieht hieraus zuerst

$$y^n = \cos\delta \pm \sqrt{-1}\sin\delta;$$

nimmt man hierauf $y = \cos z \pm \sqrt{-1}\sin z$, so erfolgt (nach §. 187.)

$$y^n = \cos nz \pm \sqrt{-1}\sin nz,$$

und durch die Vergleichung der beiden Werthe von y^n erhält man:

$$\cos nz = \cos\delta, \quad \sin nz = \sin\delta.$$

Man genügt diesen Relationen im Allgemeinen, wenn man $nz = 2m\pi + \delta$ annimmt, wo m eine beliebige ganze Zahl bedeutet, weil $\cos(2m\pi+\delta) = \cos\delta$ und $\sin(2m\pi+\delta) = \sin\delta$: man wird also haben: $z = \frac{2m\pi+\delta}{n}$, und mithin:

$$y = \cos\frac{2m\pi+\delta}{n} \pm \sqrt{-1}\sin\frac{2m\pi+\delta}{n}.$$

Folglich sind die Factoren vom ersten Grade der Function

$$y^{2n} - 2y^n\cos\delta + 1$$

in dem Ausdrucke

$$y - \left\{\cos\frac{2m\pi+\delta}{n} \pm \sqrt{-1}\sin\frac{2m\pi+\delta}{n}\right\}$$

enthalten.

Hätte man

$$x^{2n} + 2p^n + q = 0,$$

so würde man ebenfalls $\frac{\alpha^n}{\beta^n} = \cos\delta$ machen; allein man wählte die Form

$$y^{2n} - 2y^n\cos(\pi-\delta) + 1,$$

weil $\cos(\pi-\delta) = -\cos\delta$; hierauf erfolgte $\cos nz = \cos(\pi-\delta)$, und $\sin nz = \sin(\pi-\delta)$, mithin:

$$nz = 2m\pi + \pi - \delta = (2m+1)\pi - \delta. \text{ *)}$$

Von der Integration der binomischen Differentiale.

§. 192.

Diese Differentiale werden durch die Formel

$$x^{m-1}dx(a+bx)^{\frac{p}{q}}$$

dargestellt, deren Allgemeinheit nicht verringert wird, wenn man annimmt, daß m und n ganze Zahlen bedeuten. Denn hat man

---

*) Die Formeln der §§. 190., 191. enthalten implicite die Lehrsätze von „Cotes" und „Moivre", und ersetzen dieselben mit Vortheil, die gegenwärtig nur noch einen Gegenstand der Neugierde ausmachen, weßhalb ich sie hier nicht aufnehmen zu müssen glaubte: man findet sie in dem „Traité etc." in 4to. B. I. S. 125.

z. B. $x^{\frac{1}{3}} dx (a + b x^{\frac{1}{2}})^{\frac{p}{q}}$, so mache man $x = z^6$, wodurch $6 z^7 dz$ $(a + b z^3)^{\frac{p}{q}}$ hervorgeht. — Man kann auch n als wesentlich positiv ansehen; denn hat man z. B. $x^{m-1} dx (a + b x^{-n})^{\frac{p}{q}}$, so mache man $x = \frac{1}{z}$, wodurch $- z^{-m-1} dz (a + b z^n)^{\frac{p}{q}}$ hervorgeht.

Die Formel

$$x^{m-1} dx (a x^r + b x^n)^{\frac{p}{q}}$$

läßt sich, vermittelst der Division durch x^r unter den Klammern, auf die vorhergehende zurückführen; denn man erhält dadurch:

$$x^{m-1} dx [x^r (a + b x^{n-r})]^{\frac{p}{q}} = x^{m + \frac{pr}{q} - 1} dx (a + b x^{n-r})^{\frac{p}{q}}.$$

Um ausfindig zu machen, in welchen Fällen

$$x^{m-1} dx (a + b x^n)^{\frac{p}{q}}$$

rational werden kann, mache man $a + b x^n = z^q$, so daß $(a + b x^n)^{\frac{p}{q}} = z^p$; hierauf findet man: $x^n = \frac{z^q - a}{b}$,

$$x^m = \left(\frac{z^q - a}{b}\right)^{\frac{m}{n}}, \quad x^{m-1} dx = \frac{q}{nb} z^{q-1} \left(\frac{z^q - a}{b}\right)^{\frac{m}{n} - 1} dz;$$

mithin wird das gegebene Differential

$$\frac{q}{nb} z^{p+q-1} dz \left(\frac{z^q - a}{b}\right)^{\frac{m}{n} - 1},$$

woraus man ersieht, daß es immer dann rational wird, wenn

$$\frac{m}{n}$$

eine ganze Zahl ist.

Das Beispiel $x^8 dx (a + b x^3)^{\frac{p}{q}}$ genügt dieser Bedingung, weil $m = 9$, $n = 3$ und $\frac{m}{n} = 3$, und verwandelt sich in

$$\frac{q}{3b} z^{p+q-1} dz \left(\frac{z^q - a}{b}\right)^2.$$

Das Differential

$$x^{m-1} dx (a + b x^n)^{\frac{p}{q}}$$

läßt eine andere Form zu, wenn man den Exponenten des zwischen den Klammern befindlichen x negativ macht, indem man $a + b x^n$ durch x^n dividirt: man erhält auf diese Weise:

$$x^{m-1}dx(a+bx^n)^{\frac{p}{q}}=x^{m+\frac{np}{q}-1}dx(ax^{-n}+b)^{\frac{p}{q}}.$$

Verwandelt man hierauf, in der oben erhaltenen Transformirten in z, n in $-n$, a in b, b in a und m in $m+\frac{np}{q}$: so erhält man dadurch den Ausdruck

$$-\frac{q}{na}z^{p+q-1}dz\left(\frac{z^q-b}{a}\right)^{-\frac{m}{n}-\frac{p}{q}-1},$$

welcher rational wird, wenn

$$\frac{m}{n}+\frac{p}{q}$$

eine ganze Zahl ist.

Man wäre unmittelbar hierzu gelangt, wenn man $ax^{-n}+b=z^q$, oder, was hieraus folgt, $a+bx^n=x^nz^q$, gemacht hätte, welches die Transformation ist, deren sich Euler bediente.

Hier genügt das Beispiel $x^4dx(a+bx^3)^{\frac{1}{3}}$, denn $\frac{m}{n}=\frac{5}{3}$, und $\frac{p}{q}=\frac{1}{3}$, mithin $\frac{m}{n}+\frac{p}{q}=\frac{6}{3}=2$.

§. 193.

Da es nicht möglich ist, das Integral

$$\int x^{m-1}dx(a+bx^n)^{\frac{q}{p}}$$

allgemein zu bestimmen, so verfällt man zunächst darauf, dasselbe auf die einfachsten Fälle zurückzuführen zu suchen.

Man gelangt hierzu sehr leicht, vermittelst der Integration durch Theile, eines fruchtbaren Verfahrens, welches dazu dient, ein Integral auf ein anderes zurückzuführen. Es erfolgt dieses Verfahren aus der Integration der beiden Seiten der Gleichung,

$$d.uv=udv+vu \quad (1),$$

wodurch man erhält: $uv=\int udv+\int vdu$, und folglich:

„$\int udv=uv-\int vdu$“.

Man sieht hieraus, daß, wenn sich die Function X, im Differential Xdx, so in zwei Factoren P und Q zerlegen läßt, daß man das Differential Qdx zu integriren vermag, und man $\int Qdx$ mit v bezeichnet, folgende Relation Statt findet:

„$\int Xdx=\int PQdx=Pv-\int vdP$“,

wodurch das erste Integral auf das letzte zurückgeführt wird.

§. 194.

Um die Resultate der Anwendung des Vorhergehenden auf die Formel

$$\int x^{m-1}\,dx\,(a+bx^n)^{\frac{p}{q}}$$

etwas abzukürzen, will ich p, statt $\frac{p}{q}$, schreiben, wo also p für eine beliebige gebrochene Zahl anzusehen ist, so daß wir es nun mit der Formel

$$\int x^{m-1}\,dx\,(a+bx^n)^p$$

zu thun haben.

Unter den verschiedenen Arten, das Differential

$$x^{m-1}\,dx\,(a+bx^n)^p$$

in Factoren zu zerlegen, hebe ich diejenige hervor, welche dazu dient, den Exponenten des außerhalb der Klammern befindlichen x zu vermindern, weßhalb ich folgende Form, statt der gegebenen, einführe:

$$\int x^{m-n}x^{n-1}\,dx\,(a+bx^n)^p.$$

Hier ist der Factor $x^{n-1}\,dx\,(a+bx^n)^p$ integrirbar, was auch p seyn mag (§. 170.): bezeichnet man sein Integral mit v, so hat man $v = \frac{(a+bx^n)^{p+1}}{(p+1)nb}$, und da das obige P hier x^{m-n} ist, so erfolgt:

$$\int x^{m-1}\,dx\,(a+bx^n)^p =$$

$$\frac{x^{m-n}(a+bx^n)^{p+1}}{(p+1)nb} - \frac{m-n}{(p+1)nb}\int x^{m-n+1}\,dx\,(a+bx^n)^{p+1};$$

allein

$$\int x^{m-n-1}dx\,(a+bx^n)^{p+1} = \int x^{m-n-1}\,dx\,(a+bx^n)^p\,(a+bx^n) =$$

$$a\int x^{m-n-1}\,dx\,(a+bx)^n p + b\int x^{m-1}\,dx\,(a+bx^n)^p;$$ folglich giebt die Substitution und Reduction:

$$\left(1+\frac{m-n}{(p+1)n}\right)\int x^{m-1}\,dx\,(a+bx^n)^p =$$

$$\frac{x^{m-n}(a+bx^n)^{p+1} - a\,(m-n)\int x^{m-n-1}\,dx\,(a+bx^n)^p}{(p+1)nb},$$

woraus man endlich ableitet:

$$„\int x^{m-1}\,dx\,(a+bx^n)^p =$$

$$\frac{x^{m-n}(a+bx^n)^{p+1} - a\,(m-n)\int x^{m-n-1}\,dx\,(a+bx^n)^p}{b(pn+m)}“ \quad (A)$$

Es ist leicht zu sehen, daß, da das Integral $\int x^{m-1}dx\,(a+bx^n)^p$ auf $\int x^{m-n-1}\,dx\,(a+bx^n)^p$ zurückgebracht werden kann, dieses letztere sich auch auf $\int x^{m-2n-1}\,dx\,(a+bx^n)^p$ zurückführen läßt, wenn man in der Gleichung (A) $m-n$ für m schreibt; verwandelt man später in derselben Gleichung m in $m-2n$, so wird $\int x^{m-2n-1}dx(a+bx^n)^p$ vermittelst $\int x^{m-3n-1}dx(a+bx^n)^p$ bestimmt, u. s. w.

Im Allgemeinen führt eine Anzahl r von Reductionen zu $\int x^{m-rn-1}dx(a+bx^n)^p$, und die letzte Formel ist:

$$\int x^{m-(r-1)n-1}dx(a+bx^n)^p = \frac{x^{m-rn}(a+bx^n)^{p+1}-a(m-rn)\int x^{m-rn-1}dx(a+bx^n)^p}{b[pn+m-(r-1)n]}.$$

Es leuchtet aus dieser Formel ein, daß, wenn m ein Vielfaches von n ist, die Integration des Differentials

$$x^{m-1}dx(a+bx^n)^p$$

sich algebraisch vollziehen läßt, weil alsdann der verschwindende Coefficient $m-rn$ das letzte Integral $\int x^{m-rn-1}dx(a+bx^n)^p$ zum Verschwinden bringt. Dieses Resultat stimmt mit demjenigen des §. 192. überein.

§. 195.

Man kann auch eine Reduction vornehmen, wodurch der Exponent des Binoms, in der Formel

$$\int x^{m-1}dx(a+bx^n)^p,$$

um eine Einheit kleiner wird. Um hierzu zu gelangen, bemerke man nur, daß dieser Ausdruck

$$=\int x^{m-1}dx(a+bx^n)^{p-1}(a+bx^n),$$

und daß die Formel (A), wenn man m in $m+n$ und p in $p-1$ verwandelt, giebt:

$$\int x^{m+n-1}dx(a+bx^n)^{p-1} = \frac{x^m(a+bx^n)^p-am\int x^{m-1}dx(a+bx^n)^{p-1}}{b(pn+m)}.$$

Substituirt man alsdann diesen letzten Werth in der vorhergehenden Gleichung, so erhält man die verlangte Formel:

$$„\int x^{m-1}dx(a+bx^n)^p = \frac{x^m(a+bx^n)^p+pna\int x^{m-1}dx(a+bx^n)^{p-1}}{pn+m}“ \quad \ldots\ldots (B)$$

Mit dieser Formel kann man die Zahl p nach und nach um alle Einheiten vermindern, die sie enthalten mag, welche Vereinfachung, in Verbindung mit derjenigen, wozu die Formel (A) die Hand bietet, das Integral

$\int x^{m-1}dx(a+bx^n)^p$ von dem folgenden

$\int x^{m-rn-1}dx(a+bx^n)^{p-s}$

abhangen läßt, worin rn das größte in $n-1$ enthaltene Vielfache von n und s die größte in p enthaltene ganze Zahl bedeutet.

So wird z. B. das Integral

$$\int x^7 dx (a+bx^3)^{\frac{5}{2}}$$

durch die Formel (A) nach und nach auf

$$\int x^4 dx (a+bx^3)^{\frac{5}{2}}, \quad \int x\, dx (a+bx^3)^{\frac{5}{2}},$$

zurückgeführt; worauf das letzte Integral, vermittelst der Formel (B), nach und nach von

$$\int x\, dx (a+bx^3), \quad \int x\, dx (a+bx^3)^{\frac{1}{2}},$$

abhängig gemacht wird.

§. 196.

Es leuchtet ein, daß die Formeln (A) und (B) nicht mehr ihrem Zwecke entsprechen, wenn m und p negativ sind, weil sie die Exponenten des außerhalb der Klammern befindlichen x und des Binoms vergrößern. Allein durch Umkehrung der Formeln (A) und (B) gelangt man zu neuen Formeln, die bei dem fraglichen Falle Anwendung gestatten.

Man zieht aus (A):

$$\int x^{m-n-1} dx (a+bx^n)^p = \frac{x^{m-n}(a+bx^n)^{p+1} - b(m+np)\int x^{m-1} dx (a+bx^n)^p}{a(m-n)};$$

verwandelt man hierauf m in $-m+n$, so gelangt man zu der den Exponenten, des außerhalb der Klammern befindlichen x, vermindernden Formel:

$$„\int x^{-m-1} dx (a+bx^n)^p = -\frac{x^{-m}(a+bx^n)^{p+1} + b(m-n-np)\int x^{-m+n-1} dx (a+bx^n)^p}{am}\text{“} \quad (C)$$

Man zieht aus (B):

$$\int x^{m-1} dx (a+bx^n)^p = -\frac{x^m (a+bx^n)^p - (m+np)\int x^{m-1} dx (a+bx^n)^p}{pna};$$

verwandelt man hierauf p in $-p+1$, so erfolgt die den Exponenten des Binoms vermindernde Formel:

$$„\int x^{m-1} dx (a+bx^n)^{-p} = \frac{x^m (a+bx^n)^{-p+1} - (m+n-np)\int x^{m-1} dx (a+bx^n)^{-p+1}}{(p-1)na}\text{“} \quad (D)$$

Die Formeln (A), (B), (C) und (D) werden unbrauchbar, wenn ihr Nenner verschwindet, wie dieses z. B. bei (A) Statt findet, wenn $m = -np$. Allein in allen Fällen, die hierhin gehören, läßt sich das zu integrirende Differential in eine einnamige Größe oder in einen rationalen Bruch verwandeln. *)

§. 197.

Gehen wir zu Beispielen über.

Es sey

$$\int \frac{x^{m-1}dx}{\sqrt{1-x^2}}$$

zu finden, wenn m eine ganze positive Zahl ist.

Man mache in der Formel (A) $a = 1$, $b = -1$, $n = 2$ und $p = -\frac{1}{2}$; so giebt dieselbe:

$$\int \frac{x^{m-1}dx}{\sqrt{1-x^2}} = -\frac{x^{m-2}\sqrt{1-x^2}}{m-1} + \frac{m-2}{m-1}\int \frac{x^{m-3}dx}{\sqrt{1-x^2}}.$$

Um nun

$$\int \frac{x^m dx}{\sqrt{1-x^2}}$$

zu finden, braucht man nur in der vorigen Gleichung m für m — 1 einzuführen, wodurch man sogleich erhält:

$$\int \frac{x^m dx}{\sqrt{1-x^2}} = -\frac{x^{m-1}\sqrt{1-x^2}}{m} + \frac{m-1}{m}\int \frac{x^{m-2}dx}{\sqrt{1-x^2}}.$$

Giebt man, in dieser letzten Formel, dem m die auf einander folgenden ungeraden Zahlen zum Werthe, so erhält man

$$\int \frac{x\,dx}{\sqrt{1-x^2}} = -\sqrt{1-x^2} + \text{const.},$$

$$\int \frac{x^3dx}{\sqrt{1-x^2}} = -\frac{1}{3}x^2\sqrt{1-x^2} + \frac{2}{3}\int \frac{x\,dx}{\sqrt{1-x^2}},$$

$$\int \frac{x^5dx}{\sqrt{1-x^2}} = -\frac{1}{5}x^4\sqrt{1-x^2} + \frac{4}{5}\int \frac{x^3dx}{\sqrt{1-x^2}},$$

$$\int \frac{x^7dx}{\sqrt{1-x^2}} = -\frac{1}{7}x^6\sqrt{1-x^2} + \frac{6}{7}\int \frac{x^5dx}{\sqrt{1-x^2}},$$

rc.,

woraus sich folgende Resultate ableiten lassen, deren Gesetz in die Augen fällt:

$$\int \frac{x\,dx}{\sqrt{1-x^2}} = -\sqrt{1-x^2} + \text{const.}$$

*) Siehe das „Traité etc." in 4to. B. II. S. 41.

$$\int \frac{x^3 dx}{\sqrt{1-x^2}} = -\left(\frac{1}{3}x^2 + \frac{1.2}{1.3}\right)\sqrt{1-x^2} + \text{const.}$$

$$\int \frac{x^5 dx}{\sqrt{1-x^2}} = -\left(\frac{1}{5}x^4 + \frac{1.4}{3.5}x^2 + \frac{1.2.4}{1.3.5}\right)\sqrt{1-x^2} + \text{const.}$$

$$\int \frac{x^7 dx}{\sqrt{1-x^2}} = -\left(\frac{1}{7}x^6 + \frac{1.6}{5.7}x^4 + \frac{1.4.6}{3.5.7}x^2 + \frac{1.2.4.6}{1.3.5.7}\right)\sqrt{1-x^2} + \text{const.}$$

rc.

Giebt man aber dem m die auf einander folgenden geraden Zahlen zum Werthe, so erhält man:

$$\int \frac{x^2 dx}{\sqrt{1-x^2}} = -\frac{1}{2}x\sqrt{1-x^2} + \frac{1}{2}\int \frac{dx}{\sqrt{1-x^2}},$$

$$\int \frac{x^4 dx}{\sqrt{1-x^2}} = -\frac{1}{4}x^3\sqrt{1-x^2} + \frac{3}{4}\int \frac{x^2 dx}{\sqrt{1-x^2}},$$

$$\int \frac{x^6 dx}{\sqrt{1-x^2}} = -\frac{1}{6}x^5\sqrt{1-x^2} + \frac{5}{6}\int \frac{x^4 dx}{\sqrt{1-x^2}},$$

rc.,

woraus sich, nachdem man bemerkt, daß

$$\int \frac{dx}{\sqrt{1-x^2}} = \text{arc.}(\sin = x) + \text{const.} \ (\S.\ 36.),$$

wofern man diesen Bogen mit A bezeichnet, folgende Resultate bald herleiten lassen:

$$\int \frac{dx}{\sqrt{1-x^2}} = A + \text{const.}$$

$$\int \frac{x^2 dx}{\sqrt{1-x^2}} = -\frac{1}{2}x\sqrt{1-x^2} + \frac{1}{2}A + \text{const.}$$

$$\int \frac{x^4 dx}{\sqrt{1-x^2}} = -\left(\frac{1}{4}x^3 + \frac{1.3}{2.4}x\right)\sqrt{1-x^2} + \frac{1.3}{2.4}A + \text{const.}$$

$$\int \frac{x^6 dx}{\sqrt{1-x^2}} = -\left(\frac{1}{6}x^5 + \frac{1.5}{4.6}x^3 + \frac{1.3.5}{2.4.6}x\right)\sqrt{1-x^2} + \frac{1.3.5}{2.4.6}A + \text{const.}$$

rc.

§. 198.

Suchen wir diejenigen Resultate, welche dem Falle entsprechen, wenn m negativ ist.

Wir erhalten hier

$$\int \frac{x^{-m-1} dx}{\sqrt{1-x^2}}$$

durch die Formel (C) in §. 196., die sogleich giebt:

$$\int \frac{x^{-m-1} dx}{\sqrt{1-x^2}} = -\frac{x^{-m}\sqrt{1-x^2}}{m} + \frac{m-1}{m}\int \frac{x^{-m+1} dx}{\sqrt{1-x^2}}.$$

Um nun

$$\int \frac{dx}{x^m \sqrt{1-x^2}}$$

zu finden, reicht es hin, in der vorigen Gleichung, $-m$ für $-m-1$ zu schreiben, wodurch man erhält:

$$\int \frac{dx}{x^m\sqrt{1-x^2}} = -\frac{\sqrt{1-x^2}}{(m-1)x^{m-1}} + \frac{m-2}{m-1}\int \frac{dx}{x^{m-2}\sqrt{1-x^2}}.$$

In dieser letzten Formel darf nicht $m=1$ angenommen werden, weil Nenner dadurch Null werden; man muß demnach das Integral

$$\int \frac{dx}{x\sqrt{1-x^2}}$$

a priori zu finden sich bemühen. Es fällt dieses aber nicht schwer, nach dem, was in §. 192. vorgetragen worden. Man mache

$$1-x^2=z^2,$$

woraus hervorgeht:

$$x=\sqrt{1-z^2},\ dx=\frac{-z\,dz}{\sqrt{1-z^2}}$$

und mithin:

$$\frac{dx}{x\sqrt{1-x^2}} = \frac{-dz}{1-z^2}.$$

Da das Integral des Ausdrucks in z gleich ist.

$$-\tfrac{1}{2}l(1+z)+\tfrac{1}{2}l(1-z) = -\tfrac{1}{2}l\left(\frac{1+z}{1-z}\right)$$

$$= -\tfrac{1}{2}l\left(\frac{1+\sqrt{1-x^2}}{1-\sqrt{1-x^2}}\right)$$

$$= -\tfrac{1}{2}l\left[\frac{(1+\sqrt{1-x^2})^2}{x^2}\right]$$

$$= -\tfrac{1}{2}l\left[\left(\frac{1+\sqrt{1-x^2}}{x}\right)^2\right]$$

$$= -l\left(\frac{1+\sqrt{1-x^2}}{x}\right);$$

so hat man also endlich:

$$\int \frac{dx}{x\sqrt{1-x^2}} = -l\left(\frac{1+\sqrt{1-x^2}}{x}\right) + \text{const.}$$

Setzt man für m die auf 1 folgenden ungeraden Zahlen, so erhält man

$$\int\frac{dx}{x^3\sqrt{1-x^2}}=-\frac{\sqrt{1-x^2}}{2x^2}+\frac{1}{2}\int\frac{dx}{x\sqrt{1-x^2}},$$

$$\int\frac{dx}{x^5\sqrt{1-x^2}}=-\frac{\sqrt{1-x^2}}{4x^4}+\frac{3}{4}\int\frac{dx}{x^3\sqrt{1-x^2}},$$

$$\int\frac{dx}{x^7\sqrt{1-x^2}}=-\frac{\sqrt{1-x^2}}{6x^6}+\frac{5}{6}\int\frac{dx}{x^5\sqrt{1-x^2}},\ \text{rc.};$$

und setzt man für m die geraden Zahlen, so erfolgt:

$$\int\frac{dx}{x^2\sqrt{1-x^2}}=-\frac{\sqrt{1-x^2}}{x}+\text{const.}$$

$$\int\frac{dx}{x^4\sqrt{1-x^2}}=-\frac{\sqrt{1-x^2}}{3x^3}+\frac{2}{3}\int\frac{dx}{x^2\sqrt{1-x^2}},$$

$$\int\frac{dx}{x^6\sqrt{1-x^2}}=-\frac{\sqrt{1-x^2}}{5x^5}+\frac{4}{5}\int\frac{dx}{x^4\sqrt{1-x^2}},$$

rc.

Aus jeder dieser Reihen von Gleichungen kann man, wie im vorhergehenden §., eine Reihe von End-Resultaten ableiten, wovon die einen, durch Logarithmen, und die andern, algebraisch integrirte Formeln darbieten werden, die zu eigenen Klassen gehören.

§. 199.

Das sich das Differential $x^{m-1}dx(ax^r+bx^n)^p$ auf die Form $x^{m+pr-1}dx(a+bx^{n-r})^p$ bringen läßt, (§. 192.), so läßt es anch dieselben Reductionen zu, die bei dieser letzten Form Anwendung finden können. Zum Beispiele diene das in der Mechanik vorkommende Differential

$$\frac{x^q dx}{\sqrt{2cx-x^2}}.$$

Zuerst hat man

$$\int\frac{x^q dx}{\sqrt{2cx-x^2}}=\int x^q dx(2cx-x^2)^{-\frac{1}{2}}=\int x^{q-\frac{1}{2}}dx(2c-x)^{-\frac{1}{2}}.$$

Macht man hierauf in der Formel (A) (§. 194.) $m=q+\frac{1}{2}$, $n=1$, $p=-\frac{1}{2}$, $a=2c$, $b=-1$, so erfolgt:

$$\int x^{q-\frac{1}{2}}dx(2c-x)^{-\frac{1}{2}}=$$

$$-\frac{x^{q-\frac{1}{2}}(2c-x)^{\frac{1}{2}}}{q}+\frac{2c(q-\frac{1}{2})}{q}\int x^{q-\frac{3}{2}}dx(2c-x)^{-\frac{1}{2}}$$

Bemerkt man nun, daß

$$x^{q-\frac{1}{2}} = x^{q-1} x^{\frac{1}{2}}, \quad x^{q-\frac{3}{2}} = x^{q-1} x^{-\frac{1}{2}},$$

und läßt die Bruchpotenzen von x unter die Klammern treten: so findet man nach der Herstellung der Wurzelzeichen:

$$\int \frac{x^q dx}{\sqrt{2cx - x^2}} =$$

$$-\frac{x^{q-1}\sqrt{2cx-x^2}}{q} + \frac{(2q-1)c}{q}\int \frac{x^q dx}{\sqrt{2cx-x^2}}.$$

§. 200.

Die Beispiele der drei vorhergehenden §§. bezogen sich auf die Formeln (A) und (C). Es bietet aber die Formel (D) (§. 196.) nicht minder nützliche Anwendungen dar, weil sie uns zur Integration des Differentials

$$\frac{dz}{(z^2+\beta^2)^m},$$

$= dz(z^2+\beta^2)^{-m}$, verhilft, welches wir bei den rationalen Brüchen im §. 180. zur Seite setzen mußten:

Denn macht man in (D) $x = z$, $a = \beta^2$, $b = 1$, $m = 1$, $n = 2$ und $p = m$, so erhält man

$$\int dz(\beta^2+z^2)^{-m} =$$

$$\frac{z(\beta^2+z^2)^{-m+1} + (2m-3)\int dz(\beta^2+z^2)^{-m+1}}{(2m-2)\beta^2},$$

oder

$$\int \frac{dz}{(\beta^2+z^2)^m} = \left\{\frac{1}{(2m-2)\beta^2}\cdot\frac{z}{(z^2+\beta^2)^{m-1}}\right\}$$

$$+\frac{2m-3}{(2m-2)\beta^2}\int\frac{dz}{(z^2+\beta^2)^{m-1}}.$$

Die in dieser Formel angedeutete Reduction geht nur bis zu $\int \frac{dz}{z^2+\beta^2}$; denn machte man $m = 1$, so würde $2m - 2$ Null und folglich die zweite Seite unendlich groß. Man sieht leicht ein, daß dieser Umstand von ähnlicher Art ist, wie der des §. 168.; denn könnte man von $m = 1$ auf $m = 0$ zurückführen, so verfiele man auf das Integral $\int dz = z$, so daß man das nothwendig transcendente Ingtegral $\int \frac{dz}{z^2+\beta^2}$ (§. 180.) in einem algebraischen Ausdrucke gefunden hätte.

Von der Integration durch Reihen.

§. 201.

Das Integral

$$\int X\,dx$$

ist leicht zu finden, wenn X in eine Reihe entwickelt worden, weil man alsdann nur einnamige Größen zu integriren hat, auf die man die Regel des §. 167. unmittelbar anwenden kann. Denn es sey

$$X = Ax^m + Bx^{m+n} + Cx^{m+2n} + Dx^{m+3n} + \text{rc.};$$

multiplicirt man beide Seiten dieser Gleichung mit dx, und integrirt jedes Glied der zweiten ins Besondere, so findet man

$$\int X\,dx = \frac{Ax^{m+1}}{m+1} + \frac{Bx^{m+n+1}}{m+n+1} + \frac{Cx^{m+2n+1}}{m+2n+1} + \text{rc.} + \text{const.}$$

Kommt in der Entwickelung von X ein Glied von der Form $\frac{A}{x}$ vor, so entspricht demselben, als Theil des Integrals, $A\,l\,x$ (§. 168.)

§. 202.

Die einfachste Function, welche sich in eine Reihe entwickeln läßt, ist

$$\frac{1}{a+x};$$

da ihre Entwickelung folgende ist:

$$\frac{1}{a} - \frac{x}{a^2} + \frac{x^2}{a^3} - \frac{x^3}{a^4} + \text{rc.},$$

so findet man bald, nach dem vorigen §.,

$$\int \frac{dx}{a+x} = \frac{x}{a} - \frac{x^2}{2a^2} + \frac{x^3}{3a^3} - \frac{x^4}{4a^4} + \text{rc.} + \text{const.}$$

Allein man weiß anderwärts, daß

$$\int \frac{dx}{a+x} = l(a+x) + \text{const.}$$

Folglich erhält man, durch die Vergleichung,

$$l(a+x) = \frac{x}{a} - \frac{x^2}{2a^2} + \frac{x^3}{3a^3} - \frac{x^4}{4a^4} + \text{rc.} + \text{const.}$$

Um hier den Werth der Constante auszumitteln, mache man nur $x = o$, weil dann sogleich erfolgt: const. $= la$. Hierdurch geht die letzte Formel in folgende über, die mit derjenigen des §. 29. übereinstimmt:

$$„l(a+x) - la = l\left(1+\frac{x}{a}\right) = \frac{x}{a} - \frac{x^2}{2a^2} + \frac{x^3}{3a^3} - \frac{x^4}{4a^4} + \text{etc.}“$$

Es sey ferner die Function

$$\frac{a}{a^2+x^2}$$

gegeben; da ihre Entwickelung folgende ist,

$$\frac{1}{a} - \frac{x^2}{a^3} + \frac{x^4}{a^5} - \frac{x^6}{a^7} + \text{etc.},$$

so giebt die Integration der einzelnen Glieder

$$\int \frac{a\,dx}{a^2+x^2} = \frac{x}{a} - \frac{x^3}{3a^3} + \frac{x^5}{5a^5} - \frac{x^7}{7a^7} + \text{etc.} + \text{const.}$$

Allein man weiß anderwärts, daß

$$\int \frac{a\,dx}{a^2+x^2} = \int \frac{\frac{dx}{a}}{1+\frac{x^2}{a^2}} = \text{arc.}\left(\text{tang} = \frac{x}{a}\right) + \text{const.}\ (\S.\ 36.).$$

Folglich giebt die Vergleichung

$$\text{arc.}\left(\text{tang} = \frac{x}{a}\right) = \frac{x}{a} - \frac{x^3}{3a^3} + \frac{x^5}{5a^5} - \frac{x^7}{7a^7} + \text{etc.} + \text{const.}$$

Will man durch diese Gleichung den Werth des kleinsten Bogens angeben, dessen Tangente $\frac{x}{a}$ ist, so muß man die Constante verschwinden lassen, weil der gesuchte Bogen zugleich mit x verschwindet. Somit erhält man also, wie im §. 38.,

$$„\text{arc.}\left(\text{tang} = \frac{x}{a}\right) = \frac{x}{a} - \frac{x^3}{3a^3} + \frac{x^5}{5a^5} - \frac{x^7}{7a^7} + \text{etc.}“.$$

Entwickelt man zuletzt

$$\frac{x^m}{a^n+x^n},$$

so findet man auch bald

$$\int \frac{x^m\,dx}{a^n+x^n} = \frac{x^{m+1}}{(m+1)a^n} - \frac{x^{m+n+1}}{(m+n+1)a^{2n}} + \frac{x^{m+2n+1}}{(m+2n+1)a^{3n}} - \text{etc.} + \text{const.}$$

§. 203.

Da man bei der Integration durch Reihen zum Zwecke hat, sich genäherte Werthe derjenigen Integrale zu verschaffen, die sich nicht genau finden lassen; so ist es von Wichtigkeit, für den Ausdruck desselben Integrals mehre Reihen zu gewinnen, damit man diejenige auswählen könne, welche, für den Werth, den man dem x beizulegen beabsichtigt, convergent wird. Die Reihen, welche nach Potenzen von x fortschreiten, deren Exponenten positiv sind und stets wachsen, d. i. die steigenden Reihen convergiren im Allgemeinen nur dann, wenn die Veränderliche x sehr klein bleibt; während die nach den negativen Potenzen von x fortschreitenden d. i. die fallenden Reihen desto mehr convergiren, je größer die Veränderliche ist.

Um zu einer Reihe von der letzten Art, für das letzte Beispiel, (§. 202.), zu gelangen, braucht man nur die Ordnung der Glieder des Binoms $a^n + x^n$ abzuändern, uud in der Entwickelung von $\frac{1}{a^n + x^n}$ a in x zu verwandeln. Denn hierdurch erhält man:

$$\frac{1}{x^n + a^n} = \frac{1}{x^n} - \frac{a^n}{x^{2n}} + \frac{a^{2n}}{x^{3n}} - \frac{a^{3n}}{x^{4n}} + \text{ic.};$$

und, nachdem man mit $x^m dx$ multiplicirt hat, giebt die Integration der einzelnen Glieder der zweiten Seite:

$$\int \frac{x^m dx}{x^n + a^n} = -\frac{1}{(n-m-1)x^{n-m-1}} + \frac{a^n}{(2n-m-1)x^{2n-m-1}}$$
$$- \frac{a^{2n}}{(3n-m-1)x^{3n-m-1}} + \text{ic.} + \text{const.}$$

Diese Reihe würde unbrauchbar seyn, wenn einer ihrer in $in - m - 1$ enthaltenen Nenner verschwände, welches eintreffen würde, wenn $m + 1$ ein Vielfaches von n wäre. In diesem Falle würde das entwickelte Differential ein Glied von der Form $a^{(i-1)n} \frac{dx}{x}$ enthalten, dessen Integral $a^{(i-1)n} \, l\, x$ seyn würde.

Macht man in dem obigen Resultate $m = 0$, $n = 2$, und $a = 1$, so wird es:

$$\int \frac{dx}{1 + x^2} = -\frac{1}{x} + \frac{1}{3x^3} - \frac{1}{5x^5} + \text{ic.} + \text{const.}$$

Allein obschon $\frac{dx}{1 + x^2}$ das Differential des Bogens ist, dessen Tangente $= x$, so darf man hier doch nicht schließen, daß die letzte Reihe die Entwickelung jenes Bogens ist, weil sie das unendlich Große giebt, wenn $x = 0$. Um diese Schwierigkeit zu heben, braucht man nur die willkührliche Constante zu betrachten und zu bemerken, daß man den wahren Werth einer Reihe nur in dem Falle erkennen kann, wenn sie convergent ist. Allein die Reihe

$$-\frac{1}{x} + \frac{1}{3x^3} - \frac{1}{5x^5} + \text{ic.}$$

ist dieses um so mehr, je größer x ist, und verschwindet, wenn x unendlich groß wird: bei dieser Grenze verwandelt sich die Gleichung

$$\text{arc.}(\tan g = x) = -\frac{1}{x} + \frac{1}{3x^3} - \frac{x}{5x^5} + \text{etc.} + \text{const.}$$

$$1^q = \frac{\pi}{2} = \text{const.},$$

und substituirt man den hierdurch gefundenen Werth der Constante, so erhält man endlich:

$$\text{arc.}(\tan g = x) = \frac{\pi}{2} - \frac{1}{x} + \frac{1}{3x^3} - \frac{1}{5x^5} + \text{etc.}$$

Man könnte auch die rationale Function $\frac{U\,dx}{V}$ (172.) auf dem Wege integriren, daß man zunächst den Ausdruck $\frac{U}{V}$ in eine Reihe entwickelte; allein man würde hierdurch nur sehr verwickelte und selten convergirende Resultate gewinnen; übrigens ist diese Rechnungsweise auch deßhalb beinahe unnütz, weil man das Integral jener Function auf Logarithmen und Kreisbogen bringen kann, deren Werthe durch vorhandene Tafeln zu erhalten sind.

§. 204.

Die Formel

$$\int x^{m-1}\,dx\,(a + b\,x^n)^{\frac{p}{q}}$$

kann leicht dadurch gefunden werden, daß man die Größe $(a + b\,x^n)^{\frac{p}{q}}$ in eine Reihe entwickelt. Man erhält alsdann zum Resultat:

$$\int x^{m-1}\,dx\,(a + b\,x^n)^{\frac{p}{q}} = a^{\frac{p}{q}} \left\{ \frac{x}{m} + \frac{p\,b}{q\,a}\,\frac{x^{m+2}}{m+n} + \frac{p(p-q)\,b^2}{1.2\,q^2 a^2}\,\frac{x^{m+2n}}{m+2n} + \frac{p(p-q)(p-2q)b^3}{1.2.3\,q^3 a^3}\,\frac{x^{m+3n}}{m+3n} + \text{etc.} \right\} + \text{const.}$$

Wollte man eine fallende Reihe in Bezug auf x gewinnen, so müßte man dem gegebenen Differential die Form $x^{m+\frac{pn}{q}-1}\,dx\,(b + a\,x^{-n})^{\frac{p}{q}}$ geben, und nachdem man die Größe $(b + a\,x^{-n})^{\frac{p}{q}}$ in eine Reihe entwickelt, das Resultat mit $x^{m+\frac{pn}{q}-1}\,dx$ multiplicirt und hierauf integrirt hätte, würde man finden:

$$\int x^{m-1}dx(a+bx^n)^{\frac{p}{q}} = b^{\frac{p}{q}}\left\{\frac{q\,x^{m+\frac{pn}{q}}}{mq+np}\right.$$

$$\left.+\frac{pa}{qb}\frac{q\,x^{m+\frac{(p-q)n}{q}}}{mq+(p-q)n}+\frac{p(p-q)a^2}{1.2q^2b^2}\frac{q\,x^{m+\frac{(p-2q)n}{q}}}{mq+(p-2q)n}+\text{rc.}\right\}$$

$$+\text{const.}$$

So lange die Größen a und b beide positiv seyn werden, oder q eine ungerade Zahl seyn wird, kann man sich willkührlich dieser letzten oder der vorhergehenden Reihe bedienen; allein wenn q gerade seyn wird, so wird die vorhergehende, wegen des Factors $a^{\frac{p}{q}}$, imaginär, wenn a^p negativ ist, und die letzte wird dieses, wenn b^p negativ ist.

§. 205.

Es sey der Ausdruck

$$\frac{dx}{\sqrt{1-x^2}},$$

welcher das Differential des Bogens ist, dessen Sinus $= x$ (§. 36.), gegeben: die Entwickelung giebt:

$$\frac{1}{\sqrt{1-x^2}} = 1+\frac{1}{2}x^2+\frac{1.3}{2.4}x^4+\frac{1.3.5}{2.4.6}x^6+\frac{1.3.5.7}{2.4.6.8}x^8+\text{rc.};$$

worauf man erhält:

$$\int\frac{dx}{\sqrt{1-x^2}} = x+\frac{1}{2}\frac{x^3}{3}+\frac{1.3.x^5}{2.4.5}+\frac{1.3.5x^7}{2.4.6.7}+\text{rc.}+\text{const.}$$

Läßt man die Constante weg, so verschwindet die letzte Reihe für $x=0$; sie stellt also den Werth des kleinsten unter den Bogen dar, deren Sinus $=x$, just wie in §. 38.

Es mögen noch einige Resultate folgen, die zwar leicht aus dem Vorhergehenden abzuleiten, allein nützlich zu kennen sind.

1) $\int\frac{dx}{\sqrt{x-x^2}}$.

$\frac{dx}{\sqrt{x-x^2}} = \frac{dx}{\sqrt{x}\sqrt{1-x}}$; macht man $\sqrt{x}=u$, mithin $dx = 2u\,du$, so wird $\frac{dx}{\sqrt{x}\sqrt{1-x}} = \frac{2u\,du}{\sqrt{1-u^2}}$; allein man hat nach der obigen Reihe:

$$\int\frac{2du}{\sqrt{1-u^2}} = 2\left(u+\frac{1}{2}\frac{u^3}{3}+\frac{1.3}{2.4}\frac{u^5}{5}+\frac{1.3.5u^7}{2.4.6.7}+\text{rc.}\right)+\text{const.}$$

Folglich erhält man:

$$\int \frac{dx}{\sqrt{x-x^2}} = 2\left(1+\frac{1.x}{2.3}+\frac{1.3.x^2}{2.4.5}+\frac{1.3.5x^3}{2.4.6.7}+\text{rc.}\right)\sqrt{x}$$
$$+\text{const.}$$

2) $\int dx\sqrt{2ax-x^2}$.

$$\sqrt{2ax-x^2} = (2a)^{\frac{1}{2}} x^{\frac{1}{2}} \left(1-\frac{x}{2a}\right)^{\frac{1}{2}},$$

und

$$\left(1-\frac{x}{2a}\right)^{\frac{1}{2}} = 1-\frac{1}{2}\frac{x}{2a}-\frac{1.1}{2.4}\frac{x^2}{4a^2}-\frac{1.1.3}{2.4.6}\frac{x^3}{8a^3}-\text{rc.}$$

Folglich ist

$$\int dx\sqrt{2ax-x^2} = \left(\frac{2}{3}x^{\frac{3}{2}}-\frac{1}{2}\frac{2x^{\frac{5}{2}}}{5.2a}-\frac{1.1}{2.4}\frac{2x^{\frac{7}{2}}}{7.4a^2}\right.$$
$$\left.-\frac{1.1.3}{2.4.6}\frac{2x^{\frac{9}{2}}}{9.8a^3}-\text{rc.}\right)\sqrt{2a}+\text{const.},$$

oder

$$\int dx\sqrt{2ax-x^2} = \left(\frac{1}{3}-\frac{1}{2}\frac{x}{5.2a}-\frac{1.1}{2.4}\frac{x^2}{7.4a^2}\right.$$
$$\left.-\frac{1.1.3}{2.4.6}\frac{x^3}{9.8a^3}-\text{rc.}\right)2x\sqrt{2ax}+\text{const.}$$

3) $$\int \frac{dx}{\sqrt{1+x^2}} = x-\frac{1}{2}\frac{x^3}{3}+\frac{1.3.x^5}{2.4.5}-\frac{1.3.5x^7}{2.4.6.7}+\text{rc.}+\text{const.}$$

4) $$\int \frac{dx}{\sqrt{x^2-1}} = lx-\frac{1}{2.2x^2}-\frac{1.3}{2.4.4x^4}-\frac{1.3.5}{2.4.6.6x^6}-\text{rc.}$$
$$+\text{const.}$$

Diese Reihe, welche die Transcendente lx enthält, ist desto convergenter, je größer x ist; man kann auch eine andere erhalten, die durchaus algebraisch ist, und desto convergenter ist, je weniger sich x von der Einheit unterscheidet. Zu diesem Zwecke mache man man $x=1+u$, welches

$$\int \frac{dx}{\sqrt{x^2-1}} = \int \frac{du}{\sqrt{2u+u^2}} = \frac{1}{\sqrt{2}}\int u^{-\frac{1}{2}} du\left(1+\frac{u}{2}\right)^{-\frac{1}{2}}$$

giebt; entwickelt man $\left(1+\frac{u}{2}\right)^{-\frac{1}{2}}$, multiplicirt jedes Glied mit $u^{-\frac{1}{2}}du$, und integrirt hierauf, so findet man:

$$\int\frac{du}{\sqrt{2u+u^2}}=$$

$$\frac{1}{\sqrt{2}}\left(2u^{\frac{1}{2}}-\frac{1}{2}\frac{2u^{\frac{3}{2}}}{3.2}+\frac{1.3}{2.4}\frac{2u^{\frac{5}{2}}}{5.4}-\frac{1.3.5}{2.4.6}\frac{2u^{\frac{7}{2}}}{7.8}+\text{ꝛc.}\right)+\text{const.},$$

oder

$$\int\frac{dx}{\sqrt{x^2-1}}=\left(1-\frac{1.(x-1)}{2.3.2}+\frac{1.3(x-1)^2}{2.4.5.4}-\frac{1.3.5(x-1)^3}{2.4.6.7.8}\right.$$

$$\left.+\text{ꝛc.}\right)\sqrt{2(x-1)}+\text{const.}$$

§. 206.

Da der Nutzen, den die Reduction der Differentiale in Reihen gewährt, nur darin besteht, daß die Differentiale hierdurch in eine Folge von Gliedern verwandelt werden, die jedes in's Besondere integrirt werden können: so ist es nicht immer nothwendig, daß diese Glieder einnamige Größen seyen.

Es sey z. B. das Differential

$$\frac{dx\sqrt{1-e^2x^2}}{\sqrt{1-x^2}}$$

gegeben, worin e eine kleine Größe seyn soll. — Da wegen der Wurzelgröße $\sqrt{1-x^2}$, x^2 immer kleiner als 1 ist, so läßt sich $\sqrt{1-e^2x^2}$ in eine sehr convergente Reihe verwandeln, wodurch das gegebene Differential in

$$\frac{dx}{\sqrt{1-x^2}}\left(1-\frac{1}{2}e^2x^2-\frac{1.1}{2.4}e^4x^4-\frac{1.1.3}{2.4.6}e^6x^6-\text{ꝛc.}\right)$$

übergeht, wovon sämmtliche Glieder zu der im §. 197. behandelten Form $\frac{x^m dx}{\sqrt{1-x^2}}$ gehören. Substituirt man für

$$\int\frac{dx}{\sqrt{1-x^2}},\quad\int\frac{x^2dx}{\sqrt{1-x^2}},\quad\int\frac{x^4dx}{\sqrt{1-x^2}},\ \text{ꝛc.},$$

die im angezogenen §. gefundenen Ausdrücke, so erfolgt:

$$\int\frac{dx\sqrt{1-e^2x^2}}{\sqrt{1-x^2}}=A$$

$$+\frac{1}{2}e^2\left\{\frac{1}{2}x\sqrt{1-x^2}-\frac{1}{2}A\right\}$$

$$+\frac{1.1}{2.4}e^4\left\{\left(\frac{1}{4}x^3+\frac{1.3}{2.4}x\right)\sqrt{1-x^2}-\frac{1.3}{2.4}A\right\}$$

$$+\frac{1.1.3}{2.4.6}e^6\left\{\left(\frac{1}{6}x^5+\frac{1.5}{4.6}x^3+\frac{1.3.5}{2.4.6}x\right)\sqrt{1-x^2}-\frac{1.3.5}{2.4.6}A\right\}$$

$$+\text{ꝛc.}\ \ldots\ldots\ldots\ldots\ldots\ldots\ldots+\text{const.}$$

Auf ähnliche Weise würde man

$$\int \frac{dx}{\sqrt{(1-x^2)(a+x)}}$$

$$= \int \frac{dx}{\sqrt{1-x^2}} \cdot \frac{1}{\sqrt{a+x}}$$ dadurch finden, daß man

$$\frac{1}{\sqrt{a+x}} = (a+x)^{-\frac{1}{2}}$$

in eine Reihe entwickelte.

Um das in der Mechanik vorkommende Integral

$$\int \frac{dx}{\sqrt{(2cx-x^2)(b-x)}}$$

zu finden, würde man die Entwickelung von

$$(b-x)^{-\frac{1}{2}} = b^{-\frac{1}{2}}\left(1-\frac{x}{b}\right)^{-\frac{1}{2}}$$

vornehmen, die folgende ist:

$$b^{-\frac{1}{2}}\left\{1+\frac{1}{2}\frac{x}{b}+\frac{1.3.x^2}{2.4.b^2}+\frac{1.3.5x^3}{2.4.6b^3}+\text{etc.}\right\},$$

wodurch die verlangte Integration auf die der Formel

$$\int \frac{x^q dx}{\sqrt{2cx-x^2}}$$ (§. 199.) zurückgeführt wird.

Von der Integration der logarithmischen und Exponential-Functionen.

§. 207.

Es sey zuerst das Differential

$$P dx (lx)^n = P dx z^n$$

zu integriren, wo P eine algebraische Function von x bedeuten soll

Vermittelst der Integration durch Theile läßt sich das gegebene Differential in so ferne vereinfachen, daß der Exponent von lx kleiner wird. — Denn wenn man in dem allgemeinen Ausdrucke $\int z^n P dx$, den Factor $P dx$ integriren kann, und deßhalb $P dx = dv$, $u = z^n$ und $dz = z' dx$ macht, so giebt die Formel $\int u dv = uv - \int v du$ (§. 193.),

$$\int z^n P dx = z^n v - n \int z^{n-1} v z' dx, \quad . \quad . \quad . \quad (1),$$

in welchem Resultate der Exponent von z oder lx, um eine Einheit vermindert worden, wenn er positiv ist.

Das Gegentheil findet Statt, wenn er negativ ist: allein man muß alsdann das Verfahren abändern und den Factor z^n, anstatt der obigen Differentiation, einer Integration unterwerfen, welches dadurch zu Stande kommt, daß man bemerkt, es folge aus $dz = z'dx$, $dx = \frac{dz}{z'}$; folglich erhält man:

$$\int \frac{Pdx}{z^n}\left(=\int \frac{P}{z'}\frac{dz}{z^n}\right) = -\frac{P}{(n-1)z'z^{n-1}} + \frac{1}{n-1}\int \frac{1}{z^{n-1}}d\frac{P}{z'} \ldots (2)$$

§. 208.

Hat man das Differential

$$x^m dx (lx)^n$$

zu integriren, so mache man $x^m dx = dv$, weßhalb $v = \frac{x^{m+1}}{m+1}$: alsdann giebt die Formel (1) bald:

$$\int x^m dx (lx)^n = \frac{x^{m+1}(lx)^n}{m+1} - \frac{n}{m+1}\int x^m dx (lx)^{n-1}$$

Verwandelt man in dieser Gleichung n nach und nach in $n-1$, $n-2$, ꝛc., so findet man:

$$\int x^m dx (lx)^{n-1} = \frac{x^{m+1}(lx)^{n-1}}{m+1} - \frac{n-1}{m+1}\int x^m dx (lx)^{n-2}$$

$$\int x^m dx (lx)^{n-2} = \frac{x^{m+1}(lx)^{n-2}}{m+1} - \frac{n-2}{m+1}\int x^m dx (lx)^{n-3},$$

ꝛc.

Setzt man diese Reductionen fort, so wird n, wenn es eine gebrochene Zahl ist, um alle Einheiten vermindert, die es enthalten mag; und man kann vermittelst dieser Reductionen folgende allgemeine Formel construiren:

$$\int x^m dx (lx)^n = \frac{x^{m+1}}{m+1}\left\{(lx)^n - \frac{n}{m+1}(lx)^{n-1} + \frac{n(n-1)}{(m+1)^2}(lx)^{n-2} - \frac{n(n-1)(n-2)}{(m+1)^3}(lx)^{n-3} + \text{ꝛc.}\right\} + \text{const.},$$

welche so oft schließt, als n eine ganze positive Zahl ist.

Nimmt man $n = 1$, $= 2$ an, so erfolgt hieraus:

$$\int x^m dx\, lx = \frac{x^{m+1}}{m+1}\left\{lx - \frac{1}{m+1}\right\} + \text{const.},$$

$$\int x^m dx (lx)^2 = \frac{x^{m+1}}{m+1}\left\{(lx)^2 - \frac{2}{m+1}lx + \frac{1.2}{(m+1)^2}\right\} + \text{const.}$$

Ist $m = -1$, so ist obige allgemeine Formel nicht mehr brauchbar: allein macht man $lx = u$, so hat man

$$\int \frac{dx}{x}(lx)^n = \int du \cdot u^n = \frac{u^{n+1}}{n+1} + \text{const.}, \text{ mithin:}$$

$$\int \frac{dx}{x}(lx)^n = \frac{1}{n+1}(lx)^{n+1} + \text{const.}:$$

dieselbe Transformation dient auch dazu, das Differential $\frac{dx}{x}U$, worin U eine algebraische Function von lx bedeutet, in ein algebraisches zu verwandeln.

Wenn n negativ oder eine gebrochene Zahl ist, so wird die obige Reihe unendlich; man mache z. B. $n = -\frac{1}{2}$, so erfolgt:

$$\int \frac{x^m dx}{\sqrt{lx}} = \frac{x^{m+1}}{m+1} \left\{ \frac{1}{(lx)^{\frac{1}{2}}} + \frac{1}{2(m+1)(lx)^{\frac{3}{2}}} + \frac{1 \cdot 3}{4(m+1)^2(lx)^{\frac{5}{2}}} + \frac{1 \cdot 3 \cdot 5}{8(m+1)^3(lx)^{\frac{7}{2}}} + \text{rc.} \right\} + \text{const.}$$

§. 209.

Um den Exponenten von lx, wenn er negativ ist, d. i. im Differential

$$\frac{x^m dx}{(lx)^n},$$

zu vermindern, so muß die Formel (2) des §. 207. benutzt werden, durch welche man findet:

$$\int \frac{x^m dx}{(lx)^n} = -\frac{x^{m+1}}{(n-1)(lx)^{n-1}} + \frac{m+1}{n-1}\int \frac{x^m dx}{(lx)^{n-1}};$$

wiederholt man diese Reduction; indem man n in $n-1$, $n-2$, rc. verwandelt, so erhält man bald die allgemeine Formel:

$$\int \frac{x^m dx}{(lx)^n} = -\frac{x^{m+1}}{(n-1)(lx)^{n-1}} - \frac{(m+1)x^{m+1}}{(n-1)(n-2)(lx)^{n-2}} - \frac{(m+1)^2 x^{m+1}}{(n-1)(n-2)(n-3)(lx)^{n-3}} \ldots + \frac{(m+1)^{n-1}}{(n-1)(n-2)\ldots 1}\int \frac{x^m dx}{lx},$$

wenn n als eine ganze Zahl angenommen wird.

Wenn $m = -1$, so erfolgt aus der vorhergehenden allgemeinen Formel:

$$\int \frac{dx}{x(lx)^n} = -\frac{1}{(n-1)(lx)^{n-1}} + \text{const.}$$

Wenn $n = 1$, so wird diese letzte Formel unbrauchbar: allein das Differential $\frac{dx}{x\,lx}$, welches dieser Annahme entspricht, läßt sich unmittelbar integriren, wenn man $lx = u$ macht, weil es alsdann in $\frac{du}{u}$ übergeht, dessen Integral lu ist, so daß man hat:

$$\int \frac{dx}{x\,lx} = l(lx) + \text{const.}$$

§. 210.

Das Integral

$$\int \frac{x^m\,dx}{lx},$$

wovon $\int \frac{x^m\,dx}{(lx)^n}$ abhangt, wenn n eine ganze Zahl ist, scheint eine besondere Transcendente auszumachen. Man kann es auf eine einfachere Form bringen, wenn man

$$x^{m+1} = z$$

macht; denn man erhält alsdann $x^m\,dx = \frac{dz}{m+1}$, $lx = \frac{lz}{m+1}$ und folglich:

$$\int \frac{x^m\,dx}{lx} = \int \frac{dz}{lz}.$$

Man wird weiter unten eine Reihe für dieses letztere Integral finden, indem es sich auf die Exponential-Functionen beziehen läßt; denn setzt man

$$lz = u,$$

so erfolgt $z = e^u$, $dz = e^u\,du$, und mithin:

$$\int \frac{dz}{lz} = \int \frac{e^u\,du}{u}.$$

§. 211.

Nun wollen wir zu den Exponential-Functionen übergehen. Zuerst bemerke man, daß aus der Gleichung $da^x = a^x\,dx\,la$ (§. 27.) hervorgehe: $a^x\,dx = \frac{1}{la}\,da^x$, weßhalb

$$\text{„}\int a^x\,dx = \frac{a^x}{la} + \text{const.“}$$

Da man aus derselben Gleichung $dx = \frac{da^x}{a^x\,la}$ zieht, so kann das Differential

$$V\,dx,$$

worin V eine algebraische Function von a^x, selbst in eine algebraische Function von a^x verwandelt werden; denn macht man

$$a^x = u,$$

so ist $V\,d\,x = \frac{V\,d.a^x}{a^x\,l\,a} = \frac{V\,d\,u}{u\,l\,a}$ mithin algebraisch in Bezug auf u.

So wird z. B. $\int \frac{a^x dx}{\sqrt{1+a^{nx}}} = \int \frac{du}{l\,a\sqrt{1+u^n}}$.

§. 212.

Gehen wir zur Formel

$$\int a^x x^n d\,x$$

über, wovon $\int P\,a^x d\,x$ abhangt, wenn P eine rationale und ganze Function von x ist. Es giebt die Gleichung (1) des §. 207:

$$\int a^x x^n d\,x = \frac{a^x x^n}{l\,a} - \frac{n}{l\,a}\int a^x x^{n-1} d\,x;$$

und fährt man nun fort n — 1 auf n — 2 rc. zu reduciren, so gelangt man, wenn n eine ganze positive Zahl ist, zu:

$$\int a^x x^n d\,x = \frac{a^x}{l\,a}\Big\{x^n - \frac{n}{la}x^{n-1} + \frac{n(n-1)}{(l\,a)^2}x^{n-2}$$
$$- \frac{n(n-1)(n-2)}{(la)^3}x^{n-3} \ldots \pm \frac{n(n-1)\ldots 1}{(la)^n}\Big\} + \text{const.}$$

§. 213.

Ist der Exponent von n negativ, so giebt die angewendete Gleichung (2) des §. 207:

$$\int \frac{a^x dx}{x^n} = -\frac{a^x}{(n-1)x^{n-1}} + \frac{l\,a}{n-1}\int \frac{a^x d\,x}{x^{n-1}};$$

und wenn der Exponent n ganz ist, so erhält man:

$$\int \frac{a^x d\,x}{x^n} = -\frac{a^x}{(n-1)x^{n-1}} - \frac{a^x l\,a}{(n-1)(n-2)x^{n-2}}$$
$$- \frac{a^x (l\,a)^2}{(n-1)(n-2)(n-3)x^{n-3}} \ldots - \frac{a^x (l\,a)^{n-2}}{(n-1)(n-2)\ldots 1\,x}$$
$$+ \frac{(l\,a)^{n-1}}{(n-1)(n-2)\ldots 1}\int \frac{a^x d\,x}{x}.$$

Ueber $\int \frac{a^x d\,x}{x}$ hinaus läßt sich keine Reduction mehr anbringen, weil die Gleichung

$$\int \frac{a^x dx}{x^n} = -\frac{a^x}{(n-1)x^{n-1}} + \frac{la}{n-1}\int \frac{a^x dx}{x^{n-1}}$$

Nichts giebt, wenn $n = o$.

Man verfällt also auch in diesem Beispiele auf die im §. 210. schon erwähnte Transcendente $\int \frac{a^x dx}{x}$; könnte man einen Ausdruck hierfür finden, so hätte man zugleich den Werth des Integrals $\int a^x x^n dx$, für alle Fälle, in welchen n eine ganze Zahl ist.

Ist n eine gebrochne Zahl, so sind die beiden erhaltenen Entwickelungen unbegrenzt. Hat man z. B. $n = -\frac{1}{2}$, so giebt die erste die Reihe:

$$\int \frac{a^x dx}{\sqrt{x}} = \frac{a^x}{la\sqrt{x}}\left\{1 + \frac{1}{2x\,la} + \frac{1.3}{4x^2(la)^2} + \frac{1.3.5}{8x^3(la)^3} + \text{etc.}\right\} + \text{const.};$$

und macht man $n = \frac{1}{2}$ in der zweiten, so giebt diese:

$$\int \frac{a^x dx}{\sqrt{x}} = 2a^x\sqrt{x}\left\{\frac{1}{1} - \frac{2x\,la}{1.3} + \frac{4x^2(la)^2}{1.3.5} - \frac{8x^3(la)^3}{1.3.5.7} + \text{etc.}\right\} + \text{const.}$$

§. 214.

Ersetzt man, in der Formel

$$\int Pa^x dx,$$

a^x durch seine Entwickelung (§. 27.), so erhält man:

$$\int Pa^x dx = \int Pdx + \frac{la}{1}\int Pxdx + \frac{(la)^2}{1.2}\int Px^2 dx + \frac{(la)^3}{1.2.3}\int Px^3 dx + \frac{(la)^4}{1.2.3.4}\int Px^4 dx + \text{etc.},$$

welches eine neue Entwickelung von $\int Pa^x dx$ darbieten wird, wofern die Functionen

$$\int Pdx,\ \int Px\,dx,\ \ldots\ldots \int Px^n dx,\ \text{etc.}$$

sich finden lassen.

Ist $P = x^n$, so erfolgt:

$$\int a^x x^n dx = \frac{x^{n+1}}{n+1} + \frac{x^{n+2}\,la}{1(n+2)} + \frac{x^{n+3}(la)^2}{1.2(n+3)} + \frac{x^{n+4}(la)^3}{1.2.3(n+4)} + \text{etc.} + \text{const.},$$

wo, für $\frac{x^{n+i}}{n+i}$, lx zu setzen ist, wenn n eine negative ganze Zahl $= -i$ ist.

Wendet man das vorhergehende Mittel auf

$$\int \frac{a^x dx}{x}$$

an, so erhält man folgende Entwickelung:

$$\int \frac{a^x dx}{x} = lx + \frac{x\,la}{1.2} + \frac{x^2 (la)^2}{1.2.2} + \frac{x^3 (la)^3}{1.2.3.3} + \frac{x^4 (la)^4}{1.2.3.4.4} + \text{rc.} + \text{const.},$$

welche durch die Annahme $a^x = z$, woraus $x = \frac{lz}{la}$ und $lx = llz - lla$ entspringt, in die nächste umgewandelt wird:

$$\int \frac{a^x dx}{x} = \int \frac{dz}{lz} = llz + \frac{lz}{1} + \frac{1}{2}\frac{(lz)^2}{1.2} + \frac{1}{3}\frac{(lz)^3}{1.2.3} + \frac{1}{4}\frac{(lz)^4}{1.2.3.4} + \text{rc.} + \text{const.}$$

§. 215.

Es giebt auch noch ein anderes Mittel, eine Exponential-Function, wie etwa

$$\frac{e^x x\,dx}{(1+x)^2}$$

zu integriren; dasselbe besteht darin, die Function, auf das Differential von $e^x P$, welches $e^x (P\,dx + dP)$ ist, und worin P eine algebraische Function von x darstellt, zu beziehen zu suchen. Scharfsinn und Uebung leiten hierbei am besten. In dem gegebenen sehr einfachen Beispiele reicht es hin $1 + x = z$ zu machen; denn alsdann erhält man:

$$\frac{e^x x\,dx}{(1+x)^2} = \frac{e^{z-1}(z-1)\,dz}{z^2} = \frac{1}{e}\left\{e^z\left(\frac{1}{z}dz - \frac{dz}{z^2}\right)\right\};$$

und mit einiger Aufmerksamkeit findet man bald, daß $= P\,\frac{1}{z}$ zu nehmen ist, weil $-\frac{dz}{z^2}$ das Differential von $\frac{1}{z}$ ist; man erhält demnach das Integral $\frac{e^z}{ez} +$ const., und führt man den Werth von z wiederum ein, so findet man endlich:

$$\int \frac{e^x x\,dx}{(1+x)^2} = \frac{e^x}{1+x} + \text{const.}\ ^{*)}$$

*) Folgender Weg scheint mir der Beachtung nicht unwerth zu seyn. Man vergleiche das gegebene Differential mit dem Differential $\frac{v\,du - u\,dv}{v^2}$ von $\frac{u}{v}$: nimmt man $v = 1 + x$, so ist $dv = dx$, und

Von der Integration der Kreis-Functionen.

§. 216.

Benutzt man die Gleichung (1) des §. 207., und bemerkt, daß $d.\mathrm{arc}\,(\sin = x) = \frac{dx}{\sqrt{1-x^2}}$ (§. 36.): so findet man:

$$\int x^n dx \,\mathrm{arc}\,(\sin = x) = \frac{x^{n+1}}{n+1}\,\mathrm{arc}\,(\sin = x) - \frac{1}{n+1}\int \frac{x^{n+1}dx}{\sqrt{1-x^2}};$$

und $\int \frac{x^{n+1}dx}{\sqrt{1-x^2}}$ wurde schon früher in den §§. 197. und 198. behandelt.

Dieses Beispiel reicht hin zu zeigen, daß

$$\int P z dx,$$

wenn z einen Kreisbogen und x eine beliebige diesem Bogen entsprechende trigonometrische Linie bedeutet, immer auf das Integral eines algebraischen Differentials zurückführbar ist, wenn $\int P dx$ einer algebraischen Function der Veränderlichen x gleich ist; denn die Differentiale des Bogens z sind auch algebraische Functionen seiner trigonometrischen Linien x (36).

Nimmt man wiederum an, x sey der Sinus des Bogens z, so erhält man durch die Gleichung (1):

$$\int z^n dx = x z^n - n \int z^{n-1} \frac{x dx}{\sqrt{1-x^2}},$$

$$\int z^{n-1} \frac{x dx}{\sqrt{1-x^2}} = -z^{n-1}\sqrt{1-x^2} + (n-1)\int z^{n-2} dx,$$

u. s. f., woraus man schließt:

$$\int z^n dx = z^n x + n z^{n-1}\sqrt{1-x^2} - n(n-1) z^{n-2} x$$
$$- n(n-1)(n-2) z^{n-3}\sqrt{1-x^2} + \text{etc.},$$

welche Reihe schließt, wenn n eine ganze positive Zahl ist.

Hätte man $P dx = dz$, so würde das Integral

$$\int P z^n dx$$

übergehen in:

---

es kommt nur darauf an, ein solches u zu finden, daß $du + x du - u dx = e^x x dx$. Da nun bekannt ist, daß $du = u dx$, wenn $u = e^x$: so führt dieses sehr bald zum Ziel.

B.

$$\int z^n dx = \frac{z^{n+1}}{n+1} + \text{const.};$$

und setzte man für z^n eine beliebige algebraische Function von z, so würde das auf z bezogene Integral auf eine der früheren Formeln hinauslaufen.

§. 217.

Die Functionen, welche am häufigsten vorkommen, enthalten nicht den Bogen, sondern bloß sein Differential; um sie zu integriren, hat man bloß in Erinnerung zu bringen, daß, nach den §§. 33. und 34.,

$$d.\sin nz = ndz \cos nz, \text{ weßhalb } \int dz \cos nz = \frac{1}{n} \sin nz + \text{const.}$$

$$d.\cos nz = -ndz \sin nz, \quad \text{"} \quad \int dz \sin nz = -\frac{1}{n} \cos nz + \text{const.}$$

$$d.\tang nz = \frac{ndz}{(\cos nz)^2}, \quad \text{"} \quad \int \frac{dz}{(\cos nz)^2} = \frac{1}{n} \tang nz + \text{const.}$$

$$d.\cot nz = -\frac{ndz}{(\sin nz)^2}, \quad \text{"} \quad \int \frac{dz}{(\sin nz)^2} = -\frac{1}{n} \cot nz + \text{const.}$$

$$d.\sec nz = \frac{ndz \sin nz}{(\cos nz)^2}, \quad \text{"} \quad \int \frac{dz \sin nz}{(\cos nz)^2} = \frac{1}{n} \sec nz + \text{const.}$$

$$= \frac{1}{n \cos nz} + \text{const.}$$

$$d.\cosec nz = -\frac{ndz \cos nz}{(\sin nz)^2}, \quad \text{"} \quad \int \frac{dz \cos nz}{(\sin nz)^2} = -\frac{1}{n} \cosec nz + \text{const.}$$

$$= -\frac{1}{n \sin nz} + \text{const.}$$

§. 218.

Aus diesen Integrationen fließt zunächst diejenige aller rationalen und ganzen Functionen von Sinussen und Cosinussen, weil man dieselben, vermittelst der Ausdrücke für $\sin a \cos b$, $\cos a \sin b$, $\sin a \sin b$, $\cos a \cos b$, welche in der Tafel der trigonometrischen Formeln „Trig. no. 29." aufgeführt worden, in einfache Sinusse und Cosinusse verwandeln kann.

Es sey z. B.

$$dx \sin(mx + n) \cos(px + q)$$

zu integriren. — Man mache zuerst

$$a = mx + n \text{ und } b = px + q,$$

so ergiebt sich:

$$\sin(mx+n)\cos(px+q)$$
$$= \tfrac{1}{2}\sin[(m+p)x+n+q] + \tfrac{1}{2}\sin[(m-p)x+n-q];$$

und setzt man

$$(m+p)x+n+q=z,\ (m-p)x+n-q=z',$$

wodurch

$$dx = \frac{dz}{m+p} \text{ und } dx = \frac{dz'}{m-p}$$

wird, so hat man nun das Differential

$$\frac{1}{2(m+p)}dz\sin z + \frac{1}{2(m-p)}dz'\sin z'$$

zu integriren. Da also das Integral

$$-\frac{1}{2(m+p)}\cos z - \frac{1}{2(m-p)}\cos' + \text{const.}$$

ist: so erhält man nach der Substitution der Werthe von z und z':

$$\int dx\sin(mx+n)\cos(px+q) = -\frac{\cos[(m+p)x+n+q]}{2(m+p)}$$
$$-\frac{\cos[(m-p)x+n-q]}{2(m-p)} + \text{const.}$$

Es bieten die zu ganzen und positiven Potenzen erhobenen Sinusse und Cosinusse keine größeren Schwierigkeiten dar, weil die angezogenen trigonometrischen Formeln diese Potenzen in Sinusse und Cosinusse vielfacher Bogen verwandeln. — So leitet die Formel $\sin a^2 = \frac{1}{2} - \frac{1}{2}\cos 2a$, indem sie

$$[\sin(mx+n)]^2 \text{ in } \tfrac{1}{2} - \tfrac{1}{2}\cos 2(mx+n)$$

verwandelt, zur Integration von

$$dx[\sin(mx+n)]^2;$$

denn macht man $2(mx+n)=z$, weßhalb $dx = \frac{dz}{2m}$; so geht unser Differential über in: $\frac{dz}{2m}(\frac{1}{2} - \frac{1}{2}\cos z)$. Da das Integral hiervon $\frac{z - \sin z}{4m} + \text{const.}$ ist: so erhält man also bald das Endresultat

$$\int dx[\sin(mx+n)]^2 = \frac{2(mx+n) - \sin 2(mx+n)}{4m} + \text{const}$$

§. 219.

Von den Ausdrücken für $\sin a^2$ und $\cos a^2$ wäre es leicht zu denjenigen für

$$\sin a^3 \text{ und } \cos a^3 \text{ u. s. f.}$$

nach und nach überzugehen; allein der §. 187. führt uns zu allgemeinen Formeln, welche alle diese besondern Fälle in sich schließen:

Denn nach jenem §. hat man

$$\cos z^n = \frac{(e^{z\sqrt{-1}} + e^{-z\sqrt{-1}})^n}{2^n} \text{ oder } 2^n \cos z^n = (e^{z\sqrt{-1}} + e^{-z\sqrt{-1}})^n;$$

entwickelt man die letzte Seite dieser Gleichung, indem man n als eine ganze Zahl ansieht, so erhält man:

$$2^n \cos z^n = e^{nz\sqrt{-1}} + \frac{n}{1} e^{(n-2)z\sqrt{-1}} + \frac{n(n-1)}{1.2} e^{(n-4)z\sqrt{-1}}$$

$$+ \frac{n(n-1)(n-2)}{1.2.3} e^{(n-6)z\sqrt{-1}} \ldots + \frac{n}{1} e^{-(n-2)z\sqrt{-1}} + e^{-nz\sqrt{-1}}.$$

Allein wenn man z in mz verwandelt, so giebt die Gleichung

$$e^{\pm z\sqrt{-1}} = \cos z \pm \sqrt{-1} \sin z,$$

$$e^{\pm mz\sqrt{-1}} = \cos mz \pm \sqrt{-1} \sin mz,$$

und bietet demnach ein Mittel dar, alle Glieder der obigen Entwickelung in Sinussen und Cosinussen auszudrücken, so daß man erhält:

$$2^n \cos z^n = \cos nz + \frac{n}{1} \cos(n-2)z + \frac{n(n-1)}{1.2} \cos(n-4)z$$

$$+ \frac{n(n-1)(n-2)}{1.2.3} \cos(n-6)z \ldots + \frac{n}{1} \cos-(n-2)z + \cos-nz$$

$$+\sqrt{-1} \left\{ \sin nz + \frac{n}{1} \sin(n-2)z + \frac{n(n-1)}{1.2} \sin(n-4)z \right.$$

$$\left. + \frac{n(n-1)(n-2)}{1.2.3} \sin(n-6)z \ldots + \frac{n}{1} \sin-(n-2)z + \sin-nz \right\},$$

Es ist aber das mit $\sqrt{-1}$ multiplicirte Aggregat gleich Null, wie nun gezeigt werden soll.

1) sey n ungerade. Die Anzahl der Glieder des Aggregats ist alsdann gerade, und diejenigen Glieder, welche von den beiden äußersten gleich weit entfernt sind, haben gleiche Coefficienten, aber verschiedene Zeichen, weil (nach „Trig. no. 26.")

$$\sin - mz = -\sin mz,$$

was auch m seyn mag; mithin wird die eine Hälfte des Aggregats durch die andere aufgehoben. Sollte Jemand Schwierigkeiten finden, das Vorhergehende genau zu fassen, so kann er dieselben bald überwinden, wenn er der n einen besondern Werth, etwa 3 oder 5, beilegt und hiernach die Rechnung vollführt.

Man wird hierbei leicht sehen, daß der reelle Theil des Werths von $2^n \cos z^n$, im Falle das n ungerade ist, auf halb so viele

Glieder, als er deren hat, zurückführbar ist; denn nach „Trig. no. 26." ist $\cos - mz = \cos mz$, weßhalb diejenigen Glieder, welche von den äußersten gleich weit entfernt sind, einander gleich sind. Man kann sich demnach auf die erste Hälfte der Glieder beschränken, wofern man diese verdoppelt. Auf solche Weise findet man also:

$$2^n \cos z^n = 2\cos nz + \frac{2n}{1}\cos(n-2)z + \frac{2n(n-1)}{1.2}\cos(n-4)z + \text{ꝛc.},$$

oder, nach der Division beider Seiten durch 2:

$$2^{n-1}\cos z^n = \cos nz + \frac{n}{1}\cos(n-2) + z\,\frac{n(n-1)}{1.2}\cos(n-4)z + \text{ꝛc.},$$

indem man mit dem letzten positiven Bogen, d. i. mit $[n-(n-1)]z = z$, schließt.

2) sey n gerade. Nun hat sowohl der reelle als der imaginäre Theil jener Entwickelung eine ungerade Anzahl von Gliedern; allein da bei dem imaginären Theile das mittlere Glied,

$$\frac{n(n-1)(n-2)\ldots\left(n-\frac{n}{2}+1\right)}{1.2.3\ldots.\frac{n}{2}}\sin(n-n)z$$

ist, so verschwindet dieses Glied und also auch jener Theil. Das mittlere Glied des reellen Theiles aber reducirt sich auf den so eben aufgestellten Coefficienten, weil es $\cos(n-n)z = \cos o = 1$, enthält. Man muß also die Hälfte dieses mittleren Gliedes nehmen, wenn man es dem im vorigen Falle getilgten gemeinschaftlichen Factor 2 unterwerfen will; so daß man sich auch hier der dort aufgestellten Formel bedienen kann, wenn man nur Sorge trägt, den Coefficienten des Cosinus desjenigen Bogens, welcher alsdann gleich Null erscheint, nur halb zu nehmen. — Beachtet man Dieses, so ist es leicht, die in der folgenden Tafel vorfindlichen Werthe zu finden.

$$\cos z = \cos z,$$
$$2\cos z^2 = \cos 2z + 1,$$
$$4\cos z^3 = \cos 3z + 3\cos z,$$
$$8\cos z^4 = \cos 4z + 4\cos 2z + 3,$$
$$16\cos z^5 = \cos 5z + 5\cos 3z + 10\cos z,$$
$$32\cos z^6 = \cos 6z + 6\cos 4z + 15\cos 2z + 10,$$
$$64\cos z^7 = \cos 7z + 7\cos 5z + 21\cos 3z + 35\cos z,$$

ꝛc.

§. 220.

Der Ausdruck für den Sinus (§. 187.) giebt die Gleichung:

$$\sin z^n = \frac{(e^{z\sqrt{-1}} - e^{-z\sqrt{-1}})^n}{2^n(\sqrt{-1})^n},$$

und folglich:

$$2^n(\sqrt{-1})^n \sin z^n = (e^{z\sqrt{-1}} - e^{-z\sqrt{-1}})^n = e^{nz\sqrt{-1}} - \frac{n}{1} e^{(n-2)z\sqrt{-1}}$$

$$+ \frac{n(n-1)}{1.2} e^{(n-4)z\sqrt{-1}} - \frac{n(n-1)(n-2)}{1.2.3} e^{(n-6)z\sqrt{-1}} \ldots$$

$$\pm \frac{n}{1} e^{-(n-2)z\sqrt{-1}} \mp e^{-nz\sqrt{-1}},$$

wo die Glieder der letzten Seite abwechselnd positiv und negativ sind. Ersetzt man die Exponential-Größen durch ihre Ausdrücke in Sinussen und Cosinussen (vorhergeh. §), so erhält man:

$$2^n(\sqrt{-1})^n \sin z^n = \cos nz - \frac{n}{1} \cos(n-2)z + \frac{n(n-1)}{1.2}$$

$$\cos(n-4)z - \frac{n(n-1)(n-2)}{1.2.3} \cos(n-6)z \ldots$$

$$\pm \frac{n}{1} \cos -(n-2)z \pm \cos -nz + \sqrt{-1} \left\{ \sin nz - \frac{n}{1} \right.$$

$$\sin(n-2)z + \frac{n(n-1)}{1.2} \sin(n-4)z - \frac{n(n-1)(n-2)}{1.2.3}$$

$$\left. \sin(n-6)z \ldots \pm \frac{n}{1} \sin -(n-2)z \mp \sin -nz \right\},$$

wo ebenfalls zwei Fälle zu unterscheiden sind.

1) sey n ungerade. Die Anzahl der Glieder, sowohl des reellen, als des imaginären Theiles, der Entwickelung, ist alsdann gerade; und da diejenigen Glieder des reellen Theiles, welche von den beiden äußersten desselben gleich weit entfernt sind, gleich und entgegengesetzt sind, weil $\cos - mz = \cos mz$, so verschwinden diese Glieder und mit ihnen der reelle Theil. Nicht eben so verhält es sich mit dem imaginären Theile; denn diejenigen seiner Glieder, welche von den beiden äußersten gleich weit entfernt sind, müssen summirt werden, weil die Glieder der letzten Hälfte, wegen $\sin - mz = - \sin mz$, ihr Zeichen ändern würden. Es wird demnach die dem Vorhergehenden gemäß reducirte obige Gleichung durch $\sqrt{-1}$ theilbar seyn, wodurch man folgendes Resultat erhält:

$$2^n(\sqrt{-1})^{n-1} \sin z^n = \frac{n}{1} \sin(n-2)z + \frac{n(n-1)}{1.2} \sin(n-4)z -$$

$$- \frac{n(n-1)(n-2)}{1.2.3} \sin(n-6)z \ldots \pm \frac{n}{1} \sin -(n-2)z \mp \sin - nz,$$

wobei zu bemerken, daß, weil $n-1$ eine gerade Zahl ist,

$$(\sqrt{-1})^{n-1} = \mp 1,$$

je nachdem $n-1$ nur durch 2 oder durch 4 theilbar ist.

Da hier, wie in dem vorhergehenden §, die von den äußersten gleich weit entfernten Glieder gleichen Werth haben: so kann man sich ebenfalls darauf beschränken, diejenigen der ersten Hälfte zu verdoppeln, indem man mit dem letzten der positiven Bogen schließt.

2) sey n gerade. Da diejenigen Glieder, welche von den äußersten gleich weit entfernt sind, dasselbe Zeichen haben, so verschwindet hier der imaginäre Theil, wie in dem vorhergehenden §, und der reelle Theil bleibt wie dort, mit einem Mittelgliede. Bemerkt man demnach alsdann, daß $(\sqrt{-1})^n = \mp 1$, und tilgt den Factor 2 in jeder Seite, so kann man aufstellen:

$$\mp 2^{n-1} \sin z^n =$$
$$\cos nz - \frac{n}{1} \cos(n-2)z + \frac{n(n-1)}{1.2} \cos(n-4)z - \text{etc.},$$

wofern man mit demjenigen Gliede schließt, worin der Bogen Null ist, und nur die Hälfte des Coefficienten nimmt. Mit dieser Formel, und bei Aenderung aller Zeichen, wenn dasjenige der ersten Seite — ist, findet man leicht die Werthe, welche in folgender Tafel vorkommen:

$$\sin z = \sin z,$$
$$2 \sin z^2 = -\cos 2z + 1$$
$$4 \sin z^3 = -\sin 3z + 3 \sin z$$
$$8 \sin z^4 = \cos 4z - 4 \cos 2z + 3$$
$$16 \sin z^5 = \sin 5z - 5 \sin 3z + 10 \sin z$$
$$32 \sin z^6 = -\cos 6z + 6 \cos 4z - 15 \cos 2z + 10$$
$$64 \sin z^7 = -\sin 7z + 7 \sin 5z - 21 \sin 3z + 35 \sin z,$$

etc. *)

---

*) In den obigen Formeln habe ich mich darauf beschränkt, den Exponenten n als eine ganze Zahl anzusehen, weil in den meisten Anwendungen dieser Fall allein zu berücksichtigen ist; in Bezug auf die andern Fälle war man bisher in einem Irrthume, den H. Poisson zuerst hervorgehoben hat; allein es blieben hierüber noch einige Schwierigkeiten aufzuhellen. (Siehe den „Traité etc." in 4to. B. III. S. 605. und 616.; ferner das von H. v. Ferussac herausgegebene „Bulletin des sciences mathématiques, physiques et chimiques" B. IV. S. 216, 338. den Auszug einer Schrift von H. Poinsot; S. 140, 344. Bemerkungen von H. Poisson; B. V. S. 4. Bemerkung von H. Pagani: S. 250. eine Bemerkung von H. Ohm; endlich die von H. Gergonne herausgegebenen „Annales de Mathematiques" B. XVI. S. 254).

Da die obigen Formeln nur wegen ihres Gebrauchs bei der Integration hier aufgestellt worden, so glaubte ich vom Texte diejenigen

§. 221.

Nun sey das Differential

$$dz \cos z^4$$

zu integriren. Man zieht zunächst aus den Formeln des §. 219.,

$$\cos z^4 = \tfrac{1}{8}\cos 4z + \tfrac{1}{2}\cos 2z + \tfrac{3}{8},$$

worauf man erhält:

Formeln ausschließen zu dürfen, welche dazu dienen, den Sinus und Cosinus eines vielfachen Bogens durch die Potenzen des Sinus und Cosinus des einfachen auszudrücken. Weil diese letztern Formeln aber sehr bemerkenswerth sind, so mag deren Begründung jetzt folgen.

Man hat nach §. 187

$$\cos nz + \sqrt{-1}\sin nz = (\cos z + \sqrt{-1}\sin z)^n$$

$$\cos nz - \sqrt{-1}\sin nz = (\cos z - \sqrt{-1}\sin z)^n;$$

summirt man diese beiden Gleichungen, so erhält man:

$$\cos nz = \frac{(\cos z + \sqrt{-1}\sin z)^n + (\cos z - \sqrt{-1}\sin z)^n}{2};$$

und zieht man die letztere von der ersteren ab, so erfolgt:

$$\sin nz = \frac{(\cos z + \sqrt{-1}\sin z)^n - (\cos z - \sqrt{-1}\sin z)^n}{2\sqrt{-1}}.$$

Obschon die beiden letzten Ausdrücke mit imaginären Größen verknüpft sind, so sind sie darum doch nicht weniger reell, weil die Entwickelung der angedeuteten Potenzen jene sämmtlich verschwinden macht. Denn man hat

$$(\cos z + \sqrt{-1}\sin z)^n = \cos z^n + \frac{n}{1}\sqrt{-1}\cos z^{n-1}\sin z$$
$$- \frac{n(n-1)}{1.2}\cos z^{n-2}\sin z^2 - \text{etc., und}$$

$$(\cos z - \sqrt{-1}\sin z)^n = \cos z^n - \frac{n}{1}\sqrt{-1}\cos z^{n-1}\sin z$$
$$- \frac{n(n-1)}{1.2}\cos z^{n-2}\sin z^2 + \text{etc.; und}$$

substituirt man diese Reihen in den obigen Werthen, so findet man endlich:

$$\cos nz = \cos z^n - \frac{n(n-1)}{1.2}\cos z^{n-2}\sin z^2$$
$$+ \frac{n(n-1)(n-2)(n-3)}{1.2.3.4}\cos z^{n-4}\sin z^4 - \text{etc.}$$

$$\sin nz = \frac{n}{1}\cos z^{n-1}\sin z - \frac{n(n-1)(n-2)}{1.2.3}\cos z^{n-3}\sin z^3$$
$$+ \frac{n(n-1)(n-2)(n-3)(n-4)}{1.2.3.4.5}\cos z^{n-5}\sin z^5 - \text{etc.}$$

$$\int dz \cos z^4 = \tfrac{1}{8}\int dz \cos 4z + \tfrac{1}{2}\int dz \cos 2z + \tfrac{3}{8}\int dz$$
$$= \frac{1}{32}\sin 4z + \frac{1}{4}\sin 2z + \frac{3}{8}z + \text{const.}$$

Dieses Beispiel reicht hin, um zu zeigen, wie man bei ähnlichen zu verfahren habe.

§. 222.

Da die Formeln

$$\sin z = \frac{e^{z\sqrt{-1}} - e^{-z\sqrt{-1}}}{2\sqrt{-1}}, \quad \cos z = \frac{e^{z\sqrt{-1}} + e^{-z\sqrt{-1}}}{2}$$

(§. 187.) die Functionen der Sinusse und Cosinusse in Exponential=Größen verwandeln, so führen sie die Integration jener auf diejenige dieser zurück, und umgekehrt.

Man kann auch das Differential

$$dz \sin z^m \cos z^n,$$

in ein anderes verwandeln, welches zu den Binomischen Differentialen gehört. Denn macht man nur

$$\sin z = x,$$

so erhält man

$$\cos z = \sqrt{1 - x^2}, \quad dz = \frac{dx}{\sqrt{1 - x^2}} \text{ (36.)},$$

und mithin:

$$\int dz \sin z^m \cos z^n = \int x^m dx (1 - x^2)^{\frac{n-1}{2}}.$$

Das letzte Integral läßt sich sogleich finden, wenn n gerade ist, was auch m seyn mag; denn $\frac{n-1}{2}$ ist alsdann eine ganze Zahl. Ist n ungerade, so ist $\frac{n-1}{2}$ einerlei mit $\pm i - \frac{1}{2}$, wofern i eine ganze Zahl bedeutet, und es führt die Anwendung der Formel (B) des §. 195. und der Formel (D) des §. 196 auf

$$\int x^m dx (1 - x^2)^{-\frac{1}{2}} = \int \frac{x^m dx}{\sqrt{1 - x^2}},$$

welches Integral sich nach den §§. 197. und 198. erhalten läßt, wenn m eine ganze Zahl ist.

In allen andern Fällen führt man das Integral des gegebenen Differentials auf dasjenige des einfachsten analogen Differentials zurück.

Es ist einleuchtend, daß man die Differentiale, welche die übrigen trigonometrischen Linien enthalten, auf ähnliche Weise umformen könne.

§. 223.

Ehe wir weiter gehen, ist es zweckmäßig zu bemerken, daß sich das Integral

$$\int dz \sin z^m \cos z^n$$

auf dasjenige von ganzen algebraischen Functionen sogleich zurückführen lasse, wenn einer der Exponenten m und n ungerade ist. Denn bemerkt man, daß

$$\int dz \sin z^{2p+1} \cos z^q = \int dz \sin z \,.\, \cos z^q (\sin z^2)^p,$$

und

$$\int dz \sin z^p \cos z^{2q+1} = \int dz \cos z \,.\, \sin z^p (\cos z^2)^q,$$

daß

$$(\sin z^2)^p = (1 - \cos z^2)^p \text{ und } (\cos z^2)^q = (1 - \sin z^2)^q,$$

so wie endlich, daß

$$dz \sin z = -d \,.\, \cos z \text{ und } dz \cos z = d \,.\, \sin z:$$

so braucht man nur

$$\cos z = u \text{ oder } \sin z = u$$

zu machen, um zu den Integralen

$$-\int u^q du (1 - u^2)^p, \text{ oder } \int u^p du (1 - u^2)^q$$

zu gelangen, welche sich durch die Entwickelung der ganzen Potenzen von $1 - u^2$ alsbald bestimmen lassen.

§. 224.

Die Formeln (A), (B), (C) und (D) der §§. 194., 195., 196. könnten leicht auf das Differential

$$dz \sin z^m \cos z^n \text{ (§. 222.)}$$

anwendbar gemacht werden; allein man gelangt unmittelbar zu denselben Resultaten, wenn man jenes Differential in Factoren zerlegt.

Bringt man es nämlich zuerst unter die Form:

$$dz \sin z \cos z^n \,.\, \sin z^{m-1},$$

so findet man, weil sich der erste Factor $dz \sin z \cos z^n$, wegen $dz \sin z = -d \,.\, \cos z$, integriren läßt:

$$\int dz \sin z^m \cos z^n = \int dz \sin z \cos z^n \sin z^{m-1} =$$

$$-\frac{1}{n+1} \cos z^{n+1} \sin z^{m-1} + \frac{m-1}{n+1} \int dz \cos z^{n+2} \sin z^{m-2};$$

und weil

$$\cos z^{n+2} = \cos z^n \,.\, \cos z^2 = \cos z^n (1 - \sin z^2),$$

so erhält man:

$$\int dz \cos z^{n+2} \sin z^{m-2} = \int dz \cos z^n \sin z^{m-2} - \int dz \cos z^n \sin z^m.$$

Substituirt man in der ersten Gleichung, so findet man bald:

$$\int dz \sin z^m \cos z^n =$$

$$-\frac{\sin z^{m-1} \cos z^{n+1}}{m+n} + \frac{m-1}{m+n} \int dz \sin z^{m-2} \cos z^n \ldots \text{(A)}$$

§. 225.

Man kann auf demselben Wege zu der Formel gelangen, welche geeignet ist, den Exponenten von $\cos z$ zu vermindern; allein es läßt sich dieselbe unmittelbar aus der vorhergehenden ableiten, wenn man

$$z = 1^q - y$$

setzt; denn hierdurch erhält man $dz = -dy$, $\sin z = \cos y$ und $\cos z = \sin y$, wodurch die Formel (A), nach Aenderung aller Zeichen in

$$\int dy \cos y^m \sin y^n = \frac{\cos y^{m-1} \sin y^{n+1}}{m+n} + \frac{m-1}{m+n} \int dy \cos y^{m-2} \sin y^n$$

übergeht; vertauscht man jetzt y mit z, und verwandelt m in n und umgekehrt, so erhält man die gesuchte Formel:

$$\int dz \sin z^m \cos z^n =$$

$$\frac{\sin z^{m+1} \cos z^{n-1}}{m+n} + \frac{n-1}{m+n} \int dz \sin z^m \cos z^{n-2} \ldots \text{(B)}$$

§. 226.

Diese Formeln (A) und (B) müssen, wie ihre analogen bei den Binomischen Differentialen, umgekehrt werden, wenn der Exponent, den man zu vermindern beabsichtigt, negativ ist (§. 196).

Nimmt man aus der Formel (A) den Werth des von der zweiten Seite befindlichen Integrals, so erhält man:

$$\int dz \sin z^{m-2} \cos z^n = \frac{\sin z^{m-1} \cos z^{n+1}}{m-1} + \frac{m+n}{n-1} \int dz \sin z^m \cos z^n;$$

verwandelt man hierauf m in $-m+2$ und schafft die negativen Potenzen aus dem Zähler weg, so gelangt man zu der Formel:

$$\int \frac{dz \cos z^n}{\sin z^m} = -\frac{\cos z^{n+1}}{(m-1)\sin^{m-1}} + \frac{m-n-2}{m-1} \int \frac{dz \cos z^n}{\sin z^{m-2}} \ldots \text{(C)}$$

Verfährt man ähnlich mit (B), so ergiebt sich aus ihr die Formel:

$$\int \frac{dz \sin z^m}{\cos z^n} = \frac{\sin z^{m+1}}{(n-1)\cos z^{n-1}} + \frac{n-m-2}{m-1} \int \frac{dz \sin z^m}{\cos z^{n-2}} \ldots \text{(D)}$$

§. 227.

Es folge nun der von den vier gefundenen Formeln zu machende Gebrauch.

Wendet man z. B. die erste Formel auf

$$\int dz \sin z^4 \cos z^2,$$

an, so giebt sie zunächst:

$$\int dz \sin z^4 \cos z^2 = -\frac{\sin z^3 \cos z^3}{6} + \frac{3}{6}\int dz \sin z^2 \cos z^2;$$

und hierauf:

$$\int dz \sin z^2 \cos z^2 = -\frac{\sin z \cos z^3}{4} + \frac{1}{4}\int dz \cos z^2.$$

Wendet man nun die zweite Formel an, indem man in ihr $m = 0$ und $n = 2$ macht, so giebt dieselbe:

$$\int dz \cos z^2 = \frac{\sin z \cos z}{2} + \frac{1}{2}\int dz = \frac{\sin z \cos z}{2} + \frac{z}{2}.$$

Benutzt man endlich die gefundenen Werthe, so findet man:

$$\int dz \sin z^4 \cos z^2 = -\frac{1}{6}\sin z^3 \cos z^3 - \frac{3.1}{6.4}\sin z \cos z^3$$
$$+ \frac{3.1.1}{6.4.2}\sin z \cos z + \frac{3.1.1}{6.4.2} z + \text{const.}$$

Man sieht deutlich aus diesem Beispiele, wie die wiederholte Anwendung der Formeln (A) und (B) $\int dz \sin z^m \cos z^n$ finden läßt, wenn die Exponenten m und n ganze Zahlen sind. Die erste führt auf $\int dz \sin z \cos z^n$, wenn der Exponent m ungerade ist; und da $d \sin z = - dz \cos z$, so läßt sich die noch ferner angedeutete Integration sogleich vollziehen (§. 223). — Ist der Exponent m gerade, so gelangt man zu $\int dz \cos z^n$, und es führt die Formel (B), wenn man in ihr $m = 0$ macht, auf $\int dz \cos z = \sin z$, wofern n ungerade ist, und auf $\int dz = z$, wofern das Gegentheil Statt findet.

Wenn die Exponenten m und n gleich sind, aber verschiedene Vorzeichen haben, so können die Formeln (A) und (B), wegen des Verschwindens ihres Nenners $m + n$, alsdann nicht gebraucht werden. Um diesem Uebelstande auszuweichen, reicht es hin, mit der Reduction desjenigen der Exponenten, welcher negativ ist, den Anfang zu machen.

Wendet man die Formel (C) zunächst auf

$$\int \frac{dz \cos z^n}{\sin z^m}$$

an, so führt sie auf $\int \frac{dz \cos z^n}{\sin z}$ oder auf $\int dz \cos z^n$, je nachdem m ungerade oder gerade ist. Die auf $\int \frac{dz \cos z^n}{\sin z}$ angewendete Formel (B) führt hierauf zu

$$\int \frac{dz \cos z}{\sin z} = \int \frac{d \,.\, \sin z}{\sin z} = l \,.\, \sin z + \text{const.},$$

wenn n ungerade ist, oder zu

$$\int \frac{dz}{\sin z},$$

im entgegengesetzten Falle. Da dieses Resultat mit keinem der früher behandelten Integrale zusammenfällt, so müssen wir dasselbe zur Seite stellen.

Ist m gerade und n ungerade, so führen die Formeln (D) und (A) von $\int \frac{dz \sin z^m}{\cos z^n}$ auf

$$\int \frac{dz}{\cos z}.$$

Wenn endlich m und n beide negativ und ungerade sind, so giebt die Formel (C) zunächst:

$$\int \frac{dz \cos z^{-n}}{\sin z} = \int \frac{dz \sin z^{-1}}{\cos z^n},$$

welches letztere Integral durch die Formel (D) auf

$$\int \frac{dz \sin z^{-1}}{\cos z} = \int \frac{dz}{\sin z \cos z}$$

zurückgeführt wird, welches eben so wie das vorhergehende Resultat besonders zu behandeln seyn wird.

§. 228.

Ich werde demnach jetzt die Integration der drei Differentiale

$$\frac{dz}{\sin z}, \quad \frac{dz}{\cos z}, \quad \frac{dz}{\sin z \cos z}$$

vornehmen, indem ich bei dem letzten beginnne. Dividirt man seine beiden Glieder durch $\cos z^2$, so erfolgt

$$\frac{\frac{dz}{\cos z^2}}{\frac{\sin z}{\cos z}} = \frac{d \,.\, \tang z}{\tang z} \quad (\text{§. } 34.),$$

woraus hervorgeht:

$$„\int \frac{dz}{\sin z \cos z} = l \,.\, \tang z + \text{const.}“$$

Um das erste der Differentiale zu integriren, setze man $z = 2z'$.
Alsdann ist $\frac{dz}{\sin z} = \frac{2\,dz'}{2 \sin z' \cos z'}$, „Trig. §. 11.“, und

$$\int \frac{dz}{\sin z} = \int \frac{dz'}{\sin z' \cos z'} = l \tang z' + \text{const.},$$

nach dem, was so eben gefunden worden. Mithin ist endlich:

$$„\int \frac{dz}{\sin z} = l . \tang \tfrac{1}{2} z + \text{const.}“$$

Verwandelt man nun z in $1^q - y$, so giebt das Resultat

$$\int \frac{dz}{\cos z} = -\int \frac{dy}{\sin y} = - l \tang \tfrac{1}{2} y + \text{const.}, \text{ d. i.}$$

$$\int \frac{dz}{\cos z} = - l . \tang \tfrac{1}{2}(1^q - z) + \text{const.}, \text{ oder}$$

$$„\int \frac{dz}{\cos z} = l \cot \tfrac{1}{2}(1^q - z) + \text{const.}“,$$

weil $l \cot a = - l \tang a$ „Trig. §. 9.“

Man sieht also, daß sich das Integral

$$\int dz \sin z^m \cos z^n$$

jedesmal finden läßt, wenn die Exponenten m und n ganze Zahlen sind, mögen sie positiv oder negativ seyn. Es verhält sich nicht eben so, wenn jene Exponenten gebrochene Zahlen sind; man muß alsdann zu den Reihen seine Zuflucht nehmen, außer in wenigen Fällen, wo sich die Integration von selbsten darbietet.

Allgemeine Methode, um genäherte Werthe der Integrale zu erhalten.

§. 229.

Die Entwickelung der Integrale in Reihen führt nur dann zu einem genäherten Werthe der Integrale, wenn die erhaltenen Reihen convergirend sind, was nicht immer der Fall ist. Die Analysten haben deßhalb auf Mittel gedacht, zu den genäherten Werthen der Integrale zu gelangen, welches auch die gegebenen Differentiale seyn mögen. Der Taylorsche Lehrsatz führt auf eine sehr einfache Weise zu den Formeln, die Euler zu diesem Behuf aufgestellt hat. Ehe wir aber zu ihnen hingehen, wollen wir einige Benennungen kennen lehren, welche sich auf die verschiedenen Gesichtspunkte beziehen, unter welchen man die Integrale betrachtet.

Die Nothwendigkeit, dem Werthe eines Integrals eine willkührliche Constante hinzuzufügen, um dem Integrale die Allgemeinheit zu ertheilen, die es zuläßt, zeiget, daß diese Functionen auf doppelte Art unbestimmt sind, weil es zur Bestimmung ihrer Werthe nicht hinreicht, den Werth der Veränderlichen festzusetzen, wovon sie abhangen, sondern auch noch ihre Constante bestimmt werden muß, welche alle möglichen Werthe zulassen kann. Man bestimmt diese Constante gewöhnlich dadurch, daß man vom Integral erheischt, daß es für einen gegebenen Werth von x verschwinde. Man hat schon mehre Beispiele hierüber gesehen (187, 202, 203) und es kommt dies im Allgemeinen auf Folgendes zurück.

Wenn $\int X dx = f(x) + C$, wofern $f(x)$ die durch das Integrations-Verfahren unmittelbar abgeleitete veränderliche Function und C die willkührliche Constante bedeutet, und wenn für den Werth $x = a$ das Integral verschwinden soll, so stellt man die Gleichung $f(a) + C = o$ auf, woraus man $C = -f(a)$ und $\int X dx = f(x) - f(a)$ ableitet. Unter dieser Form ist das Integral $\int X dx$ nur noch der Unterschied zwischen dem Werthe den $f(x)$ annimmt, wenn $x = a$, und demjenigen, den $f(x)$ bei jedem andern Werthe derselben Veränderlichen x annimmt. Bei $x = b$ z. B. erhält man

$$\int X dx = f(b) - f(a).$$

Es ist zweckmäßig zu bemerken, daß man dieses Resultat unmittelbar gewinnt — ohne daß es nöthig sey die Constante zu bestimmen — wenn man nur den Unterschied der den Werthen $x = a$ und $x = b$ entsprechenden Resultate $f(a) + C$ und $f(b) + C$ darstellet.

Der Werth $x = a$, bei welchem das Integral verschwindet, ist dessen Anfang, und man sagt alsdann: das Integral fängt an mit $x = a$. Da derjenige Werth des Integrals, womit man schließt, dem $x = b$ entspricht, so sagt man: das Integral ist vollständig, wenn $x = b$.

Die beiden Werthe

$$x = a \text{ und } x = b$$

werden gemeinschaftlich die Grenzen des Integrals genannt.

Jedes angedeutete Integral, dessen Anfang, oder dessen Grenzen unbestimmt gelassen werden, heißt ein unbestimmtes Integral, und muß, um vollständig zu seyn, eine willkührliche Constante enthalten.

Sind die Grenzen des Integrals bestimmt, so heißt es ein bestimmtes Integral. Sind die Grenzen z. B. $x = a$ und $x = b$, so sagt man: das Integral $\int X dx$ muß zwischen den Grenzen $x = a$ und $x = b$ genommen werden; und dieses erreicht man dadurch, daß man nach und nach den veränderlichen Theil des Integrals unter der Annahme von $x = a$ und von $x = b$ berechnet und hierauf das erste Resultat von dem zweiten wegnimmt. Hier ist es überflüssig, dem Integrale die willkührliche Constante beizufügen, weil sie durch die Subtraction verschwindet.

Um das zwischen den Grenzen a und b zu nehmende bestimmte Integral anzudeuten, bediente sich Euler der Bezeichnung: $\int Xdx \begin{bmatrix} x=a \\ x=b \end{bmatrix}$, welche Fourier durch folgende einfachere ersetzt hat;

$$\int_a^b Xdx.$$

Folglich ist, diesem gemäß, wenn $\int Xdx = (f)$,

$$\int_a^b Xdx = f(b) - f(a).$$

Es folgt hieraus, daß, wenn a, b, c drei der Größe nach geordnete Werthe von x sind, wegen $f(c) - f(a) = f(b) - f(a) + f(c) - f(b)$,

$$\int_a^c Xdx = \int_a^b Xdx + \int_b^c Xdx,$$

d. h. daß, wenn man die Summe der den auf einander folgenden Zwischenräumen b — a, c — b entsprechenden bestimmten Integrale nimmt, hierdurch dasjenige bestimmte Integral gebildet wird, welches der Summe jener Zwischenräume entspricht. Es ist wichtig, sich mit diesen Ausdrücken, welche oft vorkommen, und durch das Folgende noch bedeutungsvoller werden, recht vertraut zu machen.

§. 230.

Da der Taylorsche Lehrsatz, für den Fall, daß x, x + h wird,

$$y' = y + \frac{dy}{dx}\frac{h}{1} + \frac{d^2y}{dx^2}\frac{h^2}{1.2} + \frac{d^3y}{dx^3}\frac{h^3}{1.2.3} + \text{etc.}$$

giebt: so kann er den Werth, der alsdann einer Function von x zukommt, deren sämmtliche Differential-Coefficienten, vom ersten angehoben, blos bekannt seyen, deßhalb nicht liefern, weil der ursprüngliche Werth der Function d. i. y unbestimmt bleibt und also die willkührliche Constante vorstellt; aber es verhält sich anders mit dem Unterschiede, welcher zwischen dem eben erwähnten Werthe der Function und dem obigen Statt findet; denn es ist:

$$y' - y = \frac{dy}{dx}\frac{h}{1} + \frac{d^2y}{dx^2}\frac{h^2}{1.2} + \frac{d^3y}{dx^3}\frac{h^3}{1.2.3} + \text{etc.}$$

Macht man demnach

$$\int Xdx = y,$$

so erfolgt

$$\frac{dy}{dx}=X,\ \frac{d^2y}{dx^2}=\frac{dX}{dx},\ \frac{d^3y}{dx^3}=\frac{d^2X}{dx^2},\ \text{2c.}$$

Es lassen sich demnach alle Differential-Coefficienten aus der gegebenen Function ableiten, und man erhält:

$$„y'-y=X\frac{h}{1}+\frac{dX}{dx}\frac{h^2}{1.2}+\frac{d^2X}{dx^2}\frac{h^3}{1.2.3}+\text{2c.}“$$

Um aus dieser Formel den Werth von $\int Xdx$, von $x=a$ bis $x=b$, abzuleiten, mache man nur $h=b-a$, und ersetze x durch a, in der Function X und in ihren Differential-Coefficienten, welche Größen ich hiernach durch A, A', A'' 2c. bezeichnen will, wodurch man findet:

$$„\int_a^b Xdx=\frac{A(b-a)}{1}+\frac{A'(b-a)^2}{1.2}+\frac{A''(b-a)^3}{1.2.3}+\text{2c.}“$$

Diese Reihe ist im Allgemeinen desto convergirender, je kleiner der Zwischenraum $b-a$ ist, allein wenn dieser zu bedeutend ist, so theilt man ihn in eine solche Anzahl von Theilen, daß diese letzteren hinreichend klein ausfallen, und berechnet alsdann die verschiedenen Werthe des Integrals, die sich auf jeden der kleinern Zwischenräume in's Besondere beziehen. Ich nehme an, der Zwischenraum $b-a$ sey in n Theile getheilt worden, deren jeder $=\alpha$, und die Größen A, A', A'' 2c. gingen respective in A_1, A'_1, A''_1 2c., A_2, A'_2, A''_2 2c, über, wenn für a, $a+\alpha$, $a+2\alpha$ 2c. gesetzt würde: so erhält man, zwischen a und $a+\alpha$,

$$\frac{A\alpha}{1}+\frac{A'\alpha^2}{1.2}+\frac{A''\alpha^3}{1.2.3}+\text{2c.}$$

zwischen $a+\alpha$ und $a+2\alpha$,

$$\frac{A_1\alpha}{1}+\frac{A'_1\alpha^2}{1.2}+\frac{A''_1\alpha^3}{1.2.3}+\text{2c.}$$

zwischen $a+2\alpha$ und $a+3\alpha$,

$$\frac{A_2\alpha}{1}+\frac{A'_2\alpha^2}{1.2}+\frac{A''_2\alpha^3}{1.2.3}+\text{2c.}$$

2c.;

und da die Summe dieser Reihen, deren Anzahl n ist, den vollständigen Werth von $\int_a^b Xdx$ ausmacht, so wird man demnach finden:

$$„\int_a^b Xdx=\left\{\begin{array}{l}\quad\frac{\alpha}{1}\ (A+A_1+A_2\ \ldots+A_{n-1})\\ +\frac{\alpha^2}{1.2}\ (A'+A'_1+A'_2\ \ldots+A'_{n-1})\\ +\frac{\alpha^3}{1.2.3}(A''+A''_1+A''_2\ \ldots+A''_{n-1})\\ +\text{2c.}\end{array}\right\}“\ \ldots(I)$$

§. 231.

Anstatt, wie im vorhergehenden §. geschah, von dem Werthe von y, welcher x entspricht, zu demjenigen überzugehen, welcher x + h entspricht, um auf diesem Wege den Unterschied der beiden y zu finden, kann man auch diesen Unterschied dadurch finden, daß man von x rückwärts auf x — h übergeht. Denn bedeutet $y_,$ den Werth von y, welcher x — h entspricht, so giebt die Formel

$$y_, = y - \frac{dy}{dx}\frac{h}{1} + \frac{d^2y}{dx^2}\frac{h^2}{1.2} - \frac{d^3y}{dx^3}\frac{h^3}{1.2.3} + \text{ꝛc.}$$

sogleich:

$$y - y_, = \frac{dy}{dx}\frac{h}{1} - \frac{d^2y}{dx^2}\frac{h^2}{1.2} + \frac{d^3y}{dx^3}\frac{h^3}{1.2.3} - \text{ꝛc.}$$

Um diese Formel auf $\int_a^b Xdx$ anzuwenden, muß in X und in deren Differential-Coefficienten x in b verwandelt werden. Nimmt man an, daß hieraus die Größen B, B′, B″, ꝛc. hervorgehen, so wird man bald finden:

$$„\int_a^b Xdx = \frac{B(b-a)}{1} - \frac{B'(b-a)^2}{1.2} + \frac{B''(b-a)^3}{1.2.3} - \text{ꝛc.}“$$

Theilt man den Zwischenraum b — a in n gleiche Theile, deren jeder $= \alpha$, so erhält man durch vorstehende Formel, zwischen den Grenzen $a + \alpha$ und a,

$$\frac{A_1\alpha}{1} - \frac{A'_1\alpha^2}{1.2} + \frac{A''_1\alpha^3}{1.2.3} - \text{ꝛc.}$$

zwischen den Grenzen $a + 2\alpha$ und $a + \alpha$,

$$\frac{A_2\alpha}{1} - \frac{A'_2\alpha^2}{1.2} + \frac{A''_2\alpha^3}{1.2.3} - \text{ꝛc.}$$

zwischen den Grenzen $a + 3\alpha$ und $a + 2\alpha$,

$$\frac{A_3\alpha}{1} - \frac{A'_3\alpha^2}{1.2} + \frac{A''_3\alpha^3}{1.2.3} - \text{ꝛc.}$$

ꝛc.;

und die Summe dieser n Reihen giebt bald:

$$„\int_a^b Xdx = \left\{\begin{array}{l} \frac{\alpha}{1}\,(A_1 + A_2 + A_3 \ldots\ldots + A_n) \\ - \frac{\alpha^2}{1.2}\,(A'_1 + A'_2 + A'_3 \ldots\ldots + A'_n) \\ + \frac{\alpha^3}{1.2.3}\,(A''_1 + A''_2 + A''_3 \ldots\ldots + A''_n) \\ - \text{ꝛc.} \end{array}\right\}“ \ldots \text{II.}$$

§. 232.

Jede der beiden vorhergehenden Formeln kann in's Besondere angewandt werden; allein ihre Vergleichung läßt die Grenzen ihrer Näherung auffinden.

Um diese Vergleichung anzustellen, muß zuvörderst bemerkt werden, daß in jeder Reihe von der Form

$$M\alpha + N\alpha^2 + P\alpha^3 + \text{ꝛc.},$$

worin keiner der Coefficienten M, N, P ꝛc. unendlich groß wird, und worin man α so klein annehmen darf, als man will, und deßhalb auch ein beliebiges Glied größer machen kann als die Summe aller folgenden Glieder (§. 62.), der Irrthum, welchen man begeht, wenn man sich auf eine begrenzte Anzahl der ersten Glieder beschränkt, ein anderes Zeichen haben wird, als das nächste der vernachlässigten Glieder, d. h. daß das Resultat zu stark seyn wird, wenn jenes Glied negativ, und das zu schwach, wenn es positiv ist.

Es folgt hieraus, daß wenn die Werthe der Function X von $x = a$ bis $x = b$ zunehmen, und man sich bei jeder der beiden Formeln auf die mit dem bloßen α multiplicirten Glieder beschränkt, die erste zu wenig und die zweite zu viel geben wird. Denn wenn die Reihe A, A_1, A_2, ꝛc. steigend ist, so sind alle entsprechenden Werthe A', A'_1, A'_2, ꝛc. des Differential-Coefficienten $\frac{dX}{dx}$ positiv (§. 62.), weßhalb die mit α^2 behafteten Glieder in der zweiten negativ seyn werden. Man wird also haben:

$$\int_a^b X dx > \alpha(A + A_1 + A_2 + \ldots + A_{n-1}) \text{ und}$$
$$< \alpha(A_1 + A_2 + A_3 \quad \ldots + A_n).$$

Ueberdieß wird der Unterschied $\alpha(A_n - A)$ der beiden letzten Größen desto kleiner werden, je kleiner man α annimmt, welches Letztere man dadurch bewirkt, daß man die Anzahl n vergrößert, ohne A und A_n zu ändern, welche den dem x angewiesene Grenzen a und b entsprechen.

Es ergiebt sich hieraus, daß jede der beiden Summen, zwischen welchen

$$\int X dx$$

enthalten ist, dem wahren Werthe dieses Integrals so nahe als möglich gebracht werden kann, weßhalb sich das Integral als eine Summe von Differentialen ansehen läßt, weil die Producte $A\alpha$, $A_1\alpha$, ꝛc. nichts Anders sind, als die $x = a$, $= a + \alpha$, ꝛc. entsprechenden Werthe von $X dx$, worin α die Stelle von dx eingenommen hat.

Dieser Schluß, welcher bald durch geometrische Betrachtungen bestätigt werden wird (236.), setzt voraus, wie man sieht, daß die Functionen X und $\frac{dX}{dx}$ zwischen den Grenzen $x = a$ und $x = b$ ihr Zeichen nicht ändern und nicht unendlich groß werden, was man immer dadurch zu Wege bringen kann, daß man diejenigen Theile des Integrals absondert, worin einer jener Umstände Statt finden sollte *).

Es ist einleuchtend, daß die Ordnung der Grenzen von $\int Xdx$ umzukehren seyn wird, wenn die Werthe von X stets abnehmen: die erste Linie der Formel (I) wird alsdann zu stark, und diejenige der Formel (II) zu schwach seyn.

§. 233.

Dieselben Bemerkungen lassen sich auch auf diejenigen Glieder ausdehnen, welche mit höheren Potenzen der α behaftet sind: es folgt alsdann, wie oben, daß wenn zwei entsprechende Linien in beiden Formeln verschiedene Zeichen haben, die Summe der vorhergehenden Linien in der einen Formel zu stark und in der andern zu schwach ist, und daß man, diesem zu Folge, wenn man die Größe des Irrthums nicht kennt, wie dieses beinahe immer der Fall ist, sehr zweckmäßig die Summe der beiden Resultate zur Hälfte nimmt. Wendet man dieses Verfahren unmittelbar auf unsere beiden Formeln an, so findet man:

---

*) Die vorhergehenden Formeln werden oft mit der Bezeichnung von S. 73 geschrieben. Nachdem man $\int Xdx = f(x)$ gesetzt, woraus $X = \frac{d.f(x)}{dx}$ hervorgeht, welches man mit $f'x$ bezeichnet: so erfolgt

$$A = f'(a), \ A_1 = f'(a+\alpha), \ldots A_n = f'(a+n\alpha) = f'(b);$$

$$\alpha(A_n - A) = \frac{b-a}{n}[f'(b) - f'(a)], \text{ und folglich ist,}$$

$$\int_a^b Xdx = f(b) - f(a),$$

die Grenze, deren sich der Ausdruck

$$\alpha\left\{f'(a) + f'(a+\alpha) \ldots . + f'[a+(n-1)\alpha]\right\}$$

desto mehr nähert, je größer n je kleiner $\alpha = \frac{b-a}{n}$ wird.

Will man nur diese Relation feststellen, so kann man die Taylor'sche Reihe durch den am Ende des §. 6. befindlichen Ausdruck ersetzen.

$$„\int_a^b X dx = \left\{ \begin{array}{l} \frac{\alpha}{1} \; [A_1 + A_2 + A_3 \ldots + A_{n-1} + \frac{1}{2}(A + A_n)] \\ + \frac{\alpha^2}{2} \; \frac{1}{2}(A' - A'_n) \\ + \frac{\alpha^3}{1.2.3} [A''_1 + A''_2 + A''_3 \ldots + A''_{n-1} + \frac{1}{2}(A'' + A''_n)] \\ + \frac{\alpha^4}{1.2.3.4} \; \frac{1}{2}(A''' - A'''_n) \\ + \text{rc.} \end{array} \right\} \text{“} .. \text{III}$$

§. 234.

Das im §. 232. Vorgetragene bietet noch für die Werthe der Integrale minder enge Grenzen dar, welche jedoch sehr nützlich werden können.

Bezeichnet man mit M den größten und mit m den kleinsten der Werthe von X, welche dem Zwischenraume $x = a$ bis $x = b$ entsprechen, und substituirt für A, A_1, A_2, rc. m in dem ersten und M in dem zweiten der Ausdrücke für die Grenzen von $\int X dx$: so erhält man

$$\int_a^b X dx > n\alpha m \text{ und } < n\alpha M, \text{ oder}$$

$$\int_a^b X dx > (b-a)\,m \text{ uud } < (b-a)\,M,$$

weil $n\alpha = b - a$. (230).

Man sieht hieraus, daß es zwischen m und M einen solchen Werth μ giebt, daß

$$„\int_a^b X dx = (b-a)\,\mu\text{“ *}).$$

Sucht man

$$\int XQdx,$$

und weiß $\int Q dx$ zu finden, so wird, weil zwischen den Grenzen von x, für alle von m und M verschiedene Werthe von x, $XQdx > mQdx$ und $XQdx < MQdx$, dieselbe Ungleichheit zwischen den Integralen Statt finden, und es wird erfolgen:

---

*) Da derjenige Werth von x, welcher $X = \mu$ giebt, zwischen a und b liegt, so kann er durch $a + \vartheta(b-a)$ dargestellt werden, wofern ϑ eine zwischen o und 1 begriffene Größe bedeutet; und schreibt man f(x) anstatt X, so findet man

$$\int_a^b dx\, f(x) = (b-a)\, f[a + \vartheta(b-a)],$$

welcher Ausdruck zuweilen vorkommt.

$$\int XQdx > m\int Qdx \text{ und } < M\int Qdx,$$

wo nur noch der zwischen den Grenzen $x = a$ und $x = b$ genommene Werth von $\int Qdx$ zu substituiren ist.

§. 235.

Die Betrachtung der krummen Linien führt ebenfalls, auf eine sehr einfache Weise, zu den Hauptfolgerungen der vorhergehenden §§.

Da $\int Xdx$ den Inhalt des Abschnittes einer krummen Linie
Fig. 40. bedeutet, deren Ordinate X ist (§. 65.), so mag BCZ Fig. 40. diese krumme Linie vorstellen, der Anfangspunkt der Coordinaten in A seyn, und $X = PM$ seyn: so wird der Ausdruck Xdx sowohl das Differential der Abschnitte BMP, DEMP als dasjenige des beim Anfangspuncte der Coordinaten anfangenden Abschnittes ACMP seyn; folglich wird die Ordinate, welche den Abschnitt von dieser Seite begrenzt, völlig unbestimmt seyn. Die Ordinate PM, welche die andere Grenze bildet, ist dies ebenfalls, so lange man der Abscisse AP keinen bestimmten Werth zueignet; allein sobald man die Abscissen der ersten und letzten Ordinate festgestellt hat, so wird der Abschnitt völlig bestimmt seyn.

Wenn der veränderliche Theil des Integrals

$$\int Xdx = f(x) + C$$

im Puncte B von selbsten verschwindet, so drückt diese Function unmittelbar die Flächen BCA, BED und BMP aus; wenn man alsdann die Abschnitte mit der Ordinate AC anheben lassen will, so muß man von jenen Flächen den Raum BCA hinwegnehmen: dieser Raum stellt die dadurch bestimmte Constante vor, daß die Größe $f(x) + C$ im Puncte A verschwinden soll; allein betrachtet man zugleich die beiden Grenzen des Abschnittes, so ist es überflüssig, sich auf die Constante einzulassen; denn mag man die Abschnitte beim Punkte B oder beim Puncte A auf der Axe der Abscissen anheben lassen, so wird der Abschnitt DEMP z. B. eben sowohl aus dem Unterschiede der Abschnitte BMP, BED als aus denjenigen der Abschnitte ACMP, ACED hervorgehen.

§. 236.

Ein Blick auf die Figur zeigt alsbald, daß der Inhalt des Abschnittes einer beliebigen krummen Linie zwischen der Summe einer Reihe eingeschriebener Rechtecke PR, P′R′ P″R″ ꝛc. und derjenigen einer Reihe umgeschriebener Rechtecke P′S, P″S′, P‴S″ ꝛc. liegen muß, wenn die ersteren über der kleinsten Ordinate eines jeden der krummlinigen Trapeze PM′, P′M″, P″M‴ ꝛc. und die letzteren über der größten Ordinate derselben Trapeze construirt sind.

Man kann überdies beweisen, daß jene beiden Reihen so sehr einander genähert werden können, als man will.

Denn das Rechteck MRQN ist offenbar gleich der Summe der Rechtecke MRM'S, M'R'M''S', M''R''M'''S'', welche den Unterschied zwischen den Polygonen

$$PMRM'R'M''R''P''', \quad PSM'S'M''S''M'''P'''$$

bilden, wovon das eine dem Abschnitte PMM'M''M'''P''' einbeschrieben, und das andere demselben unbeschrieben ist. Allein das Rechteck MRQN hat zur Höhe den zwischen den äußersten Ordinaten PM und P'''M''' Statt findenden Unterschied MN, welcher unveränderlich ist, so lange der Zwischenraum PP''' derselbe bleibt, während die Grundlinie jenes Rechtecks $MR = PP'$ so klein angenommen werden kann, als man will, wofern man die zwischenliegenden Ordinaten vervielfältigt: es kann also das Rechteck selbst so klein gemacht werden, als man will. — Folglich können das eingeschriebene und das umgeschriebene Vieleck dem Abschnitte beliebig genähert werden.

Dieses vorausgesetzt nehme man

$$AP = a, \; PP' = P'P'' = P''P''' \text{ etc.} = \alpha:$$

so ist $PM = A$, $P'M' = A_1$, $P''M'' = A_2$, $P'''M''' = A_3$ etc.; die Summe der eingeschriebenen Rechtecke wird alsdann

$$A\alpha + A_1\alpha + A_2\alpha \ldots + A_{n-1}\alpha \ldots \quad (1)$$

und die Summe der umgeschriebenen Rechtecke

$$A_1\alpha + A_2\alpha + A_3\alpha \ldots + A_n\alpha \ldots \quad (2)$$

seyn, und diese beiden Summen werden den Inhalt des Abschnittes PMM'M''M'''P''' mit beliebiger Annäherung geben können, wodurch die aus dem Prinzip der Convergenz der Reihen gezogene Schlußfolge §. 232. bestätigt wird.

Man sieht auch hieraus, wie das Integral

$$\int X dx$$

als eine Summe von Elementen angesehen werden kann, weil es, als Inhalt des Abschnittes einer krummen Linie, die Grenze der Summe der Rechtecke

$$A\alpha, \; A_1\alpha, \; A_2\alpha \text{ etc.}$$

ist, welche die Zuwachse der Flächen der dem Abschnitt ein- und umbeschriebenen Vielecke sind.

In unserer Figur, worin die Ordinaten stets zunehmen, sind die eingeschriebenen Rechtecke über der ersten und die umgeschriebenen über der letzten Ordinate eines jeden krummlinigen Trapezes construirt, allein wenn die Ordinaten durch ein Maximum hindurchgehen, wie in der Figur 41. der Fall ist, so verhält es sich Fig. 41. auf die erwähnte Weise bloß in dem Theile CM'', welcher dem

Maximum vorhergeht, und auf eine entgegengesetzte in dem nachfolgenden Theile M''Z, d. h. die Reihe (1), welche zuvor kleiner als der krummlinige Raum war, wird nun größer, und die Reihe (2), welche zuvor größer als jener Raum war, wird nun kleiner als derselbe.

§. 237.

Man wird sich dem wahren Werthe des Abschnittes der gegebenen krummen Linie noch mehr nähern, wenn man anstatt der eingeschriebenen und umgeschriebenen Rechtecke die Summe der von den Chorden der Bogen MM', M'M'', M''M''' rc. begrenzten Trapeze nimmt.

Da alle diese Trapeze dieselbe Höhe PP haben, und jede Ordinate, mit Ausnahme der ersten und letzten, zwei Trapezen gemeinschaftlich ist: so wird ihre Summe genau der Reihe

$$\alpha[A_1 + A_2 + A_3 \ldots + A_{n-1} + \tfrac{1}{2}(A + A_n)],$$

welche zwischen den Reihen (1) und (2) liegt, und die erste Linie der Formel (III) §. 233. ausmacht, gleich seyn. *)

Fig. 42. Endlich erhellet aus der Figur 42., daß der krummlinige Raum < Rechteck QE und > Rechteck PF ist, wovon das eine über der größten und das andere über dei kleinsten der zwischen den Grenzen AP und AQ dieses Abschnittes begriffenen Ordinaten construirt ist, welches mit dem §. 234. übereinstimmt.

§. 238.

Die Anwendung der Formel (III) des §. 233. kann einige Schwierigkeiten darbieten. Es kann dieselbe nämlich nicht gebraucht werden, wenn die Function X unendlich groß wird, und in der Nähe derjenigen Werthe von x, welche diesen Umstand herbeiführen, reicht es nicht hin, den Zwischenraum α zu vermindern, oder die Ordinaten einander näher zu rücken, um die Wirkung ihrer schnellen Zunahme aufzuheben, sondern man muß zu passenden Umwandlungen seine Zuflucht nehmen.

Es sey z. B.

$$X = \frac{1}{\sqrt{1-x}};$$

---

*) Man könnte die geradlinigen Vielecke durch ein Vieleck ersetzen, welches von Bogen einer einfacheren krummen Linie, als die gegebene ist, gebildet werde, welche Bogen der gegebenen Linie näher kämen als dies gerade Linien thun könnten. Hierauf beziehen sich im Grunde die Formeln (I) und (II). S. Traité rc. in 4to B. II. S. 140.

es leuchtet hier zunächst ein, daß wenn x der Einheit nahe kommt, eine kleine Aenderung in dem Werthe dieser Veränderlichen eine sehr große in demjenigen von X veranlaßt: wenn man demnach das von $x = o$ bis $x = 1 - \delta$ zu nehmende Integral zu finden wünscht, wo δ eine sehr kleine Größe vorstellen soll, so muß man gegen die letztere Grenze hin die dem x zu gebenden Zwischenwerthe sehr vervielfältigen. Ueberdies läßt sich dasselbe Integral nicht unmittelbar bis $x = 1$ berechnen; denn es wird alsdann X unendlich groß, ohne daß dies der Fall bei $\int X dx$ sey, weil

$$\int \frac{dx}{\sqrt{1-x}} = -2\sqrt{1-x} + \text{const.}$$

Diese Schwierigkeit rührt daher, daß beim Integriren der Factor $(1-x)^{\frac{1}{2}}$ aus dem Nenner in den Zähler übergeht, und sie wird im Allgemeinen Statt finden, wenn X von der folgenden Form ist:

$$X = \frac{V}{(a-x)^{\frac{p}{q}}}, \text{ und } p < q.$$

Um die Schwierigkeit zu heben, mache man

$$a - x = z^q,$$

welches

$$x = a - z^q, \; dx = -qz^{q-1}dz \text{ und } dX = -qVz^{q-p-1}dz$$

giebt, welche Größe nicht mehr unendlich groß werden wird, wenn $x = a$, oder $z = o$, wofern die Function V in diesem Falle von endlicher Größe bleibt; man wird demnach alsdann das Integral $\int Vz^{q-p-1}dz$ von $z = o$ bis $z = \delta$ berechnen, wo δ eine hinlänglich kleine Größe ist, und also den Theil des Werthes von $\int \frac{Vdx}{(a-x)^{\frac{p}{q}}}$ erhalten, welcher dem Zwischenraume von $x = a$ bis $x = a - \delta^q$ entspricht.

Man kann auch noch das Integral

$$\int \frac{Vdx}{(a-x)^{\frac{p}{q}}}$$

zwischen den Grenzen $x = a$ und $x = a - \delta$ dadurch finden, daß man bloß

$$x = a - z$$

macht; denn die Kleinheit der zwischen den sehr engen Grenzen o und δ enthaltenen Veränderlichen z gestattet eine große Vereinfachung des Differential-Coefficienten. Hätte man z. B.

$$\int \frac{x^2 dx}{\sqrt{a^4 - x^4}}$$

zu finden, so würde das zu integrirende Differential durch die angezeigte Transformation in

$$\frac{-(a-z)^2 dz}{\sqrt{4a^3z-6a^2z^2+4az^3-z^4}}=\frac{-(a^2-2az+z^2)dz}{\sqrt{z}.\sqrt{4a^3-6a^2z+4az^2-z^3}}$$

übergehen. Verwandelt man nun den Bruch

$$\frac{a^2-2az+z^2}{\sqrt{4a^3-6a^2z+4az^2-z^3}}$$

in eine nach den Potenzen von z geordnete Reihe, und beschränkt sich auf das Quadrat dieser Veränderlichen, so erhält man endlich:

$$-\int\frac{dz\sqrt{a}}{2\sqrt{z}}\left(1-\frac{5z}{4a}-\frac{5z^2}{32a^2}\right)=-\tfrac{1}{2}\sqrt{az}\left(2-\frac{5z}{6a}-\frac{z^2}{16a^2}\right).$$

Dieses Resultat, welches verschwindet, wenn $z=o$, giebt durch die Ersetzung des z durch δ, den von $x=a$ bis $x=a-\delta$ reichenden Werth des gesuchten Integrals. Der übrige Theil des Integrals läßt sich mit Hülfe der Reihe des §. 233 berechnen.

§. 239.

Da sich das Integral

$$\int\frac{e^{-\frac{1}{x}}dx}{x}$$

durch Verwandlung von $e^{-\frac{1}{x}}$ in eine Reihe nicht erhalten läßt, wofern nicht x überaus groß ist, so will ich zeigen, wie Euler, vermittelst der Formel des §. 233, dessen Werth

von $x=o$ bis $x=1$

berechnet hat. — Man kann zuvörderst

$$\int\frac{e^{-\frac{1}{x}}dx}{x} \text{ in } \int x\frac{e^{-\frac{1}{x}}dx}{x^2}=e^{-\frac{1}{x}}x-\int e^{-\frac{1}{x}}dx$$

verwandeln, dessen Theil $e^{-\frac{1}{x}}x$ verschwindet, wenn $x=o$, und e^{-1} wird, wenn $x=1$. Es bleibt nun noch $\int e^{-\frac{1}{x}}dx$ zu finden, wobei $X=e^{-\frac{1}{x}}$, $\frac{dX}{dx}=e^{-\frac{1}{x}}\frac{1}{x^2}$, $\frac{d^2X}{dx^2}=e^{-\frac{1}{x}}\left(\frac{1}{x^4}-\frac{2}{x^3}\right)$, $\frac{d^3X}{dx^3}=e^{-\frac{1}{x}}\left(\frac{1}{x^6}-\frac{6}{x^5}+\frac{6}{x^4}\right)$ ꝛc., welche Ausdrücke verschwinden, wenn $x=o$, und aus denen hervorgeht, daß A, A', A'', A''' ꝛc.

Null sind. *) Setzt man hierauf für x, α, 2α, 3α rc., so erhält man die Werthe von A_1, A'_1, rc., von A_2, A'_2, rc. und man findet, zwischen $x=0$ und $x=n\alpha$,

$$\int e^{-\frac{1}{x}}dx = \frac{\alpha}{1}\left[e^{-\frac{1}{\alpha}} + e^{-\frac{1}{2\alpha}} \ldots + e^{-\frac{1}{(n-1)\alpha}}\right] + \frac{1}{2}\frac{\alpha e^{-\frac{1}{n\alpha}}}{1}$$

$$-\frac{1}{2}\frac{\alpha^2 e^{-\frac{1}{n\alpha}}}{1.2}\frac{1}{n^2\alpha^2}$$

$$+\frac{\alpha^3}{1.2.3}\left[e^{-\frac{1}{\alpha}}\left(\frac{1}{\alpha^4}-\frac{2}{\alpha^3}\right)+e^{-\frac{1}{2\alpha}}\left(\frac{1}{16\alpha^4}-\frac{2}{8\alpha^3}\right)+\ldots\right.$$

$$\left.+e^{-\frac{1}{(n-1)\alpha}}\left(\frac{1}{(n-1)^4\alpha^4}-\frac{2}{(n-1)^3\alpha^3}\right)\right]+\frac{1}{2}\frac{\alpha^3 e^{-\frac{1}{n\alpha}}}{1.2.3}\left(\frac{1}{n^4\alpha^4}-\frac{2}{n^3\alpha^3}\right)$$

$$-\frac{1}{2}\frac{\alpha^4 e^{-\frac{1}{n\alpha}}}{1.2.3.4}\left(\frac{1}{n^6\alpha^6}-\frac{6}{n^5\alpha^5}+\frac{6}{n^4\alpha^4}\right)$$

$+$ rc.

Will man bei der Grenze $x=1$ stehen bleiben, so muß $\alpha=\frac{1}{n}$ genommen werden, und man erhält dann:

---

*) Dieses bedarf einer Erörterung. Wenn ein beliebiges Glied der vorhergehenden Ausdrücke durch $ke^{-\frac{1}{x}}x^{-m}$ vorgestellt wird, so wird es $ke^{-z}z^m = ke^{-z+mlz}$, wenn man $\frac{1}{x}=z$ macht; allein so wie x abnimmt, nimmt z zu, und zwar stets schneller in Bezug auf lx (§. 99.); der Exponent $-z+mlz$ strebt also nach dem negativen Unendlichgroßen hin, wenn m nicht mit z vergleichbar ist. Allein da die Zahl m, die von der Anzahl der Differentiationen abhängt, keine Grenze hat, so kann man ihr solche Werthe beigelegt denken, daß mlz der z gleich komme, und sie nachher so viel man will übertreffe, was sie auch seyn möge, alsdann geht der Exponent $-m+mlz$ vom Negativen zum Positiven über und wächst ohne Aufhören; also verschwinden nicht alle Differential-Coefficienten der Function $e^{-\frac{1}{x}}$, wenn $x=0$: nachdem sie Null geworden sind, wachsen sie bis zum Unendlichen hin. Dieser Umstand schadet jedoch der im Texte angedeuteten Anwendung nicht, weil die ersten Glieder der Formel (III.) allein hinreichen, um eine stets größere Annäherung zu erlangen (§. 236.)

$$\int e^{-\frac{1}{x}}dx = \frac{1}{n}\left[e^{-\frac{n}{1}} + e^{-\frac{n}{2}} + e^{-\frac{n}{3}} \ldots + e^{-\frac{n}{n-1}}\right] + \frac{1}{2ne} - \frac{1}{4n^2e}$$

$$+ \frac{1}{6}\left[\frac{(n-2)}{1}e^{-\frac{n}{1}} + \frac{(n-4)}{16}e^{-\frac{n}{2}} + \frac{(n-6)}{81}e^{-\frac{n}{3}} \ldots\ldots + \frac{n-2(n-1)}{(n-1)^4}e^{-\frac{n}{n-1}}\right]$$

$$- \frac{1}{12n^3e} - \frac{1}{48n^4e} + \text{rc.}$$

Beschränkt man sich auf die hingeschriebenen Glieder, und macht $n = 10$: so findet man, gemäß Euler, den Werth von $\int e^{-\frac{1}{x}}dx$ bis auf einen millionsten Theil der Einheit genau, und man würde ihn noch 20mal genauer finden, wenn man $n = 20$ annähme.

§. 240.

Der Taylorsche Lehrsatz giebt auch zwei allgemeine Entwickelungen für das Integral

$$\int X dx.$$

Bezeichnet man durch C den Werth dieses Integrals, wenn $x = o$ und durch A, A', A'' rc. die dieser Annahme entsprechenden Werthe der Größen X, $\frac{dX}{dx}$, $\frac{d^2X}{dx^2}$, rc.; so erhält man:

$$\text{„}\int X dx = C + A\frac{x}{1} + A'\frac{x^2}{1.2} + A''\frac{x^3}{1.2.3} + \text{rc.“},$$

in welcher Reihe C die Stelle der willkührlichen Constante vertritt.

Geht man von dem allgemeinen Werthe von $\int X dx$ aus, den ich mit y bezeichnen will, um zu demjenigen rückwärts zu gelangen, welcher $x = o$ entspricht, und durch C vorgestellt wird: so leuchtet es ein, daß man in der Taylorschen Reihe $h = -x$ anzunehmen habe, wodurch hervorgeht:

$$C = y - \frac{dy}{dx}\frac{x}{1} + \frac{d^2y}{dx^2}\frac{x^2}{1.2} - \frac{d^3y}{dx^3}\frac{x^3}{1.2.3} + \text{rc.};$$

substituirt man in dieser Gleichung für y, $\frac{dy}{dx}$, $\frac{d^2y}{dx^2}$ ihre Werthe, und bestimmt denjenigen von $\int X dx$, so wird man erhalten:

*) Es ist dieses etwas ungenau, da die erste der beiden folgenden Formeln offenbar eine bloße Anwendung des Stirlingschen Lehrsatzes ist.

B.

$$„\int X dx = C + X\frac{x}{1} - \frac{dX}{dx}\frac{x^2}{1.2} + \frac{d^2X}{dx^2}\frac{x^3}{1.2.3} - \text{ꝛc.}“;$$

es ist auch hier C die willkührliche Constante.

Die Integration durch Theile führt ebenfalls zu der letzten Entwickelung. Denn zerfällt man das Differential Xdx in die beiden Factoren X und dx, und integrirt den zweiten, so erhält man zuerst: $\int Xdx = Xx - \int xdX$, und hierauf:

$$\int x dX = \int \frac{dX}{dx} . x dx = \frac{1}{2} x^2 \frac{dX}{dx} - \frac{1}{2}\int x^2 \frac{d^2X}{dx},$$

$$\int x^2 \frac{d^2X}{dx} = \int \frac{d^2X}{dx^2} . x^2 dx = \frac{1}{3} x^3 \frac{d^2X}{dx^2} - \frac{1}{3}\int x^3 \frac{d^3X}{dx^2},$$

$$\int x^3 \frac{d^3X}{dx^2} = \int \frac{d^3X}{dx^3} . x^3 dx = \frac{1}{4} x^4 \frac{d^3X}{dx^3} - \frac{1}{4}\int x^4 \frac{d^4X}{dx^3},$$

ꝛc.; setzt man nach und nach für $\int xdX$, $\int x^2 \frac{d^2X}{dx}$, ꝛc. ihre Werthe, so erfolgt:

$$\int Xdx = X\frac{x}{1} - \frac{dX}{dx}\frac{x^2}{1.2} + \frac{d^2X}{dx^2}\frac{x^3}{1.2.3} - \text{ꝛc.},$$

und damit der Ausdruck des Integrals vollständig wird, muß dieser Entwickelung noch eine Constante hinzugefügt werden, wodurch sie mit der vorhergehenden zusammenfällt. Es wurde diese Reihe zuerst von Johann Bernoulli angegeben, und sie führt seinen Namen, wie die Reihe des §. 20. denjenigen von Taylor führt.

§. 241.

Bis hieher habe ich nur den Differential-Coefficienten von der ersten Ordnung betrachtet; allein wenn man nur diejenigen von der zweiten Ordnung kennte, so wären zwei auf einander folgende Integrationen nöthig, um zur ursprünglichen Function aufzusteigen, woraus derselbe abgeleitet wurde.

Es sei X der Differential-Coefficient von der zweiten Ordnung der Function y, so daß man hat:

$$\frac{d^2y}{dx^2} = X;$$

multiplicirt man beide Glieder dieser Gleichung mit dx, so erfolgt: $\frac{d^2y}{dx} = Xdx$; allein $\frac{d^2y}{dx}$ ist das Differential von $\frac{dy}{dx}$, wenn man dx als constant ansieht. Man erhält also: $\frac{dy}{dx} = \int Xdx$. Bedeutet X' die ursprüngliche Function von x, welche $\int Xdx$ gleich ist, und

C die willkührliche Constante, so hat man: $\frac{dy}{dx} = P + C$. Multiplicirt man hierauf auf beiden Seiten mit dx, so findet man, $dy = Pdx + Cdx$, und, indem man integrirt, $y = \int Pdx + Cx + C'$, wenn C' eine neue willkührliche Constante bedeutet. Setzt man für P wiederum seinen Werth $\int Xdx$, so erhält man endlich:

$$y = \int dx \int Xdx + Cx + C',$$

in welchem Ausdrucke $\int dx \int Xdx$ zwei auf einander folgende Integrationen andeutet.

Ich gehe nun zu den Differentialen von der dritten Ordnung über. Es sei X ein Differential-Coefficient der Function y, der sich auf jene Ordnung bezieht, so daß

$$\frac{d^3y}{dx^3} = X.$$

Hier ist $\frac{d^3y}{dx^2} = Xdx$; allein $\frac{d^3y}{dx^2} = d\frac{d^2y}{dx^2}$, folglich ist auch $\frac{d^2y}{dx^2} = \int Xdx + C$. Da hieraus $\frac{d^2y}{dx} = dx \int Xdx + Cdx$ folgt, so giebt eine zweite Integration $\frac{dy}{dx} = \int dx \int Xdx + Cx + C'$. Folgert man hieraus $dy = dx \int dx \int Xdx + Cxdx + C'dx$, so giebt endlich eine dritte Integration:

$$y = \int dx \int dx \int Xdx + \frac{C}{2}x^2 + C'x + C''.$$

In diesem Ausdrucke kann man zuerst $\frac{C}{2}$ in C verwandeln, weil die Constante willkührlich ist; dann muß wohl bemerkt werden, daß jedes Zeichen $\int$ als auf alle folgende bezüglich angesehen werden muß: deßhalb bedient man sich lieber, mit Beiseitesetzung der Constanten, der folgenden Bezeichnung, um die auf einander folgenden Integrationen anzudeuten.

Wenn X den Differential-Coefficienten der zweiten Ordnung bedeutet, so hat man

$$d^2y = Xdx^2;$$

integrirt man auf beiden Seiten, so findet man: $dy = \int Xdx^2$; und integrirt man nochmals, so erhält man:

$$y = \int\int Xdx^2 = \int^2 Xdx^2.$$

Eben so hat man, wenn X den Differential-Coefficienten von der dritten Ordnung bedeutet,

$$d^3y = Xdx^3,$$

und es geben die wiederholten Integrationen: $d^2y = \int Xdx^3$, $dy = \int\int Xdx^3$, und endlich

$$y = \int\int\int X dx^3 = \int^3 X dx^3.$$

Nicht anders verhält es sich bei den höhern Ordnungen.

§. 242.

Man kann die vorhergehenden Ausdrücke vermittelst der Integration durch Theile auf einfache Integrale zurückführen. Denn setzt man in

$$\int^2 X dx^2$$

P, statt $\int X dx$, so erhält man: $\int^2 X dx^2 = \int dx \int X dx = \int P dx = Px - \int x dP = x \int X dx - \int X x dx$.

Benutzt man, um

$$\int^3 X dx^3$$

zu bestimmen, den so eben gefundnen Werth für $\int^2 X dx^2$ so findet man zunächst $\int^3 X dx^3 = \int dx \int^2 X dx^2 = \int x dx \int X dx - \int dx \int X x dx$; bemerkt man hierauf, daß $\int x dx \int X dx = \frac{1}{2} x^2 \int X dx - \frac{1}{2} \int X x^2 dx$ und $\int dx \int X x dx = x \int X x dx - \int X x^2 dx$, so erfolgt: $\int^3 X dx^3 = \frac{1}{2} (x^2 \int X dx - 2x \int X x dx + \int X x^2 dx)$.

Fährt man auf ähnliche Weise fort, so läßt sich folgende Tabelle bilden:

$$\int X dx = \int X dx,$$

$$\int^2 X dx^2 = \frac{1}{1} [x \int X dx - \int X x dx],$$

$$\int^3 X dx^3 = \frac{1}{1.2} [x^2 \int X dx - 2x \int X x dx + \int X x^2 dx],$$

$$\int^4 X dx^4 = \frac{1}{1.2.3} [x^3 \int X dx - 3x^2 \int X x dx + 3x \int X x^2 dx - \int X x^3 dx],$$

rc.

Die numerischen Coefficienten dieser Ausdrücke sind einerlei mit denjenigen der Potenzen des Binoms $a - b$, und während der Exponent von x, außerhalb des Zeichens $\int$, mit jedem Gliede um eine Einheit abnimmt, wenn man von der Linken zur Rechten fortschreitet, nimmt der Exponent von x, unter jenem Zeichen, um dieselbe Größe zu.

Man kann die in jenen Formeln ausgelassenen willkührlichen Constanten wieder herstellen, wenn man

für $\int X dx$ ... $\int X dx + C$

= $\int X x dx$ ... $\int X x dx + C'$

= $\int X x^2 dx$ ... $\int X x^2 dx + C''$

rc.

substituirt; denn da die Constanten C, C′, C″ rc. verschiedene Potenzen von x begleiten, so lassen sie sich nicht mit einander verbinden.

§. 243.

Die bisher betrachteten Differentiale hingen mit der Annahme zusammen, daß dx constant sey, weil nur bei solchen bloß Ein Differential-Coefficient vorkommt. Denn ließe man dx und dy zu gleicher Zeit variiren, so hätte man (nach §. 131.) $d^2y = qdx^2 + pd^2x$. Wäre demnach das Differential

$$Udx^2 + Vd^2x$$

dargeboten, so müßte man $V = p$ und $U = q$ haben, woraus die Bedingung erfolgt:

$$U = \frac{dV}{dx}.$$

Ist diese Bedingung erfüllt, so bleibt nur noch

$$\int Vdx$$

zu finden übrig. Diese Bedingung würde nicht nothwendig seyn, wenn man den zwischen x und t (§. 131.) vorausgesetzten Zusammenhang näher bestimmte; denn mit dessen Beihülfe ließen sich x, dx und d^2x entfernen, und d^2y würde bloß in t und dt ausgedrückt seyn.

Anwendung der Integral-Rechnung auf die Quadratur und Rectification der krummen Linien, auf die Berechnung des körperlichen Inhalts der von krummen Oberflächen begrenzten Körper, so wie auf die Quadratur dieser Oberflächen.

Von der Quadratur der krummen Linien.

§. 244.

Die Quadratur der krummen Linien kommt auf die Integration des Differentials

$$Xdx$$

zurück, wenn X diejenige Function von der Abscisse x, bedeutet, welche den Werth der Ordinate y der vorgegebenen krummen Linie ausdrückt (§. 65). Es kommt demnach hier nur darauf an, die früher entwickelten Methoden, um jene Integration zu vollziehen, auf die bekanntesten krummen Linien in Anwendung zu bringen.

Es haben die einfachste Gleichung die Parabeln der verschiedenen Ordnungen, indem für diese Statt findet:

$$y^n = px^m.$$

Zieht man hieraus $y = p^{\frac{1}{n}} x^{\frac{m}{n}} = X$, so erfolgt:

$$„\int X dx = \int p^{\frac{1}{n}} x^{\frac{m}{n}} dx = \frac{np^{\frac{1}{n}}}{m+n} x^{\frac{m+n}{n}} + \text{const.}“$$

Alle diese krummen Linien sind quadrirbar, wie man sieht, d. h. man hat einen endlichen und algebraischen Ausdruck für die Fläche des von ihrem Bogen, der Achse der Abscissen und der Ordinate eingeschlossenen Abschnittes. Vermittelst dieses Ausdruckes für einen Abschnitt ist es leicht, jeden andern Flächenraum zu berechnen, der von einem Theile der krummen Linie und von geraden Linien eingeschlossen wird, welche mit den Abscissen und Ordinaten Polygone bilden, deren Maß die Elementar-Geometrie finden lehrt; es werden weiter unten Beispiele hierüber vorkommen (§§. 252—255.)

Da die vorgegebenen krummen Linien durch den Anfangspunkt der Coordinaten gehen, weil man zu gleicher Zeit $x = 0$ und $y = 0$ hat, so muß man, wenn ihr Inhalt mit jenem Punkte anheben soll, die willkührliche Constante auslassen, weil der Ausdruck $\frac{np^{\frac{1}{n}}}{m+n} x^{\frac{m+n}{n}}$ von selbst verschwindet, wenn darin $x = 0$ gemacht wird. Um hierauf den zwischen den Ordinaten BC und PM, welche den Abscissen $AB = a$ und $AP = x$ entsprechen, enthaltenen Flächenraum zu erhalten, reicht es hin, von dem Inhalte $\frac{np^{\frac{1}{n}}}{m+n} x^{\frac{m+n}{n}}$ des Raumes ACMP den Inhalt $\frac{np^{\frac{1}{n}}}{m+n} a^{\frac{m+n}{n}}$ des Raumes ACB hinwegzunehmen, wodurch man erhält:

$$BCMP = \frac{np^{\frac{1}{n}}}{m+n} \left(x^{\frac{m+n}{n}} - a^{\frac{m+n}{n}} \right).$$

Wenn der Exponent n gerade ist, so läßt der Ausdruck $\frac{np^{\frac{1}{n}}}{m+n} x^{\frac{m+n}{n}}$ das Doppelzeichen $\pm$ zu, und da alsdann dieselben Abscissen AP zwei Zweigen ACM und Acm angehören, so hat man zwei Abschnitte ACMP und AcmP, wenn derjenige, welcher die positiven Ordinaten hat, einen positiven, und der andere einen negativen Werth hat.

Wenn die Exponenten m und n beide ungerade sind, so hat die Größe $x^{\frac{m+n}{n}}$ nur ein einziges Zeichen und bleibt immer positiv, welches das Zeichen von x seyn mag. Allein es ist leicht einzusehen, daß in diesem Falle einer der beiden Zweige der vorgegebenen krummen Linie zu gleicher Zeit negative Abscissen und Ordinaten hat. Es folgt hieraus, daß die Räume, welche negativen Abscissen und Ordinaten entsprechen, als positiv angesehen werden müssen.

Wenn n allein ungerade ist, so wird die Größe $x^{\frac{m+n}{n}}$ zugleich mit x negativ; allein in diesem Falle befinden sich die beiden Zweige der vorgegebenen krummen Linie auf derselben Seite der Axe der Abscissen und die Ordinaten bleiben immer positiv.

Hält man diese Bemerkungen gegen einander, so schließt man daraus, daß der Inhalt einer krummen Linie positiv ist, wenn Abscisse und Ordinate einerlei Zeichen haben, und negativ, wenn das Gegentheil Statt findet.

Alle parabolischen Abschnitte haben ein constantes Verhältniß zu dem aus der Abscisse und Ordinate gebildeten Rechtecke ADMP; denn der Ausdruck

$$\frac{n}{m+n} p^{\frac{1}{n}} x^{\frac{m+n}{n}} = \frac{n}{m+n} x \cdot p^{\frac{1}{n}} x^{\frac{m}{n}}$$

ist, vermöge der Gleichung $y = p^{\frac{1}{n}} x^{\frac{m}{n}}$, gleichbedeutend mit

$$\frac{m}{m+n} x y.$$

Wenn $n = m$, so wird die Parabel zur geraden Linie, weil man alsdann $y = p^{\frac{1}{n}} x$ hat: und der Abschnitt ACMP geht in das Dreieck AMP über, dessen Werth $\frac{1}{2} xy$, wie er aus obiger Formel hervorgeht, mit demjenigen übereinstimmt, den die Elementar-Geometrie darbietet.

Macht man $n = 2$ und $m = 1$, so verfällt man auf die gemeine Parabel und findet zum Werthe des Abschnitts ACMP, $\frac{2}{3} xy$.

§. 245.

Ich will nun den Werth des Abschnittes derjenigen krummen Linien suchen, welche durch die Gleichung

$$x^m y^n = p$$

dargestellt werden. Diese Gleichung folgt aus der früheren $y^n = px^m$, wenn man hierin $+m$ in $-m$ verwandelt. Man hat jetzt $y = p^{\frac{1}{n}} x^{\frac{-m}{n}}$ und

$$\int X dx = \frac{np^{\frac{1}{n}}}{n-m} x^{\frac{n-m}{n}} + \text{const.}$$

Die angedeuteten krummen Linien sind **die Hyperbeln der verschiedenen Ordnungen**, bezogen auf ihre Asymptoten, und bestehen aus mehren Zweigen, wie UMV, welche innerhalb der von jenen Linien gebildeten Winkel liegen. Fig. 44. Rechnet man die Abschnitte vom Anfangspunkte der Coordinaten an, so bilden dieselben den Raum von unendlicher Länge, welcher zwischen dem Theile CV der krummen Linie und ihrer Asymptote AY befindlich ist, und dessen Inhalt unendlich groß oder von endlicher Größe, ist, je nachdem m größer oder kleiner als n ist. Denn um den Raum BCMP zu erhalten, der von der Abscisse $AB = a$ an bis zur Abscisse $AP = b$ reichen soll, muß man (nach §. 235.) in dem Ausdrucke $\frac{np^{\frac{1}{n}}}{n-m} x^{\frac{n-m}{n}}$ nach und nach $x = a$ und $x = b$ machen und das erste Resultat von dem zweiten abziehen. Man erhält demnach:

$$BCMP = \frac{np^{\frac{1}{n}}}{n-m}\left(b^{\frac{n-m}{n}} - a^{\frac{n-m}{n}}\right).$$

Nimmt man jetzt $a = o$ an, so fällt der Punkt B mit dem Punkt A zusammen, und der Raum BCMP verwandelt sich in YAPMV; allein die Größe $a^{\frac{n-m}{n}}$ wird unendlich groß oder Null werden, je nachdem man haben wird $m >$ oder $< n$: im ersten Falle ist

$$YAPMV = \frac{np^{\frac{1}{n}}}{m-n}\left(\frac{1}{0} - b^{\frac{n-m}{n}}\right),$$

und im andern Falle ist

$$YAPMV = \frac{np^{\frac{1}{n}}}{n-m}\left(b^{\frac{n-m}{n}} - o\right) = \frac{np^{\frac{1}{n}}}{n-m} b^{\frac{n-m}{n}}.$$

Läßt man a von einer angebbaren Größe seyn und b unendlich groß werden, so erhält man den Raum XBCU, welcher unendlich groß werden wird, wenn $m < n$, und gleich $\frac{np^{\frac{1}{n}}}{m-n} a^{\frac{n-m}{n}}$ werden wird, wenn $m > n$.

Es folgt hieraus, daß wenn m und n ungleich sind, einer der asymptotischen Räume unendlich und der andere endlich groß wird.

Der Grund dieses Unterschieds liegt in der größern oder geringern Schnelligkeit, womit sich die krumme Linie ihrer Asymptote nähert; und weil $y \frac{p^{\frac{1}{n}}}{x^{\frac{m}{n}}}$ und $x = \frac{p^{\frac{1}{m}}}{y^{\frac{n}{m}}}$, so ist es leicht einzusehen, daß, wenn $m > n$, y weit schneller abnimmt als x, mithin die krumme Linie sich weit rascher der Axe der Abscisse als derjenigen der Ordinaten nähert, und umgekehrt.

Setzt man, in dem Ausdrucke $\frac{np^{\frac{1}{n}}}{n-m} x^{\frac{n-m}{n}} = \frac{n}{n-m} p^{\frac{1}{n}} x^{\frac{-m}{n}}$, für $p^{\frac{1}{n}} x^{\frac{-m}{n}}$, y, so wird er $\frac{n}{n-m} xy$, und der Werth des Raums YAPMV wird

$$\frac{n}{n-m} xy + \text{const.}$$

Man sollte glauben, das erste Glied verschwände, wenn $x = o$; allein aus dem Obigen leuchtet die Nothwendigkeit ein, hierüber Nichts zu behaupten, bevor man für y seinen Werth in x substituirt hat.

§. 246.

Wenn $n = m$, so hat man $xy = p^{\frac{1}{n}}$, oder, wenn man, wie gestattet ist $p^{\frac{1}{n}}$ in p verwandelt, $xy = p$. Die krumme Linie, welche hierhin gehört, ist die gemeine Hyperbel, und zwar die gleichseitige, wenn der Coordinatenwinkel ein Rechter ist. Der im vorigen §. gefundene allgemeine Ausdruck des Inhalts bietet sich nun unter der Form des unendlich Großen dar, was auch x seyn mag. Da das Differential des Inhalts hier $\frac{pdx}{x}$ ist, so giebt die Integration für denselben

$$plx + \text{const.}$$

Mithin sind die beiden asymptotischen Räume unendlich groß, weil sowohl $x = o$ als $x =$ unendlich groß, ein unendlich großes lx darbringt.

Fig. 45. Es sey UMV Fig. 45. einer der Zweige der gleichseitigen Hyperbel, deren halbe Hauptachse AC = a und Potenz

$BC \times AB = \overline{AB}^2 = \frac{1}{2}a^2$ (Trig. ꝛc. §. 164). Man hat demnach $l = \frac{1}{2}a^2$, und hebt man bei den Flächenräumen mit der Ordinate BC an, die dem Scheitel C entspricht, so erhält man: $BCMP = \frac{1}{2}a^2 l.AP - \frac{1}{2}a^2.l.AB = \frac{1}{2}a^2 l.\frac{AP}{AB}$. Nimmt man AB zur Einheit an, so erfolgt, wegen $l.1 = o$,

$$PCMP = l.AP.$$

Eben so wird man haben $BCM'P' = l.AP'$, $BCM''P'' = l.AP''$ ꝛc., woraus hervorgeht, daß wenn die Abscissen AP, AP', AP'', ꝛc. in geometrischer Progression folgen, die entsprechenden Räume BCMP, BCM'P', BCM''P'', ꝛc. eine arithmetische Progression bilden.

§. 247.

Die eben betrachtete Hyperbel, welche gleichseitig war, gab nur Nepersche Logarithmen; allein ändert man den Asymptotenwinkel, und nimmt immerhin $AB = 1$ an, so kann man eine unendliche Anzahl anderer Logarithmen-Systeme erhalten. Es sey UMV, Fig. 46., eine beliebige Hyperbel; zieht man die Ordina- Fig. 46. ten PM parallel mit der Asymptote AY, so läßt sich auf analoge Weise, wie im §. 65., beweisen, daß das Parallelogramm PMRP' das Differential von BCMP ist. Zieht man aber P'Q senkrecht auf PM, so findet man $P'Q = PP'.\sin P'PQ = PP'.\sin XAY$, und bezeichnet man den Asymptotenwinkel mit ω, so erhält man $P'Q = dx \sin\omega$ und mithin $PMRP' = ydx \sin\omega$. Setzt man für y seinen Werth $\frac{1}{x}$, so folgt daraus $\frac{dx}{x} \sin\omega$ zum Differential des Raumes BCMP, woraus hervorgeht:

$BCMP = lx = l.AP$, wofern $\sin\omega$ der Modulus ist (§. 28.)

Da der Modulus der gemeinen Logarithmen 0,4342945 ist (§. 30.), so hat man $\sin\omega = 0{,}4342945$. Folglich ist der Asymptotenwinkel derjenigen Hyperbel, deren Räume die gemeinen Logarithmen geben, gleich 0°, 28601.

§. 248.

Die Quadratur der gemeinen Hyperbel bietet von der analytischen Seite eine Merkwürdigkeit dar, welche nicht unbemerkt bleiben darf. Diese besteht darin, daß die asymptotischen Räume yApm Fig. 45., welche den negativen Abscissen entsprechen, nicht Fig. 45. in derselben Formel liegen, worin die den positiven Abscissen entsprechenden Räume enthalten sind. Denn die Funktion lx, welche den Raum YAPM (§. 246.) ausdrückt, wird nicht nur unendlich groß, wenn $x = o$, sondern geht auch zum Imaginären über, wenn x negativ wird, weil die von $x = e^{u}$ herstammende Gleichung $u = lx$ keinen negativen Werth für x zuläßt.

Diese Schwierigkeit, wobei ich hier nicht verweilen kann, hängt mit dem Durchgange der Ordinate y durch das Unendliche zusammen, welcher zuweilen das Band der Continuität bei den Räumen zu trennen scheint. *) Jeder dieser Räume in's Besondere läßt sich indessen sehr gut ausdrücken; denn nimmt man auf der negativen Seite der Achse der Abscissen $Ab = AB$, $Ap = AP$, so erhält man $bcmp = BCMP = l.\frac{AP}{AB} = l.\frac{Ap}{Ab}$ (§. 246). — Dasselbe läßt sich auch aus dem Calcül folgern; denn verwandelt man, in dem Differentiale des Raumes, x in $-x$, so erhält man $\frac{-dx}{-x} = \frac{x}{-x}$, dessen Integral ebenfalls giebt $lx + \text{const}$.

§. 249.

Fig. 47. Macht man $AC = a$, $AP = x$ und $PN = y$, Fig. 47., so wird die Gleichung des Kreises ANE, $y^2 = 2ax - x^2$, und der Abschnitt ANP wird durch

$$\int dx \sqrt{2ax - x^2}$$

ausgedrückt. Macht man hier $x = a - u$, so erhält man $-\int du (a^2 - u^2)^{\frac{1}{2}}$. Allein die Formel (B) das §. 195. giebt

$$-\int du (a^2 - u^2)^{\frac{1}{2}} = -\tfrac{1}{2} u (a^2 - u^2)^{\frac{1}{2}} - \tfrac{1}{2} a^2 \int du (a^2 - u^2)^{-\frac{1}{2}}$$

$$= -\tfrac{1}{2} u \sqrt{a^2 - u^2} + \tfrac{1}{2} a^2 \int \frac{-du}{\sqrt{a^2 - u^2}}$$

und nach §. 36. ist $\int \frac{-du}{\sqrt{a^2 - u^2}} = \text{arc}\left(\cos = \frac{u}{a}\right)$. Macht man diese Substitutionen, und setzt für u seinen Werth in x, so findet man:

$$ANP = \int dx \sqrt{2ax - x^2} =$$

$$-\tfrac{1}{2}(a - x)\sqrt{2ax - x^2} + \tfrac{1}{2} a^2 \,\text{arc}\left(\cos = \frac{a - x}{a}\right),$$

welches Resultat zugleich mit x verschwindet. — Es ist leicht, in dem Theile $\frac{1}{2}(a - x)\sqrt{2ax - x^2}$ den Inhalt des Dreiecks PCN

---

*) Siehe das „Traité etc." in 4. B. I. S. 134; B. II. S. 161; B. III. S. 613.

und in $\frac{1}{2}a^2 \operatorname{arc}\left(\cos = \frac{a-x}{a}\right) = \frac{1}{2}$ AC arc AN denjenigen des Kreisausschnittes ACN zu erkennen. — Macht man $x = 2a$, so wird der Ausdruck von ANP, $\frac{1}{2}a^2 \operatorname{arc}(\cos = -1) = \frac{1}{2}a^2\pi$, wofern π den halben Umfang desjenigen Kreises bedeutet, dessen Halbmesser $= 1$, und gehört alsdann dem Halbkreise an. Es folgt hieraus der Inhalt des ganzen Kreises $= a^2\pi = \frac{1}{2}a \,.\, 2a\pi$, wie es auch in der Elementar-Geometrie bewiesen wird.

Die im §. 205. gefundene Entwickelung von $\int dx \sqrt{2ax - x^2}$ giebt genäherte Werthe des Raumes ANP an die Hand.

Wird die Gleichung des Kreises auf den Mittelpunkt bezogen, so erhält man unmittelbar:

$$\int dx \sqrt{a^2 - x^2} = \frac{1}{2}x\sqrt{a^2 - x^2} + \frac{1}{2}a^2 \operatorname{arc}\left(\sin = \frac{x}{a}\right). \text{ (s. oben.)}$$

§. 250.

Da die Ordinate der Ellipse, $\frac{b}{a}\sqrt{2ax - x^2}$ ist, so ist der Abschnitt der Ellipse

$$AMP = \frac{b}{a}\int dx \sqrt{2ax - x^2};$$

und da dieser Abschnitt mit demjenigen des Kreises, ANP, zugleich verschwindet, so wird man haben: ANP : AMP $= a : b$; denn es ist aus §. 236. leicht zu erschließen, daß wenn zwei Differentiale in einem constanten Verhältnisse sind, dieses Verhältniß auch dasjenige der Integrale ist, wenn diese Integrale zugleich verschwinden.

Da nach dem Vorhergehenden der Inhalt eines über der großen Achse, als Durchmesser, beschriebenen Kreises sich zum Inhalte der Ellipse verhält, wie die große Achse zur kleinen; so wird die Ellipse einem Kreise an Inhalt gleich seyn, dessen Halbmesser eine mittlere Proportionale zwischen den beiden halben Achsen ist. Denn $\frac{b}{a}\pi\alpha^2 = \pi\alpha b =$ Inhalt eines Kreises, dessen Halbmesser $= \sqrt{ab}$.

§. 251.

Da die auf einen Scheitel der Hauptachse bezogene Gleichung der Hyperbel folgende ist: $y^2 = \frac{b^2}{a^2}(2ax + x^2)$, so ist der Abschnitt der Hyperbel

$$AQR = \frac{b}{a}\int dx \sqrt{2ax + x^2}.$$

Dieses Integral kann durch Logarithmen ausgedrückt werden (§. 183.), oder in eine Reihe entwickelt werden; allein anstatt mich auf diese Rechnung einzulassen, will ich mich mit den elliptischen und hyperbolischen Ausschnitten beschäftigen, deren Differential-Ausdrücke oft vorkommen.

§. 252.

Es sei ABab eine Ellipse, deren halbe große Achse AC = a und halbe kleine Achse BC = b. Macht man CP = x, so erfolgt: $PM = y = \frac{b}{a}\sqrt{a^2 - x^2}$. Da der Ausschnitt ACM = CMP + AMP, wie offenbar ist, so ist auch d ACM = d CMP + d AMP. Allein, weil $CMP = \frac{1}{2} CP \times PM = \frac{1}{2}\frac{bx}{a}\sqrt{a^2 - x^2}$, so ist $dCMP = \frac{1}{2}\frac{b}{a}\left(dx\sqrt{a^2 - x^2} - \frac{x^2\,dx}{\sqrt{a^2 - x^2}}\right)$; ferner ist $dAMP = -\frac{b}{a}dx\sqrt{a^2 - x^2}$, wo das Zeichen — deßhalb steht, weil der Raum AMP abnimmt, wenn x zunimmt. Folglich ist:

$$d\,ACM = -\frac{1}{2}\frac{b}{a}\frac{a^2\,dx}{\sqrt{a^2 - x^2}}.$$

Macht man $\frac{b}{a} = 1$, so verwandelt sich der elliptische Ausschnitt ACM in den Ausschnitt ACN, welcher dem über der großen Achse Aa, als Durchmesser, beschriebenen Kreise AEae angehört. Man hat demnach jetzt $d\,ACN = -\frac{1}{2} \cdot \frac{a^2\,dx}{\sqrt{a^2 - x^2}} = \frac{1}{2} a \cdot \frac{-a\,dx}{\sqrt{a^2 - x^2}}$; allein da $\frac{-a\,dx}{\sqrt{a^2 - x^2}}$ das Differential des Bogens AN ist; so erhält man, wie in der Elementar-Geometrie, $ACN = \frac{1}{2} a \times AN = \frac{1}{2} AC \times AN$; und weil die Ausschnitte ACN und ACM ihren gemeinschaftlichen Ursprung beim Punkte A haben, so schließt man (wie in §. 250.), daß der elliptische Ausschnitt

$$ACM = \frac{b}{a} ACN = \frac{1}{2} BC \, . \, AN.$$

§. 253.

Es sei XAx eine Hyperbel, mit denselben Achsen, wie die obige Ellipse ABab, und ihre Gleichung: $y = \frac{b}{a}\sqrt{x^2 - a^2}$. Hier ist der Ausschnitt ACR = CQR — AQR, weßhalb

$$d.ACR = d.CQR - d.AQR.$$

Allein

$$CQR = \frac{1}{2} CQ \times QR = \frac{1}{2}\frac{bx}{a}\sqrt{x^2 - a^2},$$

und

$$d.AQR = \frac{b}{a} dx \sqrt{x^2 - a^2};$$

folglich findet man:

$$d.ACR = \frac{1}{2}\frac{b}{a}\frac{a^2 dx}{\sqrt{x^2 - a^2}}.$$

Man sieht hier, daß sich der hyperbolische Ausschnitt von dem elliptischen nur im Vorzeichen unterscheidet.

§. 254.

Der hyperbolische Ausschnitt ACM, Fig. 46., ist dem asympto- Fig. 46.
tischen Raume BCMP gleich. — Denn

$$ACM = BCMP + ABC - AMP,$$

und

$$ABC = \frac{AB \times BC \times \sin B}{2} = \frac{AP \times PM \times \sin B}{2} = AMP.$$

§. 255.

Das Vorhergehende reicht hin, zu zeigen, wie die Integral-Rechnung sich auf die Quadratur der krummen Linien anwenden läßt. Indessen kann ich diesen Gegenstand nicht verlassen, ohne einige der interessanten Resultate mitzutheilen, welche die Geometer bei den transcendenten krummen Linien entdeckt haben.

Bei der logarithmischen Linie, deren Gleichung $y = lx$ ist, hat man:

$$\int y dx = \int dx lx = x lx - x + \text{const.}\ (§. 207).$$

Der veränderliche Theil dieses Ausdrucks verschwindet, wenn $x = 0$; denn macht man $x = \frac{1}{m}$, so nimmt er die Form $-\frac{lm}{m} - \frac{1}{m}$ an, unter welcher er Null wird, wenn m unendlich groß wird (§. 99). Es ist demnach unnütz, eine Constante hinzuzufügen, wenn die Abschnitte beim Punkte A, Fig. 48., anheben sollen.

Macht man $x = AE = 1$, so erhält man den asymptotischen Raum

$$cAEx = -1.$$

Vertauscht man die Ordinate mit den Abscissen, so erhält man $\int x dy = \int dx = x$, für den auf die Achse der Ordinaten AC gestützten Raum cOMx, dessen Ausdruck also algebraisch ist; ich habe ihm keine Constante hinzugefügt, weil er zugleich mit x verschwindet. — Der Raum cAEx, welcher $x = AE = 1$ entspricht, gewinnt durch diese Formel denselben Werth, wie durch die vorhergehende, wenn vom Zeichen abgesehen wird.

Ich habe den Modulus der Einheit gleich angenommen. Wäre derselbe durch M bezeichnet worden, so hätte man erhalten:

$$\int dx lx = x lx - \int M dx = x lx - Mx, \text{ und } \int x dy = Mx.$$

§. 256.

Discutirt man die krumme Linie, deren Gleichung

$$y = \frac{a^x}{x}$$

ist, so wird man leicht zu derjenigen Form gelangen, welche in Fig. 49. der Figur 49. angedeutet ist. Die Achse CC' der y ist Asymptote der Zweige HF, R'F' und der negative Theil der Achse der x, AB', ist dies in Bezug auf den Zweig M'K'.

Die Quadratur dieser krummen Linie hängt von dem Integrale

$$\int \frac{a^x dx}{x}$$

ab, dessen im §. 214. erhaltene Entwickelung in eine Reihe, demjenigen Theile des Raumes, welcher den negativen Abscissen entspricht, nicht zukommen zu können scheint, weil ihr erstes Glied lx alsdann imaginär wird. Allein, wenn man hier das Verfahren des §. 233. wiederholte, so erhielte man reelle Resultate. Diese Schwierigkeit, welche mit der im §. 248. angezeigten von einerlei Gattung ist, wird gehoben, wenn man das Zeichen von x vor der Integration ändert; denn

$$\int \frac{a^{-x} \times - dx}{-x} = \int \frac{a^{-x} dx}{x} =$$

$$lx - \frac{xla}{1.1} + \frac{x^2 (la)^2}{1.2.2} - \frac{x^3 (la)^3}{1.2.3.3} + \text{etc.} + \text{const.},$$

wie wenn man bloß in den algebraischen Gliedern der erwähnten Entwickelung x in $-x$ verwandelt hätte.

Um die drei asymptotischen Räume der vorgegebenen krummen Linie kennen zu lernen, hat man die Werthe des Integrals $\int a^x dx$

zwischen den Grenzen $x = o$ und $x = n$,
" " " $x = o$ " $x = -n$,
" " " $x = -n$ " $x = -$ unendlich groß

aufzusuchen, indem n eine beliebige endliche Größe bedeutet. In dem ersten und zweiten Falle findet man ein unendlich großes Resultat, weil, wenn man entweder in der Reihe des §. 214., oder in der so eben aufgestellten $x = o$ macht, dieselben sich auf lo reduciren.. Allein über den dritten Fall darf nichts behauptet werden, weil bei der Abwechselung der Zeichen der Glieder der Entwickelung von $\int \frac{a^{-x}dx}{x}$, der Unterschied zwischen dem positiven und dem negativen Theile, sehr wohl von endlicher Größe seyn könnte, obschon beide Theile unendlich groß sind; wie Mascheroni bewies, indem er die willkührliche Constante so bestimmte, daß das Integral verschwindet, wenn man darin x unendlich groß annimmt. Es ist demnach der zwischen den Grenzen $x = -n$ und $x = -$ unendlich groß liegende asymptotische Raum B′P′M′K′ von endlicher Größe. *)

Die dadurch erhaltene Transformirte $\int \frac{dz}{lz}$ (§. 214.), daß man $a^x = z$ machte, bietet dieselben Umstände dar, weil das Glied llz, womit ihre Entwickelung anhebt, imaginär wird, wenn lz negativ ist.

§. 257.

Da die Gleichung der Cycloide (nach 114.) folgende ist: $dx = \frac{ydy}{\sqrt{2ay - y^2}}$, so hat man hier:

$$\int ydx = \int \frac{y^2\,dy}{\sqrt{2ay - y^2}},$$

welchen Ausdruck man leicht, vermittelst der Formel des §. 199., durch Kreisbogen integriren könnte; allein man kann zu einem einfacheren Resultate gelangen, wenn man das Differential des Abschnittes ACQM Fig. 50. nimmt, dessen Ordinate QM = AC — PM = 2a — y. Macht man deßhalb 2a — y = z, so ist d.ACQM = zdx, und man erhält: Fig. 50.

$$zdx = \frac{(2a - y)ydy}{\sqrt{2ay - y^2}} = dy\sqrt{2ay - y^2},$$

und mithin:

$$ACQM = \int dy\sqrt{2ay - y^2} + \text{const.}$$

Allein da dieses Integral den Inhalt eines Kreisabschnitts ausdrückt, dessen Durchmesser 2a und Abscisse y ist (§. 249.), so

---

*) S. den „Traité etc." in 4to. B. III. S. 513.

stellt es den Abschnitt Imn dar, welcher, so wie der Abschnitt ACQM, zugleich mit y verschwindet. Folglich ist ACQM = Imn. Beim Punkte K, wo y = 2a, wird der Abschnitt ACK gleich dem Halbkreise ImKI. Endlich leuchtet es ein, daß der Raum KMQ = ACK — ACQM = Kmn. Da das Rechteck AK, IK zur Höhe und AI = ImK zur Grundlinie hat, so ist es das Vierfache des Halbkreises ImKI. Zieht man von diesem Rechtecke den Raum ACK = ImKI ab, so erhält man zum Reste den Raum AMKI = 3 mal ImKI. Hieraus folgt, daß der zwischen einem Zweige der Cycloide und ihrer Achse befindliche Raum AKLA, das Dreifache des erzeugenden Kreises ist.

§. 258.

Nun habe ich noch von den Spiralen zu handeln. Ich will mich zuerst mit denjenigen beschäftigen, welche durch die Gleichung $u = at^n$ (§. 117.) vorgestellt werden, in welcher t dem Fig. 51. Bogen ON, Fig. 51., und u, AM gleich ist. Da wir hier mit Polar-Coordinaten zu thun haben, so ist das Differential des Inhalts $\frac{u^2 dt}{2}$ (§. 120.); setzt man demnach für u seinen Werth und integrirt, so findet sich der Inhalt =

$$\frac{a^2 t^{2n+1}}{4n+2} + \text{const.}$$

Ist n positiv, so muß man die Constante vernachlässigen, wenn die Räume bei der Linie AO anheben, bei welcher $t = o$; man hat alsdann $ACM = \frac{a^2 t^{2n+1}}{4n+2}$. Nach einer Umdrehung des Radius Vector, findet sich der Raum $ACMB = \frac{a^2 (2\pi)^{2n+1}}{4n+2}$, wenn π den halben Umfang des Kreises ON bedeutet.

In der Archimedischen Spirale ist $a = \frac{1}{2\pi}$ und $n = 1$ (§. 117.), mithin $ACM = \frac{t^3}{24\pi^2}$, aus welchem Resultate, wenn man in ihm $t = 2\pi$ macht, erfolgt:

$$ACMB = \frac{\pi}{3},$$

d. h. = ⅓ des Kreises ON, weil die hier vorkommenden Einheiten quadratische sind und der Inhalt dieses Kreises $\pi\,(1)^2$

Bei der zweiten Umdrehung geht der Radius Vector über den Raum hin, den er bei der ersten beschrieb, und eben so verhält es sich bei jeder neuen Umdrehung, so daß diese Räume sich summiren, und, wenn bloß derjenige Raum gesucht wird, der durch die m^{te} Umdrehung begrenzt wird, das Integral $\int \frac{u^2 dt}{2}$ zwischen den Grenzen $t = (m-1)\,2\pi$ und $t = m \, . \, 2\pi$ genommen werden muß.

So findet man bei der Archimedischen Spirale $\frac{m^3-(m-1)^3}{3}\pi$. Berechnet man den Raum, der durch die folgende Umdrehung d. i. die $m+1^{te}$ begrenzt wird, und nimmt den vorigen Raum hiervon weg, so erfolgt, daß der Raum zwischen zwei Umdrehungen oder Gängen

$$= \frac{(m+1)^3 - 2m^3 + (m-1)^3}{3}\pi = 2m\pi.$$

Da dieser Raum 2π wird, wenn $m = 1$, so erhellet, daß der Raum zwischen dem m^{ten} und dem $m+1^{ten}$ Gange das $m$fache desjenigen zwischen dem ersten und zweiten ist, wie Archimedes ebenfalls gefunden hatte.

Bei der Hyperbolischen Spirale, wo $n = -1$, hat man: $\int \frac{u^2 dt}{2} = -\frac{a^2}{2t} + \text{const.}$, und der zwischen den Radien Vectoren, welche $t = b$ und $t = c$ entsprechen, eingeschlossene Raum

$$\frac{a^2}{2}\left(\frac{1}{b} - \frac{1}{c}\right),$$

welcher Ausdruck wegen des zwischen der Achse AB, Fig. 31., und dem unendlichen Zweige MK (S. 142.) eingeschlossenen Raumes unendlich groß wird, wenn $t = o$.

Bei der Logarithmischen Spirale endlich ist $t = lu$ (§. 128.),

$$dt = \frac{du}{u} \text{ und } \int \frac{u^2 dt}{2} = \int \frac{udu}{2} = \frac{u^2}{4} + \text{const.}$$

§. 259.

Das Differential des Bogens einer auf rechtwinklige Coordinaten bezogenen krummen Linie wird, nach §. 64., durch $\sqrt{dx^2 + dy^2}$ ausgedrückt. Substituirt man in diesem Ausdrucke, für dy^2, dessen aus der Differentialgleichung der gegebenen krummen Linie abgeleiteten Werth, so nimmt er die Form Xdx an, und das Integral hiervon giebt die Länge des Bogens der krummen Linie. Die Länge des Bogens einer krummen Linie suchen, heißt ihre Rectification suchen, weil die Auflösung jener Aufgabe, wofern sie sich genau vollbringen läßt, in den Stand setzt, eine gerade Linie anzugeben, welche dem fraglichen Bogen gleich ist.

§. 260.

Ich wähle zum ersten Beispiele die Parabeln der verschiedenen Ordnungen, welche durch die Gleichung $y = px^n$ dargestellt werden, wenn n eine beliebige ganze oder gebrochene Zahl ist. Da hier $dy = npx^{n-1}dx$, und $\sqrt{dx^2+dy^2} = dx\sqrt{1+n^2p^2x^{2n-2}}$: so wird der parabolische Bogen ausgedrückt durch

$$\int (1+n^2p^2x^{2n-2})^{\frac{1}{2}}dx.$$

Dieses Integral wird sich unter einer endlichen und algebraischen Form darstellen lassen, wenn der Exponent $2n-2$ der Einheit gleich oder in ihr ein genaues Mal enthalten seyn wird (§. 192.)

Es sei zunächst $2n-2=1$. Alsdann ist $n=\frac{3}{2}$,

$$\int (1+n^2p^2x^{2n-2})^{\frac{1}{2}}dx = \frac{8}{27p^2}\left(1+\frac{9}{4}p^2x\right)^{\frac{3}{2}} + \text{const.},$$

und die gegebene krumme Linie hat zur Gleichung $y = px^{\frac{3}{2}}$ oder $y^2 = p^2x^3$, d. h. sie ist eine Parabel von der dritten Ordnung, welche die Abgewickelte der gewöhnlichen Parabel ist (§. 81.) Läßt man die Bogen bei demjenigen Punkte anheben, wo $x=o$: so wird obiger Ausdruck,

$$\frac{8}{27p^2}\left[\left(1+\frac{9}{4}p^2x\right)^{\frac{3}{2}}-1\right].$$

Ist $\frac{1}{2n-2}=i$, wofern i eine ganze Zahl bedeutet, so findet man $n=\frac{2i+1}{2i}$; mithin bietet die Gleichung $y^{2i}=p^{2i}x^{2i+1}$ eine unendliche Anzahl rectificirbarer Parabeln dar. Was alle übrigen Parabeln betrifft, so lassen sich deren Bogen nur näherungsweise bestimmen.

Bei der gemeinen Parabel, wo $n=2$, hat man $\int dx(1+4p^2x^2)^{\frac{1}{2}}$ zu finden. Da die Formel (B) des §. 195.,

$$\int dx(1+4p^2x^2)^{\frac{1}{2}} = \tfrac{1}{2}x(1+4p^2x^2)^{\frac{1}{2}} + \tfrac{1}{2}\int\frac{dx}{\sqrt{1+4p^2x^2}}$$

giebt, und nach §. 184.

$$\int\frac{dx}{\sqrt{1+4p^2x^2}} = \frac{1}{2p}l(2px+\sqrt{1+4p^2x^2} + \text{const.},$$

so erfolgt:

$$\int dx(1+4p^2x^2)^{\frac{1}{2}} = \tfrac{1}{2}x(1+4p^2x^2)^{\frac{1}{2}} + \frac{1}{4p}l(2px+\sqrt{1+4p^2x^2})+c$$

Dieses ist der Werth eines beliebigen Bogens der gemeinen

Parabel. Läßt man das Integral bei $x = o$ anfangen, so kann man die Constante weglassen.

Der Bogen der durch die Gleichung $y = px^{-n}$ dargestellten Hyperbeln hat zum Ausdrucke,

$$\int x^{-n-1} dx (x^{2n+2} + n^2 p^2)^{\frac{1}{2}},$$

und kann nur näherungsweise angegeben werden.

§. 261.

Ein Kreisbogen hat zum Ausdrucke

$$\int \frac{adx}{\sqrt{a^2 - x^2}} \text{ oder } \int \frac{adx}{\sqrt{2ax - x^2}},$$

je nachdem man von der Gleichung $y^2 = a^2 - x^2$ (§. 64.) oder von der Gleichung $y^2 = 2ax - x^2$ ausgeht. Beide Integrale lassen sich nur näherungsweise bestimmen; mehre Entwickelungen derselben finden sich schon im §. 205.

§. 262

Ich gehe zur Ellipse über, und wähle ihre Gleichung $y^2 = \frac{b^2}{a^2}(a^2 - x^2)$. Das Differential des Bogens wird demnach $\frac{dx\sqrt{a^4 - (a^2 - b^2)x^2}}{a\sqrt{a^2 - x^2}}$ seyn. Macht man, der Einfachheit halber, die große Achse $a = 1$ und das Quadrat der Excentricität $a^2 - b^2 = 1 - b^2 = e^2$, so wird der Bogen zum Ausdrucke haben,

$$\int \frac{dx\sqrt{1 - e^2 x^2}}{\sqrt{1 - x^2}}.$$

Ich habe schon im §. 206. eine Reihe beigebracht, welche den genäherten Werth dieses Integrals giebt, wenn e sehr klein ist, welcher für wenig abgeplattete Ellipsen brauchbar seyn wird. Macht man in jener Reihe $x = 1$ und schreibt $\frac{\pi}{2}$ an die Stelle des Bogens A, welcher zum Quadranten wird, so ergiebt sich die Reihe

$$\frac{1}{2}\pi\left(1 - \frac{1.1}{2.2}e^2 - \frac{1.1.1.3}{2.2.4.4}e^4 - \frac{1.1.1.3.3.5}{2.2.4.4.6.6}e^6 - \text{rc.}\right),$$

welche Entwickelung sehr convergirend ist, wenn e ein kleiner Bruch ist.

§. 263.

Das Differential des Bogens einer Ellipse kann auch sehr einfach vermittelst desjenigen Bogens ausgedrückt werden, welcher dem elliptischen Bogen in dem über der großen Achse als Durch-
Fig. 47. messer beschriebenen Kreise entspricht. Es sei $EN = \varphi$, Fig. 47., so hat man $CP = x = \sin\varphi$, und $\frac{dx}{\sqrt{1-x^2}} = d\varphi$. Folglich ist.

$$d.BM = d\varphi\sqrt{1 - e^2 \sin\varphi^2}.$$

§. 264.

Wählt man bei der Hyperbel ihre Gleichung .... $y^2 = \frac{b^2}{a^2}(x^2 - a^2)$, so erhält man zum Differential ihres Bogens $\frac{dx\sqrt{(a^2+b^2)x^2 - a^4}}{a\sqrt{x^2 - a^2}}$. Macht man $a = 1$ und $a^2 + b^2 = 1 + b^2 = e^2$, so erhält der Bogen zum Ausdrucke,

$$\int \frac{dx\sqrt{e^2x^2 - 1}}{\sqrt{x^2 - 1}},$$

welches Integral, wenn e der Einheit sehr nahe ist, durch ein Verfahren, welches demjenigen des §. 206. analog ist, in eine Reihe entwickelt werden kann.

§. 265.

Ich habe nun noch Anwendungen auf transcendente krumme Linien zu machen:

Da die Cycloide zur Gleichung hat: $dx = \frac{ydy}{\sqrt{2ay - y^2}}$ (§. 114.), so zieht man daraus: $\sqrt{dx^2 + dy^2} = \frac{dy\sqrt{2a}}{\sqrt{2a - y}}$; mithin erfolgt, durch die Integration, für den Bogen der Ausdruck

$$-2\sqrt{2a(2a-y)} + \text{const.}$$

Es ist einleuchtend, daß $\sqrt{2a(2a-y)}$ der Ausdruck der Chorde
Fig. 50. mK, Fig. 50., des erzeugenden Kreises ist: und da der veränderliche Theil des Integrals beim Punkte K, wo $y = 2a$, verschwindet, so muß er den Bogen MK ausdrücken; folglich hat man:

$$MK = 2\sqrt{2a(2a-y)} = 2mK.$$

Wenn $y = o$, so wird dieser Bogen $AK = 2IK$, welches Resultat mit demjenigen übereinstimmt, was man im §. 116. gesehen hat, und woraus hervorgeht, daß der ganze Bogen AKL das Vierfache des Durchmessers des erzeugenden Kreises ist. *).

§. 266.

Um ein Beispiel der Anwendung der Formel $\sqrt{u^2dt^2+du^2}$ darzubringen, welche das Differential des Bogens einer krummen Linie darbietet, welche auf Polar-Coordinaten bezogen wurde (§. 125.): so will ich die Spiralen betrachten, deren Gleichung $u=at^n$ ist. Hier hat also der Bogen zum Ausdrucke,

$$\int dt\sqrt{a^2t^{2n}+n^2a^2t^{2n-2}}=\int at^{n-1}dt(t^2+n^2)^{\frac{1}{2}}.$$

Ist $n=1$, so hat das Differential $adt(t^2+1)^{\frac{1}{2}}$ dieselbe Form wie der Bogen der gemeinen Parabel (§. 260.), woraus hervorgeht, daß die Rectification der Archimedischen Spirale auf diejenige jener krummen Linie hinausläuft.

Bei der Logarithmischen Spirale, wo $t=lu$, hat man: $\sqrt{u^2dt^2+du^2}=du\sqrt{2}$; mithin hat der Bogen zum Ausdrucke,

$$u\sqrt{2}+\text{const.},$$

oder bloß

$$u\sqrt{2},$$

wenn man vom Anfangspunkte der Radien Vectoren ausgeht. Man sieht, daß obschon zwischen diesem Punkte und einem beliebigen andern der Spirale eine unendliche Anzahl von Gängen liegt, diese dennoch nur eine Länge von endlicher Größe ausmachen, welche der Diagonale des über dem Radius Vector errichteten Quadrates gleich kommt.

---

*) Bezeichnet man mit s den Bogen MK, mit y' die Linie $Kn=2a-y$ und verwandelt $2a$ in a': so giebt der oben gefundene Ausdruck von MK die Gleichung

$$s=2\sqrt{a'y'} \text{ oder } s^2=4a'y',$$

von welcher man in der Mechanik Gebrauch macht.

Von der Kubatur der von krummen Oberflächen begrenzten Körper, so wie von der Quadratur dieser Oberflächen und von der Integration der partiellen Differentiale.

267.

Unter den krummen Oberflächen wurden die durch Umdrehung entstandenen zuerst von den Geometern beachtet, weil die Differentiale des körperlichen und Flächen-Inhalts der letzteren Oberflächen einfacher als die analogen Differentiale bei krummen Oberflächen überhaupt ausgedrückt werden können.

Fig. 52. Es sei v der körperliche Inhalt eines dadurch entstandenen Körpers, daß ein Abschnitt AMP, Fig. 52., einer beliebigen krummen Linie AZ, sich um eine Achse AB herumbewegt, welche in deren Ebene liegt: so leuchtet sogleich ein, daß jener körperliche Inhalt, welcher durch die von der Ordinate MP beschriebene Kreisfläche begrenzt wird, eine Function der Abscisse AP = x ist. Wählt man eine neue Abscisse AP′ und zieht die zugehörige zweite Ordinate M′P′, so wie, parallel mit PP′, die Geraden MR und SM′: so sieht man, daß v um denjenigen Raum anwächst, den das krummlinige Trapez PMM′P′ erzeugt, indem es sich um PP′ herumbewegt, und daß jener räumliche Zuwachs, welcher zwischen den von den Rechtecken MP′ und M′P erzeugten Cylindern befindlich ist, desto weniger von jedem dieser letzteren abweicht, je genäherter die Punkte M und M′ sind, so daß die Verhältnisse dieser drei Körper zu einander die Einheit zur Grenze haben; man kann demnach, so bald es auf die Grenzen ankommt, den von MP′ erzeugten Cylinder dem von PMM′P′ erzeugten Körper substituiren. Da jener Cylinder den vom Halbmesser PM = y beschriebenen Kreis zur Basis hat, so ist sein Inhalt $\pi y^2 \times PP'$, wenn π das Verhältniß des Umfangs zum Durchmesser vorstellt, und man findet, vermittelst des Räsonnements im §. 65., daß $\frac{dv}{dx} = \pi y^2$ und also:

$$\text{„}v = \pi \int y^2 dx.\text{“}$$

Hat man demnach die Gleichung der krummen Linie AMZ, so setzt man für y seinen Werth in x, und findet durch vorstehende Integration den durch einen beliebigen Abschnitt jener krummen Linie erzeugten körperlichen Raum.

§. 268.

Um nun das Differential der Oberfläche des zuvor betrachteten Umdrehungs-Körpers zu finden, muß man bemerken, daß deren Zuwachs, oder die vom Bogen MOM', welcher sich stets seiner Chorde MM' nähert, erzeugte Fläche, stets weniger von der converen Oberfläche des von jener Chorde erzeugten abgestumpften geraden Kegels abweicht; und geht man zu den Grenzen über, so kann man die eine für die andere nehmen. *) Allein die letztere hat zum Ausdruck:

$$\tfrac{1}{2}(2\pi MP + 2\pi M'P')MM' = \pi(MP + M'P')MM',$$

und vergleicht man diesen mit dem Zuwachse der Abscisse, PP', so erhält man zum Verhältnisse: $\pi(MP + M'P')\frac{MM'}{PP'}$. Geht man nun zu den Grenzen über, so fällt M'P' mit MP oder y zusammen, und $\frac{MM'}{PP'}$ wird $\sqrt{1+\frac{dy^2}{dx^2}}$ (§. 64.): folglich ist der Differential-Coefficient der vom Bogen AM erzeugten Fläche $2\pi y\sqrt{1+\frac{dy^2}{dx^2}}$, oder es ist diese gesuchte Fläche

$$„u = 2\pi\int y\sqrt{dx^2 + dy^2}“.$$

§. 269.

Da die Anwendungen auf die beiden letzten Formeln keine eigentlichen Schwierigkeiten darbieten, so werde ich mich auf die folgenden beschränken. Wählt man die Gleichuug der Ellipse:

$$y^2 = \frac{b^2}{a^2}(2ax - x^2),$$

so findet man, daß der Inhalt eines Abschnittes eines Umdrehungs-Ellipsoids (um die Achse 2a) folgender ist:

$$\frac{\pi b^2}{a^2}\int(2ax - x^2)\,dx =$$

$$\frac{\pi b^2}{a^2}\left(ax^2 - \frac{x^3}{3}\right) + \text{const. (§. 267.)}$$

Nimmt man das Integral zwischen den Grenzen $x = o$ und $x = 2a$, so erhält man zum Inhalt des ganzen Ellipsoids:

$$\frac{4}{3}\pi ab^2.$$

*) Man kann bald einsehen, daß es sich mit den durch MR und SM' erzeugten ein- und umgeschriebenen Cylindern nicht eben so verhält.

Wird $b = a$, so wird jenes Ellipsoid eine Kugel und der Inhalt $\frac{4}{3}\pi a^3$, wie in der Elementar-Geometrie.

Wählt man die Gleichung der Ellipse, welche sich auf deren Mittelpunkt bezieht, nämlich:

$$y^2 = \frac{b^2}{a^2}(a^2 - x^2),$$

so wird der Abschnitt folgender:

$$\frac{\pi b^2}{a}\int (a^2 - x^2)\,dx =$$

$$\frac{\pi b^2}{3a^2}(3a^2x - x^3) + \text{const.},$$

wo aber dieses Integral zwischen den Grenzen $x = -a$ und $x = a$ genommen werden muß, um zu dem oben schon erhaltenen Inhalte des ganzen Ellipsoids zu gelangen.

Vermittelst der letzteren Gleichung der Ellipse wird der Ausdruck der Oberfläche des obigen Umdrehungs-Ellipsoids:

$$\frac{2\pi b}{a^2}\int \sqrt{a^4 - (a^2 - b^2)x^2} \times dx.$$

Ist $a > b$, so läßt sich dieses Integral leicht auf einen Kreis-Abschnitt beziehen, dessen Abscisse x und Halbmesser $\frac{a}{\sqrt{a^2 - b^2}}$ ist. Ist $a < b$, so wird es logarithmisch, weil die Wurzelgröße alsdann die Form $\sqrt{a^4 + (b^2 - a^2)x}$ annimmt. Nimmt man endlich an, es sei $a = b$, so erfolgt: $\int 2\pi a dx = 2\pi a x + \text{const.}$, wodurch man, wenn dieses Integral zwischen den Grenzen $x = -a$ und $x = a$ genommen wird, zu dem bekannten Ausdrucke $4\pi a^2$ der Oberfläche einer Kugel gelangt.

§. 270.

Ich gehe nun zu Körpern mit krummen Oberflächen überhaupt über, indem ich die letzteren auf drei senkrechte Ebenen, vermittelst der drei Coordinaten $AP = x$, $PM' = y$, $M'M = z$,
Fig. 53. Fig. 53., beziehe.

Der körperliche Abschnitt APGMM'QHD, welcher seine Grundfläche APQ'M in der Ebene der xy hat, und einerseits durch die Ebenen PM'MG, QM'MH, welche respective denen der yz und xz parallel sind, so wie andererseits durch die gegebene krumme Oberfläche begrenzt wird, ist nothwendig eine Function von den beiden unabhängigen Veränderlichen x und y; er kann sich nach und nach in Bezug auf jede von ihnen, oder gleichzeitig in Bezug auf beide verändern. Denn nimmt man an, es verwandle sich x in AP+Pp, während y unveränderlich bleibt, so nimmt jener Abschnitt um das Stück PGMM'm'mgp zu, während derselbe um das Stück GHMM'n'nhq zunimmt, wenn man bloß y um Qq anwachsen läßt; gehen aber x und y gleichzeitig in AP+Pp, AQ+Qq über, so nimmt jener Abschnitt, der nun die Ebenen pN'Ng, qN'Nh zu Grenzen hat, nicht nur um die beiden genannten Stücke, sondern auch noch um die Art von abgestumpftem Prisma M'm'N'n'nMnM zu, welches der Zuwachs des ersten Stückes ist, wenn man darin bloß y, oder derjenige des zweiten Stückes ist, wenn man hier bloß x zunehmen läßt.

Bezeichnet man diejenige Function von x und y, welche den körperlichen Inhalt des Abschnitts APGMM'QHD ausdrückt, mit v, so leuchtet ein, daß diejenigen Glieder der vollständigen Aenderung jener Function (41.), worin x allein die Veränderliche war, den Ausdruck des ersten, und diejenigen, worin y allein die Veränderliche war, den Ausdruck des zweiten der obigen Stücke darbieten, mithin die noch übrigen Glieder dem abgestumpften Prisma M'N zukommen; man hat also:

$$M'N = \frac{d^2v}{dxdy}hk + \tfrac{1}{2}\frac{d^3v}{dx^2dy}h^2k + \tfrac{1}{2}\frac{d^3v}{dxdy^2}hk^2 + \text{etc.};$$

dividirt man die beiden Seiten dieser Gleichung durch hk und geht zu den Grenzen in Rücksicht der Abnahme der h und k über, so ist die Grenze der zweiten Seite $\frac{d^2v}{dxdy}$. Allein das abgestumpfte Prisma M'N nähert sich stets dem über der Basis M'm'N'n' mit der Ordinate M'M gebildeten Parallelepipedon, dem man jenes so nahe bringen kann als man will, so daß man in der Grenze das eine für das andere setzen darf; führt man demnach den Werth des Parallelepipedons, M'm' × M'n' × M'M, ein, und macht M'm' = Pp = h, M'n' = Qq = k, so wird die Grenze der ersten Seite obiger dividirter Gleichung d. i. von $\frac{M'N}{hk}$, M'M = z. Folglich erhält man:

$$„\frac{d^2v}{dxdy} = z“;$$

und um den Abschnitt APGMM'QHD = v zu erhalten, muß man durch Integration von dem Differential-Coefficienten $\frac{d^2v}{dxdy}$ der Function v von x und y, zu der Function v selbst zurücksteigen.

§. 271.

Obschon sich obiger Differential-Coefficient $\frac{d^2v}{dxdy}$ auf zwei unabhängige Veränderlichen bezieht, so kann man dennoch, vermittelst der Methoden Functionen von einer einzigen zu integriren, zu der Function, wovon er abgeleitet ist, dadurch gelangen, daß man jede jener beiden Veränderlichen nach und nach als unveränderlich ansieht. Denn weil

$$\frac{d^2v}{dxdy} = \frac{d\frac{dv}{dx}}{dy},$$

so hat man:

$$\frac{d\frac{dv}{dx}}{dy} dy = zdy;$$

und integrirt man jede Seite, indem man nur y als veränderlich ansieht, so erfolgt:

$$\frac{dv}{dx} = \int zdy,$$

woraus hervorgeht

$$\frac{dv}{dx} dx = dx \int zdy.$$

Integrirt man nun von Neuem, aber bloß in Bezug auf x, so findet man:

$$v = \int dx \int zdy.$$

Betrachtet man diese Bestimmung bloß von der rein analytischen Seite, so ist einleuchtend, daß die zur Vervollständigung des ersten Integrals hinzuzufügende Constante auf eine beliebige Weise x, und die zur Vervollständigung des zweiten Integrals hinzuzufügende Constante auf eine beliebige Weise y enthalten kann, weil jede bloße Function von x wie eine Constante verschwinden muß, sobald man nur in Bezug auf y differentiirt, und es sich eben so mit einer bloßen Function von y erhält, wenn nur in Bezug auf x differentiirt wird.

Die Ordnung beim Integriren ist willkührlich (40). *) Hätte man zuerst die Veränderliche x in Anspruch genommen, so würde man nach und nach erhalten haben:

$$\frac{d^2v}{dxdy} = \frac{d\frac{dv}{dy}}{dx},$$

*) H. Cauchy hat gezeigt, daß dies nicht mehr allgemein wahr ist, wenn von bestimmten Integralen die Rede ist. Es werden einige Beispiele hierüber bei der Behandlung solcher Integrale am Ende des Werkes (in der Note C.) vorkommen.

$$\frac{dv}{dy}=\int z dx,$$

$$v=\int dy \int z dx.$$

Man schreibt das vorhergehende und dieses letztere Resultat auf folgende Weise:

$$„v=\int\int z dx dy,\ v=\int\int z dy dx“,$$

indem man beide Differentiale unter das letzte Integrationszeichen setzt, welches gestattet werden kann, wenn man berücksichtigt, daß jedes der Integrationszeichen sich nur auf eine der Veränderlichen in's Besondere bezieht.

Das Vorhergehende aufzuhellen und zu bestätigen, diene folgendes Beispiel.

Es sey:

$$z=\frac{1}{x^2+y^2},$$

so ist:

$$v=\int\int z dx dy=\int\int\frac{dx dy}{x^2+y^2}=\int dx\int\frac{dy}{x^2+y^2}=\int dy\int\frac{dx}{x^2+y^2}$$

Die erste Integrations-Ordnung giebt:

$$\int\frac{dy}{x^2+y^2}=\frac{1}{x}\operatorname{arc}\left(\operatorname{tang}=\frac{y}{x}\right)+X',$$

wo X' eine beliebige Function von x bedeutet, welche hinzugefügt wird, um das Integral zu vervollständigen. Integrirt man nun von Neuem, in Bezug auf x, und macht $\int X'dx=X$, so findet man:

$$\int dx\int\frac{dy}{x^2+y^2}=\int dx\left[\frac{1}{x}\operatorname{arc}\left(\operatorname{tang}=\frac{y}{x}\right)+X'\right],$$

$$=\int\frac{dx}{x}\operatorname{arc}\left(\operatorname{tang}=\frac{y}{x}\right)+X,$$

$$=\int\frac{dx}{x}\left(\frac{y}{x}-\frac{y^3}{3x^3}+\frac{y^5}{5x^5}-\text{etc.}\right)+X,$$

$$=-\frac{y}{x}+\frac{y^3}{9x^3}-\frac{y^5}{25x^5}+\frac{y^7}{49x^7}-\text{etc.}+Y+X,$$

wenn Y eine beliebige Function von y vorstellt.

Die zweite Integrations-Ordnung giebt:

$$\int\frac{dx}{x^2+y^2}=\frac{1}{y}\operatorname{arc}\left(\operatorname{tang}=\frac{x}{y}\right)+Y';$$

$$\int dy\int\frac{dx}{x^2+y^2}=\int dy\left[\frac{1}{y}\operatorname{arc}\left(\operatorname{tang}=\frac{x}{y}\right)+Y'\right]$$

$$= \int \frac{dy}{y} \operatorname{arc}\left(\operatorname{tang} = \frac{x}{y}\right) + Y.$$

$$= \int \frac{dy}{y} \left[\frac{\pi}{2} - \operatorname{arc}\left(\operatorname{tang} = \frac{y}{x}\right)\right] + Y$$

$$= \frac{\pi}{2} ly - \int \frac{dy}{y} \operatorname{arc}\left(\operatorname{tang} = \frac{y}{x}\right) + Y + X,$$

welches Resultat mit dem zuerst gewonnenen übereinstimmt, wenn man $\frac{\pi}{2}$ ly als in Y enthalten wegläßt, und die Entwickelung von $\operatorname{arc}\left(\operatorname{tang} = \frac{y}{x}\right)$ vornimmt, um die letzte Integration vollenden zu können.

§. 272.

Will man nach der gefundenen Formel

$$v = \iint z dx dy$$

den Inhalt eines beliebigen Körpers berechnen, so müssen die Grenzen berücksichtigt werden, zwischen welchen jedes der beiden Integrale zu nehmen ist, und welche von der Natur derjenigen Flächen abhangen, wovon der Körper seitwärts begrenzt wird.

Der einfachste Fall ist derjenige, wo der Körper von vier Ebenen eingeschlossen ist, welche paarweise den Coordinaten-Ebenen CAD, BAD parallel sind. Entsprechen die beiden ersten nämlich den Abscissen $x = a$, $x = a'$, und die beiden andern den Abscissen $y = b$, $y = b'$: so nimmt man das Integral $\int z dx$ zwischen den Grenzen $x = a$, $x = a'$, indem man übrigens y als constant ansieht; und nennt man das erhaltene Resultat P, so bleibt nur noch übrig, das Integral $\int P dy$ zwischen den Grenzen $y = b$ und $y = b'$ zu nehmen.

Wenn der fragliche Körper seitwärts von krummen Flächen begrenzt wird: so stehen die Grenz-Werthe der einen der Veränderlichen mit den Grenz-Werthen der andern in Verbindung, wie aus folgendem Beispiele zu ersehen seyn wird, wo der Inhalt einer Kugel gesucht werden soll, deren Mittelpunkt in A und deren Halbmesser r seyn soll.

Hier hat man,

$$x^2 + y^2 + z^2 = r^2,$$

und folglich

$$\iint z dx dy = \iint dx dy \sqrt{r^2 - x^2 - y^2};$$

nimmt man y constant an, und macht $r^2 - y^2 = y'^2$, so findet man zunächst:

$$\int z\,dx = \int dx \sqrt{r'^2 - x'^2}$$
$$= \frac{1}{2} x \sqrt{r'^2 - x^2} + \frac{1}{2} r'^2 \operatorname{arc}\left(\sin = \frac{x}{r'}\right) \quad (249.)$$

Da dieses gefundene Integral den Inhalt eines Schnitts ausdrückt, welcher in dem Abstande $AQ = y$ parallel mit der Ebene der xz durch die Kugel geht, so muß es zwischen den Grenzen dieses Schnittes genommen werden, welche einerseits die Ebene CAD und andererseits der Kreis $BFEC$ sind, gemäß welchem letzteren die Kugel der Ebene BAC begegnet. Bei der ersten Grenze ist $x = o$, und bei der zweiten ist $x = QF$; allein diese letztere steht mit AQ in Verbindung; denn macht man $z = o$, so findet man $x^2 + y^2 = r^2$ zur Gleichung des Kreises $BFEC$, weßhalb $QF = \sqrt{r^2 - AQ^2} = \sqrt{r^2 \quad y^2} = r'$. Folglich sind für einen beliebigen Werth von y die Grenzwerthe von x, o und r'. Wendet man diese Grenzen auf obiges Resultat an, so geht dasselbe, weil $\operatorname{arc}(\sin = 1) = \frac{\pi}{2}$, über in:

$$\int z\,dx = \frac{\pi}{4} r'^2.$$

Sieht man nun x als constant an, und integrirt in Bezug auf y, so erhält man:

$$\int dy \int z\,dx = \frac{\pi}{4} \int r'^2 dy = \frac{\pi}{4} \int dy\,(r^2 - y^2)$$
$$= \frac{\pi}{4}\left(r^2 y - \frac{y^3}{3}\right).$$

Dieses neue Resultat muß vom kleinsten Werthe von y an, welcher Null ist, wenn der Körper auf jener Seite durch die Ebene BAD begrenzt wird, bis zu dessen größtem Werthe, welcher in gegenwärtigem Falle $AC = r$ ist, genommen werden. Hieraus erfolgt, daß der Inhalt des Abschnitts $ABCD$, der den 8ten Theil der Kugel ausmacht,

$$\frac{\pi r^3}{6}, \text{ mithin derjenige der Kugel,}$$

$$\frac{4}{3} \pi r^3$$

ist.

Es verdient noch bemerkt zu werden, daß man unmittelbar den Inhalt der ganzen Hemisphäre oberhalb der Ebene BAC erhalten kann, wenn man das erste Integral zwischen den Grenzen $x = -\sqrt{r^2 - y^2}$, $x = +\sqrt{r^2 - y^2}$ nimmt, weil die äußersten Werthe von x auf beiden Seiten durch den Kreis $BFEC$ mit dem Halbmesser AC begrenzt werden, wodurch alsdann das vollständige Integral, $\frac{\pi}{2}(r^2 - y^2)$ wird — und wenn man das andere Integral $\frac{\pi}{2}\int dy(r^2 - y^2) = \frac{\pi}{2}\left(r^2y - \frac{y^3}{3}\right)$ zwischen den äußersten Werthen von y nimmt, welche durch den Kreis BFEC begrenzt werden, d. i. zwischen $y = -r$, bei dem hinter der Ebene BAD befindlichen Grenzpunkte der y und zwischen $y = +r$ bei dem vorderen Grenzpunkte, wodurch man $\frac{2}{3}\pi r^3$ erhält. Durch das Verdoppeln erhält man, wie oben, zum Inhalt der ganzen Kugel:

$$\frac{4}{3}\pi r^3.$$

§. 273.

Betrachtet man die Differentiale als unendlich kleine Zuwachse der Veränderlichen, so kann man den Unterschied zwischen dem abgestumpften Prisma M′N und dem vollständigen, welches M′M zur Höhe hat, vernachlässigen, und jenes als aus kleinen Parallelepipeden bestehend ansehen, welche das Rechteck M′m′N′n′ zur Grundfläche und dz zur Höhe, mithin dxdydz zum Maße, haben. Um die Summe dieser Parallelepipeden zu erhalten, muß jener Ausdruck dxdydz bloß in Bezug auf z integrirt werden, wodurch man $\int dxdydz =$

$$zdxdy$$

wie oben erhält. Hierauf bemerkt man, daß der vollständige Werth von

$$dy\int zdx.$$

der Ausdruck der Summe derjenigen Parallelepipeden ist, welche in dem zwischen zwei mit der Ebene FHQhf der xz parallelen Ebenen befindlichen partiellen Abschnitte enthalten sind; allein da $\int zdx$ der Flächen-Inhalt des Schnittes FHQ ist, so kann jener unendlich schmale partielle Abschnitt FHQhf gleich FHQ $\times$ Qq d. i. gleich dem Flächen-Inhalte derjenigen krummen Linie, welche ihm zur Grundfläche dient, multiplicirt mit der Dicke des Abschnittes, angesehen werden. Endlich sieht man, daß

$$\int dy\int zdx$$

die Summe aller dem vorigen analogen Abschnitte ist, welche den gesuchten körperlichen Abschnitt ausmachen,

Es ist einleuchtend, daß alle obigen Operationen durch das einzige dreifache Integral

$$\int\int\int dxdydz$$

ausgedrückt werden können, wofern jedes der Integralzeichen sich auf eine der drei Veränderlichen x, y, z bezieht.

§. 274.

Ist der fragliche Körper, um zu dem allgemeineren Falle überzugehen, von der converen Oberfläche eines Cylinders (im weiteren Sinne) begrenzt, welcher über der gegebenen krummen Linie E'N'G' auf der Ebene BAC senkrecht steht, Fig. 54., so nimmt man das Integral Fig. 54.

$$\int z dx$$

von $x = AP$ bis $x = Ap$,

damit der Ausdruck $dy \int z dx$ derjenige des Abschnittes MM'N'Nnn'm'm wird. Die Linien AP und Ap, welche QM' und QN' respective gleich sind, werden vermöge der Gleichung der krummen Linie E'N'G', deren Ordinaten diese sind, in Function der $AQ = y$ gegeben seyn; bezeichnet man sie durch F(y) uud f(y), so hat man

$$\int z dx$$

von $x = F(y)$ bis $x = f(y)$

zu nehmen, wodurch, wie man sieht, neue Functionen von y eingeführt werden, welche z nicht enthielt, mithin auch die Schwierigkeiten der zweiten Integration vermehrt oder vermindert werden können. Um nun durch diese letztere den ganzen Inhalt des fraglichen Körpers d. i. die Summe der partiellen Abschnitte zu erhalten, deren allgemeinen Ausdruck man schon vor sich hat, so muß man

$$\int dy \int z dx$$

von $y = AF$ bis $y = AH$

nehmen, da diese Werthe den Grenzen E' und G' der krummen Linie E'N'G' im Sinne der y entsprechen.

Es könnte sich zutragen, daß der Umfang E'N'G', anstatt eine stetige krumme Linie zu seyn, aus mehren Theilen verschiedener krummer Linien zusammengesetzt wäre. Die Anwendung der obigen Lehren auf diesen Fall ist zu leicht, als daß es nöthig seyn könnte dabei zu verweilen.

§. 275.

Um zum allgemeinen Ausdrucke des Flächen-Inhalts einer beliebigen krummen Oberfläche zu gelangen, gedenke man sich diese Oberfläche durch Ebenen, welche mit einer der Coordinaten-Ebenen parallel sind, in Zonen, wie z. B. EGeg Fig. 53., eingetheilt, und jede dieser Zonen durch Ebenen, welche mit einer Fig. 53. andern Coordinaten-Ebene parallel sind, in vierwinklige Räume MmNn zerlegt. Man sieht beim Anblicke der Figur, daß der Raum DGMH, den ich mit u bezeichnen will, um das krummlinige Viereck GMmg zunimmt, wenn x um Pp zunimmt, und

daß dieses letztere Viereck um MmNn anwächst, wenn hierauf y um Qq angewachsen ist. Durch ähnliche Schlüsse wie in §. 270. ersieht man bald, daß der Differential-Coefficient $\frac{d^2u}{dxdy}$ der Grenze des Verhältnisses $\frac{MmNn}{Pp \times Qq}$ gleich ist. Um diese Grenze zu bestimmen, bemerke man zunächst, daß die vier Ebenen m'M und N'n, n'M und N'm, welche paarweise den Ebenen der xz und der yz parallel sind, und das krumme Viereck MmNn
Fig. 55. (Fig. 55.) feststellen, gleichfalls ein ebenes Viereck MXYZ auf der Tangential-Ebene in M feststellen, worin sämmtliche von M aus gezogenen Geraden Berührende derjenigen Bogen seyn würden, in welchen die krumme Oberfläche von denjenigen Ebenen durchschnitten würde, welche durch die Ordinate M'M gelegt würden, weßhalb jene Geraden und Bogen in einem Verhältnisse stehen, welches die Einheit zur Grenze hat (§. 63). Man kann hiernach, in Bezug auf die gesuchte Grenze, das krumme Viereck MmNn durch das ebene MXZY ersetzen, dessen Inhalt sich zu demjenigen seiner Projection M'm'N'n' wie der Halbmesser zu dem Cosinus der Neigung der berührenden Ebene zur Ebene der xy verhält. *). Allein da die Normale MG und die Ordinate M'M respective senkrecht auf diesen Ebenen sind, so ist auch ihr Winkel gleich jenem Neigungswinkel, dessen Cosinus demnach $\frac{M'M}{MG}$ oder (nach §. 150.) $\frac{1}{\sqrt{1+p^2+q^2}}$ ist. Wir erhalten demnach:

$$MXYZ = dx . dy \sqrt{1+p^2+q^2}.$$

Hieraus folgt nun bald:

$$\frac{d^2u}{dxdy} = \sqrt{1+p^2+q^2}, \text{ oder endlich:}$$

$$„u = \iint dxdy \sqrt{1+p^2+q^2}“$$

wo auch bemerkt werden mag, daß $dy \int dx \sqrt{1+p^2+q^2}$ den Flä-
Fig. 53. chen-Inhalt der Zone FHhf, Fig. 53. ausdrückt.

§. 276.

Wählen wir nochmals die Kugel zum Beispiel, so folgt aus ihrer Gleichung

$$x^2 + y^2 + z^2 = r^2:$$

---

*) Der Beweis dieses letzteren Satzes befindet sich in „Complément des Elémens de Géométrie“ §. 60. Vergleiche mit dem Vorhergehenden den „Traité etc.“ in 4to. B. II. p. 198. Note.

$$p = -\frac{x}{z},\ q = -\frac{y}{z},\ \sqrt{1+p^2+q^2} = \frac{r}{z},$$ mithin ist:

$$\int dx \sqrt{1+p^2+q^2} = \int \frac{r\,dx}{\sqrt{r^2-x^2-y^2}},$$

oder, wenn man $r^2 - y^2 = r'^2$ macht,

$$= r \int \frac{dx}{\sqrt{r'^2 - x^2}}$$

$$= r.\,\mathrm{arc}\left(\sin = \frac{x}{r'}\right) \text{ (§. 186.)};$$

nimmt man dieses Resultat zwischen den Grenzen $x = o$, $x = r' = \sqrt{r^2-y^2}$, so giebt es:

$$r\frac{\pi}{2},$$

worauf die folgende Integration

$$r\frac{\pi}{2}\int dy = \frac{\pi r y}{2}$$

darbringt. Man sieht bald ein, daß man, in so fern die Wurzelgröße $\sqrt{r^2-x^2-y^2}$ nur mit dem Vorzeichen + genommen wurde, nur den oberhalb der Ebene xy befindlichen Theil der Oberfläche finden mußte, und daß die der x angewiesenen Grenzen nur auf die Hälfte des oberen Theils der auf der Achse der y senkrechten Zone beziehbar sind. Folglich würde man zum Ausdrucke der ganzen Zone.

$$2\pi r y$$

erhalten, die den Umfang eines Hauptkreises multiplicirt mit demjenigen Theile des senkrechten Durchmessers, welcher zwischen ihren Grundflächen liegt, so wie es auch die Elementar-Geometrie lehrt. Was die Grenzen von y betrifft, so ist einleuchtend, daß man dazu $-r$ und $+r$ wählen muß, wenn man die Oberfläche der ganzen Kugel gewinnen will.

§. 277.

Die Anwendung der Analyse auf die Mechanik führt oft zu dreifachen Integralen von der Form

$$\iiint V dx dy dz,$$

wo die Function V die drei als unabhängig von einander angesehenen Veränderlichen, x, y, z, enthalten kann, so daß jedes der drei Integrationszeichen nur auf eine der drei unabhängigen Veränderlichen in's Besondere beziehbar ist. (§. 273). Man sieht bald, daß solche Integrale von der Bestimmung einer Function u von drei unabhängigen Veränderlichen x, y, z herrühren, von welcher man nur den durch die Gleichung

$$\frac{d^3u}{dxdydz} = V$$

gegebenen Differential-Coefficienten $\frac{d^3u}{dxdydz}$ kennt. Denn verfährt man hier wie im §. 271., so zieht man aus jener Gleichung

1°, indem man x und y als constant ansieht,

$$\frac{d^3u}{dxdydz} dz = d\,\frac{d^2u}{dxdy} = Vdz,$$

$$\frac{d^2u}{dxdy} = \int Vdz + T'',$$

wo T″ eine beliebige Function von x und von y bedeutet;

2°, indem man x und z als constant ansieht,

$$\frac{d^2u}{dxdy} dy = d\,\frac{du}{dx} = dy\int Vdz + T''dy,$$

$$\frac{du}{dx} = \int dy \int Vdz + T' + S',$$

wo T′ eine von $\int T''dy$ herrührende beliebige Function von x und von y und S′ eine beliebige Function von x und von z bedeutet;

3° endlich, indem man y und z als constant ansieht,

$$\frac{du}{dx} dx = dx\int dy \int Vdz + T'dx + S'dx$$

$$u = \int dx \int dy \int Vdz + T + S + R,$$

wo T und S von $\int T'dx$ und von $\int S'dx$ herrührende beliebige Functionen sind, und R eine beliebige Function von y und von z ist. Das vollständige Integral enthält demnach drei beliebige Functionen nämlich eine von x und von y, eine von x und von z, und eine von y und von z. Vereinigt man die Differentiale unter dem letzten Integrationszeichen, so geht

$$\int dx \int dy \int Vdz$$

über in

$$\int\int\int Vdxdydz,$$

welcher letztere Ausdruck demnach dasselbe bedeutet wie der vorhergehende.

Man ersieht hinlänglich aus diesem Beispiele, wie man von einem gegebenen Differential-Coefficienten beliebiger Ordnung einer Function von mehren unabhängigen Veränderlichen zu dieser Function selbst zurücksteigen kann. Die hier eingeführten beliebigen Functionen beziehen sich bloß, wie in §. 272., auf den Fall, daß die Integrale zwischen Grenzen genommen werden, in Rücksicht auf welche die Veränderlichen x, y und z unabhängig von einander sind. Am häufigsten aber muß das auf z beziehliche Integral von $z = F(x, y)$ bis $z = f(x, y)$, wo F und f gegebene Functionen bedeuten, das auf y beziehliche, von $y = F_1(x)$ bis $y = f_1(x)$, und endlich das auf x beziehliche, von $x = a$ bis $x = a'$, genommen werden.

Von der Integration der vollständigen Differentiale, welche mehre unabhängige Veränderlichen enthalten.

§. 278.

Die Functionen von mehren unabhängigen Veränderlichen haben zweierlei Arten von Differentialen, nämlich partielle und vollständige Differentiale (§. 46.). Wir haben schon in den §§. 271. 277. gesehen, wie man von einem durch die unabhängigen Veränderlichen ausgedrückten partiellen Differentiale einer Function zu dieser Function zurücksteigen kann. Diese Aufgabe läßt sich immer auflösen, weil sie sich unmittelbar auf die Integrationen von Differentialen mit einer einzigen Veränderlichen zurückführen läßt. Nicht eben so verhält es sich, wenn man einen willkührlich gewählten Ausdruck von der Form

$$Mdx + Ndy$$

als vollständiges Differential einer Function von zwei Veränderlichen ansieht, weil die Gleichung $\frac{d^2u}{dxdy} = \frac{d^2u}{dydx}$ (§. 40.) eine Relation zwischen den Größen M und N nothwendig macht, ohne welche diese nicht von derselben ursprünglichen Function zweier Veränderlichen herrühren können.

Denn setzt man:

$$du = Mdx + Ndy$$

so folgt daraus:

$$\frac{du}{dx} = M, \quad \frac{du}{dy} = N, \quad \frac{d^2u}{dydx} = \frac{dM}{dy}, \quad \frac{d^2u}{dxdy} = \frac{dN}{dx},$$

und folglich:

$$„\frac{dM}{dy} = \frac{dN}{dx}“$$

Es muß also jeder Ausdruck $Mdx + Ndy$, wenn er ein vollständiges Differential einer Function von den Veränderlichen x und y seyn soll, die letzte Gleichung identisch machen: um alsdann zu seinem Integral u aufzusteigen, hat man nur $M=\frac{du}{dx}$, $N=\frac{du}{dy}$ aufzustellen, woraus man den Werth der partiellen Differentiale ableitet.

Nimmt man z. B. das partielle Differential in Bezug auf x, so erhält man:

$$\frac{du}{dx}dx = Mdx,$$

und folglich:

$$u = \int Mdx + Y.$$

Man fügt in diesem Falle, wie in demjenigen von §. 271. eine beliebige Function von y hinzu, weil die Integration sich nur auf die Veränderliche x bezog; allein hier wird diese Function dadurch bestimmt, daß der Werth von u auch noch der Gleichung $N = \frac{du}{dy}$ genügen muß.

Die Gleichung $u = \int Mdx + Y$ giebt.

$$\frac{du}{dy} = \frac{d\int Mdx}{dy} + \frac{dY}{dy};$$

bezeichnet man $\int Mdx$ durch v, so erhält man:

$$\frac{du}{dy} = \frac{dv}{dy} + \frac{dY}{dy} = N,$$

woraus man zieht:

$$\frac{dY}{dy} = N - \frac{dv}{dy},$$

$$Y = \int \left(N - \frac{dv}{dy}\right) dy,$$

so daß man endlich zum Integrale der gegebenen Function erhält:

$$„u = \int Mdx + \int \left(N - \frac{dv}{dy}\right) dy“.$$

Dieses Resultat zeigt, daß die Function $N - \frac{dv}{dy}$ nur die eine Veränderliche y enthalten darf, weil im entgegengesetzten Falle die Voraussetzung nicht bestehen würde, daß Mdx und Ndy die partiellen Differentiale einer und derselben Function u wären. Es folgt hieraus, daß die Function $N - \frac{dv}{dy}$, weil sie x nicht enthält, keine Aenderung erleidet, wenn x variirt, und daß also

$$\frac{dN}{dx} - \frac{d^2v}{dxdy} = 0;$$

allein man hat:

$$\frac{d^2v}{dxdy}=\frac{d^2v}{dydx}=\frac{d\frac{dv}{dx}}{dy} \text{ und } \frac{dv}{dx}=M:$$

folglich erhält man:

$$\frac{d^2v}{dxdy}=\frac{dM}{dy},$$

und zuletzt:

$$\frac{dM}{dy}=\frac{dM}{dx}.$$

Diese letzte schon oben gefundene Bedingung ist folglich allein nothwendig erfüllt zu werden, damit man der Integrabilität des Differentials $Mdx+Ndy$ sicher seyn kann, und wenn sie nicht erfüllt wird, so kann der gegebene Ausdruck, weil er nicht durch das Differentiiren einer ursprünglichen Function von zwei Veränderlichen entstanden seyn kann, kein genaues Differential seyn

§. 279.

Zum Beispiele diene die gegebene Function

$$\frac{ydx-xdy}{x^2+y^2}.$$

Schreibt man dieselbe auf folgende Weise:

$$\frac{y}{x^2+y^2}dx-\frac{x}{x^2+y^2}dy,$$

so findet man nach und nach:

$$M=\frac{y}{x^2+y^2},\ N=-\frac{x}{x^2+y^2},$$

$$\frac{dM}{dy}=\frac{x^2-y^2}{(x^2+y^2)^2}=\frac{dN}{dx},$$

$$\int Mdx=\int\frac{ydx}{x^2+y^2}=\int\frac{\frac{dx}{y}}{1+\frac{x^2}{y^2}}.$$

$$=\text{arc}\left(\text{tang}=\frac{x}{y}\right)=v, \text{ also:}$$

$$u=\text{arc}\left(\text{tang}=\frac{x}{y}\right)+Y.$$

Differentiirt man nun in Bezug auf beide Veränderlichen, so erhält man:

$$du = \frac{ydx - xdy}{x^2 + y^2} + dY;$$

und vergleicht man mit der gegebenen Function, so hat man $dY = o$, weßhalb

$$Y = \text{const.}$$

Folglich hat man endlich:

$$u = \int \frac{ydx - xdy}{x^2 + y^2} = \text{arc}\left(\text{tang} = \frac{x}{y}\right) + \text{const.}\ ^{*})$$

Es diene als zweites Beispiel die folgende Function:

$$\frac{dx}{x} + \frac{y^2dx}{x^3} - \frac{ydy}{x^2} + \frac{(ydx - xdy)\sqrt{x^2+y^2}}{x^3} + \frac{dy}{2y}.$$

Vergleicht man diese Function mit der Formel

$$Mdx + Ndy,$$

so findet man:

$$M = \frac{1}{x} + \frac{y^2 + y\sqrt{x^2+y^2}}{x^3},$$

$$N = \frac{-y - \sqrt{x^2+y^2}}{x^2} + \frac{1}{2y},$$

weßhalb

$$\frac{dM}{dy} = \frac{2y + \sqrt{x^2+y^2}}{x^3} + \frac{y^2}{x^3\sqrt{x^2+y^2}},$$

$$\frac{dN}{dx} = \frac{2y + 2\sqrt{x^2+y^2}}{x^3} - \frac{x}{x^2\sqrt{x^2+y^2}};$$

reducirt man diese letzteren Werthe, so geben sie:

$$\frac{dM}{dy} = \frac{2y}{x^3} + \frac{x^2 + 2y^2}{x^3\sqrt{x^2+y^2}} = \frac{dN}{dx};$$

folglich kann die gegebene Function unmittelbar integrirt werden.

Zuerst erhält man:

$$\int Mdx = lx - \frac{y^2}{2x^2} + y\int \frac{dx}{x^3}\sqrt{x^2+y^2};$$

allein die Integration durch Theile giebt:

---

*) Ich habe bei dieser Integration verweilt, weil sie bei dem sehr zierlichen Beweise des Hauptsatzes über die Zusammensetzung der Kräfte, welchen Laplace in seiner „Mécanique céleste" giebt, benutzt werden kann.

$$\int \frac{dx}{x^3} \sqrt{x^2+y^2} = \int \sqrt{x^2+y^2} \, . \frac{dx}{x^3} =$$

$$-\frac{\sqrt{x^2+y^2}}{2x^2} + \frac{1}{2} \int \frac{dx}{x\sqrt{x^2+y^2}},$$

und macht man $\sqrt{x^2+y^2} = yz$, so findet man, indem man wie in §. 198. verfährt,

$$\int \frac{dx}{x\sqrt{x^2+y^2}} = \frac{1}{y} \, l \frac{(-y + \sqrt{x^2+y^2})}{x}:$$

folglich ist

$$\int M dx = lx - \frac{y^2}{2x^2} - \frac{y\sqrt{x^2+y^2}}{2x^2}$$

$$+ \frac{1}{2} l \frac{(-y+\sqrt{x^2+y^2}}{x} = v.$$

Hierauf hat man:

$$N - \frac{dv}{dy} = -\frac{\sqrt{x^2+y^2}}{2x^2} + \frac{y^2}{2x^2\sqrt{x^2+y^2}}$$

$$+ \frac{1}{2\sqrt{x^2+y^2}} + \frac{1}{2y} = \frac{1}{2y},$$

woraus hervorgeht:

$$Y = \frac{1}{2} ly + \text{const.},$$

und endlich:

$$u = \int \left(\frac{dx}{x} + \frac{y^2 dx}{x^3} - \frac{ydy}{x^2} + \frac{(ydx - xdy)\sqrt{x^2+y^2}}{x^3} + \frac{dy}{2y} \right)$$

$$= lx - \frac{y^2}{2x^2} - \frac{y\sqrt{x^2+y^2}}{2x^2} + \frac{1}{2} l \left(\frac{-y^2 + y\sqrt{x^2+y^2}}{x} \right) + \text{const.}$$

§. 280.

Um Differentiale zu integriren, welche eine beliebige Anzahl von unabhängigen Veränderlichen enthalten, braucht man uur die vorhergehende Methode gehörig auszudehnen. Es wird hinreichend seyn, diese Ausdehnung bei einer Function von drei Veränderlichen vorzunehmen. Es sey

$$Mdx + Ndy + Pdz$$

eine solche Function, wo M, N, P Functionen von x, y und z bezeichnen. Sieht man hier wechselsweise dx, dy, dz als Null an, d. i. betrachtet man wechselsweise x, y, z als constant: so muß man nach und nach drei genaue Differentiale mit zwei Veränderlichen erhalten, nämlich

$$Mdx + Ndy, \; Mdx + Pdz, \; Ndy + Pdz$$

aus welchen nach §. 278. nothwendig hervorgeht:

$$\frac{dM}{dy}=\frac{dN}{dx},\ \frac{dM}{dz}=\frac{dP}{dx},\ \frac{dN}{dz}=\frac{dP}{dy}.$$

Bewähren sich diese Bedingungsgleichungen, so ist das gegebene Differential genau und kann dadurch integrirt werden, daß man bei einem beliebigen der abgeleiteten Differentiale mit zwei Veränderlichen die Integration anhebt.

Wendet man z. B. auf das erste abgeleitete Differential mit zwei Veränderlichen

$$Mdx+Ndy$$

die obige Methode (278.) an, und nennt das Resultat v, so erhält man:

$$\int(Mdx+Ndy+Pdz)=v+Z,$$

wo Z eine Function von z allein ist, und von denjenigen Gliedern der gesuchten ursprünglichen Function herrührt, welche weder x noch y enthalten. Dieses vorausgesetzt differentiire man die beiden Seiten der letzten Gleichung, indem man alles variiren läßt, so findet man:

$$M=\frac{dv}{dx},\ N=\frac{dv}{dy},\ P=\frac{dv}{dz}+\frac{dZ}{dz}.$$

Da aus der letzten Gleichung

$$\frac{dZ}{dz}=P-\frac{dv}{dz}$$

und also

$$Z=\int\left(P-\frac{dv}{dz}\right)dz+\text{const.}$$

hervorgeht: so ist das gesuchte Integral unsers Differentials mit drei Veränderlichen gefunden.

Da in unserm Resultate $P-\frac{dv}{dz}$ weder x noch y enthalten darf, so muß man haben:

$$\frac{dP}{dx}-\frac{d^2v}{dxdz}=0,\ \frac{dP}{dy}-\frac{d^2v}{dydz}=0;$$

verwechselt man hier die Ordnung der doppelten Differentiale der v, und setzt für $\frac{dv}{dx}$ und $\frac{dv}{dy}$ ihre Werthe M und N: so erfolgt:

$$\frac{dP}{dx}=\frac{dM}{dz},\ \frac{dP}{dy}=\frac{dN}{dz}.$$

Da diese Bedingungen vereint mit der folgenden

$$\frac{dM}{dy}=\frac{dN}{dx},$$

welche in der Annahme liegt, daß $Mdx + Ndy$ ein Differential ist, dieselben sind, welche sich oben im Anfang des §. darboten, so sind sie offenbar hinreichend, um die Integrabilität einer beliebigen Differential-Function mit drei Veränderlichen zu begründen; und wenn ihnen nicht genügt wird, so kann die gegebene Function von keiner ursprünglichen Function herrühren, welche eben so viele unabhängige Veränderlichen hat.

Im Allgemeinen ist es einleuchtend, daß ein genaues Differential mit n Veränderlichen $\frac{n(n-1)}{2}$ genaue Differentiale mit zwei Veränderlichen darbieten muß, wodurch eben so viele Bedingungs-Gleichungen zum Vorschein kommen. Man könnte von hier aus zu den Bedingungen fortschreiten, welche höhere Differentiale erfüllen müssen; allein dieselben werden sich in der Variations-Rechnung, welche in dieses Werk mit aufgenommen werden muß, fast von selbst darbieten, weßhalb ich hier nicht bei ihnen verweilen will. *)

§. 281.

Das im §. 278. betrachtete Verfahren um den Ausdruck von $\frac{dv}{dy} = \frac{d\int Mdx}{dy}$ zu erhalten **) führt zu einer sehr nützlichen Formel, um unter dem Integralzeichen $\int$ in Bezug auf eine andere Veränderliche differentiiren zu lernen, als auf welche das Integral sich bezieht. Denn da die Gleichung

$$\frac{d^2v}{dxdy} = \frac{dM}{dy}$$

weil sie vertauscht werden kann mit

$$\frac{d\frac{dv}{dy}}{dx} = \frac{dM}{dy},$$

$$\frac{d\frac{dv}{dy}}{dx}dx = \frac{dM}{dy}dx$$

giebt, so braucht nur jede Seite dieser letzten Gleichung in Bezug auf x integrirt zu werden, um

---

*) Siehe übrigens das „Traité etc." in 4. B. II. S. 232. L.

**) Dies ist etwas unverständlich, da $\frac{dv}{dy}$ in §. 278. nicht näher untersucht wird, übrigens reicht die Hinweisung auf §. 278. schon aus. B.

$$\frac{dv}{dy} = \int \frac{dM}{dy} dx, \text{ oder endlich}$$

$$„\frac{d\int Mdx}{dy} = \int \frac{dM}{dy} dx“$$

zu erhalten. *)

Von der Integration der Differential-Gleichungen mit zwei Veränderlichen.

Von der Trennung der Veränderlichen in den Differential-Gleichungen von der ersten Ordnung.

§. 282.

In dem Vorhergehenden wurde vorausgesetzt, daß die Differential-Coefficienten der gesuchten Function unmittelbar durch die unabhängige Veränderliche ausgedrückt waren. Allein am öftesten hat man nur eine Differential-Gleichung, welche jene Function mit enthält. In der ersten Ordnung hat diese Differential-Gleichung, wenn sie nur vom ersten Grade in Bezug auf dx und dy ist, nothwendig folgende Form:

$$Mdx + Ndy = o;$$

---

*) Leibnitz, dem man diesen Lehrsatz verdankt, nannte ihn, „differentiatio de curva in curvam“, weil er bei der Aufgabe, welche er aufzulösen suchte, von einer krummen Linie zu einer andern von derselben Gattung überging, indem er eine Constante variiren ließ.

Man gelangt zu demselben Lehrsatz ebenfalls, wenn man unmittelbar das Differential von $\int Mdx$ in Bezug auf y sucht; denn es ist einleuchtend, daß man, um dieses Differential zu erhalten, y durch y + dy, in der Function $\int Mdx$, ersetzen muß, welche letztere alsdann wird:

$$\int\left(M + \frac{dM}{dy} dy + \text{etc.}\right) dx = \int Mdx + \int \frac{dM}{dy} dxdy + \text{etc., oder}$$

$$= \int Mdx + dy \int \frac{dM}{dy} dx + \text{etc.},$$

weil das Integrationszeichen sich nur auf die Veränderliche x bezieht; man erhält also, wie oben:

$$\frac{d\int Mdx}{dy} = \int \frac{dM}{dy} dx.$$

dieselbe drückt, wie wir im §. 48. nachgewiesen haben, eine Relation zwischen der Veränderlichen x, der Function y und dem Differential-Coefficienten $\frac{dy}{dx}$ dieser letzteren aus.

Das erste Mittel welches sich den Analysten darbot, um die ursprüngliche Gleichung finden zu können, wovon obige Gleichung abgeleitet ist, bestand darin, die Veränderlichen zu trennen zu suchen, d. i. obige Form auf die folgende,

$$Xdx + Ydy = o,$$

zu führen, wenn X eine bloße Function von x und Y eine bloße Function von y bedeutet. Denn ist man hierzu gelangt, so lassen sich die Glieder Xdx, Ydy nach den früher gelehrten Methoden integriren, und man erhält:

$$\int Xdx + \int Y\,dy = C,$$

wo C eine beliebige Constante bedeutet.

Als ein Beispiel derjenigen Fälle, wo die gegebene Differential-Gleichung sich unmittelbar unter der letzteren Form darbietet, diene:

$$x^m dx + y^n dy = o;$$

hier findet man sogleich:

$$\frac{x^{m+1}}{m+1} + \frac{y^{n+1}}{n+1} = C.$$

Hat die gegebene Differential-Gleichung die Form:

$$ydx - xdy = o,$$

so ist die Trennung der Veränderlichen leicht zu bewirken, weil man durch die Division durch xy

$$\frac{dx}{x} - \frac{dy}{y} = o$$

erhält: integrirt man nun jedes Glied in's Besondere, so erfolgt:

$$lx - ly = C, \text{ oder}$$

$$l\frac{x}{y} = C,$$ oder auch, weil man die Constante als einen Logarithmus ansehen darf,

$$l\frac{x}{y} = lc.$$ Geht man von den Logarithmen zu ihren Zahlen über, so erhält man endlich:

$$\frac{x}{y} = c, \text{ oder}$$

$$x = cy.$$

Durch dieses Beispiel ersieht man leicht, wie die Trennung der Veränderlichen sich auf ähnliche Weise bei den Gleichungen

$$Ydx - Xdy = o, \quad XY_1dx - YX_1dy = o$$

bewerkstelligen läßt; denn sie geben bald:

$$\frac{dx}{X} - \frac{dy}{Y} = o, \quad \frac{Xdx}{X_1} - \frac{Ydy}{Y_1} = o.$$

Ueberhaupt, wenn der aus der gegebenen Differential-Gleichung entnommene Werth von $\frac{dy}{dx}$ die Form

$$\frac{dy}{dx} = XY$$

hat, so findet man bald:

$$Xdx - \frac{dy}{Y} = o, \text{ folglich}$$

$$\int Xdx - \int \frac{dy}{Y} = C.$$

§. 283.

Es giebt noch einen sehr ausgedehnten Fall, worin die Trennung der Veränderlichen leicht zu erreichen ist, nämlich **wenn M und N homogene Functionen von x und y sind.**

Substituirt man in einer algebraischen Function der Größen x, y, z rc. worin die Summe der Exponenten aller dieser Größen in allen Gliedern dieselbe, nämlich m, ist, Px für y, Qx für z rc.: so ist das Resultat durch x^m theilbar, weil ein beliebiges Glied jener Function, $Ax^n y^p z^q$ rc., nach der gedachten Substitution, $AP^pQ^q \ldots x^{n+p+q+}$ rc., oder $AP^pQ^q \ldots x^m$ wird, indem $n+p+q+$ rc. in jedem Gliede gleich m seyn soll. Ist demnach die Function gleich Null oder kommt sie in demselben Grade sowohl im Zähler als im Nenner vor, so kann x zum Verschwinden gebracht werden.

Stützt man sich hierauf, so hat man in der Gleichung

$$Mdx + Ndy = o,$$

in dem obigen Falle, nur $x = yz$ zu machen, um die Veränderlichen zu trennen. Denn da die Functionen M und N nun die Formen Zx^m, Z_1x^m annehmen, wo Z und Z_1 nur die Veränderliche z enthalten, so giebt die Division durch x^m, wenn man hierauf für dy seinen Werth $zdx + xdz$ substituirt,

$$Zdx + Z_1(zdx + xdz) = o, \text{ oder}$$

$$\frac{dx}{x} + \frac{Z_1dz}{Z + zZ_1} = o.$$

Integrirt man endlich, so erfolgt:

$$\int \frac{dx}{x} + \int \frac{Z_1dz}{Z + zZ_1} = C.$$

Zum Beispiele diene die Gleichung:

$$xdx + ydy = nydx.$$

Verwandelt man diese Gleichung in

$$(x - ny)\,dx + ydy = o,$$

und nimmt die erwähnte Transformation vor, so wird hier:

$Z = 1 - nz$, $Z = z$: folglich erhält man:

$$\int \frac{dx}{x} + \int \frac{zdz}{1 - nz + z^2} = C, \text{ oder}$$

$$lx + \int \frac{zdz}{1 - nz + z^2} = C.$$

Da

$$\frac{zdz}{1 - nz + z^2} = \frac{1}{2}\,\frac{2zdz - ndz}{1 - nz + z^2} + \frac{1}{2}\,\frac{ndz}{1 - nz + z^2}$$

so geht die vorhergehende Gleichung über in:

$$lx + \frac{1}{2}\,l(1 - nz + z^2) + \frac{1}{2}\int \frac{ndz}{1 - nz + z^2} = C.$$

Das noch zu bestimmende Integral hangt von Logarithmen ab, wenn $\frac{n}{2} > 1$, von Kreisbogen, wenn $\frac{n}{2} < 1$ und wird algebraisch seyn, wenn $\frac{n}{2} = 1$. Ich will hier nur dasjenige Resultat anführen, welches sich auf den letzten Fall bezieht. Man hat alsdann:

$$\int \frac{ndz}{1 - nz + z^2} = \int \frac{2dz}{(1 - z)^2} = \frac{2}{1 - z},$$

$$l(1 - nz + z^2) = l\,(1 - z)^2,$$

und folglich:

$$lx + l(1 - z) + \frac{1}{1 - z} = C, \text{ oder wenn man } z$$

durch seinen Werth $\frac{y}{x}$ ersetzt:

$$l(x - y) + \frac{x}{x - y} = C.$$

Das Glied $\frac{x}{x - y}$ läßt sich in einen Logarithmen verwandeln, wenn man bemerkt, daß zufolge der Definition der Neperschen Logarithmen eine beliebige Größe u der Logarithmus der Zahl e^u ist. Hierdurch läßt sich die letzte Gleichung unter die folgende Form bringen:

$$l(x - y) + le^{\frac{x}{x - y}} = lc, \text{ woraus man nach und}$$

nach ableitet:

$$l(x-y)e^{\frac{x}{x-y}} = lc.$$

$$(x-y)e^{\frac{x}{x-y}} = c.$$

Man bemerke sich die vorstehende Art, von den Logarithmen zu den Zahlen überzugehen, weil man oft von ihr Gebrauch macht.

Es sey noch folgende Gleichung zu integriren:

$$xdy - ydx = dx\sqrt{x^2+y^2}.$$

Macht man $y = xz$ und dividirt alle auf eine Seite gebrachten Glieder durch x, so findet man:

$$dx\sqrt{1+z^2} - xdz = o,$$

welches giebt:

$$\frac{dx}{x} - \frac{dz}{\sqrt{1+z^2}} = o.$$

Integrirt man nun jedes Glied in's Besondere, so erfolgt:

$$lx - l(z+\sqrt{1+z^2}) = lc, \text{ oder}$$

$$\frac{x}{z+\sqrt{1+z^2}} = c,$$ d. i., wenn man für z wiederum seinen Werth $\frac{y}{x}$ substituirt,

$$\frac{x^2}{y+\sqrt{x^2+y^2}} = c,$$ oder wenn man Zähler und Nenner der ersten Seite mit $y - \sqrt{x^2+y^2}$ multiplizirt,

$$-y+\sqrt{x^2+y^2} = c,$$ oder endlich, wenn man das Wurzelzeichen verschwinden läßt:

$$x^2 = c^2 + 2cy.$$

§. 284.

Die Gleichung

$$(a+mx+ny)dx + (b+px+qy)dy = o.$$

kann leicht homogen gemacht werden. Setzt man $t+\alpha$ für x und $u+\beta$ für y, so hat man $dx = dt$, $dy = du$, mithin:

$$(a+m\alpha+n\beta+mt+nu)dt + (b+p\alpha+q\beta+pt+qu)du = o.$$

Nun lassen sich die constanten Glieder wegschaffen, wenn man die Gleichungen

$$a+m\alpha+n\beta = o, \quad b+p\alpha+q\beta = o$$

aufstellt, mit deren Hülfe die Größen α und β bestimmt werden können, so daß alsdann eine in Bezug auf die neuen Veränderlichen u und t homogene Differential-Gleichung zum Vorschein kommt, nämlich:

$$(mt+nu)dt + (pt+qu)du = o.$$

Die vorhergehende Transformation ist dieselbe, deren man sich in der analytischen Geometrie bedient, um den Anfangspunkt der Coordinaten in einer Ebene abzuändern „Trig. etc. § 122.“: sie führt zu keinem Resultate, wenn $mq - np = o$, in welchem Falle die Werthe von α und β unendlich groß werden; aber alsdann hat man $q = \frac{np}{m}$, weßhalb $px + qy = \frac{p}{m}(mx + ny)$; und da die gegebene Gleichung sich nun in

$$adx + bdy + (mx + ny)\left(dx + \frac{p}{m}dy\right) = o$$

verwandelt, so reicht es hin $mx + ny = z$ zu machen, um in ihr die Veränderlichen zu trennen. Substituirt man nämlich diesen Werth von z, so wie den daraus folgenden von dy und isolirt dx; so findet man die Gleichung

$$dx + \frac{(bm + pz)\,dz}{amn - bm^2 + (mn - pm)\,z} = o,$$

deren Integralgleichung Logarithmen enthält, wenn nicht $mn - pm = o$, in welchem letzteren Falle hervorgeht:

$$x + \frac{2\,bmz + pz^2}{2\,(amn - bm^2)} = C.$$

Die Substitution von z für $mx + ny$ hat die gegebene Gleichung in eine andere verwandelt, worin eine der Veränderlichen nur in ihrem Differential erscheint; und es ist leicht einzusehen, daß, welches auch die Gleichung sey, bei welcher man diese Wirkung hervorgebracht hat, derselben immer die folgende Form gegeben werden kann:

$$dx + Zdz = o,$$

wo Z eine bloße Function von z ist. Man zieht daraus also:

$$x + \int Zdz = C.$$

§. 285.

Die Trennung der Veränderlichen läßt sich auf eine sehr einfache Weise bei der Gleichung

$$dy + Pydx = Qdx$$

erreichen, wenn P und Q beliebige Functionen von x bedeuten.

Substituirt man nämlich Xz und $zdX + Xdz$ für y und dy, so geht die Gleichung über in:

$$zdX + Xdz + PXzdx = Qdx.$$

Da X eine unbestimmte Function von x bezeichnet, so darf man dieselbe so einrichten, daß die vorige Gleichung in zwei andere zerfällt, in welchen die Veränderlichen getrennt sind. Es ist aber leicht zu sehen, daß dieser Zweck in Erfüllung gehen wird, wenn man

$$Xdz + PXzdx = o$$

macht, welches $zdX = Qdx$ giebt.

Dividirt man die erste dieser Gleichung durch X, so wird sie

$$dz + Pzdx = o,$$

woraus man bald

$$\frac{dz}{z} + Pdx = o,$$

$$lz + \int Pdx = lc,$$

$$z = ce^{-\int Pdx}$$

ableitet. Nimmt man hierauf in der letzten der obigen beiden Gleichungen, nachdem man den so eben gefundenen Werth von z substituirt hat, den Werth von dX, so erhält man:

$$dX = \frac{1}{c} e^{\int Pdx} Qdx,$$

$$X = \frac{1}{c} \int e^{\int Pdx} Qdx + C.$$

Folglich wird die gesuchte Integralgleichung:

$$y = e^{-\int Pdx} (\int e^{\int Pdx} Qdx + C),$$

indem man das beliebige Product Cc in C verwandeln konnte, weßhalb man auch $lc = o$ machen gedurft hätte.

Die hier behandelte Gleichung

$$dy + Pydx = Qdx,$$

welche sich dadurch auszeichnet, daß die Veränderliche y und ihr Differential nur im ersten Grade vorkommen, wird dieses Umstandes wegen linearische Gleichung *) von der ersten Ordnung genannt, welche Benennung ich in die folgende: „Gleichung vom ersten Grade und von der ersten Ordnung" verwandeln zu müssen glaubte.

§. 286.

Die ersten Analysten, welche sich mit der Integral-Rechnung beschäftigten, classificirten die Differentialgleichungen nach der

---

*) Das Wort linearisch ist uneigentlich; es bezieht sich auf die Geometrie, und indem man es auf Gleichungen anwendet, hatte man die gerade Linie im Sinne, in deren Gleichung die Abscisse und Ordinate nur im ersten Grade vorkommen. Gleichungen wie $dy + Pydx = Qdx$, welche am öftesten transcendenten krummen Linien angehören, können also nicht als linearisch angesehen werden.

Anzahl ihrer Glieder. In denjenigen Gleichungen, welche nur zwei Glieder enthalten, und deren Form also die folgende ist:

$$\beta u^g z^h dz = \alpha u^e z^f du,$$

lassen sich die Veränderlichen auf der Stelle trennen, weil man aus ihnen zieht:

$$\beta z^{h-f} dz = \alpha u^{e-g} du.$$

Allein nicht eben so verhält es sich mit den dreigliedrigen Gleichungen, welche die folgende Form haben:

$$\gamma u^i z^k dz + \beta u^g z^h du = \alpha u^e z^f du.$$

Man kann diese Form vereinfachen, wenn man alle Glieder durch $\gamma u^i z^f$ dividirt, wodurch man erhält:

$$z^{k-f} dz + \frac{\beta}{\gamma} u^{g-i} z^{h-f} du = \frac{\alpha}{\gamma} u^{e-i} du.$$

Man macht jetzt

$$z^{k-f} dz = \frac{dy}{k-f+1} \text{ und } u^{g-i} du \frac{dx}{g-i+1}$$

so ergiebt sich

$$z^{k-f+1} = y \text{ und } u^{g-i+1} = x$$

weßhalb:

$$dy + \frac{(k-f+1)\beta}{(g-i+1)\gamma} y^{\frac{h-f}{k-i+1}} dx = \frac{(k-f+1)\alpha}{(g-i+1)\gamma} x^{\frac{e-g}{g-i+1}} dx;$$

und macht man endlich, der Kürze wegen,

$$\frac{(k-f+1)\beta}{(g-i+1)\gamma} = b, \quad \frac{(k-f+1)\alpha}{(g-i+1)\gamma} = a,$$

$$\frac{h-f}{k-f+1} = n, \quad \frac{e-g}{g-i+1} = m,$$

so erfolgt die Gleichung:

$$dy + by^n dx = ax^m dx.$$

§. 287.

Nach dem Falle, der mit der Gleichung vom ersten Grade zusammenfällt, ist derjenige der einfachste, worin $n = 2$; hierdurch gelangen wir aber zu derjenigen Gleichung, welche zuerst von dem italischen Geometer Rinati behandelt wurde, und nach demselben benannt wird, nämlich zu

$$„dy + by^2 dx = ax^m dx."$$

Ist in dieser Rinatischen Gleichung $m = 0$, so lassen sich die Veränderlichen unmittelbar trennen; denn sie wird alsdann

$$dy + by^2 dx = adx,$$

und giebt:

$$dx = \frac{dy}{a - by^2} = \frac{1}{2\sqrt{a}}\left[\frac{dy}{\sqrt{a} + y\sqrt{b}} + \frac{dy}{\sqrt{a} - y\sqrt{b}}\right],$$

worauf die Integration darbietet:

$$x = \frac{1}{2\sqrt{ab}} l\left(\frac{\sqrt{a} + y\sqrt{b}}{\sqrt{a} - y\sqrt{b}}\right) + C.$$

Um die letzte Differentialgleichung homogen zu machen, mache man

$$y = z^k,$$

so verwandelt sie sich in

$$kz^{k-1}\,dz + bz^{2k}\,dx = ax^m\,dx,$$

und nimmt die verlangte Form an, wenn $k - 1 = 2k = m$, welches $k = -1$ giebt, und voraussetzt, daß man habe $m = -2$. Es erfolgt dann:

$$-\frac{dz}{z^2} + \frac{bdx}{z^2} = \frac{adx}{x^2}.$$

Ich will nicht bei der Integration dieser Gleichung verweilen, sondern zu einer allgemeinern Umwandlung übergehen, zu derjenigen nämlich, die aus

$$y = Ax^p + x^q z$$

folgt. Durch diese Annahme findet man:

$$dy = (pAx^{p-1} + qx^{q-1}z)\,dx + x^q dz,$$

$$y^2 dx = (A^2x^{2p} + 2Ax^{p+q}z + x^{2q}z^2)\,dx,$$

mithin

$$x^q dz + (qx^{q-1} + 2bAx^{p+q} + bx^{2q}z)\,zdx$$
$$+ (pAx^{p-1} + bA^2x^{2p})\,dx = ax^m\,dx.$$

Diese Gleichung wird sich auf drei Glieder reduciren lassen, wenn $p - 1 = 2p$, $pA + bA^2 = o$, $q - 1 = p + q$, und $q + 2bA = o$. Die erste und dritte dieser Gleichungen geben übereinstimmend $p = -1$; aus der zweiten und vierten zieht man $A = \frac{1}{b}$, $q = -2$. Hieraus folgen

$$y = \frac{1}{bx} + \frac{z}{x^2}$$

$$x^{-2}dz + bx^{-4}z^2\,dx = ax^m\,dx, \text{ oder}$$

$$dz + bz^2\frac{dx}{x^2} = ax^{m+2}\,dx.$$

Folglich ist die gegebene Differentialgleichung zur Homogeneität gebracht, wenn $m = -2$, allein man sieht nun auch, daß die Veränderlichen getrennt werden, wenn

$$m = -4,$$

weil man in diesem Falle

$$dz + (bz^2 - a)\frac{dx}{x^2} = o, \text{ oder}$$

$$\frac{dz}{bz^2 - a} + \frac{dx}{x^2} = o$$

erhält.

Macht man in der Gleichung,

$$dz + bz^2\frac{dx}{x^2} = a x^{m+2} dx,$$

$$z = \frac{1}{y'},$$

so erfolgt

$$-dy' + b\frac{dx}{x^2} = a y'^2 x^{m+2} dx, \text{ oder}$$

$$dy' + a y'^2 x^{m+2} dx = \frac{b dx}{x^2}:$$

macht man hierauf

$$x^{m+2} dx = \frac{dx'}{m+3},$$

so findet man

$$x^{m+3} = x',$$

$$dx = \frac{1}{m+3} x'^{-\frac{m+2}{m+3}} dx'$$

$$dy' + \frac{a}{m+3} y'^2 dx' = \frac{b}{m+3} x'^{-\frac{m+4}{m+3}} dx';$$

und macht man hierauf, um abzukürzen,

$$\frac{a}{m+3} = b', \quad \frac{b}{m+3} = a' \text{ und } -\frac{m+4}{m+3} = m',$$

so gelangt man zu der Gleichung

$$dy' + b'y'^2 dx' = a'x'^{m'} dx',$$

welche der gegebenen ähnlich ist und folglich dieselben Umwandlungen zuläßt: die Trennung der Veränderlichen x' und y' wird demnach, nach der Substitution von

$$y' = \frac{1}{b'x'} + \frac{z'}{x'^2},$$

möglich seyn, wenn $m' = -4$.

Fände diese Bedingung nicht Statt, so würde man, in der Transformirten in z', wiederum

$$z' = \frac{1}{y''},$$

$$x'^{m'+3} = x'',$$

$$\frac{a'}{m'+3} = b'', \quad \frac{b'}{m'+3} = a'', \quad -\frac{m'+4}{m'+3} = m''$$

machen, welche den vorhergehenden gleiche Ausdrücke nothwendig zur Gleichung

$$dy'' + b''y''^2 dx'' = a''x''^{m''}dx''$$

führen würden, die wiederum der gegebenen ähnlich ist, und der Trennung der Veränderlichen fähig ist, wenn

$$m'' = -4.$$

Fährt man auf diese Weise fort, so gelangt man zu einer trennbaren Gleichung, wenn in der Folge der Exponenten

$$m, \; m' = -\frac{m+4}{m+3}, \; m'' = -\frac{m'+4}{m'+3}, \; m''' = -\frac{m''+4}{m''+3}, \text{ ꝛc.}$$

einer vorkommt, welcher -4 gleich ist. Nimmt man nach und nach an, daß dies m, m', m'' ꝛc. sey, so erhält man für m die Zahlen $-\frac{4}{1}$, $-\frac{8}{3}$, $-\frac{12}{5}$, $-\frac{16}{7}$ ꝛc., welche sämmtlich in der Formel

$$m = -\frac{4i}{2i-1}$$

enthalten sind, wofern i eine beliebige ganze Zahl bedeutet. Diese Formel giebt auch den im vorhergehenden §. bemerkten Werth $m = 0$: der Werth $m = -2$ entspricht dem unendlich großen i. *)

*) Man gelangt auf directe Weise zur allgemeinen Form von m, wenn man auf diese Größe die Größen m', m'' ꝛc. bezieht; denn substituirt man den Werth von m' in demjenigen von m'', dann das Resultat in dem Werthe von m''' u. s. f., so findet man:

$$m' = -\frac{m+4}{m+3}, \; m'' = -\frac{3m+8}{2m+5}, \; m''' = -\frac{5m+12}{3m+7} \text{ ꝛc.},$$

woraus man schließt, daß

$$m^{(i)} = -\frac{(2i-1)m+4i}{im+2i+1}.$$

Dieser Werth bestätigt sich durch die Relation

$$m^{(i+1)} = -\frac{m^{(i)}+4}{m^{(i)}+3} = -\frac{[2(i+1)-1]m+4(i+1)}{(i+1)m+2(i+1)+1},$$

welche zeigt, daß wenn die Formel für eine beliebige Zahl i Statt findet, dieselbe auch für die folgende Zahl $i+1$ Statt findet.

Da die gegebene Gleichung integrabel ist, wenn der Exponent von x auf der zweiten Seite Null ist, so findet man, wenn man $m^{(i)} = 0$ macht,

Diese Fälle umfassen noch nicht alle diejenigen, welche man aus den vorhergehenden Umwandlungen ableiten kann. Um deren eine neue Reihe zu ermitteln, reicht es hin, damit zu beginnen, in der gegebenen Gleichung

$$y = \frac{1}{y'}$$

zu machen; dieses giebt

$$dy' + ay'^2 x^m dx = bdx,$$

und setzt man

$$x^{m+1} = x',\ \frac{a}{m+1} = b',\ \frac{b}{m+1} = a',\ -\frac{m}{m+1} = m',$$

so erfolgt die Gleichung

$$dy' + b'y'^2 dx' = a'x'^{m'} dx',$$

welche, da sie der gegebenen ähnlich ist, auch dieselben Operationen zuläßt, d. h. wenn man darin

$$y' = \frac{1}{b'x'} + \frac{z'}{x'^2}$$

macht und wie bei den ersten Fällen fortfährt, so gelangt man zu einer trennbaren Transformirten, wenn die Zahl m' in der Formel

$$-\frac{4i}{2i-1}$$

begriffen ist, oder folglich wenn man hat

$$-\frac{m}{m+1} = -\frac{4i}{2i-1}.$$

Hieraus zieht man

$$m = -\frac{4i}{2i+1},$$

so daß wenn man für i die Werthe 1, 2, 3 . . annimmt, die folgende Reihe von Zahlen: $-\frac{4}{3}$, $-\frac{8}{5}$, $-\frac{12}{7}$, $-\frac{16}{9}$ ꝛc. zum Vorschein kommt.

$$m = -\frac{4i}{2i-1}.$$

Macht man $m^{(i)} = -4$, so erhält man

$$m = -\frac{4i+4}{2i+1} = -\frac{4(i+1)}{2(i+1)-1},$$

welches eine Verwandelte mehr anzeigt als in dem vorhergehenden Falle, und darauf hinausläuft, $m^{(i+1)} = o$ zu machen.

Es folgt also aus allem Vorhergehenden, daß die Rinatische Gleichung trennbar ist, wenn der Exponent m die Form

$$\frac{-4i}{2i \mp 1}$$

hat, welche auch o und —2 in sich faßt.

Aufsuchung eines Factors, welcher geeignet ist, eine Differentialgleichung von der ersten Ordnnng integrirbar zu machen.

§. 288.

Man muß sich erinnern, daß eine Differentialgleichung nicht immer das unmittelbare Resultat der Differentiation einer Gleichung mit zwei Veränderlichen ist, sondern daß sie im Allgemeinen aus der Elimination einer willkührlichen Constante zwischen der ursprünglichen Gleichung und deren unmittelbarer Differentialgleichung hervorgeht (§. 53.)

Es erfolgt diese Elimination auf der Stelle, wenn die ursprüngliche Gleichung von der Form

$$u = c$$

ist, wo u eine beliebige Function von x und y bedeutet, denn differentiirt man, so erhält man

$$du = o.$$

Hat die Function du keinen Factor, wodurch sie dividirt werden könnte, so wird sie die Form eines genauen Differentials mit zwei Veränderlichen behalten und kann folglich nach der Methode des §. 278. integrirt werden.

§. 289.

Hat aber die Grundgleichung nicht die Form

$$u = c,$$

oder enthält die Differentialgleichung

$$du = o$$

Factoren, welche man verschwinden läßt, so ist die hierdurch zum Vorschein kommende Differentialgleichung nicht mehr unmittelbar integrirbar.

Hätte man z. B.

$$u = y - cx = o,$$

so fände man

$$du = dy - cdx = o,$$

und, nach der Elimination von c,

$$xdy - ydx = o,$$

welche Gleichung den Bedingungen der Integrirbarkeit nicht genügt, indem sie

$$M = -g, \ N = x, \ \frac{dM}{dy} = -1, \ \frac{dN}{dx} = 1$$

giebt.

Allein isolirt man die Constante c, so erhält man

$$\frac{y}{x} = c,$$

und durch die Differentiation,

$$\frac{xdy - xdx}{x^2} = o$$

Nun hat man also

$$M = -\frac{y}{x^2}, \ N = \frac{1}{x}, \ \frac{dM}{dy} = -\frac{1}{x^2} = \frac{dN}{dx}.$$

Hieraus ersieht man, daß die Integrirbarkeit der Gleichung

$$xdy - ydx = o$$

an die Wiederherstellung des Factors $\frac{1}{x^2}$ gebunden ist, welcher beim Differentiiren und Eliminiren der willkührlichen Constante verschwand.

Es kann überhaupt jede Differentialgleichung mit zwei Veränderlichen, in welcher die Differentiale in keinem höhern Grade als im ersten vorkommen, durch Beihülfe eines Factors zu einem genauen Differentiale gemacht werden, wenn sie einer ursprünglichen Gleichung entspricht. Denn es seien

$$Mdx + Ndy = o, \text{ und } u = c$$

die gegebene Differentialgleichung und deren Grundgleichung; die erstere muß offenbar denselben Werth für dy darbieten, wie die unmittelbare Differentialgleichung der letzteren,

$$\frac{du}{dx}dx + \frac{du}{dy}dy = o;$$

man muß also haben:

$$-\frac{M}{N} = -\frac{\frac{du}{dx}}{\frac{du}{dy}},$$

$$\frac{\frac{du}{dy}}{N}=\frac{\frac{du}{dx}}{N};$$

nennt man diese letzteren Quotienten z, so folgt hieraus

$$\frac{du}{dx}=Mz,\ \frac{du}{dy}=Nz,$$

$$du=Mzdx+Nzdy.$$

Es ließe sich also der Factor z bestimmen, wenn das Integral der gegebenen Differentialgleichung bekannt wäre, weil man diese Integralgleichung nur in Bezug auf die willkührliche Constante aufzulösen nöthig hätte, um ihr die Form $u=c$ geben zu können. Und da wir bald sehen werden, daß alle Differentialgleichungen mit zwei Veränderlichen nothwendiger Weise ein vollständiges Integral, wenigstens unter der Form einer Reihe, zulassen: so muß nothwendig, wenigstens unter dieser Form, ein Factor angebbar seyn, der geeignet ist, eine beliebige jener Gleichungen zum genauen Differentiale zu machen.

§. 290.

Wenn das Integral der gegebenen Differentialgleichung nicht bekannt ist, so hat man, um z zu bestimmen, nur die Gleichung

$$\frac{d.Mz}{dy}=\frac{d.Nz}{dx},$$

welcher, als Bedingung, die Gleichung

$$Mzdx+Nzdy=du$$

genügen muß, weil diese ein genaues Differential seyn soll. Entwickelt man jene Bedingungsgleichung, so findet man:

$$M\frac{dz}{dy}+z\frac{dM}{dy}=N\frac{dz}{dx}+z\frac{dN}{dx},\ \text{oder}$$

$$M\frac{dz}{dy}-N\frac{dz}{dx}+\left(\frac{dM}{dy}-\frac{dN}{dx}\right)z=o\ .\ .\ .\ .\ .\ (A)$$

Könnte man im Allgemeinen einen Werth von z aus der Gleichung (A) ableiten, so ließe sich jede beliebige Differentialgleichung von der ersten Ordnung durch das Verfahren des §. 278. integriren; allein jene Gleichung ist fast immer schwerer zu behandeln, als die gegebene Differentialgleichung selbst, weil die in ihr enthaltene Function z, indem sie von zwei Veränderlichen abhangt, zwei Differential-Coefficienten hat und folglich zu der Gattung derjenigen gehört, deren Bildung im §. 140. angezeigt wurde. Ich kann mich jetzt nicht mit ihrer Auflösung beschäftigen, die, wie man später sehen wird, wieder dahin führt, wovon man ausging; allein ich will noch einige Eigenschaften des Factors z nachweisen.

Es ist bemerkenswerth, daß, wenn man einen Werth von z kennt, eine unendliche Anzahl anderer aus diesem abgeleitet werden können, wofern man beachtet, daß, wenn die beiden Seiten der Gleichung

$$zMdx + zNdy = du$$

mit einer beliebigen Function von u, welche ich mit $\varphi(u)$ bezeichnen will, multiplicirt werden, die beiden Seiten des Resultates

$$z\varphi(u)Mdx + z\varphi(u)Ndy = \varphi(u)du$$

gleichfalls genaue Differentiale seyn werden, und daß also, wenn z ein Factor ist, der sich eignet, um die Gleichung $Mdx + Ndy = o$ integrirbar zu machen, das Product

$$z\varphi(u)$$

dieselbe Eigenschaft besitzen muß.

Es folgt hieraus, daß wenn man zwei verschiedene Factoren zu finden vermöchte, welche beide geeignet wären, eine gegebene Differentialgleichung integrirbar zu machen, das gesuchte Integral sehr bald bestimmt werden könnte. Denn hält man den einen der Integrabilitäts-Factoren für z, so hat der andere die Form $z\varphi(u)$; und stellt man auf

$$\frac{z\varphi(u)}{z} = c,$$

so erhält man

$$\varphi(u) = c, \text{ oder was dasselbe ist: }$$
$$u = \text{const.}$$

§. 291.

Es giebt Fälle, wo der Factor z nur eine der Veränderlichen x durch y enthalten darf: alsdann ist es leicht, seinen Ausdruck vermittelst der Gleichung (A) zu erhalten.

Denn nimmt man z. B. an, es sey in dieser Gleichung

$$\frac{dz}{dy} = o,$$

so wird sie:

$$-N\frac{dz}{dx} + z\left(\frac{dM}{dy} - \frac{dN}{dx}\right) = o,$$

woraus man ziehen wird:

$$\frac{dz}{dx} = \frac{1}{N}\left(\frac{dM}{dy} - \frac{dN}{dx}\right)dx;$$

diese Gleichung wird Statt finden, wenn die Größe

$$\frac{1}{N}\left(\frac{dM}{dy}-\frac{dN}{dy}\right)$$

zu einer Function von x wird. Bezeichnet man diese Function mit X und integrirt, so findet man:

$$lz=\int Xdx, \text{ oder}$$

$$z=e^{\int Xdx}.$$

Dieses Resultat läßt sich auf die Gleichung

$$dy+Pydx=Qdx$$

anwenden.

Denn hier hat man

$$M=Py-Q, \; N=1, \; \frac{1}{N}\left(\frac{dM}{dy}-\frac{dN}{dx}\right)=P,$$

und folglich

$$z=e^{\int Pdx}.$$

Multiplicirt man hierauf obige Gleichung mit $e^{\int Pdx}$, so findet man

$$e^{\int Pdx}dy+(Py-Q)e^{\int Pdx}dx=o;$$

integrirt man $e^{\int Pdx}$ in Bezug auf y, so erhält man:

$$u=ye^{\int Pdx}+X,$$

wofern X eine Function von x bedeutet, welche durch die Gleichung

$$\frac{d.e^{\int Pdx}}{dx}+\frac{dX}{dx}=(Py-Q)e^{\int Pdx}.$$

bestimmt wird, woraus man

$$\frac{dX}{dx}=-e^{\int Pdx}Q, \; X=-\int e^{\int Pdx}Qdx$$

und folglich

$$ye^{\int Pdx}-\int e^{\int Pdx}Qdx=C$$

oder endlich, wie im §. 285.

$$y=e^{-\int Pdx}\left(\int e^{\int Pdx}Qdx+C\right)$$

ableitet.

Ich will nicht bey dem Falle verweilen, wo der Integrabilitäts-Factor z nur die Veränderliche y enthalten soll: man sieht leicht, daß sein Ausdruck alsdann

$$z=e^{\int Ydy}$$

seyn wird, wenn man

$$Y=\frac{1}{M}\left(\frac{dN}{dx}-\frac{dM}{dy}\right)$$

macht, und daß dieser Fall nur Statt finden kann, wenn Y durchaus unabhängig von x ist.

§. 292.

Eine homogene Function und deren Differential-Coefficienten haben besondere Relationen, welche die Integration sehr erleichtern.

Bedeutet V eine homogene Function von x, y ꝛc., und substituirt man darin tx, ty ꝛc. anstatt x, y ꝛc., so nimmt sie nothwendig die Form $t^m V$ an, wenn m die Summe der Exponenten der Veränderlichen in jedem Gliede ist (§. 283). Macht man hierauf $t = 1 + g$, so wird V zu $(1+g)^m V$; durch dieselbe Annahme verwandeln sich x, y, ꝛc. respective in $x + gx$, $y + gy$, ꝛc.; und macht man in der Formel des §. 41. $h = gx$ und $k = gy$, so gelangt man zur folgenden Gleichung

$$\left.\begin{array}{l} V + \frac{dV}{dx} gx + \frac{dV}{dy} gy + \text{ꝛc.} \\ + \frac{1}{2}\left\{\frac{d^2V}{dx^2} g^2x^2 + 2\frac{d^2V}{dx dy} g^2xy + \frac{d^2V}{dy^2} g^2y^2 + \text{ꝛc.}\right\} \\ + \text{ꝛc.} \end{array}\right\} = (1+g)^m V.$$

Entwickelt man die zweite Seite und vergleicht diejenigen Glieder mit einander, welche dieselbe Potenz der unbestimmten g enthalten, so findet man:

$$\frac{dV}{dx} dx + \frac{dV}{dy} dy + \text{ꝛc.} = mV$$

$$\frac{d^2V}{dx^2} x^2 + 2\frac{d^2V}{dx dy} xy + \frac{d^2V}{dy^2} y^2 + \text{ꝛc.} = m(m-1) V.$$

ꝛc.

§. 293.

Vermittelst dieser Relationen läßt sich der Integrablitäts-Factor z in den homogenen Differentialgleichungen ziemlich leicht bestimmen. H. Poisson gelangt dazu nach folgendem Verfahren, welches genauer ist als dasjenige, dessen sich Euler zuerst bediente.

Wenn

$$Mdx + Ndy = 0$$

eine homogene Function, und die Summe der Exponenten von x und y sowohl in M als in N gleich m ist: so nehme man an, z sey auch eine homogene Function, vom Grade n, und mache dann

$$Mzdx + Nzdy = du,$$

so folgt aus den vorhergehenden Relationen (§. 292.), daß

$$\frac{d(Mz)}{dx}x + \frac{d(Mz)}{dy}y = (m+n)\,Mz;$$

allein damit das gegebene Differential genau sey, muß man haben:

$$\frac{d(Mz)}{dy} = \frac{d(Nz)}{dx},$$

welche Gleichung ein Mittel darbietet, $\frac{d(Mz)}{dy}$ aus der vorhergehenden wegzuschaffen, welche hierdurch übergeht in:

$$\frac{d(Mz)}{dx}x + \frac{d(Nz)}{dx}y = (m+n)\,Mz.$$

Dieses vorausgesetzt ist es einleuchtend, daß

$$\frac{d(Mzx)}{dx} = \frac{d(Mz)}{dx}x + Mz,\quad \frac{d(Nzy)}{dx} = \frac{d(Nz)}{dx} + y;$$

es läßt sich also die oben gefundene Gleichung folgender Maßen schreiben:

$$\frac{d(Mzx)}{dx} + \frac{d(Nzy)}{dx} = (m+n+1)\,Mz;$$

allein da der Exponent n ein unbestimmter ist, so mache man

$$m+n+1 = o,$$

wodurch man erhält:

$$\frac{d(Mzx)}{dx} + \frac{d(Nzy)}{dx} = o,$$

weßhalb

$$Mzx + Nzy = c, \text{ und}$$

$$z = \frac{c}{Mx+Ny}.$$

Da man übrigens $c = 1$ machen darf, so ist also

$$\frac{1}{Mx+Ny}$$

ein Integrabilitäts-Factor der homogenen Differentialgleichung

$$Mdx + Ndy = o.\ ^{*)}$$

*) Man hat hier vorausgesetzt, daß der Factor z eine homogene Function sey, welche Annahme sich dadurch rechtfertigen läßt, daß man zeigt, daß $\frac{Mdx+Ndy}{Mx+Ny}$ immer ein genaues Differential ist, wenn M und N homogene Functionen sind. (Siehe den „Traité etc." in 4to. B. II. S. 266.) Man findet auf der folgenden Seite desselben Bandes die Bestimmung a posteriori des Factors z, in Folge der Trennung der Veränderlichen.

Von den Differential-Gleichungen von der ersten Ordnung, in welchen die Differentiale den ersten Grad übersteigen.

§. 294.

Man ersieht aus der Entstehung der Differentialgleichungen, wovon ich mehre Beispiele im §. 53. gegeben habe, daß deren solche vorkommen können, in welchen die Differentiale den ersten Grad übersteigen. Die allgemeine Form dieser Gleichungen ist folgende:

$$dy^n + Pdy^{n-1}dx + Qdy^{n-2}dx^2 \ldots + Tdydx^{n-1} + Udx^n = 0;$$

dividirt man durch die höchste Potenz von dx, so wird sie:

$$\left(\frac{dy}{dx}\right)^n + P\left(\frac{dy}{dx}\right)^{n-1} + Q\left(\frac{dy}{dx}\right)^{n-2} \ldots + T\frac{dy}{dx} + U = 0.$$

Löst man diese Gleichung in Bezug auf den Differential-Coefficienten $\frac{dy}{dx}$ auf, und bezeichnet ihre Wurzeln mit

$$p, p', p'', \text{2c.}$$

so erhält man:

$$\frac{dy}{dx} - p = 0, \quad \frac{dy}{dx} - p' = 0, \quad \frac{dy}{dx} - p'' = 0, \text{ 2c.},$$

welche Resultate sich sämmtlich nach vorhergehenden Methoden behandeln lassen, weil die Differentiale sich in ihnen nur im ersten Grade vorfinden. Das Integral eines jeden von ihnen wird auch das Integral der gegebenen Differential-Gleichung seyn; außerdem wird diese letztere auch noch zum Integrale haben das Product aller jener Integrale. Denn da die gegebene Differentialgleichung gleichbedeutend ist mit der folgenden,

$$\left(\frac{dy}{dx} - p\right)\left(\frac{dy}{dx} - p'\right)\left(\frac{dy}{dx} - p''\right) \ldots = 0,$$

so wird sie durch alle diejenigen Gleichungen befriedigt, welche einen jener Factoren zum Verschwinden bringen. Betrachtet man überdieß, daß eine Grundgleichung von der Form

$$MNP \ldots = 0$$

nur durch das auf einander folgende Verschwinden eines jeden ihrer Factoren befriedigt werden kann, so schließt man daraus, daß das unmittelbare Differential ihrer ersten Seite, nämlich

$$dM.NP.. + dN.MP\ldots + \text{2c.},$$

sich stets auf ein einziges Glied reducirt; denn nimmt man z. B.

$M = 0$ an, so erhält man bloß $dM \cdot NP = 0$, oder auch nur $dM = 0$: mithin befriedigt die Gleichung

$$MNP \ldots = 0$$

die Differentialgleichung, welche durch die Gleichnng

$$M = 0$$

befriedigt werden würde.

Die beiden folgenden wenn gleich sehr einfachen Beispiele werden alle Schwierigkeiten lösen, die man noch in Vorstehendem antreffen möchte.

§. 295.

Das erste Beispiel sey:

$$dy^2 - a^2dx^2 = 0.$$

Diese Gleichung zerlegt sich in die Factoren

$$dy + adx = 0, \quad dy - adx = 0,$$

deren Integrale sind,

$$y + ax = c, \quad y - ax = c';$$

es ist leicht zu sehen, daß jedes dieser Resultate der gegebenen Differentialgleichung genügt. Es genügt ihr nicht minder die Gleichung

$$(y + ax - c)(y - ax - c') = 0;$$

denn diese giebt:

$$(y + ax - c)(dy - adx) + (y - ax - c')(dy + adx) = 0, \text{ weßhalb}$$

$$dy = \frac{[(y + ax - c) - (y - ax - c')]\,adx}{2y - (c + c')},$$

und setzt man nach und nach für y ihre Werthe $c - ax$, $c' + ax$, so findet man:

$$dy = -adx, \quad dy = +adx.$$

Da das Integral

$$(y + ax - c)(y - ax - c') = 0$$

zwei willkürliche und nicht reducirbare Constanten enthält, so scheint es allgemeiner zu seyn, als diejenigen der andern Gleichungen von der ersten Ordnung, welche nur eine Constante zulassen; allein man muß wohl beachten, daß jeder ihrer Factoren nur einzeln betrachtet werden muß, und daß man aus ihm keine andern Linien ableiten kann als solche, welche aus einem Integrale abgeleitet würden, welches nur eine einzige Constante enthielte, wie man deren auch eins für die gegebene Gleichung finden kann. Um dasselbe nämlich zu erhalten, mache man

$dy = mdx$, in der gegebenen Differentialgleichung $dy^2 - a^2dx^2 = o$, die hierdurch übergeht in:
$m^2 - a^2 = o$, wodurch die Größe m bestimmt wird, deren Werth hierauf in dem Integral der Gleichung
$dy = mdx$ d. i. in
$y = mx + c$
substituirt werden muß. Das Integral der gegebenen Differentialgleichung ist demnach das Resultat der Elimination von m zwischen den Gleichungen

$$y = mx + c,\quad m^2 - a^2 = o,$$

woraus man zieht

$$m = \frac{y-c}{x},\ \text{und}$$

$$\left(\frac{y-c}{x}\right)^2 - a^2 = o.$$

Da diese letzte Gleichung vom zweiten Grade ist, so giebt sie für jeden besondern Werth der Constante, zwei gerade Linien, welche gegen die Achse der x in entgegengesetztem Sinne geneigt sind; nichts anderes bietet aber auch die Gleichung

$$(y + ax - c)(y - ax - c') = o$$

dar, außer daß jeder Factor nur Linien darstellt, welche in demselben Sinne gegen die Achse der x geneigt sind; allein giebt man jeder der Constanten c und c' in's Besondere alle möglichen Werthe, so durchlaufen diese Größen nothwendig dieselben Werthe, und wenn man die einander gleichen Werthe paarweise verbindet, so gelangt man offenbar zu denselben Auflösungen, welche in dem nur die einzige Constante c enthaltenden Integrale

$$\left(\frac{y-c}{x}\right)^2 - a^2 = o$$

liegen.

Es ist nützlich zu bemerken, daß jede Differentialgleichung, welche nur dy, dx und constante Größen enthält, so wie oben dadurch integrirt werden kann, daß man

$$dy = mdx$$

macht.

Das zweite Beispiel sey:

$$dy^2 - axdx^2 = o;$$

hieraus zieht man:

$$dy + dx\sqrt{ax} = o,\quad dy - dx\sqrt{ax} = o,$$

mithin durch's Integriren:

$$y + \tfrac{2}{3}a^{\frac{1}{2}}x^{\frac{3}{2}} - c = o,\quad y - \tfrac{2}{3}a^{\frac{1}{2}}x^{\frac{3}{2}} - c' = o.$$

Diese Gleichungen, so wie ihr Product, können als Integrale der gegebenen Differentialgleichung angesehen werden; allein der gegenwärtige Fall unterscheidet sich von dem vorhergehenden dadurch, daß die Wurzelgrößen, welche in den beiden erhaltenen Integralen vorkommen, ein Band unter sich bilden, welches gestattet, diese beide in einer Gleichung mit einer einzigen Constante zusammenzufassen. Denn läßt man das Wurzelzeichen in der Gleichung

$$y + \tfrac{2}{3}\sqrt{ax^3} - c = 0$$

verschwinden, so erhält man

$$(y - c)^2 = \tfrac{4}{9}ax^3.$$

Dieses Resultat ist noch Integral der gegebenen Differentialgleichung, zu welcher es unmittelbar führen würde, wenn man c eliminirte. Es gehört einer Gattung von Parabeln an, wovon jede der irrationalen Gleichungen nur einen Zweig liefert; und das Product dieser Gleichungen würde nur Gruppen von Zweigen entsprechen, welche zu verschiedenen krummen Linien gehörten, allein paarweise genommen, für gleiche Werthe der Constanten, nichts mehr darbieten würden als das rationale Integral.

§. 296.

Da das Vorhergehende die Integration der Differentialgleichungen, worin die Differentiale den ersten Grad übersteigen, von der Auflösung algebraischer Gleichungen abhängig macht, welche nur innerhalb sehr enger Grenzen ausführbar ist: so mögen nun einige Verfahrungsarten folgen, wodurch in gewissen Fällen, wenigstens theilweise, die Schwierigkeiten vermieden werden können, welche die Auflösung der gegebenen Differentialgleichung in Bezug auf $\frac{dy}{dx}$ darbietet.

Enthält die gegebene Differentialgleichung außer $\frac{dy}{dx}$ nur eine der Veränderlichen z. B. x, und ist leichter in Bezug auf x als in Bezug auf $\frac{dy}{dx}$ aufzulösen, welchen Coefficienten ich, der Kürze wegen, mit p bezeichnen will: so findet man zuerst

$$x = P,$$

wo P eine beliebige Function von p bedeutet; und da die Gleichung

$$\frac{dy}{dx} = p,$$

$$dy = p\,dx \text{ giebt, weßhalb}$$

$$y = px - \int x\,dp + C, \text{ so giebt die}$$

Substitution von P für x:

$$y = Pp - \int P dp + C.$$

Eliminirt man nun p zwischen dieser letzten und der obigen ersten Gleichung, so wird das Resultat der Elimination, welches nur x, y und die willkührliche Constante C enthalten kann, die verlangte Integralgleichung seyn.

Es sey z. B. gegeben:

$$x dx + a dy = b \sqrt{dx^2 + dy^2}.$$

Setzt man p für $\frac{dy}{dx}$, so geht dieselbe über in:

$$x + ap = b \sqrt{1 + p^2}.$$

Hieraus erhält man sogleich:

$$x = - ap + b \sqrt{1 + p^2},$$
$$P = - ap + b \sqrt{1 + p^2};$$

mithin wird hier erfolgen:

$$y = bp \sqrt{1 + p^2} - \tfrac{1}{2} ap^2 - b \int dp \sqrt{1 + p^2} + C.$$

§. 297.

Wenn zwar beide Veränderlichen in der gegebenen Differentialgleichung vorkommen, allein die eine von ihnen z. B. y den ersten Grad nicht übersteigt, so nehme man den Werth von y in x und p; hieraus erhält man

$$dy = R dx + S dp, \text{ mithin}$$
$$p dx = R dx + S dp, \text{ oder}$$
$$(R - p) dx + S dp = 0.$$

Wüßte man nun diese letztere Gleichung zu integriren, so hätte man zwischen p, x und einer beliebigen Constante eine Relation, mit deren Beihülfe p aus der gegebenen Gleichung fortgeschafft und die gesuchte Integralgleichung somit erhalten werden könnte.

Wenn die Veränderliche x den ersten Grad gleichfalls nicht übersteigt, so führt die gegebene Differentialgleichung, welche alsdann die Form

$$y = Nx + P$$

hat, wo N und P Functionen von p bezeichnen, zu einer Gleichung, welche der im §. 285. behandelten analog ist; allein, um größerer Einfachheit willen, beschränken wir uns auf den besondern Fall:

$$y = px + P.$$

Hier hat man

$$dy = p dx + \left(x + \frac{dP}{dp}\right) dp, \text{ und weil } dy = p dx,$$

so hat man nur noch

$\left(x+\frac{dP}{dp}\right)dp=o$, welche Gleichung in die beiden Factoren

$$x+\frac{dP}{dp}=o,\ dp=o$$

zerfällt. Der erste ist im Grunde nur eine ursprüngliche Gleichung zwischen x und p; man hat nur den zweiten zu integriren, welcher

$p=c$, oder

$dy=cdx$, folglich

$y=cx+c'$

giebt; die Constanten c und c' sind nicht beide willkürlich; denn macht man in der gegebenen Differentialgleichung $p=c$, so erhält man

$y=cx+C$,

wo C dasjenige ist, wozu P bei derselben Annahme wird, und man schließt daraus

$c'=C$: mithin ist das gesuchte Integral

$y=cx+C$, und läßt sich dadurch erhalten, daß man p in c verwandelt.

Der Factor

$$x+\frac{dP}{dp}=o$$

ist der Aufgabe nicht fremd. Verbindet man ihn mit der gegebenen Differentialgleichung, um p zu eliminiren, so erhält man eine Grundgleichung zwischen x und y, welche ebenfalls jener gegebenen Gleichung genügt; denn die Relation, welche er zwischen x und p feststellt, reducirt den aus der gegebenen Gleichung selbst abgeleiteten Werth von dy auf pdx: allein da diese letztere Auflösung keine neue Constante enthält, so ist sie nur eine besondere.

Zum Beispiele diene die Gleichung;

$$ydx-xdy=n\sqrt{dx^2+dy^2},$$

welcher man zuerst die folgende Form giebt:

$$y=px+n\sqrt{1+p^2};$$

differentiirt man, so findet man

$$dy=pdx+xdp+\frac{npdp}{\sqrt{1+p^2}},$$

und weil $dy=pdx$, so hat man nur noch

$$xdp+\frac{npdp}{\sqrt{1+p^2}}=o.$$

Diese Gleichung zerfällt in die beiden Factoren

$$x + \frac{np}{\sqrt{1+p^2}} = 0, \text{ und } dp = 0.$$

Der zweite Factor führt auf

$$p = c, \text{ und das gesuchte Integral ist:}$$

$$y = cx + n\sqrt{1+c^2}.$$

Der erste Factor giebt:

$$p = \pm \frac{x}{\sqrt{n^2 - x^2}},$$

$$\sqrt{1+p^2} = -\frac{np}{x} = \mp \frac{n}{\sqrt{n^2 - x^2}};$$

und substituirt man in der gegebenen Gleichung, so erhält man:

$$y^2 + x^2 = n^2,$$

welche Gleichung keine willkürliche Constante enthält, nicht in dem Integrale

$$y = cx + n\sqrt{1+c^2}$$

mit begriffen wird, und jedoch von der Beschaffenheit ist, daß die aus ihr abgeleiteten Werthe von y und dy der gegebebenen Differentialgleichung genügen, wovon sie also eine besondere Auflösung ist. Ich werde in der Folge auf diese Art von Auflösungen zurückkommen.

Von der Integration der Differentialgleichungen von der zweiten und von noch höhern Ordnungen.

§. 298.

Die Schwierigkeiten Gleichungen zu integriren, werden desto größer, je höher die Ordnung ist; die Integration gelingt hier nur bei einer geringen Anzahl ganz besonderer Gleichungen; und dennoch drückt keine Differentialgleichung mit zwei Veränderlichen, von welcher Ordnung sie auch sey, etwas Ungereimtes aus, wenn sie keinen imaginären Werth für den Differential-Coefficienten von der höchsten Ordnung darbietet. Dieser schon im §. 289. ausgesprochene Satz beweist sich leicht durch den Taylorschen Lehrsatz.

Löst man nämlich eine beliebige Differentialgleichung von der n^{ten} Ordnung in Bezug auf den Differential-Coefficienten von dieser Ordnung auf, so giebt sie dessen Ausdruck durch die tieferen, so daß man im Allgemeinen hat:

$$\frac{d^n y}{dx^n}=f\left(x,\ y,\ \frac{dy}{dx},\ \frac{d^2y}{dx^2},\ldots \frac{d^{n-1}y}{dx^{n-1}}\right),$$

woraus man durch wiederholte Differentiationen die Werthe von

$$\frac{d^{n+1}y}{dx^{n+1}},\ \frac{d^{n+2}y}{dx^{n+2}} \text{ ꝛc.}$$

ableitet, indem man nach jeder Differentiation Sorge trägt, für $\frac{d^n y}{dx^n}$ den von der gegebenen Gleichung dargebotenen Werth zu substituiren. Hierdurch erhält man alle Differential-Coefficienten, von der n^{ten} Ordnung an, in Function der ursprünglichen Veränderlichen und der $n-1$ ersten auf einander folgenden Differential-Coefficienten ausgedrückt.

Kann man in diesen Functionen $x=o$ machen, ohne daß sie aufhören reell und endlich zu bleiben, so muß man noch, um die durch sie ausgedrückten Differential-Coefficienten vollends zu bestimmen, die den Größen

$$y,\ \frac{dy}{dx},\ \frac{d^2y}{dx^2},\ \ldots \frac{d^{n-1}y}{dx^{n-1}}$$

entsprechenden Werthe, welche die gegebene Gleichung nicht darbietet, beliebig nehmen; und stellt man diese durch

$$A,\ A_1,\ A_2,\ A_3,\ \ldots\ A_{n-1}$$

dar, so erhält man für einen beliebigen Werth von x

$$y=A+A_1\frac{x}{1}+A_2\frac{x^2}{1.2}\ldots+A_{n-1}\frac{x^{n-1}}{1.2\ldots(n-1)}$$
$$+f(A,\ A_1,\ A_2,\ \ldots A_{n-1})\frac{x^n}{1.2\ldots n}+\text{ꝛc. (22.)},$$

in welcher Reihe die Coefficienten der n ersten Glieder willkührliche Constanten sind.

Trüge es sich zu, daß die Annahme von $x=o$ den Ausdruck des n^{ten} oder eines folgenden Differential-Coefficienten zum Verschwinden brächte, so würde man $x=a$ machen, wofern a einen beliebigen Werth bedeutet, der jene Wirkung nicht hervorbringt, und man würde alsdann erhalten:

$$y=A+A_1\frac{x-a}{1}+A_2\frac{(x-a)^2}{1.2}\ldots+A_{n-1}\frac{(x-a)^{n-1}}{1.2\ldots(n-1)}$$
$$+f(a,A,A_1,A_2,\ldots A_{n-1})\frac{(x-a)^n}{1.2\ldots n}+\text{ꝛc.},$$

in welcher Reihe die willkürlichen Größen $A,\ A_1,\ A_2,\ldots A_{n-1}$ diejenigen Werthe von y und von ihren Differential-Coefficienten sind, welche $x=a$ entsprechen.

Man sieht auf die eine wie auf die andere Weise, daß man,

wenn die durch f bezeichnete Function nicht beständig imaginär ist, d. i. für alle Werthe von x, aus der gegebenen Differentialgleichung eine unendliche Anzahl von auf einander folgenden Werthen von y ableiten kann, vermittelst einer Reihe, welche desto convergenter seyn wird, je weniger die Werthe von x von a unterschieden seyn werden. Die gegebene Gleichung kann also nicht in den Fall einer absoluten Unmöglichkeit kommen, obschon keine Wege vorhanden sind sie zu integriren. Diese den Differentialgleichungen mit zwei Veränderlichen eigends zukommende Eigenschaft läßt sich auch durch geometrische Betrachtungen einsehen, wie wir weiter unten sehen werden.

§. 299.

Man schließt auch aus dem Vorhergehenden, daß der allgemeine Ausdruck von y, in x, n willkürliche Constanten enthalten muß.

Die Größe a, welche die unabhängige Veränderliche x hier einführt, muß nicht zu den durch das Integriren zum Vorschein gebrachten willkürlichen Constanten gerechnet werden, wie man sich hiervon bei den unter ihrer allgemeinen Form $F(x,y,C)=o$ betrachteten vollständigen Integralen der Differentialgleichungen von der ersten Ordnung überzeugen kann. Man kann in diesem Falle nur dann die willkürliche Constante C bestimmen, wenn man sowohl y als x zu gleicher Zeit einen bestimmten Werth beilegt; und bezeichnet man diese mit a und b, so erhält man die Gleichung

$$F(a, b, C)=o,$$

woraus man den Werth von C in a und b ableitet; allein es ist hierbei wohl zu bemerken, daß die Function dieser Größen, wodurch man also die willkürliche Constante ersetzt, ebenfalls durch Differentiation eliminirt werden kann. Denn bringt man das fragliche Integral unter die Form

$F_1(x,y)=C$, so erhält man

$C=F_1(a,b)$, und hierauf die Gleichung

$$F_1(x, y) = F_1(a, b),$$

deren zweite Seite durch's Differentiiren verschwindet.

Man bestimmt auf ähnliche Weise zwei Constanten C und C' einer Grundgleichung von der Form

$$F(x, y, C, C_1) = o,$$

wenn man die einem gegebenen Werthe von x entsprechenden Werthe von y und $\frac{dy}{dx}$ angiebt; denn verbindet man mit vorstehender Gleichung ihr Differential, welches ich durch

$$F_1\left(x, y, \frac{dy}{dx}, C, C_1\right) = o$$

andeuten will, und nimmt an,

$$x = a \text{ entspreche } y = b, \ \frac{dy}{dx} = c,$$

so hat man die beiden Gleichungen

$$F(a, b, C, C_1) = o, \ F_1(a, b, c, C, C_1) = o,$$

vermittelst welcher man C und C_1 durch solche Ausdrücke in a, b und c bestimmt, welche sich bei den Differentiationen und Eliminationen wie die einfachen Buchstaben C und C_1 enthalten.

§. 300.

Diese Betrachtungen führen uns zur Entstehung von Differentialgleichungen durch Elimination von Constanten, wovon wir im §. 54. ein zur zweiten Ordnung führendes Beispiel sahen.

Geht man von der Gleichung

$$y^2 = m(a^2 - x^2) \quad (U)$$

aus, so führt eine einmalige Differentiation zu

$$ydy = -mxdx \quad (V)$$

welches Resultat a nicht mehr enthält; hierauf giebt eine nochmalige Differentiation, worauf man die Elimination von m folgen läßt, die Gleichung von der zweiten Ordnung

$$y\frac{dy}{dx} - x\frac{dy^2}{dx^2} - xy\frac{d^2y}{dx^2} = o \quad (Z),$$

welche keine der Constanten m und a mehr enthält.

Diese selbige Gleichung kann auch dadurch erhalten werden, daß man mit der Elimination von m zwischen der Grundgleichung und ihrem ersten Differential beginnt, welches

$$xydx + dy(a^2 - x^2) = o \quad (V')$$

giebt, und hierauf diese differentiirt, um die Constante a zuletzt zu eliminiren.

Endlich könnte man auch, wenn die Constante a bei der ersten Differentiation nicht von selbst verschwände, damit beginnen, die Gleichung (U) zweimal nach einander zu differentiiren und hierauf die Constanten m und a zwischen (U) und ihrem ersten und zweiten Differentiale eliminiren.

Welche von den drei vorhergehenden Verfahrungsweisen man auch befolgt, so gelangt man immerhin zur Gleichung (Z); allein man muß beachten, daß jede der Gleichungen (V) und (V'), weil sie durch Differentiation und Elimination einer Constante zu derselben (Z) in's Besondere führt, deren Integral ist. Man nennt deßhalb auch (V) und (V') erste Integrale von (Z), um sie von der Gleichung (U) zu unterscheiden, welche zweites oder ursprüngliches Integral von (Z) genannt wird, weil (Z) nur von der zweiten Ordnung ist.

Man sieht hieraus, daß eine Differentialgleichung von der zweiten Ordnung zwei erste Integrale haben kann, und daß, wenn man zwischen diesen den Differential-Coefficienten $\frac{dy}{dx}$ eliminirte, zwischen x und y und zwei willkürlichen Constanten eine ursprüngliche Gleichung erhalten würde, welche mit der Gleichung (U) zusammenfallen müßte, weßhalb es also hinreicht, die beiden ersten Integrale zu kennen, um das zweite Integral finden zu können.

Diese Bemerkungen lassen sich auf Gleichungen von jeder Ordnung ausdehnen. Bei der dritten z. B. muß die ursprüngliche Gleichung drei willkürliche Constanten erhalten (299.), weil man die vier Gleichungen hat:

$$U=o,\ dU=o,\ d^2U=o,\ d^3U=o;$$

allein wenn man zuerst zwischen den Gleichungen $U=o$, $dU=o$, $d^2U=o$ zwei der willkürlichen Constanten eliminirt, so erhält man drei Differentialgleichungen von der zweiten Ordnung, weil man nach und nach jede der drei Constanten beibehalten kann. Die auf diese Weise erhaltenen Gleichungen sind erste Integrale der Differentialgleichung von der dritten Ordnung, welche aus der Elimination der in ihnen enthaltenen Constante nothwendig hervorgeht. Die zweiten Integrale sind hier die Gleichungen von der ersten Ordnung, welche die Elimination einer jeden der Constanten zwischen den Gleichungen $U=o$ und $dU=o$ darbietet, und die ursprüngliche Gleichung $U=o$ ist hier das dritte Integral. Ohne diese Betrachtungen weiter fortzusetzen, läßt sich aus ihnen schließen, daß eine Differentialgleichung von der n^{ten} Ordnung n erste Integrale hat; und da diese Integrale von der $n-1^{ten}$ Ordnung sind, so enthalten sie nur die $n-1$ Differential-Coefficienten

$$\frac{dy}{dx},\ \frac{d^2y}{dx^2},\ \ldots\ldots\ \frac{d^{n-1}y}{dx^{n-1}}:$$

kann man diese also eliminiren, so erhält man das n^{te} Integral d. i. die ursprüngliche Gleichung, welche der gegebenen Differentialgleichung von der n^{ten} Ordnung entspricht.

§. 301.

Um die vorhergehende Theorie zu verallgemeinern, leitete Lagrange, vermittelst der Taylorschen Reihe, jene Vielheit von ersten Integralen einer gegebenen Differentialgleichung, anstatt von der ursprünglichen Gleichung auszugehen, aus der Differentialgleichung selbst her.

Setzt man zuvörderst, wie im §. 240., $h = -x$, und bezeichnet den $x = o$ entsprechenden Werth von y mit A, so findet man:

$$A = y - \frac{dy}{dx}\frac{x}{1} + \frac{d^2y}{dx^2}\frac{x^2}{1.2} - \frac{d^3y}{dx^3}\frac{x^3}{1.2.3} + \text{etc.} \quad (a),$$

in welcher Gleichung man alle Differential-Coefficienten verschwinden lassen kann, welche von einer höhern Ordnung sind als die gegebene Differentialgleichung. Es sey diese z. B. von der zweiten Ordnung und von folgender Form

$$\frac{d^2y}{dx^2} = f\left(x, y, \frac{dy}{dx}\right) \quad (Z);$$

hieraus leitet man die Werthe der nach höhern Differential-Coefficienten ab, und da die Gleichung (a) vermittelst derselben zur folgenden wird,

$$A = y - \frac{dy}{dx}\frac{x}{1} + f\left(x, y, \frac{dy}{dx}\right)\frac{x^2}{1.2}$$
$$- f_1\left(x, y, \frac{dy}{dx}\right)\frac{x^3}{1.2.3} + \text{etc.} \quad (1),$$

so ist sie auf die erste Ordnung zurückgeführt und ist ein erstes Integral der Gleichung (Z), da A alsdann die willkürliche Constante bedeutet.

Dieses vorausgesetzt, kann man in der zweiten Seite der Gleichung (a), $\frac{dy}{dx}$ für y schreiben, um den $x = o$ entsprechenden Werth von $\frac{dy}{dx}$ zu finden; bezeichnet man diesen Werth mit A_1, so hat man

$$A_1 = \frac{dy}{dx} - \frac{d^2y}{dx^2}x + \frac{d^3y}{dx^3}\frac{x^2}{1.2} - \text{etc.},$$

und ersetzt man wiederum $\frac{d^2y}{dx^2}, \frac{d^3y}{dx^3}$ etc. durch ihre aus der Gleichung (Z) abgeleiteten Werthe, so erfolgt:

$$A_1 = \frac{dy}{dx} - f\left(x, y, \frac{dy}{dx}\right)\frac{x}{1}$$
$$+ f_1\left(x, y, \frac{dy}{dx}\right)\frac{x^2}{1.2} - \text{etc.} \quad (2),$$

welche Gleichung ein anderes erstes Integral der gegebenen Differentialgleichung seyn wird. Weiter fortfahren läßt sich nun aber nicht, weil bloß die Werthe von y und $\frac{dy}{dx}$ willkürlich sind.

Ohne daß wir uns in fernere Erörterungen einlassen, sieht man nun bald, daß wenn die gegebene Differentialgleichung von der n^{ten} Ordnung wäre, aus der Gleichung (a) die $x=0$ entsprechenden Werthe von

$$y, \frac{dy}{dx}, \frac{d^2y}{dx^2}, \ldots \frac{d^{n-1}y}{dx^{n-1}}$$

abgeleitet werden könnten, welche sämmtlich willkürlich wären, und daß man, wenn man in ihnen die aus der gegebenen Differentialgleichung abgeleiteten Werthe der Differential-Coefficienten von der n^{ten} und von den höhern Ordnungen substituirte, n Gleichungen von der $n-1^{ten}$ Ordnung bilden würde, welche die ersten Integrale der gegebenen Differentialgleichung seyn würden.

§. 302.

Wir beginnen die Integration der Differentialgleichungen von höherer Ordnung bei denjenigen, welche die ursprünglichen Veränderlichen nicht enthalten.

Bei der zweiten Ordnung enthalten diese Gleichungen nur $\frac{dy}{dx}$ und $\frac{d^2y}{dx^2}$; und macht man hier, der Abkürzung wegen, $\frac{dy}{dx}=p$, weßhalb $\frac{d^2y}{dx^2}=\frac{dp}{dx}$, so hat man:

$$\frac{dp}{dx}=P,$$

wo P eine Function von p ist. Man zieht hieraus

$$dx=\frac{dp}{P}, \text{ und folglich}$$

$$x=\int\frac{dp}{P}+C.$$

Setzt man in der Gleichung

$$dy=pdx$$

für dx seinen Werth, so findet man auch

$$y=\int\frac{pdp}{P}+C'.$$

Man hat demnach nur p zwischen dieser und der zuvor gefundenen Gleichung zu eliminiren, um das Integral zwischen x und y zu erhalten, welches (299.) vollständig seyn wird, weil es zwei willkürliche Constanten enthalten wird. Die Elimination von p kann nur dann vor sich gehen, wenn die angedeuteten Integrationen vollzogen worden sind, die gesuchte krumme Linie läßt sich jedenfalls vermittelst der Quadraturen construiren.

Zum Beispiele diene die Gleichung

$$\frac{(dx^2+dy^2)^{\frac{3}{2}}}{dxd^2y}=a.$$

Setzt man hier pdx für dy und dpdx für d^2y, so nimmt diese Gleichung folgende Form an:

$$\frac{(1+p^2)^{\frac{3}{2}}dx}{dp}=a,$$

woraus man zieht:

$$dx=\frac{adp}{(1+p^2)^{\frac{3}{2}}},$$

$$dy=pdx=\frac{apdp}{(1+p^2)^{\frac{3}{2}}};$$

mithin erhält man durch die Integration

$$x=C+\frac{ap}{\sqrt{1+p^2}},$$

$$y=C'-\frac{a}{\sqrt{1+p^2}};$$

eliminirt man nun p zwischen diesen letzten Gleichungen, so erhält man endlich das gesuchte Integral:

$$(x-C)^2+(y-C')^2=a^2,$$

welches Resultat auch leicht vorherzusehen war; denn da die gegebene Differentialgleichung nichts Anders ist, als der einer Constante — a gleichgesetzte allgemeine Ausdruck des Krümmungs-Halbmessers (§. 81.), so mußte sie der allgemeinsten Gleichung des Kreises entsprechen.

§. 303.

Es lassen sich eben so die Gleichungen von noch höherer Ordnung, in welchen ein Differential-Coefficient durch den zunächst niederen ausgedrückt ist, von der Integration von Functionen von einer einzigen Veränderlichen abhängig machen.

Hätte man z. B. $\frac{d^3y}{dx^3}$ in Function von $\frac{d^2y}{dx^2}$, so mache man

$$\frac{d^2y}{dx^2}=q, \text{ weßhalb}$$

$$\frac{d^3y}{dx^3}=\frac{dq}{dx};$$ mithin nimmt die gegebene Differentialgleichung die Form an:

$\frac{dq}{dx} = Q$, wo Q eine gegebene Function von q bedeutet. Man zieht aus dieser letzten Gleichung

$$dx = \frac{dq}{Q}, \quad x = \int \frac{dq}{Q} + C,$$

und aus der Gleichung $\frac{d^2y}{dx^2} = q$ nach und nach:

$$\frac{dy}{dx} = \int q dx = \int \frac{q dq}{Q} + C'$$

$$y = \int dx \int q dx = \int \frac{dq}{Q} \left(\int \frac{q dq}{Q} + C' \right) + C''.$$

Das gesuchte Integral ist demnach das Resultat der Elimination von q zwischen den beiden Gleichungen

$$x = \int \frac{dq}{Q} + C,$$

$$y = \int \frac{dq}{Q} \left(\int \frac{q dq}{Q} + C' \right) + C'',$$

und enthält drei willkürliche Constanten. Es ist leicht, dieses Verfahren auf beliebige Ordnungen auszudehnen.

§. 304.

Die Gleichungen von einer beliebigen Ordnung, in welchen ein Differential-Coefficient durch einen andern ausgedrückt ist, dessen Ordnung um zwei Einheiten tiefer ist, lassen sich ebenfalls sehr leicht von der Integration von Functionen von einer einzigen Veränderlichen abhängig machen.

Hat man z. B. $\frac{d^4y}{dx^4}$ in Function von $\frac{d^2y}{dx^2}$, so mache man

$$\frac{d^2y}{dx^2} = q, \text{ weßhalb}$$

$$\frac{d^3y}{dx^3} = \frac{dq}{dx}, \quad \frac{d^4y}{dx^4} = \frac{d^2q}{dx^2};$$

mithin nimmt die gegebene Differentialgleichung die Form an:

$$\frac{d^2q}{dx^2} = Q,$$

wo Q eine gegebene Function von q bedeutet. Multiplicirt man nun auf beiden Seiten mit dq, so erfolgt

$$\frac{dq}{dx} \cdot \frac{d^2q}{dx} = Q dq; \text{ und da}$$

$\frac{d^2q}{dx} = d\frac{dq}{dx}$, so findet man also nach und nach:

$$\frac{1}{2}\frac{dq^2}{dx^2} = \int Qdq + C,$$

$$\frac{dq}{dx} = \sqrt{2Qdq + C},$$

$$dx = \frac{dq}{\sqrt{2\int Qdq + C}},$$

$$x = \int \frac{dq}{\sqrt{2\int Qdq + C}} + C';$$ allein

aus $\frac{d^2y}{dx^2} = q$ folgt nach und nach:

$$\frac{dy}{dx} = \int qdx = \int \frac{qdq}{\sqrt{2\int Qdq + C}} + C'',$$

$$y = \int dx \int qdx = \int \frac{dq}{\sqrt{2\int Qdq + C}} \left(\int \frac{qdq}{\sqrt{2\int Qdq + C}} + C''\right) + C'''.$$

Folglich ist das gesuchte Integral das Resultat der Elimination von q zwischen den beiden Gleichungen,

$$x = \int \frac{dq}{\sqrt{2\int Qdq + C}} + C',$$

$$y = \int \frac{dq}{\sqrt{2\int Qdq + C}} \left(\int \frac{qdq}{\sqrt{2\int Qdq + C}} + C''\right) + C''',$$

und enthält vier willkürliche Constanten. Die analogen Gleichungen von noch höhern Ordnungen würden sich eben so behandeln lassen.

§. 305.

Gehen wir nun zu den Differentialgleichungen über, in welchen nicht die beiden Veränderlichen fehlen.

Der einfachste Fall würde jetzt seyn, wenn man zu integriren hätte

$$\frac{d^2y}{dx^2} = Y,$$

wofern Y eine beliebige Function von y bedeutet. Alsdann fände man:

$$\frac{dy}{dx} \cdot \frac{d^2y}{dx} = Ydy,$$

$$\frac{1}{2}\frac{dy^2}{dx^2} = \int Ydy + C,$$

$$\frac{dy}{dx} = \sqrt{2\int Y dy + C}.$$

Wendet man dieses Verfahren auf das besondere Beispiel:

$$d^2y\sqrt{ay} = dx^2$$

an, so erhält man: d^2,

$$\frac{d^2y}{dx^2} = \frac{1}{\sqrt{ay}},$$

$$\frac{dy}{dx} \cdot \frac{d^2y}{dx} = \frac{dy}{\sqrt{ay}},$$

$$\frac{1}{2}\frac{dy^2}{dx^2} = \frac{2}{a}\sqrt{ay} + C.$$

Verwandelt man C in $\frac{2c}{\sqrt{a}}$, so findet man hieraus:

$$\frac{dy^2}{dx^2} = \frac{4}{\sqrt{a}}(\sqrt{y} + c),$$

$$\frac{2dx}{\sqrt[4]{a}} = \frac{dy}{\sqrt{c + \sqrt{y}}};$$

macht man hierauf $c + \sqrt{y} = z$, so erfolgt

$$\frac{dx}{\sqrt[4]{a}} = \frac{(z-c)\,dz}{\sqrt{z}} = (cz^{\frac{1}{2}} - cz^{-\frac{1}{2}})dz,$$

und endlich

$$\frac{x}{\sqrt[4]{a}} = \tfrac{2}{3}z^{\frac{3}{2}} - 2cz^{\frac{1}{2}} + c' = \tfrac{2}{3}(\sqrt{y} - 2c)\sqrt{c + \sqrt{y}} + c'.$$

§. 306.

Die Differentialgleichungen, welche nur eine der ursprünglichen Veränderlichen enthalten, lassen sich wenigstens um eine Ordnung herunterbringen.

Dies ist zunächst bei denjenigen sichtbar, welche von der Form sind:

$$f\left(x, \frac{dy}{dx}, \frac{d^2y}{dx^2} \; \ldots\ldots \; \frac{d^ny}{dx^n}\right) = o,$$

wo x die unabhängige Veränderliche bedeutet; denn macht man

$\frac{dy}{dx} = p$, so erfolgt die Gleichung

$$f\left(x, p, \frac{dp}{dx}, \; \ldots\ldots \; \frac{d^{n-1}p}{dx^{n-1}}\right) = o,$$

welche in Bezug auf die Veränderlichen x und p nur noch von der $n-1^{ten}$ Ordnung ist. Kann man diese Gleichung integriren und dann x in p oder p in x ausdrücken, so ergiebt sich y durch die Formeln

$$y = \int p dx + C \text{ oder } y = px - \int x dp + C.$$

Es sey z. B. die Differentialgleichung

$$\frac{(dx^2 + dy^2)^{\frac{3}{2}}}{dx\, d^2y} = X$$

gegeben, wo X eine gegebene Function von x allein bedeute. Hat man diese umgewandelt in:

$$\frac{(1+p^2)^{\frac{3}{2}} dx}{dp} = X,$$

oder in:

$$\frac{dx}{X} = \frac{dp}{(1+p^2)^{\frac{3}{2}}},$$

so giebt die Integration:

$$\int \frac{dx}{X} + C = \frac{p}{\sqrt{1+p^2}}, \text{ und stellt man}$$

$\int \frac{dx}{X} + C$ durch V vor, so folgt daraus:

$$p = \frac{V}{\sqrt{1-V^2}}, \text{ und endlich:}$$

$$y = \int p dx + C' = \int \frac{V dx}{\sqrt{1-C^2}} + C'.$$

§. 307.

Kommt, anstatt der unabhängigen Veränderlichen x, die Function y in der gegebenen Gleichung vor, so führt man diesen Fall dadurch auf den vorhergehenden zurück, daß man, anstatt dx, dy als constant annimmt (§. 130).

Man kann auch, wenn die gegebene Gleichung nur von der zweiten Ordnung ist, dx vermittelst seines aus der Gleichung $dy = p dx$ entnommenen Werthes $\frac{dy}{p}$ fortschaffen, wodurch man erhält:

$$\frac{d^2y}{dx^2} = \frac{dp}{dx} = \frac{p dp}{dy};$$

die transformirte enthält alsdann nur p, dp, y und dy. Läßt diese sich integriren und giebt p in y, so findet man x durch die Formel

$$x = \frac{y}{p} + \int \frac{y\,dp}{p^2}.$$

Die im §. 305. schon behandelte Gleichung

$$\frac{d^2y}{dx^2} = Y$$

würde nach obigem Verfahren nach und nach geben:

$$\frac{p\,dp}{dy} = Y,$$

$$p^2 = 2\int Y dy + C;$$

$$p = \frac{dy}{dx} = \sqrt{2\int Y dy + C},$$

$$x = \int \frac{dy}{\sqrt{2\int Y dy + C}} + C'.$$

§. 308.

Unter den Differentialgleichungen, welche die beiden ursprünglichen Veränderlichen zu gleicher Zeit enthalten, sind diejenigen hervorzuheben, welche in Bezug auf die Function y und ihre als algebraische Factoren betrachteten Differentiale homogen sind. Denn eine sehr einfache Transformation läßt die ursprüngliche Function y verschwinden und führt also den vorhergehenden Fall wiederum herbei.

Es reicht nämlich hin,

$$y = e^u$$

anzunehmen, wodurch man erhält:

$$dy = e^u du,$$

$$d^2y = e^u (d^2u + du^2),$$

$$d^3y = e^u (d^3u + 3du\,d^2u + du^3),$$

2c.;

da der Factor e^u alsdann allen Gliedern der Gleichung gemeinschaftlich wird, so verschwindet er, und es bleiben bloß die Differentiale von u nebst x und dx vorhanden.

Der einfachste Fall bei diesen Gleichungen ist derjenige, in welchem y und ihre Differentiale den ersten Grad nicht übersteigen; sein Repräsentant ist folgende allgemeine Formel:

$$d^ny + Pd^{n-1}y\,dx + Qd^{n-2}y\,dx^2 \ldots\ldots + Uydx^n = 0.$$

Wählen wir als Beispiel die folgende Gleichung von der dritten Ordnung:

$$d^3y + Pd^2y\,dx + Qdy\,dx^2 + Uydx^3 = 0;$$

substituiren wir die obigen Werthe von y, dy, ɪc., so geht sie in die folgende über:

$$\left.\begin{matrix} d^3u + 3dud^2u + du^3 + P(d^2u + du^2)dx \\ + Qdudx^2 + Udx^3 \end{matrix}\right\} = o,$$

welche auf die zweite Ordnung hinabsinkt, wenn man

$$du = tdx$$

macht, wodurch erfolgt:

$$d^2t + (3t + P)dtdx + (t^3 + Pt^2 + Qt + U)dx^2 = o.$$

Die Form dieser Gleichung veranlaßt eine wichtige Bemerkung. Wenn nämlich die Größen P, Q und U constant wären, so könnte man t als constant annehmen; denn indem man alsdann hätte $d^2t = o$, $dt = o$, so bliebe zur Bestimmung von t die Gleichung mit constanten Coefficienten

$$t^3 + Pt^2 + Qt + U = o$$

übrig. Bezeichnete man demnach die drei Wurzeln dieser Gleichung mit m_1, m_2, m_3, so könnte man nach und nach annehmen: $t = m_1$, $t = m_2$, $t = m_3$; und da $du = tdx$:

$$u = \int tdx + c,$$

$$y = e^{\int tdx + c},$$

giebt, so erhielte man für y die drei Werthe

$$y_1 = e^{m_1 x + c_1},\ y_2 = e^{m_2 x + c_2},\ y_3 = e^{m_3 x + c_3},$$

welche, wofern man die Größen e^{c_1}, e^{c_2}, e^{c_3} als willkürliche Constanten ansieht, auf die folgenden drei zurückkommen:

$$y_1 = C_1 e^{m_1 x},\ y_2 = C_2 e^{m_2 x},\ y_3 = C_3 e^{m_3 x}.$$

§. 309.

Die gefundenen Werthe der Function y sind nur besondere Werthe derselben, weil sie nur eine einzige Constante enthalten; allein wenn man sie addirt, so bildet man das vollständige ursprüngliche Integral

$$y = C_1 e^{m_1 x} + C_2 e^{m_2 x} + C_3 e^{m_3 x}.$$

Es ist nicht bloß leicht, sich zu überzeugen, daß dieser letzte Ausdruck von y der gegebenen Differentialgleichung genügt; sondern man kann in dieser Beziehung allgemein behaupten, was auch die Coefficienten P, Q und U seyn mögen, daß, wofern y_1, y_2, y_3 drei Werthe von y sind, welche jeder in's Besondere einer gegebenen Differentialgleichung genügen, ihre Summe, als Werth von y, derselben Gleichung auch genügen wird, und daß, wenn die Functionen y_1, y_2, y_3 keine Constanten enthalten, gesetzt werden darf:

$$y = C_1 y_1 + C_2 y_2 + C_3 y_3.$$

Denn differentiirt man diesen Ausdruck dreimal, substituirt in der gegebenen Differentialgleichung die Werthe von y, dy, d^2y, d^3y, und vereinigt alle Glieder, welche dieselbe Constante enthalten: so erfolgt:

$$\left.\begin{aligned} C_1\,(d^3y_1 + Pd^2y_1dx + Qdy_1dx^2 + Uy_1dx^3) \\ + C_2\,(d^3y_2 + Pd^2y_2dx + Qdy_2dx^2 + Uy_2dx^3) \\ + C_3\,(d^3y_3 + Pd^2y_3dx + Qdy_3dx^2 + Uy_3dx^3) \end{aligned}\right\} = o,$$

in welchem Resultate jeder der Multiplicatoren unserer drei Constanten zu Null wird, weil vorausgesetzt wurde, daß die Functionen y_1, y_2, y_3 die Gleichung

$$d^3y + Pd^2ydx + Qdydx^2 + Uydx^3 = o$$

einzeln befriedigten.

Man sieht leicht ein, daß dieser Beweis auf die allgemeine Gleichung von einer beliebigen Ordnung

$$d^ny + Pd^{n-1}ydx + Qd^{n-2}y\,dx^2 \ldots + Uydx^n = o$$

ausgedehnt werden kann, und daß folglich, wenn n besondere Werthe

$$y_1\ y_2\ \ldots\ldots\ y_n$$

gefunden wurden, welche ihr genügten, auch gesetzt werden darf:

$$y = C_1y_1 + C_2y_2 + C_3y_3 \ldots\ldots + C_n y_n,$$

wo C_1, C_2, C_3, ... C_n willkürliche Constanten bedeuten.

Auch sieht man leicht ein, daß wenn die Coefficienten $P, Q, \ldots U$ constant sind, die Werthe von y aus der Annahme

$$y = e^{mx}$$

hervorgehen, wenn m eine Constante vorstellt. Denn hierdurch erhält man:

$$dy = e^{mx}mdx,\ d^2y = e^{mx}m^2dx^2,\ \ldots\ d^ny = e^{mx}m^ndx^n;$$

und da die gegebene Gleichung nach den vorgenommenen Substitutionen durch $e^{mx}dx^n$ theilbar wird, so geht sie hiernach über in:

$$m^n + Pm^{n-1} + Qm^{n-2} \ldots + U = o.$$

Bezeichnet man die Wurzeln dieser letzteren Gleichung mit

$$m_1,\ m_2,\ m_3,\ \ldots\ m_n,$$

so erhält man endlich:

$$y_1 = e^{m_1x},\ y_2 = e^{m_2x},\ \ldots\ y_n = e^{m_nx},$$

folglich auch gemäß dem Obigen:

$$y = C_1e^{m_1x} + C_2e^{m_2x} \ldots + C_ne^{m_nx}.$$

§. 310.

Wenn unter den Werthen von m imaginäre befindlich sind, so bedarf der obige Ausdruck, welcher darum nicht aufhört, der gegebenen Differentialgleichung zu genügen, einer Transformation, wodurch nur reelle Größen zum Vorschein kommen, welches sich vermittelst der Formeln des §. 187. bewerkstelligen läßt.

Bezeichnen z. B. m_1 und m_2 ein Paar conjugirter imaginärer Wurzeln, so haben sie die Form:

$$m_1 = \alpha + \beta\sqrt{-1},\ m_2 = \alpha - \beta\sqrt{-1},$$

und liefern zum allgemeinen Ausdrucke von y den Theil

$$C_1 e^{\alpha x + \beta x\sqrt{-1}} + C_2 e^{\alpha x - \beta x\sqrt{-1}} = e^{\alpha x}(C_1 e^{\beta x\sqrt{-1}} + C_2 e^{-\beta x\sqrt{-1}});$$

allein nach dem angezogenen §. hat man:

$$e^{\beta x\sqrt{-1}} = \cos\beta x + \sqrt{-1}\sin\beta x,\ \text{und}$$

$$e^{-\beta x\sqrt{-1}} = \cos\beta x - \sqrt{-1}\sin\beta x;$$

substituirt man diese Werthe in dem vorhergehenden Ausdrucke, so geht derselbe dadurch über in:

$$e^{\alpha x}\{(C_1 + C_2)\cos\beta x + (C_1 - C_2)\sqrt{-1}\sin\beta x\};$$

und da die Constanten C_1 und C_2 aus der Differentialgleichung verschwinden, ohne daß es nöthig sey, ihnen irgend einen Werth anzuweisen, so kann man ihnen einen solchen zukommen lassen, daß die Größen $C_1 + C_2$ und $(C_1 - C_2)\sqrt{-1}$ reell werden und dieserhalb annehmen:

$$C_1 + C_2 = E_1,\ (C_1 - C_2)\sqrt{-1} = E_2,$$

wodurch der fragliche Ausdruck den völlig reellen Werth erhält:

$$e^{\alpha x}\{E_1 \cos\beta x + E_2 \sin\beta x\}.$$

Man kann diese Form noch ändern, wenn man

$$E_1 = p\sin q \text{ und } E_2 = p\cos q$$

annimmt, wofern p, q neue willkürliche Größen bezeichnen; denn hierdurch erhält man:

$$e^{\alpha x}\{p\sin q\cos\beta x + p\cos q\sin\beta x\},\ \text{oder}$$

$$pe^{\alpha x}\sin(q + \beta x).$$

Auf ähnliche Weise würde man die übrigen in dem allgemeinen Ausdrucke von y vorkommenden Paare imaginärer Glieder behandeln.

§. 311.

Wenn unter den Werthen von m gleiche vorhanden sind, so verliert der allgemeine Ausdruck von y an Allgemeinheit. Wäre z. B. $m_1 = m_2$, so böten die beiden ersten Glieder, indem nun

$$C_1 e^{m_1 x} + C_2 e^{m_1 x} = (C_1 + C_2) e^{m_1 x},$$

nur noch ein einziges Glied dar, dessen Coefficient $C_1 + C_2$ nur für eine einzige Constante angesehen werden kann.

Unter den verschiedenen Verfahrungsweisen, um diesem Uebelstande abzuhelfen, scheint mir diejenige von d'Alembert die sinnreichste und einfachste zu seyn. Sie besteht in Folgendem. *)

Anstatt die Wurzeln m_1 und m_2 gleich seyend anzunehmen, stellt man zunächst auf:

$$m_2 = m_1 + h,$$

wodurch man, mit Benutzung der Entwickelung von e^{hx} (§. 27.),

$$C_1 e^{m_1 x} + C_2 e^{m_2 x} = e^{m_1 x}(C_1 + C_2 e^{hx})$$

$$= e^{m_1 x}\left[C_1 + C_2\left(1 + \frac{hx}{1} + \frac{h^2x^2}{1.2} + \text{rc.}\right)\right]$$

erhält; macht man nun

$$C_1 + C_2 = E_1 \text{ und } C_2 h = E_2,$$

so erfolgt:

$$e^{m_1 x}\left[E_1 + E_2 x + E_2 \frac{hx^2}{2} + \text{rc.}\right];$$

allein da C_1 und C_2 willkürlich sind, so werden dieses auch E_1 und E_2 seyn, und da der Ausdruck $C_1 e^{m_1 x} + C_1 e^{m_2 x}$ der gegebenen Differentialgleichung genügt, abgesehen von irgend einem Werthe von C_1 und C_2 (309.): so verhält es sich eben so mit der obigen Entwickelung und mit den Constanten E_1 und E_2, und zwar wie klein auch h seyn möge. Nimmt man also $h = o$ an, so wird der obige Ausdruck, der sich nun auf

$$e^{m_1 x}(E_1 + E_2 x)$$

reducirt, und zwei nicht mit einander auf eine reducirbare willkürliche Constanten enthält, immerhin der gegebenen Differentialgleichung genügen. Aber diese letzte Annahme entspricht gerade dem Falle $m_1 = m_2$.

Von hier aus ist es leicht zu dem Falle überzugehen, wenn

$$m_1 = m_2 = m_3;$$

denn nimmt man zunächst bloß an: $m_1 = m_2$; so erhält man:

$$y = e^{m_1 x}(E_1 + E_2 x) + C_3 e^{m_3 x} \ldots\ldots + C_n e^{m_n x};$$

und macht man demnach: $m_3 = m_1 + h_1$ so erfolgt:

$$e^{m_1 x}(E_1 + E_2 x) + C_3 e^{m_3 x} = e^{m_1 x}(E_1 + E_2 x + C_3 e^{hx}),$$

oder nach der Entwickelung von e^{hx},

$$= e^{m_1 x}\left(E + C_3 + (E_2 + C_3 h)x + C_3 \frac{h^2x^2}{2} + C^3 \frac{h^3x^3}{2.3} + \text{rc.}\right).$$

Macht man nun

$$E_1 + C_3 = F_1, \; E_2 + C_3 h = F_2, \; \tfrac{1}{2} C_3 h^2 = F_3,$$

*) Siehe übrigens den „Traité etc." in 4to. B. III. S. 695.

so erhält man den Ausdruck

$$e^{m_1 x}\left(F_1 + F_2 x + F_3 x^2 + F_3 \frac{hx^3}{3} + \text{etc.}\right),$$

welcher immerhin der gegebenen Differentialgleichung genügen muß, welches auch die Constanten F_1, F_2, F_3 seyn mögen, und wie klein auch h seyn mag. Macht man also $h = o$, so erhält man, für den Fall $m_1 = m_2 = m_3$, den Ausdruck

$$e^{m_1 x}(F_1 + F_2 x + F_3 x^2),$$

welcher den Theil

$$C_1 e^{m_1 x} + C_2 e^{m_2 x} + C_3 e^{m_3 x}$$

vollständig ersetzen wird; und eben so läßt sich weiter verfahren, in welcher Anzahl auch die gleichen Werthe von m vorhanden seyn mögen.

§. 312.

Die gegebene Differentialgleichung läßt sich selten integriren, wenn die Coefficienten veränderlich sind. Der folgende Fall:

$$\left.\begin{array}{l}(a+bx)^n d^n y + P(a+bx)^{n-1} d^{n-1} y dx \\ + Q(a+bx)^{n-2} d^{n-2} y dx^2 \ldots + U y dx^n\end{array}\right\} = o,$$

wo $P, Q \ldots U$ Constanten bedeuten, ist einer der merkwürdigsten.

Macht man:

$$a + bx = t, \text{ woraus}$$

$$dx = \frac{dt}{b} \text{ hervorgeht, so verwandelt sich}$$

unsere Gleichung in die folgende:

$$t^n d^n y + \frac{P}{b} t^{n-1} d^{n-1} y dt + \frac{Q}{b^2} t^{n-2} d^{n-2} y dt^2 \ldots + \frac{U}{b^n} y dt^n = o,$$

der man Genüge leisten kann, wenn man

$$y = t^m$$

macht, indem m einen unbestimmten Exponenten bedeutet. Denn da nun dt so wie dx constant ist, so machen die Substitutionen für y und für deren Differentiale die obige Gleichung durch $t^m dt^n$ genau theilbar, so daß man nur die folgende übrig behält:

$$\left.\begin{array}{l}m(m-1)\ldots(m-n+1) + \frac{P}{b} m(m-1)\ldots(m-n+2) \\ + \frac{Q}{b^2} m(m-1)\ldots(m-n+3)\ldots + \frac{U}{b^n}\end{array}\right\} = o,$$

welche m vermittelst der Constanten n, b, P, $Q \ldots U$ bestimmt.

§. 313.

Es ist leicht, das Vorhergehende auf die Gleichung von der zweiten Ordnung:

$$d^2y + Pdydx + Uydx^2 = o$$

anzuwenden, und daraus folgende nützliche Resultate zu ziehen.

1°) Wenn y_1 und y_2 zwei Werthe von y sind, welche unserer Differentialgleichung genügen, so ist ihr vollständiges Integral:

$$y = C_1y_1 + C_2y_2 \quad . \; . \; . \; (309).$$

2°) Wenn P und Q constant sind, so erhält man:

$$y = C_1e^{m_1x} + C_2e^{m_2x},$$

wo m_1 und m_2 die Wurzeln der Gleichung

$$m^2 + Pm + U = o$$

sind.

3°) Wenn die erwähnten Wurzeln imaginär sind, so erfolgt:

$$y = pe^{\alpha x}\sin(q + \beta x) \ldots (310).$$

4°) Sind dieselben gleich so erhält man:

$$y = e^{m_1x}(E_1 + E_2x) \ldots (311).$$

5°) Endlich geht die Gleichung:

$$(a + bx)^2d^2y + (a + bx)Pdydx + Uydx^2 = o,$$

durch die Annahme:

$$a + bx = t, \text{ in:}$$

$t^2d^2y + \frac{P}{b}tdydt + \frac{U}{b^2}ydt^2 = o$ über, und wird von der Gleichung

$$m(m - 1) + \frac{P}{b}m + \frac{U}{b^2} = o \quad (312.)$$

abhängig, die sich auf die folgende reducirt:

$$m^2 + \left(\frac{P}{b} - 1\right)m + \frac{U}{b^2} = o.$$

Folglich ist ihr Integral:

$$y = C_1t^{m_1} + C_2t^{m_2} = C_1(a + bx)^{m_1} + C_2(a + bx)^{m_2},$$

wofern m_1 und m_2 die beiden Werthe von m sind.

§. 314.

Die Gleichung

$$d^ny + Pd^{n-1}ydx + Qd^{n-2}ydx^2 \ldots . + Uydx^n = o \ldots (1)$$

ist nur ein besonderer Fall der Differentialgleichung von der n^{ten} Ordnung und vom ersten Grade; denn diese letztere muß, um allgemein zu seyn, ein von y unabhängiges Glied enthalten und folglich die Form haben:

$$d^n y + P d^{n-1} y dx + Q d^{n-2} y dx^2 \ldots + U y dx^n = V dx^n \ldots (2);$$

allein die Integration dieser letzteren läßt sich leicht auf diejenige der ersteren zurückführen. Man hat dies schon für die erste Ordnung im §. 285. wahrgenommen; allein auch bei einer beliebigen Ordnung reicht es hin, eine Anzahl n besonderer Werthe von y zu kennen, welche der Gleichung (1) genügen, um zum vollständigen Integrale der Gleichung (2) zu gelangen.

Lagrange, welcher diesen wichtigen Lehrsatz entdeckt hat, bewies denselben dadurch, daß er den auf die Gleichung (1) bezüglichen allgemeinen Werth von y durch das Variiren der Größen C_1, $C_2 \ldots C_n$ auf die Gleichung (2) ausdehnte.

Um die Begriffe zu fixiren, nehme ich an, die gegebene Differentialgleichung sey bloß von der dritten Ordnung. Man erhält hier:

$$y = C_1 y_1 + C_2 y_2 + C_3 y_3,$$

in welchem Ausdrucke C_1, C_2 und C_3 so zu bestimmen sind, daß der Gleichung

$$d^3 y + P d^2 y dx + Q dy dx^2 + U y dx^3 = V dx^3$$

Genüge geleistet wird.

Bildet man nach und nach die Werthe von dy, $d^2 y$ und $d^3 y$, indem man C_1, C_2 und C_3 als Veränderliche behandelt, so findet man zunächst

$$dy = C_1 dy_1 + C_2 dy_2 + C_3 dy_3 + y_1 dC_1 + y_2 dC_2 + y_3 dC_3;$$

allein da man drei Größen zu bestimmen hat, und die gegebene Aufgabe nur eine Bedingung darbietet, so kann man deren zwei nach Belieben aufstellen und demnach

$$y_1 dC_1 + y_2 dC_2 + y_3 dC_3 = 0$$

annehmen, wodurch man erhält:

$$dy = C_1 dy_1 + C_2 dy_2 + C_3 dy_3,$$

gleichsam als hätten C_1, C_2 und C_3 nicht variirt. Differentiirt man diesen Ausdruck, so erfolgt:

$$d^2 y = C_1 d^2 y_1 + C_2 d^2 y_2 + C_3 d^2 y_3 + dy_1 dC_1 + dy_2 dC_2 + dy_3 dC_3;$$

nimmt man nun noch an:

$$dy_1 dC_1 + dy_2 dC_2 + dy_3 dC_3 = 0,$$

so bleibt übrig:

$$d^2 y = C_1 d^2 y_1 + C_2 d^2 y_2 + C_3 d^2 y_3,$$

woraus man zieht:

$$d^3 y = C_1 d^3 y_1 + C_2 d^3 y_2 + C_3 d^3 y_3 + d^2 y_1 dC_1 + d^2 y_2 dC_2 + d^2 y_3 dC_3.$$

Durch die Substitution der Werthe von y, dy, d^2y und d^3y geht die gegebene Gleichung über in:

$$\left.\begin{array}{l} C_1\,(d^3y_1+Pd^2y_1dx+Qdy_1dx^2+Uy_1dx^3) \\ +C_2\,(d^3y_2+Pd^2y_2dx+Qdy_2dx^2+Uy_2dx^3) \\ +C_3\,(d^3y_3+Pd^2y_3dx+Qdy_3dx^2+Uy_3dx^3) \\ +d^2y_1dC_1+d^2y_2dC_2+d^2y_3dC_3 \end{array}\right\} = Vdx^3,$$

welche sich auf

$$d^2y_1dC_1+d^2y_2dC_2+d^2y_3dC_3=Vdx^3$$

reducirt, wenn die Functionen y_1, y_2, y_3 der Gleichung

$$d^3y+Pd^2ydx+Qdydx^2+Uydx^3=0$$

genügen: es bestehen demnach unter den Differentialen dC_1, dC_2 und dC_3 die drei Gleichungen

$$y_1dC_1+\ \ y_2dC_2+\ \ y_3dC_3=0,$$
$$dy_1dC_1+\ dy_2dC_2+\ dy_3dC_3=0,$$
$$d^2y_1dC_1+d^2y_2dC_2+d^2y_3dC_3=Vdx^3,$$

welche die in x und dx ausgedrückten Werthe der obigen Differentiale darbieten werden, wofern die Functionen y_1, y_2 und y_3 bekannt sind. Da die Resultate von der Form

$$dC_1=X_1dx,\ dC_2=X_2dx,\ dC_3=X_3dx$$

seyn werden, so wird man daraus ableiten:

$$C_1=\int X_1dx+c_1,\ C_2=\int X_2dx+c_2,\ C_3=\int X_3dx+c_3,$$

und folglich wird

$$y=y_1(\int X_1dx+c_1)+y_2(\int X_2dx+c_2)+y_3(\int X_3dx+c_3)$$

das vollständige Integral der gegebenen Differentialgleichung seyn.

Kennte man nur zwei besondere Werthe von y, so ließe sich die gegebene Differentialgleichung nur mit Hülfe einer Gleichung von der zweiten Ordnung integriren, welche sich auf die erste zurückführen läßt. Denn nun hat man

$$y=C_1y_1+C_2y_2,\ dy=C_1dy_1+C_2dy_2,$$

wenn man

$$y_1dC_1+y_2dC_2=0$$

macht; allein da man nur über eine einzige der Größen C_1 und C_2 frei disponiren kann, so muß man die vollständige Entwicklung von d^2y aufnehmen, welche

$$d^2y=C_1d^2y_1+C_2d^2y_2+dy_1dC_1+dy_2dC_2$$

wird, und

$$\begin{aligned} d^3y=C_1d^3y_1+C_2d^3y_2+2d^2y_1dC_1+2d^2y_2dC_2 \\ +dy_1d^2C_1+dy_2C_2 \end{aligned}$$

giebt. Substituirt man in der vorgegebenen Gleichung und reducirt eben so wie oben, so erhält man:

$$\left.\begin{array}{l} dy_1 d^2C_1 + dy_2 d^2C_2 + 2d^2y_1 dC_1 + 2d^2y_2 dC_2 \\ + Pdy_1 dC_1 dx + Pdy_2 dC_2 dx \end{array}\right\} = Vdx^3,$$

aus welcher Gleichung man dC_2 und d^2C_2 fortschaffen kann, indem man deren Werthe aus der Gleichung $y_1 dC_1 + y_2 dC_2 = o$ und aus ihrem Differentiale ableitet; da die Endgleichung nur d^2C_1, dC_1 und Functionen von x enthält, so läßt sie sich auf die erste Ordnung zurückführen (306).

Wenn man endlich nur einen einzigen besonderen Werth für y hat, so verfällt man auf eine Hülfsgleichung von der dritten Ordnung, welche sich auf die zweite zurückführen läßt, wovon man sich leicht überzeugt, wenn man für y, dy, d^2y und d^3y respective C_1y_1, $C_1dy_1 + y_1dC_1$, $C_1d^2y_1 + 2dy_1dC_1 + y_1d^2C_1$, $C_1d^3y_1 + 3d^2y_1dC_1 + 3dy_1d^2C_1 + y_1d^3C_1$ substituirt: durch diese Substitutionen erhält man nämlich:

$$\left.\begin{array}{l} y_1 d^3C_1 + 3dy_1 d^2C_1 + 3d^2y_1 dC_1 \\ + Py_1 d^2C_1 dx + 2Pdy_1 dC_1 dx \\ + Qy_1 dC_1 dx^2 \end{array}\right\} = Vdx^3.$$

Nimmt man in den vorhergehenden Rechnungen $V = o$ an, so zeigen dieselben bald, wie man mit zwei oder mit nur einem besondern Werthe der Function y zu deren allgemeinem Werthe in der Gleichung

$$d^3y + Pd^2ydx + Qdydx^2 + Uydx^3 = o$$

gelangen kann; mithin ergiebt sich für alle Differentialgleichungen vom ersten Grade der folgende Lehrsatz:

Hat man n besondere Werthe von y für die Gleichung (1), so zieht man daraus unmittelbar den allgemeinen Ausdruck dieser Function für die Gleichungen (1) und (2); und wenn man nur $n-1$ besondere Werthe von y kennt, so gelangt man auch in diesem Falle zu jenem Ausdrucke, wofern man eine Gleichung vom ersten Grade und von der ersten Ordnung differentiirt.

§. 315.

Zum Beispiele diene die Gleichung von der zweiten Ordnung:

$$d^2y + Pdydx + Uydx^2 = Vdx^2.$$

Bezeichnet man durch y_1 und y_2 die besondern Werthe von y, welche der Gleichung:

$$d^2y + Pdydx + Uydx^2 = o$$

Genüge leisten; so wird das vollständige Integral der gegebenen Differentialgleichung folgendes seyn:

$$y = C_1y_1 + C_2y_2,$$

wofern C_1 und C_2 durch die Gleichungen

$$y_1 dC_1 + y_2 dC_2 = o$$
$$dy_1 dC_1 + y_2 dC_2 = Vdx^2 \text{ (vorhergeh. §.)}$$

bestimmt werden.

Nimmt man jetzt an, die Coefficienten P und Q seyen constant, während V eine beliebige Function von x bleibt, so erhält man:

$$y_1 = e^{m_1 x}, \quad y_2 = e^{m_2 x} \quad (313),$$

und folglich:

$$e^{m_1 x} dC_1 \quad + e^{m_2 x} dC_2 \quad = o,$$
$$e^{m_1 x} m_1 dC_1 + e^{m_2 x} m_2 dC_2 = Vdx,$$

woraus man ableitet:

$$dC_1 = \frac{Ve^{-m_1 x} dx}{m_1 - m_2}, \quad dC_2 = \frac{Ve^{-m_2 x} dx}{m_2 - m_1}.$$

Hieraus geht hervor:

$$C_1 = E_1 + \frac{\int Ve^{-m_1 x} dx}{m_1 - m_2}, \quad C_2 = E_2 + \frac{\int Ve^{-m_2 x} dx}{m_2 - m_1},$$

und endlich:

$$y = \frac{e^{m_1 x}(E_1 + \int Ve^{-m_1 x} dx) - e^{m_2 x}(E_2 + \int Ve^{-m_2 x} dx)}{m_1 - m_2},$$

wenn man den willkürlichen Constanten E_1, E_2 den gemeinschaftlichen Theiler $m_1 - m_2$ giebt, oder:

$$y = \frac{e^{m_1 x} \int Ve^{-m_1 x} dx - e^{m_2 x} \int Ve^{-m_2 x} dx,}{m_1 - m_2},$$

wenn man jedes Integral seine willkürliche Constante implicite enthalten läßt.

§. 316.

Die vorhergehende Formel ist den Bedingungen unterworfen, welche aus der Natur der Werthe von m_1 und m_2 hervorgehen. (310, 311).

Man kann ihren Gebrauch auf denjenigen Fall beschränken, wo die Größen m_1, m_2 reell und ungleich sind, und für jeden der beiden andern Fälle unmittelbare Ausdrücke für y aufstellen, indem man diejenigen Werthe von y_1 und y_2 gebraucht, welche dem fraglichen Falle entsprechen. Sind z. B. m_1 und m_2 imaginär, so leitet man aus dem vollständigen Werthe

$$y = e^{\alpha x}(E_1 \cos \beta x + E_2 \sin \beta x),$$

welcher im §. 310. gefunden wurde, die besonderen Werthe

$$y_1 = e^{\alpha x} \cos \beta x, \quad y_2 = e^{\alpha x} \sin \beta x$$

ab, mit denen man leicht das vollständige Integral der gegebenen

Differentialgleichung finden kann; allein es ist vielleicht einfacher, auf die Formel des vorhergehenden §. die Transformation unmittelbar anzuwenden, welche geeignet ist, die imaginären Größen daraus verschwinden zn machen, d. h. darin

$$m_1 \text{ in } \alpha+\beta\sqrt{-1} \text{ und } m_2 \text{ in } \alpha-\beta\sqrt{-1}$$

zu verwandeln und nachher die imaginären Exponentialgrößen durch ihre Ausdrücke in Sinus und Cosinus zu ersetzen. Durch diese Substitutionen erhält man zunächst:

$$y=\frac{1}{2\beta\sqrt{-1}}\left\{e^{\alpha x+\beta x\sqrt{-1}}\int Ve^{-\alpha x-\beta x\sqrt{-1}}dx\right.$$
$$\left.-e^{\alpha x-\beta x\sqrt{-1}}\int Ve^{-\alpha x+\beta x\sqrt{-1}}dx\right\}=$$
$$=\frac{e^{\alpha x}}{2\beta\sqrt{-1}}\left\{(\cos\beta x+\sqrt{-1}\sin\beta x)\int Ve^{-\alpha x}(\cos\beta x-\sqrt{-1}\sin\beta x)dx\right.$$
$$\left.-(\cos\beta x-\sqrt{-1}\sin\beta x)\int Ve^{-\alpha x}(\cos\beta x+\sqrt{-1}\sin\beta x)dx\right\};$$

vollzieht man hierauf die angezeigten Multiplicationen, zerlegt die Integrale in Monome, und reducirt, so wird der Factor $2\sqrt{-1}$ den beiden Gliedern des Bruches gemeinschaftlich, und man gelangt zu dem reellen Ausdrucke:

$$y=\frac{e^{\alpha x}}{\beta}\left\{\sin\beta x\int Ve^{-\alpha x}dx\cos\beta x\right.$$
$$\left.-\cos\beta x\int Ve^{-\alpha x}dx\sin\beta x\right\}.$$

Wenn V Null wäre, so müßte man eine willkürliche Constante an die Stelle eines jeden Integrals schreiben, wodurch bloß übrig bliebe:

$$y=\frac{e^{\alpha x}}{\beta}\{E_1\sin\beta x-E_2\cos\beta x\},$$

was mit dem Resultat in §. 310. zusammenfällt.

Bei den Anwendungen der Analyse auf die Physik des Himmels begegnet man oft der Gleichung

$$\frac{d^2y}{dx^2}+a^2y=V,$$

bei welcher

$$m=\pm a\sqrt{-1} \text{ ist (313)},$$

weßhalb

$$\alpha=o,\ \beta=a, \text{ und}$$
$$y=p\sin ax+q\cos ax$$
$$+\frac{\sin ax\int Vdx\cos ax-\cos ax\int Vdx\sin ax}{a},$$

wenn man die willkürlichen Constanten wieder herstellt. Die Function V hat gewöhnlich die Form

$$A + B\cos\beta x + C\cos\gamma x + \text{rc.},$$

wo A, B, C rc., α, β, γ rc. constante Coefficienten bedeuten, und die angedeuteten Integrationen lassen sich nach dem Verfahren des §. 218. vollziehen.

§. 317.

Da die Gleichheit der Wurzeln m_1 und m_2 den Ausdruck

$$y = \frac{e^{m_1 x}\int V e^{-m_1 x}dx - e^{m_2 x}\int V e^{-m_2 x}dx}{m_1 - m_2}$$

auf $\frac{0}{0}$ bringt, so reicht es hin, um dessen wahren Werth zu erhalten, Zähler und Nenner in Bezug auf m_1 zu differentiiren, indem man für die Integrale die Regel des §. 281. beachtet, und man erhält:

$$y = e^{m_1 x}(x\int V e^{-m_1 x}dx - \int V e^{-m_1 x}x dx).$$

Dieser letzte Ausdruck schließt denjenigen des §. 311. ein; denn wenn $V = o$, so reduciren sich die Integrale auf ihre willkürliche Constante, und es bleibt bloß:

$$y = e^{m_1 x}(E_1 x - E_2)$$

§. 318.

Wenn man eine Anzahl m von Differentialgleichungen hat, welche m + 1 Veränderliche enthalten, so wird eine einzige dieser Veränderlichen unabhängig seyn, und die m übrigen werden Functionen von dieser Letzteren seyn. Nehmen wir zuerst an, daß diese Functionen und ihre Differential-Coefficienten in den gegebenen Differentialgleichungen die erste Potenz nicht übersteigen, so daß diese vom ersten Grade sind: so wird die im §. 133. angezeigte Methode in diesem Falle zu einer Differentialgleichung vom ersten Grade zwischen einer der zu bestimmenden Functionen und der als unabhängig angesehenen Veränderlichen führen: allein man kann bisweilen die Eliminations-Rechnungen vermeiden, indem man die gegebenen Differentialgleichungen in Verbindung miteinander integrirt.

Sind diese Gleichungen nur von der ersten Ordnung und enthalten nur drei Veränderlichen, so können sie vorgestellt werden durch:

$$M\,du + N\,dx + (P\,u + Q\,x)\,dt = R\,dt,$$
$$M'du + N'dx + (P'u + Q'x)dt = R'dt;$$

allein schafft man wechselsweise du und dx fort, und befreit dasjenige Differential, welches man beibehält, von seinem Coefficienten, so nehmen die daraus hervorgehenden Gleichungen die Form an:

$$du + (Pu + Qx)\,dt = Tdt,$$
$$dx + (P'u + Q'x)\,dt = T'dt,$$

wo P, Q, T, P' rc. neue Functionen von t vorstellen, welche von den ersteren in Folge der angedeuteten Operationen abgeleitet sind. Unter dieser letzteren Form hat d'Alembert die gleichzeitigen Differentialgleichungen vermittelst einer sehr sinnreichen Methode behandelt, welche ich nach der Ampere'schen Darstellungsweise vortragen will.

Multiplicirt man die zweite Gleichung mit einem Factor ϑ, und fügt das Product zu der ersten hinzu, so erfolgt:

$$du + \vartheta dx + [(P + P'\vartheta)\,u + (Q + Q'\vartheta)x]\,dt = (T + T'\vartheta)\,dt;$$

macht man hierauf

$u + \vartheta x = z$, so erhält man:

$du + \vartheta dx = dz - x d\vartheta$, $u = z - \vartheta x$, und mit diesen Werthen wird die obige Transformirte:

$$\left.\begin{array}{r} dz + (P + P'\vartheta)\,zdt \\ -\,x\{d\vartheta + [(P + P'\vartheta)\vartheta - (Q + Q'\vartheta)]\,dt\end{array}\right\} = (T + T'\vartheta)\,dt;$$

macht man endlich den Multiplicator von x gleich Null, so zerlegt man die obige Gleichung in die beiden folgenden:

$$dz + (P + P'\vartheta)\,zdt = (T + T'\vartheta)\,dt \quad . \; . \; . \; (a)$$
$$d\vartheta + [(P + P'\vartheta)\,\vartheta - (Q + Q'\vartheta)]\,dt = 0 \quad . \; . \; (b),$$

deren letztere nur noch die beiden Veränderlichen ϑ und t enthält. Kann man einen Werth von ϑ finden, welcher dieser genügt, so kann man mit dessen Hülfe die erste dahin bringen, daß sie nur noch die Veränderlichen z und t enthält; und da sie übrigens nur vom ersten Grade ist, so läßt sie sich alsdann vollkommen durch die Formel des §. 285. integriren.

Wenn die Coefficienten P, P', Q und Q' constant sind, so kann man

$$d\vartheta = 0, \; (P + P'\vartheta)\vartheta - (Q + Q'\vartheta) = 0$$

machen; alsdann ist ϑ durch eine Gleichung vom zweiten Grade bestimmt, deren Wurzeln ich mit ϑ_1 und ϑ_2 bezeichnen will.

Bei derselben Annahme hat die Gleichung (a), wenn man darin zur Abkürzung

$$P + P'\vartheta = m, \quad T + T'\vartheta = V,$$

macht, zum Integrale die Gleichung:

$$z = e^{-mt}\left(\int e^{mt} V dt + C\right),$$

woraus man die beiden folgenden ableitet;

$$u + \vartheta_1 x = e^{-m_1 t}\left(\int e^{m_1 t} V_1 dt + C_1\right),$$
$$u + \vartheta_2 x = e^{-m_2 t}\left(\int e^{m_2 t} V_2 dt + C_2\right),$$

wenn man nach und nach die beiden Werthe von ϑ substituirt:

die Aufgabe ist also vollkommen gelöst, weil man zwischen den Veränderlichen u, x und t zwei ursprüngliche Gleichungen hat, welche jede eine willkürliche Constante enthalten.

§. 319.

Gehen wir zu einem Systeme von Gleichungen mit vier Veränderlichen über, welchem man immer die folgende Gestalt geben kann:

$$du+(Pu+Qx+Ry)dt=Tdt$$
$$dx+(P'u+Q'x+R'y)dt=T'dt$$
$$dy+(P''u+Q''x+R''y)dt=T''dt.$$

Multiplicirt man die zweite mit ϑ, die dritte mit ϑ', addirt die Producte zur ersten, macht

$$u+\vartheta x+\vartheta y=z,$$

weßhalb

$$du+\vartheta dx+\vartheta' dy=dz-xd\vartheta-yd\vartheta',$$
$$u=z-\vartheta x-\vartheta' y,$$

und vereinigt, nach der Substitution dieser Werthe, die mit x und die mit y behafteten Glieder, um sie gleich Null zu setzen: so wird die obige Gleichung in die drei folgenden zerlegt:

$$dz+(P+P'\vartheta+P''\vartheta')zdt=(T+T'\vartheta+T''\vartheta')dt \quad \ldots (a)$$
$$d\vartheta+[(P+P'\vartheta+P''\vartheta')\vartheta-(Q+Q'\vartheta+Q''\vartheta')]dt=o \quad \ldots (b)$$
$$d\vartheta'+[(P+P'\vartheta+P''\vartheta')\vartheta'-(R+R'\vartheta+R''\vartheta')]dt=o \quad \ldots (b');$$

und wenn man die Werthe von ϑ und ϑ' finden kann, welche den Gleichungen (b) und (b') genügen, so wird die auf die Veränderlichen z und t zurückgeführte Gleichung (a) wiederum wie im vorigen §. integrirt werden können.

Beschränkt man sich auf den Fall, wo die Coefficienten der Functionen u, x und y Constanten sind, so kann man annehmen

$$d\vartheta=o, \quad d\vartheta'=o;$$

hieraus geht hervor:

$$(P+P'\vartheta+P''\vartheta')\vartheta-(Q+Q'\vartheta+Q''\vartheta')=o$$
$$(P+P'\vartheta+P''\vartheta')\vartheta'-(R+R'\vartheta+R''\vartheta')=o;$$

und macht man

$$P+P'\vartheta+P''\vartheta'=m,$$

so werden die obigen Gleichungen:

$$(m-Q')\vartheta-Q''\vartheta'=Q,$$
$$(m-R'')\vartheta'-R'\vartheta=R,$$

und geben für ϑ und ϑ' Werthe, welche in dem Ausdrucke von m substituirt, zu einer Endgleichung führen, worin diese Unbekannte auf den dritten Grad steigen wird. Da jeder ihrer Werthe einen für die Factoren ϑ, ϑ' liefert, so wird man, bei Bezeichnung dieser letzteren Werthe durch unten angebrachte Stellenzeiger und der Annahme $T + T'\vartheta + T''\vartheta' = V$, die drei folgenden Systeme von Größen erhalten

$$\vartheta_1,\ \vartheta'_1,\ m_1,\ V_1,\ \vartheta_2,\ \vartheta'_2,\ m_2,\ V_2,\ \vartheta_3,\ \vartheta'_3,\ m_3,\ V_3,$$

deren Substitution in dem Integrale von (a)

$$z = e^{-mt}\left\{\int e^{mt} V dt + C\right\}$$

den folgenden drei Grundgleichungen

$$u + \vartheta_1 x + \vartheta'_1 y = e^{-m_1 t}\left(\int e^{m_1 t} V_1 dt + C_1\right),$$
$$u + \vartheta_2 x + \vartheta'_2 y = e^{-m_2 t}\left(\int e^{m_2 t} V_2 dt + C_2\right),$$
$$u + \vartheta_3 x + \vartheta'_3 y = e^{-m_3 t}\left(\int e^{m_3 t} V_3 dt + C_3\right),$$

darbringen wird. Man kann nun dieses Verfahren auf jede beliebige Anzahl von Gleichungen ausdehnen. Um die Darstellung zu erschöpfen, müssen noch die Fälle untersucht werden, wenn die Werthe von ϑ und ϑ' imaginär oder gleich werden; allein diese Details, die zu viel Raum einnehmen würden, sind nach demjenigen, was in den §§. 310, 311 vorgetragen wurde, leicht zu ergänzen.

§. 320.

D'Alembert wendet sein Verfahren auch auf Gleichungen vom ersten Grade von einer beliebigen Ordnung an, und zu diesem Zwecke führt er dieselben auf folgende Art auf die erste Ordnung zurück.

Hat er z. B. zwei Gleichungen von der Form:

$$d^2u + (A du + B dx)\, dt + (C u + D x)\, dt^2 = T dt^2,$$
$$d^2x + (A' du + B' dx)\, dt + (C' u + D' x)\, dt^2 = T' dt^2,$$

so macht er

$$du = p dt,\quad dx = q dt;$$

und folglich hat er zwischen den fünf Veränderlichen p, q, t, u und x die vier Gleichungen von der ersten Ordnung:

$$dp + (A p + B q + Cu + D'x)\, dt = T\, dt,$$
$$dq + (A'p + B'q + C'u + D'x)\, dt = T' dt,$$
$$du - p dt = o,$$
$$dx - q dt = o,$$

welche sich nach der Methode des vorhergehenden §. behandeln lassen.

Er bediente sich desselben Kunstgriffs bei den Gleichungen, welche nur zwei Veränderlichen enthalten; allein das Verfahren in §. 314. ist einfacher und zierlicher.

§. 321.

Betrachten wir jetzt die Gleichungen von der ersten Ordnung

$$dy - \alpha dx = 0, \quad dz - \beta dx = 0,$$

in welchen α, β beliebige Functionen der drei Veränderlichen x, y, z sind. Hier läßt sich das Verfahren des §. 133. auf folgende Art anwenden.

Man differentiirt die erste, wodurch man erhält:

$$d^2y - \frac{d\alpha}{dx}dx^2 - \frac{d\alpha}{dy}dxdy - \frac{d\alpha}{dz}dxdz = 0;$$

setzt man für dz seinen Werth βdx, so erhält man:

$$d^2y - \left(\frac{d\alpha}{dx} + \beta\frac{d\alpha}{dz}\right)dx^2 - \frac{d\alpha}{dy}dxdy = 0;$$

eliminirt man hierauf z, vermittelst der Gleichung

$$dy - \alpha dx = 0,$$

so gelangt man zu einer Resultirenden in x und y von der zweiten Ordnung, welche nothwendig ein ursprüngliches Integral mit zwei willkürlichen Constanten a und b hat (298).

Es seyen

$$\psi(x, y, a, b) = 0 \text{ und } dy = mdx$$

dieses Integral und der daraus abgeleitete Werth von dy; substituirt man diesen letzteren in $dy - \alpha dx = 0$, so erhält man eine zweite ursprüngliche Gleichung $m - \alpha = 0$ zwischen x, y, z, so daß die gegebenen Differentialgleichungen durch das System von Gleichungen

$$\psi(x, y, a, b) = 0, \quad m - \alpha = 0$$

und durch alle diejenigen, welche mit diesen letzteren gleichbedeutend sind, werden befriedigt werden.

Dieses vorausgesetzt, werden wir sehen, daß es immer wenigstens zwei Systeme von Factoren giebt, vermittelst welcher man aus den gegebenen Gleichungen zwei genaue Differentiale ableitet. Denn eliminirt man aus den oben angedeuteten ursprünglichen Gleichungen wechselsweise a und b, und bringt die Resultate auf die Form

$$M = a, \quad N = b;$$

so folgt, daraus, daß ihre Differentiale

$$\frac{dM}{dx}dx + \frac{dM}{dy}dy + \frac{dM}{dz}dz = 0$$

$$\frac{dN}{dx}dx + \frac{dN}{dy}dy + \frac{dN}{dz}dz = 0$$

durch die aus den gegebenen Gleichungen abgeleiteten Werthe $dy = \alpha dx$, $dz = \beta dx$ befriedigt werden müssen, daß die Größen

$$\frac{dM}{dx}+\frac{dM}{dy}\alpha+\frac{dM}{dz}\beta=0$$

$$\frac{dN}{dx}+\frac{dN}{dy}\alpha+\frac{dN}{dz}\beta=0$$

identisch Null sind; man hat also:

$$\frac{dM}{dx}=-\frac{dM}{dy}\alpha-\frac{dM}{dz}\beta,$$

$$\frac{dN}{dx}=-\frac{dN}{dy}\alpha-\frac{dN}{dz}\beta;$$

und setzt man diese Werthe in den Differentialen von M und N, was dieselben nicht ändert, so erhält man die genauen Differentiale

$$\frac{dM}{dy}(dy-\alpha dx)+\frac{dM}{dz}(dz-\beta dx)=0,$$

$$\frac{dN}{dy}(dy-\alpha dx)+\frac{dN}{dz}(dz-\beta dx)=0,$$

welche die Producte der respective mit den Factoren

$$\frac{dM}{dy} \text{ und } \frac{dM}{dz}, \quad \frac{dN}{dy} \text{ und } \frac{dN}{dz}$$

multiplicirten gegebenen Gleichungen enthalten. Man vermuthet leicht, daß es analoge Lehrsätze für diejenigen Gleichungen giebt, in welchen die Anzahl der Veränderlichen drei übersteigt.

Von den besonderen Auflösungen der Differentialgleichungen von der ersten Ordnung.

§. 322.

Im §. 297. bot sich eine besondere Auflösung einer Differentialgleichung dar, welche nicht von dem vollständigen Integrale herrührte, und man kann bisweilen auf primitive Gleichungen verfallen, welche keine willkürlichen Constanten enthalten, und einer Differentialgleichung genügen, deren vollständiges Integral man nicht kennt. Diese beiden Umstände veranlassen folgende Fragen: woher rühren die besondern Auflösungen? und wie unterscheidet man, ob eine primitive Gleichung, welche einer gegebenen Differentialgleichung genügt, von dem Integrale derselben herrührt, oder nicht? Hiermit wollen wir uns beschäftigen.

Die Relation, welche zwischen einer Differentialgleichung und ihrem Integrale besteht, ist derartig, daß die letztere einer unendlichen Anzahl von primitiven Gleichungen gleichkommt, die man dadurch erhalten würde, daß man der willkürlichen Constante nach und nach alle möglichen Werthe beilegte, und deren jede der Differentialgleichung genügt (§. 53). Man bezeichnet diese verschiedenen primitiven Gleichungen mit dem Namen der besondern Integrale, weil dieses besondere Fälle des vollständigen Integrals sind. Die besondern Auflösungen, deren Anzahl stets begrenzt ist, sind primitive Gleichungen, welche von den besondern Integralen wesentlich verschieden sind. Diese Auflösungen sind von doppelter Art. Die einen sind nichts als Factoren der gegebenen Differentialgleichung, in welchen dx und dy nicht vorkommen, welche demnach, wenn sie der Null gleich gesetzt werden, primitive Gleichungen geben, welche zwischen x und y Relationen aufstellen, wodurch die gegebene Gleichung identisch wird. Sucht man die gemeinschaftlichen Theiler der Functionen M und N, so findet man die Auflösungen der ersten Art, welche die Gleichung

$$Mdx + Ndy = o$$

zuläßt. Die andere Art von besondern Auflösungen, wovon uns die Gleichung

$$ydx - xdy = n\sqrt{dx^2 + dy^2} \quad (§. 297).$$

ein Beispiel geliefert hat, ist auf eine innige Weise mit der Differentialgleichung verknüpft, wovon sie herrührt, obschon sie mit keinem besondern Falle des vollständigen Integrals zusammentrifft, welchen Werth man auch der willkürlichen Constante beilegen mag, so wie man leicht einsieht, wenn man die Gleichungen

$$y = cx + n\sqrt{1+c^2} \text{ und } x^2 + y^2 = n^2$$

mit einander vergleicht.

Es folge hier die Theorie, welche Lagrange im Jahre 1774 von diesen letzteren Auflösungen gab, die vor ihm als ein Paradoxon in der Integralrechnung dastanden. *)

---

*) Er nannte sie besondere Integrale, und verstand unter den besondern Auflösungen die verschiedenen Fälle des vollständigen Integrals. Laplace, welcher sich vor Lagrange mit Erfolg mit demselben Gegenstande beschäftigt hat, bedient sich dieser Benennungen in umgekehrter Weise, und ich bin seinem Beispiele gefolgt. Es schien mir, daß, da die primitiven Gleichungen, welche die Differentialgleichungen auflösen, ohne in ihrem vollständigen Integrale enthalten zu seyn, nicht aus den Integrations-Methoden hervorgehen, dieselben auch keinen Namen führen durften, welcher an diese Methoden erinnert.

§. 323.

Obschon die besondern Auflösungen nicht implicite in dem vollständigen Integrale enthalten sind, so können sie dennoch davon abgeleitet werden, wenn man die willkürliche Constante als unveränderlich anzusehen aufhört. Denn es sey

$$U = o$$

eine primitive Gleichung, welche die Veränderlichen x, y und eine Constante c enthält; die entsprechende Differentialgleichung, die ich durch

$$V = o$$

bezeichnen will, wird alsdann das Resultat der Elimination jener Constante zwischen den Gleichungen

$$U = o, \frac{dU}{dx} dx + \frac{dU}{dy} dy = o$$

seyn (§. 53.); allein wenn man annimmt, daß c eine beliebige Function ist, so giebt man der Gleichung $U = o$ eine solche Ausdehnung, daß sie eine beliebige Gleichung mit zwei Veränderlichen und folglich auch alle besondern Auflösungen der Gleichung $V = o$ vorstellen kann. Dieses vorausgesetzt, da der Werth, welchen die Gleichung $U = o$ für y und für deren Differential giebt, welchen ich mit $dy = pdx$ bezeichnen will, die Gleichung $V = o$ unabhängig von c befriedigt: so kann man immerhin c als veränderlich annehmen, wofern das Gesetz seiner Aenderung ein solches ist, daß man immer $dy = pdx$ hat. Allein obschon im Allgemeinen, wenn man c nicht minder veränderlich als x ansieht,

$$dy = pdx + qdc$$

zum Vorschein kommt, wo p und q Functionen von x und c bedeuten: so erhält man demnach nur $dy = pdx$, wenn $q = o$. Bestimmt man also c durch diese letzte Gleichung, und substituirt den gefundenen Werth in $U = o$, so wird das Resultat ebenfalls der Differentialgleichung $V = o$ genügen.

In dem Vorhergehenden wurde y als eine Function von x und c angesehen. Betrachtet man auf der andern Seite x als eine Function von y und c, so erhält man $dx = mdy$; und schließt man eben so wie oben, so findet man, daß wenn beim Variiren der c der Werth von dx folgender ist $dx = mdy + ndc$, die aus der Elimination von c zwischen den Gleichungen $n = o$, und $U = o$ resultirende Gleichung ebenfalls der Differentialgleichung $V = o$ genügen wird.

Man kann diese beiden Verfahrungsweisen in einer einzigen zusammenfassen, wenn man in der Gleichung

$$\frac{dU}{dx} dx + \frac{dU}{dy} dy + \frac{dU}{dc} dc = o,$$

welche das Differential von $U=o$ ist, wofern man außer x und y, c variiren läßt, die Nenner verschwinden macht. Sie wird alsdann die Form haben:

$$Mdx + Ndy + Pdc = o,$$

woraus man zieht:

$$dy = -\frac{M}{N}dx - \frac{P}{N}dc, \quad dx = -\frac{N}{M}dy - \frac{P}{M}dc;$$

und wenn die ganzen Functionen M, N algebraisch sind, oder, obschon sie transcendent sind, für keinen Werth von c unendlich groß werden können: so wird der Coefficient von dc nur durch die Annahme

$$P = o$$

verschwinden, welche demnach alles leisten wird, was man aus den oben angezeigten Operationen ableiten kann.

Die Gleichungen, auf welche uns die obigen Methoden führen, sind nicht nothwendig besondere Auflösungen der Gleichung $V=o$; allein um sich hierin nicht zu täuschen, muß man die besondern Umstände untersuchen welche die Gleichung $P=o$ darbieten kann.

Es ist zuvörderst einleuchtend, daß wenn diese Gleichung der c einen constanten Werth zuweist, dieselbe nur auf ein besonderes Integral führen wird; allein wenn jener Werth veränderlich ist, so muß man nicht sogleich daraus schließen, daß das Resultat der Elimination der c zwischen $P=o$ und $U=o$ nothwendig eine besondere Auflösung seyn wird; denn es kann sich doch noch zutragen, daß die resultirende Gleichung nur ein besonderer Fall von $U=o$ ist. Um dieses ausfindig zu machen, muß man eine der Veränderlichen zwischen jener neuen Gleichung und $U=o$ eliminiren. Kann man die andere Veränderliche verschwinden machen, indem man c bloß durch Constanten bestimmt, so hat man nur ein besonderes Integral erhalten; und fände man $c=\frac{o}{o}$, so müßte man daraus schließen, daß die Gleichung $P=o$ ein Factor von $U=o$ ist, welcher von der Constante c unabhängig, und mithin der Differentialgleichung $V=o$ fremd ist.

Wenn c in U nur vom ersten Grade ist, so kommt es in P nicht vor, welches alsdann nur die Veränderlichen x und y enthält; die Gleichung $P=o$ genügt alsdann selbst der Gleichung $V=o$, weil insofern $U=o$ von der Form $Q+cP=o$ ist, $V=o$ auf $PdQ - QdP = o$ hinausläuft; allein es ist leicht zu sehen, daß $P=o$ nur ein besonderes Integral ist, welches dem $c=$ unendlich groß entspricht.

§. 324.

Wenden wir die vorhergehende Theorie zunächst auf das Beispiel

$$ydx - xdy = n\sqrt{dx^2 + dy^2}$$

an, welche zum vollständigen Integale

$$y - cx = n\sqrt{1 + c^2}$$

hat (297). Läßt man c zugleich mit x und y variiren, und bringt alle Glieder auf dieselbe Benennung, so erhält man:

$$cdx\sqrt{1+c^2} - dy\sqrt{1+c^2} + (x\sqrt{1+c^2} + nc)\,dc = o;$$

macht man den Coefficienten von dc gleich Null, so erfolgt

$$x\sqrt{1+c^2} + nc = o,$$

woraus man zieht

$$c = \frac{x}{\sqrt{n^2 - x^2}},$$

welcher Werth die Gleichung

$$y - cx = n\sqrt{1+c^2} \text{ in}$$
$$x^2 + y^2 = n^2$$

verwandelt, wodurch man wieder zu der schon in dem erwähnten §. gefundenen besondern Auflösung gelangt.

Alle Gleichungen von der Form

$$y = px + P \ (297),$$

welche die vorhergehende mit einschließt, haben auch eine analoge besondere Auflösung. Ihr durch $y = cx + C$, wofern C so in c ausgedrückt ist wie P in p, vorgestelltes vollständiges Integral giebt:

$$cdx - dy + \left(x + \frac{dC}{dc}\right) dc = o;$$

und macht man

$$x + \frac{dC}{dc} = o,$$

so zieht man daraus denjenigen Werth von c, wovon die besondere Auflösung abhangt. Diese besondere Auflösung zeigte sich bei der Integration der Gleichung $y = px + P$; denn durch die Differentiation derselben gelangte man zu einer Gleichung, welche aus den beiden Factoren

$$x + \frac{dP}{dp} = o, \quad dp = o$$

bestand, und das Resultat der Elimination der p zwischen

$$y = px + P \text{ und } x + \frac{dP}{dp} = o$$

ist einerlei mit demjenigen der Elimination der c zwischen

$$y = cx + C \text{ und } x + \frac{dC}{dc} = o.$$

Die Gleichungen $y = px + P$ wurden zuerst von Clairaut bemerkbar gemacht, sowohl in Rücksicht ihrer Eigenschaft nach einer neuen Differentiation leicht integrirt werden zu können, als auch in Rücksicht auf die besondere Auflösung, welche jene Differentiation sogleich darbietet.

Es diene ferner noch zum Beispiel die Gleichung

$$xdx + ydy = dy\sqrt{x^2 + y^2 - a^2},$$

deren vollständiges Integral,

$$\sqrt{x^2 + y^2 - a^2} = y + c,$$

oder, nach Wegschaffung des Wurzelzeichens,

$x^2 - 2cy - c^2 - a^2 = o$ ist. Hier findet man:

$xdx - cdy - (y + c)\, dc = o$, weßhalb

$y + c = o$, und folglich

$\sqrt{x^2 + y^2 - a^2} = o$, oder

$x^2 + y^2 - a^2 = o.$

Da diese Gleichung durch keinen constanten Werth von c mit obigem vollständigen Integrale unserer gegebenen Differentialgleichung zusammenfallen kann, so ist sie eine besondere Auflösung dieser letzteren.

Endlich diene zum Beispiel die primitive Gleichung

$$(x^2 + y^2 - a^2)(y^2 - 2cy) + (x^2 - a^2)\, c^2 = o,$$

Behandelt man diese wie die vorhergehenden, so findet man:

$$c = \frac{(x^2 + y^2 - a^2)\, y}{x^2 - a^2},$$

welcher Werth, obschon er veränderlich ist, dennoch zu keiner besondern Auflösung führt; denn wenn man ihn in obiger Gleichung substituirt, so wird diese

$$\frac{y^4 (x^2 + y^2 - a^2)}{x^2 - a^2} = o,$$

und giebt

$$y = o, \text{ oder } x^2 + y^2 - a^2 = o,$$

welche Gleichungen man unmittelbar aus der gegebenen ableitet, wenn man in ihr $c = o$ macht: es sind dieses also keine besondern Auflösungen, sondern besondere Integrale der durch die Elimination der willkürlichen Constante c zum Vorschein kommenden Differentialgleichung.

§. 325.

Eine Eigenschaft der besondern Auflösungen, welche sich leicht beim zweiten Beispiele darbietet, und welche allgemein ist, besteht darin, **daß eine Differentialgleichung sich so gestalten läßt, daß ihre besondere Auflösung zu einem Factor wird.** Denn setzt man

$$\sqrt{x^2+y^2-a^2}=u,$$

so erhält man

$$xdx+ydy=udu,$$

und die gegebene Gleichung wird

$$udu-udy=o.$$

Nähme man an:

$$u=x^2+y^2-a^2,$$

so würde das Wurzelzeichen in der Transformirten sichtbar bleiben, da diese

$$du-2dy\sqrt{u}=o$$

werden würde; differentiirte man, so erfolgte

$$d^2u-2d^2y\sqrt{u}-\frac{dydu}{\sqrt{u}}=o,$$

und ließe man den Nenner verschwinden, so ginge daraus hervor:

$$d^2u\sqrt{u}-2ud^2y-dydu=o,$$

welche Gleichung ebenfalls noch durch die Annahme von $u=o$ befriedigt werden würde. Da diese Transformationen so weit man will fortgesetzt werden können, so folgt daraus, daß es Verfahrungsweisen giebt, alle Differentiale der gegebenen primitiven Gleichung so zu bereiten, daß die besondere Auflösung ihnen ebenfalls genügt, welches ohne dies nicht Statt finden würde. Denn wenn man bei der Variirung der Constante c und der Aufstellung $\frac{dy}{dc}=o$ für die besondere Auflösung wie für das vollständige Integral $dy=pdx$ hat: so wird der Werth von d^2y für die erste

$$\left(\frac{dp}{dx}dx+\frac{dp}{dc}\,\frac{dc}{dx}dx\right)dx,$$

während er für das andere bloß $\frac{dp}{dx}dx^2$ ist; auch genügen diese beiden Werthe im Allgemeinen nicht demselben Factor; man sieht sogar, daß die Gleichung

$$d^2u\sqrt{u}-2ud^2y-dydu=o$$

durch die besondere Auflösung, unabhängig von den Differentialen der zweiten Ordnung, befriedigt werden würde.

Die Entwickelung und die Beweise der oben angedeuteten Umstände würden mich zu weit führen; man kann sie in einer Denkschrift finden, in welcher H. Poisson mehre Schwierigkeiten, welche in der Theorie der besondern Auflösungen der verschiedenen Arten von Differentialgleichungen noch übrig geblieben waren, mit Erfolg erörtert hat. *)

§. 326.

Um gemäß dem Vorhergehenden zu erkennen, ob eine primitive Gleichung, welche keine willkürliche Constante enthält, und eine gegebene Differentialgleichnng befriedigt, ein besonderes Integral oder nur eine besondere Auflösung dieser letzteren ist, muß man eben derselben vollständiges Integral haben. Da dieser Umstand nicht immer Statt findet, so führt er uns natürlich auf die folgende Aufgabe:

Es sey ein Werth $y = X$ gegeben, welcher einer Differentialgleichung genügt, wie findet man, ob er in dem vollständigen Integral enthalten ist oder nicht, und wie leitet man dieses letztere daraus ab, wenn dies möglich ist?

Nimmt man an, daß das vollständige Integral $y = V$ darbietet und $y = X$ in sich faßt: so wird die Function V mit der Veränderlichen x und der willkürlichen Constante C nothwendig so zusammenhangen, daß sie sich durch eine gehörige Bestimmung von C in X verwandelt. Bezeichnet man diesen Werth von C mit C', und bemerkt, daß die Annahme $C = C'$, $V = X$ giebt, oder daß der Unterschied $V - X$ verschwindet, wenn $C - C' = o$, so schließt man daraus, daß der Ausdruck von $V - X$, wenigstens rücksichtlich seiner Entwickelung, unter die folgende Form muß gebracht werden können

$$V - X = V'(C - C')^\mu + V''(C - C')^\nu = \text{etc.},$$

wo die Exponenten μ, ν etc. alle positiv und die Größen V' V'' etc. von $C - C'$ unabhängig sind. Man kann $(C - C')^\mu = h$ annehmen; die Größe h wird so wie die Größe C willkürlich bleiben; und verwandelt man auch $\frac{\mu}{\nu}$ in μ, wo μ alsdann > 1, so erfolgt

$$V - X = V'h + V''h^\mu + \text{etc.}, \text{ weßhalb}$$

$$V = X + V'h + V''h^\mu + \text{etc.},$$

---

*) Journal der polytechnischen Schule, 13tes Heft; S. auch den „Traité etc." in 4to. B. II. S. 388.

welchen Ausdruck man als die Entwickelung des vollständigen Werthes von y ansehen kann.

Dieses vorausgesetzt stelle man die in Bezug auf dy aufgelöste gegebene Differentialgleichung durch $dy = pdx$ vor, so wird diese neue Gleichung, der nach der Voraussetzung die Gleichung $y = X$ genügt, unabhängig von h durch den vollständigen Werth von y befriedigt werden müssen. Bezeichnet man diesen letzteren zunächst durch $X + k$, so muß man, um ihn in $dy = pdx$ zu substituiren, ausfindig zu machen suchen, wozu p wird, wenn man in ihm für y, $X + k$ setzt. Es sey

$$P + P'k^m + P''k^n + \text{rc.}$$

die Entwickelung dieses Werthes von p; hier werden die Exponenten m, n, rc., die ich in folgender Größe auf einander folgend annehme, nothwendig positiv seyn. Denn p wird nicht unendlich groß, wenn $k = o$, weil die Gleichung $y = X$, welche kein unendlich großes dy giebt, die Gleichung $dy = pdx$ identisch macht, so daß $dX = Pdx$.

Macht man $y = X + k$, so hat man zum Resultat

$$dX + dk = (P + P'k^m + P''k^n + \text{rc.})\, dx,$$

welches durch die Gleichung $dX = Pdx$ zum folgenden wird

$$dx = (P'k^m + P''k^n + \text{rc.})\, dx;$$

und setzt man für k wiederum seine Entwickelung

$$V'h + V''h^\mu = \text{rc.};$$

so erfolgt

$$hdV' + h^\mu dV'' + \text{rc.} = \left\{\begin{array}{l} P'h^m dx\,(V' + V''h^{\mu-1} + \text{rc.})^m \\ + P''h^n dx\,(V' + V''h^{\mu-1} + \text{rc.})^n \\ + \text{rc.} \end{array}\right\} \quad (A)$$

nach welcher Gleichung man V', V'', rc. unabhängig von h bestimmen muß. Nimmt man zuerst nur diejenigen Glieder, in welchen diese Größe den kleinsten Exponenten hat, so bildet man die Gleichung

$$hdV' = P'V'^m h^m dx,$$

welche für ein beliebiges h nur dann gelten kann, wenn $m = 1$; in diesem Falle verschwindet h, und es erfolgt

$$dV' = P'V'dx, \quad V' = e^{\int P'dx}.$$

Wenn $m > 1$, so kann man nicht mehr das erste Glied $P'V'^m h^m dx$ der zweiten Seite mit dem ersten Gliede hdV' der ersten Seite vergleichen; allein man läßt dieses verschwinden, wenn man $dV' = o$ annimmt, wodurch $V' = \text{const.}$ oder noch einfacher $V' = 1$ wird; dann nimmt man $\mu = m$ an, und man erhält $dV'' = P'dx$, woraus hervorgeht: $V'' = \int P'dx$. Fährt man auf diese Weise fort, so findet man alle übrigen Glieder der Reihe.

Wenn $m < 1$, so ist es nicht mehr möglich, der Gleichung (A) auf irgend eine Weise zu genügen, weil man das Glied $P'V'^{m}h^{m}dx$ weder mit dem Gliede hdV' noch mit einem der folgenden, deren Exponenten sämmtlich die Einheit übertreffen, vergleichen kann; da die Gleichung $y = X$, alsdann keine willkürliche Constante zulassen kann; so ist sie kein besonderes Integral, sondern eine besondere Auflösung.

§. 327.

Hieraus folgt ein Verfahren, die besondern Auflösungen der Differentialgleichungen von der ersten Ordnung unmittelbar zu finden, ohne deren vollständiges Integral zu kennen. Denn geht y in $y + k$ über, so wird die Entwickelung von p im Allgemeinen, nach dem Taylorschen Lehrsatze,

$$p + \frac{dp}{dy}\frac{k}{1} + \frac{d^2p}{dy^2}\frac{k^2}{1.2} \text{ etc.},$$

und wenn sie die Form

$$P + P'k^m + \text{etc.}$$

annimmt, so wird der Differential-Coefficient $\frac{dp}{dy}$ unendlich groß, wofern $m < 1$ (§. 89.); es muß demnach die Differentiation, durch welche man von p zu diesem Coefficienten übergeht, einen Divisor herbeiführen, welcher verschwindet. Hieraus folgt, daß wofern man $\frac{dp}{dy}$ durch $\frac{K}{L}$ vorstellt, jede besondere Auflösung $L = o$ geben und mithin ein Factor von L seyn wird. Und umgekehrt wird jeder Factor von L, der es nicht zugleich von K ist, und der der Null gleich gesetzt die gegebene Differentialgleichung befriedigen wird, eine besondere Auflösung dieser letzteren seyn.

Man vermeidet die Auflösung der gegebenen Differentialgleichung in Bezug auf dy, wenn man bemerkt, daß, wenn $Z = o$ diese Gleichung bezeichnet, wo Z eine Function von x, y, und p bedeutet, indem pdx für dy geschrieben wurde, Statt findet:

$$\frac{dZ}{dx}dx + \frac{dZ}{dy}dy + \frac{dZ}{dp}dp = o, \text{ weßhalb}$$

$$\frac{dp}{dy} = -\frac{\frac{dZ}{dy}}{\frac{dZ}{dp}}.$$

Hat man demnach die Gleichung $Z = o$ so zubereitet, daß sie weder Brüche noch Wurzelzeichen enthält, so wird es hinreichen, einen Factor von $\frac{dZ}{dp}$ der Null gleich zu setzen, um $\frac{dp}{dy}$ unendlich groß zu erhalten.

Man wird auf diese Weise nur diejenigen besondern Auflösungen erhalten, in welchen y vorkommt; allein man wird zu denjenigen gelangen, welche nur x enthalten, und welche von der Form $x = const.$ sind, wenn man in der gegebenen Gleichung x als Function von y betrachtet.

§. 328.

Ich will nach der vorhergehenden Methode zuerst die besonderen Auflösungen der Gleichung in §. 324.

$$xdx + ydy = dy\sqrt{x^2 + y^2 - a^2}$$

aufsuchen. Schafft man hier das Wurzelzeichen fort, so erfolgt

$$x^2dx^2 + 2xydxdy + (a^2 - x^2)dy^2 = o, \text{ oder}$$

$$x^2 + 2xyp + (a^2 - x^2)p^2 = o,$$

und die Differentiation giebt,

$$\frac{dZ}{dp} = 2xy + 2(a^2 - x^2)p:$$

die gesuchte besondere Auflösung muß demnach so beschaffen seyn, daß sie, mit Hülfe des Werthes, den ihr Differential für p darbietet, zu gleicher Zeit die beiden Gleichungen

$$x^2 + 2xyp + (a^2 - x^2)p^2 = o$$

$$xy + (a^2 - x^2)p = o$$

befriedigt. Hieraus folgt, daß sie ohne die Beihülfe ihres Differentials die aus der Elimination von p zwischen den beiden vorhergehenden Gleichungen hervorgehende Gleichung befriedigen wird. Dieses vorausgesetzt multiplicire man die Gleichung

$$xy + (a^2 - x^2)p = o$$

mit p, um sie hierauf von der gegebenen abzuziehen, wodurch man erhält

$$x^2 + xyp = o,$$

weßhalb

$$p = -\frac{x}{y};$$

substituirt man diesen Werth von p in der ersteren Gleichung, so findet man die Gleichung

$$x^2 + y^2 - a^2 = o,$$

von der man weiß, daß sie eine besondere Auflösung der gegebenen Gleichung ist.

Behandeln wir jetzt die allgemeinere Gleichung

$$y = px + P$$

auf dieselbe Weise, so gelangen wir zu

$$\frac{dZ}{dp} = x + \frac{dP}{dp};$$

mithin müssen die besonderen Auflösungen der Gleichung

$$x + \frac{dP}{dp} = 0$$

genügen, und sie entspringen demnach aus der Elimination der p zwischen dieser letzteren und der gegebenen Differentialgleichung.

Um endlich ein Beispiel der besonderen Auflösungen an der Form

$$y = \text{const.}$$

zu liefern, wähle ich zur gegebenen Differentialgleichung:

$$\frac{dy}{dx} = b(y-a)^m,$$

aus welcher man unmittelbar ableitet

$$\frac{dp}{dy} = mb(y-a)^{m-1}.$$

Dieser Ausdruck kann nur dann unendlich groß werden, wenn $m-1$ negativ ist und zugleich $y = a$ ist, welcher letztere Werth nur dann der gegebenen Gleichung genügt, wenn m positiv ist; es muß also der Exponent m ein positiver Bruch seyn. In diesem Falle ist

$$y = a$$

eine besondere Auflösung, während das vollständige Integral

$$\frac{(y-a)^{1-m}}{1-m} - bx = \text{const.}$$

ist.

§. 329.

Im Allgemeinen erlangen unter algebraischen Functionen nur die Wurzelgrößen einen Nenner beim Differentiiren, und können demnach

$$\frac{dp}{dy} = \frac{1}{0}$$

geben, wenn p einen endlichen Werth hat. Man muß also bei den Wurzelgrößen die besonderen Auflösungen suchen, indem man die in ihnen vorkommenden Functionen gleich Null setzt, und sich versichert, daß die resultirenden Gleichungen der gegebenen Genüge leisten. So giebt die Gleichung

$$x\,dx + y\,dy = dy\sqrt{x^2 + y^2 - a^2}$$

unmittelbar

$$x^2 + y^2 - a^2 = 0;$$

und die Gleichung

$$ydx - xdy = n\sqrt{dx^2 + dy^2},$$

woraus man zieht

$$\frac{dy}{dx} = \frac{-xy}{n^2 - x^2} \pm \frac{n\sqrt{x^2 + y^2 - n^2}}{n^2 - x^2},$$

führt zur besondern Auflösung

$$x^2 + y^2 - n^2 = 0,$$

die wir schon auf verschiedenen Wegen fanden.

Von den Methoden, die Differentialgleichungen näherungsweise aufzulösen.

§. 330.

Wenn eine gegebene Differentialgleichung durch keines der bekannten Verfahren integrirt werden kann, so muß man sie näherungsweise aufzulösen d. h. daraus einen Werth von y in x vermittelst einer Reihe abzuleiten suchen. Man hat schon im §. 298. gesehen, wie die Taylorsche Reihe sich hier anwenden läßt. Man kann auch für y eine nach Potenzen von x geordnete Reihe mit unbestimmten Coefficienten aufnehmen; allein es bedarf meistens besonderer Kunstgriffe, um die Exponenten zu bestimmen, wenn diese nicht die Progression der ganzen Zahlen befolgen. Ist die Form der Reihe bekannt, so gelangt man dadurch zur Kenntniß ihrer Coefficienten, daß man sowohl die Reihe als ihre Differentiale, anstatt y, dy, d^2y rc. in der gegebenen Gleichung substituirt.

Hat man z. B. die Gleichung

$$dy + ydx = mx^n dx,$$

so nehme man an

$$y = Ax^\alpha + Bx^{\alpha+1} + Cx^{\alpha+2} + \text{rc.}:$$

substituirt man diesen Werth und sein Differential in der gegebenen Gleichung, indem man die Glieder so vereiniget, daß man eine hinreichende Anzahl von Gleichungen bilden kann, um die Exponenten und Coefficienten bestimmen zu können, ohne in Widersprüche zu verfallen: so erhält man

$$\left.\begin{array}{l} \alpha Ax^{\alpha-1} + (\alpha+1)Bx^\alpha + (\alpha+2)Cx^{\alpha+1} + (\alpha+3)Dx^{\alpha+2} + \text{rc.} \\ -mx^n + \qquad Ax^\alpha + \qquad Bx^{\alpha+1} + \qquad Cx^{\alpha+2} + \text{rc.} \end{array}\right\} = 0,$$

welche Gleichung dadurch identisch wird, daß man aufstellt:

$n = \alpha - 1,$ oder $\alpha = n + 1$ $\quad A = \frac{m}{\alpha},\ B = \frac{-m}{\alpha(\alpha+1)},\ C = \frac{m}{\alpha(\alpha+1)(\alpha+2)},$

$$D = \frac{-m}{\alpha(\alpha+1)(\alpha+2)(\alpha+3)},\ \text{rc.}$$

Somit findet man also:

$$y = m\left[\frac{x^{n+1}}{n+1} - \frac{x^{n+2}}{(n+1)(n+2)} + \frac{x^{n+3}}{(n+1)(n+2)(n+3)} - \text{rc.}\right].$$

Dieser Werth von y ist unvollständig, weil er keine willkürliche Constante enthält. Eben so wird es sich in allen Fällen verhalten, wo in der Entwickelung des Integrals die Constante von der Veränderlichen x nicht getrennt werden kann. Allein nach demjenigen, was wir im §. 299. gesehen haben, gelangt man zu einem Resultate, welches eben so allgemein ist als das vollständige Integral, wenn man ihm eine solche Form geben kann, daß aus der Annahme $x = a$, $y = b$ hervorgeht. Dieses aber läßt sich dadurch bewerkstelligen, daß man $x = a + t$, $y = b + u$ aufstellt, und zur Vorstellung von u eine Reihe einführt, deren sämmtliche Glieder verschwinden, wenn $t = o$.

Durch diese Transformation wird die Gleichung

$$dy + ydx = mx^n dx,$$
$$du + (b + u)\,dt = m\,(a + t)^n dt;$$

und macht man

$$u = At^\alpha + Bt^{\alpha+1} + Ct^{\alpha+2} + \text{rc.},$$

so findet man

$$\left.\begin{array}{l} \alpha A t^{\alpha-1} + (\alpha+1)Bt^\alpha + (\alpha+2)Ct^{\alpha+1} + \text{rc.} \\ +b \quad + \quad At^\alpha + \quad Bt^{\alpha+1} + \text{rc.} \\ -ma^n - m\frac{n}{1}a^{n-1}t - m\frac{n(n-1)}{1.2}a^{n-2}t^2 - \text{rc.} \end{array}\right\} = o;$$

man muß hier $\alpha - 1 = o$ oder $\alpha = 1$ annehmen, sodann erfolgt:

$$A = ma^n - b,\ B = \frac{mna^{n-1} - ma^n + b}{2},$$

$$C = \frac{mn(n-1)\,a^{n-2} - mna^{n-1} + ma^n - b}{2.3.}\ \text{rc.},$$

§. 331.

Der Gebrauch der Reihen mit unbestimmten Coefficienten bei den Gleichungen des ersten Grades von der zweiten Ordnung bietet zuweilen Umstände dar, deren Kenntniß nicht unnütz ist, und wovon uns die sehr einfache Gleichung

$$d^2y + ax^n ydx^2 = o$$

ein merkwürdiges Beispiel liefert.

Macht man hier

$$y = Ax^{\alpha} + Bx^{\alpha+\delta} + Cx^{\alpha+2\delta} + \text{rc.},$$

so erhält man

$$\begin{aligned} d^2y = \{ & \alpha(\alpha-1)Ax^{\alpha-2} \\ & +(\alpha+\delta)(\alpha+\delta-1)Bx^{\alpha+\delta-2} \\ & +(\alpha+2\delta)(\alpha+2\delta-1)Cx^{\alpha+2\delta-2} + \text{rc.}\}dx^2 \end{aligned}$$

$$\begin{aligned} ax^n y dx^2 = \{ & aAx^{\alpha+n} \\ & + aBx^{\alpha+\delta+n} \\ & + aCx^{\alpha+2\delta+n} + \text{rc.}\}dx^2. \end{aligned}$$

Man sieht zuerst, daß es nicht möglich seyn wird, die Glieder

$$\alpha(\alpha-1)Ax^{\alpha-2}, \quad aAx^{\alpha+n},$$

mit welchen die vorhergehenden Ausdrücke respective beginnen, in Uebereinstimmung zu bringen, wofern nicht in einem besondern Falle $n = -2$; allein es wird hinreichen,

$$\alpha = 0 \text{ oder } \alpha = 1$$

anzunehmen, um das erste Glied des Werthes von d^2y verschwinden zu machen; und das zweite Glied, dessen Exponent $\alpha+\delta-2$ ist, wird sich mit $aAx^{\alpha+n}$ vergleichen lassen, woraus alsdann

$$\delta - 2 = n \text{ oder } \delta = n + 2$$

erfolgt. Von diesen Gliedern an werden die beiden Reihen genau einander entsprechen, und, um die Coefficienten zu bestimmen, hat man die folgenden Gleichungen

$$(\alpha+\delta)(\alpha+\delta-1)B + aA = 0$$
$$(\alpha+2\delta)(\alpha+2\delta-1)C + aB = 0 \text{ rc.},$$

in denen A willkürlich bleibt. Substituirt man hier nach und nach die beiden Werthe von α nebst demjenigen von δ, so erhält man für y die beiden folgenden Entwickelungen:

$$A - \frac{aAx^{n+2}}{(n+1)(n+2)} + \frac{a^2Ax^{2n+4}}{(n+1)(n+2)(2n+3)(2n+4)}$$
$$- \frac{a^3Ax^{3n+6}}{(n+1)(n+2)(2n+3)(2n+4)(3n+5)(3n+6)} + \text{rc.},$$

$$Ax - \frac{aAx^{n+3}}{(n+2)(n+3)} + \frac{a^2Ax^{2n+5}}{(n+2)(n+3)(2n+4)(2n+5)}$$
$$- \frac{a^3Ax^{3n+7}}{(n+2)(n+3)(2n+4)(2n+5)(3n+6)(3n+7)} + \text{rc.},$$

Diese Werthe von y haben noch nicht die gehörige Allgemeinheit, weil sie nur eine willkürliche Constante A enthalten; allein schreibt man in dem letzteren A_1 anstatt A und nimmt hierauf ihre Summe, so erhält man wegen der besondern Form des gegebenen Beispiels (309.) den allgemeinen Ausdruck von y.

§. 332.

Indem ich hier die genäherte Integration von Differentialgleichungen nicht weiter verfolge, muß ich bemerken, daß die oben vorgetragenen Methoden, welche nur sehr selten convergente Reihen geben, und dies bloß für sehr beschränkte Werthe der unabhängigen Veränderlichen, nur wenig gebraucht werden. In den physico-mathematischen Aufgaben, wo die Annäherungen der Integral-Rechnung zur Anwendung kommen, hat man am häufigsten nur die kleinen Correctionen zu bestimmen, welche bei einem ersten genäherten, übrigens bekannten und als eine Mittelgröße angesehenen Werthe anzubringen sind. Da der gesuchte wahre Werth sich von diesem letzteren nur um solche Functionen entfernt, deren Quadrat und höhere Potenzen anfänglich vernachlässigt werden können: so bringt man die Differentialgleichungen, welche jene Functionen bestimmen, auf den ersten Grad, und hierauf wendet man Verfahren an, die noch zu verschiedenartig sind, um in die Elemente eingeführt werden zu können; auch wird man dieselben immer da auseinandergesetzt finden, wo man sich ihrer bedient.

Auflösung einiger geometrischen Aufgaben, welche auf Differentialgleichungen führen.

§. 333.

Da das Ansetzen der Gleichungen bei geometrischen Aufgaben, welche von Differentialgleichungen abhangen, bloß auf den Eigenschaften der Tangenten, Normalen und Krümmungs-Halbmesser beruht und deßhalb nicht mehr Schwierigkeiten darbietet, als andere analytische Darstellungen, wenn man die Ausdrücke der fraglichen Linien kennt: so will ich nur einige wenige Beispiele aufführen.

Ich will zuvörderst bemerken, daß die Integration der Differentialgleichungen von der ersten Ordnung auch inverse Tangenten-Methode genannt wird, weil jede Differentialgleichung von jener Ordnung, indem sie den Ausdruck von $\frac{dy}{dx}$ in x und y giebt, die Relation kennen lehrt, welche bei der fraglichen krummen Linie zwischen den Coordinaten und der Subtangente oder Tangente, Normale ꝛc. Statt findet. Denn zieht man aus der gegebenen Gleichung $\frac{dy}{dx} = p$, so hat, nach §. 66., die Subtangente zum Ausdrucke $\frac{y}{p}$, die Tangente $\frac{y\sqrt{1+p^2}}{p}$ ꝛc. Man erfand die Differential-Rechnung, um Tangenten an krumme Linien ziehen zu kennen, d. h. um das directe Tangenten-Problem zu lösen. Hierauf beschäftigte man sich mit der Integral-Rechnung, um vermittelst der Eigenschaften ihrer Tangenten zu den Grundgleichungen der krummen Linien zu gelanlangen. Allein die Fortschritte und zahlreichen Anwendungen der Integral-Rechnung haben die Benennung von inverser Tangenten-Methode, welche nur auf eine einzelne Anwendung hinweist, außer Curs gesetzt.

In den ersten Zeiten suchte man die Ordinate der verlangten krummen Linie durch die Flächenräume oder gar durch die Lagen bekannter krummen Linien zu bestimmen. Seitdem hat man jene Constructionen weniger beachtet, weil sie, obgleich sehr zierlich in der Theorie, in der Ausübung immer minder bequem und besonders minder genau waren, als die Näherungs-Formeln, welche an ihre Stelle getreten sind.

Eine Differentialgleichung kann im Allgemeinen nur dann construirt werden, wenn man ihre Veränderlichen von einander getrennt hat, weil alsdann der Ausdruck der einen von ihnen nur noch von der Quadratur einer krummen Linie abhangt, deren Grundgleichung bekannt ist.

§. 334.

Zum Beispiel diene die Construction derjenigen krummen Linien, in denen die Subtangente einer gegebenen Function der Abscisse x gleich ist; die Differentialgleichung dieser krummen Linie wird demnach seyn

$$y\frac{dx}{dy} = X,$$

wo X eine gegebene Function bedeutet. Die Veränderlichen lassen sich hier auf der Stelle von einander trennen, indem man erhält

$$\frac{dy}{y} = \frac{dx}{X}.$$

Multiplicirt man nun beide Seiten mit m, welches constant ist, so hat man:

$$\frac{mdy}{y} = \frac{mdx}{X};$$

und bezeichnet man den in dem Systeme, dessen Modulus m ist, genommenen Logarithmus von y mit Ly, so giebt die Integration

$$Ly = \int \frac{m dx}{X} = \frac{1}{m} \int \frac{m^2 dx}{X}.$$

Construirt man zunächst die krumme Linie DN auf solche Weise, Fig. 56. daß die der Abscisse AP entsprechende Ordinate $PN = \frac{m^2}{X}$, so giebt ADNP den Werth von $\int \frac{m^2 dx}{X}$. Man reducirt diesen Flächenraum auf ein Rechteck FQ, dessen Seite AF = m, so daß die andere Seite $AQ = \frac{1}{m} \int \frac{m^2 dx}{R}$. Beschreibt man hierauf über dem Modulus m die logarithmische Linie ER, deren Ordinaten auf der Achse AC senkrecht stehen, und errichtet in Q die Senkrechte RQ: so erhält man

$$L.RQ = AQ \text{ (112.)},$$ oder

$$L.RQ = \int \frac{m^2 dx}{X}.$$

Es wird demnach RQ der Ordinate PM der gesuchten krummen Linie gleich seyn.

Es ist wohl zu bemerken, daß diese Construction nicht fordert, daß man den analytischen Ausdruck der Function X hat; man könnte an ihrer Stelle die Ordinate einer beliebigen auf die Achse AB bezogenen krummen Linie nehmen, und über dieser Ordinate und der willkürlichen Linie m die durch die obigen Formeln angedeuteten graphischen Operationen vollziehen. Auch sieht man, daß die Linie m nur deßhalb eingeführt wurde, um die Formeln homogen zu machen, und daß sie der Einheit gleich angenommen werden kann.

§. 335.

Ich will noch die Auflösung des Trajectorien-Problems mittheilen, welches in den ersten Zeiten, wo man sich mit der Integral-Rechnung beschäftigte, viel Aufsehen machte. Es hat zum Zwecke diejenige krumme Linie zu bestimmen, welche alle Linien von einer gegebenen Art unter demselben gegebenen Winkel durchschneidet. Man versteht hier unter krummen Linien von einer gegebenen Art die verschiedenen besondern krummen Linien, welche man erhält, wenn man einer der Constanten einer Grundgleichung nach und nach alle möglichen Werthe beilegt. Läßt man z. B. den Parameter einer Parabel variiren, so geht daraus eine Folge von Parabeln hervor, welche sich auf dieselbe Achse beziehen und denselben Scheitel haben, und wovon einerseits die Achse, und andrerseits die Senkrechte hierauf im Scheitel, die äußersten sind. Die krumme Linie, welche alle diese Parabeln unter einem gegebenen Winkel schneiden wird, wird deren Trajectorie seyn. *)

Fig. 57. Es seyen $D_{\prime}N_{\prime\prime}$, DN, $D'N'$ rc. Fig. 57. die durchschnittenen krummen Linien und MZ die durchschneidende oder die gesuchte Trajectorie. Wenn man an diese in einem beliebigen Punkte M eine Tangente Mt zieht, und in eben diesem Punkte auch eine Tangente an die hier durchschnittene krumme Linie zieht, so muß, der Aufgabe zufolge, der Winkel TMt dem gegebenen Winkel gleich seyn. Es mögen x' y' die Coordinaten der durchschnittenen krummen Linien, x, y diejenigen der durchschneidenden und a die trigonometrische Tangente des constanten Winkels TMt bezeichnen, welcher dem Unterschiede der Winkel MTP, MtP gleich ist, deren respective Tangenten $\frac{dy'}{dx'}$ und $\frac{dy}{dx}$ zum Ausdruck haben (66). Hierauf giebt die Relation

$$\tang TMt = \tang (MtP - MTP)$$

nach „Trig. §. 26."

$$a = \frac{\frac{dy}{dx} - \frac{dy'}{dx'}}{1 + \frac{dy}{dx}\frac{dy'}{dx'}}.$$

Ich nehme hier an, daß man die Grundgleichung der durchschnittenen krummen Linien kenne; man wird aus derselben durch das Differentiiren $dy' = pdx'$ finden, und mithin wird die obige Gleichung zur folgenden:

$$a\left(1 + p\frac{dy}{dx}\right) + p - \frac{dy}{dx} = 0 \quad \ldots . \text{(A)}$$

Man muß allenthalben, für x', y', x, y schreiben, weil im Punkte M die durchschnittene und die durchschneidende krumme Linie gemeinschaftliche Coordinaten haben. Wenn man, nachdem dieses geschehen, zwischen der Gleichung (A) und der Grundgleichung der durchschnittenen krummen Linien diejenige Constante eliminirt, deren verschiedene Werthe die Verschiedenheit dieser Linien veranlassen, so gewinnt man ein Resultat, welches ihre

*) Man nennt in der Mechanik Trajectorie (Bahn) diejenige krumme Linie, welche ein von beliebigen Kräften bewegter Körper beschreibt; allein von dieser Art von Trajectorie kann in einem der Analyse und Geometrie einzig gewidmeten Werke keineswegs Rede seyn.

sämmtlichen auf einander folgenden Durchschnitte mit der Trajectorie umfaßt und folglich die Gleichung dieser letzteren seyn wird.

Zum Beispiele mögen uns Parabeln mit einerlei Achse und Scheitel dienen, deren Gleichung ist:

$$y'^n = \alpha x'^m;$$

hier ist

$$p = \frac{m\alpha x'^{m-1}}{ny'^{n-1}}.$$

Vermittelst der gegebenen Gleichung kann man, aus diesem letzten Ausdruck, den Parameter α, welcher unsere Parabeln von gemeinschaftlicher Ordnung particularisirt, sogleich wegschaffen. Substituirt man das Resultat in der Gleichung (A), nachdem man x', y' in x, y verwandelt hat, und dividirt durch $x^{m-1}y^{n-1}$, so findet man die gesuchte Differentialgleichung der fraglichen Trajectorie:

$$a(nxdx + mydy) + mydx - nxdy = o.$$

Da diese Gleichung homogen ist, so kann sie nach dem Verfahren des §. 283. behandelt werden.

Ist m=n=1, so wird sie integrirbar, indem man durch x^2+y^2 dividirt, weil

$$\frac{xdx+ydy}{x^2+y^2} = d.l\sqrt{x^2+y^2}, \text{ und}$$

$$\frac{ydx-xdy}{x^2+y^2} = d.\text{arc}\left(\text{tang} = \frac{x}{y}\right) \ (279);$$

man hat also:

$$al\sqrt{x^2+y^2} + \text{arc}\left(\text{tang} = \frac{x}{y}\right) = C, \text{ oder}$$

$$al\frac{\sqrt{x^2+y^2}}{c} = \text{arc}\left(\text{tang} = \frac{y}{x}\right),$$ indem man die willkürliche Constante ändert. Macht man

$$\sqrt{x^2+y^2} = u, \text{ und arc}\left(\text{tang} = \frac{y}{x}\right) = t,$$

so verfällt man auf die Gleichung der logarithmischen Spiralen, welche (nach §. 128.) die Eigenschaft besitzen, ihren Radius Vector unter einem constanten Winkel zu durchschneiden. Denn unter den obigen Annahmen sind die durchschnittenen krummen Linien gegenwärtig lauter Geraden, welche durch den Anfangspunkt der Coordinaten gehen, indem ihre Gleichung $y' = \alpha x'$ ist.

Sollte der Winkel TMt ein rechter seyn müssen, so müßte man a unendlich groß annehmen, und folglich nur diejenigen Glieder berücksichtigen, womit a multiplicirt ist. Die obige Gleichung geht alsdann über in

$nxdx + mydy = o$, deren Integral

$nx^2 + my^2 = c$ ist, woraus ersichtlich ist, daß die krumme Linie, welche die gegebenen Parabeln unter rechten Winkeln schneidet, eine Ellipse ist, welche über der gemeinschaftlichen Achse der Parabeln beschrieben worden und den gemeinschaftlichen Scheitel derselben zum Mittelpunkte hat. Die Trajectorien, bei welchen der Winkel TMt ein rechter ist, heißen orthogonale (rechtwinklige) Trajectorien und die Annahme eines unendlich großen a in der Gleichung (A) giebt

$$1 + p\frac{dy}{dx} = o$$

zu ihrer Differentialgleichung.

§. 336.

Die geometrischen Betrachtungen begründen auch die Möglichkeit der Differentialgleichungen mit zwei Veränderlichen, wie wir im §. 298. schon ausgesagt hatten. Ist nämlich von einer Gleichung der ersten Ordnung die Rede, so zieht man daraus nur den Werth von $\frac{dy}{dx}$, welcher die trigonometrische Tangente desjenigen Winkels ausdrückt, den die Tangente an die jener Gleichung entsprechende krumme Linie mit der Achse der Abscissen macht. Man nehme also willkürlich die Coordinaten AP = a,
Fig. 58. PM = b eines ersten Punktes M Fig. 58., und ziehe eine Linie MT, welche mit der der AB parallelen MQ einen Winkel M'MQ bildet, dessen Tangente dem entsprechenden Werthe von $\frac{dy}{dx}$ gleich ist: so wird jene Gerade die gesuchte krumme Linie im Punkte M berühren. Betrachtet man die krumme Linie und ihre Tangente in der nächsten Umgebung des Berührungspunktes als zusammenfallend, so wird die Gerade MT für einen dem P unendlich nahen Punkt P' die Ordinate P'M' bestimmen, mit welcher man vermittelst der gegebenen Differentialgleichung die Tangente des Winkels M''M'Q' berechnen wird, der sich auf die der MT folgende Tangente M'T' bezieht. Die Fortsetzung dieses Verfahrens wird ein Polygon darbringen, welches um so weniger von der gesuchten krummen Linie, der die gegebene Differentialgleichung zukommt, abweichen wird, je mehr die Seiten vervielfältigt wurden. Es folgt auch aus dieser Construction, daß eine Differentialgleichung von der ersten Ordnung eine unendliche Anzahl von krummen Linien vorstellt, weil man den ersten Punkt M an einem willkürlichen Orte annehmen kann.

Bei den Gleichungen von der zweiten Ordnung, welche nur

den Werth von $\frac{d^2y}{dx^2}$ darbieten, bedient man sich, statt der Tangenten, der osculatorischen Parabeln. Hat man willkürlich einen ersten Punkt angenommen, dessen Coordinaten sind $x=a$, $y=b$, so bildet man die Gleichung

$$y-b=A(x-a)+B(x-a)^2,$$

welche einer durch jenen Punkt gehenden Parabel zukommt. Differentiirt man diese Gleichung zweimal nacheinander und macht $x=a$, so findet man

$$\frac{dy}{dx}=A,\ \frac{d^2y}{dx^2}=2B;$$

der Coefficient A bleibt willkürlich, allein B wird bestimmt, wenn man in der gegebenen Gleichung a, b, A für x, y, $\frac{dy}{dx}$ substituirt. Man beschreibt also zuerst eine Parabel MN, Fig. 59., welche durch den Punkt M geht und deren Tangente an diesem Punkte mit der Abscisse einen Winkel bildet, dessen trigonometrische Tangente A ist. Man berechnet den Werth der Ordinate P′M′ jener krummen Linie und denjenigen von $\frac{dy}{dx}$, welche einem auf der Achse der x sehr nahe bei P gelegenen Punkte P′ entsprechen; substituirt man hierauf diese Werthe in der gegebenen Differentialgleichung, so leitet man daraus einen neuen Werth von $\frac{d^2y}{dx^2}$ ab. Bezeichnet man diesen mit $2B_1$ und diejenigen von P′M′ und $\frac{dy}{dx}$ mit b_1 und A_1, so bildet man die Gleichung Fig. 59.

$$y-b_1=A_1(x-a_1)+B_1(x-a_1)^2$$

der zweiten osculatorischen Parabel M′N′, mit welcher man eine dritte bestimmen könnte, und so fort.

Es ist leicht, das vorhergehende Verfahren so zu modificiren, daß man die osculatorische Parabel durch den Krümmungs-Kreis ersetzt, oder daß man es auf alle Ordnungen ausdehnt.

§. 337.

Die folgende Aufgabe wird zeigen, wie die geometrischen Betrachtungen zu der im §. 323. vorgetragenen Theorie der besondern Auflösungen führen.

Eine krumme Linie finden, welche so beschaffen ist, daß die Senkrechten, welche aus einem gegebenen Punkte auf ihre sämmtlichen Tangenten gefällt werden, sämmtlich einander gleich sind.

Um die Differentialgleichung der gesuchten krummen Linie zu finden, muß man sich erinnern, daß wenn man die Coordinaten einer krummen Linie x, y und diejenigen ihrer Tangenten x', y' nennt, die Gleichung dieser letzteren

$$y' - y = \frac{dy}{dx}(x' - x)$$

ist (68.); wählt man zum Anfangspunkte der Coordinaten den bekannten Punkt, aus welchem die bewußten Perpendikel gefällt werden sollen, so hat jedes von diesen zur Gleichung

$$y' = -\frac{dx}{dy}x' \text{ („Trig. §. 90.“)},$$

und zur Länge

$$\sqrt{x'^2 + y'^2}.$$

Setzt man für x' und y' die Coordinaten desjenigen Punktes, wo ein Perpendikel der auf dasselbe bezüglichen Tangente begegnet, und deren Werthe aus den beiden vorhergehenden Gleichungen abzuleiten sind („Trig.“ §. 92.), so erhält man

$$x' = \frac{(xdy - ydx)dy}{dx^2 + dy^2},$$

$$y' = -\frac{(xdy - ydx)dx}{dx^2 + dy^2},$$

$$\sqrt{x'^2 + y'^2} = \frac{xdy - ydx}{\sqrt{dx^2 + dy^2}} = n,$$

so daß die Differentialgleichung der gesuchten krummen Linie die folgende ist:

$$xdy - ydx = n\sqrt{dx^2 + dy^2}.$$

Dieses vorausgesetzt ist es leicht zu sehen, daß ein Kreis, dessen Halbmesser = n und dessen Mittelpunkt im Anfangspunkte der Coordinaten liegt, der Aufgabe genügt. Ein solcher Kreis, der $y^2 + x^2 = n^2$ zur Gleichung hat, ist gerade die besondere Auflösung unserer Differentialgleichung, welche wir im §. 297. fanden. Allein jede gerade Linie, welche eine solche Lage gegen den Anfangspunkt der Coordinateen hat, daß ihr kürzester Abstand von diesem Punkte gleich n ist, löst gleichfalls die vorliegende Aufgabe auf. Und da es unendlich viele Geraden giebt, welche jene Bedingung erfüllen können, so macht die Gleichung, welche alle diese Geraden umfaßt, das vollständige Integral der obigen Differentialgleichung aus, wie dieses sich an dem in §. 297. gefundenen Resultate

$$y - cx = n\sqrt{1 + c^2}$$

leicht bewähren läßt.

Es läßt sich hier leicht der bemerkenswerthe Umstand einsehen, daß alle Geraden, von denen so eben die Rede war, von dem Kreise, welcher die besondere Auflösung vorstellt nothwendig berührt werden, weil dieser die Senkrechte auf jede der Geraden zum Halbmesser hat.

Dieselbe Relation findet zwischen den verschiedenen krummen Linien, welche durch das vollständige Integral einer Differentialgleichung von der ersten Ordnung vorgestellt werden, und zwischen derjenigen krummen Linie Statt, welche einer besondern Auflösung jener Gleichung entspricht; die letztere berührt alle ersteren. Denn die Differentialgleichung bestimmt nur die Richtung der Tangente, und jede krumme Linie, welche in einem beliebigen Punkte dieselbe Tangente haben wird, wie eine der krummen Linien, welche aus dem vollständigen Integrale abzuleiten sind, wird der Differentialgleichung nothwendig genügen: jenes geschieht aber bei der krummen Linie, welche die erwähnten krummen Linien sämmtlich berührt.

Es folgt hieraus, daß die Abgewickelte einer krumme Linie nichts anders ist, als die besondere Auflösung der Differentialgleichung, welche alle Normalen jener krummen Linie vorstellt (§. 80.), und daß diese, die Abwickelnde, ebenfalls die besondere Auflösung derjenigen Differentialgleichung ist, welche allen ihren Krümmungs-Kreisen gemeinschaftlich ist, allein mit dem Unterschiede, daß hier die Berührungen von der zweiten Ordnung sind.

Der im §. 323. zwischen den vollständigen Integralen und den besondern Auflösungen begründete Zusammenhang läßt sich auch aus geometrischen Betrachtungen ableiten. Denn jeder Punkt im Umkreise des vorhergehenden Beispiels kann als der Durchschnitt zweier auf einander folgenden Tangenten d. i. als der Durchschnitt zweier Geraden angesehen werden, welche von zwei auf einander folgenden Werthen der Constante c herrühren; die Abscisse und die Ordinate dieses Durchschnittes hangen von den Werthen der c ab, welche also auch ihrerseits Function von jenen Größen d. i. von x und y ist. Es ist einleuchtend, daß man, um die Gleichung einer Linie zu bilden, welche der durch die Gleichung

$$y - cx = n\sqrt{1+c^2}$$

dargestellten nachfolgt, diese letztere zu differentiiren hat, indem man c variiren läßt; und weil man nur den Durchschnitt jener beiden Linien sucht, in welchem Punkte ihre Coordinaten gemeinschaftlich sind, so muß man x und y als constant ansehen; jener Durchschnitt wird demnach durch die beiden Gleichungen

$$y - cx = n\sqrt{1+c^2}$$

$$-x = \frac{nc}{\sqrt{1+c^2}}$$

bestimmt, wenn man der c einen besondern Werth zuweist. Allein wenn man c eliminirt, so wird das Resultat, welches keinen einzelnen Durchschnitt insbesondere mehr bezeichnet, alle Punkte umfassen, welche aus den Durchschnitten derjenigen Geraden hervorgehen, welche von allen Werthen der c herrühren, und, wie sie auf einander folgen, paarweise mit einander verbunden werden, d. i. es wird das Resultat den Kreis bezeichnen, welcher die besondere Auflösung ist, und welcher auch hier aus der Variation entspringt, welche man der Constante des vollständigen Integrals zueignete. Dieselben Bemerkungen bewähren sich auch bei den Abgewickelten, wenn man diese krummen Linien aus den Durchschnitten der auf einander folgenden Normalen der Abwickelnden (80.) entstehen läßt.

Von der Integration der Differentialgleichungen, welche drei oder noch mehr Veränderlichen enthalten.

Von den vollständigen Differentialgleichungen.

§. 338.

Die Functionen, welche von zwei oder noch mehr Veränderlichen abhangen, unterscheiden sich von den Functionen von einer einzigen Veränderlichen darin, daß sie bei jeder Ordnung mehre Differential-Coefficienten haben. Ist z z. B. eine Function von zwei Veränderlichen, so hat es in der ersten Ordnung zwei Differential-Coefficienten, nämlich $\frac{dz}{dx}$ und $\frac{dz}{dy}$, wovon der eine sich auf die bloße Veränderlichkeit des x und der andere auf die bloße Veränderlichkeit des y bezieht. In der zweiten Ordnung steigt die Anzahl der Differential-Coefficienten auf drei, und so steigt dieselbe fortwährend von Ordnung zu Ordnung (§. 44). Beim Zurücksteigen von den Differential-Coefficienten einer Function von zwei oder noch mehr Veränderlichen zur Function selbst bieten sich mehre Fälle dar: 1°. kann man alle ihre Differential-Coefficienten von derselben Ordnung durch die unabhängigen Veränderlichen ausgedrückt haben, wodurch die vollständigen Differentiale der gesuchten Function gegeben sind, so daß man zu dieser letzteren vermittelst der Verfahren gelangt, welche in den §§. 278—280. vorgetragen wurden; 2°. kann die Function selbst außer den unabhängigen Veränderlichen in den Ausdrücken der Differential-Coefficienten vorkommen, wodurch eine vollständige

Differentialgleichung dargeboten wird; 3°. endlich kann auch nur eine Relation zwischen den Differential-Coefficienten der Function, dieser selbst und den unabhängigen Veränderlichen gegeben seyn.

Ich will mich zuerst mit dem zweiten Falle im vorhergehenden §. beschäftigen, durch die Betrachtung der Gleichung

$$Pdx + Qdy + Rdz = o.$$

Diese Gleichung ließe sich nach dem Verfahren in §. 280. integriren, wenn die erste Seite ein genaues Differential mit drei Veränderlichen wäre, allein wenn dies nicht der Fall ist, so kann man vermittelst eines passenden Factors diesen Fall herbeiführen, wofern jene Gleichung von einer Grundgleichung $u = c$ abgeleitet ist. Es läßt sich dies eben so zeigen wie bei zwei Veränderlichen (§. 289). Denn nun muß die obige gegebene Differentialgleichung mit der folgenden

$$\frac{du}{dx}dx + \frac{du}{dy}dy + \frac{du}{dz}dz = o$$

übereinstimmen, d. h. die Werthe von dz, welche aus der einen und der andern gezogen werden, müssen, unabhängig von dx und dy, identisch seyn (136); allein da diese Werthe respective

$$dz = -\frac{P}{R}dx - \frac{Q}{R}dy,$$

$$dz = -\frac{\frac{du}{dx}}{\frac{du}{dz}}dx - \frac{\frac{du}{dy}}{\frac{du}{dz}}dy,$$

sind, so folgt, daß

$$\frac{\frac{du}{dx}}{\frac{du}{dz}} = -\frac{P}{R}, \quad \frac{\frac{du}{dy}}{\frac{du}{dz}} = -\frac{Q}{R}, \text{ weßhalb}$$

$$\frac{\frac{du}{dx}}{P} = \frac{\frac{du}{dy}}{Q} = \frac{\frac{du}{dz}}{R}.$$

Nennt man diese letzteren Quotienten μ, so erfolgt

$$du = \mu Pdx + \mu Qdy + \mu Rdz.$$

Dieses vorausgesetzt muß dieses Differential, um genau zu seyn, noch folgende Bedingungen erfüllen

$$\frac{d.\mu P}{dy} = \frac{d.\mu Q}{dx}, \quad \frac{d.\mu R}{dx} = \frac{d.\mu P}{dz}, \quad \frac{d.\mu Q}{dz} = \frac{d.\mu R}{dy}$$

deren Entwickelung die folgenden Gleichungen liefert

$$\left.\begin{array}{l}\mu\left(\frac{dP}{dy}-\frac{dQ}{dx}\right)+P\frac{d\mu}{dy}-Q\frac{d\mu}{dx}=o\\ \mu\left(\frac{dR}{dx}-\frac{dP}{dz}\right)+R\frac{d\mu}{dx}-P\frac{d\mu}{dz}=o\\ \mu\left(\frac{dQ}{dz}-\frac{dR}{dy}\right)+Q\frac{d\mu}{dz}-R\frac{d\mu}{dy}=o\end{array}\right\}\text{(A)}$$

Man nimmt bald wahr, daß die Function μ verschwindet, wenn man die erste dieser Gleichungen mit R, die zweite mit Q, die dritte mit P multiplicirt und die Producte addirt; denn da die Summe durch μ genau theilbar ist, so reducirt sie sich auf

$$R\left(\frac{dP}{dy}-\frac{dQ}{dx}\right)+Q\left(\frac{dR}{dx}-\frac{dP}{dz}\right)+P\left(\frac{dQ}{dz}-\frac{dR}{dy}\right)=o \quad \text{(B)},$$

Bedingungsgleichung, welche anfangs durch die gegebene Gleichung befriedigt werden muß, damit diese vermittelst eines Factors ein vollständiges Differential werden und folglich von einer Grundgleichung mit drei Veränderlichen herrühren, oder, was dasselbe ist, durch eine Function von zwei Veränderlichen befriedigt werden könne.

Diese letztere Rücksicht führt auch zur Gleichung (B), wenn man den Lehrsatz von §. 278. unmittelbar anwendet. Denn hat man den primitiven Ausdruck von z in x und y, und substituirt ihn in dem aus der Gleichung $Pdx+Qdy+Rdz=o$ gezogenen Werthe von dz, so geht daraus nothwendig ein vollständiges Differential mit zwei Veränderlichen und von der Form

$$dz=pdx+qdy \text{ hervor, wo } \frac{dp}{dy}=\frac{dq}{dx}.$$

Allein in dem gegenwärtigen Falle, wo

$$p=-\frac{P}{R},\ q=-\frac{Q}{R}$$

muß man, da P, Q und R z enthalten, bei den angezeigten Differentiationen z auch variiren lassen, und folglich p und q anstatt $\frac{dz}{dx}$ und $\frac{dz}{dy}$ einführen: mithin erfolgt, anstatt $\frac{dp}{dy}=\frac{dq}{dx}$,

$$\frac{dp}{dy}+q\frac{dp}{dz}=\frac{dq}{dx}+p\frac{dq}{dz}, \text{ oder}$$

$$\frac{dp}{dy}-\frac{dq}{dx}+q\frac{dp}{dz}-p\frac{dq}{dz}=o \quad \text{(C)}.$$

Substituirt man $-\frac{P}{R}$, $-\frac{Q}{R}$ an die Stelle von p und q, so erhält man, nach den Reductionen

$$P\frac{dR}{dy}-R\frac{dP}{dy}+R\frac{dQ}{dx}-Q\frac{dR}{dx}+Q\frac{dP}{dz}-P\frac{dQ}{dz}=o,$$

d. i. die vorige Gleichung (B).

Man nannte diejenigen Gleichungen, welche der Bedingungsgleichung (B) nicht genügten, während einer geraumen Zeit, absurde Gleichungen und sah sie als nichtsbedeutend an. Allein Monge hat gezeigt, daß alle Differentialgleichungen mit drei Veränderlichen eine wirkliche Bedeutung haben, und daß, während diejenigen deren Integral durch eine einzige Gleichung zwischen drei Veränderlichen ausgedrückt wird, krummen Oberflächen zugehören, jede andere eine unendliche Anzahl von doppelt gekrümmten Linien vorstellt, welche eine gemeinschaftliche Eigenschaft besitzen. Beschäftigen wir uns zunächst mit den ersteren.

§. 340.

Wenn die Bedingungsgleichung (B) befriedigt ist, so reichen zwei beliebige von den Gleichungen (A) hin, um den Factor μ zu bestimmen, und man wird sehen, daß die Integration der gegebenen Differentialgleichung auf diejenige der Gleichungen mit zwei Veränderlichen zurückführbar ist.

Es sey deßhalb μ derjenige Factor, welcher das Differential

$$Pdx+Qdy$$

integrirbar macht, wenn man in ihm z als constant ansieht; macht man

$$\int(\mu Pdx+\mu Qdy)=U,$$

so erhält man zum gesuchten Integrale

$$U+Z=o,$$

wo Z eine bloße Function von z bedeutet. Differentiirt man jetzt dieses Integral, indem man Alles variiren läßt, und bemerkt, daß

$$\frac{dU}{dx}=\mu P,\ \frac{dU}{dy}=\mu Q,$$

so erhält man die Gleichung

$$\mu Pdx+\mu Qdy+\left(\frac{dU}{dz}+\frac{dZ}{dz}\right)dz=o,$$

deren Vergleichung mit der vorgegebenen darbietet:

$$\mu R=\frac{dU}{dz}+\frac{dZ}{dz},\ \text{oder}$$

$$\frac{dZ}{dz}=\mu R-\frac{dU}{dz}.$$

Allein, damit die Bestimmung von Z gemäß der aufgestellten Annahme Statt finden könne, muß sich die zweite Seite dieser

Gleichung auf eine Function von z und Z reduciren, wenigstens nachdem man y vermittelst seines der Gleichung $U+Z=o$ entnommenen Werthes daraus weggeschafft haben wird. Betrachtet man also alsdann y als eine Function von x und Z, so erhält man die Bedingungsgleichung

$$\frac{d\left(\mu R-\frac{dU}{dz}\right)}{dx}+\frac{d\left(\mu R-\frac{dU}{dz}\right)}{dy}\frac{dy}{dx}=o,$$

oder, nachdem man entwickelt,

$$\mu\frac{dR}{dx}+R\frac{d\mu}{dx}-\frac{d^2U}{dxdz}+\left(\mu\frac{dR}{dy}+R\frac{d\mu}{dy}-\frac{d^2U}{dzdy}\right)\frac{dy}{dx}=o.$$

Allein bringt man die gegebene Differentialgleichung unter die Form

$$dy=-\frac{P}{Q}dx-\frac{R}{Q}dz,$$

so giebt sie

$$\frac{dy}{dx}=-\frac{P}{Q};$$

man hat auch

$$\frac{d^2U}{dxdz}=\frac{d.\mu P}{dz}=\mu\frac{dP}{dz}+P\frac{d\mu}{dz},$$

$$\frac{d^2U}{dydz}=\frac{d.\mu Q}{dz}=\mu\frac{dQ}{dz}+Q\frac{d\mu}{dz};$$

überdies genügt der Factor μ, welcher $\mu Pdx+\mu Qdy$ zu einem genauen Differentiale macht, der Gleichung

$$P\frac{d\mu}{dy}-Q\frac{d\mu}{dx}+\mu\left(\frac{dP}{dy}-\frac{dQ}{dx}\right)=o \quad (290).$$

Zieht man aus dieser letzteren den Werth von $\frac{d\mu}{dx}$, um denselben nebst den Werthen von $\frac{dy}{dx}$, $\frac{d^2U}{dxdz}$, $\frac{d^2U}{dydz}$ in der oben gefundenen Bedingnngsgleichung zu substituiren, so wird das sorgfältig reducirte Resultat just die Gleichung (B) seyn. Wenn diese also befriedigt werden kann, so hangt die Integration einer Gleichung mit drei Veränderlichen nur von derjenigen einer Gleichung mit zwei Veränderlichen ab.

§. 341.

Wenn die in der gegebenen Differentialgleichung vorkommenden Differentiale dx, dy und dz den ersten Grad übersteigen, so kann vermittelst des Vorhergehenden die Integration nur dann

Statt finden, wenn eine neue Bedingungsgleichung befriedigt wird, die ich an dem Beispiele

$$Pdx^2 + Qdy^2 + Rdz^2 + 2Sdxdy + 2Tdxdz + 2Vdydz = o$$

erläutern will. Damit diese Gleichung von einer primitiven Gleichung $u = c$ herrühren kann, muß sie vor allem auf die Form

$$P'dx + Q'dy + R'dz = o$$

zurückführbar seyn (339.) oder, was dasselbe ist, müssen bei Auflösung derselben in Bezug auf eines der Differentiale die beiden andern frei vom Wurzelzeichen seyn. Allein dies geschieht nicht immer; denn man hat

$$dz = \frac{1}{R}\left\{-Tdx - Vdy \pm \sqrt{(T^2 - PR)dx^2 + 2(TV - RS)dxdy + (V^2 - QR)dy^2}\right\},$$

und wenn die Größe unter dem Wurzelzeichen kein vollständiges Quadrat ist, oder wenigstens wenn man nicht hat

$$(TV - RS)^2 = (T^2 - PR)(V^2 - QR),$$

so werden die Differentiale dx und dy unter dem Wurzelzeichen gefangen bleiben. Im Allgemeinen muß die gegebene Gleichung, welches ihr Grad in Bezug auf dz, dx, dy seyn mag, nachdem sie nach den Potenzen von dz geordnet werden, in Factoren von der Form

$$dz - pdx - qdy = o$$

zerlegbar seyn.

Von den vollständigen Differentialgleichungen, welche den Bedingungen der Integrabilität nicht genügen.

§. 342.

Ich habe im §. 339. gezeigt, daß eine Differentialgleichung von der ersten Ordnung mit drei Veränderlichen von der Form

$$Pdx + Qdy + Rdz = o$$

nur dann durch eine Function von zwei Veränderlichen befriedigt werden kann, wenn die Gleichung

$$P\frac{dR}{dy} - R\frac{dP}{dy} + R\frac{dQ}{dx} - Q\frac{dR}{dx} + Q\frac{dP}{dz} - P\frac{dQ}{dz} = o$$

für sich identisch ist; allein nimmt man eine beliebige Abhängigkeit zwischen x, y und z auf, so verwandelt man die gegebene Gleichung in eine andere, welche nur noch zwei von jenen Veränderlichen enthalten und folglich die eine von diesen in Function der andern bestimmen wird.

Hat man z. B. die Gleichung

$$\frac{dz}{z-c}=\frac{xdx+ydy}{x(x-a)+y(y-b)},$$

welche die obige Bedingung so lange nicht erfüllen kann, als a und b von Null verschieden sind, und man macht in ihr

$$y=\varphi(x),$$

wo φ eine beliebige Function bezeichnet, so verwandelt sie sich in

$$\frac{dz}{z-c}=\frac{[x+\varphi(x)\varphi'(x)]\,dx}{x(x-a)+\varphi x\,[\varphi(x)-b]}$$

und giebt so viele verschiedene Relationen zwischen z und x, als man der Functionen φ besondere Formen zutheilt.

Macht man

$$\varphi(x)=x, \text{ so erhält man}$$

$$\frac{dz}{z-c}=\frac{2xdx}{x(x-a)+x(x-b)}=\frac{2dx}{2x-a-b},$$

woraus man zieht

$$z-c=C(2x-a-b),$$

wofern C eine willkürliche Constante ist. Der gegebenen Differentialgleichung wird demnach durch das System

$$\left.\begin{aligned}y&=x\\ z-c&=C(2x-a-b)\end{aligned}\right\}$$

Genüge geleistet.

Schon Newton hatte in seiner Abhandlung von den Fluxionen *) diese Art angegeben, Differentialgleichungen aufzulösen, welche mehr als zwei Veränderlichen enthalten. Allein diese Art hat den Uebelstand, für jedes Resultat, welches man erlangen will, eine Integration zu verlangen, und Monge bemerkte im Jahre 1784, daß man durch die Einführung einer willkürlichen Function zu einem allgemeinen Systeme von Gleichungen gelangen könne, welches eine unendliche Anzahl von besondern darbietet, welche sämmtlich der gegebenen Gleichung Genüge leisten.

§. 343.

Das zu befolgende Verfahren, um die Gleichung

$$Pdx+Qdy+Rdz=0$$

durch eine einzige Grundgleichung zu integriren, wenn dies möglich ist (340.), führt ebenfalls zur allgemeinsten Auflösung jener Gleichung, im entgegengesetzten Falle.

---

*) Newtons Opuscula, t. I. p. 83, Ausgabe von 1744.

Denn integrirt man zuerst, indem man eine der Veränderlichen z. B. z als constant ansieht, bezeichnet durch

$$U = C$$

die Grundgleichung für

$$Pdx + Qdy = o,$$

und differentiirt jene Grundgleichung, indem man zugleich x, y, z und C variiren läßt: so gelangt man, nach der Vergleichung des Resultates mit der gegebenen Gleichung, zu der folgenden

$$\frac{dC}{dz} = \frac{dU}{dz} - \mu R,$$

wofern μ derjenige Factor ist, welcher $Pdx + Qdy$ zu einem genauen Differentiale macht. Hier wird sich nun nicht mehr die zweite Seite auf eine bloße Function von z reduciren, wie dieses der Fall ist, wenn die Integrabilitäts-Bedingung erfüllt wird, und dieselbe wird nicht C geben können, wie jene Bedingung erfordert. Allein es ist einleuchtend, daß, wenn man immerhin annimmt, daß C eine Function von z sey, die gegebene Gleichung durch die Grundgleichung $U = C$ befriedigt werden wird, wofern man zu gleicher Zeit hat:

$$\frac{dC}{dz} = \frac{dU}{dz} - \mu R:$$

macht man also

$$C = \varphi(z),$$

so wird das System von Gleichungen

$$\left.\begin{array}{r} U = \varphi(z) \\ \frac{dU}{dz} - \mu R = \varphi'(z) \end{array}\right\}$$

der gegebenen Differentialgleichung genügen, welches auch die Form der Function φ seyn mag, und kann also auf eine unendliche Anzahl von Weisen particularisirt werden, indem man φ willkürlich ändert.

Wendet man Vorstehendes auf die Gleichung

$$\frac{dz}{z - c} = \frac{xdx + ydy}{x(x-a) + y(y-b)}$$

an, welche im vorhergehenden §. zum Beispiele diente, so erhält man

$$Pdx + Qdy = \frac{xdx + ydy}{x(x-a) + y(y-b)},$$

$$R = -\frac{1}{z - c};$$

und macht man

$$\mu = x(x-a) + y(y-b),$$

so findet man

$$U = x^2 + y^2.$$

Wir erhalten demnach zur gesuchten Auflösung:

$$\left.\begin{array}{r} x^2 + y^2 = \varphi(z) \\ \frac{x(x-a) + y(y-b)}{z-c} = \varphi'(z) \end{array}\right\}.$$

Integration der partiellen Differentialgleichungen von der ersten Ordnung.

§. 344.

Ich gehe nun zu dem dritten Falle bei der Aufsuchung der Functionen von zwei oder noch mehr Veränderlichen über. In diesem Falle hat man, um die unbekannte Function zu bestimmen, nur einige ihrer Differential-Coefficienten von einer gewissen Ordnung oder eine bloße Gleichung zwischen denselben. Es veranlaßt dieser Fall die sogenannte Integral-Rechnung mit partiellen Differenzen, welche man nach den Bemerkungen im §. 43. Integral-Rechnung mit partiellen Differentialen nennen sollte; denn die einzeln betrachteten Differential-Coefficienten lehren nur die partiellen Differentiale, nicht aber die Differenzen kennen, welche der Gegenstand einer besondern Rechnung sind, welche am Schlusse dieses Werkes vorgetragen werden wird. Wenn der Differential-Coefficient $\frac{d^{m+n}z}{dx^m dy^n}$ mit $dx^m dy^n$ multiplicirt wird, so wird er $\frac{d^{m+n}z}{dx^m dy^n} dx^m dy^n$ und drückt das m^{te} Differential in Bezug auf x des n^{ten} Differentials von z in Bezug auf y aus, und umgekehrt.

§. 345.

Die einfachsten partiellen Differentialgleichungen sind diejenigen, welche nur einen einzigen durch die unabhängigen Veränderlichen ausgedrückten Differential-Coefficienten enthalten: von dieser Art sind diejenigen von der zweiten und dritten Ordnung, welche in den §§. 271. 277. behandelt wurden. Wenn man bei der ersten Ordnung

$$\frac{dz}{dx} = R$$

hat, wo R kein z enthalten soll, so multiplicirt man mit dx, um

$$\frac{dz}{dx}dx = Rdx, \text{ oder}$$
$$dz = Rdx$$

zu erhalten; und integrirt man bloß in Bezug auf x', so erfolgt:

$$z = \int Rdx + C.$$

In diesem Resultate zeigt C keine einfache willkürliche Constante, sondern eine völlig unbestimmte Function an von allen in der Function z enthaltenen andern Veränderlichen als x. Wenn z z. B. zugleich von x und y abhangt, so erhält man

$$z = \int Rdx + \varphi(y),$$

wofern φ eine willkürliche Function bedeutet, welche auf eine beliebige Art aus der mit Constanten vermischten Veränderlichen y zusammengesetzt ist. Im Allgemeinen wird für eine beliebige Anzahl von unabhängigen Veränderlichen s, t, u, x, y rc. das Integral von

$$\frac{dz}{dx} = R \text{ seyn: } z = \int Rdx + \varphi(s, t, u, y \text{ rc.}),$$

weil es einleuchtet, daß die Function φ(s, t, u, y rc.), welche sie auch seyn mag, nicht variirt, wenn x variirt und deßhalb immerhin $\frac{dz}{dx} = R$.

Wenn z in R vorkommt, so gehört die Gleichung

$$\frac{dz}{dx} - R = o \text{ oder } \frac{dz}{dx}dx - Rdx$$

dem allgemeinen Falle der Differentialgleichungen mit zwei Veränderlichen z und x an; kann man sie durch eine der vorhergehenden Methoden integriren, und man bezeichnet ihr Integral durch

$$V = \text{const., so erhält man}$$
$$V = \varphi(s, t, u, y, \text{ rc.})$$

zur Grundgleichung, von welcher die Function z abhangt. In der That differentiirt man diese Gleichung, indem man nur x und z variiren läßt, so wird das Resultat von der Form seyn

$$Pdz + Qdx = o$$

und zwar so, daß $-\frac{Q}{P} = R$, weßhalb $\frac{dz}{dx} = R$.

§. 346.

Setzt man zur Abkürzung

$$dz = pdx + qdy \quad (1);$$

so ist die Gleichung

$$Pp + Qq = R \qquad (2),$$

wofern P, Q und R zugleich x, y und z enthalten, die allgemeinste, welche man zwischen den Differential-Coefficienten der ersten Ordnnng p und q haben kann, wenn diese nicht den ersten Grad übersteigen. Nimmt man aus (2) den Werth von p, um ihn in (1) zu substituiren, so wird die Aufgabe dahin zurückgeführt seyn, die Gleichung

$$Pdz - Rdx = q(Pdy - Qdx) \quad (3)$$

zu integriren, worin der Coefficient q noch unbestimmt ist. Es bieten sich hier zwei Fälle dar: 1°. können P, Q und R so beschaffen seyn, daß die Function $Pdz - Rdx$ nur die Veränderlichen z und x enthält, deren Differentiale in ihr vorkommen, während die Function $Pdy - Qdx$ nur x und y enthält; 2°. kann die eine oder die andere jener Functionen oder es können gar beide die drei Veränderlichen x, y und z enthalten.

In dem ersten Falle giebt es einen Factor μ, welcher $Pdy - Qdx$ zum genauen Differential macht (289.) und einen Factor μ', welcher dasselbe bei $Pdz - Rdx$ bewirkt; bezeichnet man diese Differentiale mit dM und dN, so hat man

$$Pdy - Qdx = \frac{1}{\mu} dM, \quad Pdz - Rdx = \frac{1}{\mu'} dN,$$

und aus der Gleichung (3) wird die folgende:

$$dN = \frac{q\mu'}{\mu} dM,$$

welche nicht integrirbar seyn kann, wofern nicht $\frac{q\mu'}{\mu}$ eine beliebige Function von M ist. Man setze demnach

$$\frac{q\mu'}{\mu} = \varphi'(M), \text{ weßhalb}$$

$$dN = \varphi'(M)dM,$$

und integrirt man, so erfolgt

$$N = \varphi(M),$$

in welchem Resultate φ immer eine willkürliche Function bezeichnet, welches mit demjenigen übereinstimmt, was wir im §. 140. über die Entstehung der partiellen Differentialgleichungen gesehen haben.

Zum Beispiele dieses Falles diene die partielle Differentialgleichung

$$px + qy = nz;$$

man hat hier

$$P = x, \; Q = y, R = nz$$
$$Pdy - Qdx = xdy - ydx$$
$$Pdz - Rdx = xdz - nzdx;$$

man findet bei der Integration der Gleichungen

$$xdy - ydx = o, \quad xdz - nzdx = o,$$

daß die Factoren μ und μ' respective $\frac{1}{x^2}$ und $\frac{1}{x^{n+1}}$ sind, und daß folglich

$$M = \frac{y}{x}, \quad N = \frac{z}{x^n}.$$

Es folgt also, daß

$$\frac{z}{x^n} = \varphi\left(\frac{y}{x}\right)$$

oder

$$z = x^n \varphi\left(\frac{y}{x}\right),$$

d. h. daß z eine homogene Function in x und y vom Grade n ist. In der That ist die Gleichung $px + qy = nz$ nichts als der in §. 292. vorgetragene Lehrsatz von den homogenen Functionen, wovon das Vorhergehende einen neuen Beweis für den Fall zweier Veränderlichen darbietet.

§. 347.

Wenn die Veränderlichen x, y und z in den Functionen $Pdy - Qdx$, $Pdz - Rdx$ ohne Unterschied vorkommen, so ist es nicht mehr möglich, jede dieser Functionen in's besondere, mit Hülfe von Factoren, integrirbar zu machen, weil man die Gleichungen

$$Pdy - Qdx = o, \quad Pdz - Rdx = o$$

nicht isolirt integriren kann; denn es ist wohl zu bemerken, daß weder z in der ersten noch y in der zweiten als constant angenommen werden soll; allein man kann dennoch die Gleichung (3) in eine andere verwandeln, welche ein genaues Differential von der Form

$$dN = \varphi'(M)dM$$

ist, wofern man die Functionen M und N als solche ansieht, welche die drei Veränderlichen x, y, z zu gleicher Zeit enthalten.

Bei diesem Stande der Dinge entwickelt sich die Gleichung $dN = \varphi'(M)\,dM$ in die folgende

$$\frac{dN}{dx}dx + \frac{dN}{dy}dy + \frac{dN}{dz}dz = \varphi'(M)\left(\frac{dM}{dx}dx + \frac{dM}{dy}dy + \frac{dM}{dz}dz\right),$$

welche mit der Gleichung (3) übereinstimmen muß. Zieht man aus beiden den Werth von dz und setzt die Coefficienten der Differentiale dy und dx einander gleich (339.), so findet man

$$-q=\frac{\frac{dN}{dy}-\varphi'(M)\frac{dM}{dy}}{\frac{dN}{dz}-\varphi'(M)\frac{dM}{dz}},\quad \frac{qQ-R}{P}=\frac{\frac{dN}{dx}-\varphi'(M)\frac{dM}{dx}}{\frac{dN}{dz}-\varphi'(M)\frac{dM}{dz}}.$$

Die erste dieser Gleichungen läßt die Function $\varphi'(M)$ willkürlich, weil q unbestimmt ist; allein schafft man dieses aus der zweiten Gleichung fort, so verwandelt man diese in

$$-\frac{Q}{P}\left(\frac{dN}{dy}-\varphi'(M)\frac{dM}{dy}\right)-\frac{R}{P}\left(\frac{dN}{dz}-\varphi'(M)\frac{dM}{dz}\right)$$
$$=\left(\frac{dN}{dx}-\varphi'(M)\frac{dM}{dx}\right);$$

und da zwei unbekannte Functionen M und N vorhanden sind, so kann man die letzte Gleichung in zwei andere theilen, indem man den mit $\varphi'(M)$ multiplicirten Theil getrennt gleich Null setzt. Man erhält auf diese Weise

$$\frac{dM}{dx}+\frac{Q}{P}\frac{dM}{dy}+\frac{R}{P}\frac{dM}{dz}=0$$
$$\frac{dN}{dx}+\frac{Q}{P}\frac{dN}{dy}+\frac{R}{P}\frac{dN}{dz}=0;$$

allein nach demjenigen, was man in §. 321. gesehen hat, veranlassen die obigen Gleichungen, daß $M=a$, $N=b$ die Integrale des Systems der Differentialgleichungen

$$dy-\frac{Q}{P}dx=0,\quad dz-\frac{R}{P}dx=0$$

sind, welches einerlei ist mit

$$Pdy-Qdx=0,\quad Pdz-Rdx=0 \quad (4).$$

Auf die Integration dieses Systems reducirt sich also hier die Bestimmung der Functionen M und N.

Wählen wir zum Beispiele die Gleichung

$$xp+zq=-y;$$

man zieht hieraus zunächst

$$xdy-zdx=0,\quad xdz+ydx=0 \quad (4'),$$

Gleichungen, deren keine in's besondere integrirbar ist; allein es ist nicht nöthig, wie Monge bemerkt hat, daß man bis zur zweiten Ordnung steigt, um genaue Differentiale daraus abzuleiten: es reicht hin, dx zu eliminiren, welches giebt

$$ydy+zdz=0 \text{ und } y^2+z^2=a.$$

Entnimmt man aus dieser letzteren den Werth von y, so verwandelt man die zweite der Gleichungen (4') in

$$xdz+dx\sqrt{a-z^2}=0, \text{ oder}$$

$$\frac{dz}{\sqrt{a-z^2}}+\frac{dx}{x}=o,$$ deren Integral ist:

$$\operatorname{arc}\left(\sin=\frac{z}{\sqrt{a}}\right)+lx=lb;$$

setzt man für a wieder seinen Werth, und geht zu den Zahlen über, so erhält man

$$e^{\operatorname{arc}\left(\sin=\frac{z}{\sqrt{x^2+y^2}}\right)}x=b,$$ woraus man findet

$$e^{\operatorname{arc}\left(\sin=\frac{z}{\sqrt{x^2+y^2}}\right)}x=\varphi(y^2+z^2),$$

das gesuchte Integral der gegebenen partiellen Differentialgleichung.

§. 348.

Man erleichtert in sehr vielen Fällen die Integration der partiellen Differentialgleichungen von der ersten Ordnung mit drei Veränderlichen dadurch, daß man dieselben durch Einführung einer unbestimmten Größe in zwei andere zerlegt, wie wir an dem folgenden Beispiele zeigen wollen.

Es sey die Gleichung

$$f(p, x)=F(q, y);$$

macht man

$$f(p, x)=\omega,$$

so erhält man zugleich

$$F(q, y)=\omega,$$

und man zieht hieraus die Gleichungen

$$p=f_{,}(\omega, x), \quad q=F_{,}(\omega, y),$$

da $f_{,}$, $F_{,}$ Functionen sind, welche von den durch f und F bezeichneten abgeleitet sind. Die Gleichung

$$dz=pdx+qdy$$ wird nun

$$dz=dxf_{,}(\omega, x)+dy\,F_{,}(\omega, y);$$

allein bezeichnet man die Integrale

$$\int dxf_{,}(\omega, x), \int dyF_{,}(\omega, y),$$

welche mit bloßer Rücksicht auf die Veränderlichen x und y genommen werden, durch P und Q, so erfolgt, weil diese letzteren Größen auch Functionen von ω sind,

$$dxf_{,}(\omega, x)=\frac{dP}{dx}dx=dP-\frac{dP}{d\omega}d\omega$$

$$dyF_{,}(\omega, y)=\frac{dQ}{dy}dy=dQ-\frac{dQ}{d\omega}d\omega$$

und mithin

$$dz = dP + dQ - \left(\frac{dP}{d\omega} + \frac{dQ}{d\omega}\right) d\omega.$$

Diese letzte Gleichung kann nur durch die Annahme

$$\frac{dP}{d\omega} + \frac{dQ}{d\omega} = \varphi'(\omega)$$

zum genauen Differentiale werden, woraus folgt

$$\int \left(\frac{dP}{d\omega} + \frac{dQ}{d\omega}\right) d\omega = \varphi(\omega):$$

man erhält also

$$z + \varphi(\omega) = P + Q, \quad \varphi'(\omega) = \frac{dP}{d\omega} + \frac{dQ}{d\omega},$$

zwischen welchen Gleichungen ω eliminirt werden muß, wenn die willkürliche Function $\varphi(\omega)$ bestimmt seyn wird.

Es reicht oft hin, den aus der gegebenen partiellen Differentialgleichung entnommenen Werth von p oder q in der Gleichung

$$dz = pdx + qdy$$

zu substituiren und hierauf durch Theile zu integriren.

Hat man z. B.

$$p = f(q) \quad (161),$$

so erfolgt

$$dz = dxf(q) + qdy;$$

man findet

$$z = xf(q) + qy - \int [xf'(q) + y]\, dq;$$

und da die angezeigte Integration nur dann vollzogen werden kann, wenn man aufstellt

$$xf'(q) + y = \varphi'(q),$$

so geht daraus hervor

$$z + \varphi(q) = xf(q) + qy, \quad \varphi'(q) = xf'(q) + y. \text{ *)}$$

---

*) Monge hat die Integration der partiellen Differentialgleichungen durch sehr sinnreiche Betrachtungen mit der Erzeugung der Oberflächen in Verbindung gebracht. (Siehe seine analytische Geometrie). Die Analogie der beiden Gegenstände zeigt sich auch an den Formen der Integrale, auf welche wir in dem Vorhergehenden verfallen sind. Die Gleichung $N = \varphi(M)$ (347.) bezieht sich auf die Erzeugungsweise, welche in 141. angedeutet wurde; $M = a$, $N = \varphi(a) = b$ sind die Gleichungen der Linien, woraus die Oberflächen zusammengesetzt sind, welche der gegebenen partiellen Differentialgleichung entsprechen, und das Gesetz, nach welchem die Linien auf einander folgen, liegt in der Form der Function φ ausgedrückt.

Von der Integration der partiellen Differential-gleichungen von einer höhern Ordnung als von der ersten.

§. 349.

In der zweiten Ordnung sind der Differential-Coefficienten drei bei einer Function von zwei Veränderlichen, und eine partielle Differentialgleichung von eben dieser Ordnung drückt im Allgemeinen eine Relation aus zwischen den unabhängigen Veränderlichen, der gesuchten Function und den Differential-Coefficienten derselben sowohl von der zweiten als von der ersten Ordnung. Bei einer beliebigen Ordnung kann diese Relation außer den unabhängigen Veränderlichen alle Differential-Coefficienten von der ersten Ordnung an bis zu derjenigen der Gleichung einschließlich enthalten. Ich werde zuerst einige partielle Differentialgleichungen aufführen, welche sich auf tiefere Ordnungen herunterbringen lassen.

1°. Jede Gleichung mit drei Veränderlichen, welche von der Form ist

$$f\left\{x, y, \frac{d^n z}{dy^n}, \frac{d^{n+1} z}{dx dy^n}, \frac{d^{n+2} z}{dx^2 dy^n}, \ldots \frac{d^{n+m} z}{dx^m dy^n}\right\} = 0$$

kann auf der Stelle von der $m+n^{ten}$ Ordnung auf die m^{te} herunter gebracht werden, wenn man

---

Die zweite Form von Integral, welche wir in dem vorhergehenden §. erhielten, entspricht der im §. 162. angedeuteten Weise der Entstehung abwickelbarer Oberflächen, auf welche sich das zweite Beispiel $p = f(q)$ bezieht. Da das Integral alsdann durch zwei Gleichungen von der Form

$$V = 0, \quad \frac{dV}{d\omega} = 0$$

ausgedrückt ist, so stellt es die auf einander folgenden Durchschnitte einer Folge von Oberflächen vor, welche aus der Gleichung $V = 0$ durch Variation der Größe ω hervorgehen, und gehört demnach der Grenze aller dieser Durchschnitte an: diese Grenze ist demnach von Linien gebildet, deren Natur durch die beiden Gleichungen gegeben ist, welche das Integral ausmachen, wenn man die willkürliche Function particularisirt hat. Monge nennt jene Linien Charakteristiken, und diejenigen Oberflächen, welche aus dem zuletzt betrachteten Systeme von Gleichungen hervorgehen, Einhüllungs-Oberflächen (surfaces enveloppes.)

$$\frac{d^n z}{dy^n} = v$$

macht, weil sie alsdann übergeht in:

$$f\left\{x, y, v, \frac{dv}{dx}, \frac{d^2 v}{dx^2} \ldots \frac{d^m v}{dx^m}\right\} = 0.$$

Man muß nun y als constant ansehen, weil alle Differential-Coefficienten von v, welche vorkommen, sich auf x beziehen, und man kann die letztere Gleichung also so behandeln, als wäre sie eine bloße Gleichung zwischen den Veränderlichen x und v; allein es ist einleuchtend, daß man, um dem Ausdrucke von v die mögliche Allgemeinheit zu geben, die m willkürlichen Constanten, welche er enthalten muß, durch eben so viele willkürliche Functionen der anfangs als Constante angenommenen Veränderlichen y ersetzen muß. Hat man v erhalten, so steigt man vermittelst $\frac{d^n z}{dy^n} = v$ zu z zurück, wo man alsdann x als constant ansehen muß, weßhalb $\frac{d^n z}{dy^n} = v$ eine Gleichung von der n^{ten} Ordnung n zwischen zwei Veränderlichen wird und demnach wie eine Gleichung von der letzteren Gattung behandelt werden kann, indem man bloß zu bemerken hat, daß die durch die neue Integration eingeführten n willkürlichen Constanten in willkürliche Functionen von x verwandelt werden müssen.

2°. Gleichungen von der Form

$$f\left(x, y, z, \frac{dz}{dx}, \frac{d^2 z}{dx^2}, \ldots \frac{d^n z}{dx^n}\right) = 0$$

$$f\left(x, y, z, \frac{dz}{dy}, \frac{d^2 z}{dy^2}, \ldots \frac{d^n z}{dy^n}\right) = 0$$

können immer unmittelbar so behandelt werden, als kämen nur zwei Veränderlichen in ihnen vor, nämlich x und z in der ersten, y und z in der zweiten; und nach der Integration substituirt man für die Constanten willkürliche Functionen, in der ersteren von y, in der letzteren von x.

Die Gleichungen von der zweiten Ordnung

$$\frac{d^2 z}{dxdy} + P\frac{dz}{dx} = Q,$$

$$\frac{d^2 z}{dxdy} + P\frac{dz}{dy} = Q,$$

in welchen P und Q nur x und y enthalten, beziehen sich auf die erste Form. Macht man

$$\frac{dz}{dx} = v,$$

so wird die erste

$$\frac{dv}{dy}+Pv=Q,$$

Gleichung vom ersten Grad und von der ersten Ordnung in Bezug auf die Veränderlichen v und y, und deren Integral ist

$$v=e^{-\int Pdy}(\int e^{\int Pdy}Qdy+C) \quad (285).$$

Setzt man für v deren Werth $\frac{dz}{dx}$ und verwandelt C in $\varphi(x)$, so erhält man

$$\frac{dz}{dx}=e^{-\int Pdy}[\int e^{\int Pdy}Qdy+\varphi(x)];$$

integrirt man dieses Mal, in Bezug auf z und x allein, so findet man

$$z=\int dx e^{-\int Pdy}[\int e^{\int Pdy}Qdy+\varphi(x)]+\psi y.$$

Behandelt man eben so die zweite Gleichung, so findet man:

$$z=\int dy e^{-\int Pdx}[\int e^{\int Pdx}Qdx+\varphi(y)]+\psi(x).$$

Wenn $P=0$, so reduciren sich die obigen Resultate in dem einen Falle auf

$$z=\int dx\int Qdy+\int dx\,\varphi(x)+\psi(y),$$

und in dem andern auf

$$z=\int dy\int Qdx+\int dy\varphi(y)+\psi(x);$$

allein da die Function φ willkürlich ist, so schreibt man schlechtweg

$$z=\int dx\int Qdy+\varphi(x)+\psi(y),$$
$$z=\int dy\int Qdx+\varphi(y)+\psi(x).$$

Ich will bemerken, daß diese letzten Fälle nur von der Integration der Functionen von einer einzigen Veränderlichen abhangen, und in §. 271. unter diesem Gesichtspunkte behandelt worden sind.

Beispiele von der zweiten allgemeinen Form liefern die beiden Gleichungen

$$\frac{d^2z}{dx^2}+P\frac{dz}{dx}=Q,$$
$$\frac{d^2z}{dy^2}+P\frac{dz}{dy}=Q.$$

Die erste muß wie eine Gleichung von der zweiten Ordnung zwischen den Veränderlichen x und z behandelt werden; die willkürlichen Constanten, die von ihrer Integrirung dargeboten werden, werden Functionen von y seyn. Man wird eben so bei der zweiten in Bezug auf die Veränderlichen y und z operiren und die willkürlichen Constanten in Functionen von x verwandeln. Um nur den einfachsten Fall vorzunehmen, mögen die gegebenen Gleichungen folgende seyn:

$$\frac{d^2z}{dx^2}=Q,$$

$$\frac{d^2z}{dy^2}=Q,$$

und Q nur x und y enthalten. Hier werden die Formeln des §. 241. unmittelbar geben

$$z=\int dx\int Qdx+Cx+C',\quad z=\int dy\int Qdy+Cy+C',$$

woraus man ableitet

$$z=\int dx\int Qdx+x\varphi(y)+\psi(y),$$
$$z=\int dy\int Qdy+y\varphi(x)+\psi(x).$$

§. 350.

Bei der zweiten Ordnung will ich bloß diejenigen Gleichungen betrachten, in welchen alle Differential-Coefficienten von dieser Ordnung nur vom ersten Grade sind; und um die Rechnungen zu erleichtern, will ich die folgenden Bezeichnungen einführen, die schon im §. 144. gebraucht wurden:

$$dz=pdx+qdy,$$
$$dp=rdx+sdy,\quad dq=sdx+tdy,$$
$$d^2z=dpdx+dqdy=rdx^2+2sdxdy+tdy^2.$$

Die in dem allgemeinen Falle betrachtete partielle Differentialgleichung mit drei Veränderlichen kann nur den Ausdruck eines der Coefficienten r, s, t, in Function der beiden andern und der Größen p, q, x, y, z darbringen, welches nicht hinreicht, um die Differentiale dp und dq zu bestimmen. Man kann auch vermittelst dieser Differentiale zwei der drei Coefficienten r, s, t aus der gegebenen Gleichung eliminiren, und das Resultat ist die Relation, welche diese Gleichung zwischen dp und dq voraussetzt. Dieses ist das von Monge befolgte Verfahren. Ich werde dasselbe auf die Gleichung

$$Rr+Ss+Tt=V$$

anwenden, wo die Größen R, S, T und V, x, y, z, p und q auf eine beliebige Art enthalten. Substituirt man die aus den Gleichungen

$$dp=rdx+sdy,\quad dq=sdx+tdy$$

gezogenen Werthe von r und t, welche sind:

$$r=\frac{dp-sdy}{dx},\quad t=\frac{dq-sdx}{dy},$$

so findet man:

$$Rdpdy+Tdqdx-Vdxdy=s(Rdy^2-Sdxdy+Tdx^2),$$

deren beide Seiten integrirt werden zu müssen scheinen, wegen des unbestimmten Coefficienten s, welcher die zweite multiplicirt; allein es reicht hier hin, wie im §. 347, zu zwei Grundgleichungen $M = a$, $N = b$ zu gelangen, welche zu gleicher Zeit den Gleichungen

$$Rdpdy + Tdqdx - Vdxdy = o$$
$$Rdy^2 - Sdxdy + Tdx^2 = o$$

genügen; das Integral der gegebenen Gleichung wird also wiederum seyn

$$N = \varphi(M).$$

Um es zu beweisen, verwandle ich zunächst die vorhergehenden Gleichungen in andere, in welchen die Differentiale den ersten Grad nicht übersteigen, weßhalb ich

$$dy = mdx$$

mache. Da die zweite jener Gleichungen nach der Substitution

$$Rm^2 - Sm + T = o \ldots (A)$$

giebt, so bestimmt sie die Größe m; setzt man hierauf für dy ihren Werth in $Rdpdy + Tdqdx - Vdxdy = o$, so erhält man für jeden der Werthe, die m zuläßt, ein Gleichungen-System von der Form

$$\left.\begin{array}{r} dy - mdx = o \\ Rmdp + Tdq - Vmdx = o \end{array}\right\} (1),$$

womit noch die Gleichung

$$dz = pdx + qdy$$

zu verbinden, welche die Relation zwischen der Function z und den Coefficienten p und q ausdrückt.

Dieses vorausgesetzt müssen — wenn die Gleichungen $M = a$, $N = b$ den Gleichungen (1) genügen, und in ihren Differentialen

$$\frac{dM}{dx}dx + \frac{dM}{dy}dy + \frac{dM}{dz}dz + \frac{dM}{dp}dp + \frac{dM}{dq}dq = o$$
$$\frac{dN}{dx}dx + \frac{dN}{dy}dy + \frac{dN}{dz}dz + \frac{dN}{dp}dp + \frac{dN}{dq}dq = o$$

für dz, $pdx + qdy$ und für dy nebst dq deren Werthe, wie sie aus den Gleichungen (1) folgen, substituirt werden — die resultirenden Gleichungen

$$\left(\frac{dM}{dx} + m\frac{dM}{dy} + (p + qm)\frac{dM}{dz} + \frac{Vm}{T}\frac{dM}{dq}\right)dx$$
$$+ \left(\frac{dM}{dp} - \frac{Rm}{T}\frac{dM}{dq}\right)dp = o$$
$$\left(\frac{dN}{dx} + m\frac{dN}{dy} + (p + qm)\frac{dN}{dz} + \frac{Vm}{dz}\frac{dN}{dq}\right)dx$$
$$+ \left(\frac{dN}{dp} - \frac{Rm}{T}\frac{dN}{dq}\right)dp = o,$$

jede insbesondere, identisch werden, und sich folglich in die folgenden theilen:

$$\frac{dM}{dx}+m\frac{dM}{dy}+(p+qm)\frac{dM}{dz}+\frac{Vm}{T}\frac{dM}{dq}=o,$$

$$\frac{dM}{dp}-\frac{Rm}{T}\frac{dM}{dq}=o,$$

$$\frac{dN}{dx}+m\frac{dN}{dy}+(p+qm)\frac{dN}{dz}+\frac{Vm}{T}\frac{dN}{dq}=o,$$

$$\frac{dN}{dp}-\frac{Rm}{T}\frac{dN}{dq}=o.$$

Wird die Gleichung $N=\varphi(M)$ differentiirt, so giebt sie:

$$dN=\varphi'(M)dM, \text{ oder}$$

$$\frac{dN}{dx}dx+\frac{dN}{dy}dy+\frac{dN}{dz}dz+\frac{dN}{dp}dp+\frac{dN}{dq}dq=$$

$$\varphi'(M)\left\{\frac{dM}{dx}dx+\frac{dM}{dy}dy+\frac{dM}{dz}dz+\frac{dM}{dp}dp+\frac{dM}{dq}dq\right\};$$

substituirt man hierin die aus den vier obigen Gleichungen entnommenen Werthe von $\frac{dM}{dx}$, $\frac{dM}{dp}$, $\frac{dN}{dx}$, $\frac{dN}{dp}$ und verwandelt dz in $pdx+qdy$, so erhält man:

$$\left(\frac{dN}{dy}+q\frac{dN}{dz}\right)(dy-mdx)+\frac{1}{T}\frac{dN}{dq}(Rmdp+Tdq-Vmdx)=$$

$$\varphi'(M)\left\{\left(\frac{dM}{dy}+q\frac{dM}{dz}\right)(dy-mdx)+\frac{1}{T}\frac{dM}{dq}(Rmdp+Tdx-Vmdx)\right\},$$

welche einerlei ist mit

$$Rmdp+Tdq-Vmdx=\omega(dy-mdx),$$

wofern

$$\omega=-\frac{\frac{dN}{dy}+q\frac{dN}{dz}-\varphi'(M)\left(\frac{dM}{dy}+q\frac{dM}{dz}\right)}{\frac{1}{T}\left(\frac{dN}{dq}-\varphi'(M)\frac{dM}{dq}\right)}.$$

Setzt man wieder $rdx+sdy$ und $sdx+tdy$ für dp und dq, und macht jeden Factor der unabhängigen Veränderlichen dx und dy gleich Null, so erhält man

$$Rmr+Ts-Vm=-\omega m$$

$$Rms+Tt=\omega;$$

zieht man hierauf aus diesen Gleichungen die Werthe der Differential-Coefficienten r und t, um dieselben in der gegebenen Gleichung zu substituiren, so wird diese, nach den Reductionen, werden

$$s(Rm^2 - Sm + T) = o;$$

mithin wird sie vermöge der Gleichung (A), unabhängig von den Größen ω und s, befriedigt.

Der oben bewiesene Lehrsatz, so wie jeder analoge bei den höhern Ordnungen, hat nicht dieselbe Allgemeinheit wie derjenige des §. 347.; denn es ist wohl zu bemerken, daß die Gleichungen (1) zu gleicher Zeit die fünf Veränderlichen x, y, z, p und q enthalten können, und daß, wenn man auch die Gleichung $dz = pdx + qdy$ zu Hülfe nimmt, die Elimination nur zu einem Resultate mit drei Veränderlichen gelangen läßt, welches mithin nur unter gewissen Bedingungen (339.) von einer primitiven Gleichung herrühren kann. Man würde aber irren, wenn man hieraus die Folgerung zöge, daß jede gegebene partielle Differentialgleichung, bei welcher die erwähnten Bedingungen nicht erfüllet werden, auch von keiner einzelnen primitiven Gleichung abgeleitet seyn könne. Allein um hier zum gesuchten Integrale zu gelangen, muß man zu andern Verfahrungsweisen seine Zuflucht nehmen, und am öftesten gelangt man nur zu einer Entwickelung in einer Reihe, wie wir später sehen werden (352, 353).

§. 351.

Zum Beispiele diene die Gleichung

$$Ar + Bs + Ct = V,$$

wo A, B und C constant sind und V eine Function von x und y ist. Die Gleichung (A) wird hier

$$Am^2 - Bm + C = o.$$

Da ihre Wurzeln, welche ich mit m', m'' bezeichnen will, constant sind, so liefern sie zwei Gleichungen-Systeme (1), welche durch die Integration geben:

$$\left.\begin{array}{r} y - m'x = a \\ Am'p + Cq - m'\int Vdx = b \end{array}\right\},$$

$$\left.\begin{array}{r} y - m''x = a' \\ Am''p + Cq - m''\int Vdx = b' \end{array}\right\},$$

wo das Integral $\int Vdx$ nur von einer einzigen Veränderlichen abhangt, weil man y vermittelst ihres aus der ersten Gleichung eines jeden Systems entnommenen Werthes aus V fortschaffen kann: man hat also zu gleicher Zeit die beiden ersten Integrale der gegebenen:

$$Am'p + Cq - m'\int Vdx = \varphi(y - m'x)$$
$$Am''p + Cq - m''\int Vdx = \psi(y - m''x);$$

und integrirt man eine beliebige unter diesen beiden Gleichungen, so gelangt man zum zweiten Integrale. Nimmt man die erste z. B. in Anspruch, so giebt diese

$$p = -\frac{C}{Am'}q + \frac{1}{A}\int Vdx + \varphi(y-m'x);$$

um zu vereinfachen kann man für $\frac{C}{Am'}$, m'' setzen, weil vermöge der Gleichung (A), $m'm'' = \frac{C}{A}$; und substituirt man in $dz = pdx + qdy$, so findet man

$$dz - \frac{dx}{A}\int Vdx - dx\varphi(y - m'x) = q(dy - m''dx):$$

die zu integrirenden Gleichungen (347.) werden also seyn

$$dy - m''dx = o.$$

$$dz - \frac{dx}{A}\int Vdx - dx\varphi(y - m'x) = o.$$

Man zieht aus der einen

$$y - m''x = a',$$

wodurch die andere übergeht in:

$$dz - \frac{dx}{A}\int Vdx - dx\,\varphi[a' + (m'' - m')x] = o;$$

allein das letzte Glied dieser Gleichung kann unter die Form

$$(m'' - m')\,dx\varphi^{v}[a' + (m'' - m')x]$$

gebracht werden, weil die Function φ willkürlich ist; und man sieht alsdann, daß das Integral dieses Gliedes $\varphi[a' + (m'' - m')x]$ ist, wofern φ eine neue von φ' abhangende willkürliche Function ist. Durch dieses Hülfsmittel wird die vorige Gleichung integrirbar und giebt

$$z - \frac{1}{A}\int dx\int Vdx - \varphi(y - m'x) = b',$$

wenn man für a' ihren Werth setzt. Es ist wohl zu bemerken, daß man, um $\int dx\int Vdx$ zu erhalten, zum ersten Male in Bezug auf x integriren muß, indem man für y ihren aus der Gleichung $y - m'x = a$ gezogenen Werth substituirt, wie mehr oben gesagt wurde; allein wenn man zum Resultate gelangt seyn wird, so setzt man wieder für a ihren Werth $y - m'x$, und ehe man die zweite Integration vollzieht, verwandelt man y in $a' + m''x$, wie es die zuletzt gefundene Gleichung $y - m''x = a'$ erfordert. Im Allgemeinen, wenn man mehre von diesen auf einander folgenden Integrationen zu vollziehen hat, so kann man zu ihrer Vereinfachung nie andere Gleichungen gebrauchen, als diejenigen, welche zu gleicher Zeit Statt finden müssen. Beachtet man das eben Gesagte, so wird das zweite Integral der gegebenen Gleichung

$$Ar + Bs + Ct = V,$$

$$z = -\frac{1}{A}\int dx\int Vdx = \varphi(y - m'x) + \psi(y - m''x).$$

Hat man $A=1$, $B=o$, $C=-c^2$ und $V=o$, wodurch die gegebene Gleichung in

$$r-c^2 t=o \text{ oder } \frac{d^2z}{dx^2}=c^2\frac{d^2z}{dy^2} \text{*)}$$

übergeht, so wird das Integral

$$z=\varphi(y-cx)+\psi(y+cx).$$

§. 352.

Die vorhergehende Methode umfaßt nicht nur nicht alle Fälle der Gleichung vom ersten Grade und von der zweiten Ordnung

$$Ar+Bs+Ct+Dp+Eq+Fz=U,$$

selbst wenn man die Coefficienten auf der ersten Seite als constant annimmt, sondern sie scheitert sogar an der sehr einfachen Gleichung

$$r=q \text{ oder } \frac{d^2z}{dx^2}=\frac{d^2z}{dy^2},$$

die sie von der Integration der gleichzeitigen Gleichungen

$$\left.\begin{array}{r} dy=o \\ dp-qdx=o \end{array}\right\} \ (350.)$$

abhängig macht; denn die zweite, welche drei Veränderlichen p, q und x enthält, kann kein genaues Differential werden (339).

Man muß hieraus aber dennoch nicht schließen, daß die gegebene partielle Differentialgleichung nicht integrirt werden könne, welches sogar auf eine sehr allgemeine Art geschehen kann. Macht man zunächst

$$z=Ae^{mx+ny},$$

wo A, m und n unbestimmte Constanten bezeichnen sollen, so werden der Coefficient A und die Exponentialgröße verschwinden, und es wird bloß die Gleichung mit zwei Unbekannten

$$m^2=n$$

zurückbleiben, welcher man auf unendlich viele Weisen wird genügen können. Giebt man sich m, so leitet man daraus den Ausdruck

$$z=Ae^{mx+m^2y}$$

ab, welcher der gegebenen Gleichung genügt, welches auch die Werthe von A und m seyn mögen: nimmt man also für diese Größen eine unendliche Anzahl von Werthen

$$A_1, m_1, A_2, m_2, A_3, m_3, \text{ꝛc.}$$

so findet man eben so viele Ausdrücke, deren Summe auch noch der gegebenen Gleichung genügt (309.), so daß man haben wird:

---

*) Diese Gleichung ist diejenige der schwingenden Saiten.

$$z = Ae^{mx+m^2y} + A_1 e^{m_1x+m_1^2y} + A_2 e^{m_2x+m_2^2y} + \text{ꝛc.},$$

welcher Reihe man so viele Glieder verschaffen können wird, als man will.

Hätte man m zur Unbekannten gewählt, so wäre erfolgt

$$m = \pm\sqrt{n} \text{ und } z = Ae^{\pm x\sqrt{n}+ny},$$

woraus man für z zwei dem Anscheine nach verschiedene Reihen nämlich

$$z = Ae^{x\sqrt{n}+ny} + A_1 e^{x\sqrt{n_1}+n_1y} + \text{ꝛc.}$$

$$z = Ae^{-x\sqrt{n}+ny} + A_1 e^{-x\sqrt{n_1}+n_1y} + \text{ꝛc.}$$

ableiten konnte; allein diese Resultate sind nicht allgemeiner als das erste, weil man der m eben so gut negative als positive Werthe geben kann.

§. 353.

Laplace war anfangs der Meinung gewesen, die gegebene Gleichung könne in ihrem Integrale keine willkürlichen Functionen zulassen; Paoli hat zuerst das Gegentheil erkannt, als dieses Integral nach den Potenzen von y in eine Reihe entwickelt war. In der That setzt man

$$z = P + Qy + Ry^2 + Sy^3 + \text{ꝛc.},$$

wo P, Q, R, S Functionen von x bezeichnen, so erhält man

$$\frac{d^2z}{dx^2} = \frac{d^2P}{dx^2} + \frac{d^2Q}{dx^2}y + \frac{d^2R}{dx^2}y^2 + \text{ꝛc.}$$

$$\frac{dz}{dx} = Q + 2Ry + 3Sy^2 + \text{ꝛc.},$$

woraus man schließt

$$Q = \frac{d^2P}{dx^2},\ R = \frac{1}{2}\frac{d^2Q}{dx^2} = \frac{1}{2}\frac{d^4P}{dx^4},\ \text{ꝛc.};$$

und da Nichts P bestimmt, so kann man P einer willkürlichen Function von x gleich annehmen: man hat also

$$z = \varphi(x) + \varphi''(x)\frac{y}{1} + \varphi^{\text{IV}}(x)\frac{y^2}{1.2} + \text{ꝛc.},$$

$$\text{wo } \varphi''(x) = \frac{d^2\varphi(x)}{dx^2},\ \varphi^{\text{IV}}(x) = \frac{d^4\varphi(x)}{dx^4},\ \text{ꝛc.}$$

Entwickelte man das Integral nach Potenzen von x, indem man setzte

$$z = P + Qx + Rx^2 + Sx^3 + \text{ꝛc.},$$

wo P, Q, R, S, ꝛc. alsdann Functionen von y bezeichnen, so würden die beiden ersten Coefficienten P, Q unbestimmt bleiben, und man könnte also in den Ausdruck von z zwei willkürliche

Constanten einführen; allein H. Poisson hat gezeigt, daß dieses zweite Resultat nicht allgemeiner wäre als das erste, und daß derselbe Umstand bei jeder Gleichung eintrifft, welche nicht zu gleicher Zeit die beiden Differential-Coefficienten von ihrer Ordnung bezogen auf x allein und auf y allein enthält.. *)

§. 354.

Das Vorhergehende reicht hin, um zu zeigen, daß man keine vollständige Analogie zwischen den willkürlichen Functionen, die in den Integralen der partiellen Differentialgleichungen vorkommen, und zwischen den Constanten in den Integralen der gewöhnlichen Differentialgleichungen (298.) anerkennen dürfe. Die Anzahl der ersteren ist nicht immer gleich dem Exponenten der Ordnung der gegebenen partiellen Differentialgleichung.

Diese Bemerkung kann direct bei der Elimination der willkürlichen Functionen zwischen den primitiven Gleichungen und ihren partiellen Differentialen (140.) gemacht werden. Denn es sey

$$u = o$$

eine Gleichung, welche nebst den Veränderlichen x, y, z zwei willkürliche Functionen $\varphi(s)$, $\psi(t)$ der in x, y, z gegebenen Größen s und t enthalten; geht man zu den ersten und zweiten Differentialen über, nach den Vorschriften in §. 137., so findet man fünf neue Gleichungen, nämlich

$$\frac{du}{dx} = o, \quad \frac{du}{dy} = o$$

$$\frac{d^2u}{dx^2} = o, \quad \frac{d^2u}{dxdy} = o, \quad \frac{d^2u}{dy^2} = o,$$

und man wird die vier neuen Functionen eingeführt haben:

$$\frac{d\varphi(s)}{ds} = \varphi'(s), \quad \frac{d\psi(t)}{dt} = \psi'(t)$$

$$\frac{d^2\varphi(s)}{ds^2} = \varphi''(s), \quad \frac{d^2\psi(t)}{dt^2} = \psi''(t).$$

Man hat also sechs unbekannte Functionen d. i. just so viele als Gleichungen vorhanden sind, zu eliminiren, welches nur in dem Falle gelingen kann, wo wegen der besondern Form der Gleichung $u = o$, zwei jener Functionen zugleich verschwinden werden.

§. 355.

Die willkürlichen Functionen, welche in den Integralen der partiellen Differentialgleichungen vorkommen, werden dadurch

*) S. den „Traité etc." in 4to. B. II. S. 639.

bestimmt, daß man annimmt, die Function z nehme besondere Formen an, wenn den Veränderlichen y und x Relationen zugewiesen werden. Es mögen zwei Beispiele von solchen Bestimmungen für die einfachsten Fälle folgen.

1°. Man habe

$$1 = M\varphi(V),$$

wo M und V gegebene Functionen in x, y und z bezeichnen. Will man die durch das Kennzeichen φ dargestellte Function so bestimmen, daß für

$$F(x, y, z) = o$$

zugleich Statt findet

$$f(x, y, z) = o,$$

wo die Kennzeichen F und f bekannte Functionen andeuten, so macht man

$$V = t,$$

und verbindet die drei Gleichungen

$$V = t, \; F(x, y, z) = o, \; f(x, y, z) = o,$$

um daraus Werthe von x, y und z in t zu schöpfen. Substituirt man diese Werthe in M, welche eine Function von t werden wird, die ich mit T bezeichnen will, so erhält man

$$1 = T\varphi(t) \text{ oder } \varphi(t) = \frac{1}{T},$$

und die Function T wird demnach bestimmt seyn, wenn man in dieser letzten Gleichung für t und T deren Werth in x, y und z substituirt.

2°. Man habe

$$1 = M\varphi(V) + N\psi(V);$$

da zwei Functionen zu bestimmen sind, so muß man zwei Bedingungen haben: es muß angenommen werden, daß

$F(x, y, z) = o$, $f(x, y, z) = o$ und

$F'(x, y, z) = o$, $f'(x, y, z)$ gebe. Macht man immerhin

$$V = t,$$

und zieht aus den drei Gleichungen

$$V = t, \; F(x, y, z) = o, \; f(x, y, z) = o$$

die Werthe von x, y, z in t, so verwandelt man M, N in Functionen von t; und bezeichnet man diese Functionen mit T und ϑ, so erhält man

$$1 = T\varphi(t) + \vartheta\psi(t) \; \ldots . \; (1)$$

Man verbindet hierauf die Gleichungen

$$V = t, \; F'(x, y, z) = o, \; f'(x, y, z) = o$$

um daraus Werthe von x, y, z in t abzuleiten, damit M und N ebenfalls in Functionen dieser einzigen Veränderlichen verwandelt werden; und wenn die Resultate durch T und ϑ' bezeichnet werden, so erfolgt

$$1 = T'\varphi(t) + \vartheta'\psi(t) \ldots (2).$$

Vermittelst der Gleichungen (1) und (2) bestimmt man die Functionen φ und ψ in t, worauf man für t wieder ihren Werth V substituirt. *)

---

*) Die Bestimmung der willkürlichen Functionen läuft darauf hinaus, die Oberflächen, welche den gegebenen Gleichungen entsprechen, durch gegebene krumme Linien hindurch gehen zu lassen; und diese krummen Linien können continuirlich oder discontinuirlich seyn wie die Functionen selbst. Wenn die Functionen φ und ψ von verschiedenen Größen abhingen, so könnte man nicht mehr wie oben verfahren. (S. den Traité ꝛc. in 4to B. III. S. 228).

Ende der Integral-Rechnung.

Note (B)

über die imaginären Logarithmen.

I. Da die Gleichung

$$z\sqrt{-1} = l(\cos z + \sqrt{-1}\sin z),$$

$$2m\pi\sqrt{-1} = zl.1$$

wird, wenn man $z = 2m\pi$ macht, so läßt sie erkennen, daß die Einheit eine unendliche Anzahl verschiedener Logarithmen hat. Man findet nur dann Null, wenn man $m = 0$ annimmt; allein für jeden andern positiven oder negativen Werth von m erhält man einen imaginären Ausdruck, welcher als ein Logarithmus der Einheit angesehen werden muß.

Dieser Satz, welcher ein Paradoxon zu seyn scheint, wenn man den Logarithmen nur einen arithmetischen Ursprung zuweist, indem man sie aus der Vergleichung der Progressionen herleitet, („Elém. d'Algebr." §. 254.) verliert sein Auffallendes, wenn die Logarithmen aus der Gleichung $y = e^x$ hergeleitet werden. Denn bezeichnet man den numerischen Exponenten der Potenz, auf welche man e erheben muß, um den der y beigelegten Werth zu erhalten, durch α, und macht

$$x = \alpha + z,$$

so erfolgt

$$e^{\alpha+z} = y, \text{ welche Gleichung sich auf}$$

$$e^z \quad = 1 \text{ reducirt, weil } e^\alpha = y.$$ Allein benutzt man hier die Entwickelung in §. 27., so erhält man die Gleichung

$$\frac{z}{1} + \frac{z^2}{1.2} + \frac{z^3}{1.2.3} + \text{ꝛc.} = 0,$$

welche sich in die Factoren

$$z = 0$$

$$1 + \frac{z}{2} + \frac{z^2}{1.2} + \text{ꝛc.} = 0$$

zerlegen läßt; der erstere ist die arithmetische Bestimmung des Logarithmus der Einheit, und der zweite enthält die algebraischen Bestimmungen. Dieses ist für die Theorie der Logarithmen, was die Betrachtung der imaginären Wurzeln der Einheit für die Theorie der Potenzen ist. „Elém. d'Alg." §. 159.)

Die Werthe

$$z = 2m\pi\sqrt{-1}$$

sind die Wurzeln des zweiten Factors der Gleichung $e^z = 1$, und diejenigen der Gleichung $y = e^x$ sind

$$\alpha + 2m\pi\sqrt{-1},$$

so daß

$$ly = \alpha + 2m\pi\sqrt{-1}.$$

II. Um jene Wurzeln zu finden, hat Euler, welcher sie zuerst entdeckte, einen sehr sinnreichen analytischen Kunstgriff angewandt, welcher auf dem in §. 188. bewiesenen Satze beruht, daß die Wurzeln der Gleichung

$y^n - 1 = 0$ folgende sind:

$$y = \cos\frac{2m\pi}{n} + \sqrt{-1}\sin\frac{2m\pi}{n}.$$

Man muß zuerst bemerken, daß

$$\left(1+\frac{z}{n}\right)^n = 1 + \frac{z}{1} + \frac{n-1}{1.2}\frac{z^2}{n} + \frac{(n-1)(n-2)}{1.2.3}\frac{z^3}{n^2} + \text{ꝛc.}$$

$$= 1 + \frac{z}{1} + \frac{1-\frac{1}{n}}{1.2}z^2 + \frac{\left(1-\frac{1}{n}\right)\left(1-\frac{2}{n}\right)}{1.2.3.}z^3 + \text{ꝛc.}$$

für ein unendlich großes n

$$1 + \frac{z}{1} + \frac{z^2}{1.2} + \frac{z^3}{1.2.3} + \text{ꝛc.} = e^z$$

zur Grenze hat.

Dieses vorausgesetzt kann die Gleichung

$e^z - 1 = 0$ durch

die Grenze von $\left(1+\frac{z}{n}\right)^n - 1 = 0$

ersetzt werden; und substituirt man $1+\frac{z}{n}$ für y, so erhält man nach dem Obigen

$$1 + \frac{z}{n} = \cos\frac{2m\pi}{n} + \sqrt{-1}\sin\frac{2m\pi}{n};$$

nimmt man hierauf die Grenzen in Bezug auf ein unendlich großes n, wo $\cos\frac{2m\pi}{n}$ und $\sin\frac{2m\pi}{n}$ respective 1 und $\frac{2m\pi}{n}$ werden müssen, so erhält man, wie oben, indem m immerhin als endlich anzusehen ist,

$$z = 2m\pi\sqrt{-1}.$$

Um diese Grenze recht deutlich zu sehen, setze man für $\cos\frac{2m\pi}{n}$ und $\sin\frac{2m\pi}{n}$ ihre Entwickelung (37), wodurch nach den Vereinfachungen erfolgt

$$z = -\frac{4m^2\pi^2}{2n} + \text{ꝛc.} + \sqrt{-1}\left(2m\pi - \frac{8m^3\pi^3}{2.3.n^2} + \text{ꝛc.}\right),$$

was sich für ein unendlich großes n auf

$z = 2m\pi\sqrt{-1}$ reducirt.

III. Es mag nicht unnütz seyn zu bemerken, daß sich die Zerlegung in Factoren von $y^n - 1$, worauf sich das Vorhergehende stützt, auf eine von den Betrachtungen in §. 187. unabhängige Weise erlangen läßt. Folgendes ist der Weg von Lagrange.

Addirt man die Gleichungen

$$\cos(n+1)z = \cos z \cos nz - \sin z \sin nz,$$
$$\cos(n-1)z = \cos z \cos nz + \sin z \sin nz,$$

so geben dieselben

$$\cos(n+1)z + \cos(n-1)z = 2\cos z \cos nz,$$

woraus man zieht

$$2\cos(n+1)z = 2\cos z \,.\, 2\cos nz - 2\cos(n-1)z.$$

Setzt man hierauf

$$2\cos z = y + \frac{1}{y}$$

und ersetzt n nach und nach durch 1, 2, 3 ꝛc., so erfolgt:

$$2\cos 2z = \left(y+\frac{1}{y}\right)^2 - 2 = y^2 + \frac{1}{y^2},$$
$$2\cos 3z = \left(y+\frac{1}{y}\right)\left(y^2+\frac{1}{y^2}\right) - \left(y+\frac{1}{y}\right) = y^3 + \frac{1}{y^3}$$
$$2\cos 4z = \left(y+\frac{1}{y}\right)\left(y^3+\frac{1}{y^3}\right) - \left(y^2+\frac{1}{y^2}\right) = y^4 + \frac{1}{y^4}$$

ꝛc.,

woraus man zunächst nach der Analogie schließen kann, daß

$$2\cos nz = y^n + \frac{1}{y^n}.$$

Um sich aber hiervon völlig zu erzeugen, reicht es hin einzusehen, daß wenn das bemerkte Gesetz für die Zahlen $n-1$ und n Statt findet, dasselbe nicht minder für $n+1$ gültig ist. Macht man aber

$$2\cos(n-1)z = y^{n-1} + \frac{1}{y^{n-1}},\quad 2\cos nz = y^n + \frac{1}{y^n},$$

so geht daraus hervor

$$2\cos(n+1)z = \left(y+\frac{1}{y}\right)\left(y^n+\frac{1}{y^n}\right) - \left(y^{n-1}+\frac{1}{y^{n-1}}\right)$$
$$= y^{n+1} + \frac{1}{y^{n+1}},$$

worin wiederum das angenommene Gesetz hervortritt, und der Beweis liegt, daß, wenn man von $n=1$ und $n=2$ ausgeht, dasselbe Gesetz auf alle ganzen Zahlen ausgedehnt werden könne.

Hieraus folgt, daß die Gleichungen

$$2\cos z = y + \frac{1}{y},\quad 2\cos nz = y^n + \frac{1}{y^n},$$

welche einerlei sind mit den folgenden

$$y^2 - 2y\cos z + 1 = o,\quad y^{2n} - 2y^n \cos nz + 1 = o$$

zu gleicher Zeit Statt finden und folglich eine gemeinsame Wurzel haben. Bezeichnet man diese aber mit a, macht hierauf $y = \frac{1}{a}$, und reducirt alle Glieder jeder Gleichung auf dieselbe Benennung, so wird man finden, daß sie zugleich durch diesen neuen Werth befriedigt werden; und da die erste Gleichung nur vom zweiten Grade ist, so folgt, daß sie einer der Factoren der zweiten ist.

Macht man jetzt

$$nz = 2m\pi + \delta,$$

so erfolgt

$$\cos nz = \cos\delta\,,\ z = \frac{2m\pi + \delta}{n},$$

und mithin wird die Gleichung

$$y^{2n} - y^n \cos\delta + 1 = 0$$

die folgende

$$y^2 - 2y\cos\frac{2m\pi + \delta}{n} + 1 = 0$$

zum Factor haben, welche ganze Zahl man auch für m substituiren mag. Somit haben wir also wieder die Formel in §. 191.

Um hieraus diejenigen in §. 190. abzuleiten, reicht es hin, $\delta = 0$ und $\delta = \pi$ zu machen. In dem ersteren Falle hat man:

$$\cos\delta = 1,\ y^{2n} - 2y^n + 1 = (y^n - 1)^2, \text{ und hierauf}$$

$$y^n - 1 = 0,\ y^{2n} - 2y\cos\frac{2m\pi}{n} + 1 = 0.$$

In dem zweiten Falle hat man:

$$\cos\delta = -1\,,\ y^{2n} + 2y^n + 1 = (y^n + 1)^2, \text{ und hierauf}$$

$$y^n + 1 = 0\,,\ y^2 - 2y\cos\frac{(2m+1)\pi}{n} + 1 = 0$$

wie in dem erwähnten Paragraphen.

IV. Vermittelst des Ausdrucks

$$z = 2m\pi\sqrt{-1}$$

der imaginären Wurzeln der Gleichung

$$e^z - 1 = 0$$

erklärt man befriedigend mehre Schwierigkeiten, welche die Anwendung der Logarithmen auf negative Zahlen darbietet, unter andern die folgende:

Weil $(-a)^2 = (+a)^2 = a^2$, so ist $l(-a^2) = l(a^2)$, also

$$2l - a = 2l + a\,, \text{ oder}$$

$$l - a = l + a.$$

Allein dieser letzte Schluß stimmt nicht mit der Gleichung $y = e^x$; es kann nie irgend ein reeller Werth von x y negativ machen; also können die negativen Zahlen keine reellen Logarithmen haben. Dieses wird auch durch die Gleichung

$$z\sqrt{-1} = l(\cos z + \sqrt{-1}\sin z)$$

bestätigt, in welcher man

$$z = (2m+1)\pi$$

machen muß, um

$$\cos z = -1$$

zu erhalten, woraus hervorgeht

$$l - 1 = (2m+1)\pi\sqrt{-1};$$

und bezeichnet man den reellen Logarithmus von a durch α, so erfolgt

$$l - a = \alpha + l - 1 = \alpha + (2m+1)\pi\sqrt{-1},$$

welche Formel gar keinen reellen Werth giebt, weil m immer eine ganze Zahl sein muß (188).

Indessen ist es wahr, daß die Ausdrücke $\mathfrak{A}+a$ und $\mathfrak{A}-a$ einen Theil von la^2 ausmachen, allein ohne deßhalb gleich zu seyn. Denn wenn α der reelle Logarithmus von a ist, so wird derjenige von a^2, 2α seyn und alle (sowohl reelle als imaginäre) Logarithmen von a^2 werden in dem Ausdrucke $2\alpha+2m\pi\sqrt{-1}$ begriffen seyn, wo m gerade oder ungerade seyn kann. In dem ersten Falle wird m eine doppelt gerade Zahl seyn, und folglich wird der obige Ausdruck übereinstimmen mit

$$\mathfrak{A}+a=2\alpha+2\,.\,2m\sqrt{-1}:\ ^{*})$$

in dem zweiten Falle, wenn 2m bloß einfach gerade ist, wird der Ausdruck von la^2 übereinstimmen mit

$$\mathfrak{A}-a=2\alpha+2(2m+1)\sqrt{-1}\ ^{*});$$

allein die Ausdrücke

$$2\alpha+2\,.\,2m\pi\sqrt{-1},\ 2\alpha+2(2m+1)\pi\sqrt{-1}$$

können nicht übereinstimmen, weil die angezeigten Zahlen in der einen doppelt und in der andern bloß einfach gerade sind.

Note (C)

über die doppelten bestimmten Integrale, deren Differential-Coefficient zwischen gegebenen Grenzen unendlich groß wird, und über die singulären Integrale.

I. Man hat im §. 271. gesehen, daß das Resultat der auf einander folgenden Integrationen in Bezug auf zwei Veränderlichen, im allgemeinen von der Ordnung unabhängig ist, in welcher diese Integrationen vollzogen werden. Man kann sich auch, vermittelst des in der Note zur Seite 78 gegebenen Ausdrucks, dadurch von diesem Umstande Rechenschaft geben, daß man die Integrale als Summen von Elementen betrachtet.

In der That sey das doppelte Integral

$$\iint z\,dx\,dy$$

zu suchen, wo $z=f(x,y)$, und seien die Grenzen in Bezug auf x, a und a′ und diejenigen in Bezug auf y, b und b′. Beginnen wir mit der Integration in Bezug auf x, machen

$$a'=a+n\alpha,$$

und schreiben der Kürze wegen $f(m,y)$ anstatt $f(a+m\alpha,y)$: so erhalten wir nach der angezogenen Note

$$\int_a^{a'} z\,dx=\alpha\Big\{f(0,y)+f(1,y)\ \ldots+f(n-1,y)\Big\}.$$

Multiplicirt man jetzt beide Seiten mit dy und integrirt von $y=b$ bis $y=b'$, indem man

$$b'=b+p\alpha$$

*) Vor $\sqrt{-1}$ sind die π aus Versehen ausgeblieben. B.

macht, so wird ein beliebiges Glied der zweiten Seite, $\alpha\int dy f(m,y)$

$$\alpha^2\left\{f(m,o)+f(m,1)+f(m,2)\ldots+f(m,p-1)\right\}$$

geben, und es wird deßhalb zur vollständigen Entwickelnng zum Vorschein kommen:

$$\int_b^{b'}\int_a^{a'} z dx dy =$$

$$\alpha^2\left\{\begin{array}{l} f(0,0)\ +f(1,0)\ +\ f(2,0)\ldots+f(n-1,0) \\ +f(0,1)\ +f(1,1)\ +\ f(2,1)\ldots+f(n-1,1) \\ +f(0,2)\ +f(1,2)\ +\ f(2,2)\ldots+f(n-1,2) \\ \ldots\ldots\ldots\ldots\ldots\ldots\ldots\ldots\ldots\ldots \\ +f(0,p-1)+f(1,p-1)+f(2,p-1)\ldots+f(n-1,p-1) \end{array}\right\},$$

wo jede Horizontale ein Integral in Bezug auf x und jede Colonne ein Integral in Bezug anf y vorstellt. Kehrte man die Ordnung beim Integriren um, so würden die Horizontalen zu Colonnen werden, und umgekehrt; es würde nur die Ordnung der Substitutionen geändert worden seyn; denn in dem ersten Falle fängt man damit an, für x ihre verschiedenen Werthe zu substituiren, und erst hierauf substituirt man diejenigen von y, während man in dem zweiten Falle gerade umgekehrt verfährt. Allein dieses ändert im allgemeinen nichts an dem Werthe der Glieder der letzten Entwickelung, weil die Function f(x, y) immer dieselbe bleiben muß, wenn man für x und y dieselben Werthe setzt, in welcher Ordnung auch die Substitutionen vorgenommen werden mögen.

II. Es findet dennoch hierbei eine Ausnahme Statt, wenn jene Werthe für x und y die Function f(x, y) unbestimmt machen, indem sie dieselbe durch's Unendliche gehen lassen.

H. Cauchy hat diese Bemerkung zuerst an der Function

$$\frac{y^2-x^2}{(x^2+y^2)^2}$$

gemacht. Nimmt man hier zu gleicher Zeit $x=o$ und $y=o$ an, so wird die Function völlig unbestimmt, wie die im §. 154. betrachtete. (Siehe auch den „Traité etc." in 4to. B. I. S. 357—360 und 607); allein nimmt man die Substitutionen nur nach einander vor, so findet man, wenn man mit $x=o$ beginnt, $\frac{y^2}{y^4}=\frac{1}{y^2}$, welches + Unendlich giebt, wenn man jetzt $y=o$ macht; bei der umgekehrten Ordnung findet man zuerst $\frac{-x^2}{x^4}=-\frac{1}{x^2}$, welches, nach der Annahme von $x=o$, — Unendlich giebt. Allein unsere Resultate hören auf, verschieden zu seyn, so bald man x und y nicht mehr als gerade Null ansieht: es ist also nur ein Element vorhanden, welches zwei Werthe annimmt, dasjenige nämlich, welches $x=o$ und $y=o$ entspricht; und, was wohl zu merken ist, die alsdann unendlich groß werdende Function $\frac{y^2-x^2}{(x^2+y^2)^2}$ läßt jenes Element einen endlichen Werth annehmen, welcher auf denjenigen des gegebenen Integrals einschließt; auch gelangt man zu zwei verschiedenen Resultaten, wenn man die Integrationen in verschiedener Ordnung annimmt.

Um sich hiervon zu überzeugen, muß man bemerken, daß wofern man

$$u = \text{arc}\left(\text{tang} = \frac{y}{x}\right)$$

macht, alsdann erfolgt

$$\frac{du}{dx} = -\frac{y}{x^2 + y^2}, \quad \frac{du}{dy} = \frac{x}{x^2 + y^2},$$

$$\frac{d^2u}{dxdy} = \frac{y^2 - x^2}{(x^2 + y^2)^2} = z \quad (279).$$

Hieraus folgt, daß wenn man mit der auf x bezüglichen Integration beginnt, im allgemeinen zum Vorschein komme

$$\int z dx = \int \frac{d^2u}{dxdy} dx = \frac{du}{dy} = \frac{x}{x^2 + y^2};$$

und nun erhält man von $x = a$ bis $x = a'$

$$\frac{a'}{a'^2 + y^2} - \frac{a}{a^2 + y^2}.$$

Geht man hierauf über zu

$$u = \int \frac{du}{dy} dy = \int \frac{a' dy}{a'^2 + y^2} - \int \frac{a dy}{a^2 + y^2}$$

$$= \text{arc}\left(\text{tang} = \frac{y}{a'}\right) - \text{arc}\left(\text{tang} = \frac{y}{a}\right),$$

und beachtet die Grenzen b und b' dieser neuen Integration, so findet man zum letzten Ausdrucke

$$\left.\begin{array}{l} \text{arc}\left(\text{tang} = \frac{b'}{a'}\right) - \text{arc}\left(\text{tang} = \frac{b}{a'}\right) \\ - \text{arc}\left(\text{tang} = \frac{b'}{a}\right) + \text{arc}\left(\text{tang} = \frac{b}{a}\right) \end{array}\right\}.$$

Verfährt man in umgekehrter Weise, so erhält man nach und nach:

$$\int z dy = \int \frac{d^2u}{dxdy} dy = \frac{du}{dx} = -\frac{y}{x^2 + y^2},$$

woraus:

$$-\frac{b'}{x^2 + b'^2} + \frac{b}{x^2 + b^2},$$

$$u = \int \frac{du}{dx} dx = -\int \frac{b' dx}{b'^2 + x^2} + \int \frac{b dx}{b^2 + x^2}$$

$$= -\text{arc}\left(\text{tang} = \frac{x}{b'}\right) + \text{arc}\left(\text{tang} = \frac{x}{b}\right),$$

und endlich

$$\left.\begin{array}{l} -\text{arc}\left(\text{tang} = \frac{a'}{b'}\right) + \text{arc}\left(\text{tang} = \frac{a}{b'}\right) \\ + \text{arc}\left(\text{tang} = \frac{a'}{b}\right) - \text{arc}\left(\text{tang} = \frac{a}{b}\right) \end{array}\right\}.$$

Es ist nicht schwer zu zeigen, daß die beiden vorhergehenden Resultate in ihrem allgemeinen Zustande identisch sind; allein macht man

$$a = -1, \quad a' = 1, \quad b = -1, \quad b' = 1,$$

Grenzen, zwischen welche $x=o$, $y=o$ fallen, und woraus hervorgeht

$$\text{arc}(\text{tang}=1)=\frac{\pi}{4},\ \text{arc}(\text{tang}=-1)=-\frac{\pi}{4}:$$

so findet man die Werthe

$$\frac{\pi}{4}+\frac{\pi}{4}+\frac{\pi}{4}+\frac{\pi}{4}=\pi,$$

$$-\frac{\pi}{4}-\frac{\pi}{4}-\frac{\pi}{4}-\frac{\pi}{4}=-\pi,$$

welche nicht gleich sind, sondern 2π zum Unterschiede haben.

Wollte man $x=o$, $y=o$ zu den ersten Grenzen der gesuchten Integrale wählen, so müßte man zuerst $a'=b'=1$ machen, und der erste Ausdruck würde

$$\frac{\pi}{4}-\text{arc}(\text{tang}=b)-\text{arc}\left(\text{tang}=\frac{1}{a}\right)+\text{arc}\left(\text{tang}=\frac{b}{a}\right),$$ oder auch

$$-\frac{\pi}{4}-\text{arc}(\text{tang}=b)+\text{arc}(\text{tang}=a)+\text{arc}\left(\text{tang}=\frac{b}{a}\right),$$

weil

$$\text{arc}\left(\text{tang}=\frac{1}{a}\right)=\frac{\pi}{2}-\text{arc}(\text{tang}=a).$$

Betrachtet man alsdann a und b als sehr kleine Größen, und vernachlässigt demgemäß die Glieder

$$\text{arc}(\text{tang}=a),\ \text{arc}(\text{tang}=b),$$

so bleibt

$$-\frac{\pi}{4}+\text{arc}\left(\text{tang}=\frac{b}{a}\right),$$

welcher Ausdruck unbestimmt wird, wenn a und b Null sind. Setzt man

$$b=ma,$$

so erhält man

$$-\frac{\pi}{4}+\text{arc}(\text{tang}=m)$$

wo m von o bis zum Unendlichen variiren kann: in dem ersten Falle ist das Resultat $-\frac{\pi}{4}$, und in dem letzten $+\frac{\pi}{4}$, weil arc (tang = Unendlich) $=\frac{\pi}{2}$; der Unterschied dieser beiden Werthe ist π. Man hat früher 2π gefunden, weil die Veränderlichen x und y in der gegebenen Function in geraden Potenzen vorkommen und deßhalb jede Integration von -1 bis $+1$ ein Resultat giebt, welches doppelt so groß als dasjenige ist, welches man von o bis $+1$ erhält.

Die eben gezeigte Zweideutigkeit würde bei den zwischen denselben Grenzen genommenen Integralen

$$\int\int \frac{y^2 - x^2}{x^2 + y^2} dx dy$$

nicht Statt finden, obschon die Function

$$\frac{y^2 - x^2}{x^2 + y^2}$$

sich unter der Form $\frac{0}{0}$ darbietet, wenn man in ihr $x = o$, $y = o$ macht, und nach der Ordnung der Substitutionen zwei verschiedene Werthe annimmt, weil sie, da diese Werthe endlich sind, bei diesem Umstande nur ein unendlich kleines Element enthält.

III. Da der Unterschied der erhaltenen Werthe bei geänderter Ordnung im Integriren nur von dem einzigen zum Ursprunge der Veränderlichen gehörigen Elemente herkommt, so berechnet M. Cauchy dieses insbesondere, wie auf folgende Art geschehen kann.

Es sey $\varphi(x, y)$ der allgemeine Ausdruck für $\int z dx$, wenn z für zwischen den Grenzen a und a', b und b' enthaltene Werthe von x und y unendlich groß wird; bezeichnet man den Werth von x durch α und stellt k eine sehr kleine Größe dar, so wird das in dem kleinen Zwischenraume von $\alpha - k$ bis $\alpha + k$ genommene Integral $\int z dx$

$$\varphi(\alpha + k, y) - \varphi(\alpha - k, y)$$

werden und in der folgenden von $y = b$ bis $y = b'$ vollzogenen Integration den Theil

$$\int_b^{b'} dy \left\{\varphi(\alpha + k, y) - \varphi(\alpha - k, y)\right\}$$

geben, welcher um so näher daran seyn wird, die einem einzigen Elemente entsprechende zu seyn, je kleiner k angenommen würde.

In dem Beispiele von II., wofür

$$\varphi(x, y) = \frac{k}{x^2 + y^2}, \quad \alpha = o,$$

wird der oben gefundene Ausdruck

$$\int_{-1}^{1} dy \left\{\frac{k}{k^2 + y^2} + \frac{k}{k^2 + y^2}\right\} = 2\int_{-1}^{1} \frac{k dy}{k^2 + y^2}$$

$$= 2 \operatorname{arc}\left(\operatorname{tang} = \frac{1}{k}\right) - 2 \operatorname{arc}\left(\operatorname{tang} = -\frac{1}{k}\right).$$

Macht man $k = o$, um zur Grenze überzugehen, so hat man

$$2 \operatorname{arc}(\operatorname{tang} = \text{Unendlich}) - 2 \operatorname{arc}(\operatorname{tang} = -\text{Unendlich})$$

$$= \frac{2\pi}{2} + \frac{2\pi}{2} + \frac{2\pi}{2},$$

just der im angezogenen §. gefundene Unterschied.

Die Integrale, in welchen man nur ein Element betrachtet, so wie wir oben bei $\int z dx$ gesehen haben, sind von H. Cauchy singuläre Integrale (Intégrales singulières) genannt worden. Diejenigen Leser, welche nähere Auskunft über diesen Gegenstand zu erhalten wünschen, finden dieselbe im ersten Bande der „Nouveaux Mémoires présentés à l'Académie des Sciences, par divers Savans“ S. 672.

Ende der Note C.

Errata des ersten Bandes.

S. 6 Z. 12 v. u. statt x lese man dx

— 13 — 8 und 9 st. Hundert l. m. Quadrat

— 14 — 3 v. u. st. nx^{n-1} l. m. $nx^{n-1}dx$

— 15 — 13 st. $\frac{-c}{\sqrt[3]{x}}$ l. m. $\frac{-c}{x\sqrt[3]{x}}$

— 15 — 8 v. u. st. $\pm$ l. m. $+$

— 19 — 17 st. obigen l. m. folgenden

— 21 3 vor „dieses“ setze man „§. 20.“

— 25 — 12 st. $\frac{d^2u}{dx^2}$ lese man $\frac{d^2u}{1.2}$

— 26 — 11 st. $dx(dx-1)(dx-2)$ l. m. $(dx-1)(dx-2)$.

— 29 — 2 v. u. st. functions l. m. fonctions

— 31 — 8 st. $l(1-u)M$ l. m. $l(1-u)=M$

— 32 — 3 v. u. st. $\frac{du}{dz}\frac{dz}{du}$ l. m. $\frac{du}{dz}\frac{dz}{dx}$

— 35 — 9 v. u. st.

$$\frac{-\sqrt{1-x}\,dx}{2\sqrt{1+x}}-\frac{\sqrt{1+x}\,dx}{2\sqrt{1-x}} \text{ l. m. } \frac{-\sqrt{1-x}\,dx}{\sqrt{1+x}}-\frac{\sqrt{1+x}\,dx}{\sqrt{1-x}}$$

— 37 — 3 st. dem Cosinus l. m. der Tangente

— 38 — 5 st. $\cos x^2$ l. m. $\cos x$

— 40 — 8 v. u. st. $\cos x$ l. m. $\sin x$

— 45 — 4 st. $\frac{d^m u}{dx^n}$ l. m. $\frac{d^m u}{dx^m}$

— 46 — 9 st. h l. m. x

— 48 — 17 st. sich die l. m. sich auf die

— 51 — 9 st. $d\frac{d^2u}{dy^2}$ l. m. $d\frac{d^2u}{dxdy}$

— 52 — 13 st. $+\frac{du}{dt}$ l. m. $=\frac{du}{dt}$

— 53 — 6 v. u. st. oben l. m. eben

— 53 — 1 v. u. st. $x^y dylz$ l. m. $z^y dylz$

— 54 — 8 v. u. st. Cy^2 l. m. Cy

— 55 — 2 st. von zwei l. m. mit zwei

— 62 — 8 v. u. st. $Rq'=Q'q$ l. m. $Rp'=Q'q$

— 62 — 7 v. u. st. $R+QP'+Qp=Q'p+P'p$ l. m. $R+QP'+Qp=Q'p+P'q$

— 62 — 1 v. u. st. $+1$ l. m. $+\frac{x^3-2a^3}{x^3-4a^3}$

— 65 — 17 st. $m(a^2-x)^2$ l. m. $m(a^2-x^2)$

S. 70	Z. 9 u. 10 v. u.	Zwischen diese Zeilen schreibe man §. 58.
— 71	— 8	st. M, Q l. m. M'Q
— 71	— 22	st. und der PM D. l. m. und der D.
— 73	— 2	st. erreicht l. m. errichtet
— 73	— 2	st. P'M l. m. P'M'
— 75	— 1	Ueber dieselbe schreibe man §. 62.
— 75	— 2 v. u.	st. den Werth lese man die Werthe
— 76	— 2	st. positiv oder negativ l. m. negativ oder positiv
— 76	— 20	st. gleiche oder verschiedene l. m. verschiedene oder gleiche
— 77	— 3	st. $h\sqrt{1+(p+Ph)}$ l. m. $h\sqrt{1+(p+Ph)^2}$
— 81	— 4	st. $y'-y$ l. m. $y'=y$
— 83	— 7 v. u.	st. $x-\frac{m}{4a}$ l. m. $x=\frac{m}{4a^2}$
— 89	— 11 v. u.	st. $\frac{dy^2}{dx^2}$ l. m. $\frac{d^2y}{dx^2}$
— 94	— 15	st. Bogen l. m. Halbmesser
— 95	— 2 v. u.	st. $4y^3$ l. m. $4y^2$
— 96	— 15	st. §. 66. l. m. §. 67
— 98	— 2	st. §. 78. l. m. §. 79
— 98	— 20 v. u.	st. e l. m. c
— 99	— 11	st. x l. m. $x-a$
— 100	— 15	st. $2(x-a)^{\frac{1}{3}}$ l. m. $3(x-a)^{\frac{1}{3}}$
— 103	— 16	st. oder umarmen l. m. oder sich umarmen
— 108	— 11	st. $\mp\frac{1}{8}(x-a)^{\frac{1}{2}}$ l. m. $\mp\frac{1}{8}(x-a)^{-\frac{3}{2}}$
— 111	— 8	st. $x+h$ l. m. $a+h$.
— 112	— 3	st. §. 64 l. m. §. 94.
— 114	— 14	st. $x-c$ l. m. $x=c$
— 116	— 4	st. Nenner l. m. Exponenten
— 119	— 7 v. u.	st. vom ersten Grade l. m. von der ersten Ordnung
— 130	— 5	st. $x+b$ l. m. $x+h$
— 130	— 6	st. $32a$ l. m. $32a^2$
— 135	— 1	st. wenn sie l. m. wenn x
— 136	— 7 v. u.	st. $y=a(t-\sin t)$ l. m. $x=a(t-\sin t)$
— 136	— 5 v. u.	st. $x=ax\,arc$ l. m. $x=a\times arc$
— 138	— 14	st. Chorden MG und MQ l. m. Chorden MQ und MG
— 139	— 14	st. $2\alpha\beta$ l. m. $2a\beta$
— -	17	st. $2\alpha\beta$ l. m. $2a\beta$
— -	19	st. $2\alpha\beta$ l. m. $2a\beta$
— -	26	st. $-\beta'+$ l. m. $-\beta')+$
— 141	— 7	st. jenseits l. m. jenseit
-	— 10	st. sich ausdehnen l. m. sich so ausdehnen
— 142	— 3 v. u.	st. sich dem l. m. sich zwischen dem
— 143	— 20	st. $\sqrt{\overline{QM}^2+\overline{QM}^2}$ l. m. $\sqrt{\overline{QM}^2+\overline{QM'}^2}$

S. 144 Z. 3 st. trägt, die obige l. m. trägt, den obige
— - — 11 st. man l. m wenn
— - — 9 v. u. st. den die l. m. den die die
— - — 7 v. u. st. $TM = \sqrt{\overline{AM}^2 + \overline{AT}^2}$ l. m. $T'M = \sqrt{\overline{AM}^2 + \overline{AT'}^2}$
— - — 2 v. u. st. ein Kreisausschnitt l. m. ein Ausschnitt
— 146 — 2 v. u. st. u l. m. du
— 148 — 4 v. u. st. wie x l. m. von x
— 151 — 4 st. $-u^2dt$ l. m. $-u^2dt^2$
— - — 14 v. u. st. $du^2 =$ l. m. $d^2u =$
— 152 — 8 st. $\overline{MI}^2$ l. m. $\overline{MF}^2$
— - — 4 v. u. st. $p = \frac{\frac{dy}{dt}}{\frac{dx}{dy}}$ l. m. $= p\,\frac{\frac{dy}{dt}}{\frac{dx}{dt}}$
— 157 — 14 st. von einem tieferen Grade l. m. von einer tieferen Ordnung
— 161 — 1 v. u. st. $2\,\frac{du^2}{dydz}$ l. m. $2\,\frac{d^2u}{dydz}$.
— 162 — 15 v. u. st. s, t, u, x, y l. m. s, t, x, y
— 165 — 3 v. u. st. $y = bx + \beta$ l. m. $z = bx + \beta$
— 167 — 23 v. u. st. wenn l. m. wovon
— 170 — 18 st. M'N' die l. m. die Tangente dieser krummen Linie in M' und die
— 173 — 15 v. u. st. $dz' = Adx' + Bdy'$ l. m. $dz = Adx + Bdy$
— 173 — 5 v. u. st. füge man ein Sternchen rechts oberhalb Null hinzu
— - — 1 v. u. st. $z' - z\sqrt{\ }$ l. m. $(z' - z)\sqrt{\ }$
— - In einer Note unten „Wir werden sie später (§. 157) bei der Untersuchung über Maxima und Minima wiederfinden"
— 177 — 13 st. Fig. 31 l. m. Fig. 36.
— 179 — 9 st. α^2 l. m. a^2
— 192 — 1 v. u. st. $(Ydz - Zdy)$ l. m. $(Ydz - Zdy)^2$
— 194 — 20 st. x, u l. m. u
— 195 — 5 Krümmungs-Kreise l. m. Krümmungs-Ebenen
— 196 — 11 v. u. st. A°P' l. m. AP'
— 198 — 9 st. oben l. m. hier unten
— 200 — 14 st. Anfang l. m. Umfang
— 202 — 10 v. u. st. M, M l. m. M_1, M
— - — 5 v. u. st. $\frac{M'Q}{MQ}$ tang l. m. ... $\frac{M'Q}{MQ} =$ tang
— - — 1 v. u. st. (tang A — tang B) l. m. tang (A—B)

FSC
www.fsc.org
MIX
Papier | Fördert gute Waldnutzung
FSC® C083411

Kolibri 360 GmbH
Ferdinand-Jühlke-Straße 7
99095 Erfurt, Deutschland
produktsicherheit@kolibri360.de